内容简介

万千动物中，蛇类独具一种混杂了危险与诱惑的魅力。盘绕的体态，斑斓的花纹，有力的缠绞，致命的毒液，每一个特征都充满神秘莫测的意味。蛇类这个神奇的类群，迄今已经在地球上繁衍生息超过一亿六千万年，如今分布于除南极洲以外的每片陆地上，甚至进入了两大洋。

《蛇类博物馆》是一部科学性与艺术性、学术性与普及性、工具性与收藏性完美结合的蛇类高级科普读物，详细介绍了全世界最具代表性的600个蛇类物种。这些物种分布于从陆地到海洋，从高山到低地，从遥远的小岛、寒冷的山巅，到干旱的沙漠、翠绿的雨林，体现出极大的多样性。

每个蛇类物种都配有两种高清原色彩图：一种彩图还原了物种的实际大小，富于真实感，另一种彩图呈现了物种的全貌，展示出蛇类多姿的体态和多变的色斑特征。每个物种还配有一幅头部特写线条图。全书总计1800余幅高清插图及600幅地理分布图。

每个蛇类物种都附有信息表，总结了物种的关键信息：科名、风险因子、地理分布、海拔、生境、食物、繁殖方式、保护等级。作者还详细介绍了每个物种的实际尺寸、形态与颜色、生活习性、捕食方式、繁殖特点、防御策略等，强调了对于濒危种类的保护，尤其给出了对有毒、剧毒物种的风险提示及医治指引，为蛇类多样性及保护生物学等研究提供重要的参考信息。

本书内容丰富，知识准确，插图精美，语言通俗易懂，既可作为专业读者的案头参考书，也可作为收藏爱好者的必备工具书，还可作为广大青少年读者的高级科普读物。

世界顶尖蛇类专家联手巨献

600幅地理分布图，明确标注物种地理分布

1800余幅高清插图，真实再现600个蛇类物种的独特形态与实际大小

详解风险因子、地理分布、海拔、生境、食性、繁殖方式、保护等级等

科学性与艺术性、学术性与普及性、工具性与收藏性完美结合

✦ 本书作者 ✦

马克·奥谢（Mark O'Shea），英国伍尔弗汉普顿大学教授，著名的两栖爬行动物学家、作家。他曾在40多个国家进行野外考察并拍摄纪录片，主持了美国探索频道（Discovery Channel）系列节目"奥谢大冒险"（O'Shea' Big Adventure），还与英国广播公司（BBC）、独立电视台（ITV）和英国电视四台（Channel 4）合作拍摄了以爬行动物为主的电影。他曾10次远赴巴布亚新几内亚，在那里开展长期的蛇伤研究项目。他出版了五部专著，撰写了大量论文，描述发表了巴布亚新几内亚的若干蛇类新种。

✦ 本书译者 ✦

蒋珂，中国科学院成都生物研究所实验师，主要从事两栖爬行动物分类学研究。发表两栖爬行动物新属3个、新种50个；发表学术论文90余篇；出版专著《西藏两栖爬行动物——多样性与进化》，主持翻译《蛙类博物馆》；被评为"中国科学院成都分院科学传播先进个人"。

吴耘珂，里士满大学高级研究学者，哈佛大学博士，主要从事物种进化、种群遗传学与生物地理学研究，并致力于中国两栖爬行动物的科普工作。发表中国蝾螈科新物种5个；发表学术论文近40篇；著有野外科研工作笔记《溪流的神秘居民——哈佛博士蝾螈寻访记》，参与翻译《蛙类博物馆》。

乔梓宸，澳大利亚昆士兰大学动物学专业在读，两栖爬行动物学爱好者。

任金龙，中国科学院成都生物研究所助理研究员，中国科学院大学博士，从事以水游蛇科为主的两栖爬行动物系统学研究。发表两栖爬行动物新属2个、新种13个；发表学术论文30余篇；出版专著《世界后棱蛇》，参与翻译《蛙类博物馆》。

✦ 本书审校者 ✦

李家堂，中国科学院成都生物研究所副所长、两栖爬行动物标本馆馆长、研究员、博士生导师，主要从事动物多样性保护、遗传与进化等领域的科学研究，主持完成了"全球蛇类组学研究计划"，推动了国际蛇类进化基因组学的发展，被*Science*杂志的News栏目等专题报道。发表两栖爬行动物新属2个、新种11个；发表学术论文100余篇，其中包括*Cell*（封面论文）、*PNAS*、*Genome Biology*、*Nature Communications*、*National Science Review*等刊物的高水平论文；出版专著《中国生物多样性红色名录·脊椎动物·第三卷·爬行动物》和《世界后棱蛇》；兼任青年生命论坛理事长、中国动物学会两栖爬行学分会副主任委员；获"国家优秀青年科学基金"与"国家杰出青年科学基金"资助，获"中国动物学会青年科技奖"与"中国科学院卢嘉锡青年人才奖"，获"四川省学术和技术带头人"等称号。

The Book of Snakes

蛇类博物馆

博物文库

总策划： 周雁翎

博物学经典丛书	策划：陈　静
博物人生丛书	策划：郭　莉
博物之旅丛书	策划：郭　莉
自然博物馆丛书	策划：唐知涵
生态与文明丛书	策划：周志刚
自然教育丛书	策划：周志刚
博物画临摹与创作丛书	策划：焦　育

博物文库·自然博物馆丛书

The Book of Snakes
蛇类博物馆

〔英〕马克·奥谢（Mark O'Shea） 著

蒋 珂 吴耘珂 乔梓宸 任金龙 译

李家堂 审校

北京大学出版社

PEKING UNIVERSITY PRESS

著作权合同登记号 图字：01-2019-0421

图书在版编目（CIP）数据

蛇类博物馆 /（英）马克·奥谢著；蒋珂等译 . —北京：北京大学出版社，
2023.12
（博物文库·自然博物馆丛书）
ISBN 978-7-301-34440-8

Ⅰ.①蛇… Ⅱ.①马…②蒋… Ⅲ.①蛇－普及读物 Ⅳ.① Q959.6-49

中国国家版本馆 CIP 数据核字（2023）第 174718 号

书　　　名	蛇类博物馆
	SHELEI BOWUGUAN
著作责任者	〔英〕马克·奥谢（Mark O'Shea）著
	蒋　珂　吴耘珂　乔梓宸　任金龙 译
	李家堂 审校
责 任 编 辑	郭　莉
标 准 书 号	ISBN 978-7-301-34440-8
出 版 发 行	北京大学出版社
地　　　址	北京市海淀区成府路 205 号　100871
网　　　址	http://www.pup.cn　　　新浪微博：@ 北京大学出版社
微信公众号	通识书苑（微信号：sartspku）　科学元典（微信号：kexueyuandian）
电 子 邮 箱	编辑部 jyzx@pup.cn　　　总编室 zpup@pup.cn
电　　　话	邮购部 010-62752015　发行部 010-62750672　编辑部 010-62707542
印 刷 者	北京华联印刷有限公司
经 销 者	新华书店
	889 毫米 ×1092 毫米　16 开本　41.75 印张　450 千字
	2023 年 12 月第 1 版　2023 年 12 月第 1 次印刷
定　　　价	680.00 元

目 录

Contents

概　　述

对于蛇这种动物，几乎每个人都有自己的看法，而且这些看法两极分化严重，有的人非常惧怕蛇，有的人又对它情有独钟。蜿蜒的躯体，油彩光泽的鳞片，昂起而摆动的头，永不眨眼的凝视，频频探出的舌头，以及常常出乎意料的突然现身，全部综合在这种动物身上，使它能在吐舌那一刹同时带来美感与惊吓。

在历史上，蛇对人类社会的影响并不令人意外，无数文化与宗教故事中都有它的身影。蛇类的蜕皮现象，被认为是重生或永生的象征，但它同时也是死亡的使者。当人类第一次在地球上直立行走的时候，就很可能已经受到蛇类的牵绊。它永远是潜伏于阴暗处的危险，藏在落叶堆中，从树枝上探出，躲在斑驳的水下。很多人一听到"蛇"这个字都会浑身颤抖。这种本能情有可原，因为某些蛇的确能致人于死命。在世界范围内，每年有多达 12.5 万人因被毒蛇咬伤而死亡。不过相比之下，根据世界卫生组织的数据推算，仅 2015 年一年，道路交通事故造成的死亡人数就高达 125 万，是同期内丧命于蛇口人数的十倍。

目前科学界已知的现存蛇类有 3700 多种。[①] 它们的外形、大小、颜色、花纹以及生活史千变万化，令人叹为观止。在《蛇类博物馆》这本书中，我向读者介绍了其中的 600 种，接近总数的六分之一。对于本来不了解蛇类的读者，我期望这本书能消除迷信，启发他们去了解地球上最受误解的动物类群之一，而对于早就是蛇类发烧友的读者，我希望能介绍一些

---

① 截至 2023 年 10 月，全世界蛇类已超过 4000 种。——译者注

稀有或极少见于报道的种类，以增加他们的知识储备。

在选择物种的过程中，我的出发点是尽可能地展示蛇类的多样性，因此书中包括人们耳熟能详的许多种类，既有常见的、不具攻击性的宠物蛇，也有恶名昭彰、能使人中毒身亡的剧毒蛇。我还希望展示一些不为人知的物种，它们来自遥远的小岛、寒冷的山巅、干旱的沙漠、翠绿的雨林或者辽阔的海洋，每一种都有自己独特的生活习性与食谱，以及独一无二的故事。有的蛇类太过罕见，以至于我们很难找到一张代表性的照片。因此我的收录标准是：如果某种蛇没有代表其真实大小的照片，或者照片不够清晰，那么这种蛇就不会出现在本书中。不过多亏了众多杰出摄影师的供稿，我们从最初的清单中只排除了不到 30 个种类。

我希望《蛇类博物馆》这本书既能满足无法远行的居家博物爱好者，也适于野外经验丰富的科研人员使用，我更希望它能鼓励新一辈的小小两栖爬行动物学家，去敬畏、研究、保护地球上的蛇类。

左图：小女孩脸上的表情与试图触摸的手势，完美地诠释了她面对扭动的大蛇时内心的敬畏与惊叹。玻璃另一侧是一条缅甸蟒 *Python bivittatus*。

右图：蛇蜥下目 Angui-morpha 的鳄蛇蜥。蛇被认为是从蛇蜥下目进化而来，表现为身体延长和四肢缩小直至消失。

蛇类的进化与多样性

蛇类身体细长，头骨和身体骨骼脆弱，死后可能会断裂和离散。因此，完整的蛇类化石相对较少，通常只能获得一些椎骨和头骨的碎片。

蛇类的进化

关于蛇类的起源，有两种截然不同的观点。其中一种观点认为，它们是由一种现已灭绝的大型海洋爬行动物沧龙（mosasaurs）进化而来，这种爬行动物在白垩纪晚期的海洋中占主导地位。另一种观点认为，蛇类起源于陆地，是从蛇蜥下目 Anguimorpha 进化而来。蛇蜥下目属于蜥蜴亚目，包括现在的蚓蜥类、鳄蛇蜥类、巨蜥类、希拉毒蜥和珠毒蜥。第二种观点被更广泛的范围接受，但仍然有人支持水栖沧龙起源的观点。

目前认为最早的蛇类可以追溯到侏罗纪中期或白垩纪早期的 1.67 亿～1.4 亿年前，在英国、葡萄牙和美国科罗拉多州发现了一些化石标本。这些化石标本包括一些椎骨，还有一些颌骨碎片，由于有明显弯曲的牙齿，

下图：最早的蛇类可能与现在分布于东南亚的布氏筒蛇 *Cylindrophis boulengeri* 相似，是小型物种，捕食圆柱形猎物，如软体无脊椎动物或细长的脊椎动物。可以捕食哺乳动物等更大型猎物的阔口蛇类可能是后期才进化出来的。

这是现生蛇类和早期蛇类的共同特征，因此很容易识别。这些化石的发现表明，蛇类的起源比先前公认的白垩纪晚期（9500万年前）早得多。

早期蛇类被认为居住在温暖、潮湿、植被良好的栖息地，它们是陆栖、夜行性、广食性、不会绞杀的隐秘捕食者，捕食比它们自己头部窄的软体无脊椎动物和脊椎动物，可能就像现在的筒蛇属 *Cylindrophis* 物种。蛇类多样性的剧增大概发生在白垩纪–古近纪灭绝事件之后，即6600万年前。这次事件导致恐龙、沧龙和地球上75%的生命灭绝，但也使得哺乳动物崛起，哺乳动物是早期蛇类的潜在猎物来源。

一些蛇类化石显示了后肢，包括出土于巴塔哥尼亚白垩纪晚期的蛇类化石 *Najash rionegrina*，它有发达的腰带骨，它的后肢被认为是具有功能的。有三个白垩纪中期的海洋物种，包括巴勒斯坦的 *Pachyrhachis problematicus* 和 *Haasiophis terrasanctus*，以及黎巴嫩的 *Eupodophis descouensi* 也有后肢。这些物种被归入已灭绝的斯莫里蛇科 Simoliophiidae，但身体的延长和四肢的丢失并不一定能将蛇与蜥蜴区分开来（见"骨骼和四肢"，第12页）。

近至2016年，出土于巴西的一块白垩纪早期化石被描述为 *Tetrapodophis amplectus*。它的身体非常细长，具有四肢，四肢短而各具五趾，被满世界报道为最早的具有四条腿的蛇。但这一发现其实具有极大的争议，古生物学家现在认为这是一种已经灭绝的类似蜥蜴的海洋爬行动物——伸龙。

9

下图：早期蛇类是身体延长、具有退化后肢的动物，如图中这块白垩纪中期的化石 *Eupodophis descouensi*。现存的蚺和蟒仍然具有残存的后肢。

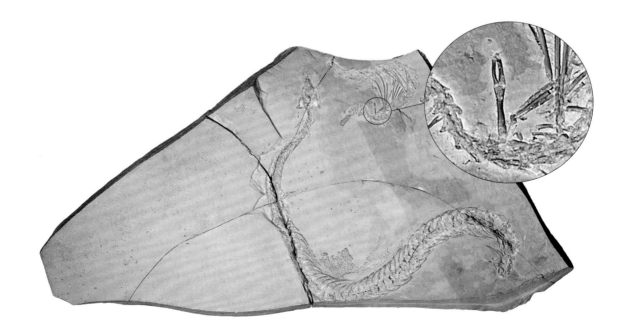

现生蛇类的多样性

蛇类（蛇亚目 Serpentes）与蜥蜴（蜥蜴亚目 Lacertilia）、蚓蜥（蚓蜥亚目 Amphisbaenia）组成有鳞目 Squamata 爬行动物。有鳞目的姊妹支系（类群）是喙头目 Rhynchocephalia，这是曾经多样性较高且分布广泛的类似蜥蜴的一类爬行动物，现在仅分布于新西兰，且仅存喙头蜥 *Sphenodon punctatus* 一个物种。有鳞目和喙头目共同组成了鳞龙超目 Lepidosauria，其姊妹支系是初龙亚纲 Archosauria，包含鳄类、鸟类以及灭绝的恐龙和翼龙。

现生蛇类分为两个下目（infraorder），盲蛇下目 Scolecophidia（盲蛇类）和真蛇下目 Alethinophidia（真蛇类）。盲蛇下目包括 5 个科，都是小型穴居蛇类。虽然在现生蛇类中它们很原始，但它们也是高度特化的，因为穴居生活的习性很特殊。

真蛇下目可分为美洲真蛇类 Amerophidia 和非洲真蛇类 Afrophidia，前者是尚未扩散到拉丁美洲以外的一小类，而后者则包含了大多数真蛇类。非洲真蛇类是"走出非洲"的支系，因为非洲大陆可能是该类群的进化摇篮，它们从那里扩散到世界各地。非洲真蛇类进一步分为原蛇类 Henophidia 和新蛇类 Caenophidia，前者包括蟒、蚺、筒蛇、盾尾蛇和物种很少的几类小口蛇。

新蛇类 Caenophidia 分为两个总科。瘰鳞蛇总科 Acrochordoidea 现今仅包含了水栖的瘰鳞蛇属 *Acrochordus* 3 个物种，但它曾经也包括现已灭绝的尼日尔蛇科 Nigerophiidae 和古蛇科 Palaeophiidae。瘰鳞蛇总科的姊妹支系是物种数量巨大、多样性极为丰富的游蛇总科 Colubroidea，包括锦蛇、水蛇、树蛇、眼镜蛇、海蛇和蝰蛇。游蛇总科包含 11 科 3000 多个物种，几乎占全部现生蛇类的 82%。

分类和科学名称的说明

生命体是用具等级的分类单元来进行分类。对于蛇类来说，分类单元是：界：动物界；门：脊索动物门；纲：爬行纲；目：有鳞目；亚目：蛇亚目。在蛇亚目中，蛇类被分为总科（总科名称末尾为 -oidea）、科（科名称末尾为 -idae）和亚科（亚科名称末尾为 -inae）。科和亚科辖属，而属则辖辖种。一个物种的学名是双名制，即由两个词组成，用斜体书写，仅属名的首字母大写，如 *Natrix helvetica*。学名不一定是拉丁语，但如果学名来自另一种语言，则将其拉丁化，例如将梵语单词"*Naia*"作为眼镜蛇属的属名，则拉丁化为 *Naja*。三名制的名称表示一个亚种。学名后面可附上订名人和订名年份。如果订名人和订名年份包含在括号中，则表明该物种名称自描述以来在属级分类中发生了变动，通常是由于该物种被转移到另一个属，例如印度眼镜蛇 *Naja naja*（Linnaeus，1758）最初由 Linnaeus 订名为 *Coluber naja*。

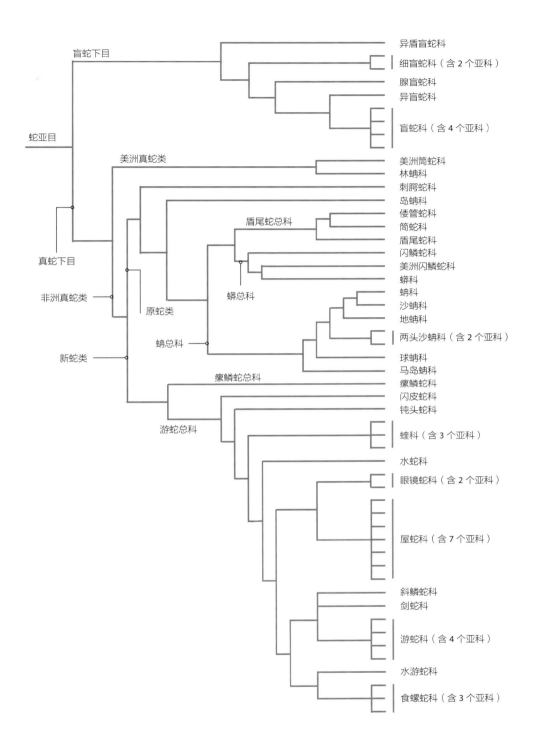

上图：蛇类的科级系统树展示出盲蛇下目 Scolecophidia（盲蛇类）和真蛇下目 Alethinophidia（真蛇类）的分化，狭域分布的美洲真蛇类 Amerophidia 和更成功的非洲真蛇类 Afrophidia 的分化，以及相对原始的原蛇类 Henophidia 和更进步的新蛇类 Caenophidia 的分化。新蛇类分为瘰鳞蛇总科 Acrochordoidea 和种类繁多、分布广泛的游蛇总科 Colubroidea，后者包含 3700 多种现生蛇类中的 3000 多种。现有的 33 个科中，有 8 个科各自包含 2~7 个亚科，在树上用棕色竖线表示。本书包括现有每个科和亚科的代表。这是一棵简化的科级系统树，支长不表现各科或各支系之间的分歧时间。由于瘰鳞蛇总科 Acrochordoidea 部分的空间限制，已完全灭绝的科，如尼日尔蛇科 Nigerophiidae 和古蛇科 Palaeophiidae，已省略。

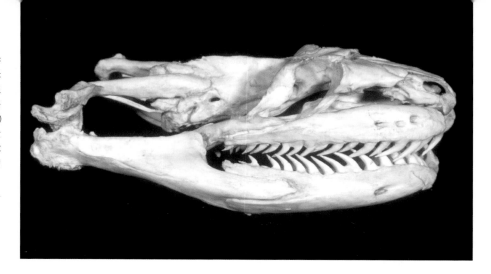

右图：绿水蚺 *Eunectes murinus* 的头骨，展示出由高度灵活的骨骼组成的头骨，三部分骨骼（方骨、复合骨和齿骨）构成的下颌骨，以及六排弯曲的牙齿（这是蛇类的典型特征），分别附着于上颌的上颌骨、翼骨-腭骨（内）以及下颌的齿骨上。

什么是蛇？

所有两栖类、爬行类、鸟类和哺乳类都是五趾型四足脊椎动物，四肢各有五趾（指）。蛇类，作为爬行动物，也是五趾型四足动物，因为它们的蜥蜴类祖先具有完整的四肢。

骨骼和四肢

蛇类的骨骼由头骨和脊柱组成。由于蛇类的身体细长而灵活，所以它们可能有多达 500 枚脊椎骨，不过通常为 120～240 枚。每一枚椎骨都与一对肋骨相连，肋骨是独立的，没有胸骨，肋骨间是依靠发达的肋间肌相互连接，从而实现蛇类的多种运动模式。由于没有胸骨，胸腔可以向外扩张，因此身体可以容纳大型食物、受精卵或仔蛇。肋骨的扩张性和活动性可以体现在晒太阳的蝰蛇将身体变得扁平、眼镜蛇的颈部扩展和海蛇在游泳时将身体变得侧扁。

所有蛇类都没有前肢，但在蚺、蟒和其他一些原始蛇类中有腰带骨和后肢的残迹。从外部看，即是在泄殖腔（生殖器和排泄口）两侧有一对弯曲的角质刺。雄性的角质刺较大，在交配过程中通过抓挠动作来取悦雌性。

头骨和牙齿

与哺乳动物、龟类或鳄类的头骨不同，蛇类的头骨可活动，即具有很强的灵活性，各个骨头可以通过关节活动来控制和吞咽猎物。蛇类的嘴之所以可以张得非常大，是因为其下颌由六块独立的、灵活的骨骼组成。带有牙齿的齿骨连接到无齿的复合骨上，而复合骨又通过细长的方骨连接到头骨上。这种排列方式能带来相当大的活动性，而且由于左右两侧齿骨在下巴处没有连接，活动性就进一步增加了。许多蛇类都可以把下颌张得很大而容纳大型食物，并且还能分别活动两侧的下颌来辅助吞咽猎物。

大多数蛇类有六排弯曲的实心牙齿，排列在下颌的齿骨上，以及上颌的上颌骨（外）和翼骨-腭骨（内）上。少数蛇类缺少某些齿，例如，盲蛇（亚洲盲蛇科）齿骨无齿，细盲蛇（细盲蛇科）上颌骨无齿，非洲的食卵蛇（食卵蛇属 *Dasypeltis*）的齿骨和上颌骨后部仅有几枚齿。蛇类的

内脏

蛇类与其他脊椎动物有相同的内脏，但由于其身体的延长，内脏排列不太对称。在两个肺中，通常只有右肺是有功能的，右肺的长度可能达到身体的三分之一，而左肺通常是小而退化的。两个细长的肾脏也同样不是对称排列的。肝脏、胰腺、胆囊和心脏，其位置因不同蛇类的不同生活方式（例如潜水的海蛇或树栖的蛇类）而有所不同。心脏有三个腔室，包括两个心房和一个心室，与哺乳动物和鳄类的心脏有四个腔室不同。消化系统包括食道、胃、小肠和大肠。雌性的生殖器官由一对细长的卵巢组成，而雄性则为一对睾丸和一对半阴茎，脆弱的半阴茎平时收缩在尾基部内。

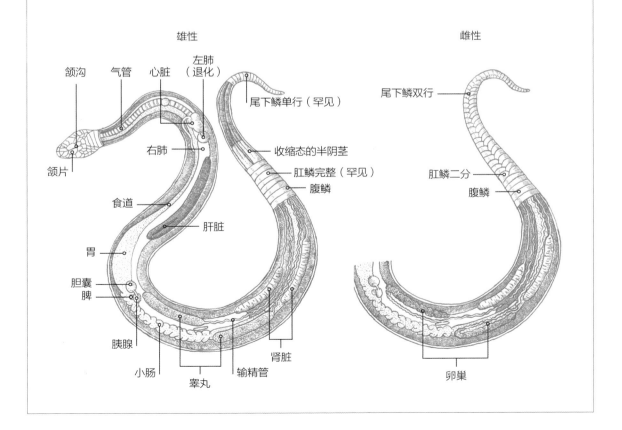

雄性

颔沟　气管　心脏　左肺（退化）
尾下鳞单行（罕见）
右肺
收缩态的半阴茎
颔片
肛鳞完整（罕见）
食道
腹鳞
肝脏
胃
胆囊
脾
胰腺
小肠
睾丸　输精管
肾脏

雌性

尾下鳞双行
肛鳞二分
腹鳞
卵巢

毒液输送机制和毒牙

毒蛇有独特的毒液输送机制，最终由毒牙排出。最原始的是后沟牙毒蛇，其上颌后部有扩大的、具凹槽的毒牙，毒液顺着毒牙流进咬伤处。眼镜蛇科和蝰科的毒牙都位于上颌前部。在眼镜蛇科中，毒牙的位置相对固定，但可以通过头骨的活动而有一定的活动空间。蝰科的上颌骨短，上颌骨除了有很长的毒牙外就没有其他牙了，毒牙由关节相连，在不使用时可以水平地折叠在口腔里。当蝰蛇攻击时，由于头骨和上颌骨灵活，毒牙能够像刺刀一样向前摆动，高度可活动的头骨能缓冲攻击时的冲击力。

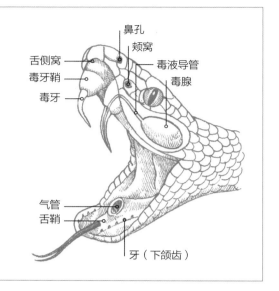

鼻孔
颊窝
舌侧窝
毒牙鞘
毒液导管
毒腺
毒牙
气管
舌鞘
牙（下颌齿）

牙齿是同型齿，呈实心、无槽，因此很容易将蛇类化石与和蜥蜴化石区分开，因为蜥蜴的牙齿类型和形状更为多样化。

感觉器官

蛇类是高度敏感的动物，其感觉器官与哺乳动物有差别。蛇类没有外耳与鼓膜，但它们有高度发达的内耳，由内耳的耳柱骨检测震动，耳柱骨附于与颌骨相连的方骨之上。蛇类不是真正的聋子，它们只是以一种与其他陆地脊椎动物不同的方式听到声音。

蛇类的视觉也被误解了。脊椎动物眼睛的视网膜包含视觉细胞：用于夜视的视杆细胞，和用于色觉和视力的视锥细胞。穴居的盲蛇的眼睛可能只有感光细胞，在它们暴露于日光下时发出警示，但其他蛇的视力要更精细。昼行性蛇类的瞳孔为圆形，而夜行性或晨昏性活动的蛇类的瞳孔为竖直的椭圆形，即"猫眼状"，这使眼睛能够更好地控制光线到达视网膜的多少。许多昼行性蛇类有双色或三色视觉。

蛇类的眼睛位于头部侧面，可达到100～160度的视野，视力最好的蛇类可能是昼行性的瘦蛇属 *Ahaetulla* 物种，它们的瞳孔呈水平的锁孔状，吻部两侧具有向前下方的凹槽，能锁定前方的猎物。这样的结构能使双目的视野在前方有45度重叠，有效地提供双目视觉。这些树栖蛇类还有一个高度敏感的中央凹（fovea centralis）——视网膜上的圆锥体状凹陷，使它们能够探测到在植被中伪装起来的蜥蜴最轻微的移动，并准确判断出与目标之间的距离。

常常潜在水下或埋在沙子里的蛇类物种，眼睛通常更靠近头部的背侧面，能在尽量不暴露头部的情况下观察周围的目标。侏咝蝰（第616页）就是栖息于沙地的物种，眼睛位于头部背面。

所有蛇类都有分叉的舌头。由于下颌前部有个小开口，即舌窝，即使闭着嘴，舌头也能通过舌窝不停地伸出和收回。环境中的气味分子通过舌头传输到口腔顶部的犁鼻器（嗅觉器官），使蛇能够追踪配偶或猎物，并在活动范围内找到它们的行动路线。蛇类不是只能通过伸缩舌头来闻味道，它们的鼻腔里也充满了敏感的嗅觉组织。

主要以恒温动物（温血动物）为食的许多蛇类已经进化出在完全黑暗中捕食的能力。蟒、蚺和蝮蛇类（蝮亚科 Crotalinae）都有热传感窝，可以探测猎物的红外体温，从而实现精确攻击。蟒和蚺的唇鳞上有多个唇窝，而蝮蛇则是在头部两侧各有一个颊窝（位于鼻鳞和眶前鳞之间，见第17页的鳞片示意图）。旧大陆蝰蛇（蝰亚科 Viperinae）的头部有较为原始的结构，称为鼻上囊，也可以作为红外敏感受体用于捕食。

15

下图：瘦蛇属 *Ahaetulla* 物种可能拥有所有蛇类中最好的视力。它们有水平的瞳孔，可以沿着吻部的凹槽看到它们的猎物蜥蜴，由于两眼前方的视野有较大重叠，因此可以判断与目标之间的距离。

还有一些蛇类的感觉受体研究较少。例如，钓鱼蛇（第540页）的触须被认为可以通过探测水中的振动从而确定鱼类的存在。类似地，人们认为鳞片起尖棱、呈瘰粒状的瘰鳞蛇属 *Acrochordus* 物种可以在浑浊的水中发现游动的鱼。

性二态和性二色型

许多蛇类的雄性和雌性几乎没有差别，但它们的性别仍有迹可循。雄性的尾巴通常要长于雌性，尾基部略鼓起，内藏有半阴茎。雌性的尾巴一般更短、更细，而且雌性的头体长通常要长于雄性。一些物种的雌性体形也比雄性大得多，例如，雌性绿水蚺（第112页）和网纹蟒（第90页）的全长分别可达6～7 m和6～10 m，而雄性全长仅3～4 m和4～5 m。体形较大雌性可孕育更多受精卵或幼仔。但在一些物种中情况却相反，雌性眼镜王蛇（第480页）全长仅3 m左右，而有记录的最大的雄性眼镜王蛇全长超过5 m。

有些物种则表现出性二色型，即雄性和雌性有不同的体色或斑纹。例如，雄性极北蝰（第640页）为银灰色带有黑色斑纹，而雌性为棕色带有深棕色斑纹。蛇类中的性二态（不同的体形或大小）比性二色型更为罕见。

16

下图：马岛懒蛇（第386页）同时表现出性二态和性二色型。雄性为棕色，吻端有一个锥形的刺状突起，而雌性为灰色，吻端有一个锯齿状突起。

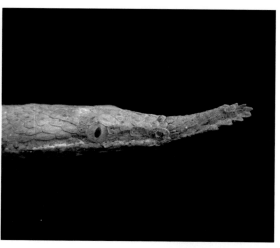

鳞被

蛇类的鳞片由角蛋白构成。身体背面的背鳞光滑或起棱，通常呈覆瓦状排列。腹面鳞片通常较宽，也呈覆瓦状，以便在陆地上移动，但许多海蛇为了适应游泳，身体变得明显侧扁，因此没有扩大的腹鳞。头部的鳞片要么是多枚铠甲状的大鳞片，如大多数游蛇和眼镜蛇，要么是许多缩小的、未分化的粒状鳞片，如大多数蚺蛇和一些蟒。蛇类鳞片的数量和排列为物种鉴定提供了重要依据。

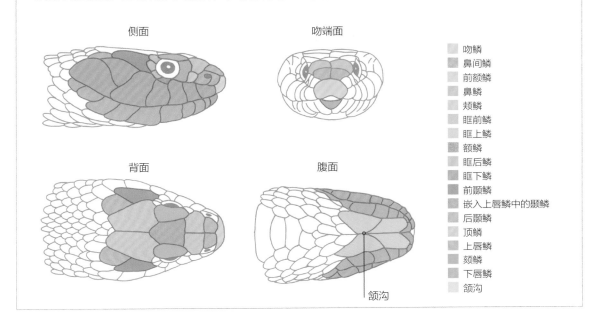

侧面　吻端面

背面　腹面

颌沟

- 吻鳞
- 鼻间鳞
- 前额鳞
- 鼻鳞
- 颊鳞
- 眶前鳞
- 眶上鳞
- 额鳞
- 眶后鳞
- 眶下鳞
- 前颞鳞
- 嵌入上唇鳞中的颞鳞
- 后颞鳞
- 顶鳞
- 上唇鳞
- 颏鳞
- 下唇鳞
- 颌沟

蜕皮

随着生长，蛇类需要蜕皮。一条蛇快蜕皮时，眼睛会呈乳白色。随着细胞的分解，新旧皮肤将被分开。当眼睛变得清晰时，蛇就要蜕皮了。它在粗糙的物体上摩擦吻端开始蜕皮，然后利用岩石和树枝挂住旧皮，再从中爬出来。蛇类没有眼睑，因此不会眨眼，但它们的眼睛上有透明的遮盖物，称为"镜片"。这种结构类似于隐形眼镜，将与皮肤的其他部分一起脱落，就像分叉舌头上的皮肤一样。

下图：蛇类的背鳞通常是平滑的（A），但许多水栖或栖息于沙漠的蛇类（尤其是水游蛇和蚺蛇）的鳞片则会起棱（B），而瘰鳞蛇的鳞片则呈瘰粒状（C）。

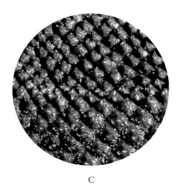

A　B　C

右图：一条加州王蛇
Lampropeltis californiae
正在吞食一条响尾
蛇——对蛇类而言，
很少有什么猎物比另一
条蛇更适合装进它的肚
子里。

捕食与猎物

所有的蛇类均为肉食性动物，但它们的猎物类型与大小则千差万别。
有的蛇食性广泛，猎物种类较多，有的则专门捕食某种特定的猎物。

无脊椎动物猎物

现存最小的蛇类——细盲蛇科 Leptotyphlopidae 与盲蛇科 Typhlopidae
的物种，嘴非常小，牙齿也很有限，因此它们以细小的软体猎物为食，比
如蚂蚁或白蚁的幼虫及虫卵，而体形大一些的种类如尖吻盲蛇属 *Acutoty-
phlops* 物种则捕食蚯蚓。

许多蛇类都将蠕虫作为猎物，这种食性在多个科中反复出现，比如相
对原始的盾尾蛇科 Uropeltidae 与刺腭蛇属 *Xenophidion* 物种就以蚯蚓为食，
还有不少高等蛇类也捕食蚯蚓，就连一些毒蛇也不例外，包括眼镜蛇科的
斐济蛇（第 520 页）和产自巴布亚新几内亚的毒伊蛇属 *Toxicocalamus* 物
种，以及蝰科的坦噶树蝰（第 604 页）。

生物学家把捕食带有黏液的猎物（蚯蚓、蛞蝓和蜗牛）的蛇类统称
为"吃黏稠物的蛇"（goo-eaters）。在这类以软体动物为食的蛇类的口腔
中，有专门的器官可以中和猎物分泌的大量黏液，并且它们的下颌也发
生了相应改变，能将蜗牛从其壳里拽出来。在热带地区，蛞蝓和蜗牛极
为常见，因此捕食它们的蛇类也大多分布于此，比如热带美洲的食螺蛇
属 *Dipsas* 和钝蛇属 *Sibon*、非洲的食蛞蝓蛇属 *Duberria* 以及亚洲的钝头蛇
属 *Pareas* 物种。

还有的蛇专门捕食蜈蚣，如中美洲的蚓蛇属 *Scolecophis* 和非洲的食蜈蚣蛇属 *Aparallactus* 物种，而产自美洲的鹰鼻蛇属 *Ficimia* 和钩鼻蛇属 *Gyalopion* 物种不仅捕食蜈蚣，还吃蜘蛛与蝎子。

在东南亚，食蟹蛇（第 541 页）和格氏蛇（第 542 页）的猎物则是刚刚蜕壳的螃蟹和海蛄虾，类似食性的蛇还有北美洲的泅蛇属 *Liodytes* 物种，不过它们的头骨演化出特殊结构，能够捕食硬壳的淡水螯虾。

鱼类猎物

很多蛇的食谱中都包含鱼类，尤其是水游蛇科 Natricidae 中的水游蛇类，它们通过视觉与触觉来搜寻猎物。生活在印度至澳大利亚地区的瘰鳞蛇属 *Acrochordus* 物种可以利用其鳞片上的瘰粒，牢牢缠住湿滑的鱼身，把猎物一点一点送入口中。钓鱼蛇（第 540 页）则利用头上的触须来感知鱼类的行踪。不仅是无毒蛇，某些毒蛇也专门以鱼类为食，包括亚马孙河流域的苏里南珊瑚蛇（第 465 页）、非洲的环纹水眼镜蛇（第 466 页）以及美国的食鱼蝮（第 554 页）。海蛇捕食各种虾虎鱼、海鳝、鲇鱼及鲀类，而扁尾蛇属 *Laticauda* 物种则专门捕食海鳗。有几种海蛇甚至只吃鱼卵，比如马赛克剑尾海蛇（第 489 页）会钻入底栖类虾虎鱼的洞穴中吞食鱼卵，龟头海蛇（第 500 页）则利用其嘴唇侧面增大的鳞片将珊瑚上的鳚鱼与虾虎鱼卵刮下来吃掉。

两栖类猎物

蛙类和蟾蜍，也包括它们的蝌蚪，是许多蛇类的主要猎物，比如条纹水游蛇（第 415 页）、墨西哥猪鼻蛇（第 264 页）和唾蛇（第 454 页）。大头蛇属 *Leptodeira* 物种专吃树蛙产在树叶上的蛙卵，蝾螈则是束带蛇属 *Thamnophis* 物种与稀有的侏儒蚺（第 122 页）的食物。泥蛇属 *Farancia* 物种也会捕食蝾螈，包括完全水栖的鳗螈与两栖鲵。美洲筒蛇（第 66 页）与贝伦珊瑚蛇（第 460 页）以蚓螈为食。虎斑颈槽蛇（第 424 页）在捕食蟾蜍后甚至能将剧毒的蟾蜍毒素转移到自己的皮肤里，所以它既有毒液又有毒素。

19

上图：蛛尾拟角蝰 *Pseudocerastes urarachnoides* 利用长得像蜘蛛的尾梢引诱鸟类进入它的攻击范围。

20

爬行类猎物

　　许多生活在沙漠或草地中的蛇类，包括花条蛇属 *Psammophis*、非洲沙蛇属 *Psammophylax* 物种以及一些小型陆栖蝰蛇如咝蝰属 *Bitis*、角蝰属 *Cerastes* 和锯鳞蝰属 *Echis* 物种，都以蜥蜴作为主要食物。身体纤细如藤蔓的后沟牙蛇类，比如美洲热带地区的蔓蛇属 *Oxybelis*、加勒比海的长尾蛇属 *Uromacer*、非洲的非洲藤蛇属 *Thelotornis*、马达加斯加的懒蛇属 *Langaha* 和亚洲的瘦蛇属 *Ahaetulla* 物种，会悄悄靠近并捕食那些动作敏捷、具保护色的蜥蜴。非洲树蛇（第 160 页）以变色龙为食，而澳大利亚的黑头盾蟒（第 85 页）则捕食当地的鬣蜥和巨蜥。蚓蜥是穴居或半穴居蛇类的食物，其中的代表有细鳞盲蛇（第 41 页）。

　　有的蛇也捕食其他蛇类，这种食性被称为 "ophiophagy"（食蛇性），源自眼镜王蛇（第 480 页）的属名 *Ophiophagus*[①]，眼镜王蛇甚至能吞下一整条体长超过两米的网纹蟒（第 90 页）。大部分大陆上都有食蛇性的蛇类，包括北美洲的王蛇属 *Lampropeltis*、拉丁美洲的各种乌蛇如乌蛇属 *Mussurana* 和克乌蛇属 *Clelia*、非洲的角背蛇属 *Gonionotophis*、亚洲的环蛇属 *Bungarus* 和丽纹蛇属 *Calliophis* 以及澳大利亚的澳蠕蛇属 *Vermicella* 物种。食蛇性并不等于同类相食，后者必须发生在同种之间。不过蛇类的同类相食也并不少见，尤其在眼镜蛇科中常有发生。

　　蛇类很少捕食龟类，但曾有一条鼓腹咝蝰（第 610 页）吞下了一只幼年陆龟。水蚺属 *Eunectes* 物种能吃掉凯门鳄，而岩蟒属 *Liasis* 物种则会捕食小鳄鱼。在佛罗里达州，作为入侵物种的缅甸蟒（第 95 页）会捕食美洲短吻鳄。

上图：非洲的食卵蛇属 *Dasypeltis* 物种以小型鸟蛋为食，并会把蛋壳吐出来。

鸟类猎物

　　鸟类常常是树栖蛇类的猎物，比如杂斑喘蛇（第 213 页）和非洲树蛇，后者会潜入悬挂在树枝上的织布鸟巢穴。蛛尾拟角蝰（第 637 页）更是独树一帜，它的尾端长得像一只蜘蛛，可以把小鸟吸引到攻击范围之内。其他主要以鸟类为食的蛇类还有巴西大凯马达岛上的海岛矛头蝮（第 567 页），以及墨西哥加利福尼亚湾的卡塔利那响尾蛇（第 574 页）。在澳大利亚查普尔山岛上，短尾矲一年一次的繁殖期就是成年虎蛇（第 519 页）大口吞食雏鸟的盛宴时刻。在关岛，人为引入的棕林蛇

---

① ophio- 是希腊语中"蛇"的意思，-phago 是希腊语中"吃"的意思。——译者注

（第146页）大量捕食当地鸟类，导致绝大部分缺乏飞行能力的特有鸟类灭绝。

上图：南非蟒 *Python na-talensis* 能够绞杀并吞食大型兽类，比如这只幼年的安氏林羚。

兽类猎物

大鼠、小鼠、兔子和其他类似的哺乳动物是很多无毒蛇或毒蛇的主要猎物，其中有的甚至专门捕捉蝙蝠，比如黑眉锦蛇的印尼亚种与马来洞穴亚种（第172页）。锦蛇、鼠蛇和蚺等通过绞杀来制服猎物，而守株待兔型的蝰蛇和响尾蛇则依靠毒液。蟒、蚺和矛头蝮头部的热感应颊窝能帮助它们在黑暗中确定温血动物的行踪。

大型兽类如鹿、羚羊、猪和猴子，也会沦为成年蟒、蚺及水蚺的食物。个头最大的猎物记录是一头成年雌性马来熊，被一条巨大的网纹蟒吃掉，以及一头美洲狮，被一条绿水蚺（第112页）吞进肚里。在大蟒面前，即使人类偶尔也难逃厄运（见"人类与蛇"，第32～35页）。

天敌与防御

蛇类有许多天敌，小型蛇类可能沦为大型有毒无脊椎动物的食物，但蛇类的绝大部分天敌是其他脊椎动物。为了避免被杀死和吃掉，蛇类演化出一整套武器与诡计。

天敌

提到蛇类的天敌，西方社会最先想到的可能就是獴，《丛林奇谭》(*The Jungle Book*)中著名的 Rikki-Tikki-Tavi 就是它的化身。这种身手敏捷的哺乳动物其实不只分布在印度，整个东南亚乃至非洲也有獴科的物种。獴利用自身的速度与厚厚的毛发，以及对眼镜蛇毒液一定程度的免疫，能够躲开、挡住大部分蛇的攻击，被咬伤后也不易丧命。獴甚至被用作控制蛇类

右图：加蓬咝蝰 *Bitis gabonica* 体形巨大，身上的花纹类似灰白色的波斯地毯，头部宛如一片落叶。当它趴在树林地面的落叶中时，这种复杂的花纹能打散身体的轮廓，具有隐身效果。

和鼠类数量的工具，人为引入冲绳、牙买加、夏威夷、斐济、毛里求斯及其他岛屿，以避免蛇鼠继续危害当地的生态环境与本土物种。另一些名气不如獴的动物，比如西欧刺猬，也会杀死与捕食蛇类。其实很多小型肉食动物如猫等都是蛇的天敌。

在鸟类中，蛇的天敌包括短趾雕、渔雕、犀鸟和蛇鹫。爬行动物中的鳄鱼、巨蜥以及许多食蛇性的蛇类，特别是眼镜王蛇（第480页）、北美洲的王蛇属 *Lampropeltis* 和非洲的角背蛇属 *Gonionotophis* 物种，都会捕食蛇类，毕竟没什么猎物比另一条蛇更适合装进这些蛇的肚子里。海蛇虽然是世界上毒性最强的蛇类，却经常出现在虎鲨的胃里。然而蛇类最大的敌人，还是我们人类。

23

防御策略

为了躲避或吓退捕食者，蛇类演化出一整套防御策略。许多蛇具有高明的保护色或隐蔽的花纹，便于将自己藏匿于落叶堆或植被中。蔓蛇属 *Oxybelis*、非洲藤蛇属 *Thelotornis* 和瘦蛇属 *Ahaetulla* 物种都长得和藤蔓如出一辙。加蓬咝蝰（第613页）的头部宛如一大片枯叶，而它背上波斯地毯般的花纹则可以打散身体的轮廓，让天敌与猎物都不易发觉。一些夜行性蛇类如虹蚺属 *Epicrates* 物种，具有五彩斑斓的鳞片，当白天有捕食者靠近时，鳞片的虹彩光泽或许同样能打散蛇的整体轮廓。美洲的珊瑚蛇属 *Micrurus* 和拟珊瑚蛇属 *Micruroides* 物种具有鲜艳的红色、黄色和黑色环纹，这是对外界的警告，表明它们有剧毒，请勿靠近。某些无毒蛇也会拟态这种花纹，以求自保。

有些蛇类选择了夸张的视觉警告，比如眼镜蛇属 *Naja* 物种的颈部变得膨扁，非洲树蛇（第160页）会撑开颈部，露出鳞片间颜色反差极大的皮肤，黑曼巴蛇（第451页）则张开大口，展示其黑色的口腔。还有一些蛇通过听觉来警告来犯者，比如响尾蛇属 *Crotalus* 物种把尾梢的响环摇得哗哗作响，锯鳞蝰属 *Echis* 物种通过不断摩擦背部起棱的鳞片以发出锯木头的声音，或者如圆斑蝰（第623页）、鼓腹咝蝰（第610页）以及链松蛇（第215页）那样从喉咙里发出咝咝的恐吓声。

如果可以选择逃跑，那么天堂金花蛇（第132页）的逃跑技能则高出

上图：我们能够从环纹的顺序来区分有毒的金黄珊瑚蛇 *Micrurus fulvius*（上方）与无毒的拟态 —— 猩红王蛇 *Lampropeltis elapsoides*（下方）。有这么一首顺口溜："红接黄，杀人强；红接黑，无所谓。"不过这个规律在南美洲并不适用。

下图：森林非洲藤蛇 *Thelotornis kirtlandi* 鼓起喉部，撑起鳞片间的皮肤，使它在天敌面前看起来体形更大、更具威胁性。

上图：黑带眼镜蛇 *Naja nigricincta*（左上图）的颈部膨扁，警告来犯者它是有毒的。如果这样还不管用，它就会从毒牙里喷出两道毒液，射入敌人的眼睛里。西部菱斑响尾蛇 *Crotalus atrox*（右上图）通过使劲摇晃尾梢的响环来避免与敌人冲突。响尾蛇每蜕一次皮，响环就会增加一节。如截面图所示，最老的环节位于响环顶端。

其他蛇类一大截。遇到危险时，它会从枝头一跃而下，在空中把身体压扁，如同中间凹陷的降落伞，滑翔而去。另一些蛇类则会在外形、色斑或行为上模仿剧毒的珊瑚蛇、眼镜蛇或蝰蛇，比如橡树红光蛇（第 311 页）、大眼斜鳞蛇（第 441 页）以及杖头异齿蛇（第 346 页）都采取了这种防御策略。

另外一种避免被吃掉的古怪招数是装死，行为学上称为假死（thanatosis）。当受到威胁时，美洲的猪鼻蛇属 *Heterodon*、欧洲的水游蛇属 *Natrix* 物种以及非洲南部的唾蛇（第 454 页）都会装死。除此之外，唾蛇还有额外的一招——它属于喷毒眼镜蛇的一种，能把含有细胞毒素的毒液射入敌人的眼睛使其失明，它便趁机逃走。这或许是唯一一种将毒液作为防御而非捕猎手段的毒蛇。

蛇类还有一种奇特的防御手段，就是从肛门喷气。某些珊瑚蛇属 *Micrurus*、拟珊瑚蛇属 *Micruroides*、鹰鼻蛇属 *Ficimia* 和钩鼻蛇属 *Gyalopion* 的物种会采取这种策略，从肛门中大力喷射出气体，发出声响。

来自人类的威胁与保护

上千年来，人类一直持续地对蛇类构成威胁，要么因为害怕而杀死它们，要么为了获取蛇皮、蛇肉或蛇胆而滥捕滥杀。在亚洲的某些传统滋补品中，蛇胆是必不可少的成分，据说可以治疗男性性欲减退。除此之外，蛇类与其他动物一样，饱受栖息地遭破坏、呈斑块化与被改造的间接威胁。有的种类已经由于人类的过错而灭绝，而有的在保护组织干预、人工繁殖和公共教育的帮助下，从灭绝边缘被挽救了回来。公共教育不仅帮助村民或岛民与他们的蛇类邻居和平相处，还教育他们因这些蛇类的存在而自豪，从而自发地去保护它们。

北美和欧洲的动物园正积极地参与濒危的南美响尾蛇阿鲁巴亚种（第576页）的人工繁殖计划。南美响尾蛇通常体形较大，但阿鲁巴亚种却相对短小，颜色灰暗，仅分布于阿鲁巴岛中心的小片沙漠中。该计划希望通过人工繁殖，能恢复这种响尾蛇的野外种群。印度洋上有一个圆岛，面积仅为 1.69 km²，岛上生活着两种特有的、非常原始的卵生蛇类，它们属于雷蛇科，与世界上其他蛇类的亲缘关系都较远，然而与水手一起登岛的山羊和兔子却给这两种蛇带来了灭顶之灾。入侵的山羊与兔子疯狂啃食岛上的植被，导致雨水将大量泥土冲入海里，岛蚺 *Bolyeria multocarinata* 也随之消失了。1975 年，世界自然保护联盟（IUCN）正式宣布岛蚺灭绝。相比之下，棱鳞岛蚺（第 79 页）则要幸运得多，在泽西野生动物保育基金会（Jersey Wildlife Preservation Trust）与毛里求斯政府的合作下，它免遭灭绝的命运，并有希望在岛上生态恢复后重返家园。

泽西野生动物保育基金会与其他动物保护组织还参与了加勒比地区蛇类的种群恢复，比如安提瓜树栖蛇 *Alsophis antiguae*、塞氏树栖蛇（第 298 页）以及牙买加虹蚺（第 107 页）。虽然并不是每个人都喜欢蛇类，但这不代表蛇类就不需要人类的保护。事实上，保护蛇类对人类自己也是有益的，比如蛇是鼠类的天敌，能够控制那些携带病菌、吞食粮食的啮齿类动物的数量。

下图：虽然蛇类并不是最受欢迎的动物，但保护蛇类却是非常重要的。一些濒危物种，如牙买加虹蚺 *Chilabothrus subflavus*，已经成功被动物保护组织从灭绝边缘挽救了回来。

25

右图：每到春季，成千上万条束带蛇红边亚种 *Thamnophis sirtalis parietalis* 从加拿大曼尼托巴省的群体冬眠洞穴中涌出。雄蛇早于雌蛇结束冬眠，它们聚集在雌蛇的洞口，争夺与体形最大的雌蛇交配的机会。有的雄蛇会拟态成雌蛇的样子，把竞争者吸引开，使自己能与真正的雌蛇交配。

繁殖方式

在爬行动物中，龟类、鳄鱼和喙头蜥都通过产卵来繁殖后代，而有鳞目①则有卵生（oviparity）和胎生（viviparity）②两种繁殖方式。这两种策略各有优劣。

求偶、繁殖球和绞团

某些性成熟的雌蛇会散发信息素，在身后留下一条充满诱惑的小道。雄蛇分叉的舌头对这种信号极度敏感，纷纷尾随而至。一条雌蛇可能吸引多条雄蛇。在加拿大曼尼托巴省，当地有著名的蛇坑，成千上万的雄性束带蛇红边亚种（第432页）在结束冬眠后蜂拥而至，等待雌蛇出洞。

右图：绿水蚺 *Eunectes murinus* 会在浅水区或岸上形成巨大的"繁殖球"，中心是一条体形巨大的雌蛇。十多条体形小得多的雄蛇缠绕在一起，争夺与雌蛇交配的最佳位置。

---

① 包括蛇类、蜥蜴和蚓蜥三个类群。——译者注
② 以前称为"卵胎生"（ovoviviparity），现在用"胎生"较多。——译者注

数条雄性绿水蚺（第112页）会向一条雌蛇发起求偶，在其身上缠绕成"繁殖球"，它们用尾部争夺最佳位置，纷纷试图与雌蛇交配。这种"繁殖球"一般出现在浅水区域，雌蛇可能与多条雄性完成交配。比绿水蚺更活跃的蛇类中也有类似情况，如茅蛇（第135页）和天堂金花蛇（第132页）。当雌蛇爬过草丛时，两至三条雄蛇会不断缠绕在雌蛇的身上，相互角力，形成所谓的"绞团"。

上图：雄性蟒和蚺的泄殖腔口具有爪状尖刺（右上图），这是它们进化过程中残留的后肢，用于求偶时轻轻触碰雌蛇。雌蛇的爪状后肢则很小或完全消失了。类似的还有龟头海蛇 *Emydocephalus annulatus*，雄性的吻端长有一枚尖刺（左上图），用于求偶时触碰雌蛇的背部。

雄性之间的较量

蛇类中，两条雄蛇为了争夺配偶而大打出手的场面并不少见，蝰蛇、响尾蛇、眼镜王蛇（第480页）和黑曼巴蛇（第451页）中都有这种情况。决斗以摔跤的形式进行，两个竞争者相互缠绕，竖起身子并试图将对手压倒在地。毒蛇之间的较量通常不会有受伤的情况，但大型蚺可能会用泄殖腔口的爪状后肢互刺对手，造成很深的伤口。

交配机制

蛇类的繁殖需要通过交配完成。交配过程中，雌蛇抬起尾部，雄蛇将其两条半阴茎中的一条伸入雌蛇的泄殖腔中。卵细胞在雌蛇体内受精。不过有的蛇会推迟受精时间，比如秋天交配的种类会将精子存于体内，直到第二年春暖花开时才完成受精。通常情况下精子只能存储数个月，但大头蛇（第282页）能将精子存储六年之久。

28

上图：两条雄性滑鼠蛇 *Ptyas mucosa* 缠在一起，相互角力，争夺与附近一条雌蛇的交配权。许多蛇类都有这种雄性之间的打斗，包括眼镜王蛇 *Ophiophagus hannah* 和黑曼巴蛇 *Dendroaspis polylepis*。

绝大部分热带和亚热带蛇类每年繁殖一次，但在气候寒冷的地区，由于天气与猎物数量随季节变化，雌蛇产卵后恢复体重的时间有限，于是这些地方的雌蛇只能每两年繁殖一次，比如阿尔卑斯地区的极北蝰（第640页）与澳大利亚南部的地毯蟒（第93页）。在气候温暖的地区，如果食物充足，有的种类如锯鳞蝰（第624页）可以一年繁殖两次。

卵生与胎生

众所周知，鸟类、龟类、鳄鱼和单孔目哺乳动物都是卵生，绝大部分哺乳动物则为胎生。但在有鳞目尤其是蛇类中，这种泾渭分明的界限却变得很模糊。蛇类中卵生是原始性状，全部33个科（见第11页）中有15个科均为卵生，包括那些相对原始的小型穴居蛇类。另有10个科全部为胎生，主要隶属于原蛇类。剩下的8个科中，每个科下面既有卵生的属，也有胎生的属，有的甚至同属物种之间的繁殖方式也不尽相同，比如卵生的南滑蛇 *Coronella girondica* 和胎生的奥地利滑蛇（第155页）。

右图：一条雌性铜头蝮棕腹亚种 *Agkistrodon contortrix phaeogaster* 和它刚出生几天的仔蛇。仔蛇很快就会四处散开，开始独立生活。

对蛇类而言，胎生既有好处，也有不利的地方。弊端之一是怀孕的雌蛇需要在整个孕期带着胚胎活动，时间长的种类足有三个月，在这期间雌蛇不太可能进食，而且如果不幸被杀死，所有的繁殖努力都付诸东流——可以说真的是把所有"蛋"都放在一个篮子里。卵生对热带地区的蛇类而言可能是更有利的选择，因为雌蛇能在产卵后立刻重新开始觅食。但在极地或高山环境中，胎生却是更好的策略，因为蛇卵很怕低温，如果雌蛇把卵留在腹中，就能在夜晚或天冷时钻入地下，躲避低温，日出时再爬出来晒太阳取暖。当移动能力与深色体色相结合时，雌蛇就成了行走的孵化器，可以寻找最佳的取暖地点。

在水栖蛇类中，胎生也是适应环境的表现。以蓝灰扁尾海蛇（第514页）为例，这种卵生海洋毒蛇必须上岸产卵，而真正的海蛇则为胎生，可以直接在海洋里产下仔蛇，从而摆脱了陆地的限制。类似的情况还出现在蟒和蚺之间，蟒蛇必须在陆地上产卵，而水栖的水蚺则可以在浅水中产仔。

上图：雌性网纹蟒 *Ma-layopython reticulatus* 与一窝外壳如皮革的蛇卵。雌蛇会保护蛇卵，防止巨蜥等来偷吃，并且通过不断收缩肌肉，产生热量，使自身体温升高 7～13 摄氏度，对蛇卵进行孵化。

上图：一条刚破壳的绿树蟒 Morelia viridis 用它上唇的卵齿割破卵壳，呼吸到第一口空气，不过它并不急于出壳。大约 15 个月后，它便会转变为成体的绿色。

卵生

蛇卵为椭圆形，外壳如薄的皮革，呈乳白色。有的蛇在交配后不久就会产卵，这时胚胎刚刚开始发育，而有的蛇会把卵留在体内，直至孵化期过半甚至接近尾声才将卵产出。据报道，某些情况下波斯拟角蝰（第636页）产下的卵只需要30～32天就能孵化，大约只有正常孵化期（60～70天）的一半。埃及角蝰（第621页）产下的蛇卵几天内就能破壳。不过绝大部分蛇类是在胚胎发育到30%的阶段产下蛇卵。

有的蛇把卵产在岩石缝隙或动物的洞穴中，随后离开，任其自行孵化。条纹水游蛇（第415页）经常把卵产在花园的腐殖土堆中，有时多条雌蛇会把卵产在一起，利用植物腐烂产生的热量来孵化蛇卵。少数蛇类在产完卵后会留在巢中，比如雌性蟒蛇会盘绕在蛇卵周围。它在保护后代的同时，还通过不断有节奏地收缩肌肉来产生热量（颤抖生热），对蛇卵进行孵化。地毯蟒（第93页）的孵化期长达整整两个月，雌蛇会不停地收缩肌肉，每分钟高达50次，这样就可以将孵化温度维持在31～33摄氏度，比环境气温高7～13摄氏度。雌蛇在整个孵化过程中不吃也不喝。

雌性眼镜王蛇会用身体把落叶卷成一个巢穴，将卵产在正中间。产完卵后，雌蛇寸步不离，保护蛇卵不落入圆鼻巨蜥 Varanus salvator 等偷蛋者的口中。

孵化期结束后，幼蛇在革质的蛋壳上划出一道小口子，由此破壳而出。幼蛇的上唇有一颗卵齿，幼蛇就是用它划破蛋壳，这一过程被称为"啄壳"（pipping），不过破壳后幼蛇可能还要在蛇卵里待几个小时才会钻出来。幼蛇在出壳后会蜕一次皮，然后便开始了独立生活。每次产卵的数量取决于物种与雌蛇的体形，最少的仅有一枚，而大型蟒蛇每次产卵可超过80枚。

胎生

　　超过 20% 的蛇类为胎生，这种繁殖策略在蛇类中至少独立进化了 35
次。根据科学定义，直接产仔的方式分为两种——胎生与卵胎生，不过现
在大部分学者将卵胎生归入了胎生的范畴。蚺、响尾蛇、绝大部分蝰蛇、
美洲的水游蛇、真正的海蛇以及红腹伊澳蛇（第 527 页）均为胎生。仔蛇
出生时，全身包裹在一层透明的卵膜中，卵膜随后破裂，仔蛇便第一次接
触到了外面的世界。每胎仔蛇的数量与物种与雌蛇体形密切相关，小型物
种只会生一两条仔蛇，多的如鼓腹咝蝰（第 610 页）能产超过 100 条仔蛇。

孤雌生殖

　　孤雌生殖是一种特殊的繁殖方式——雌性动物在没有与雄性动物交
配的情况下，生下和自己一样的克隆后代。孤雌生殖的蜥蜴有很多，但
真正完全依靠孤雌生殖繁衍的蛇类只有一种，即钩盲蛇（第 57 页），人
们从未发现过这种蛇的雄性。不过有些通常依靠两性繁殖的种类，包括
蟒、蚺、瘰鳞蛇、束带蛇和蝮蛇，会出现雌蛇不经交配就产下后代的情
况，被称为兼性孤雌生殖，属于雌蛇实在找不到雄蛇的权宜之计。
这种情况下生下的后代数量较少，死亡率很高，而且全部
为同一性别——蟒和蚺中全为
雌性后代，响尾蛇中全为雄性
后代。

右图：伊甸园中的蛇，正是它诱惑了亚当与夏娃偷尝禁果。

人类与蛇

漫漫历史长河中，世界各地的文化里几乎都有着或曾经有过蛇类的身影，或许没有其他动物能对人类文明产生比其更大的影响。蛇已经成为生命、长寿以及突然死亡的象征。

宗教中的蛇

上图：眼镜蛇撑开脖子，为佛遮风挡雨。为了表达谢意，佛在蛇颈上留下印记，要么用两根指头，要么用大拇指，于是有了印度眼镜蛇 *Naja naja* 和孟加拉眼镜蛇 *N. kaouthia*。

从 3000 年前古埃及法老头上戴的蛇形头饰，到 20 世纪阿巴拉契亚山脉的持蛇者（这些人深信《马可福音》中"手能拿蛇"的教条，认为信徒可以手持毒蛇而不被咬伤），蛇深深影响着人类信仰，是善与恶的双重化身。

在犹太基督教中，是蛇引诱夏娃摘下了伊甸园里的苹果，因此上帝惩罚蛇，使其终生只能用腹部爬行，以尘土为食。在《圣经》中，蛇变成亚伦的手杖，它吞下了古埃及法老手下智者们的权杖；蛇还变成摩西的拐杖，在出埃及时将红海一分为二。我们基本可以推断，亚伦的手杖最有可能是埃及眼镜蛇（第 469 页），因为这种蛇会吞食其他蛇类。

据说埃及艳后克利奥帕特拉七世自杀时，是让一条被称为"asp"的毒蛇结束了自己的生命，而这种毒蛇的真实身份很可能也是埃及眼镜蛇。像她这样位高权重的王后，肯定希望死亡来得迅速又没有痛苦，而且死后能保持美貌。相比于这里提到的"asp"（某种蝰蛇或穴蝰），眼镜蛇能更好地达成她的愿望。

在亚洲，人们相信眼镜蛇膨扁的颈部能为佛遮风挡雨。作为感谢，佛给它的颈部留下了印记。对斯里兰卡人而言，佛用两根手指在蛇脖子上画出了眼镜的形状，于是有了印度眼镜蛇（第473页），而在泰国，佛用大拇指摁出了单个眼镜的形状，于是有了孟加拉眼镜蛇 *Naja kaouthia*。

文化中的蛇

在人类文化中，蛇的符号无处不在。美国亚利桑那州的霍皮印第安人跳起祈雨舞时，会把蛇含在口中，因为他们相信蛇是水的守护神。南非年轻的文达女孩以东巴舞来庆祝进入青春期，舞蹈动作是模拟一条前行的大型蟒蛇。在意大利的阿布鲁佐大区，一年一度的蛇节上，圣道明的雕像被游行的队伍抬着穿过科库洛，雕像上趴着数十条无毒的长锦蛇（第251页）。在马来半岛的槟城，拜访蛇庙的游客会惊叹地发现成百上千的有毒的韦氏铠甲蝮（第603页）正懒洋洋地趴在神像四周。

从澳大利亚土著的彩虹蛇形岩画与石刻，到前哥伦布时期玛雅和阿兹特克社会的羽蛇神，许多古文明的艺术作品都涉及蛇类。在斯里兰卡波隆纳鲁沃区一座古老的庙宇中，古人在岩石上雕刻出一条巨型蟒蛇，同时还有一条800年前的石头"医疗船"，用于放置被蛇咬伤、濒临死亡之人。伤者全身涂满精油与中草药，祈求能够生还。

现代医学中同样有蛇的形象。阿斯克勒庇俄斯是古希腊神话中的医神，他手中的权杖上盘踞着一条长锦蛇，如今这根蛇杖被广泛用作医学的标志。在美国，阿斯克勒庇俄斯的蛇杖有时被商神赫尔墨斯的双蛇杖替代，这是一根带翅膀的权杖，上面盘着两条蛇。

直到今天，在忙碌的商业社会中，蛇的形象依然在我们身边，或作为运动队的吉祥物，或出现在五花八门的商品名称中，比如啤酒、糖果、混凝土、避孕套以及汽车。

上图：古埃及法老的头饰上装饰着埃及眼镜蛇 *Naja haje*。

33

蛇伤

全世界每年有 9.4 万至 12.5 万人死于毒蛇咬伤，绝大部分伤者来自发展中国家，多数是偏远农村的穷苦农民或儿童。死亡人数最多的国家包括印度、斯里兰卡、尼泊尔、缅甸、尼日利亚、马里、多哥、贝宁、塞内加尔及巴布亚新几内亚。虽然印度尼西亚缺乏数据，但死亡率估计也很高。

穷人被毒蛇咬伤后很少去医院，而是常常寻求当地萨满（巫师）或赤脚医生的救治，希望能保住性命，然而即使能活下来，愈后效果也并不理想。有的蛇毒能造成大面积的组织坏死，导致肢体残疾甚至截肢。每年有近 40 万人因此而残疾。虽然蛇伤给人带来极大的灾祸，但也并非无药可治。

现代抗蛇毒血清的获取方式是向马和绵羊注射蛇毒，剂量逐渐增加，由此使马和绵羊产生抗体，再提取具有抗体的血清。只要伤者能及时就医，抗蛇毒血清便可以有效地挽救生命和减轻蛇毒对身体的损伤。不幸的是，某些西方制药公司正在逐步停止生产抗蛇毒血清，因为其利润比不上治疗肥胖、癌症和心脏疾病的药物。全世界，尤其是非洲，可能因此面临抗蛇毒血清的危机。

蛇毒

蛇毒是由不同蛋白毒素组成的复杂混合物，用以制服猎物。绝大部分情况下，蛇类并不会将毒液作为防御手段，只有某些会喷毒的眼镜蛇除外。这类眼镜蛇能从毒牙中射出一股股毒液，正中敌人的眼睛，它们好趁机逃走。关于蛇毒的种类，现归纳如下：

神经毒素

这类毒素能麻痹神经系统，阻止神经信号的传递，最终导致猎物因呼吸衰竭而死。神经毒素又细分为两类：突触前神经毒素与突触后神经毒素，前者破坏突触间隙"上游"的信号传递位点，后者阻塞突触间隙"下游"的神经递质受体。拥有神经毒素的蛇类主要为眼镜蛇科的物种，比如眼镜蛇属 *Naja*、曼巴蛇属 *Dendroaspis* 和太攀蛇属 *Oxyuranus* 物种，也包括某些响尾蛇如小盾响尾蛇（第 580 页）。

血液毒素

这类毒素作用于身体的血液和循环系统。抗凝血素通过阻碍血液凝结，导致伤口流血不止。促凝血素也能产生相同的效果，不过它的作用机理是主动结合并消耗掉血液中的凝血因子。血小板抑制剂阻碍正常的血液凝结，如果与出血性毒素（可造成血管穿孔）结合，伤者将会流失大量血液。溶血性毒素能降解红细胞，引起肾小管堵塞，最终导致肾脏衰竭。许多蝰蛇，以及部分眼镜蛇科的种类如太攀蛇，都有血液毒素。

肌肉毒素

这类毒素作用于肌肉组织，要么类似神经毒素致使肌肉瘫痪，要么类似血液毒素破坏肌肉组织。肌肉毒素主要出现在海蛇中。

细胞毒素

细胞毒素会消化蛋白质，引起大面积组织坏死，主要出现在大型蝰蛇的毒液中，以帮助它们消化大型兽类猎物。喷毒类眼镜蛇的毒液中也含有细胞毒素。

其他毒素

穴蝰毒素属于心脏毒素的一种，会引起心脏动脉的收缩，见于穴蝰属 *Atractaspis* 物种。圣卢西亚矛头蝮（第 566 页）的毒液中同样含有一种心脏毒素，能造成动脉血栓。孟氏拟眼镜蛇（第 528 页）的毒液中含有一种肾毒素，会直接破坏肾脏。总之，蛇毒是成分非常复杂的混合物。

蛇 类
The Snakes

盲蛇下目

Scolecophidia

现生蛇类的基部类群
The basal modern snakes

盲蛇下目 Scolecophidia（*Scolec* = 蠕虫；*-ophidia* = 蛇）的物种往往被称为蠕蛇、盲蛇和线蛇。盲蛇下目包含超过 450 个物种，分为 5 科，约占现生蛇类物种数量的 12.3%。它们体形小而细，鳞片排列紧密并富有光泽，少数物种的全长接近 1 m。它们营穴居生活，实际上并不是瞎子。它们的有色素的眼点，覆盖在半透明的鳞片下，能感受到阳光，暴露在地表时能提醒它们回到洞穴里。盲蛇下目的物种都是高度适应地下生活的蛇类。

异盾盲蛇科 Anomalepididae 分布于南美洲，包含 4 属 18 种，是所有现生蛇类的最基部类群。它们的上颌骨与齿骨上都有牙齿。

盲蛇科 Typhlopidae 是盲蛇下目物种数量最多的科，包含有超过 270 个物种，栖息于热带和亚热带地区。它们的牙齿仅着生于上颌骨上。近期有两个科从盲蛇科中分出：包含 21 个物种，分布于印度到新几内亚岛的腺盲蛇科 Gerrhopilidae，以及头部鳞片下有皮下腺，仅分布于马达加斯加的单型科异盲蛇科 Xenotyphlopidae。

细盲蛇科 Leptotyphlopidae 包含超过 140 个物种，分布于美洲、非洲和亚洲。与盲蛇科不同的是，它们的牙齿仅着生于齿骨上。

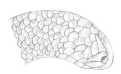

科名	异盾盲蛇科 Anomalepididae
风险因子	无毒
地理分布	南美洲：巴西南部、巴拉圭东南部以及阿根廷东北部
海拔	155～915 m
生境	大西洋沿岸次生林，包括城市
食物	蚂蚁幼虫和蛹（但不包括蚂蚁卵），偶尔捕食白蚁
繁殖方式	卵生，每次产卵 2～24 枚
保护等级	IUCN 无危

成体长度
4～15 in
(106～381 mm)

40

贝氏滑盲蛇
Liotyphlops beui
Beu's Dawn Blindsnake
(Amaral, 1924)

贝氏滑盲蛇的鳞片光滑而有光泽，体色呈黑色、灰色或棕色，头部和颈背部呈明显的淡粉色或黄色，泄殖腔位置的背面有一个浅色斑。这种色斑是滑盲蛇属许多物种所共有的特征。进行物种鉴定时需要仔细检查头部鳞片。滑盲蛇属物种的吻鳞扩大，沿头背面延伸到眼部。

异盾盲蛇科包含新热带界盲蛇类 4 个属和 18 个物种。作为盲蛇下目 Scolecophidia 所有其他类群的姊妹群，它们代表了现存蛇类中最早分化出的类群。贝氏滑盲蛇栖息于巴西南部、巴拉圭东南部和阿根廷东北部，这一地区的盲蛇类物种多样性相当高。它原本栖息于森林中，但在高度城市化的圣保罗市也非常常见。它营穴居，几乎完全以小蚂蚁的幼虫和蛹为食，特别是有侵略性的红火蚁，偶尔也吃白蚁，但从不吃蚂蚁卵。该物种是阿弗兰尼奥·阿马拉尔（Afrânio do Amaral）以他的同事 T. 贝乌（T. Beu）命名的，T. 贝乌采集了该物种的正模标本，这件正模标本与其他许多不可替代的标本一起，于 2010 年 5 月 15 日在布坦坦研究所（Instituto Butantan）的火灾中损毁。

相近物种

与贝氏滑盲蛇关系最近的可能是特氏滑盲蛇 *Liotyphlops ternetzii* 和圣保罗滑盲蛇 *L. schubarti*。这 3 个物种都分布于巴西南部，特氏滑盲蛇也分布于巴拉圭和阿根廷。贝氏滑盲蛇曾被归为特氏滑盲蛇的同物异名。滑盲蛇属还有另外 2 种分布于巴西南部，1 种分布于巴西东北部，4 种分布于哥伦比亚及周边国家。

实际大小

科名	异盾盲蛇科 Anomalepididae
风险因子	无毒
地理分布	南美洲东北部：委内瑞拉东部、圭亚那、苏里南、法属圭亚那、巴西北部
海拔	0～650 m
生境	低地雨林
食物	蚂蚁、白蚁幼虫和卵、蚓蜥、蛇蜥和蚯蚓
繁殖方式	卵生，每次产卵 2～6 枚
保护等级	IUCN 未列入

细鳞盲蛇
Typhlophis squamosus
Small-Scaled Dawn Blindsnake
(Schlegel, 1839)

成体长度
6～8 in，
偶见 9 in
(150～200 mm，
偶见 225 mm)

41

细鳞盲蛇是南美洲东北部大西洋沿岸雨林中的常见种。它栖息于松软的土壤、蚂蚁或白蚁丘、离地约 1 m 高的腐烂的棕榈树干上，甚至是有白蚁出没的人造木板下。暴雨过后，也可能发现它在地表移动。它以白蚁、蚂蚁幼虫和卵为食，但巴西两栖爬行动物学家阿弗兰尼奥·阿马拉尔（Afrânio do Amaral）认为，它还以蚓蜥、蛇蜥和蚯蚓为食。当它被捉住时，它会剧烈地扭动，用尾巴末端的尖刺不停地戳，试图获得逃跑的机会。它也可以像蚯蚓一样轻微地收缩尾巴。

相近物种

特立尼达盲蛇属 *Typhlophis* 是单型属，但细鳞盲蛇容易与分布广泛的白吻滑盲蛇 *Liotyphlops albirostris*、分布于圣保罗的贝氏滑盲蛇（第 40 页），以及分布于亚马孙河的网纹盲蛇（第 61 页）相混淆。然而，与其他盲蛇的头部相比，细鳞盲蛇的头部覆盖着很多细小的、未分化的鳞片，因此得名为 "squamosus"（细鳞）。

实际大小

细鳞盲蛇的鳞片光滑而有光泽，背面呈黑色或深棕色，腹面为均一的白色，头部是明显的白色或粉色。有些标本在短而弯曲的尾巴上有白点。

科名	细盲蛇科 Leptotyphlopidae；美洲细盲蛇亚科 Epictinae
风险因子	无毒
地理分布	加勒比海：海地岛（海地）
海拔	365 m
生境	石灰岩岩山，在鹅卵石中或树荫下
食物	推测是白蚁或蚂蚁幼虫和卵
繁殖方式	卵生，产卵量未知
保护等级	IUCN 未列入

成体长度
7～8 in
(180～205 mm)

海地边境细盲蛇
Mitophis leptipileptus
Haitian Border Threadsnake
(Thomas, McDiarmid & Thompson, 1985)

42

实际大小

海地边境细盲蛇为均一的银灰色，但头部和颈部可能偏浅灰色，有些个体的身体上也可能有深色斑点。鳞片上也有虹彩色泽，这是背鳞光滑的盲蛇下目蛇类的共同特征。

所有细盲蛇都是纤细的，但是这个来自海地东南部与多米尼加共和国交界处的物种，比其他细盲蛇更加细长，它的种本名"leptipileptus"也可以证明这一点，其含义是"细之又细"。人们对它的自然生活史知之甚少，有些标本采自成堆的鹅卵石中、荫凉的芒果树下、阴暗沟壑中的岩石下，这些地方主要是石灰岩山丘、种植园和灌木丛。该物种不同寻常的特征是没有任何骨盆残迹，而其他大多数细盲蛇都有骨盆残迹。人们对它的食性一无所知，推测它与其他细盲蛇相似，以白蚁或蚂蚁卵和幼虫为食。

相近物种

线盲蛇属 *Mitophis* 仅包含 4 个物种，均分布于海地岛。巴拉霍纳细盲蛇 *M. pyrites* 分布于海地南部及多米尼加共和国，还有另外 2 种也分布于多米尼加共和国，炭黑细盲蛇 *M. asbolepis* 分布于南部的马丁加西亚山脉，而萨马纳细盲蛇 *M. calypso* 分布于北部的萨马纳半岛。上述 3 个物种与海地边境细盲蛇的区别是，它们都有 4 枚上唇鳞，而海地边境细盲蛇只有 3 枚，此外，巴拉霍纳细盲蛇比另外 3 个物种的体形更粗壮。

科名	细盲蛇科 Leptotyphlopidae：美洲细盲蛇亚科 Epictinae
风险因子	无毒
地理分布	北美洲：美国和墨西哥
海拔	10～2100 m
生境	干旱草原和半沙漠，或松栎林
食物	白蚁和蚂蚁，以及其他软体无脊椎动物
繁殖方式	卵生，每次产卵 1～8 枚
保护等级	IUCN 无危

成体长度
5～11¾ in,
偶见 15 in
(130～300 mm,
偶见 380 mm)

得州细盲蛇
Rena dulcis
Texas Threadsnake
Baird & Girard, 1853

43

从得克萨斯州到伊达尔戈州和韦拉克鲁斯州，得州细盲蛇栖息于大草原、松栎林和有丝兰、仙人掌或荆棘的沙漠边缘。它生活在能保持水分的岩石或原木下，也出现在城镇含沙或肥沃的土壤里。它只有在凉爽潮湿的夜晚才可能出现在地表。得州细盲蛇曾在东美角鸮的巢穴中被发现，可能是被东美角鸮吞下后没有死亡而从其消化道里钻出来了。得州细盲蛇捕食蚂蚁、白蚁、蚱蜢若虫、蜘蛛和避日目动物。它在蚁巢里蠕动而不被蜇咬，是由于体表的信息素可以防止蚂蚁的攻击。雄性也能依靠信息素追踪雌性，经常形成由几条雄性和一条雌性组成的"繁殖球"。

相近物种

红棕盲蛇属 *Rena* 包含 9 个物种，分布于美国西南部和墨西哥，南美洲北部以及阿根廷北部。与得州细盲蛇最接近的可能是北美洲的另外两个物种：新墨西哥细盲蛇 *R. dissectus*——曾经被作为得州细盲蛇的亚种，以及西部细盲蛇 *R. humilis*。得州细盲蛇和新墨西哥细盲蛇有眶上鳞，但西部细盲蛇则没有。得州细盲蛇有一枚大而明显的前上唇鳞，但这枚鳞片在新墨西哥细盲蛇中则分裂为两枚小鳞，因而得名 "*dissectus*"（意为 "切开的"）。

得州细盲蛇的体色为不惹眼的均一的红棕色，没有其他斑纹。它的鳞片很小，排列紧密，它的眼睛退化为色素点，隐于大而半透明的头部鳞片之下。

实际大小

科名	细盲蛇科 Leptotyphlopidae：美洲细盲蛇亚科 Epictinae
风险因子	无毒
地理分布	非洲西部：塞内加尔、冈比亚、马里南部、几内亚比绍和几内亚北部
海拔	25～450 m
生境	稻田、花园、溪流和池塘
食物	蚂蚁、白蚁幼虫和卵
繁殖方式	卵生，每次产卵 5～15 枚
保护等级	IUCN 无危

成体长度
9½～18 in
(240～460 mm)

44

吻细盲蛇
Rhinoleptus koniagui
Koniagui Threadsnake
(Villiers, 1956)

吻细盲蛇的鳞片光滑而有光泽，体色呈棕色，带有橙黄色的虹彩光泽。它的吻端尖而突出，远远超出了它凹陷的下颌。

　　吻细盲蛇是已知的最大细盲蛇之一。它的体形可能是它最初被归入盲蛇科 Typhlopidae 的原因，盲蛇科所包含物种的体形通常更大而粗壮。在其非洲西部的分布区内，它是很常见的物种，其中包括干旱的苏丹气候区。它通常在犁耕或挖掘时被发现，以及雨夜出现在地表。属名"*Rhinoleptus*"的意思是"细长的鼻"，是指其吻部细且吻端突出。该物种捕食身体柔软的小型无脊椎动物，如蚂蚁或白蚁幼虫和卵。

相近物种

　　虽然吻细盲蛇属 *Rhinoleptus* 通常被认为是一个单型属，一些学者认为该属还有第二个物种，即分布于埃塞俄比亚欧加登的帕氏吻细盲蛇 *R. parkeri*，但有的学者将该种归入多鳞细盲蛇属 *Myriopholis*。

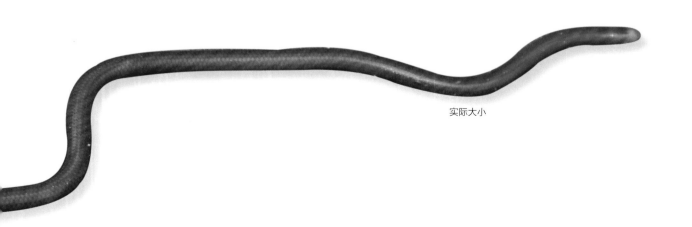

实际大小

科名	细盲蛇科 Leptotyphlopidae：美洲细盲蛇亚科 Epictinae
风险因子	无毒
地理分布	南美洲北部：委内瑞拉南部、圭亚那地区和巴西北部
海拔	100～250 m
生境	雨林土壤和白蚁丘
食物	白蚁幼虫和卵
繁殖方式	卵生，产卵量未知
保护等级	IUCN 未列入

成体长度
8～9¾ in
(200～250 mm)

七线细盲蛇
Siagonodon septemstriatus
Seven-Striped Threadsnake
(Schneider, 1801)

七线细盲蛇分布于委内瑞拉南部到圭亚那、苏里南和法属圭亚那，以及巴西北部的帕拉州、亚马孙州和罗赖马州。它生活在森林的地面，依赖于白蚁丘，它在白蚁丘里捕食白蚁幼虫和卵，也把自己的卵产在里面。它也栖息于星果椰属 *Astrocaryum* 植物的根状茎里。虽然该物种与其他几种细盲蛇同域分布，但它是其分布区内唯一一种带有醒目条纹的。与其他许多穴居蛇类一样，它也过着隐秘的夜行性生活，只有在大雨过后才会在地表出现。

实际大小

七线细盲蛇背面为黄棕色，腹面为浅黄色，背面有七条深棕色纵纹贯穿全身。

相近物种

七线细盲蛇与另外 3 种细盲蛇的亲缘关系接近：阿根廷西北部的圣罗莎细盲蛇 *Siagonodon borrichianus*，苏里南和巴西阿马帕州、马托格罗索州的白细盲蛇 *S. cupinensis*，以及最近描述自巴西托坎廷斯州的尖鼻细盲蛇 *S. acutirostris*。

科名	细盲蛇科 Leptotyphlopidae；美洲细盲蛇亚科 Epictinae
风险因子	无毒
地理分布	小安的列斯群岛：巴巴多斯
海拔	100～280 m
生境	森林土壤
食物	白蚁、蚂蚁幼虫、蛹和卵
繁殖方式	卵生，产卵量未知
保护等级	IUCN 未列入

成体长度
4～4⅛ in
(101～104 mm)

46

巴巴多斯细盲蛇
Tetracheilostoma carlae
Barbados Threadsnake
(Hedges, 2008)

实际大小

巴巴多斯细盲蛇是世界上最小的蛇类。人们对它的了解只有分别采于 1889 年、1963 年和 2006 年的 3 号标本，直到 2008 年它才被正式命名，命名人用自己妻子的姓氏来命名这个物种。细盲蛇大多以蚂蚁和白蚁的幼虫、蛹和卵为食。巴巴多斯曾经被森林覆盖，所以推断这是一种栖息于森林中的穴居蛇类。巴巴多斯是世界上人口最密集的十个国家之一，大部分原始森林已经被清除，即使是次生林也仅限于小块土地，而入侵物种、孤雌生殖的钩盲蛇（第 57 页）可能会威胁到细小的巴巴多斯细盲蛇的生存。

相近物种

曾经认为最小的蛇类是马提尼克细盲蛇 *Tetracheilostoma bilineatum*。圣卢西亚细盲蛇 *T. breuili* 是另一种小型蛇类，与巴巴多斯细盲蛇在同一篇论文中被命名。

巴巴多斯细盲蛇为深棕色或黑色，背脊中央呈红棕色，两侧各有一条浅黄灰色纵纹，腹面为灰棕色。头部和泄殖腔周围有白色斑点。眼睛退化成色素点，隐于大而半透明的眶鳞之下。

科名	细盲蛇科 Leptotyphlopidae：细盲蛇亚科 Leptotyphlopinae
风险因子	无毒
地理分布	非洲东南部：赞比亚南部、马拉维南部、津巴布韦东部、莫桑比克、南非东北部和斯威士兰
海拔	200～1600 m
生境	温和的热带稀树草原和白蚁丘
食物	白蚁
繁殖方式	卵生，每次产卵 3 枚
保护等级	IUCN 无危

成体长度
6～7½ in
(150～193 mm)

隐士细盲蛇
Leptotyphlops incognitus
Incognito Threadsnake
Broadley & Watson, 1976

47

从赞比亚南部到斯威士兰和南非东北部的低海拔到中海拔地区都分布有隐士细盲蛇。像其他细盲蛇一样，它通常被发现躲在岩石或腐烂的原木下，或者在热带稀树草原的白蚁丘里，可能在夜间的雨后到地面上活动。它以小型软体无脊椎动物，特别是白蚁及其幼虫和卵为食。雌性每次可产 3 枚卵，这些卵极为细长，长度可达宽度的 5 倍，通常连在一起，就像一串小的白色香肠。这种小型蛇类有许多天敌，从食蛇的蛇类，到猫鼬和其他小型食肉哺乳动物、鸟类和蝎子。种本名"*incognitus*"（隐士）是指这个分布广泛的物种在很长时间里没有被人类发现。

实际大小

隐士细盲蛇体形细长，呈黑色，由于鳞片光滑，外表显得像抛光了一样。透过半透明的头部鳞片，能看到下面退化为色素点的眼睛。

相近物种

由于分类修订，细盲蛇属 *Leptotyphlops* 曾被拆分为多个属，隐士细盲蛇是目前的细盲蛇属 23 个物种之一。它是非洲东南部莫桑比克细盲蛇复合种的成员，这个复合种还包含莫桑比克细盲蛇 *L. scutifrons*、东开普细盲蛇 *L. conjunctus*、蓬圭细盲蛇 *L. pungwensis*、黑尾细盲蛇 *L. nigroterminus* 和森林细盲蛇 *L. sylvicolus*。

科名	细盲蛇科 Leptotyphlopidae：细盲蛇亚科 Leptotyphlopinae
风险因子	无毒
地理分布	非洲北部和西亚地区：埃及、苏丹、索马里和肯尼亚；沙特阿拉伯、阿联酋、也门、伊朗、阿富汗和巴基斯坦
海拔	0～900 m
生境	农田、落叶林地和灌木丛中松软的土壤
食物	蚂蚁及其幼虫，可能还有白蚁和其他软体无脊椎动物
繁殖方式	卵生，产卵量未知
保护等级	IUCN 未列入

成体长度
8⅞～9 in
(225～229 mm)

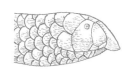

48

长吻细盲蛇
Myriopholis macrorhyncha
Hook-Nosed Threadsnake
(Jan, 1860)

这是分布最广的细盲蛇物种之一，不过现在人们认为它的真实分布可能仅限于非洲，而亚洲的种群代表了与其具有亲缘关系但目前尚未描述的新物种。长吻细盲蛇是一种典型的细盲蛇类，栖息于农田的软土中，但在干旱的落叶林地生境中也曾被发现，它被认为分布于非洲东部火山土壤草原的高海拔地区。目前已知它在阿拉伯半岛的种群以蚂蚁及其幼虫为食，但其他种群的食性还未知，可能是以白蚁和柔软的昆虫幼虫为食。

长吻细盲蛇有两种色型。非洲的个体呈均匀的棕色，而亚洲的许多个体呈半透明的粉红色，由于缺乏外部色素，所以其内脏可见。它的体形非常纤细，头部细长，吻端向下呈钩状。

实际大小

相近物种

多鳞盲蛇属 *Myriopholis* 包含 21 个物种，但如果将长吻细盲蛇复合种的分类问题解决了，该属的物种数量将会增加。在阿拉伯半岛，它可能会与同样呈半透明状的纳氏细盲蛇 *Leptotyphlops nursii* 相混淆，后者是以纳斯中校的姓氏命名的，他是印度军队的业余昆虫学家，并非专业研究人员。最近被命名的物种是于 2007 年发表的艾氏细盲蛇 *M. ionidesi*，该物种是为了纪念著名的英裔希腊籍蛇类采集者 C. J. P. 艾奥尼迪斯（C. J. P. Ionides）而命名的。他生活在坦桑尼亚，采集到该物种的正模标本。

科名	细盲蛇科 Leptotyphlopidae：细盲蛇亚科 Leptotyphlopinae
风险因子	无毒
地理分布	非洲西南部：安哥拉和纳米比亚
海拔	240～2220 m
生境	纳米布沙漠、达马拉灌木丛和卡鲁半荒漠
食物	未知，推测为软体无脊椎动物，如白蚁
繁殖方式	推测为卵生，产卵量未知
保护等级	IUCN 未列入

成体长度
6¾～11¾ in
(170～300 mm)

达马拉细盲蛇
Namibiana labialis
Damara Threadsnake
(Sternfeld, 1908)

49

达马拉细盲蛇是以居住在纳米比亚北部达马拉兰地区的达马拉人命名的，它也分布于更靠南部的纳米布沙漠，以及靠北部的安哥拉。它适应于生活在极度干旱、多沙或多岩石的地区，那里仅有的水分可能来自从海岸向内陆移动的海雾。与其他许多分布于非洲的细盲蛇一样，关于该物种确切的生活史资料还相当缺乏，只是推测它以软体无脊椎动物为食，并像细盲蛇科其他成员一样为卵生。

相近物种

达马拉细盲蛇是分布于非洲西南部的纳米布细盲蛇属 *Namibiana*（以前被归入细盲蛇属 *Leptotyphlops*）的 5 个物种之一，其他几种是分布于安哥拉西部的洪贝细盲蛇 *N. rostrata*，安哥拉西南沿海的本格拉细盲蛇 *N. latifrons*，以及分布于纳米比亚和南非的西部细盲蛇 *N. occidentalis* 和纤细盲蛇 *N. gracilior*。

实际大小

达马拉细盲蛇呈现出两种颜色，背面为灰褐色，每个鳞片边缘有较浅的着色，腹面颜色也较浅。它的鳞片光滑而有光泽，眼睛呈微小的色素点，隐于半透明的头部鳞片下。

科名	腺盲蛇科 Gerrhopilidae
风险因子	无毒
地理分布	巴布亚新几内亚：米尔恩湾诺曼比岛
海拔	620 m
生境	原始低地雨林
食物	推测为软体无脊椎动物，如白蚁
繁殖方式	推测为卵生，产卵量未知
保护等级	IUCN 未列入

成体长度
10 in
(255 mm)

50

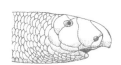

诺曼比腺盲蛇
Gerrhopilus persephone
Normanby Island Beaked Blindsnake

Kraus, 2017

诺曼比腺盲蛇是诺曼比岛的特有种，该岛位于巴布亚新几内亚东南部米尔恩湾省的当特尔卡斯托群岛。该物种于 2017 年被描述，目前仅知 1 号采集于原始低地雨林树干根部的标本。这种生境常有树栖白蚁生活，该标本可能是在觅食的过程中被捕获。该物种的繁殖习性还未知，但可能和一般盲蛇类一样为卵生。腺盲蛇科的成员也被称为"网头盲蛇"，这是由于其头部鳞片下有乳突状皮脂腺，因而头部鳞片呈织网状。

相近物种

腺盲蛇属 *Gerrhopilus* 目前包含 20 个物种，广泛分布于：印度（3 种）、斯里兰卡（3 种）、安达曼群岛（1 种）、泰国（1 种）、菲律宾（1 种）、爪哇岛（1 种）、马鲁古群岛和西新几内亚（1 种）以及巴布亚新几内亚（9 种）。除腺盲蛇属外，腺盲蛇科还包含一个单型属物种黑头盲蛇 *Cathetorhinus melanochephalus*，它被认为分布于毛里求斯。分布于米尔恩湾的其他物种还包括泛美岛腺盲蛇 *G. addisoni*、特罗布里恩群岛腺盲蛇 *G. eurydice*、罗塞尔岛腺盲蛇 *G. hades*，以及分布于大陆的山地腺盲蛇 *G. inornatus*。

实际大小

诺曼比腺盲蛇体形细长，除了头部和颈部呈粉红色外，全身呈浅蓝色，这种体色与其他盲蛇呈深棕色、灰色或黑色有所不同。它的头部呈圆形，吻端向下倾斜呈喙状，眼睛明显，呈浅灰色，头部鳞片下有大量皮下脂腺。

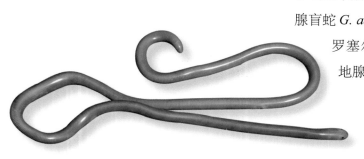

科名	盲蛇科 Typhlopidae：非洲盲蛇亚科 Afrotyphlopinae
风险因子	无毒
地理分布	非洲撒哈拉以南：南非东北部、莫桑比克、博茨瓦纳、纳米比亚和安哥拉南部
海拔	0～1175 m
生境	热带稀树草原、草原和沿海森林
食物	白蚁及其幼虫
繁殖方式	卵生，每次产卵 8～60 枚
保护等级	IUCN 未列入

成体长度
23¼～35½ in
(600～900 mm)

施氏大盲蛇
Afrotyphlops schlegelii
Schlegel's Giant Blindsnake
(Bianconi, 1847)

51

施氏大盲蛇又称施氏喙盲蛇，可能是非洲最大的盲蛇。指名亚种 *Afrotyphlops s. schlegelii* 分布于南非东北部和莫桑比克南部，而彼氏亚种 *A. s. petersii* 则分布于博茨瓦纳、纳米比亚北部和安哥拉南部。这些大型非洲盲蛇具有喙，使它们能够钻入白蚁丘或紧实的土壤。大型非洲盲蛇生活在比小型近缘种更深的地下，它们只有在经过长时间的大雨之后，才会在夜间出现在地表。它们以白蚁及其幼虫为食，并在身体后段储存脂肪。体形较大的雌性可产 60 枚卵。

相近物种

非洲盲蛇属 *Afrotyphlops* 包含分布于非洲的 26 个物种。赞比西盲蛇 *A. mucruso* 曾经是施氏大盲蛇的一个亚种。索马里大盲蛇 *A. brevis* 和安哥拉大盲蛇 *A. anomalus* 也是近缘种。一些学者把这4 个体形最大的物种归为大非洲盲蛇属 *Megatyphlops*。

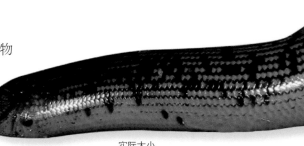

实际大小

施氏大盲蛇的体形大，具有光滑、清晰可见的鳞片，在一些浅色个体中，鳞片几乎呈马赛克般的图案。背面通常为黄色或黄棕色，有深色斑点或斑块，腹面为均匀的浅黄色。头部有向下突出的喙，尾尖呈锥状刺，在打洞时用于推动自己前进。体形大的个体宽度可达 25 mm。

科名	盲蛇科 Typhlopidae：非洲盲蛇亚科 Afrotyphlopinae
风险因子	无毒
地理分布	南亚地区：印度
海拔	0～300 m
生境	生境偏好未知，但分布区包括干旱和潮湿的生境
食物	软体无脊椎动物和蚯蚓
繁殖方式	卵生，产卵量未知
保护等级	IUCN 未列入

52

成体长度
11¾～23¾ in
(300～600 mm)

印度突吻盲蛇
Grypotyphlops acutus
Indian Beaked Blindsnake
(Duméril & Bibron, 1844)

印度突吻盲蛇的体色为均匀而有光泽的棕色，腹面色较浅，头部圆形，吻端突出，眼睛颜色深而清晰。

　　印度突吻盲蛇又称突吻蠕蛇，它是亚洲已知体形最大的盲蛇，也是印度半岛特有种，分布区北起恒河河谷，穿越干燥的德干高原和潮湿的西高止山脉，一直到印度的南端，但在南部比北部少见得多。它的自然生活史和生物学资料都鲜为人知。推测它以软体无脊椎动物为食，如白蚁及其幼虫，也包括蚯蚓。它可能与其他盲蛇一样为卵生，每次产卵量还不清楚。属名中的"*Grypo*"意为"钩"，而"*acutus*"意为"尖锐"。

相近物种

　　印度突吻盲蛇是盲蛇科非洲盲蛇亚科分布于亚洲的唯一成员，因此它的亲缘关系还不清楚，但它被认为是非洲板块和印度板块起源于冈瓦纳古陆的一个见证者。

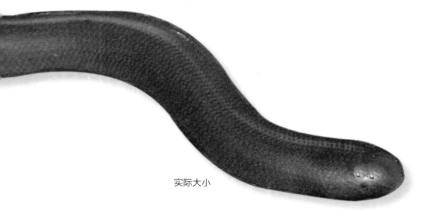

实际大小

科名	盲蛇科 Typhlopidae：非洲盲蛇亚科 Afrotyphlopinae
风险因子	无毒
地理分布	非洲南部：南非、斯威士兰、莱索托、莫桑比克、津巴布韦和博茨瓦纳
海拔	0～1640 m
生境	热带稀树草原、草原、半沙漠和沿海凡波斯硬叶灌木群落
食物	白蚁及其幼虫
繁殖方式	卵生，每次产卵 2～8 枚
保护等级	IUCN 未列入

成体长度
11¾～13¾ in
(300～350 mm)

德氏喙盲蛇
Rhinotyphlops lalandei
Delalande's Beaked Blindsnake
(Schlegel, 1839)

53

德氏喙盲蛇广泛分布于非洲南部，从开普地区，北至纳马夸兰，向东北穿过莱索托、斯威士兰、普马兰加省和林波波省，至博茨瓦纳东部、莫桑比克西部和津巴布韦。它栖息于热带稀树草原、草原、半沙漠和沿海的凡波斯硬叶灌木群落地区，白天在岩石或原木下，大雨后的夜晚可能出现在地表。该物种有一个明显的喙，用于挖掘白蚁丘，以白蚁及其幼虫为食，并在白蚁丘内产卵，可达 8 枚。德氏喙盲蛇的种本名来源于法国自然历史博物馆的博物学家皮埃尔·安托万·德拉兰德（Pierre Antoine Delalande，1787—1823），他曾在南非的开普地区采集标本。

相近物种

喙盲蛇属 *Rhinotyphlops* 包含 7 个小型物种，3 种分布在非洲南部，4 种分布在非洲东部。一些学者将非洲东部的物种归入遗盲蛇属 *Letheobia*，该属包含 18 种非洲盲蛇。分布于非洲南部的另外两个物种分别是分布于博茨瓦纳、纳米比亚的博氏喙盲蛇 *R. boylei* 和南非纳马夸兰的斯氏喙盲蛇 *R. schinzi*。

德氏喙盲蛇光滑而有光泽。身体的背面呈粉棕色，每个鳞片边缘都有较浅的色素，呈现棋盘格的效果。腹面和侧面下方呈粉红色，吻端和尾端色更浅。头部圆润，呈苍白色，黑色的眼睛非常明显，尾端呈刺状。

实际大小

科名	盲蛇科 Typhlopidae：亚洲盲蛇亚科 Asiatyphlopinae
风险因子	无毒
地理分布	美拉尼西亚：所罗门群岛和布干维尔岛（巴布亚新几内亚）
海拔	15～245 m
生境	热带雨林
食物	蚯蚓
繁殖方式	卵生，产卵量未知
保护等级	IUCN 未列入

成体长度
9¾～14½ in
(250～366 mm)

54

红尖吻盲蛇
Acutotyphlops infralabialis
Red Sharp-Nosed Blindsnake
(Waite, 1918)

红尖吻盲蛇分布于布干维尔岛（巴布亚新几内亚）、所罗门群岛、马莱塔岛、瓜达尔卡纳尔岛、新乔治亚岛和恩格拉群岛。它是体形较粗壮的盲蛇，栖息于雨林落叶层和松散的底土中，主要捕食蚯蚓，而不像其他体形小而纤细的盲蛇一样常捕食白蚁与蚂蚁的幼虫和蛹。无论是为了追捕蚯蚓，还是为了避免干燥或躲避捕食者，它的尖吻都能对挖洞起到帮助作用。雌性红尖吻盲蛇为卵生，但产卵量不详。亲缘关系较近的库努阿尖吻盲蛇 *A. kunuaensis* 产卵 1～2 枚，红尖吻盲蛇很可能与其相似。

相近物种

尖吻盲蛇属 *Acutotyphlops* 还包含另外 4 个物种。库努阿尖吻盲蛇和布干维尔尖吻盲蛇 *A. solomonis* 是布干维尔岛的特有种，而俾斯麦尖吻盲蛇 *A. subocularis* 是俾斯麦群岛的特有种，分布在新不列颠岛、新爱尔兰岛、约克公爵岛和翁博伊岛。吕宋尖吻盲蛇 *A. banaorum* 分布于菲律宾吕宋岛。

红尖吻盲蛇的鳞片光滑而有光泽，体形中等粗壮，头部尖，用于挖洞。背面粉红色，腹面浅黄色，鳞片边缘的颜色浅，形成网状纹。头部色浅，与腹面颜色类似，眼睛呈两个深色的小眼点。

实际大小

科名	盲蛇科 Typhlopidae：亚洲盲蛇亚科 Asiatyphlopinae
风险因子	无毒
地理分布	南亚和东南亚地区：巴基斯坦、印度东北部、尼泊尔、孟加拉国、缅甸、泰国、老挝、越南和中国
海拔	140～1525 m
生境	中低山地森林
食物	白蚁、蚂蚁及其幼虫和蛹，蚯蚓
繁殖方式	卵生，每次产卵 4～14 枚
保护等级	IUCN 无危

成体长度
13¾～17 in
(350～430 mm)

大盲蛇
Argyophis diardi
Diard's Blindsnake
(Schlegel, 1839)

55

大盲蛇是栖息于中低山地森林的常见种，如尼泊尔南部的喜马拉雅-德赖平原。它为夜行性穴居蛇类，仅在雨后出现在地表，白天可被发现于腐烂的原木或大石头下。大盲蛇体形粗壮，头部比其他许多盲蛇都要宽，相比其他小体形同类，它或许可以吞下更大的猎物，不仅包括白蚁和蚂蚁及其幼虫和蛹，还包括蚯蚓和其他软体无脊椎动物。大盲蛇的种本名来源于法国探险家和博物学家皮埃尔-梅达德·迪亚德（Pierre-Medard Diard，1794—1863），他曾在东南亚进行标本采集。

相近物种

东南亚盲蛇属 *Argyophis* 包含分布于南亚和东南亚的 12～13 个物种。大盲蛇有 2 个亚种：指名亚种 *A. diardi diardi* 分布于该物种的大部分分布区内，而另一个亚种 *A. d. platyventris* 分布于巴基斯坦。分布于印度尼西亚东部的穆氏盲蛇 *A. muelleri* 曾经被认为是大盲蛇的亚种。一些学者认为东南亚盲蛇属不成立，而将其保留在盲蛇属 *Typhlops* 中。

实际大小

大盲蛇的体形中等粗壮，鳞片呈浅棕色，光滑而有光泽，吻端圆。眼睛呈黑色的小眼点，尾末端呈刺状。

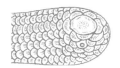

科名	盲蛇科 Typhlopidae：亚洲盲蛇亚科 Asiatyphlopinae
风险因子	无毒
地理分布	印度尼西亚：苏拉威西岛南部和布顿岛
海拔	500 m
生境	有稀疏灌木的草地
食物	食性未知
繁殖方式	繁殖方式未知，推测为卵生
保护等级	IUCN 未列入

成体长度
6 in
(150 mm)

56

圆盲蛇
Cyclotyphlops deharvengi
Deharveng's Blindsnake

In den Bosch & Ineich, 1994

实际大小

圆盲蛇的背鳞光滑，背面和侧面呈深棕色，腹面呈浅棕色，身体前段腹面呈黄色。头部呈浅棕色，每个鳞片上都有黑点。该物种的特征是头部背面具有一枚圆形额鳞。

　　到目前为止，圆盲蛇仅记录于印度尼西亚的苏拉威西岛南部和布顿岛，它是小型物种，其特征是头背部有一枚圆形的额鳞。它栖息于有稀疏灌木植物的凉爽潮湿的草地，可能为夜行性。为数不多的标本中，有 1 号发现于玄武质岩石下。目前对这个稀有物种的自然生活史和生物学信息一无所知。该物种体形较小，人们推测它以小型软体无脊椎动物（如白蚁幼虫）为食。推测该物种与其他盲蛇一样也是卵生。该物种的命名是为了纪念其正模标本采集人路易斯·德哈芬（Louis Deharveng），他是法国国家科学研究中心的研究主任。

相近物种

　　圆盲蛇属 *Cyclotyphlops* 是单型属，只包含圆盲蛇这一个物种。澳大利亚的澳盲蛇属 *Anilios* 曾被认为与圆盲蛇属具有最近的亲缘关系。

科名	盲蛇科 Typhlopidae：亚洲盲蛇亚科 Asiatyphlopinae
风险因子	无毒
地理分布	世界性分布：从印度到除南极洲外的所有大陆，甚至分布于一些偏远的小岛上
海拔	0～2000 m
生境	大多数生境，尤其喜好花园、苗圃及沿海港口
食物	白蚁、蚂蚁幼虫及卵，可能也捕食蚯蚓及毛虫
繁殖方式	卵生，每次产卵 1～6 枚
保护等级	IUCN 未列入

成体长度
6～7 in
(150～180 mm)

钩盲蛇
Indotyphlops braminus
Brahminy Blindsnake
(Daudin, 1803)

钩盲蛇起源于印度，但通过人为引入已扩散至世界各地，成为全世界分布最广的蛇类。该种亦是蛇类中唯一能完全以孤雌生殖延续后代的物种，所有个体均为雌性。体形较小的钩盲蛇时常躲藏在盆栽植物的根茎中，通过外来植物及包括油棕在内的经济作物的引进扩散至新的环境中，因此得名"花盆蛇"。雌性钩盲蛇能产下6 枚包含自己全套基因的卵，也就是说，仅需要一条钩盲蛇个体便可形成一个新的种群。该种亦见于油桶和石头下方，以白蚁、蚂蚁的卵及幼虫为食，可能也捕食蚯蚓及毛虫。

实际大小

钩盲蛇的鳞片光滑而有光泽，背面呈黑色或深棕色，头呈圆形，眼小，几乎不可见，尾端有一枚短刺。

相近物种

钩盲蛇所在的印盲蛇属 *Indotyphlops* 包含 23 个亚洲盲蛇物种，其中香港盲蛇 *I. lazelli* 仅分布于中国香港，施氏盲蛇 *I. schmutzi* 仅分布于印度尼西亚的科莫多岛及弗洛勒斯岛。除以上两种钩盲蛇外，印盲蛇属的其余物种全部分布于印度、斯里兰卡、尼泊尔、缅甸及泰国。部分学者不承认印盲蛇属的有效性，仍使用钩盲蛇属 *Ramphotyphlops* 作为以上物种的属名。虽然钩盲蛇广布于世界各地，但它的一个近缘种圣诞岛盲蛇 *R. exocoeti* 却因为长角立毛蚁 *Paratrechina longicornis* 的引入而濒临灭绝。

科名	盲蛇科 Typhlopidae；亚洲盲蛇亚科 Asiatyphlopinae
风险因子	无毒
地理分布	印度尼西亚：小巽他群岛中的龙目岛、松巴哇岛、科莫多岛、莫约岛、弗洛勒斯岛、松巴岛及帝汶岛
海拔	0～1200 m
生境	湿润的森林、河滨森林及植被葱郁的山腰
食物	可能为软体无脊椎动物
繁殖方式	卵生，每次产卵最多 9 枚
保护等级	IUCN 未列入

成体长度
9¾～16½ in
(250～420 mm)

58

小巽他盲蛇
Sundatyphlops polygrammicus
Lesser Sunda Blindsnake
(Schlegel, 1839)

小巽他盲蛇分布于印度尼西亚东南部群岛中的一些岛屿上，栖息于从山地森林到河滨山峪等潮湿森林生境。该物种为夜行性，营穴居，仅在大雨过后出现在地表层，其他时间想觅得其踪迹只能通过翻朽木和大石头。小巽他盲蛇主要分布于山区，沿海地区则记录较少。关于该物种的生活史与生物学资料仍知之甚少，可能以小型软体无脊椎动物为食，曾有过一次产下 9 枚卵的记录。

小巽他盲蛇的鳞片光滑而有光泽，头呈圆形，尾端有一枚短刺。背面呈均匀的棕色、灰色甚至接近黑色，一些个体有较规则的纵纹，为 11 条棕色纹与 10 条黄色纹并排。腹面呈均匀的白色、黄色或棕黄色，有的喉部颜色较深。

相近物种

巽他盲蛇属 *Sundatyphlops* 为单型属，一些学者将小巽他盲蛇归入广布于澳大利亚－巴布亚地区、辖有 47 个物种的澳盲蛇属 *Anilios*，托雷斯澳盲蛇 *A. torresianus* 就曾被视为小巽他盲蛇的亚种。巽他盲蛇属与澳盲蛇属拥有较近的亲缘关系。小巽他盲蛇现有 5 个亚种，包括分布于帝汶岛的指名亚种 *S. p. polygrammicus*、松巴岛的松巴岛亚种 *S. p. brongersmai*、龙目岛的龙目岛亚种 *S. p. elberti*、弗洛勒斯岛的弗洛勒斯岛亚种 *S. p. florensis* 及科莫多岛、莫约岛及松巴哇岛的科莫多亚种 *S. p. undecimlineatus*。以上亚种实际上可能是独立的种，甚至可能是复合种，就像指名亚种 *S. p. polygrammicus* 一样，已经从中分出多个物种。

实际大小

科名	盲蛇科 Typhlopidae；亚洲盲蛇亚科 Asiatyphlopinae
风险因子	无毒
地理分布	欧亚大陆：希腊、阿尔巴尼亚、塞尔维亚、北马其顿、保加利亚、土耳其、以色列、约旦、黎巴嫩、叙利亚、埃及、高加索地区、伊朗和阿富汗
海拔	0～1900 m
生境	植被稀疏的沙质栖息地
食物	蚂蚁及其卵、幼虫、蛹，蚯蚓和其他昆虫幼虫
繁殖方式	卵生，每次产卵最多 9 枚
保护等级	IUCN 未列入

成体长度
8～11¾ in,
偶见 15¾ in
(200～300 mm,
偶见 400 mm)

欧亚盲蛇
Xerotyphlops vermicularis
Eurasian Blindsnake
(Merrem, 1820)

欧亚盲蛇又称蠕盲蛇或欧洲盲蛇，是旱地盲蛇属 *Xerotyphlops* 中分布最广泛的物种。它最偏好的生境是植被稀疏的山坡和山谷的松散沙质土壤。它营穴居，既可以利用现成洞穴，也可以自己挖掘，在夜间或黄昏时活动，但在大雨后的白天可能出现在地表。标本最常采集于石头或原木下。欧亚盲蛇偏好捕食蚂蚁及其卵、幼虫和蛹，以及其他昆虫幼虫和小蚯蚓。它的生长速度很慢，成体一年只蜕皮一次。

相近物种

旱地盲蛇属 *Xerotyphlops* 包含另外 4 个狭域分布的物种：分布于毛里塔尼亚西部的埃氏盲蛇 *X. etheridgei*、索科特拉岛的索科特拉盲蛇 *X. socotranus*、伊朗的洛雷斯坦盲蛇 *X. luristanicus* 和伊朗西南部的威氏盲蛇 *X. wilsoni*。一些学者不承认旱地盲蛇属的有效性，并将其归入盲蛇属 *Typhlops* 中。

实际大小

欧亚盲蛇鳞片光滑而有光泽。它呈均匀的浅棕色或粉红色，背面比腹面颜色略深，头部圆，吻端色浅。眼睛深色，在头部半透明的鳞片下清晰可见，尾端有一个短刺，以辅助移动。

科名	盲蛇科 Typhlopidae：马岛盲蛇亚科 Madatyphlopinae
风险因子	无毒
地理分布	马达加斯加：马达加斯加西南部和西部
海拔	0～985 m
生境	沿海沙丘和荆棘草原
食物	可能为软体无脊椎动物
繁殖方式	可能为卵生，产卵量未知
保护等级	IUCN 极危

成体长度
8¾ in
(220 mm)

60

马达加斯加沙盲蛇
Madatyphlops arenarius
Malagasy Sand Blindsnake
(Grandidier, 1872)

实际大小

马达加斯加沙盲蛇的鳞片光滑而有光泽。身体和圆形的头部为均匀的粉红色，黑色的眼睛在粉红色的映衬下清晰可见。

马达加斯加沙盲蛇主要分布于马达加斯加岛西南部，但该岛西北部也有一个分布记录。它栖息于沿海沙丘和荆棘草原，一般可被发现于石头下，但有一个个体是夜间爬到树皮上被发现的。树栖习性在盲蛇中并不少见，有几个盲蛇物种曾被记录发现于高处，因为它们以白蚁为食，而白蚁巢也会建在树枝上。人们对马达加斯加沙盲蛇的生活史或生物学资料知之甚少，它可能以白蚁及其幼虫等软体无脊椎动物为食，并像其他盲蛇一样为卵生。种本名"*arenarius*"的意思是"沙栖"。

相近物种

马岛盲蛇属 *Madatyphlops* 有 13 个物种，其中 8 种分布于马达加斯加，1 种分布于科摩罗群岛的马约特岛（*M. comorensis*），3 种分布于索马里（*M. calabresii*，*M. cuneirostis* 和 *M. leucocephalus*），1 种分布于坦桑尼亚（*M. platyrhynchus*）。在马达加斯加西南部，马达加斯加沙盲蛇与贝氏沙盲蛇 *M. boettgeri* 共生。

科名	盲蛇科 Typhlopidae：盲蛇亚科 Typhlopinae
风险因子	无毒
地理分布	亚马孙河流域的南美洲：哥伦比亚、委内瑞拉、圭亚那地区、巴西北部、秘鲁西部和玻利维亚北部
海拔	0～750 m
生境	原生林和次生林
食物	切叶蚁和白蚁及其幼虫
繁殖方式	卵生，每次产卵最多 10 枚
保护等级	IUCN 未列入

成体长度
9¾～15¾ in
(250～400 mm)

网纹盲蛇
Amerotyphlops reticulatus
Reticulate Blindsnake
(Linnaeus, 1758)

61

网纹盲蛇是亚马孙河和圭亚那地区最大的盲蛇，常与细盲蛇科的物种同域分布。网纹盲蛇体形粗壮，能够自己挖掘洞穴，而不必利用白蚁和其他穴居动物的洞穴。它是常见种，为夜行性，但也在清晨于地表被看到。网纹盲蛇的栖息地包括原生和次生雨林，生活在落叶层、腐烂的原木、白蚁和蚂蚁的巢穴中。它捕食蚂蚁及其幼虫，也可能捕食白蚁的幼虫和成体。网纹盲蛇在攻击性强的切叶蚁巢穴中产卵，以保护其免受捕食者的侵害，产卵量可达 10 枚。

相近物种

美洲盲蛇属 *Amerotyphlops* 包含分布于中美洲和南美洲的 15 种、北美洲的 13 种、特立尼达岛的 1 个特有种（*A. trinitatus*）和格林纳达的 1 个特有种（*A. tasymicris*）。在亚马孙河-圭亚那地区，只有另外 2 个物种：南美条纹盲蛇 *A. brongersmianus* 和亚马孙盲蛇 *A. minuisquamus*。网纹盲蛇的色斑能与这两个物种区分开来。

实际大小

网纹盲蛇的鳞片光滑而有光泽，其身体像手指一样粗，有非常独特的斑纹。它的身体背面呈浅棕色、棕色或深棕色，而腹面为纯白或乳白色，背面和腹面这两种颜色的分界线在体侧中央。吻端也是类似腹面的浅色，尾尖有一条类似的浅色环纹。

科名	盲蛇科 Typhlopidae：盲蛇亚科 Typhlopinae
风险因子	无毒
地理分布	西印度群岛：古巴东部（关塔那摩省）
海拔	0 m
生境	沿海生境
食物	可能为软体无脊椎动物
繁殖方式	可能为卵生，产卵量未知
保护等级	IUCN 未列入

成体长度
11～11¾ in
(282～301 mm)

62

伊米亚斯盲蛇
Cubatyphlops notorachius
Imias Blindsnake

Thomas & Hedges, 2007

伊米亚斯盲蛇的鳞片光滑，为有光泽的浅棕色，背面颜色深于腹面；眼睛深色，清晰可见。

　　伊米亚斯盲蛇分布于古巴最东部，靠近关塔那摩省的伊米亚斯镇。种本名"notorachius"的意思是"南岸"，反映了这个物种在古巴东南角接近海平面的分布。目前尚无该物种的生活史资料，但与其他盲蛇一样，它可能为夜行性，营穴居，但雨后会在地表活动，以白蚁等软体无脊椎动物为食，并产下少量的软壳卵。该物种体色呈浅色并缺乏色素，表明它更适合栖息于沙质土壤而非深色土壤中，其在沿海分布也证明了这一点。

相近物种

　　古巴盲蛇属 *Cubatyphlops* 包含西加勒比海地区分布的 12 个物种，主要分布于古巴，也包括开曼群岛和巴哈马群岛。伊米亚斯盲蛇为巴哈马盲蛇 *C. biminiensis* 种组的成员，该种组还包括关塔那摩省的其他 4 个物种：迈西盲蛇 *C. anchaurus*、古巴浅色盲蛇 *C. anousius*、古巴短鼻盲蛇 *C. contorhinus* 和关塔那摩湾盲蛇 *C. perimychus*。在西印度群岛还分布有美洲盲蛇的另外 2 个属：东加勒比海的安地列斯盲蛇属 *Antillotyphlops* 和分布广泛的盲蛇属 *Typhlops*。

科名	异盲蛇科 Xenotyphlopidae
风险因子	无毒
地理分布	马达加斯加岛：马达加斯加岛北部
海拔	0～50 m
生境	森林和有灌丛的海岸沙丘
食物	可能为软体无脊椎动物
繁殖方式	可能为卵生，产卵量未知
保护等级	IUCN 极危

成体长度
9½～10¼ in
(240～263 mm)

异盲蛇
Xenotyphlops grandidieri
Grandidier's Malagasy Blindsnake
(Mocquard, 1905)

63

异盲蛇的特征是具有宽而扁平的吻鳞，看起来就像
"推土机"。异盲蛇的模式产地未知，但其他标本曾采集
于马达加斯加岛北端萨卡拉瓦海湾（Baie de Sakalava）
的森林和灌木丛海岸沙丘的岩石下。该物种的生活史和
生物信息几乎都是未知的。它可能以白蚁及其幼虫等
软体无脊椎动物为食，可能为卵生。其狭小的栖息地
森林被砍伐，以便为制作木炭提供木材，而且该地区
也营采矿业，故异盲蛇已经是极危物种。异盲蛇的种
本名来源于阿尔弗雷德·格兰迪耶（Alfred Grandidier，
1836—1921），他是一位在马达加斯加工作的法国鸟类
学家，发现了象鸟的骨骼。

实际大小

异盲蛇的鳞片光滑而有光泽，身体前段呈深粉色，后段呈淡粉色，头部钝，表面有小乳突，吻端为一枚大吻鳞而呈钩状。头上的眼点不可见。

相近物种

异盲蛇科 Xenotyphlopidae 为马达加斯加岛所特有，
也是一个单型科。尽管它与细盲蛇科的成员有一些共同
特征，例如吻细盲蛇（第44页），但在系统发育关系
上，异盲蛇科与盲蛇下目其他蛇类明显不在同一支系。
一些学者认为异盲蛇科还有另一个物种，莫氏异盲蛇
Xenotyphlops mocquardi，但另一些学者认为莫氏
异盲蛇是异盲蛇的同物异名。异盲蛇在系
统发育上是单独支系，没有相近的支系。

真蛇下目：美洲真蛇类

Alethinophidia: Amerophidia

走出美洲
Out of America

真蛇下目 Alethinophidia（*Alethin*= 真的，真实的；*-ophidia*= 蛇）是由真蛇类组成的一个支系，比盲蛇下目（第 39 页）更进步。一些真蛇类营穴居，嘴较小，限制了它们的猎物的大小，但大多数真蛇类属于阔口蛇类（嘴能张得较大），具有高度适应的下颌，使得它们能吞下比自己的头部宽大得多的猎物。

在白垩纪中期（1.16 亿 — 0.97 亿年前），由于西冈瓦纳大陆（包含现代南美洲和非洲的超大陆）的分裂，真蛇类分化形成两个支系：美洲真蛇类 Amerophidia 和非洲真蛇类 Afrophidia。几乎 99% 的现生真蛇类都属于非洲真蛇类（第 71 页、第 127 页）。

美洲真蛇类包含 2 科 3 属 35 种。美洲筒蛇科（Aniliidae）是一种半穴居、小口的蛇类，在生态位上与非洲真蛇类的分布于亚洲的筒蛇科（Cylindrophiidae）相似；而林蚺科（Tropidophiidae）有 34 个阔口类物种，它们与非洲真蛇类中同样体形较小的两头沙蚺科（Charinidae）趋同。美洲真蛇类仅分布于中美洲、南美洲和西印度群岛。它们是无毒蛇类，靠绞杀的方式捕猎。

科名	美洲筒蛇科 Aniliidae
风险因子	无毒
地理分布	南美: 巴西、委内瑞拉、特立尼达岛、圭亚那、法属圭亚那、苏里南、哥伦比亚、玻利维亚、厄瓜多尔和秘鲁
海拔	30～700 m
生境	热带雨林和农耕栖息地
食物	小型蛇类、蚓蜥和鱼类，包括鳗鱼
繁殖方式	胎生，每次产仔 7～15 条
保护等级	IUCN 未列入

成体长度
23¾～35½ in,
偶见 3 ft 3 in
(600～900 mm,
偶见 1.0 m)

66

美洲筒蛇
Anilius scytale
South American Pipesnake
(Linnaeus, 1758)

美洲筒蛇的体形呈圆柱形，背鳞光滑，尾短，头圆，眼小。它有红色与黑色相交替的横纹，红纹宽于黑纹，第一条黑纹横贯头后方。这些横纹不像珊瑚蛇那样呈黄色或白色，但它的腹面则变成浅黄色，背面的黑纹可能延伸到腹面或交替出现。

在整个亚马孙河流域国家和圭亚那地区，美洲筒蛇是原生、次生雨林落叶层和农耕栖息地的常见种。它为夜行性或晨昏性，营半穴居生活。美洲筒蛇捕食小型蛇类，包括盲蛇类（盲蛇属 *Typhlops* 和美洲盲蛇属 *Amerotyphlops*，第 61 页）与箭蛇类（第 268～269 页），以及蚓蜥类（蠕蜥）、沼泽鳗鱼和细长的鱼类，可能也捕食蚓螈类（无足两栖动物）和细长的蜥蜴。在吞咽之前，它通过绞杀的方式来制服和捕获猎物。美洲筒蛇对人类无害，即使被触碰也不会咬人。当受到惊扰时，它和亚洲的筒蛇科蛇类（第 73～75 页）有同样的行为，会将头部藏在蜷曲的身体里，抬起并翻转尾巴，以转移敌人对自己头部的注意力或恐吓敌人。

相近物种

美洲筒蛇包含 2 个亚种，指名亚种 *Anilius scytale scytale* 分布于亚马孙河流域和圭亚那地区的大部分地方，黑纹亚种 *A. s. phelpsorum* 分布于委内瑞拉的玻利瓦尔州和阿马库罗州。一些学者认为可将黑纹亚种提升为独立种，它与指名亚种相比，黑纹比红纹更宽，腹鳞数量更多。美洲筒蛇容易与剧毒的珊瑚蛇类（第 457～465 页）和轻度毒性的橡树红光蛇（第 311 页）相混淆。

实际大小

科名	林蚺科 Tropidophiidae
风险因子	无毒
地理分布	中南美洲：太平洋沿岸的巴拿马、哥伦比亚和厄瓜多尔
海拔	0～750 m
生境	低地热带雨林
食物	食性偏好未知
繁殖方式	胎生，每次产仔 2～6 条
保护等级	IUCN 未列入

成体长度
15¾ in
(400 mm)

北睫蚺
Trachyboa boulengeri
Northern Eyelash Boa

Peracca, 1910

北睫蚺是一种长相奇特的蛇类，很少在野外遇到。它栖息于巴拿马、哥伦比亚和厄瓜多尔的太平洋低地乔科雨林（Chocó rainforests），隐秘地生活在靠近水源的落叶层。北睫蚺的生活史和生物学信息鲜为人知，目前仅知它是胎生，产仔量很小。它的捕食偏好还是个谜，除了吃鱼和偶尔吃小鼠，捕获的个体拒食人类提供的其他任何食物，也还没有关于它在野外的食性记录。这种隐秘的蛇类表现出非同寻常的防御行为，当被触碰时，它会变得僵硬。这既不是防御性的"蜷球"，也不是假死状态（装死），但可能是其中一种或两种防御性策略的前身。

北睫蚺是小型蛇类，背鳞起强棱，尾巴很短，呈锥形，头部呈蒜头形，眼小，瞳孔呈竖直椭圆形，眼眶上方有连续的肉质睫鳞（"睫毛"状）。吻端上方还有更高的鳞片。体色为棕色，背中央有深色斑，尾呈浅黄色或白色。

相近物种

睫蚺属 *Trachyboa* 的另一个已知物种是分布于太平洋沿岸厄瓜多尔的南睫蚺 *T. gularis*，尽管这个物种并不具有"睫毛"状鳞片。虽然被称为"蚺"，但它与蚺科 Boidae（第 104～113 页）没有密切的关系，而与西印度群岛的林蚺（第 68～69 页）关系较近。乍一看，北睫蚺的外形类似于非洲的基伍树蝰（第 607 页）或睫角棕榈蝮（第 558 页）。

实际大小

科名	林蚺科 Tropidophiidae
风险因子	无毒，具缠绕力
地理分布	西印度群岛：海地岛（海地和多米尼加共和国）
海拔	0～820 m
生境	低地雨林、种植园、岩石区和小溪
食物	蛙类、蜥蜴、小型哺乳动物
繁殖方式	胎生，每次产仔 4～9 条
保护等级	IUCN 未列入

成体长度
19¾～28 in
(500～712 mm)

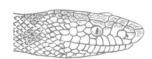

68

海地林蚺
Tropidophis haetianus
Haitian Woodsnake
(Cope, 1879)

虽然该种常被称作侏儒蚺，但还是称其为林蚺更为贴切，因为林蚺属 *Tropidophis* 与蚺科 Boidae 并没有直接亲缘关系。林蚺属有 27 个物种分布于西印度群岛，但海地林蚺是唯一分布于海地岛上的林蚺属物种，海地岛包括海地和多米尼加共和国。海地林蚺栖息于低地雨林，尤其是小溪旁，但也在种植园中被发现，例如藏匿在废弃的椰壳堆或其他碎片堆里。在夜间，它靠绞杀的方式捕获小型哺乳动物、蛙类和蜥蜴。它营陆栖和树栖生活，常被发现藏匿于棕榈树和其他树的附生凤梨内。

林蚺对人类来说是完全无害的，海地和多米尼加共和国没有危险的蛇类。

实际大小

海地林蚺体形较小、肌肉适中，身体侧扁，头部略尖，眼小，瞳孔呈竖直椭圆形。体色呈浅灰色、深棕色或棕褐色，没有斑纹或有两行平行排列的不规则深棕色斑块。

相近物种

海地林蚺有 3 个已知的亚种：分布广泛的指名亚种 *Tropidophis haetianus haetianus*、分布于多米尼加东部的多米尼加亚种 *T. h. hemerus*，和分布于海地蒂布龙半岛的蒂布龙亚种 *T. h. tiburonensis*。古巴东北部的分布记录可能是人为引入。分布于牙买加的 3 个物种曾经也是亚种：南牙买加林蚺 *T. jamaicensis*、北牙买加林蚺 *T. stejnegeri* 和波特兰林蚺 *T. stullae*。

科名	林蚺科 Tropidophiidae
风险因子	无毒，具缠绕力
地理分布	西印度群岛：古巴
海拔	10～800 m
生境	潮湿的林地、雨林、花园、牧场和露出地面的岩层
食物	蛙类、蜥蜴、鸟类和小型哺乳动物
繁殖方式	胎生，每次产仔 8～36 条
保护等级	IUCN 未列入

成体长度
3 ft 6 in
(1.06 m)

古巴林蚺
Tropidophis melanurus
Cuban Woodsnake
(Schlegel, 1837)

古巴林蚺是古巴 17 种林蚺中分布最为广泛的一种，分布于古巴及青年岛（Isla de la Juventud）的潮湿林地、热带雨林、开阔栖息地、岩石栖息地，甚至人工改造的栖息地。它也是该属最大的物种之一。古巴林蚺是夜行性的，营陆栖和树栖生活，捕食蛙类、蜥蜴、鸟类和小型哺乳动物，使用绞杀的方式杀死猎物。如果被惊扰到，它还会做出一些防御策略：它会蜷缩成"球"状，把头部藏在"球"的中心，泄殖腔旁的腺体中可能会渗出难闻的白色分泌物，嘴巴和眼睛中也可能会流出血。此外，古巴林蚺是完全无害的，整个古巴都没有危险的毒蛇。

相近物种

林蚺属包含有 32 个物种，其中巴西分布有 3 种，厄瓜多尔和秘鲁各有 2 种，其余分布于西印度群岛。古巴分布 17 种林蚺，除 2 种外，其余 15 种都是古巴的特有种。古巴林蚺已知有 3 个亚种：广泛分布的指名亚种 *Tropidophis melanurus melanurus*、分布于比那尔德里奥省的北部亚种 *T. m. dynodes*，以及仅分布于青年岛的青年岛亚种 *T. m. ericksoni*。纳瓦萨林蚺 *T. bucculentus* 曾经是古巴林蚺的一个亚种，它可能由于这座岛上引入山羊而濒临灭绝。

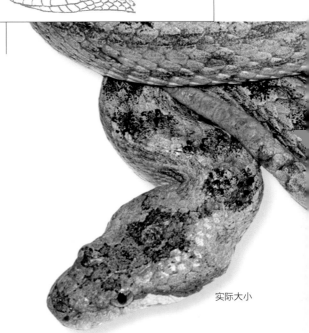

实际大小

古巴林蚺体形细长、肌肉发达，背鳞起棱或光滑，头部略尖，眼小，瞳孔呈竖直椭圆形。背面呈灰色、棕色、浅黄褐色、橙色、棕褐色或红色，带有较深的纵向条纹、横向斑块、斑点或锯齿状纹，其斑纹因亚种和分布地而异；尾巴呈黑色或白色；腹面呈浅黄褐色，带有深色斑点。

真蛇下目：非洲真蛇类：原蛇类

Alethinophidia: Afrophidia: Henophidia

走出非洲：古老的蛇类
Out of Africa: Old Snakes

非洲真蛇类 Afrophidia，在进化上起源于非洲，包含了几乎 99% 的真蛇下目蛇类，大多数属于新蛇类（第 126 ～ 645 页）。剩下的 185 种属于原蛇类（Henophidia，*Heno* = 古老，真；*–ophidia* = 蛇），即古老的蛇类。原蛇类包含有东南亚分布的 3 个科，它们是营穴居的"小口"蛇类——倭管蛇科 Anomochilidae、筒蛇科 Cylindrophiidae 和盾尾蛇科 Uropeltidae，这 3 个科通常被归为盾尾蛇总科 Uropeltoidea，原蛇类还包含分类地位尚未确定的 2 个科——分布于印度洋地区的岛蚺科 Bolyeriidae 和东南亚的刺腭蛇科 Xenophidiidae。

原蛇类还包含 2 个主要的阔口蛇类的总科。这些类群分布广泛且知名度很高，包括能够捕食大型脊椎动物的世界上体形最大的蛇类。蟒总科 Pythonoidea 包括在非洲、亚洲、澳大利亚分布的蟒科 Pythonidae，在东南亚分布的闪鳞蛇科 Xenopeltidae，以及在墨西哥分布的美洲闪鳞蛇科 Loxocemidae。蚺总科 Booidea 包括美洲的蚺科 Boidae 和两头沙蚺科 Charinidae、非洲的球蚺科 Calabariidae、非洲和亚洲的沙蚺科 Erycidae、马达加斯加的马岛蚺科 Sanzinidae 和太平洋及新几内亚岛的地蚺科 Candoiidae。非洲真蛇类分布于世界各地，包括美洲，在那里它们与美洲真蛇类同域分布。原蛇类都是无毒的，很多都具有绞杀行为。

科名	倭管蛇科 Anomochilidae
风险因子	无毒
地理分布	东南亚地区：马来西亚的加里曼丹岛（沙巴州）
海拔	1450～1515 m
生境	中低海拔山地雨林
食物	未知，可能包括小或细长的无脊椎动物，或脊椎动物
繁殖方式	可能为卵生，产卵量未知
保护等级	IUCN 数据缺乏

成体长度
20½ in
(520 mm)

72

基纳巴卢倭管蛇
Anomochilus monticola
Kinabalu Lesser Pipesnake

Das, Lakim, Lim & Hui, 2008

基纳巴卢倭管蛇的体形呈圆柱形，头部短而圆，颈部区分不明显，尾短。背鳞光滑而有光泽。体色呈有虹彩光泽的蓝黑色，体侧有浅黄色斑点，腹面有较大的斑点，吻背有一条浅黄色的横纹，尾巴上有一条橙色环纹。

基纳巴卢倭管蛇是倭管蛇属 *Amomochilus* 已知最大的物种。它是加里曼丹岛[1]马来西亚沙巴州的特有种，仅在基纳巴卢山海拔约 1500 m 处采集到一些标本。它栖息于雨林落叶层，营穴居生活。基纳巴卢倭管蛇的下巴上没有颌沟，因此嘴巴不能张大，只能吞下较小或细长的猎物，可能是无脊椎动物，也可能是细长的脊椎动物。它的繁殖方式也鲜为人知。虽然筒蛇科 Cylindrophiidae 和盾尾蛇科 Uropeltidae 是胎生的，但人们推测倭管蛇属物种可能是卵生的，因为目前已知莱氏倭管蛇 *A. leonardi* 营卵生，雌性能产 4 枚软壳的卵。

相近物种

倭管蛇属和倭管蛇科还包括另外 2 个物种：分布于马来半岛和加里曼丹岛沙巴州的莱氏倭管蛇 *Anomochilus leonardi*、分布于苏门答腊岛和加里曼丹岛的苏门答腊岛倭管蛇 *A. weberi*。由 3 个物种组成的倭管蛇科被认为比筒蛇属 *Cylindrophis* 更原始，但是最近的研究表明它们与斑筒蛇（第 74 页）的亲缘关系很近。

① 旧称为"婆罗洲"。——译者注

实际大小

科名	筒蛇科 Cylindrophiidae
风险因子	无毒
地理分布	东南亚地区：印度尼西亚和东帝汶
海拔	120～390 m
生境	低地森林、河滨森林、香蕉园和竹林
食物	可能是细长的脊椎动物，如盲蛇
繁殖方式	胎生，产仔量未知
保护等级	IUCN 未列入

成体长度
13 in
(330 mm)

布氏筒蛇
Cylindrophis boulengeri
Boulenger's Pipesnake
Roux, 1911

布氏筒蛇大概仅有 12 号标本，采集于印度尼西亚西帝汶、独立的东帝汶，东北至印度尼西亚的韦塔岛，东至巴巴尔岛。这种小型蛇类很少被人看见，通常栖息于低地森林、河滨森林，以及竹林和种植区，如香蕉园。它营半穴居或穴居生活，在河流附近的大岩石下也被发现过。目前还没有该物种的生活史记录，它可能以盲蛇和其他细长的脊椎动物为食，可能与红尾筒蛇（第 75 页）一样为胎生。不同岛屿的种群的分类地位尚未完全确定。

实际大小

相近物种

还有一些鲜为人知的筒蛇属物种分布于印度尼西亚东南部的岛屿上：龙目岛、松巴哇岛、科莫多岛和弗洛勒斯岛上的小巽他筒蛇 *Cylindrophis opisthorhodus*、塔纳詹佩阿岛筒蛇 *C. isolepis*、扬德纳岛筒蛇 *C. yamdena* 和阿鲁岛筒蛇 *C. aruensis*。

布氏筒蛇的背鳞光滑而有光泽，头部圆，尾短。背面呈黑色，腹面呈乳白色，带有黑色斑点，体侧有连续的、不规则的向背面延伸的浅色斑，每个浅色斑都有一个橙色斑点，颈部、身体前段和尾部的斑点汇合或几乎汇合形成橙色环纹。下巴上的乳白色斑纹也向上延伸到头部两侧。

科名	筒蛇科 Cylindrophiidae
风险因子	无毒
地理分布	南亚地区：斯里兰卡
海拔	0～1200 m
生境	低地、低山森林和平原、花园和耕地
食物	小型蛇类、蚯蚓和昆虫
繁殖方式	胎生，每次产仔 1～15 条
保护等级	IUCN 未列入

成体长度
28 in
(715 mm)

74

斑筒蛇
Cylindrophis maculatus
Sri Lankan Pipesnake
(Linnaeus, 1758)

斑筒蛇的背鳞光滑，头部略尖且扁平，与颈部区分不太明显，尾巴非常短。背面呈黑色，有两行砖红色的斑块，使黑色部分缩减成细横纹。身体和尾部腹面呈白色，带黑色横纹。

斑筒蛇为夜行性半穴居蛇类，栖息于低地平原和低山雨林中，但也被发现于花园或稻田等耕地中。它经常出现在大石头或原木下，或落叶堆里。它捕猎小型蛇类，如盾尾蛇科 Uropeltidae、亚洲盲蛇科 Asiatyphlopinae 或盾尾蛇属（第 399 页）的蛇类，也被报道过以蚯蚓和昆虫为食。它是胎生物种，雌性可以产下多达 15 条幼仔。当斑筒蛇感到潜在捕食者的威胁时，就会把身体变得扁平，尽可能暴露出红色斑点，再把头藏起来，把尾巴抬高，将尾尖倒置，露出黑白相间的尾腹面，就像眼镜蛇鼓起的脖子一样。

相近物种

筒蛇属物种主要分布于东南亚，从缅甸到苏拉威西岛，以及印度尼西亚的塔宁巴尔群岛和阿鲁群岛，斑筒蛇是该属唯一分布于南亚的物种。它与亲缘关系较近的盾尾蛇科 Uropeltidae 物种在斯里兰卡同域分布。

实际大小

科名	筒蛇科 Cylindrophiidae
风险因子	无毒
地理分布	东南亚地区：华南、缅甸、泰国、老挝、越南、柬埔寨、印度尼西亚和马来西亚
海拔	0～1675 m
生境	低地雨林、沼泽、稻田和咸水潟（xì）湖
食物	蛇类和鳗类
繁殖方式	胎生，每次产仔 5～13 条
保护等级	IUCN 无危

成体长度
27½～35½ in
(700～900 mm)

红尾筒蛇
Cylindrophis ruffus
Red-Tailed Pipesnake
(Laurenti, 1768)

75

红尾筒蛇是分布广泛且常见的筒蛇属物种，从中国南部和东南亚的大陆，到苏门答腊岛、爪哇岛、加里曼丹岛、苏拉威西岛及其附属群岛均有记录。它栖息于各种各样的低地环境。红尾筒蛇的猎物是圆柱形脊椎动物，如蛇类和鳗类。筒蛇属物种都是胎生，体形较大的红尾筒蛇每胎产仔量可达 13 条。当受到威胁时，它会把头藏在蜷缩的身体里，抬起尾巴，把尾尖翻转，露出尾腹面的红色斑。这可能是为了模拟出一个假的头部，以分散捕食者对真实头部的注意力，或者恐吓捕食者。

相近物种

筒蛇属 *Cylindrophis* 有 14 个物种，其中 13 种分布于东南亚，仅有斑筒蛇（第 74 页）分布于南亚。红尾筒蛇与缅甸筒蛇 *C. burmanus* 同域分布于缅甸，与线纹筒蛇 *C. lineatus* 和英格卡里筒蛇 *C. engkariensis* 同域分布于加里曼丹岛的砂拉越州，米氏筒蛇 *C. mirzae* 分布于新加坡，乔氏筒蛇 *C. jodiae* 分布于越南，爪哇岛筒蛇 *C. subocularis* 分布于爪哇岛，黑筒蛇 *C. melanotus* 分布于苏拉威西岛和马鲁古群岛西部。

实际大小

红尾筒蛇的背鳞光滑，体形呈圆柱形，头部圆形，与颈部略区分，眼很小，尾很短。背面呈有光泽的黑色或棕色，有白色或乳白色横纹，横纹在背脊中央相连或断开。身体腹面为黑色和白色相交杂，尾腹面呈鲜红色并延续到尾背面，形成鲜红色环纹。

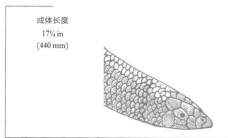

科名	盾尾蛇科 Uropeltidae
风险因子	无毒
地理分布	南亚地区：印度西南部
海拔	1065～2250 m
生境	雨林
食物	可能为蚯蚓
繁殖方式	胎生，每次产仔 3～6 条
保护等级	IUCN 未列入

成体长度
17¼ in
(440 mm)

76

槌尾蛇
Plectrurus perrotetii
Nilgiri Earthsnake
Duméril, Bibron & Duméril, 1854

槌尾蛇呈圆柱形，背鳞光滑，头部窄而尖，眼小，尾短而钝，尾末端有两个上下排列的小突起。体色通常呈浅棕色或深棕色，但鳞片中央可能有红色或黄色细纹，尾腹面通常为橙色。

槌尾蛇是印度西南部特有种，栖息于泰米尔纳德邦西部和卡纳塔克邦的尼尔吉里山脉，以及喀拉拉邦的西高止山脉。在分布区内，它是常见种，但大部分时间都在地下，在大雨过后会出现在地表。它是雨林底层栖息的物种，但在耕地中也有发现，特别是那些用马粪施肥的地方。这种栖息地会聚集大量蚯蚓，而蚯蚓则是槌尾蛇的主要猎物。夜间，随着空气和地面温度的下降，槌尾蛇就会从地下和马粪下钻出来活动。槌尾蛇的种本名来源于法国探险家和博物学采集人古斯塔夫·塞缪尔·佩罗特（Gustave Samuel Perrotet，1793—1867）。

相近物种

槌尾蛇属 *Plectrurus* 还包含另外 2 个物种，都是印度南部特有种：喀拉拉槌尾蛇 *P. aureus* 和耿氏槌尾蛇 *P. guentheri*。

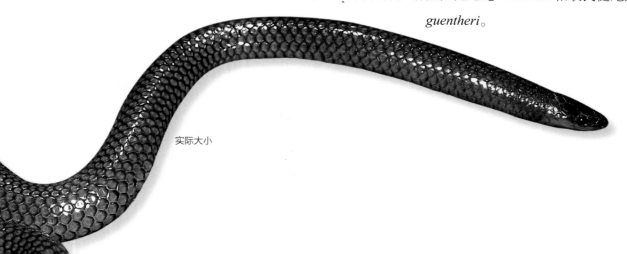

实际大小

科名	盾尾蛇科 Uropeltidae
风险因子	无毒
地理分布	南亚地区：斯里兰卡
海拔	750～950 m
生境	森林边缘、稻田、农场和花园
食物	蚯蚓
繁殖方式	胎生，每次产仔 2～4 条
保护等级	IUCN 未列入

成体长度
8～11¾ in
(200～300 mm)

特氏锉尾蛇
Rhinophis homolepis
Trevelyan's Shieldtail

Hemprich, 1820

特氏锉尾蛇分布于斯里兰卡中部的低海拔地区，栖息于山坡森林、森林边缘、稻田、花园、农场和牛圈中。常在农耕生境中发现小规模种群，尤其是那些土壤松软、蚯蚓丰富的地方，蚯蚓是其主要猎物。该物种在河道附近和沼泽地区也很常见。与锉尾蛇属其他物种一样，特氏锉尾蛇也是胎生。乍一看，很容易把它的头部和尾部搞错。它的头部是尖锐的，而尾部是圆球状，尾基部为亮黄色环纹状，尾末端中心呈粉红色。

特氏锉尾蛇的体形小，呈圆柱形，头部长而尖，眼很小。尾末端略呈球状，为粉红色和黄色，与身体大部分呈有光泽的蓝黑色形成对比。体侧有较小的黄色三角形斑或斑点，颈部或有一个黄色环纹，体侧下方或为白色的，带有深色斑点。

相近物种

锉尾蛇属 *Rhinophis* 有 20 个物种，其中 15 种为斯里兰卡特有种，4 种为印度特有种，1 种（锉尾蛇 *R. oxyrynchus*）分布于这两个国家。特氏锉尾蛇的曾用名为 *R. trevelyanus*，但更早的名称 *R. homolepis* 占据了优先权，因此现在采用该名称。与特氏锉尾蛇相似的物种是德氏锉尾蛇 *R. drum-mondhayi*，它被 IUCN 列为近危物种。

实际大小

科名	盾尾蛇科 Uropeltidae
风险因子	无毒
地理分布	南亚地区：印度西部
海拔	0 ～ 1370 m
生境	森林、水田和农田
食物	蚯蚓和昆虫
繁殖方式	可能为胎生，产仔量未知
保护等级	IUCN 无危

78

成体长度
11¾ ～ 12¾ in
(300 ～ 323 mm)

大鳞盾尾蛇
Uropeltis macrolepis
Large-Scaled Shieldtail
(Peters, 1862)

大鳞盾尾蛇体形粗壮，背鳞光滑而有光泽；头部圆润，眼相对较大；尾巴看起来像是被刀割过的，尾背的鳞片具两条或三条棱。背面呈黑色，体侧通常有黄色的斑点或横斑，这些斑点或横斑可能形成一条纵向侧纹，从喉部下方延伸至背部。

盾尾蛇又称粗尾蛇或刺尾蛇。有些物种的尾巴逐渐变细，但大多数物种的尾巴看起来像是被锋利的刀切开后伤口愈合，留下粗糙的痂或疤痕。这使它们获得共同的名称"盾尾"。它们是钻洞的能手，盾形的尾部能有效地堵住洞口，甚至能利用粗糙的尾部推土。大鳞盾尾蛇发现于印度西部的古吉拉特邦南部和马哈拉施特拉邦，在当地比较常见。它以蚯蚓和软体无脊椎动物为食，当雨季洞穴被淹时会出现在地表。盾尾蛇对人类无害，它有许多天敌，但只有一种防御方式：挖洞。

相近物种

大鳞盾尾蛇有 2 个已知的亚种，指名亚种 *Uropeltis macrolepis macrolepis* 和马哈亚种 *U. m. mahableshwarensis*，后者分布于西高止山脉北段更靠南的地区。盾尾蛇科 Uropeltidae 总共有 55 个物种，而盾尾蛇属 *Uropeltis* 已知 23 个物种，该属为印度南部的特有属。与大鳞盾尾蛇相似的物种是埃氏盾尾蛇 *U. ellioti*。

实际大小

科名	岛蚺科 Bolyeriidae
风险因子	无毒，具缠绕力
地理分布	印度洋：圆岛（毛里求斯）
海拔	280 m
生境	干旱森林
食物	蜥蜴
繁殖方式	卵生，每次产卵 3 ～ 11 枚
保护等级	IUCN 濒危，CITES 附录 I

成体长度
3 ft 3 in ～ 4 ft 2 in
(1.0 ～ 1.28 m)

棱鳞岛蚺
Casarea dussumieri
Round Island Keel-Scaled Boa
(Schlegel, 1837)

棱鳞岛蚺属于岛蚺科 Bolyeriidae，为原始的裂颌蛇类，上颌骨分裂成前后两半。它与真正的蚺类不同，它缺乏爪状后肢残迹，并且是卵生而非胎生。它隐匿于棕榈叶下或海鸟洞穴里，在夜间猎杀正在睡觉的昼行性壁虎和石龙子，用绞杀的方式杀死猎物。可能由于鼠类的影响，棱鳞岛蚺已在毛里求斯岛绝迹，目前仅分布于毛里求斯岛以北 22.5 km 的一个小岛——圆岛（Round Island）。圆岛最高海拔 280 m，总面积只有 1.69 km²，是一个保护区，有着独特的、高度特有的动植物。圆岛曾经被引进的山羊和兔子破坏，造成大规模的栖息地丧失和水土流失。

棱鳞岛蚺体形细长，背鳞起棱，头部较尖，眼小，瞳孔呈竖直椭圆形。它的体色为灰褐色或橙色，有的背面有深棕色斑纹。

相近物种

棱鳞岛蚺仅有的一个近缘种是岛蚺 *Bolyeria multocarinata*，它是穴居物种，比棱鳞岛蚺更容易受到岛上水土流失的影响。岛蚺自 1975 年以来就没有再被发现过，已被世界自然保护联盟（IUCN）正式列为灭绝物种。泽西野生动物保育基金会与毛里求斯政府合作，实施了一项人工繁育计划，使棱鳞岛蚺免于灭绝。

实际大小

科名	刺腭蛇科 Xenophidiidae
风险因子	无毒
地理分布	东南亚地区：马来半岛
海拔	100 m
生境	低地雨林
食物	可能是蚯蚓或者昆虫幼虫
繁殖方式	可能为卵生，产卵量未知
保护等级	IUCN 数据缺乏

成体长度
10¼ in
(263 mm)

80

马来刺腭蛇
Xenophidion schaeferi
Malayan Spine-Jawed Snake
Günther & Manthay, 1995

马来刺腭蛇是小型蛇类，身体扁平，背鳞起弱棱，尾短，头部呈细长方形，瞳孔小而圆，前额鳞较大。背面为深棕色，背部两侧各有一条较宽的灰白色锯齿状纵纹，背脊中央为深棕色；腹面浅灰色。

马来刺腭蛇仅知 1 号正模标本，采集于雪兰莪州面积 12.14 km² 的邓普勒公园（Templer Park），距吉隆坡 22 km。它栖息于低地原始雨林，为夜行性陆栖蛇类，可能以蚯蚓和昆虫幼虫为食，也可能捕食小型蜥蜴。它的繁殖习性未知，但可能为卵生。"刺腭蛇"这个名称源于其上颌骨上有一枚细长的腭骨。世界自然保护联盟（IUCN）将该物种列为缺乏数据，但它可能是极度濒危、区域灭绝甚至是灭绝，因为它的模式产地（位于公园入口以南 2 km 的地方）在 1990 年已被开垦并种植了香蕉。

相近物种

刺腭蛇科 Xenophidiidae 中仅有另一个物种——加里曼丹刺腭蛇 *Xenophidion acanthognathus*，它也仅知 1 号正模标本，采集于加里曼丹岛沙巴州基纳巴卢山海拔 600 m 处。加里曼丹刺腭蛇的体形比马来刺腭蛇稍大，以石龙子为食，卵生，其模式产地同样也遭到严重破坏。

实际大小

科名	闪鳞蛇科 Xenopeltidae
风险因子	无毒，具缠绕力
地理分布	东南亚地区：缅甸至中国南部，南至苏门答腊岛、爪哇岛、加里曼丹岛，东至菲律宾
海拔	0～1400 m
生境	低地雨林、沼泽和稻田
食物	小型哺乳动物、鸟类、蜥蜴、蛇和蛙类
繁殖方式	卵生，每次产卵 3～17 枚
保护等级	IUCN 无危

成体长度
2 ft 7 in～3 ft 7 in
(0.8～1.1 m)

闪鳞蛇
Xenopeltis unicolor
Sunbeam Snake
Reinwardt, 1827

闪鳞蛇又称彩虹蛇，广泛分布于东南亚大陆、苏门答腊岛、爪哇岛、加里曼丹岛和菲律宾。它栖息于低地雨林、淡水沼泽，以及稻田等人工栖息地，营陆栖和半穴居，生活在落叶层和动物洞穴中，也可以钻入软泥中营穴居生活。闪鳞蛇是神秘的夜行性蛇类，通常只有在季风雨后才到地面活动，它在穿越小路或马路时容易被遇到。闪鳞蛇的食性较广泛，捕食啮齿动物、鸟类、蜥蜴、蛇和蛙类，通过绞杀的方式把猎物杀死。

实际大小

相近物种

闪鳞蛇科 Xenopeltidae 仅有 2 个物种[①]，是闪鳞蛇及其近缘种海南闪鳞蛇 *Xenopeltis hainanensis*。与闪鳞蛇科最接近的是蟒类和美洲闪鳞蛇（第 82 页）。

闪鳞蛇的名称很贴切，它的鳞片有彩虹般的光泽，折射出日光的光谱。它的体形呈圆柱形，尾短，头部扁平，眼小。幼体的颈部有白色或黄色斑纹，但随着年龄的增长，斑纹逐渐消失。

---

① 2022 年新发表了越南闪鳞蛇 *Xenopeltis intermedius*，因此闪鳞蛇科已有 3 个物种。——译者注

科名	美洲闪鳞蛇科 Loxocemidae
风险因子	无毒，具缠绕力
地理分布	北美洲和中美洲：墨西哥中部至哥斯达黎加
海拔	20 ～ 600 m
生境	干旱低地季节性落叶林、荆棘林和低山地森林
食物	小型哺乳动物、蜥蜴、蛙类，爬行动物的卵
繁殖方式	卵生，每次产卵 4 ～ 12 枚
保护等级	IUCN 无危，CITES 附录 II

成体长度
3～5 ft
(0.9～1.5 m)

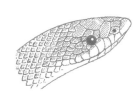

82

美洲闪鳞蛇
Loxocemus bicolor
Mexican Burrowing Python
Cope, 1861

美洲闪鳞蛇分布于中美洲，从墨西哥中部到危地马拉、洪都拉斯、尼加拉瓜和哥斯达黎加，在太平洋沿岸尤其常见，在大西洋沿岸偶有记录。美洲闪鳞蛇是夜行性的半穴居蛇类，白天隐藏在落叶层中。它以小型哺乳动物、蜥蜴和蛙类为食，用绞杀的方式杀死猎物，它也吃爬行动物的卵。它常常搜寻到鬣蜥和海龟的巢穴，用蜷曲的身体把卵压住，再张大嘴巴把卵吞下，通过这种方式，它能把一窝卵的大部分都吃掉。在繁殖期，雄性会为了接近雌性而互相攻击和撕咬。与美洲的蚺类不同，美洲闪鳞蛇为卵生。

相近物种

美洲闪鳞蛇在美洲没有近亲，尽管它和蚺类有一些共同的特征。与美洲闪鳞蛇属 *Loxocemus* 亲缘关系最接近的是旧大陆的蟒类和闪鳞蛇（第 81 页），因此这种新大陆的蛇类被归入单型科——美洲闪鳞蛇科 Loxcemidae。

美洲闪鳞蛇看起来并不像蟒蚺类。背面呈均匀的灰色，腹面呈白色，背面和腹面的分界线很明显。头部较尖，眼小，头背面的鳞片较小；尾巴无缠绕性。

实际大小

科名	蟒科 Pythonidae
风险因子	无毒，具缠绕力
地理分布	澳大利亚：澳大利亚北部
海拔	0 ～ 60 m
生境	干旱的岩石峭壁区，尤其是洞穴周围、干燥的稀树草原林地、沿海林地，以及城市环境
食物	小型哺乳动物，尤其是蝙蝠，以及鸟类、蜥蜴和蛙类
繁殖方式	卵生，每次产卵 7 ～ 20 枚
保护等级	IUCN 未列入，CITES 附录 II

成体长度
2 ft 7 in ～ 3 ft 7 in
(0.8 ～ 1.1 m)

乔氏星蟒
Antaresia childreni
Children's Python
(Gray, 1842)

83

乔氏星蟒是一种小型、攻击性较弱的蟒。然而，它的学名并非源于它看似适宜作为儿童宠物①，得名乔氏星蟒是为了纪念英国博物学家约翰·乔治·乔德伦（John George Children，1777—1852）。乔氏星蟒分布于澳大利亚北部大分水岭以西，从西澳大利亚州的金伯利到昆士兰州伊萨山的广泛区域，它常被发现于干旱的岩石峭壁区。在那里，它有时捕捉休憩的蝙蝠为食。该种也常被发现于林地与草原生境，甚至于城市环境，比如达尔文市。在这些区域，它捕食小型陆栖哺乳动物以及鸟类、蜥蜴、蛙类等其他小型脊椎动物。

相近物种

星蟒属 *Antaresia* 包含另外 3 个物种：昆士兰州和新几内亚岛南部的斑点星蟒 *A. maculosa*，广泛分布于澳大利亚、包含东部和西部 2 个亚种的斯氏星蟒 *A. stimsoni*②，以及全世界最小的蟒蛇、最长仅能达到 610 mm 的珀斯星蟒 *A. perthensis*。

实际大小

乔氏星蟒体形小而纤细，拥有从灰褐色到红褐色的多样体色，夹有深色的斑点。它的头很小，眼亦小而色浅，尾无缠绕性。

① 种本名*childreni*中的children一词为英文单词child（儿童）的复数形式。——译者注
② 根据伊士奎（Esquerré）等（2021）的研究成果，斯氏星蟒与乔氏星蟒间存在广泛基因交流，其分化未达种级，故废除斯氏星蟒的有效性，将其视为乔氏星蟒的次异名。该研究亦将斑点星蟒分布于澳大利亚约克角半岛的种群订为新亚种*A. maculosa penisularis*，并将原斑点星蟒新几内亚种群描述为新种巴布亚星蟒*A. papuensis*。——译者注

科名	蟒科 Pythonidae
风险因子	无毒，缠绕力强
地理分布	澳大拉西亚：新几内亚岛（主岛和许多沿海岛屿）
海拔	0～300 m
生境	低地雨林、季雨林、河滨林地、花园
食物	哺乳动物与爬行动物
繁殖方式	卵生，每次产卵最多 22 枚
保护等级	IUCN 未列入，CITES 附录 II

成体长度
6 ft 7 in～14 ft 9 in,
偶见长于 16 ft 5 in
(2.0～4.5 m,
偶见长于 5.0 m)

84

巴布亚蟒
Apodora papuana
Papuan Python
(Peters & Doria, 1878)

巴布亚蟒体形粗壮，头宽而扁。该种常显现出两条棕色暗纹，背面色斑暗于体侧，头部则呈灰色，每一枚鳞片都由黑色的鳞间皮肤隔开。瞳孔也呈浅灰色。由于环体鳞片小而密，巴布亚蟒摸起来有如绒般细软。

巴布亚蟒是新几内亚岛所有蟒科成员中体形最大、体重最重的一种，一些罕见的个体全长达 5 m，甚至达 5 m，体重也超过 27 kg。巴布亚蟒是一种硕大到能够使用自身重量压制并绞杀小型袋鼠的大型蟒。巴布亚蟒也捕食爬行动物，尤其是蛇类，甚至会吃掉一些与自己长度相当的其他蟒类。虽然广布于新几内亚全岛及其附属岛屿，巴布亚蟒却是遇见频率最低的物种之一，该种常分布于沿着大河且有茂密林地覆盖的生境。在潮湿的夜晚，你也许能在合适的生境见到它穿越道路。该种有时也会在花园中出现，并以绞杀的方式猎捕袋狸和鼠类。

相近物种

巴布亚蟒有时会和与它亲缘关系最近的橄榄蟒（第 89 页）、澳洲水蟒 *Liasis fuscus* 和麦氏水蟒（第 88 页）一起被置于岩蟒属 *Liasis*。

实际大小

科名	蟒科 Pythonidae
风险因子	无毒，缠绕力强
地理分布	澳大拉西亚：澳大利亚北部（西澳大利亚州到昆士兰州）
海拔	15 ～ 60 m
生境	潮湿的沿海森林、干燥的林地以及干旱多岩的沙漠
食物	哺乳动物、陆栖鸟类、爬行动物
繁殖方式	卵生，每次产卵 6 ～ 18 枚
保护等级	IUCN 未列入，CITES 附录 II

成体长度
5～10 ft
(1.5～3.0 m)

黑头盾蟒
Aspidites melanocephalus
Black-Headed Python
(Krefft, 1864)

85

黑头盾蟒及其近缘种拉氏盾蟒（见下文）被认为是澳大拉西亚蟒类中的原始类群。它们是仅有的唇鳞与吻鳞缺少热感唇窝的蟒蛇，这一特征也是它们不以温血动物为主要食物来源的体现。虽然黑头盾蟒会捕食哺乳动物及鸟类，但是它更偏向于捕食巨蜥和蛇类，甚至是毒蛇。在其分布区内，黑头盾蟒栖息于林地覆盖的生境及沿海森林，尤其常见于多岩的峭壁和半沙漠生境，而在真正的沙漠环境中，其生态位则被同属近缘种拉氏盾蟒替代。黑头盾蟒被记录于西澳大利亚州黑德兰港到昆士兰州罗克汉普顿市的广泛区域。[①]

黑头盾蟒可以从墨黑色的头颈部轻易辨识，它们的种本名也来源于这一特征（*melano*= 黑色，*-cephalus*= 头部）。它的唇部和鼻孔并不具有与蟒科其他成员类似的唇窝。

相近物种

黑头盾蟒的唯一近缘种为广布于澳大利亚内陆、适应干旱生境的拉氏盾蟒 *Aspidites ramsayi*，该种身被带状棕色斑纹，头部缺少黑色。

[①] 罗克汉普顿市以南的格拉德斯通市也有过黑头盾蟒的记录，应为该种分布的南限。——译者注

实际大小

科名	蟒科 Pythonidae
风险因子	无毒，具缠绕力
地理分布	澳大拉西亚：俾斯麦群岛（新不列颠岛、新爱尔兰岛及周边岛屿）
海拔	0～300 m
生境	原始林和次生林，也见于油棕和椰子种植园
食物	小型哺乳动物和爬行动物
繁殖方式	卵生，每次产卵最多 9 枚
保护等级	IUCN 无危，CITES 附录 II

成体长度
2 ft 7 in～4 ft 3 in
（0.8～1.3 m）

环纹蟒
Bothrochilus boa
Bismarck Ringed Python
(Schlegel, 1837)

86

环纹蟒具有黑色与橘色或棕色相间的环纹。头部较长，呈亮黑色，与白唇蟒类似。该种的色斑在幼年个体上最为明显，随着年龄的增长，色斑会在成年之后变得相对暗淡。

环纹蟒是巴布亚新几内亚俾斯麦群岛仅有的两种蟒之一，另一种则是体形大很多的紫晶蟒（第 100 页）。虽然主要栖息于雨林环境中，环纹蟒也经常在油棕和椰子种植园中出没，捕食一些小型哺乳动物，以及包括石龙子在内的蜥蜴和体形更小的蛇类，但它并不存在同类相食的现象。环纹蟒或许是新几内亚岛习性最为隐秘的蛇类之一，它营半穴居生活，经常藏在椰子壳或油棕树的叶子里，除了在雨后的夜晚爬上公路的情况，环纹蟒很少在开阔的环境中被发现。

相近物种

与环纹蟒亲缘关系最近的是白唇蟒属物种（第 87 页），在过去，环纹蟒和白唇蟒属物种曾被归入同一个属。环纹蟒也是不分布于新几内亚主岛的两种蟒科成员之一，另一种则是比亚克岛白唇蟒 *Leiopython biakensis*。

实际大小

科名	蟒科 Pythonidae
风险因子	无毒，具缠绕力
地理分布	澳大拉西亚：新几内亚岛（主岛北部及圣穆绍群岛）
海拔	0～1650 m
生境	低地雨林、河滨林地、沼泽地与种植园
食物	小型哺乳动物
繁殖方式	卵生，每次产卵最多 17 枚
保护等级	IUCN 未列入，CITES 附录 II

成体长度
3 ft 3 in～5 ft 7 in
(1.0～1.7 m)

北部白唇蟒
Leiopython albertisii
Northern White-Lipped Python
(Peters & Doria, 1878)

87

由于种本名致敬了曾在新几内亚岛开展采集工作的意大利博物学家阿尔伯特（Luigi Maria d'Albertis, 1841—1901），北部白唇蟒常被称为阿尔伯特蟒。北部白唇蟒分布于新几内亚岛北部的低地丛林与种植园，它未能向东扩散到近缘种环纹蟒（第 86 页）分布的俾斯麦群岛，但在新爱尔兰岛以北的圣穆绍群岛拥有一个隔离种群。该种可能是在其分布区内野外最常见的蟒科物种，大雨过后的夜晚常在路面捕猎袋狸和鼠类。北部白唇蟒是一种很少咬人的无害蟒类，但同所有的蟒蛇一样，它造成的咬伤虽然不致生命危险，但会导致大量流血。

北部白唇蟒背面常为栗棕色，至体侧显黄棕色，腹面白色，亮黑色的头部与体色形成显著对比，该种的唇部还具有明显的钢琴键状黑白色斑。和它分布在南方的近缘种南部白唇蟒 *L. meridionalis* 相比，北部白唇蟒的体色要令人震撼得多。

相近物种

北部白唇蟒与白唇蟒属 *Leiopython* 其他物种亲缘关系很近，包括分布于新几内亚岛西部实珍群岛的比亚克岛白唇蟒 *L. biakensis*、巴布亚新几内亚钦布省的弗氏白唇蟒 *L. fredparkeri*、巴布亚新几内亚莫罗贝省的休恩白唇蟒 *L. huonensis*、巴布亚新几内亚东部高地省的山地白唇蟒 *L. montanus* 和新几内亚南部沿海低地体形较大的（全长 2.5 m）的南部白唇蟒 *L. meridionalis* 等。白唇蟒属物种与环纹蟒 *Bothrochilus boa* 的亲缘关系也较近。①

① 依据近期的分类，白唇蟒属仅辖北部白唇蟒和弗氏白唇蟒这两个物种。比亚克岛白唇蟒和休恩白唇蟒被作为北部白唇蟒的亚种，山地白唇蟒被作为弗氏白唇蟒的亚种，而南部白唇蟒可能是弗氏白唇蟒的同物异名。——译者注

实际大小

科名	蟒科 Pythonidae
风险因子	无毒，具缠绕力
地理分布	印澳板块：印度尼西亚（小巽他群岛东部）、东帝汶，也可能分布在澳大利亚西北部
海拔	0～450 m
生境	低地森林及湿地、溪流、种植园和稻田
食物	小型哺乳动物、鸟类及鸟卵，也可能捕食蜥蜴、蛙类或鱼类
繁殖方式	卵生，每次产卵 8～20 枚
保护等级	IUCN 未列入，CITES 附录 II

成体长度
3 ft 3 in～7 ft 3 in
(1.0～2.2 m)

88

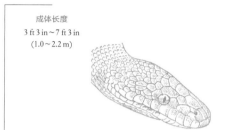

麦氏水蟒
Liasis mackloti
Macklot's Water Python

Duméril & Bibron, 1844

麦氏水蟒又称斑点蟒[①]，分布于小巽他群岛东部。有证据表明该种在冰期时，由于海平面较低，其分布一直延伸至邻近帝汶岛的澳大利亚西北部。该种在栖息地选择上偏好低地的富水环境，比如季节性洪泛草原，湿润的森林和稻田，它有时顺着溪流和水沟进入人类的村庄。因为行动缓慢，麦氏水蟒常常在雨季的马路上遭遇路杀。麦氏水蟒在自然环境下以鼠类和鸟类为食，也可能捕食蜥蜴和蛙类，由于该种的生态学信息依然有待研究，具体的食性仍待探索。种本名致敬了在爪哇岛的一次起义中惨遭杀害的德国博物学家艾利施·克利斯提昂·麦克罗（Heinrich Christian Macklot，1799—1832）。

相近物种

麦氏水蟒包含 3 个亚种，有时被分类学家们视为 3 个独立种。这其中有 2 个岛屿特有亚种：1.5 m 长的萨武群岛亚种 *Liasis mackloti savuensis* 和 2.2 m 长的韦塔岛亚种 *L. m. dunni*。韦塔岛和萨武群岛之间分布的则是全长 1.6 m 的指名亚种。分布于澳大利亚北部和新几内亚岛南部的澳水蟒 *L. fuscus* 与麦氏水蟒是亲缘关系最近的物种。前文所提及的，分布于澳大利亚西北部的水蟒种群也可能属于麦氏水蟒。

实际大小

麦氏水蟒通身灰褐色并夹杂有暗色鳞片，呈现出斑驳的体色，唇部和腹面则为米白色或黄色。头部较长且瞳孔颜色多与体色形成鲜明对比，尤其是具有白色瞳孔的萨武群岛亚种。

① 斑点蟒多用于指斑点星蟒*Antaresia maculosa*。——译者注

科名	蟒科 Pythonidae
风险因子	无毒，缠绕力强
地理分布	澳大利亚：澳大利亚北部（西澳大利亚州到昆士兰州）
海拔	0 ～ 650 m
生境	低地雨林、河滨林地、沿海低地和有永久水源的岩石区
食物	哺乳动物、鸟类和爬行动物
繁殖方式	卵生，每次产卵 7 ～ 31 枚
保护等级	IUCN 未列入，CITES 附录 II

成体长度
10 ft ~ 21 ft 3 in
(3.0～6.5 m)

橄榄蟒
Liasis olivaceus
Australian Olive Python
Gray, 1842

橄榄蟒是澳大利亚第二大蟒蛇，体形仅次于昆士兰州约克角半岛分布的紫晶蟒 *Morelia kinghorni*[①]。作为一种非常强壮的蟒科蛇类，该种能够制服并吞下小袋鼠体形大小的哺乳动物，亦捕食鸟类、包括斗篷蜥和巨蜥在内的蜥蜴、包括其他蟒类在内的蛇类。橄榄蟒在部分区域常见于岩石区，尤其是具备永久水源的岩石区，这是它的捕食策略，即埋伏捕食前来饮水的动物。除此以外，热带森林和多树草原也能找到橄榄蟒的身影。在分布区内，橄榄蟒主要有 2 个种群，一个是从西澳大利亚州金伯利地区向东延伸过北领地并一直到昆士兰州约克角半岛以西的北部种群，另一个是隔离在西澳大利亚州皮尔巴拉地区的南部种群。

实际大小

相近物种

橄榄蟒与同属的澳水蟒 *Liasis fuscus*、麦氏水蟒（第 88 页）及巴布亚蟒（第 84 页）亲缘关系较近。橄榄蟒包含 2 个亚种，指名亚种即先前提到的北部种群，巴氏亚种 *L. o. barroni* 即西澳大利亚州皮尔巴拉地区的南部种群，这个亚种有些时候也被视为独立种对待。

橄榄蟒身体呈棕色，腹部则为白色或黄色。该种体格粗壮，头部狭长，头背覆对称大鳞而非粒鳞。

① =*Simalia kinghorni*。——译者注

科名	蟒科 Pythonidae
风险因子	无毒，缠绕力强
地理分布	东南亚地区：从孟加拉国到菲律宾，南至东帝汶
海拔	0 ～ 1300 m
生境	河滨林地、雨林和红树林沼泽地
食物	从鼠类到鹿类的哺乳动物，在极少的情况下摄食马来熊甚至人类
繁殖方式	卵生，每次产卵 50 ～ 100 枚
保护等级	IUCN 未列入，CITES 附录 II

成体长度
雄性
20～23 ft (6.0～7.0 m)

雌性
20～33 ft (6.0～10 m)

90

网纹蟒
Malayopython reticulatus
Reticulated Python
(Schneider, 1801)

网纹蟒的背面具有橙色、白色、黑色和浅黄色搭配而成的网状斑纹，因而极易与其他蛇类相区分。一些个体的头部亦呈亮黄色。该种的头部较其他蟒更加狭长，且有橙、黑相间的眶后纹。网纹蟒的瞳孔为橙色夹杂黑色，呈竖直椭圆形。

实际大小

网纹蟒是现存最长的蛇类，虽然巨型个体现在非常稀少，但超大体形的雌性个体仍有达到 10 m 长、75 kg 重的纪录。由于唇部和吻端具有明显的热感唇窝，网纹蟒主要以温血哺乳动物为食。网纹蟒能捕食一些大型猎物，比如捕食加里曼丹岛的一头成年雌性马来熊，在一些情况下，人类甚至也会成为它的食物。网纹蟒幼体在河流上方的枝干上或深潭上方的位置睡觉，以便其在捕食者出现时能迅速扎入水中逃生。雌性网纹蟒一次最多能产 100 枚革质卵，并会将卵聚拢在一起孵化。雌性网纹蟒会孵卵 65～105 天，在这期间它会保护自己的卵免受窃蛋贼的侵扰。在分布区内，每年都会有成千条网纹蟒被采集并屠宰以获取蛇肉和蛇皮。

相近物种

有 2 个小的岛屿种群被认作网纹蟒的亚种，包括印度尼西亚苏拉威西岛以南的塞拉亚岛亚种 *Malayopython reticulatus saputrai* 和塔纳詹佩阿岛亚种 *M. r. jampeanus*。与网纹蟒亲缘关系最近的是同属的小巽他蟒（第 91 页）。近期的研究表明，网纹蟒与澳大利亚-巴布亚地区蟒类（第 100～102 页）的亲缘关系要近于亚-非蟒类（第 95～99 页）。

科名	蟒科 Pythonidae
风险因子	无毒，具缠绕力
地理分布	东南亚地区：印度尼西亚小巽他群岛，从龙目岛到阿洛岛，但帝汶岛无分布
海拔	0～500 m
生境	干湿落叶林、山地森林
食物	小型哺乳动物，也可能捕食鸟类
繁殖方式	卵生，每次产卵 4～6 枚
保护等级	IUCN 未列入，CITES 附录 II

成体长度
3 ft 3 in～4 ft 3 in
(1.0～1.3 m)

小巽他蟒
Malayopython timoriensis
Lesser Sunda Python
(Peters, 1876)

该种常因为种本名而被误称作"帝汶蟒"，但这个种本名的命名存在科学上的错误，其原因在于模式标本采集信息缺失。小巽他蟒的第一号标本从帝汶岛西部的古邦被运送到了柏林博物馆，并在那里被威廉·卡尔·哈特维希·彼得斯（Wilhelm Carl Hartwig Peters，1815—1883）描述发表为新种。由于标本是从帝汶岛西部运来，彼得斯因而以为小巽他蟒的模式标本就采集于帝汶岛。然而，当时的古邦是荷兰东印度公司的贸易及轮渡中心，货品来源难以追溯，且以目前的研究来看，小巽他蟒的模式标本实应来源于小巽他群岛的某处。帝汶岛并无小巽他蟒的分布记录，而且帝汶岛的居民能够辨认本地自然分布的麦氏水蟒（第88页）和网纹蟒（第90页），但却不认识小巽他蟒的照片。小巽他蟒栖息于多种林区生境，它依靠热感唇窝来捕食温血哺乳动物，亦可能捕食鸟类。

小巽他蟒的头部和身体形状都与比它大得多的网纹蟒相似。身体为棕色或黄棕色的背景，至少在前段有黑色的网纹，腹面为浅黄色。眼睛的虹膜呈棕色，与网纹蟒相比对比度较低，没有眶后纹或较模糊。

相近物种

小巽他蟒唯一的近缘种是同属的分布更广泛、体形也大得多的网纹蟒（第90页）。

实际大小

科名	蟒科 Pythonidae
风险因子	无毒，具缠绕力
地理分布	澳大利亚：西澳大利亚州金伯利
海拔	10～205 m
生境	河滨岩壁区的季雨林
食物	可能捕食小型哺乳动物和鸟类
繁殖方式	卵生，每次产卵 10～14 枚
保护等级	IUCN 未列入，CITES 附录 II

92

成体长度
5 ft～6 ft 7 in
(1.5～2.0 m)

糙鳞树蟒
Morelia carinata
Rough-Scaled Python
(Smith, 1981)

糙鳞树蟒能够通过背部起强棱的鳞片与头背单枚圆形大鳞，轻易与其他蟒类相区分。从体色和斑纹来看，糙鳞树蟒与广布种地毯蟒 *Morelia spilota* 较为接近。

　　糙鳞树蟒是蟒科蛇类中唯一一种背鳞起强棱的，该种区别于其他蟒类的另一个特征是头背的粒鳞间包裹一枚圆形大鳞。在澳大利亚分布的所有蟒类中，糙鳞树蟒的分布区最为狭窄，仅记录于西澳大利亚州金伯利地区米切尔河、亨特河与莫兰河的下游河滨岩石区的季雨林中。糙鳞树蟒直到 2000 年才仅有 6 号标本为科学界所知，仍有待深入研究。虽然宠物市场引发的非法偷猎与当地自然灾害都可能对糙鳞树蟒的生存构成威胁，但新南威尔士州的澳大利亚爬行动物公园（Australian Reptile Park）已经通过努力实现了该种的人工繁殖，可以确保糙鳞树蟒不会遭罹灭绝的不幸了。糙鳞树蟒在自然环境下的食性偏好和生物学资料仍未被科学界所知。

相近物种

　　与糙鳞树蟒亲缘关系最近的物种是广布种地毯蟒（第 93 页）和分布于澳大利亚中部的布氏地毯蟒 *Morelia bredli*。

实际大小

科名	蟒科 Pythonidae
风险因子	无毒，具缠绕力
地理分布	澳大拉西亚：澳大利亚和新几内亚岛南部
海拔	0～1125 m
生境	热带雨林、干燥林地、稀树草原林地、岩石区和城市环境
食物	小型哺乳动物、鸟类和蜥蜴
繁殖方式	卵生，每次产卵 9～52 枚
保护等级	IUCN 无危，CITES 附录 II

成体长度
5 ft～8 ft 2 in
(1.5～2.5 m)

地毯蟒
Morelia spilota
Carpet Python
(Lacépède, 1804)

93

实际大小

地毯蟒包含 6 个亚种，广泛分布于除内陆干旱地区外的整个澳大利亚。指名亚种"钻石蟒"栖息于新南威尔士州霍克斯伯里的岩石区。地毯蟒亦常见于新几内亚岛南部。生境包括干燥、潮湿的森林、稀树草原林地、多岩环境甚至城市。由于广泛的分布区和可观的种群数量，IUCN 将地毯蟒划为"无危"，但其中一些亚种受到澳大利亚州法律的保护。

相近物种

地毯蟒的近缘种是布氏地毯蟒 *Morelia bredli* 与糙鳞树蟒（第 92 页）。地毯蟒的亚种[1]包括大分水岭以东的沿海地毯蟒 *M. s. mcdowelli*、大分水岭以西的内陆地毯蟒 *M.s.metcalfei*、北昆士兰阿瑟顿高原的车氏地毯蟒 *M. s. cheynei*、北领地阿纳姆地的极北地毯蟒 *M. s. variegata* 和澳大利亚西南部的西部地毯蟒 *M. s. imbricata*。新几内亚岛种群的分类地位目前尚不明确。

地毯蟒的背面通常为红色或棕色，缀有暗色边缘的黄色横纹及点斑，但指名亚种 *Morelia spilota spilota* 主体为黄色或灰色，每枚鳞片边缘为黑色，背具连续的黑色暗色边缘的横纹，车氏亚种 *M. s. cheynei* 则有较粗的黑黄横纹与斑纹。

---

① 部分文献，如澳大利亚两栖爬行动物学家学会（Australian Society of Herpetologist）的物种更新名录仅承认 *M. s. spilota* 与 *M. s. variegata* 两亚种的有效性，并将 *M. s. imbricata* 的分类地位提升为物种级别 *M. imbricata*。——译者注

科名	蟒科 Pythonidae
风险因子	无毒，具缠绕力
地理分布	澳大拉西亚：新几内亚岛南部、印度尼西亚（阿鲁群岛）和澳大利亚（昆士兰州）
海拔	0～1800 m
生境	雨林、季雨林和油棕种植园
食物	小型哺乳动物、鸟类和蜥蜴
繁殖方式	卵生，每次产卵 8～30 枚
保护等级	IUCN 未列入，CITES 附录 II

94

成体长度
3 ft 3 in～5 ft
(1.0～1.5 m)

绿树蟒
Morelia viridis
Southern Green Tree Python
(Schlegel, 1872)

绿树蟒是一种令人震撼的蛇类，它的体色鲜绿，带有黄色、白色或蓝色的色斑，部分个体甚至通身呈蓝色或蓝绿色。刚孵化的幼体多为亮黄色或橘黄色夹杂黑白色斑，15 个月后才转变为成体标志性的绿色。

绿树蟒的体色呈亮绿色，是全世界最具标志性和吸引力的蛇类之一，而幼体呈黄色和橘色，更具震撼性。这种高度树栖性的蟒蛇身体细长、强健，尾部具有缠绕性。当它盘成一圈在树枝上睡觉的时候，就像是一团绳索。绿树蟒的头较大，嘴可以张开到很大的角度，较长的牙齿有利于捕猎。它的猎物包括以鼠类、袋狸为代表的小型哺乳动物，有时亦捕食鸟类和蜥蜴。绿树蟒是夜行性蛇类，有时会在雨后下到地面上捕食。虽然是一种热带森林蛇类，但它已适应了油棕种植园等人工生境。

相近物种

绿树蟒被新几内亚岛中部的山脉分隔为了 2 个形态上高度趋近，却在基因上存在差异的独立物种。另一种北部绿树蟒 *Morelia azurea* 分布于新几内亚岛北部和邻近岛屿。乍一看，绿树蟒和南美洲的圭亚那绿树蚺（第 108 页）、亚马孙绿树蚺 *Corallus batesii* 非常相似，这是演化生物学中趋同演化的典型案例。

实际大小

科名	蟒科 Pythonidae
风险因子	无毒，缠绕力强
地理分布	中南半岛：缅甸到泰国及中国，西达尼泊尔，在爪哇岛、巴厘岛、苏拉威西岛有隔离种群；被引入美国佛罗里达州
海拔	0～1200 m
生境	热带干燥森林、河滨草地与林地
食物	从鼠类到鹿类的哺乳动物，有时捕食鸟类
繁殖方式	卵生，每次产卵 30～100 枚
保护等级	IUCN 易危，CITES 附录 II

成体长度
10～22 ft
(3.0～6.7 m)

缅甸蟒
Python bivittatus
Burmese Python

Kuhl, 1820

缅甸蟒是体形仅次于网纹蟒（第 90 页）的亚洲第二大蛇类，在体长相同的情况下，缅甸蟒甚至比网纹蟒更粗。缅甸蟒的分布从中南半岛沿恒河谷延伸至尼泊尔南部，栖息于干燥森林与河滨草地。虽不见于马来西亚、加里曼丹岛与苏门答腊岛的雨林，但该种在爪哇岛、巴厘岛、苏拉威西岛存在着隔离种群，可能为冰期时海平面较低、干燥森林规模更广时存留的孑遗种群。缅甸蟒在野外主要以哺乳动物为食，甚至能通过伏击绞杀的方式制服鹿类等大型猎物。在一次飓风过境后，缅甸蟒被意外地引入了美国佛罗里达州的大沼泽地国家公园，并在与亚洲草地十分相似的大沼泽地繁衍生息，即使数以千计的个体后来被捕获移除，种群数量仍在扩张。

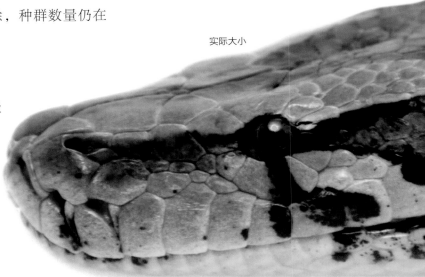

缅甸蟒的体色呈黄棕色，具棕色鞍形斑，体侧色斑与背面相似，头背具一条浅棕色"V"形斑。缅甸蟒与近缘种印度蟒 *Python molurus* 最有效的区别特征为缅甸蟒眼下方具一枚眶下鳞，印度蟒则没有。

实际大小

相近物种

缅甸蟒与印度蟒（第 97 页）亲缘关系较近，并在很长时间里被视为后者的亚种。缅甸蟒分布于苏拉威西岛的隔离种群现被视为一个亚种 *P. b. progschai*。

科名	蟒科 Pythonidae
风险因子	无毒，具缠绕力
地理分布	澳大拉西亚：加里曼丹岛（马来西亚的砂拉越州、沙巴州，文莱国，印度尼西亚的加里曼丹地区）
海拔	0～1000 m
生境	低地与山麓雨林、河滨森林、沼泽、种植园
食物	小型哺乳动物及鸟类
繁殖方式	卵生，每次产卵 10～15 枚
保护等级	IUCN 无危，CITES 附录 II

成体长度
3 ft 3 in～6 ft 7 in
(1.0～2.0 m)

96

婆罗侏蟒
Python breitensteini
Borneo Short-Tailed Python
Steindachner, 1881

婆罗侏蟒体形较小而壮硕，尾短。体色主要为棕褐色，具连续、不规则的深棕色鞍形斑与斑点。头背为棕褐色，头侧颜色更深。

实际大小

　　婆罗侏蟒为加里曼丹岛的特有种，在加里曼丹岛分布广泛，并比较常见。该种肥硕的体形使得攀爬植被变得比较困难，但却能轻易躲藏在森林的落叶层中。婆罗侏蟒主要栖息于低海拔山地雨林、低地雨林与湿地生境、油棕种植园。小型哺乳动物、鸟类，尤其是鼠类等食物资源丰富的地方，亦能吸引其前来安家。鼠类造成的破坏是油棕种植业最大的损耗隐患之一，而婆罗侏蟒等蛇类则可以通过捕食有效控制鼠害。即便如此，种植园的工人依然会频繁地将婆罗侏蟒打死。

相近物种

　　婆罗侏蟒曾被视为侏蟒 *Python curtus* 的 3 个亚种之一。根据现行分类，侏蟒分布于苏门答腊岛的西部与南部，曾被视为侏蟒亚种的另一个独立物种马来侏蟒 *P. brongersmai* 则分布于马来半岛与苏门答腊岛东部。马来侏蟒的俗称"血蟒"得名于其鲜红的体色以及它会将侵扰者咬伤流血的习性。另一相近物种为近期在缅甸被描述发表的缅甸侏蟒 *P. kyaiktiyo*。

科名	蟒科 Pythonidae
风险因子	无毒，缠绕力强
地理分布	亚洲：印度、巴基斯坦、斯里兰卡
海拔	0～2500 m
生境	干燥森林、雨林、草地与灌木林
食物	从鼠类到鹿类的哺乳动物
繁殖方式	卵生，每次产卵最多 107 枚
保护等级	IUCN 未列入、CITES 附录 I

成体长度
10～22 ft
(3.0～6.7 m)

印度蟒
Python molurus
Indian Python
(Linnaeus, 1758)

97

印度蟒栖息于干燥的森林与草地，白天多躲避于豪猪的洞穴中，入夜后则通过埋伏、绞杀的方式捕食包括蝙蝠、鼠类、亚洲胡狼、灵猫、野猪与鹿在内的哺乳动物。虽然体形庞大，但该种并无食人记录。印度蟒目前并未被 IUCN 收录，但已被列为 CITES 附录 I（保护等级最高）的物种，亦在印度国内受到法律保护。该种广泛分布于斯里兰卡、印度与巴基斯坦，在尼泊尔北部及印度东北部的阿萨姆邦则由近缘种缅甸蟒（第 95 页）所替代。

印度蟒与缅甸蟒（*P. bivittatus*）形态相似，但印度蟒体色更偏浅灰色，缅甸蟒则更偏黄色，印度蟒头背的"V"形斑相较缅甸蟒也更不明显。

相近物种

印度蟒与曾被视为其亚种的缅甸蟒 *Python bivittatus* 亲缘关系较近，斯里兰卡的种群曾被作为印度蟒的一个亚种 *P. m. pimbura*，目前多不承认该亚种的有效性。印度蟒与缅甸蟒的鉴别特征之一为印度蟒眼下方到上唇鳞之间没有眶下鳞，缅甸蟒则有。

实际大小

科名	蟒科 Pythonidae
风险因子	无毒，缠绕力强
地理分布	非洲南部与东部：纳米比亚到肯尼亚南部、莫桑比克及南非东部与东北部
海拔	0～1800 m
生境	低地草原与林地、沿海灌木林、裸露岩层
食物	哺乳动物及鸟类
繁殖方式	卵生，每次产卵最多 100 枚
保护等级	IUCN 未列入，CITES 附录 II

成体长度
13 ft～16 ft 5 in
(4.0～5.0 m)

98

南非蟒
Python natalensis
Southern African Python

Smith, 1840

南非蟒的体形粗壮，背面呈浅棕色，带有不规则的深棕色鞍形斑，头背具一条棕色箭头形斑纹。

　　南非蟒为非洲第二大蛇类，体形仅次于全长可达 7.5 m 的非洲蟒 *Python sebae*，栖息于与水源相邻的低洼沿海灌木林、稀树草原林地与裸露岩层等生境，并不见于干旱的沙漠或寒冷的山地生境。该种在南非的种群分布于该国的东部及北部，有趣的是，虽然种本名"*natalensis*"指代南非的夸祖鲁–纳塔尔省，南非蟒在该地实则非常稀有。体形庞大的南非蟒具备强大的缠绕能力，主要以鼠类、羚羊、猴子等哺乳动物为食，甚至还有食人记录。刚刚完成捕食、动弹不得的南非蟒常成为人类，以及包括非洲野犬、鬣狗在内的食肉动物攻击的目标。因此，该种多会在捕食后寻找洞穴躲入以安全地消化食物。

实际大小

相近物种

　　与南非蟒亲缘关系最近的物种为分布于非洲西部、中部与东部的非洲蟒 *Python sebae*，南非蟒还曾被视为后者的亚种。从形态上对比，南非蟒头背面覆有细小粒鳞，非洲蟒则覆有较大的鳞片。

科名	蟒科 Pythonidae
风险因子	无毒，具缠绕力
地理分布	非洲西部及中部：塞内加尔到苏丹
海拔	0～1000 m
生境	开阔草原、稀树草原林地与灌木林
食物	小型哺乳动物
繁殖方式	卵生，每次产卵 5～15 枚
保护等级	IUCN 无危，CITES 附录 II

成体长度
3 ft 3 in～5 ft
(1.0～1.5 m)

球蟒
Python regius
Ball Python
(Shaw, 1802)

99

在美国，球蟒因其在遭遇敌害时将身体蜷为球状，并将头部埋于中心的防御姿势而得名，而在英国，则依据种本名 "*regius*"[①] 得名 "王蟒"。球蟒性情温驯，极少咬人，在野外广泛分布于非洲西部与中部，绝大多数时间里躲藏在其他动物的洞穴中，入夜后则开始捕食。每年都有成百上千的球蟒从原产地出口到西方国家供给宠物市场，希望这种对球蟒野外种群造成负面影响的出口活动会因逐渐壮大的人工繁殖种群而有所减少。通过人为选育，如今宠物市场上的球蟒具备许多美丽的品系。如果蛇类饲养的爱好者群体能更偏爱千奇百怪的人工选育品系，那么球蟒野外种群就能少受宠物贸易的影响。

实际大小

相近物种

球蟒是非洲体形最小的 2 种蟒蛇之一，另一种为分布于安哥拉与纳米比亚的安哥拉蟒 *Python anchietae*。

球蟒的体形比较壮硕，背面呈深棕色到黑色，具明显的浅棕色鞍形斑，头部为深棕色，眼后具浅色眶后纹。

① 意为 "王室的"。——译者注

科名	蟒科 Pythonidae
风险因子	无毒，缠绕力强
地理分布	新几内亚：新几内亚岛西部和巴布亚新几内亚，包括俾斯麦群岛（新不列颠岛、新爱尔兰岛）
海拔	0～1700 m
生境	雨林、河滨林地、红树林沼泽、淡水沼泽地、稀树草原及种植园
食物	哺乳动物和鸟类，幼体也捕食蜥蜴
繁殖方式	卵生，每次产卵 10～11 枚
保护等级	IUCN 未列入，CITES 附录 II

成体长度
16 ft 5 in～19 ft 8 in
(5.0～6.0 m)

100

紫晶蟒
Simalia amethistina
Amethystine Python
(Schneider, 1801)

紫晶蟒的色斑变异大，从暗褐到草黄色，具或不具暗色斑纹，但所有个体在阳光照射下体表鳞片均会呈现出虹彩光泽。紫晶蟒体形细长，头部狭长并有许多热感唇窝。

实际大小

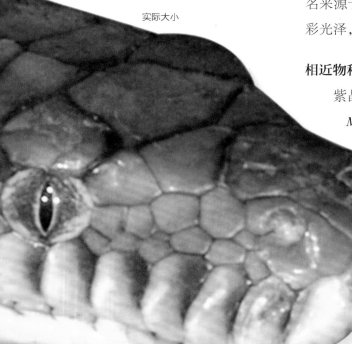

紫晶蟒曾是分布非常广泛的广布种，直到后来澳大利亚昆士兰州分布的亚种被提升为独立种，而印度尼西亚岛屿的种群被描述为新物种。目前仅分布于新几内亚岛至俾斯麦群岛的紫晶蟒可能仍是一个有待拆分的复合种。紫晶蟒身体细长，栖息于郁闭或开阔的生境中，捕食小到鼠类、袋狸，大到小袋鼠的多种哺乳动物，或是鸟类，幼体也捕食石龙子。紫晶蟒成体时常光顾狐蝠群的休憩地，以轻易获取到猎物。紫晶蟒的英文俗名和学名来源于阳光照射其鳞片后呈现出的"油光水滑"的虹彩光泽，这种光泽或许会在紫晶蟒睡觉时提供伪装。

相近物种

紫晶蟒所在的紫晶蟒属 *Simalia* 包含了此前被分在 *Morelia* 属的头背具规则鳞片而非粒鳞的几个物种。与紫晶蟒亲缘关系最近的物种是此前被划为其亚种、分布于澳大利亚昆士兰的澳大利亚紫晶蟒 *S. kinghorni*，以及此前仅被作为紫晶蟒的岛屿种群、现为独立种的马鲁古紫晶蟒 *S. clastolepis*、哈马黑拉紫晶蟒 *S. tracyae* 和塔宁巴尔紫晶蟒 *S. nauta*，这 3 个种都分布于印度尼西亚。

科名	蟒科 Pythonidae
风险因子	无毒，具缠绕力
地理分布	新几内亚岛：新几内亚岛西部和巴布亚新几内亚
海拔	1300～3000 m
生境	山地雨林
食物	推测为哺乳动物，也可能捕食鸟类
繁殖方式	卵生，每次产卵 14～20 枚
保护等级	IUCN 未列入，CITES 附录 II

成体长度
6 ft 7 in～19 ft 8 in
(2.0～3.0 m)

博氏蟒
Simalia boeleni
Boelen's Python
(Brongersma, 1953)

101

博氏蟒得名于采集其正模标本的荷兰外科医生，由于其极具魅力、不同寻常的体色，它亦被称作黑蟒。与新几内亚岛的其他蟒类不同的是，博氏蟒仅栖息于海拔高于 1300 m 的潮湿凉爽的山地雨林中。作为新几内亚岛的特有种，博氏蟒沿着中部的山脉分布，但在其分布区内并不常见。除遭到宠物贸易的觊觎外，博氏蟒的生存还受到诸多因素影响，例如为获取木材而全面砍伐山地雨林、刀耕火种的传统农业、石油开采和金矿挖掘。该种的生活史至今知之甚少，甚至连食性偏好都还没有定论，它或许以鼠、袋狸或陆栖鸟类为食。

相近物种

与博氏蟒亲缘关系最近的物种可能是紫晶蟒（第 100 页）。

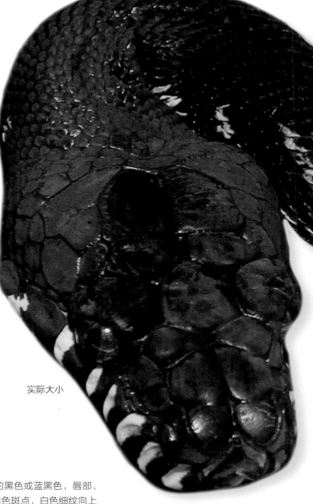

实际大小

博氏蟒的体色呈具有虹彩光泽的黑色或蓝黑色，唇部、喉部和身体前段腹面带黄色或白色斑点，白色细纹向上延伸至体侧，瞳孔呈浅灰色。该种的体形粗壮，头部宽而壮硕。幼体的体色呈红棕色。

科名	蟒科 Pythonidae
风险因子	无毒，具缠绕力
地理分布	澳大利亚：北领地（阿纳姆地西部）
海拔	0～290 m
生境	砂岩峭壁区
食物	小型哺乳动物，也可能捕食蜥蜴
繁殖方式	卵生，每次产卵 6～10 枚
保护等级	IUCN 未列入，CITES 附录 II

成体长度
10 ft～16 ft 5 in
(3.0～5.0 m)

102

昂佩里蟒
Simalia oenpelliensis[1]
Oenpelli Python
(Gow, 1977)

昂佩里蟒体形细长，头部狭长，双眼几乎朝前。体色银灰，带有不规则的斑纹并夹杂斑驳的黑色，该种的体色通常会变化，夜间体色偏灰，日间偏红。

昂佩里蟒得名于东鳄鱼河流域的昂佩里小镇，由于它的鳞片具虹彩光泽，因而是很多人心目中澳大利亚土著人梦幻时代"彩虹蛇神"的象征。昂佩里蟒栖息于适宜生境——卡卡杜国家公园和周围阿纳姆地的砂岩峭壁区，在当地，人们称它为"纳瓦兰"。昂佩里蟒在野外非常罕见，入夜后它会在峭壁的岩缝和洞穴内捕食袋狸、袋貂、岩栖鼠类和狐蝠，幼体可能也捕食蜥蜴。与其他分布区狭窄的物种相似，昂佩里蟒的未来不容乐观，现已被列入了北领地的濒危物种，昂佩里蟒的人工繁育和保护项目汇聚了许多当地人参与。

相近物种

与昂佩里蟒亲缘关系最近的澳大利亚蟒类可能是分布于昆士兰州、体形大出其许多的澳大利亚紫晶蟒 *Simalia kinghorni*。

实际大小

---
① 部分文献，如澳大利亚两栖爬行动物学家学会的更新名录将昂佩里蟒置于单型属*Nyctophilopython*中。——译者注

科名	球蚺科 Calabariidae
风险因子	无毒，具缠绕力
地理分布	非洲西部与中部：几内亚、塞拉利昂、利比里亚、科特迪瓦、加纳、多哥、贝宁、尼日利亚、喀麦隆、中非共和国、赤道几内亚、加蓬、刚果（布）、刚果（金）
海拔	3～1050 m
生境	雨林、常绿及落叶森林、稀树草原林地、种植园
食物	包括鼩鼱、鼠类在内的小型哺乳动物
繁殖方式	卵生，每次产卵 1～4 枚，卵较长
保护等级	IUCN 未列入

成体长度
2 ft～3 ft 3 in
(0.6～1.03 m)

卡拉巴球蚺
Calabaria reinhardtii
Calabar Ground Boa
(Schlegel, 1851)

103

卡拉巴球蚺因其最初发现于尼日利亚的卡拉巴地区而得名。卡拉巴球蚺营卵生，产出较长的卵，因而曾被视为蟒类而非胎生的蚺类。该种栖息于非洲西部与中部的雨林生境，亦见于稀树草原林地甚至油棕种植园等受人类活动影响的栖息地。卡拉巴球蚺为穴居蛇类，多于大雨过后出没，捕食包括鼠类和鼩鼱在内的小型哺乳动物。遭遇威胁时，卡拉巴球蚺会将身体紧紧蜷曲成球状，将头部埋藏于中间，尾部则作为假头迷惑敌害，将其注意力从脆弱的头部转移走。卡拉巴球蚺的种本名是致敬丹麦博物学家若阿内斯·西奥多尔·莱因哈特（ Johannes Theodor Reinhardt，1816—1882 ）。

相近物种

卡拉巴球蚺为球蚺科唯一的物种，没有直接近亲存在。该种曾被认为与蟒科（第83～102页），以及分布于美国西部、加拿大、墨西哥的两头沙蚺科（第120～121页），亚非大陆的沙蚺科（第117～119页）亲缘关系密切。学界目前则认为卡拉巴球蚺与蚺科（第104～113页）亲缘关系最近，球蚺可能为蚺类演化中的基部类群。

实际大小

卡拉巴球蚺体形呈筒状，头部圆，与颈部区分不明显，眼小，尾短粗，背鳞光滑而排列紧密，体色为深棕色到暗灰色，具散点状排列的橙色与棕色斑点。

科名	蚺科 Boidae
风险因子	无毒，缠绕力强
地理分布	南美洲：哥伦比亚、委内瑞拉、特立尼达岛、圭亚那地区、巴西、秘鲁、厄瓜多尔、玻利维亚、巴拉圭、乌拉圭、阿根廷
海拔	0 ～ 1000 m
生境	雨林、草地、半沙漠地区、岛屿、农耕区、人类居所附近
食物	哺乳动物、鸟类、蜥蜴
繁殖方式	胎生，每次产仔 10 ～ 64 条
保护等级	IUCN 未列入，CITES 附录 II（阿根廷亚种 *B. c. occidentalis* 为附录 I）

成体长度
6 ft 7 in ～ 10 ft,
偶见 16 ft 5 in
(2.0 ～ 3.0 m,
偶见 5.0 m)

104

红尾蚺
Boa constrictor
Common Boa
Linnaeus, 1758

红尾蚺生活在热带雨林、林地、草地、半沙漠地带，以及农耕区及人类居所附近。它为夜行性蛇类，在高处或地面捕食哺乳动物、鸟类和蜥蜴，其已知的食谱包括吸血蝠、家犬、豪猪、南美浣熊、美洲鬣蜥、鹿甚至一只虎猫。在巴西的马瑙斯市，红尾蚺可以控制一种导致皮肤溃疡的人类传染病——利什曼病。因为红尾蚺会捕食黑耳负鼠，而黑耳负鼠则是利什曼原虫的自然宿主。红尾蚺的体形不足以威胁到人类。

相近物种

红尾蚺指名亚种生活在亚马孙河流域和圭亚那地区，另外 3 个亚种分别是长尾亚种 *Boa constrictor longicauda*、秘鲁亚种 *B. c. ortonii* 和阿根廷亚种 *B. c. occidentalis*。蚺属还有另外 4 个物种，分别是中美蚺 *B. imperator*、西墨西哥蚺 *B. sigma*、分布于小安的列斯群岛的圣卢西亚蚺 *B. orophias* 和多米尼加的云斑蚺 *B. nebulosa*。

实际大小

红尾蚺体形粗壮，尾具缠绕性，头略呈三角形，眼较小。全身灰色或褐色，背侧有一列特征明显的深褐色马鞍形斑纹。头部为灰褐色，中间有一条浅褐色纵纹，眼后深褐色条纹。幼体尾部具红色环纹，成年后通常转为褐色。

科名	蚺科 Boidae
风险因子	无毒，缠绕力强
地理分布	西印度群岛：古巴本岛和青年岛
海拔	0～325 m
生境	湿润和干燥的林地、裸露岩层、洞穴
食物	哺乳动物、鸟类、蜥蜴、蛇类
繁殖方式	胎生，每次产仔 1～7 条
保护等级	IUCN 近危，CITIES 附录 II

成体长度
6 ft 7 in～10 ft,
偶见 13 ft
(2.0～3.0 m,
偶见 4.0 m)

古巴虹蚺
Chilabothrus angulifer
Cuban Boa
(Cocteau & Bibron, 1840)

　　古巴虹蚺是除特立尼达岛以外的加勒比地区体形最大的蛇类。特立尼达岛分布有体形更大的绿水蚺（第112 页）与红尾蚺（第 104 页）。古巴虹蚺广泛分布于古巴本岛，包括关塔那摩湾以及青年岛。它生活在林地环境中，也出没于裸露的岩层上，尤其是岩洞中，以捕捉蝙蝠。古巴虹蚺成体还会捕食啮齿类动物、村寨中的家鸡、美洲鬣蜥以及林蚺属的蛇类（第68～69 页），幼体则以安乐蜥和小鼠为食。绝大部分古巴虹蚺的全长都在 3 m 以下，但一条采集于关塔那摩湾的个体据称有 4.85 m 长。古巴虹蚺以脾气暴躁著称，动辄咬人，但对人并不构成威胁。

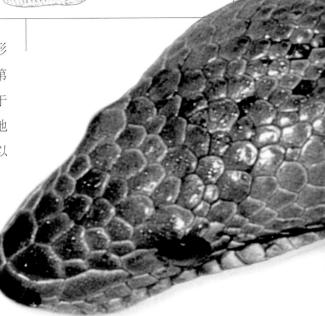

实际大小

相近物种

　　所有西印度群岛的蚺类都曾被归到虹蚺属 *Epicrates*，直到最近才被划入重新恢复的西印度蚺属 *Chilabothrus*。古巴虹蚺是西印度蚺属 12 个物种中体形最大的种类，没有亚种分化。其他体长超过 2 m 的物种包括分布于海地岛（海地和多米尼加共和国）的海地虹蚺 *C. striatus*、分布广泛的巴哈马虹蚺 *C. strigilatus* 和最近才被描述的分布于巴哈马群岛康塞普申岛的银色虹蚺 *C. argenteum*。

古巴虹蚺的肌肉发达，尾具缠绕性，头部宽而圆，眼较大。背面常为褐色，体侧下方为浅灰色。它的色斑变异很大，西部的个体有明显的黑色或深褐色角状斑纹，而东部个体的斑纹则不明显，甚至没有斑纹。

科名	蚺科 Boidae
风险因子	无毒，具缠绕力
地理分布	西印度群岛：波多黎各（莫纳岛）
海拔	0 ～ 50 m
生境	干燥的亚热带森林或裸露岩层
食物	小型蜥蜴，偶尔也捕食哺乳动物
繁殖方式	胎生，每次产仔 4 条
保护等级	IUCN 濒危，CITES 附录 I

成体长度
31½ ～ 35½ in,
偶见 3 ft 3 in
（800 ～ 900 mm,
偶见 1.0 m）

106

莫纳虹蚺
Chilabothrus monensis
Mona Island Boa
(Zenneck, 1898)

莫纳虹蚺体形细长，头部与颈部区分明显，眼较大，尾具缠绕性。背面为灰褐色，具深褐色角状横斑，有的横斑在背脊处一分为二。头部没有斑纹，部分个体眼后方有纵纹。腹面为纯白色或有褐色花斑。

实际大小

莫纳虹蚺仅分布于波多黎各的一个小岛——莫纳岛，其面积只有 57 km²，位于波多黎各与多米尼加共和国之间的莫纳海峡上。造成莫纳虹蚺种群数量下降的原因包括栖息地被破坏和流浪猫的引入，因为流浪猫能够杀死这种小型蚺类。莫纳虹蚺生活在干燥的亚热带森林中，也出没于裸露的岩层上及岩洞中。据称它甚至会以白蚁冢和房椽为家。莫纳虹蚺为夜行性蛇类，捕食熟睡中的安乐蜥，有时也捕食大一些的丛林蜥、啮齿类动物和小型蝙蝠，然而这些猎物在莫纳岛上的种群也正面临衰减。

相近物种

分布于波多黎各西部的莫纳虹蚺与格氏虹蚺 *Chilabothrus granti* 亲缘关系最近，后者曾是莫纳虹蚺的一个亚种，分布于库莱布拉岛、恶魔岛以及美属和英属维尔京群岛，以及波多黎各东部。

科名	蚺科 Boidae
风险因子	无毒，具缠绕力
地理分布	加勒比地区：牙买加和大山羊岛
海拔	0～40 m
生境	林地、森林、裸露的岩层及岩洞
食物	小型哺乳动物、鸟类、蜥蜴
繁殖方式	胎生，每次产仔 3～39 条
保护等级	IUCN 易危，CITES 附录 I

成体长度
5 ft～6 ft 7 in
(1.5～2.0 m)

牙买加虹蚺
Chilabothrus subflavus
Jamaican Boa
(Stejneger, 1901)

107

牙买加虹蚺在当地被称为黄蛇，它被列入 CITES 附录 I，全世界仅有另外 10 种蛇类被同样列入该保护级别。牙买加虹蚺曾经广泛分布于牙买加，如今在野外几乎绝迹。导致种群消失的原因包括人类捕猎、栖息地被住房侵占、农业和采矿业的发展，以及猪、狗、猫和红颊獴的引入。目前仅在牙买加南边的大山羊岛还生活着野生的牙买加虹蚺。不过各个动物园正在进行人工繁殖，已经培育出了一个很大的人工种群，避免了这种蛇的最终灭绝。牙买加虹蚺生活在林地中，也出没于裸露的岩层上和岩洞中，以啮齿类动物、蝙蝠和蜥蜴为食，也曾有捕食鹦鹉的记录。整个牙买加都没有危险的蛇类。

相近物种

与牙买加虹蚺类似，西印度蚺属 *Chilabothrus* 的许多物种都是濒危物种，其中波多黎各虹蚺 *C. inornatus* 和莫纳虹蚺（第 106 页）也被纳入了 CITES 附录 I。

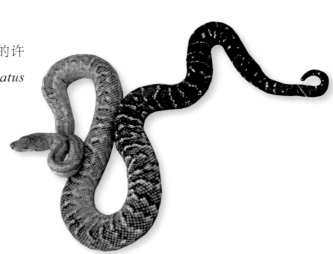

牙买加虹蚺的体形灵活，头部长而略呈三角形，眼大，尾具缠绕性。头部和身体前半段为橄榄绿色至黄色，鳞片顶端为黑色。身体中段出现黑色横斑，越往后越明显，尾部几乎为黑色。所有鳞片均带虹彩光泽。幼体多为黄色或粉色，具黑色横斑。

实际大小

科名	蚺科 Boidae
风险因子	无毒，具缠绕力
地理分布	南美洲北部：委内瑞拉、圭亚那、苏里南、法属圭亚那、巴西
海拔	0～1000 m
生境	低地热带雨林
食物	小型哺乳动物、蜥蜴
繁殖方式	胎生，每次产仔 6～15 条
保护等级	IUCN 未列入，CITES 附录 II

成体长度
4 ft 7 in～6 ft,
偶见 6 ft 7 in
(1.4～1.8 m,
偶见 2.0 m)

108

圭亚那绿树蚺
Corallus caninus
Guianan Emerald Treeboa
(Linnaeus, 1758)

直到不久前，绿树蚺还是单一物种，广泛分布于安第斯山脉以东的南美洲北部。但是最近绿树蚺被拆分为 2 个独立物种，其中圭亚那绿树蚺 *Corallus caninus* 指分布于亚马孙河以北、内格罗河以东的种群，包括巴西东北部、委内瑞拉东部和圭亚那地区。绿树蚺在外形上与新几内亚岛的绿树蟒（第 94 页）极其相似，是趋同演化的经典案例（两个不相关或者亲缘关系遥远的物种却有着相似的外观）。绿树蚺为夜行性树栖蛇类，生活在低地雨林中，通过绞杀的方式捕食啮齿类动物和蜥蜴，它的长牙能紧咬住挣扎中的猎物。

相近物种

亚马孙绿树蚺 *Corallus batesii* 是绿树蚺拆分后的另一物种，占据了圭亚那绿树蚺分布区以外的地区，包括哥伦比亚、巴西西部和中部、秘鲁和玻利维亚北部。与圭亚那绿树蚺和亚马孙绿树蚺亲缘关系最近的物种是分布于中美洲和哥伦比亚西北部的环纹树蚺 *C. annulatus*，以及分布于厄瓜多尔西部的布氏树蚺 *C. blombergi*。

圭亚那绿树蚺的肌肉发达，身体侧扁，头长，瞳孔呈竖直椭圆形，尾具缠绕性。成体为翠绿色，背面有不规则白色横斑，幼体则可能为黄色、绿色或橘黄色。绿树蚺可以通过更长的头部与所有上唇鳞均具热感应颊窝这两个特征与绿树蟒进行区分。

实际大小

科名	蚺科 Boidae
风险因子	无毒，具缠绕力
地理分布	南美洲北部和中美洲南部：哥斯达黎加、巴拿马、哥伦比亚、委内瑞拉、特立尼达岛
海拔	0～1000 m
生境	低地雨林、干湿森林、洪泛草原、红树林沼泽
食物	小型哺乳动物、鸟类、蜥蜴
繁殖方式	胎生，每次产仔 9～15 条
保护等级	IUCN 未列入，CITES 附录 II

成体长度
4 ft 7 in～6 ft 7 in,
偶见 7 ft 7 in
(1.4～2 m,
偶见 2.3 m)

中美树蚺
Corallus ruschenbergerii
Caribbean Coastal Treeboa
(Cope, 1875)

109

中美树蚺分布于美洲大陆的哥斯达黎加太平洋沿岸至加勒比海沿岸的委内瑞拉、特立尼达和多巴哥，以及众多离岸的小岛屿。它是树蚺属体形最大的物种。树蚺属物种均为夜行性，也是已知唯一一类眼睛能够反光的蛇类，在几十米外用电筒光照射就能把它从藏身之处找出来。尽管大部分时间在树上生活，树蚺也会头冲下挂在靠近地面的地方，随时准备袭击从下方跑过的猎物。中美树蚺的猎物包括蝙蝠、鸟类、啮齿类、负鼠和蜥蜴。经常有大量的树蚺聚集在一个相对狭小的区域，比如红树林沼泽。中美树蚺的种本名来源于美国作家、海军和陆军医生威廉·塞缪尔·韦思曼·罗斯陈柏格（William Samuel Waithman Ruschenberger，1807—1895）。

中美树蚺为大型蛇类，虽然身体较细，但力量很大。头部长，具明显的颊窝，尾长而具缠绕性。背面为均匀的浅黄褐色、橙褐色或灰色，有些背鳞顶端为黑色，有的个体体侧具中央色浅的棕色菱形斑。腹面为米色，头部两侧为灰白色。

相近物种

中美树蚺与分布于南美洲北部的亚马孙树蚺 *Corallus hortulanus* 及小安的列斯群岛的格林纳达树蚺 *C. grenadensis* 和库克树蚺 *C. cookii* 亲缘关系最近。另一个亲缘关系稍远的物种是非常罕见、分布于巴西大西洋沿岸森林的格氏树蚺 *C. cropanii*。自 1953 年后人们就没见过活体，于是认为它已经灭绝了。然而在 2017 年，人们再次捕获了一条活的格氏树蚺。之后这条蛇被安装了无线电追踪器，放归野外。

实际大小

科名	蚺科 Boidae
风险因子	无毒，具缠绕力
地理分布	亚马孙河流域的南美洲：哥伦比亚、委内瑞拉、圭亚那地区、巴西、秘鲁、厄瓜多尔、玻利维亚
海拔	0～2750 m
生境	雨林、洪泛森林、稀树草原林地
食物	小型哺乳动物、鸟类
繁殖方式	胎生，每次产仔 6～28 条
保护等级	IUCN 未列入，CITES 附录 II

成体长度
5 ft～6 ft 7 in
(1.5～2.0 m)

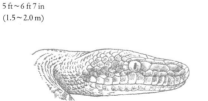

虹蚺
Epicrates cenchria
Brazilian Rainbow Boa
(Linnaeus, 1758)

实际大小

虹蚺这个名称来源于其鳞片上闪耀的虹彩光泽，就像油漂浮在水面上反射出的色彩。这可能是一种防御机制，以增加这种夜行性蛇类在白天的隐蔽性，因为某些相互间没有直接亲缘关系的夜行性蛇类也有这种特征，比如闪鳞蛇（第 81 页）和紫晶蟒（第 100 页）。虹蚺生活在亚马孙河流域和圭亚那地盾区域中，为大型蛇类，能捕获和绞杀各种中小型哺乳动物和鸟类。虹蚺上唇的热感应颊窝让它在夜晚也能捕猎恒温动物。白天虹蚺则躲在洞穴中或倒木下。

相近物种

虹蚺曾被认为是单一物种，包含了 9 个亚种，但现在其中 3 个亚种被提升为独立种，其余亚种则被废除。这 3 个物种分别是阿根廷虹蚺 *E. alvarezi*、巴拉圭虹蚺 *E. crassus* 和分布于巴西东北部的卡廷加虹蚺 *E. assisi*。

虹蚺强壮而有力，头长如箭头，尾具缠绕性。背面为橘黄色或红色，具空心黑色圆环。体侧有中心为黄色的黑斑。头部为橘黄色，具黑色条纹。腹面为白色，散布着黑色斑点。

科名	蚺科 Boidae
风险因子	无毒，缠绕力强
地理分布	南美洲北部和中美洲南部：哥斯达黎加、巴拿马、哥伦比亚、委内瑞拉、特立尼达岛、圭亚那地区、巴西东北部
海拔	0 ～ 2630 m
生境	低地落叶林、长廊森林、棕榈林、湿地、无洪水的森林、稀树草原、荆棘森林
食物	小型哺乳动物、鸟类、蜥蜴
繁殖方式	胎生，每次产仔 6 ～ 20 条
保护等级	IUCN 未列入，CITES 附录 II

成体长度
5 ft～6 ft 7 in
(1.5～2.0 m)

褐虹蚺
Epicrates maurus
Northern Rainbow Boa
Gray, 1849

111

褐虹蚺也叫北部虹蚺，因为它是虹蚺属分布最靠北的物种。它的栖息环境多种多样，从干燥的林地到荆棘森林、稀树草原和沼泽都有其踪迹。在与虹蚺（第110 页）同域分布的地区，褐虹蚺多出没于开阔的环境或森林与草原的交界，而虹蚺则占据着雨林栖息地。褐虹蚺的食物包括各种小型哺乳动物、鸟类和蜥蜴。它在夜晚捕猎，通过绞杀的方式制服猎物。雌性最多一次能产 20 条仔蛇，甚至有兼性孤雌生殖的报道。雌性还会通过消化掉未发育的卵及死胎来弥补繁殖造成的能量损失。

相近物种

在虹蚺属 *Epicrates* 物种中，褐虹蚺很早就由虹蚺 *E. cenchria* 的亚种提升为独立种，远远早于最近一次对虹蚺种组的系统分类修订。最近这次修订把虹蚺的 3 个亚种都提升为独立种，同时废除了其余亚种。虹蚺曾经的亚种之一，分布于巴西帕拉州马拉若岛的虹蚺巴氏亚种 *E. c. barbouri*，被认为是褐虹蚺的同物异名。

实际大小

褐虹蚺的体形较为粗壮，头长，上唇鳞有颊窝，尾具缠绕性。幼体为浅褐色，体侧具污斑，背面有 1 行中心颜色较浅的大眼斑。成体全身为褐色，只隐约能见到幼体时的花斑。鳞片极具虹彩光泽，也是虹蚺的得名原因。

科名	蚺科 Boidae
风险因子	无毒，缠绕力强
地理分布	南美洲北部：哥伦比亚、委内瑞拉、特立尼达岛、圭亚那地区、巴西、秘鲁、厄瓜多尔、玻利维亚
海拔	0～240 m
生境	雨林中的河流、湖泊、季节性洪泛稀树草原
食物	哺乳动物，从刺豚鼠到貘都是其猎物，水鸟、凯门鳄
繁殖方式	胎生，每次产仔 20～40 条
保护等级	IUCN 未列入，CITES 附录 II

成体长度
雄性
10～13 ft
(3.0～4.0 m)

雌性
23 ft～26 ft 3 in
(7.0～8.0 m)

112

绿水蚺
Eunectes murinus
Green Anaconda
(Linnaeus, 1758)

绿水蚺背面为深绿色，具有标志性的黑色大眼斑。头部有一对弯曲的、镶黑边的橙色眼后纹。在体形巨大的个体中，由于头部随着年龄逐渐变宽，这对眼后纹便更靠近头顶。阳光照射下，这对眼后纹在水中就像一对犄角，其黑边就像条纹投下的阴影。

绿水蚺是世界上最重的蛇，曾有记录显示雌性体重超过了 100 kg。一条体形巨大的雌性能够完全在水中进行捕猎、进食、交配和产仔，而不需要上岸。因为其体重会让它在陆地上爬行困难，但不影响在水中游泳。绿水蚺的雌性体形远大于雄性。到了交配季节，当数条体形小得多的雄性争夺一条雌性时，它们会缠绕成一个"繁殖球"。绿水蚺能够捕获大型猎物，如短角鹿、水豚和未成年的貘，也会捕食水鸟和凯门鳄，甚至同类相食。绿水蚺通过绞杀的方式来杀死猎物。目前尚没有人类被绿水蚺吃掉的记录。某些环境中的绿水蚺会在旱季进行夏蛰，而生活在雨林河流中的个体则常年活跃。

相近物种

水蚺属 *Eunectes* 还有另外 3 个物种，分别是分布于巴西南部、巴拉圭和阿根廷北部的黄水蚺（第 113 页）和亚马孙河出海口的德氏水蚺 *E. deschauenseei*，以及最近发表的玻利维亚的贝尼水蚺 *E. beniensis*。

实际大小

科名	蚺科 Boidae
风险因子	无毒，具缠绕力
地理分布	南美洲中部：巴拉圭、玻利维亚、巴西西南部、阿根廷东北部、乌拉圭
海拔	80 ～ 150 m
生境	季节性洪泛稀树草原、河边长廊森林
食物	哺乳动物、水鸟、凯门鳄、龟类，可能还有鱼类
繁殖方式	胎生，每次产仔 10 ～ 40 条
保护等级	IUCN 未列入，CITES 附录 II

成体长度
雄性
6 ft 7 in ～ 8 ft
(2.0 ～ 2.4 m)
雌性
10 ～ 13 ft
(3.0 ～ 4.0 m)

黄水蚺
Eunectes notaeus
Yellow Anaconda

Cope, 1862

黄水蚺又称巴拉圭水蚺，它生活在位于巴西西南部及周边国家的潘塔纳尔湿地中，栖息环境为广袤的季节性洪泛稀树草原，在有的地方它会与绿水蚺（第112 页）同域分布。黄水蚺捕食哺乳动物、水鸟以及宽吻凯门鳄，以绞杀的方式制服猎物。它偶尔也捕食龟类和鱼类。黄水蚺最大的猎物或许是西猯和短角鹿的幼体。虽然在亚马孙河流域没有黄水蚺的分布，但它会出没于分布区内其他郁闭的河边森林。雌性的体形大于雄性，在交配期时雌性会吸引多条雄性，形成"繁殖球"。虽然黄水蚺不如北部的绿水蚺大，但体重也能达到50～55 kg。

实际大小

相近物种

黄水蚺与另外 2 种外形相似的水蚺亲缘关系很近，它们分别是德氏水蚺 *Eunectes deschauenseei* 和贝尼水蚺 *E. beniensis*。前者分布于亚马孙河出海口的马拉若岛和法属圭亚那，后者分布于玻利维亚的贝尼河流域，曾被认为是黄水蚺和绿水蚺的杂交后代。

黄水蚺的斑纹不如绿水蚺明显。背面底色为黄色至褐色，具黑斑，有的黑斑聚合成不规则的锯齿形条纹或哑铃形状斑纹。头部具黑色箭头形斑纹，眼后至嘴角有一条深色纵纹。腹面为黄色。

科名	地蚺科 Candoiidae
风险因子	无毒，具缠绕力
地理分布	美拉尼西亚：印度尼西亚东部和新几内亚岛
海拔	0～1000 m
生境	雨林和椰子、油棕种植园
食物	小型哺乳动物、蛙类和蜥蜴
繁殖方式	胎生，每次产仔 5～48 条
保护等级	IUCN 未列入，CITES 附录 II

成体长度
雄性
15¾～17¾ in
(400～450 mm)

雌性
19¾～27½ in，
偶见 36½ in
(500～700 mm，
偶见 930 mm)

114

新几内亚地蚺
Candoia aspera
New Guinea Ground Boa
(Günther, 1877)

新几内亚地蚺的体形极为粗壮，背鳞起强棱，尾短且不具缠绕性。头呈三角形，酷似蝰科蛇类，覆有小粒鳞，瞳孔呈竖直椭圆形。雄性泄殖腔孔两侧有爪状后肢残迹，雌性的则很小或不显。体色总体上偏暗或浅棕、黄色，具有方形暗斑。腹面深或浅色，缀有棕色或红色斑点。

新几内亚地蚺又称蟒蚺，分布于新几内亚的大多数岛屿，东至俾斯麦群岛，西至印度尼西亚的马鲁古群岛北部。新几内亚地蚺的生境偏好于溪流、管道和废弃的椰子壳等阴冷、潮湿环境。该种既栖息于雨林中，也生活在椰子、油棕种植园等人工环境中。新几内亚地蚺是安静的陆栖守株待兔型伏击者，捕食鼠类、袋狸、蜥蜴和蛙类，而它自身亦被小伊蛇（第 518 页）捕食。新几内亚地蚺生活时多保持静态，以至于巴布亚人常将它称作睡蛇。然而，当被侵扰时，体形较大的个体的咬伤会造成流血和疼痛。当然，其咬伤仅仅是外伤，没有其他影响。

相近物种

新几内亚地蚺施氏亚种 *Candoia aspera schmidti* 占据着该种分布区内的绝大部分区域，而指名亚种 *C. a. aspera* 则分布于新爱尔兰岛，为该种分布区的东限。新几内亚地蚺可能会与所罗门地蚺 *C. paulsoni* 相混淆，两个物种也存在一定区域内的分布重叠。有时候，它们亦会被误认为是剧毒的平鳞棘蛇（第 484 页）。虽然从外形上看，新几内亚地蚺与分布于弗莱河流域的粗鳞棘蛇 *Acanthophlis. rugosus* 更为相似，但新几内亚地蚺在弗莱河流域并无分布。

实际大小

科名	地蚺科 Candoiidae
风险因子	无毒，具缠绕力
地理分布	美拉尼西亚：印度尼西亚东部和新几内亚岛
海拔	0～1525 m
生境	雨林和椰子、油棕种植园
食物	蜥蜴和蛙类
繁殖方式	胎生，每次产仔 5～6 条
保护等级	IUCN 未列入，CITES 附录 II

成体长度
雄性
15¾～22¾ in
(400～575 mm)

雌性
23¾～28 in
(600～715 mm)

115

新几内亚树蚺
Candoia carinata
New Guinea Treeboa
(Schneider, 1801)

由于吻端突出，新几内亚树蚺亦被称为角吻蚺。该种的分布遍及新几内亚岛全境，东至俾斯麦群岛，亦分布于印度尼西亚东部、马鲁古群岛和苏拉威西岛。新几内亚树蚺的色斑非常近似于树干上的地衣，以至于当其保持静止不动时很难被看到。与同域分布的陆栖性新几内亚地蚺（第 114 页）不同，新几内亚树蚺为树栖性，它在树上捕食树栖或陆栖性蜥蜴。针对陆栖性蜥蜴，新几内亚树蚺会在伪装状态下从上往下发起攻击。它的猎物包含石龙子、壁虎，或是树蛙。新几内亚树蚺是一种极为温驯的蛇类。雌性一次产下较少幼体，如火柴般粗细。

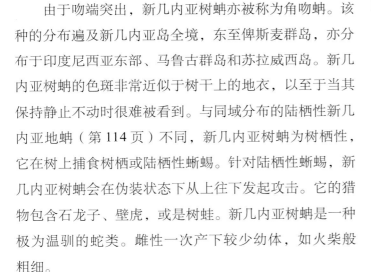

新几内亚树蚺的体形极为细长，尾长而具有缠绕性，头长，呈三角形，覆粒鳞，眼极小。该种的色斑有浅灰色夹杂深灰斑，或浅棕色夹杂深棕斑或条纹。一条黄棕色斑纹总是覆于泄殖腔相应的背面，泄殖腔后部有一个大的白色点斑。雄性泄殖腔两侧的爪状后肢残迹较大，雌性则很小。

相近物种

新几内亚树蚺已知有 2 个亚种，指名亚种 *Candoia carinata carinata* 分布于该种分布区内的大部分区域，另外一个新近被描述的亚种 *C. c. tepedeleni* 分布于新几内亚岛以东的俾斯麦群岛。新几内亚树蚺与同样瘦长、曾被视为是同一个物种的帕劳树蚺 *C. superciliosa* 最为相似。所罗门地蚺（第 116 页）亦曾被视为该种的亚种，尽管外形上存在很大差异。

实际大小

科名	地蚺科 Candoiidae
风险因子	无毒，具缠绕力
地理分布	美拉尼西亚：印度尼西亚东部、新几内亚岛及所罗门群岛
海拔	0～1830 m
生境	雨林、油棕种植园
食物	小型哺乳动物、蛙类和蜥蜴
繁殖方式	胎生，每次产仔 16～48 条，偶有 60 条
保护等级	IUCN 未列入，CITES 附录 II

成体长度
雄性
27½～33 in
(700～840 mm)

雌性
3 ft 3 in～4 ft 3 in
(1.0～1.3 m)

116

所罗门地蚺
Candoia paulsoni
Solomon Islands Ground Boa
(Stull, 1956)

所罗门地蚺的体形中等壮硕，介于新几内亚地蚺及新几内亚树蚺之间。狭长的三角形头部覆有粒鳞，眼小，瞳孔竖直，尾部较新几内亚树蚺短小，却比新几内亚地蚺长很多。该种的不同个体间体色变异大，多以灰、棕色为主，脊部有一条"Z"形暗纹。

所罗门地蚺分布于印度尼西亚东部到所罗门群岛之间，范围横跨达 6000 km。这种夜行性的陆栖性地蚺在部分地区，与同为陆栖性、体形更壮硕且鳞片更为粗糙的新几内亚地蚺（第 114 页）同域分布。与近缘种新几内亚地蚺不同的是，所罗门地蚺擅长攀缘，常被发现栖息于油棕树上。幼体捕食诸如石龙子、壁虎等小型蜥蜴，而成体则捕食小型哺乳动物与蛙类。在新几内亚岛，所罗门地蚺偶尔会沦为东部拟眼镜蛇（第 529 页）的猎物。在早期分类系统中，所罗门地蚺曾被误订为体形更为瘦长的新几内亚树蚺（第 115 页）的亚种。两种的主要区别在于所罗门地蚺体形更大，雌性所产幼体数量也远多于新几内亚树蚺。该种的种本名来源于瑞典两栖爬行动物学家约翰·保森（John Paulson）。

相近物种

所罗门地蚺共包含 6 个亚种：指名亚种 *Candoia paulsoni paulsoni* 分布于所罗门群岛及俾斯麦群岛以东；麦氏亚种 *C. p. mcdowelli* 分布于巴布亚新几内亚及米尔恩湾群岛；3 个岛屿亚种（*C. p. vindumi, C. p. rosadoi, C. p. sadlieri*）则分别分布于巴布亚新几内亚的布干维尔岛、米西马岛及伍德拉克岛。该种似乎并未分布于印度尼西亚所属新几内亚岛西部，然而有趣的是，印度尼西亚更靠西部的马鲁古群岛竟分布着第六个亚种 *C. p. tasmai*。所罗门地蚺与分布于所罗门群岛和斐济之间的太平洋地蚺 *C. bibroni* 亲缘关系较近。

实际大小

科名	沙蚺科 Erycidae
风险因子	无毒，具缠绕力
地理分布	欧洲东南部、非洲北部及中东地区：巴尔干半岛各国，土耳其到沙特阿拉伯北部、伊朗，埃及到摩洛哥
海拔	0～1500 m
生境	海滩、耕地、干谷、岩石区灌木丛及半沙漠
食物	小型哺乳动物、鸟类、爬行动物的卵、蜥蜴和一些无脊椎动物
繁殖方式	胎生，每次产仔 6～20 条
保护等级	IUCN 未列入，CITES 附录 II

成体长度
15¾ ~ 23¾ in,
偶见 31½ in
(400 ~ 600 mm,
偶见 800 mm)

标沙蚺
Eryx jaculus
Javelin Sand Boa
(Linnaeus, 1758)

117

标沙蚺又称西部沙蚺，可能是欧洲唯一的蚺类，分布于欧洲东南部、非洲北部和中东地区，其位于伊朗和高加索地区的分布东限至今尚不明确。标沙蚺是沙蚺属中体形最小的物种之一，分布于希腊的种群体形更小。标沙蚺栖息于沙质生境，从海滩沙地到干谷与半沙漠，甚至农耕地都有其踪迹。在微生境选择上，沙蚺偏好岩石区的灌木林，而并不青睐纯由沙子组成的土地。标沙蚺白天躲避在遮蔽物下方，入夜后则潜伏在沙子下面，守株待兔伺机捕食小型啮齿类动物、蜥蜴与蟋蟀，也会搜寻并捕食雏鸟与爬行动物的卵。标沙蚺的繁殖方式为胎生。

相近物种

标沙蚺包含 3 个亚种：指名亚种 *Eryx jaculus jaculus* 分布于非洲北部，南欧亚种 *E. j. turcicus* 分布于巴尔干半岛到叙利亚，高加索亚种 *E. j. familiaris* 分布于亚美尼亚与伊朗。一些学者则不承认该物种的亚种分化。与标沙蚺亲缘关系较近的红沙蚺 *E. miliaris* 分布于阿富汗至高加索北部，有可能边缘分布于欧洲。标沙蚺亦与中亚沙蚺 *E. elegans* 在伊朗重叠分布。

标沙蚺的体形较壮硕，尾短，背鳞光滑，吻端有突出的吻鳞，与其善挖掘的习性有着紧密联系。眼小，瞳孔竖直，体色总体上为灰色到棕灰色，背面较体侧颜色深，背面斑纹不规则，为深棕色到橙色横斑，这些横斑有时合并为"Z"形斑纹或脊部纵纹。本种的雄性相较雌性拥有更大的爪状后肢残迹。

实际大小

科名	沙蚺科 Erycidae
风险因子	无毒，具缠绕力
地理分布	阿拉伯半岛：沙特阿拉伯、科威特、也门、阿曼和阿联酋
海拔	0～1100 m
生境	沙漠
食物	蜥蜴、小型哺乳动物及无脊椎动物
繁殖方式	卵生，每次产卵最多 4 枚
保护等级	IUCN 无危，CITES 附录 II
保护等级	无

成体长度
11¾～17¾ in，
偶见 25¼ in
（300～450 mm，
偶见 640 mm）

118

阿拉伯沙蚺
Eryx jayakari
Arabian Sand Boa
(Boulenger, 1888)

阿拉伯沙蚺是一种完全适应沙漠环境的蛇类，分布于阿拉伯半岛的科威特到阿曼。它适应了沙面以下的生活，且并不栖息于多岩或山区沙漠。该种的头型与掘地的习性密不可分——双眼近乎位于头背，以保证沙蚺能潜伏于沙面以下，在不暴露头部的情况下观察周遭环境。阿拉伯沙蚺的幼体捕食柔软的无脊椎动物和小型壁虎，成体则捕食成年壁虎及鼩鼱、鼠类等小型哺乳动物。该种可能拥有较大的种群数量，但由于营夜行性生活，较少在地表出没而难以被发现。阿拉伯沙蚺营卵生，产卵量较少但卵个体大。阿拉伯沙蚺的种本名来源于在阿曼采集到本种正模标本的印度军队外科医生克罗奈尔·亚特玛兰·贾亚卡（Colonel Atmaram Jayakar，1844—1911）。

阿拉伯沙蚺的体形较壮硕，尾短，头部扁平，吻鳞为圆形，亦较扁平，与其掘地的习性相关。眼极小，瞳孔为竖直椭圆形，眼睛位置相比于其他沙蚺更偏向头背。雄性较雌性拥有更大的爪状后肢残迹。体色为棕褐色、橙色或黄色，背面横斑呈深色。

相近物种

阿拉伯沙蚺目前尚未包含亚种，其分布区的北部或与标沙蚺（第 117 页）重合，本种在也门与埃及沙蚺 *Eryx colubrinus* 同域分布。在夜间，沙蚺的外表与剧毒的锯鳞蝰（第 624～628 页）较为相似。

实际大小

科名	沙蚺科 Erycidae
风险因子	无毒，具缠绕力
地理分布	南亚地区：伊朗东部、阿富汗、巴基斯坦、印度及尼泊尔
海拔	0～960 m
生境	沙漠、半沙漠与种植区
食物	小型哺乳动物、鸟类、蜥蜴、蛇类及无脊椎动物
繁殖方式	胎生，每次产仔 6～8 条
保护等级	IUCN 未录入，CITES 附录 II

成体长度
2 ft 5 in～3 ft 3 in
(0.75～1.0 m)

约氏沙蚺
Eryx johnii
Red Sand Boa
(Russell, 1801)

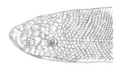

119

约氏沙蚺又称红沙蚺[1]，是沙蚺科体形最大的物种之一。在其分布区内，约氏沙蚺有时会出现在农田里。它营穴居生活，会在夜间潜伏在沙面之下伏击捕食鼠类、鸟类、蜥蜴、大型无脊椎动物甚至其他蛇类。其粗短的尾与头形状类似，因此常被称为"两头蛇"。约氏沙蚺为胎生。虽然体形较大，威慑力十足，但约氏沙蚺却十分温驯，因此常被蛇类爱好者作为宠物饲养。约氏沙蚺由赫赫有名的东印度公司博物学家、蛇类专家帕特里克·拉塞尔（Patrick Russell，1726—1805）发表，其种本名是致敬传教士兼两栖爬行动物学家克里斯托弗·约翰（Christoph John，1747—1813）。

约氏沙蚺身体极其壮硕，头部圆，与颈部区分不明显，眼小，瞳孔竖直，吻鳞扩大呈铲状，与挖掘习性相关，尾短，与头部形状类似。通体背鳞光滑，背面多为红色或红棕色，少数个体为灰色或黄色，也有一些个体身体后半段和尾部具宽黑斑。

相近物种

体形较大，但鳞片起强棱的粗鳞沙蚺 *Eryx conicus* 与约氏沙蚺存在同域分布。而在斯里兰卡，则有粗鳞沙蚺却无约氏沙蚺分布。约氏沙蚺位于伊朗-阿富汗地区的种群可能具有亚种地位。

实际大小

---

① 红沙蚺一般作为 *Eryx miliaris* 的中文名。——译者注

科名	两头沙蚺科 Charinidae；两头沙蚺亚科 Charininae
风险因子	无毒，具缠绕力
地理分布	北美洲西部：美国西北部及加拿大不列颠哥伦比亚省
海拔	500～3060 m
生境	高海拔针叶林、松栎林、草原及沙漠边缘
食物	小型哺乳动物、鸟类、蜥蜴、蝾螈及爬行动物的卵
繁殖方式	胎生，每次产仔 1～10 条
保护等级	IUCN 无危，CITES 附录 II

成体长度
19¾～23¾ in,
偶见 32¾ in
(500～600 mm,
偶见 830 mm)

120

两头沙蚺
Charina bottae
Northern Rubber Boa
(Blainville, 1835)

两头沙蚺的体形小，体呈圆柱状，头部圆，眼小，瞳孔竖直，尾短。体色多为棕色到橄榄棕色或绿色，无斑，体侧与腹面的体色较浅。

两头沙蚺分布于从美国加利福尼亚州到加拿大不列颠哥伦比亚省，或许是全世界分布最北的蚺类。该种常常躲避在落叶及巨石下，幼体以爬行动物的卵和蜥蜴为食，成年后则以鼠类、鼹鼠、鸟类、蜥蜴或蝾螈为食。两头沙蚺捕猎时会悄悄接近猎物，在张口咬住猎物后将其紧紧缠绕，致其死亡。受到威胁时，两头沙蚺会蜷曲身体，将头部藏在身下，以钝尾伪装成假头迷惑敌害。两头沙蚺在鼠巢中捕食时，会用尾部佯装袭击成年鼠类，实则趁机捕食幼鼠。该种的寿命可达 20 岁。或许是因为常常以尾部假扮头部招致捕食者的攻击，许多两头沙蚺的尾部都伤痕累累。两头沙蚺的种本名来源于曾到访加利福尼亚州的意大利医师、考古学家保罗·博塔（Paulo Botta，1802—1870）。

相近物种

两头沙蚺近期才被作为独立种，包含 2 个亚种。近期研究将隔离分布于加利福尼亚州南部的种群提升为种级地位，即南部两头沙蚺 *Charina umbratica*。两头沙蚺与其分布区内仅有的蚺类——舐尾沙蚺（第 121 页）很容易区分。

实际大小

科名	两头沙蚺科 Charinidae：两头沙蚺亚科 Charininae
风险因子	无毒，具缠绕力
地理分布	北美洲：美国（加利福尼亚州及亚利桑那州）与墨西哥（下加利福尼亚州及索诺拉州西北部）
海拔	0～2000 m
生境	半沙漠、岩石坡及岩屑堆，喜好近水生境
食物	小型哺乳动物、鸟类、蜥蜴及蛇类
繁殖方式	胎生，每次产仔 1～12 条
保护等级	IUCN 无危，CITES 附录 II

成体长度
31½～35½ in,
偶见 3 ft 7 in
(800～900 mm,
偶见 1.1 m)

121

舔尾沙蚺
Lichanura trivirgata
Rosy Boa
(Cope, 1861)

舔尾沙蚺因性格温驯、体形袖珍，常被爱好者当作宠物饲养。舔尾沙蚺包含多个亚种及色型，它栖息于可供其躲藏、捕猎的多岩石的半沙漠生境，如岩石坡与岩谷。该种常见于水域附近，捕食小型哺乳动物、鸟类、蜥蜴及其他蛇类，甚至包括小型的角响尾蛇（第 575 页）。爪状后肢残迹仅存于雄性个体，与其他蟒蚺类似，用于交配时摩挲雌性。虽然舔尾沙蚺流行作为宠物饲养，但它在野外的习性仍缺乏研究。

相近物种

关于舔尾沙蚺的亚种有效性尚存争议，一般认为该物种包含 3 个亚种：分布于下加利福尼亚半岛的指名亚种 *Lichanura trivirgata trivirgata*、加利福尼亚州的沙漠亚种 *L. t. gracia* 与沿海亚种 *L. t. roseofusca*。下加利福尼亚北部的种群有时被视为一个亚种 *L. t. saslowi*。有的学者不认可任何亚种的有效性。分布于加利福尼亚州的奥卡特舔尾沙蚺 *L. orcutti* 为舔尾沙蚺的近缘种。

舔尾沙蚺的体形较壮硕，背鳞光滑，头较长，与颈部区分不明显，眼小，尾短，但具缠绕性。体色多变，是鉴别不同亚种的依据之一，或为灰色、棕色、橙色或粉色，背覆三条橙色、玫瑰红色、棕色或黑色的宽纵纹，脊纹延伸至头背。

实际大小

科名	两头沙蚺科 Charinidae：中美蚺亚科 Ungaliophiinae
风险因子	无毒，具缠绕力
地理分布	北美洲：墨西哥瓦哈卡州
海拔	2000～2450 m
生境	寒冷、潮湿的云雾森林
食物	小型蛙类、蛙卵及蝾螈
繁殖方式	胎生，每次产仔 8～16 条
保护等级	IUCN 易危，CITES 附录 II

成体长度
15¾～18½ in
(400～470 mm)

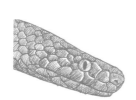

122

侏儒蚺
Exiliboa placata
Oaxacan Dwarf Boa

Bogert, 1968

侏儒蚺的体形小，鳞片为黑色，具光泽，头颈区分明显，头背覆扩大的鳞片而非蟒蚺类常有的粒鳞，眼略突出，尾短。体色为纯黑色，仅泄殖腔旁具有白色点斑。

侏儒蚺仅记录于墨西哥瓦哈卡州华雷斯山及米塞山的云雾森林中，正模标本采集于一块巨石之下，其余标本则见于大而宽的岩石下，同一块石头下常在数年的时间里一直有侏儒蚺栖息。该种亦会在小雨后外出活动。侏儒蚺在自然环境下的生活史鲜为人知，而人工饲养下的个体常在黑暗中捕食小型蛙类，这一观察可能表明侏儒蚺为夜行性。另有一例博物馆标本的胃容物为蝾螈，因此可推测两栖动物为该种食物的重要部分。侏儒蚺性情温驯，被惊扰时多会蜷缩成球状的防御姿势，亦可能从泄殖腔排放出刺鼻的气味。

相近物种

侏儒蚺具备的单枚鼻间鳞使其在形态上区别于其他新热带蚺类。相较新热带其他蚺类，本种与中美蚺属（第 123 页）的亲缘关系更接近。虽然外貌酷似半穴居的游蛇类，但侏儒蚺的雌性和雄性均有爪状后肢残迹，这一特征并不见于游蛇等进步类群。

实际大小

科名	两头沙蚺科 Charinidae：中美蚺亚科 Ungaliophiinae
风险因子	无毒，具缠绕力
地理分布	美洲北部与中部：墨西哥南部、危地马拉、洪都拉斯及尼加拉瓜
海拔	65～2300 m
生境	低地热带雨林、山地针叶林及云雾林
食物	鸟类、蝙蝠、蛙类及蜥蜴
繁殖方式	胎生，每次产仔 2～10 条
保护等级	IUCN 未列入，CITES 附录 II

成体长度
19¾～30 in
(500～760 mm)

中美蚺
Ungaliophis continentalis
Isthmian Bromeliad Boa
Müller, 1880

123

中美蚺又称北部凤梨蚺与地峡侏儒蚺，是一种仅有少量标本记录的稀有蛇类。它栖息于低海拔雨林及高海拔松林中，出没于溪流上方的巨石上、腐烂的松木下及生有凤梨科植物的树上。此类微生境为中美蚺提供了良好的躲避处、潮湿的环境及潜在的猎物。关于中美蚺生活史的记录几乎全部来源于人工饲养个体，在人工环境下，该种曾以新生的鼠类、蜥蜴及蛙类为食，在自然环境下亦捕食鸟类及蝙蝠。雄性中美蚺以爪状后肢残迹向雌性求偶，在交配过程中雄性会用身体缠绕雌性，并试图咬住雌性的尾部。

中美蚺的体形小，较瘦长，背鳞光滑，头略尖，与颈部区分不明显，尾短，具缠绕性。体色总体为灰色，带有黑色斑点，体侧下缘为橙色，头背黑色斑呈箭头形，边缘为白色，头背斑纹延伸至体背，形成双行显著的镶白边的椭圆形黑眼斑。

相近物种

中美蚺属物种的头背具单枚大前额鳞，以此与其他蚺类相区分。属内另一个物种巴拿马中美蚺 *Ungaliophis panamensis* 分布于尼加拉瓜南部到哥伦比亚。中美蚺与巴拿马中美蚺在鳞式与齿列方面具有差异，且巴拿马中美蚺的背面具有三角形斑，与中美蚺的椭圆形斑不同。

实际大小

科名	马岛蚺科 Sanziniidae
风险因子	无毒，具缠绕力
地理分布	印度洋：马达加斯加南部及中部
海拔	0～1325 m
生境	刺灌木占优势的稀树草原、干燥森林及种植区
食物	哺乳动物及鸟类
繁殖方式	胎生，每次产仔6～13条
保护等级	IUCN 无危，CITES 附录 I

成体长度
4～5 ft,
偶见 10 ft
(1.25～1.5 m,
偶见 3.0 m)

124

杜氏马岛地蚺
Acrantophis dumerili
Duméril's Boa

Jan, 1860

杜氏马岛地蚺体形粗壮，肌肉发达的身躯具有很强的力量，头宽，呈三角形，与颈部区分明显，尾具缠绕性。体色总体上为灰色或棕色，背面具不规则的黑或深棕色哑铃状鞍斑，眼后具一条暗色眶后纹。杜氏马岛地蚺与马岛地蚺在外形上与分布于新热带的红尾蚺（第104页）相似。

作为马达加斯加岛体形第二大的蛇类，杜氏马岛地蚺的长度仅次于可达 3.2 m 的同属近缘种马岛地蚺 *Acrantophis madagascariensis*。杜氏马岛地蚺的种本名来源于法国两栖爬行动物学家安德烈·马里·康斯坦特·杜梅里（André Marie Constant Duméril，1774—1860）。它在分布区内常见，为陆栖夜行性蛇类，常不幸成为路杀的受害者。该种捕食鼠类、蝙蝠、马岛猬及狐猴等哺乳动物，家鸡等鸟类亦在其食谱内。近缘种马岛地蚺产仔量仅有2～6条，而杜氏马岛地蚺则能产下6～13条幼体。有趣的是，杜氏马岛地蚺的雄性体形大于雌性，与绝大多数蚺类雌性大于雄性的规律相反。在马达加斯加语中，杜氏马岛地蚺与马岛地蚺都被称为"do"。

相近物种

杜氏马岛地蚺分布于马达加斯加岛南部及中部，其近缘种马岛地蚺 *Acrantophis madagascariensis* 则分布于马达加斯加北部，两个物种在马达加斯加西海岸部分区域存在重叠分布。这两个物种的区分依据在于马岛地蚺头背的前半部分具扩大鳞片，杜氏马岛地蚺则没有。

实际大小

科名	马岛蚺科 Sanziniidae
风险因子	无毒，具缠绕力
地理分布	印度洋：马达加斯加东部
海拔	0～1600 m
生境	原生、次生雨林，种植园、农地及人类居住区
食物	哺乳动物、鸟类及蛙类
繁殖方式	胎生，每次产仔 1～19 条
保护等级	IUCN 无危，CITES 附录 I

成体长度
5～6 ft，
偶见长于 6 ft 7 in
(1.5～1.85 m，
偶见长于 2.0 m)

125

马岛蚺
Sanzinia madagascariensis
Madagascan Treeboa
(Duméril & Bibron, 1844)

马岛蚺常见于马达加斯加东部的原生雨林到种植园，甚至乡村花园等多样生境，白天营树栖生活，夜间则于地面活动。该种体形较大，具备绞杀猎物的能力，以鼠类、马岛猬、小型狐猴、鸟类及蛙类等多种猎物为食。马岛蚺以热感唇窝探测温血猎物，在捕获猎物后会紧紧缠绕致其死亡。马岛蚺牙长，可帮助其牢牢咬紧猎物，并在受到侵扰时张嘴还击。虽然马岛蚺为无毒蛇类，但它尖锐的牙使其咬伤可导致剧烈疼痛与流血。传闻中长达 2.5～4 m 的个体记录的可信度较低。在马达加斯加语中，该种被称为 "mandrita"。

相近物种

马岛蚺属 *Sanzinia* 及马岛地蚺属 *Acrantophis* 曾于 20 世纪下半叶被共同归入蚺属 *Boa*，且马岛地蚺种本名 "*madagascariensis*" 与本种相同，因此马岛蚺的学名曾被修订为 "*Boa mandrita*"。目前，马岛蚺属还有另一个物种，即分布于马达加斯加西部的棕马岛蚺 *S. volontany*，棕马岛蚺与本种形态相似，但存在遗传学上的差异。

马岛蚺体形较长，肌肉发达，尾具缠绕性，头部大而宽，具明显唇窝。体色变异大，但多数个体为棕色或橄榄色，体背有连续的浅色边缘的哑铃形横斑，眶后具一条黑色纹，从眼睛延伸至口角处。雄性及部分雌性具爪状后肢残迹。

实际大小

真蛇下目：非洲真蛇类：新蛇类
Alethinophidia: Afrophidia: Caenophidia

走出非洲：新近的蛇类
Out of Africa: Recent Snakes

新蛇类 Caenophidia（*Caeno*= 新，近；*–ophidia*= 蛇）是新近的蛇类，约有 3000 种，占现生蛇类物种的 82%。新蛇类包括 2 个总科：瘰鳞蛇总科 Acrochordoidea，仅包含瘰鳞蛇科 Acrochordidae 瘰鳞蛇属 *Acrochordus* 中的 3 个物种；游蛇总科 Colubroidea，包含 11 个科。

游蛇总科中最大的科是游蛇科 Colubridae（大于 860 种），主要分布在北美洲、欧洲和亚洲，在南半球大陆的分布则较少。水游蛇科 Natricidae（大于 220 种）的分布与游蛇科相似。食螺蛇科 Dipsadidae（大于 750 种）主要分布于中美洲和南美洲，在北美洲和中国西藏也有代表物种，而屋蛇科 Lamprophiidae（大于 300 种）分布于非洲和马达加斯加，在欧洲和亚洲也有代表物种。东南亚[①]特有科包括斜鳞蛇科 Pseudoxenodontidae（11 种）、钝头蛇科 Pareatidae（21 种）和闪皮蛇科 Xenodermatidae（18 种）。水蛇科 Homalopsidae（55 种）分布于亚洲和大洋洲，剑蛇科 Sibynophiidae（11 种）分布于亚洲和美洲。眼镜蛇科 Elapidae（大于 360 种）分布于美洲、非洲和亚洲，是大洋洲、太平洋和印度洋地区的优势科。蝰科 Viperidae（大于 330 种）分布于美洲、欧洲、非洲和亚洲。

---

① 还应包括我国南方。——译者注

科名	瘰鳞蛇科 Acrochordidae
风险因子	无毒
地理分布	澳大拉西亚：新几内亚岛南部及澳大利亚北部
海拔	0～30 m
生境	淡水潟湖、洼地、溪流、缓慢流动的河流、沼泽
食物	淡水鱼
繁殖方式	胎生，每次产仔 11～25 条
保护等级	IUCN 无危

成体长度
雄性
3 ft 3 in～4 ft
(1.0～1.2 m)

雌性
4 ft 7 in～5 ft 7 in,
偶见 8 ft 2 in～10 ft
(1.4～1.7 m,
偶见 2.5～3.0 m)

128

阿拉弗拉瘰鳞蛇
Acrochordus arafurae
Arafura Filesnake

McDowell, 1979

阿拉弗拉瘰鳞蛇身形笨重，皮肤松弛，通体覆瘰鳞，且为水栖。该种头大，眼小，瓣膜状的鼻孔位于头侧，尾长且缠绕性强。体色通常为棕黄色或红棕色，缀有深棕色或黑色网纹及腹侧白色点斑，成年个体的色斑会变得模糊。腹面呈米白色或浅棕色。

阿拉弗拉瘰鳞蛇的体形大，营水栖生活，分布于澳大利亚北部（北领地卡卡杜地区居多）及新几内亚岛南部（弗莱河流域）。该种完全水栖，无法在陆地上正常生存。阿拉弗拉瘰鳞蛇松弛的皮肤上覆满富有传感能力的瘰鳞，瘰鳞亦在蛇进食中尝试固定猎物时扮演着辅助防滑作用，帮助阿拉弗拉瘰鳞蛇吞下鱼类。该种能够吞下包括尖吻鲈和鲇鱼在内的大型鱼类。阿拉弗拉瘰鳞蛇擅长游泳却行动迟缓，大多数时间里都会在露兜树和其他水栖树种被淹没的根部捕猎及休憩。在澳大利亚北部，原住民女性猎杀阿拉弗拉瘰鳞蛇作为食物或取皮穿在脚上，而在新几内亚岛南部，该种的皮常被用作制造传统乐器昆度鼓。

相近物种

虽然该种与分布于东南亚的淡水近缘种爪哇瘰鳞蛇 *Acrochordus javanicus* 在形态上更为相似，但与阿拉弗拉瘰鳞蛇亲缘关系最近的物种却是海栖的瘰鳞蛇（第 129 页）。一种长达 3 m 的已灭绝的大型瘰鳞蛇 *A. dehmi* 曾于 635 万年前的中新世分布于亚洲。

实际大小

科名	瘰鳞蛇科 Acrochordidae
风险因子	无毒
地理分布	亚洲及澳大拉西亚：巴基斯坦到中国、马来西亚、印度尼西亚、菲律宾、新几内亚岛、澳大利亚北部及所罗门群岛
海拔	-20～90 m
生境	入海口、河口、潮汐河、泥滩、红树林沼泽及珊瑚礁
食物	海水鱼
繁殖方式	胎生，每次产仔 1～12 条
保护等级	IUCN 无危

成体长度
雄性
2 ft 7 in～3 ft 3 in
(0.8～1.0 m)

雌性
3～4 ft,
偶见 5 ft 2 in
(0.9～1.2 m,
偶见 1.6 m)

129

瘰鳞蛇

Acrochordus granulatus
Little Filesnake

(Schneider, 1799)

瘰鳞蛇是瘰鳞蛇属下体形最小、分布最广且唯一适应海洋环境的物种。其分布沿着亚洲的海岸，从巴基斯坦到中国，向南延伸至马来群岛、新几内亚岛、澳大利亚北部及所罗门群岛。该种栖息于浑浊的河口、入海口、泥滩及红树林沼泽、珊瑚礁，它们亦会顺着潮汐河的上游游动数里到达淡水河湖。瘰鳞蛇主要以包括虾虎鱼和弹涂鱼在内的小型鱼类为食。由于皮肤松弛且缺少腹鳞，瘰鳞蛇无法在陆地上爬行，但在海中它却能延展皮肤，如丝带般轻松畅游。其皮肤上覆的瘰鳞具有传感能力，并能够帮助瘰鳞蛇牢牢缠绕住身体光滑的猎物。

瘰鳞蛇因为皮肤松弛、粗糙、覆满瘰鳞而极易辨识。其余形态特征方面，该种头小，眼小，鼻孔位于头背并具有瓣膜状结构，以适应水栖习性，防止潜水时呛水。尾部具有缠绕性，便于缠抓住水下的植物根等结构。多为通体深棕色，但很多个体亦具有灰色、棕色、黑色或红色的斑纹。

相近物种

在现生蛇类中，瘰鳞蛇仅存的近缘种为同属的阿拉弗拉瘰鳞蛇（第 128 页）和爪哇瘰鳞蛇 *Acrochordus javanicus*，其中它与阿拉弗拉瘰鳞蛇的亲缘关系最近。

实际大小

科名	游蛇科 Colubridae：瘦蛇亚科 Ahaetullinae
风险因子	后沟牙，毒性轻微，对人类无害
地理分布	南亚和东南亚地区：印度、斯里兰卡、尼泊尔、孟加拉国、缅甸、泰国、柬埔寨、老挝和越南
海拔	0～2100 m
生境	低地和低山地森林、花园和次生林
食物	两栖动物、蜥蜴、鸟类和小型哺乳动物
繁殖方式	卵生，每次产卵 3～23 枚
保护等级	IUCN 未列入

成体长度
5 ft～6 ft 7 in
(1.5～2.0 m)

130

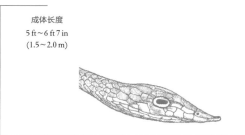

瘦蛇
Ahaetulla nasuta
Long-Nosed Vinesnake
(Bonnaterre, 1790)

瘦蛇的体形非常纤细，尾很长，头部细长而尖，吻端突出。瞳孔横置，颊部有凹槽。体色变异较大，有绿色、棕色等，通常背部有深色斜纹，体侧下方有黄色细纵纹。腹面为绿色、黄色或灰色。

　　瘦蛇为昼行性、高度树栖的物种，在雨林或花园的杂乱植被中捕猎。猎物包括蛙类、蜥蜴、小鸟，体形较大的个体也能捕食小型哺乳动物。瘦蛇的伪装性很强，以类似于植物摆动的断断续续的动作跟踪猎物。它在瞄准猎物时，横向瞳孔和细长吻端上类似"瞄准器"的凹槽，能帮助它判断猎物的距离。瘦蛇可能是视力最好的蛇类。瘦蛇用后沟牙注射毒液杀死猎物，但瘦蛇的毒液对人类无害。瘦蛇分布于印度、斯里兰卡和东南亚大陆。

相近物种

　　瘦蛇属 *Ahaetulla* 包含 8 个物种，分布于印度、印度尼西亚和菲律宾。瘦蛇吻端呈突起状，能与该属除分布于印度、斯里兰卡和孟加拉国的褐瘦蛇 *A. pulverulenta* 之外的其他物种相区分。在西高止山脉，还有 2 个物种与瘦蛇同域分布：异瘦蛇 *A. dispar* 和印度瘦蛇 *A. perroteti*。

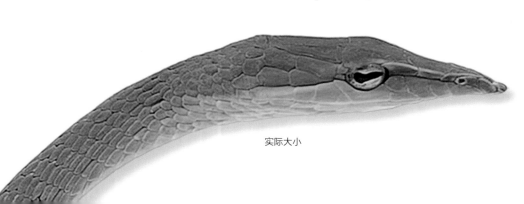

实际大小

科名	游蛇科 Colubridae；瘦蛇亚科 Ahaetullinae
风险因子	后沟牙，毒性轻微，对人类无害
地理分布	南亚和东南亚地区：印度东北部、不丹、孟加拉国、中国南部、缅甸、泰国、柬埔寨、老挝、越南、马来西亚、印度尼西亚和菲律宾
海拔	0～1380 m
生境	低地和低山地森林边缘、次生林和花园
食物	蜥蜴和鸟类
繁殖方式	卵生，每次产卵 4～10 枚
保护等级	IUCN 无危

成体长度
5 ft～6 ft 5 in
(1.5～1.95 m)

绿瘦蛇
Ahaetulla prasina
Oriental Vinesnake
(Boie, 1827)

131

绿瘦蛇是一种常见的昼行性蛇类，栖息于森林边缘和花园里，捕食蜥蜴和小鸟，也可能捕食蛙类或鼠类。它很善于伪装，瞳孔横置使它拥有良好的视觉，便于跟踪猎物。它的毒液能杀死小型脊椎动物，但对人类无害。绿瘦蛇分布于印度东北部、不丹、东南亚、中国南部、印度尼西亚和菲律宾。"*Ahaetulla*"是僧伽罗语单词，意思是"有眼睛的线"，形容其头部和身体细长的形状。

绿瘦蛇的体形非常纤细，包括尾巴和头部都较细长，吻端略突起。它的瞳孔横置，瞳孔通过吻端侧面的凹槽聚焦前方，使它能够看到并追踪高度伪装的猎物。绿瘦蛇的体色变异较大，有绿色、黄色、棕色等。其体侧下方通常有一条较细的黄色纵纹。腹面为绿色、黄色或灰色。

相近物种

绿瘦蛇 *Ahaetulla prasina* 有 4 个亚种，指名亚种的分布区最广，中部亚种 *A. p. medioxima* 分布于中国，苏禄亚种 *A. p. suluensis* 和棉兰老岛亚种 *A. p. preocularis* 分布于菲律宾。绿瘦蛇可能与缅甸的额环瘦蛇 *A. fronticincta*、马来西亚和印度尼西亚的斑头瘦蛇 *A. fasciolata* 以及马来瘦蛇 *A. mycterizans* 相混淆。

实际大小

科名	游蛇科 Colubridae：瘦蛇亚科 Ahaetullinae
风险因子	后沟牙，毒性轻微，对人类无害
地理分布	东南亚地区：缅甸、泰国、新加坡、安达曼群岛、苏门答腊岛、加里曼丹岛、爪哇岛、苏拉威西岛和菲律宾
海拔	0～1525 m
生境	低地和低山地雨林、干旱森林
食物	蜥蜴
繁殖方式	卵生，每次产卵 5～8 枚
保护等级	IUCN 无危

132

成体长度
3 ft 3 in～5 ft
(1.0～1.5 m)

天堂金花蛇
Chrysopelea paradisi
Paradise Flying Snake
Boie, 1827

天堂金花蛇体形纤细，背鳞光滑，呈斜向排列，尾长，头部长，眼大，瞳孔圆形。每一枚背鳞都呈镶黑边的翠绿色或黄色，总体形成黑色和绿色或黑色与黄色的网状纹。腹面绿色或黄色，带有黑色斑。背面通常有连续的红色或橙色斑点，形成纵向的斑点带纹。头背可能有四条镶黑边的浅色横纹，其中一条穿过眼睛并延续到上唇。

金花蛇属物种被称为飞蛇，但它们其实不会飞，而是滑翔，还不完全清楚这是如何做到的。蛇没有胸骨，所以它们的肋骨比哺乳动物更灵活，比如眼镜蛇可以扩张前部的肋骨形成斗篷状。纤细而轻巧的金花蛇可以沿着身体的长度展开肋骨，形成一个凹腔。当它们跃入空中时，这个凹腔可以承受空气的阻力，使它们能够滑翔到安全的地方。天堂金花蛇广泛分布于东南亚，它也是自 1883 年喀拉喀托火山爆发以来当地仅有的 3 种蛇类之一。它毒性轻微的毒液只能杀死壁虎。

相近物种

天堂金花蛇 *Chrysopelea paradisi* 有 3 个亚种：指名亚种 *C. p. paradisi*、菲律宾亚种 *C. p. variabilis* 和苏拉威西亚种 *C. p. celebensis*。金花蛇属 *Chrysopelea* 还包括另外 4 个物种：金花蛇 *C. ornata*，分布于印度、中国到菲律宾；孪斑金花蛇 *C. pelias*，分布于马来西亚和印度尼西亚；马鲁古金花蛇 *C. rhodopleuron*；斯里兰卡金花蛇 *C. taprobanica*，除了分布于斯里兰卡，也分布于印度。

实际大小

科名	游蛇科 Colubridae；瘦蛇亚科 Ahaetullinae
风险因子	无毒
地理分布	澳大拉西亚：印度尼西亚东部、新几内亚岛及所罗门群岛
海拔	0～1150 m
生境	沿海森林、椰子种植园、花园及岛屿
食物	蛙类与蜥蜴
繁殖方式	卵生，每次产卵 5～8 枚
保护等级	IUCN 无危

成体长度
3 ft 3 in～4 ft 3 in
(1.0～1.3 m)

北方过树蛇
Dendrelaphis calligastra
Coconut Treesnake
(Günther, 1867)

北方过树蛇最常见于沿海、岛屿灌丛或椰子种植园，亦见于高海拔地区的花园。北方过树蛇在生境选择上更偏好开阔、阳光充沛的林地，而非郁闭度高的森林。北方过树蛇腹鳞外侧的棱角有助于它攀爬竖直的椰子树，细长的尾则可以在穿梭树间空隙时起到辅助作用。北方过树蛇广泛分布于新几内亚岛、所罗门群岛、澳大利亚昆士兰州东北部的约克角半岛及印度尼西亚的马鲁古群岛。北方过树蛇体形纤瘦，营昼行性生活，警惕性较强，在野外非常难以接近。该种以蛙类、石龙子、壁虎、爬行动物的卵及小型鬣蜥科物种为食，常常在林间快速游走主动追击猎物，亦会在猎物熟睡时捕食。

北方过树蛇体形纤细，背鳞光滑，呈斜向排列，尾长，具缠绕性，头狭长，与颈部区分不明显，眼大，瞳孔呈圆形。背面呈铜棕色到橄榄色，鳞片间呈浅蓝色，当其运动时尤为明显。身体前段的腹面呈浅黄色到白色，后半部分为浅灰色，体侧有一条黑色纵纹从鼻孔过眼一直延伸到身体后段，颜色逐渐变浅。

相近物种

北方过树蛇 *Dendrelaphis calligastra* 目前包含了先前曾作为独立种的所罗门过树蛇 *D. solomonis*。由于分布广泛，北方过树蛇可能是一个包括了数个地域性隐存种的复合种。在新几内亚岛，北方过树蛇与同属的山地过树蛇 *D. gastrostictus*、侧条过树蛇 *D. lineolatus*、洛氏过树蛇 *D. lorentzi* 及大眼过树蛇 *D. macrops* 同域分布，在澳大利亚的昆士兰州则与体形更大的普通过树蛇 *D. punctulatus* 同域分布。

实际大小

科名	游蛇科 Colubridae；瘦蛇亚科 Ahaetullinae
风险因子	无毒
地理分布	南亚地区：印度、斯里兰卡、巴基斯坦、尼泊尔、孟加拉国和缅甸
海拔	0～2000 m
生境	树木繁茂的栖息地、种植园、河岸森林等
食物	蛙类、蜥蜴、鸟类
繁殖方式	卵生，每次产卵 6～8 枚
保护等级	IUCN 未列入

成体长度
2 ft 7 in～3 ft 3 in,
偶见 5 ft 2 in
(0.8～1.0 m,
偶见 1.6 m)

134

印度过树蛇
Dendrelaphis tristis
Common Indian Bronzeback
(Daudin, 1803)

印度过树蛇体形细长，背鳞光滑，呈斜向排列，尾部长，呈鞭状，头部细长而略尖，与颈部略有区分，眼大，瞳孔圆形。背面呈红色或铜棕色，腹面呈棕灰色，体侧有醒目的白色纵纹，从上唇、眼下延伸到吻端。颈部鳞片间的皮肤呈浅蓝色，当它呈防御姿态时，颈部膨胀而展露出蓝色。

过树蛇属 *Dendrelaphis* 物种是昼行性蛇类，其中分布于亚洲的物种的英文名称为 "bronzeback"（铜背蛇），因为大多数物种的背面呈棕色。印度过树蛇广泛分布于南亚次大陆，从斯里兰卡到尼泊尔，以及巴基斯坦到缅甸。它栖息于各种树林或森林、原生雨林和人工种植园，也包括花园或单独几株树木。它通常在白天活动，主要捕食蛙类，也捕猎小型蜥蜴和鸟类。如果它停止移动，它纤细的身体和隐秘的斑纹，就会与周围环境完美融合。过树蛇都很善于攀爬，主要由于其腹鳞两侧呈棱角状。过树蛇都无毒，即使是被捕捉到也很少咬人。

相近物种

过树蛇属 *Dendrelaphis* 包含 45 个物种，分布于南亚、东南亚和澳大拉西亚。亚洲物种的英文名被称为"铜背蛇"，而澳大拉西亚物种的英文名称为 "treesnake"（树蛇），例如北方过树蛇（第 133 页）。与印度过树蛇亲缘关系最近的是分布于西高止山脉的卡纳塔克过树蛇 *D. chairecacos* 和分布于印度南部和斯里兰卡的舒氏过树蛇 *D. schokari*。

实际大小

科名	游蛇科 Colubridae：瘦蛇亚科 Ahaetullinae
风险因子	后沟牙，毒性轻微
地理分布	东南亚地区：泰国南部、柬埔寨、马来半岛、新加坡、苏门答腊岛、爪哇岛和加里曼丹岛
海拔	0～500 m
生境	低地森林和森林边缘
食物	蜥蜴
繁殖方式	卵生，每次产卵 2～3 枚
保护等级	IUCN 无危

成体长度
2 ft 5 in～3 ft 3 in,
偶见 4 ft
(0.75～1.0 m,
偶见 1.2 m)

135

茅蛇
Dryophiops rubescens
Keel-Bellied Whipsnake
(Gray, 1835)

实际大小

茅蛇是体形极为纤细、呈藤蔓状的蛇类，栖息于低地雨林和森林边缘。它活动于原生和次生雨林，也包括花园。它白天活跃，高度树栖，但也经常出现在离地面相对较低的灌木丛中。它的猎物是小型蜥蜴。它的瞳孔横置，视力很好，用敏锐的视觉来追踪猎物，通过后沟牙注射毒液来杀死猎物。茅蛇很温驯，几乎没有攻击性，它的毒液对人类无害。通常会有多条雄性向一条雌性求偶，雄性体形较小，头部较黑。作为身体纤细的蛇类，雌性的产卵量仅有 2～3 枚。

茅蛇体形非常细长，背鳞光滑，腹鳞两侧呈棱角状，尾长，头部细长，头部与颈部区分明显，眼中等大小，瞳孔横置。头部和身体呈红棕色或灰棕色，具有许多浅色和深色的小斑点，头侧深色条纹穿过眼睛到达眼后。腹面黄色或橄榄棕色。

相近物种

茅蛇属 *Dryophiops* 的第二个物种菲律宾茅蛇 *D. philippina* 分布于菲律宾中部和北部。茅蛇属物种在外形上与瘦蛇属（第 130～131 页）相似，但吻端没有突起。

科名	游蛇科 Colubridae：两头蛇亚科 Calamariinae
风险因子	无毒
地理分布	东南亚地区：泰国、马来半岛、新加坡、苏门答腊岛、爪哇岛、加里曼丹岛和菲律宾
海拔	200～1676 m
生境	低地和低山雨林
食物	蚯蚓和昆虫幼虫
繁殖方式	卵生，产卵量未知
保护等级	IUCN 无危

成体长度
23¾～25¼ in
(600～640 mm)

136

多变两头蛇
Calamaria lumbricoidea
Variable Reedsnake

Boie, 1827

多变两头蛇的体形小而较壮，背鳞光滑，头部狭窄，眼小。背面为黑色，有白色或黄色细环，腹面则相反，为黄色而有黑色横纹。幼体头部为红色或橙色，随着年龄增长，头部变成深棕色。

两头蛇属 *Calamaria* 包含 63 个物种，是东南亚特有的两头蛇亚科 Calamariinae 中物种最多的一个属，该亚科还包括其他 6 个属。多变两头蛇全长可达 640 mm，是两头蛇属中最大的物种之一。其他物种大多在 400 mm 以下，许多物种甚至在 200 mm 以下。它是陆栖蛇类，栖息于低地和低山雨林的落叶层中，有时也会出现在受人为干扰不太多的花园中。据报道，多变两头蛇以蚯蚓和昆虫幼虫为食，但从它的体形推测，可能也会捕食更小的蛇类。与其他两头蛇一样，多变两头蛇为卵生，产卵量未知。

相近物种

正如它的名称，多变两头蛇是体色变异范围很大的物种，其体色常与两头蛇属其他物种类似而发生混淆。多变两头蛇的幼体可能模仿剧毒的红头环蛇（第 446 页）或蓝长腺丽纹蛇（第 448 页）。由于该物种的色斑变异大，多变两头蛇的幼体曾被发表为一个新种——环纹两头蛇 *Calamaria bungaroides*。

实际大小

科名	游蛇科 Colubridae；两头蛇亚科 Calamariinae
风险因子	无毒
地理分布	东南亚地区：泰国、马来半岛、新加坡、苏门答腊岛、爪哇岛、巴厘岛和加里曼丹岛
海拔	0～1600 m
生境	低地雨林
食物	蛙类和蚯蚓
繁殖方式	卵生，产卵量未知
保护等级	IUCN 无危

成体长度
15¾～17¾ in
(400～450 mm)

红头两头蛇
Calamaria schlegeli
Red-Headed Reedsnake
Duméril, Bibron & Duméril, 1854

137

由于头部颜色有变异，红头两头蛇有时也被称为粉头两头蛇或白头两头蛇。它只是分布于泰国、马来半岛、新加坡和巽他群岛（苏门答腊岛、加里曼丹岛、爪哇岛和巴厘岛）低地雨林中的众多两头蛇属物种之一。两头蛇都是陆栖的落叶层动物，以无脊椎动物和小型脊椎动物为食。据报道，红头两头蛇以小蛙和蚯蚓为食。这些小型蛇类也是许多体形更大的蛇类的猎物，如环蛇（第 444～447 页）和丽纹蛇（第 448～449 页）。该物种的种本名致敬著名的德国博物学家和两栖爬行动物学家赫尔曼·施莱格尔（Hermann Schlegel，1804—1884），他曾在荷属东印度群岛为位于莱顿的荷兰国立自然历史博物馆（Rijksmuseum van Natuurlijke Historie）采集了大量标本。

红头两头蛇的体形小而细长，背鳞光滑，头颈区分不明显，眼小。背面呈黑色或深棕色，腹面呈黄色或白色，无斑纹，头部和颈部为红色、粉色、白色或棕色。

相近物种

红头两头蛇已知有 2 个亚种，指名亚种 *Calamaria schlegeli schlegeli* 分布于泰国、马来半岛、新加坡、苏门答腊岛和加里曼丹岛，头部颜色鲜艳；另一个亚种是居氏亚种 *C. s. cuvieri*，分布于爪哇岛和巴厘岛，头部呈深棕色。该物种可能与多变两头蛇（第 136 页）的幼体相混淆，多变两头蛇幼体的头部也呈红色。

实际大小

科名	游蛇科 Colubridae：两头蛇亚科 Calamariinae
风险因子	无毒
地理分布	东南亚地区：马来半岛
海拔	1500～1970 m
生境	低山雨林
食物	未知，可能为蚯蚓、软体动物、昆虫或壁虎
繁殖方式	可能为卵生，产卵量未知
保护等级	IUCN 无危

成体长度
17¾～19¾ in
(450～500 mm)

138

特氏马来蛇
Macrocalamus tweediei
Tweedie's Mountain Reedsnake

Lim, 1963

相比于物种数量多、分布广泛的近缘属——两头蛇属（第 136～137 页），栖息于山地的马来蛇属 *Macrocalamus* 的分布更为局限。马来蛇属的 7 个物种都是马来半岛特有种。在马来西亚彭亨州的卡梅隆和云顶高地，特氏马来蛇栖息于低山雨林的落叶层中，它的大多数同类也是如此。它在野外的食性未知，但在人工饲养环境下捕食壁虎，而沙氏马来蛇 *M. chanardi* 则以蚯蚓、蛞蝓和昆虫幼虫为食。特氏马来蛇的繁殖方式也没有文献报道，但可能为卵生。特氏马来蛇的种本名来源于新加坡的英国博物学家和莱佛士博物馆馆长迈克尔·特威迪（Michael Tweedie，1907—1993），他专门研究马来西亚的爬行动物、鱼类和蟹类。

相近物种

马来蛇属 *Macrocalamus* 有 7 个物种，其中特氏马来蛇的体形是第二大的（全长可达 500 mm），仅次于杰氏马来蛇 *M. jasoni* 的长度（750 mm）。特氏马来蛇与舒氏马来蛇 *M. schultzi* 相似。舒氏马来蛇背面是棕色而非黑色。云顶马来蛇 *M. gentingensis* 背面为黑色和黄色。

实际大小

特氏马来蛇体形较壮，头小、眼小，背鳞光滑，尾短。背面呈亮黑色，腹面为黑色和黄色的棋盘状斑纹，喉部和颈部的黄色色素延伸到身体前段侧面和上唇。

科名	游蛇科 Colubridae：两头蛇亚科 Calamariinae
风险因子	无毒
地理分布	东南亚地区：泰国南部、马来半岛、苏门答腊岛、加里曼丹岛、新加坡、尼亚斯群岛、明打威群岛和廖内群岛
海拔	0～500 m
生境	低地雨林、稻田和种植园
食物	蚯蚓、昆虫和昆虫幼虫
繁殖方式	卵生，每次产卵 2～3 枚
保护等级	IUCN 无危

成体长度
7¾～9 in
(200～230 mm)

尖吻伪棍蛇
Pseudorabdion longiceps
Sharp-Nosed Dwarf Reedsnake
(Cantor, 1847)

139

伪棍蛇属 *Pseudorabdion* 物种是全长小于 300mm 的小型蛇类，尖吻伪棍蛇全长可达 230mm。该物种分布于马来半岛、苏门答腊岛、加里曼丹岛和其他几个群岛，但它在苏拉威西岛的分布报道是错误的。它栖息于低地雨林，在稻田和种植园也采到过它的标本，但有人认为它可能是被洪水带到那里的，而非自然栖息于这些人工微生境。尖吻伪棍蛇在落叶层或底土中捕食蚯蚓、昆虫和昆虫幼虫。它是半穴居物种，通常在夜间活动。它的产卵量为 2～3 枚。

实际大小

相近物种

伪棍蛇属 *Pseudorabdion* 有 15 个物种，分布于东南亚，其近缘属——棍蛇属 *Rabdion* 包含 2 个物种，都是苏拉威西岛的特有种。伪棍蛇属大多数物种的身体和头部形状相似，且大多数物种颈部都有白色、黄色或红色的窄环纹或宽环纹。有些种类的分布仅局限于加里曼丹岛或从泰国到菲律宾的较小岛屿群。

尖吻伪棍蛇的体形小而纤细，头部长而尖，头与颈区分不明显，背鳞光滑。背面是有虹彩光泽的黑色，腹面为棕色，唯一的斑纹是颈部的一个白色或黄色环纹。

科名	游蛇科 Colubridae：游蛇亚科 Colubrinae
风险因子	无毒，具缠绕力
地理分布	东南亚地区：印度东北部、中国南部、缅甸、老挝和越南
海拔	1000～3000 m
生境	低山和中山森林
食物	未知
繁殖方式	卵生，每次产卵 6 枚
保护等级	IUCN 未列入

成体长度
2 ft 7 in～3 ft 3 in
(0.8～1.0 m)

140

方花蛇
Archelaphe bella
Elegant Ratsnake
(Stanley, 1917)

方花蛇的背鳞光滑，体形呈圆柱形，身体略扁平，吻端钝，眼较小，瞳孔圆形。体色为红色或粉色，背面有连续的镶黑边的浅黄色或亮黄色横纹，其中一些横纹在体侧分叉形成链纹。头部前端呈浅色，头背具一个细长的红色"V"形斑，周围有浅色斑，眼后具红色斑纹。腹面为黑色和黄色的方格斑纹。

　　方花蛇是一种鲜为人知的蛇类。它栖息于中低山区雨林，罕见而隐秘。对它的自然生活史了解很少，但人工繁育的个体一直在俄罗斯饲养和繁殖。人工繁育的个体以鼠类为食，但这种优美的蛇类在自然界中的食性偏好还不得而知。它的分类地位甚至也曾存在混淆，它先后被归入游蛇属 *Coluber*、锦蛇属 *Elaphe*、滑蛇属 *Coronella*、小头蛇属 *Oligodon* 和丽斑蛇属 *Maculophis*。"*Arch-*"的意思是早期，"*-elaphe*"的意思是锦蛇，表明该物种被认为是代表了锦蛇的原始类型。

相近物种

　　方花蛇有 2 个亚种，指名亚种 *Archelaphe bella bella* 分布于印度、中国和缅甸，沙坝亚种 *A. b. chapaensis* 分布于越南[1]，也可能分布于老挝。与方花蛇亲缘关系最近的类群被认为是树栖锦蛇属（第 175～176 页）、锦蛇属（第 169～172 页）和玉斑蛇属（第 173 页）。

实际大小

① 也分布于中国云南。——译者注

科名	游蛇科 Colubridae：游蛇亚科 Colubrinae
风险因子	无毒，具缠绕力
地理分布	南亚地区：印度、巴基斯坦、斯里兰卡和孟加拉国
海拔	0～25 m
生境	有茂密的灌木丛、岩石堆或啮齿动物洞穴的低地平原、森林、公园和花园
食物	昆虫、蛙类、蜥蜴和小型哺乳动物
繁殖方式	卵生，每次产卵 2～7 枚
保护等级	IUCN 未列入

成体长度
25½～29½ in,
偶见 4 ft 3 in
(650～750 mm,
偶见 1.3 m)

横斑银颊蛇

Argyrogena fasciolata
Banded Racer

(Shaw, 1802)

141

横斑银颊蛇通常只在幼年时期才有斑纹，而成体的体色比较均一。它是常见种，行动迅速，栖息于平原和低山环境，包括林地、公园和花园。它喜欢茂密的灌木丛、岩石堆和有许多啮齿动物洞穴的地区。成体通过绞杀的方式猎杀鼠类，而幼体大多以昆虫、蜥蜴和蛙类为食。它也捕食鮈鱛和蝙蝠。横斑银颊蛇常见于印度半岛（最东南部除外）、巴基斯坦、斯里兰卡和孟加拉国，尼泊尔的分布报道还未得到证实。当感觉受到威胁时它会抬起身体，把脖子压扁成较窄的斗篷状，这常使它被误认为印度眼镜蛇（第 473 页）。

横斑银颊蛇的肌肉较发达，背鳞光滑，头与颈部略有区分，眼中等，瞳孔圆形，吻端圆。幼体为棕色，有明显的黑色和白色横纹，而成体为均一的棕色或红棕色，腹面白色或浅黄色。

相近物种

除横斑银颊蛇外，银颊蛇属 *Argyrogena*[①] 仅包含另一个物种，即鲜为人知的，分布于大吉岭和西孟加拉邦的纹尾银颊蛇 *A. vittacaudata*。除了模拟印度眼镜蛇 *Naja naja* 外，横斑银颊蛇也像是缩小版的滑鼠蛇（第 221 页）。

实际大小

① 目前，银颊蛇属被作为扁头蛇属 *Platyceps* 的同物异名，横斑银颊蛇被作为普氏扁头蛇 *Platyceps plinii* 的同物异名。——译者注

科名	游蛇科 Colubridae：游蛇亚科 Colubrinae
风险因子	无毒，具缠绕力
地理分布	北美洲：美国西南部和墨西哥北部
海拔	0～1830 m
生境	有松散的沙质或壤土基质的沙漠、荆棘灌丛、浓密常绿阔叶灌丛、三齿拉雷亚-豆科灌丛、草原、橡树-山核桃林地和岩石山谷
食物	蜥蜴和小型哺乳动物，偶尔还有蛇、鸟和昆虫
繁殖方式	卵生，每次产卵 3～23 枚
保护等级	IUCN 无危，在堪萨斯州和犹他州受保护

成体长度
2 ft 7 in～3 ft 3 in,
偶见 5 ft 7 in
(0.8～1.0 m,
偶见 1.7 m)

142

亚利桑那蛇
Arizona elegans
Glossy Snake
Kennicott, 1859

亚利桑那蛇较纤细，头部与颈部区分明显，眼中等大小，瞳孔圆形。背鳞光滑而有光泽。色斑具有地理变异，背面通常为灰色或棕色，中央有连续的浅色或深色菱形斑或横斑，腹面和体侧下方为灰白色、浅灰色或棕色，没有任何斑纹。眼后有一条黑色纵纹，延伸至嘴角。

亚利桑那蛇间断分布于美国西南部和墨西哥北部的大片地区，包含多个彼此隔离的亚种。该物种最北端的种群分布于内布拉斯加州南部边缘，而最南端则分布于墨西哥阿瓜斯卡连特斯州和哈利斯科州北部。它是偏好干旱环境的蛇类，栖息于基质是松散的沙子或壤土的沙漠、荆棘灌丛、浓密常绿阔叶灌丛、草地和岩石地，通常活动于非常炎热的地方。它主要捕食蜥蜴，也捕食啮齿动物、小蛇或鸟类。在地表捕猎时它用绞杀的方式杀死猎物。但这种光滑的蛇类也会花大量时间在地下洞穴里觅食，由于这时没有足够的空间来绞杀猎物，它就把猎物挤压在洞穴内壁上致其死亡。

相近物种

亚利桑那蛇包含 8 个亚种：得克萨斯亚种 *Arizona elegans arenicola*，莫哈韦亚种 *A. e. candida*，沙漠亚种 *A. e. eburnata*，指名亚种 *A. e. elegans*，奇瓦瓦亚种 *A. e. expolita*，亚利桑那亚种 *A. e. noctivaga*，加州亚种 *A. e. occidentalis*，以及图画亚种 *A. e. philipi*。亚利桑那蛇属的另一个物种半岛亚利桑那蛇 *A. pacata* 曾经被视为亚利桑那蛇的一个亚种，分布于加利福尼亚州南部。

实际大小

科名	游蛇科 Colubridae；游蛇亚科 Colubrinae
风险因子	无毒，具缠绕力
地理分布	北美洲：美国西南部、墨西哥北部
海拔	450～1800 m
生境	干旱与半干旱多岩生境，包括沙质草地、三齿拉雷亚灌丛、具豆科灌丛与仙人掌植被的低地沙漠与海拔较高处的干旱橡树、柏树林地
食物	蜥蜴、鸟类、小型哺乳动物
繁殖方式	卵生，每次产卵 3～14 枚
保护等级	IUCN 无危

成体长度
4 ft 7 in～5 ft 7 in,
偶见 6 ft
(1.4～1.7 m,
偶见 1.8 m)

143

双带博氏蛇
Bogertophis subocularis
Trans-Pecos Ratsnake
(Brown, 1901)

双带博氏蛇分布于墨西哥北部杜兰戈州的奇瓦瓦沙漠到美国得克萨斯州南部与新墨西哥州，体形较大，为夜行性的沙漠生境物种，较为罕见。该种是前往得克萨斯州西南部寻访野生爬行动物的爱好者心中的"神物"，绝大多数个体都见于夜间的沙漠公路上。双带博氏蛇具强大的绞杀能力，以蜥蜴、鸟类、鼠类为食，雄性在交配时会追逐并不断地咬雌性。双带博氏蛇还与一种蜱虫存在宿主-寄生虫关系，该蜱虫仅见于双带博氏蛇这一个物种的身上，通常以较大的数量寄生在它的尾背上。属名 *Bogertophis* 来源于美国两栖爬行动物学家查尔斯·米切尔·博格特（Charles Mitchell Bogert，1908—1992）。

双带博氏蛇体形纤细，肌肉发达，尾长，鳞片起弱棱，头略尖，呈三角形，瞳孔呈竖直椭圆形。背面为浅黄色或棕褐色，近脊处具一对黑色纵纹，或左右相接形成"H"形横斑。博氏蛇眼下具一排眶下鳞。

相近物种

博氏蛇属 *Bogertophis* 的另一个物种为不具暗斑的下加利福尼亚博氏蛇 *B. rosaliae*。双带博氏蛇有 2 个亚种，指名亚种 *B. subocularis subocularis* 分布于其分布区的北部，*B. s. amplinotus* 亚种分布于南部。双带博氏蛇同亚利桑那蛇（第 142 页）、王蛇（第 182～187 页）、豹斑蛇（第 207～210 页）、伪锦蛇（第 219 页）与美洲绿鼠蛇（第 230 页）亲缘关系较近。

实际大小

科名	游蛇科 Colubridae：游蛇亚科 Colubrinae
风险因子	后沟牙，毒性轻微，对人类无害
地理分布	南亚及东南亚地区：印度东北部、孟加拉国、不丹、缅甸、泰国、马来半岛、尼科巴群岛、柬埔寨、老挝、越南、中国南部
海拔	150～2100 m
生境	低地至低海拔山地雨林，包括次生林
食物	蛙类、蜥蜴、鸟类及鸟卵、小型哺乳动物、其他蛇类
繁殖方式	卵生，每次产卵 4～10 枚
保护等级	IUCN 未列入

成体长度
5～6 ft
(1.5～1.87 m)

144

绿林蛇
Boiga cyanea
Green Catsnake
(Duméril, Bibron & Duméril, 1854)

绿林蛇体形纤细，身体侧扁，肌肉发达，尾长，具缠绕性，头大，呈圆形，眼大而突出，瞳孔呈竖直椭圆形，与猫眼相似。背鳞光滑，呈斜向排列，体色为翠绿色，与黑色的鳞间皮肤、浅灰色的瞳孔对比明显。腹面为黄绿色，喉部为白色或淡蓝色。幼体仅头部为绿色，身体为红棕色。

绿林蛇的体色鲜绿，是本就色彩艳丽的林蛇属 *Boiga* 中最为出众的物种之一。遭遇威胁时，该种会将嘴张开至较大角度，以展示口腔内与翠绿体色、灰色眼睛对比强烈的黑色来恐吓敌害。绿林蛇广泛分布于喜马拉雅南麓的不丹到马来半岛与安达曼海的尼科巴群岛，营高度树栖与夜行性生活，栖息于原始与次生的低地、低海拔山地雨林。绿林蛇以蛙类、蜥蜴、鸟类及鸟卵、鼠类、其他蛇类等脊椎动物为食。绿林蛇是后沟牙毒蛇，依靠毒液与绞杀制服猎物，但其毒素对人类无害。

相近物种

林蛇属 *Boiga* 包含广泛分布于南亚到东南亚的 33～35 个物种，其模式种棕林蛇（第 146 页）分布于新几内亚岛与澳大利亚北部。绿林蛇在形态上与分布于泰国南部的泰南林蛇 *B. saengsomi* 最为接近。

实际大小

科名	游蛇科 Colubridae；游蛇亚科 Colubrinae
风险因子	后沟牙，毒性轻微
地理分布	东南亚地区：泰国南部、柬埔寨、越南、马来西亚、新加坡、印度尼西亚（包括加里曼丹岛、苏门答腊岛、爪哇岛、苏拉威西岛）及菲律宾
海拔	0～600 m
生境	低地雨林、红树林沼泽、龙脑香森林
食物	蛙类、蜥蜴、鸟类及鸟卵、小型哺乳动物、其它蛇类
繁殖方式	卵生，每次产卵 4～15 枚
保护等级	IUCN 未列入

成体长度
5 ft～8 ft 2 in
(1.5～2.5 m)

黄环林蛇
Boiga dendrophila
Mangrove Snake
(Boie, 1827)

145

　　黄环林蛇又称黑金林蛇，在林蛇属 *Boiga* 中体形仅次于可长达 3 m 的棕林蛇（第 146 页）与可长达 2.75 m 的犬牙林蛇 *B. cynodon*。黄环林蛇常见于红树林沼泽，具较强的游泳能力，有时与出没于红树林的水蛇科（第 536～545 页）物种相混淆。黄环林蛇体形大，为夜行性树栖蛇类，除红树林外也栖息于低地雨林、龙脑香森林，捕食蛙类、蜥蜴、鸟类、蛇类与鼱鼩、鼷鹿等哺乳动物。黄环林蛇依靠后沟牙咀嚼注射毒液，并以绞杀的方式制服猎物。它在野外面临着来自眼镜王蛇（第 480 页）等天敌的捕食。黄环林蛇不仅具备毒素，还具有较大的体形，人类应避免被它咬伤。

相近物种

　　黄环林蛇包含 9 个亚种，除分布于爪哇岛的指名亚种外，其余亚种分布于加里曼丹岛（*Boiga dendrophila annectans*）、马来半岛与苏门答腊岛（*B. d. melanota*[1]）、苏门答腊岛与尼亚斯岛（*B. d. occidentalis*）、苏拉威西岛（*B. d. divergens*）、菲律宾中部（*B. d. multicincta*）及菲律宾南部（*B. d. latifasciata*）。

实际大小

黄环林蛇体形较大，强壮有力，背鳞光滑，尾长，具缠绕性，头大，与颈部区分明显，眼大而突出，瞳孔呈竖直椭圆形，似猫眼。不同亚种间色斑差异较大，但大多数为纯黑色，身体和尾部有许多宽或窄的黄环（有时为白环），喉部与上唇鳞为黄色，鳞间夹杂黑色素。腹面为暗灰色到黑色，与背鳞相接的腹鳞或为黄色。

---

① 目前，该亚种已被提升为独立种苏门黄环林蛇 *B. melanota*。——译者注

科名	游蛇科 Colubridae：游蛇亚科 Colubrinae
风险因子	后沟牙，有毒
地理分布	东南亚到澳大拉西亚：印度尼西亚东部、澳大利亚北部、新几内亚岛、所罗门群岛及周边群岛；被人为引入关岛
海拔	0～2286 m
生境	雨林、沿海森林、花园、种植园、灌木丛及民居附近
食物	蛙类、蜥蜴、鸟类及其卵、小型哺乳动物、其他蛇类
繁殖方式	卵生，每次产卵 2～11 枚
保护等级	IUCN 未列入

成体长度
雄性
6 ft 7 in～8 ft,
偶见 10 ft
(2.0～2.4 m,
偶见 3 m)

雌性
6 ft 7 in～7 ft 7 in
(2.0～2.3 m)

146

棕林蛇
Boiga irregularis
Brown Treesnake
(Merrem *in* Bechstein, 1802)

棕林蛇的体形较为纤细却富有力量，尾长，具缠绕性，背鳞光滑，呈斜向排列，头大，眼呈球状，瞳孔竖直，似猫眼。该种的体色变异大，为黄色、棕色、橙色、红色、灰色，背面或具有不规则排列的"V"形斑纹和暗色斑。澳大利亚西北部的种群体色棕白相间，有明显的斑纹。棕林蛇的腹面为通体白色或黄色，无杂色斑点。眼眶后具一条棕色纹。

棕林蛇并非关岛的土著种，而是被人为引入关岛形成的入侵种群，因而现在受到严格管控。棕林蛇的自然种群分布于北太平洋上的马里亚纳群岛，第二次世界大战后，棕林蛇伴随军事设施，被美国军方不经意间引入关岛。时至今日，已有超过一百万条棕林蛇栖息于关岛上。在关岛这样一个从未有过蛇类自然分布的岛屿，棕林蛇大肆捕食着岛上的鸟类，并已经导致了数种当地特有的、不会飞行的鸟类灭绝。它时而侵入民宅，咬伤婴儿（目前尚无致死记录）；时而误入电路系统，导致电力设施瘫痪。然而，在棕林蛇自然分布的区域，它虽拥有庞大的种群数量，却并未构成危害。原产地的棕林蛇捕食多种脊椎动物，并且能适应多样化的生态环境。棕林蛇是全世界被研究得最多的蛇类之一。

相近物种

在原产地，棕林蛇很难与同域分布的其他物种相混淆。然而，分布于澳大利亚西北部、体背有明显斑纹的棕林蛇种群有时会被视作独立种"*Boiga fusca*"。在印度尼西亚的苏拉威西岛，棕林蛇与同属的黄环林蛇（第145页）同域分布。

实际大小

科名	游蛇科 Colubridae：游蛇亚科 Colubrinae
风险因子	无毒
地理分布	北美洲：美国东部及东南部
海拔	0～750 m
生境	松树林、阔叶林或以三芒草为底质的松栎林
食物	爬行动物的卵、蜥蜴、小型蛇类、蝾螈、小型蛙类、昆虫、软体动物及新生幼鼠
繁殖方式	卵生，每次产卵 7～19 枚
保护等级	IUCN 未列入，在印第安纳州及得克萨斯州受威胁，密苏里州罕见

成体长度
19¾～21¾ in,
偶见 32½ in
(500～550 mm,
偶见 828 mm)

腥红蛇
Cemophora coccinea
Scarletsnake
(Blumenbach, 1788)

147

腥红蛇分布于大西洋沿岸，从新泽西州至佛罗里达州，西达俄克拉何马州及得克萨斯州，为美国特有种。腥红蛇栖息于松树林、阔叶林及混交林等土壤较为肥沃的及三芒草为底质的树林生境，主要以蜥蜴与蛇的卵，甚至同种的卵为食。对于小型卵，腥红蛇会直接囫囵吞下，进食大型卵时则通过咀嚼，用扩大的上颌齿刺破卵壳，用缠绕的方式挤压出其中的卵液。但是腥红蛇无法咬破鸟卵。它偶尔也会捕食蜥蜴、小型蛇类、蝾螈、小型蛙类、无脊椎动物甚至初生的幼鼠。

腥红蛇的体形小而纤细，头部窄而尖，头部与颈部略有区分，眼小，瞳孔为圆形，尾短。色斑因不同地理种群和亚种而有不同，但总体特征为浅黄色到灰白色横纹与多条红色宽横纹搭配，呈鞍状或斑状的红、白横纹间夹有黑色横纹。头部为红色，头后部有一条黑色横纹，颈斑为黄色及黑色横纹，腹面为白色。

相近物种

腥红蛇包含 3 个亚种，分别为指名亚种 *Cemophora coccinea coccinea*、北部亚种 *C. c. copei* 及得克萨斯亚种 *C. c. lineri*[①]。腥红蛇属与王蛇属（第 182～187 页）亲缘关系最近。在形态上，腥红蛇可能与金黄珊瑚蛇（第 458 页）及得克萨斯珊瑚蛇 *C. tener* 相混淆。背面的横纹可用于区分腥红蛇与其他蛇：北美的珊瑚蛇背面的横纹为红、黄相间，而腥红蛇则是红、黑相间。

实际大小

① 目前，得克萨斯亚种已被提升为独立种得克萨斯腥红蛇 *C. lineri*。——译者注

科名	游蛇科 Colubridae：游蛇亚科 Colubrinae
风险因子	无毒
地理分布	北美洲：美国西南部到墨西哥西北部
海拔	0～915 m
生境	沙漠沟谷、干旱冲刷层及仙人掌、豆科灌丛、三齿拉雷亚灌丛与荆棘丛植被占优势的岩石高地
食物	蟑螂、蚂蚁、白蚁卵及蜈蚣
繁殖方式	卵生，每次产卵 2～4 枚
保护等级	IUCN 未列入

成体长度
6½～9½ in,
偶见 11¼ in
(165～240 mm,
偶见 285 mm)

148

淡黄沙蛇
Chilomeniscus stramineus
Variable Sandsnake
Cope, 1860

实际大小

淡黄沙蛇的体形小，背鳞光滑，身体呈筒状，尾短，头窄而尖，头部与颈部区分不明显。眼小，色斑有变异，但最常见的形态为橙、黄、红与深棕或黑色横纹相间。横纹或为通身环绕，向下延伸至浅黄色或白色的腹部后断开，亦可能通身无斑。吻端为浅黄色，头后半部分有一条宽大的黑色颈斑。

淡黄沙蛇的学名一度是 "*Chilomeniscus cinctus*"，但如今已被现行的学名替代。该种分布于美国的亚利桑那州南部至墨西哥索诺拉州，亦见于下加利福尼亚半岛及加州湾包括蒂布龙岛在内的许多岛屿。体形娇小的淡黄沙蛇栖息于沙漠沟谷、冲刷层到遍生仙人掌或荆棘树丛的干旱生境。该种在地表及地下捕食，能够轻易挖掘松软的沙地，在很短的时间内在沙面下快速移动很长一段距离，并在身后留下 "S" 痕迹，是名副其实的 "沙中泳者"。淡黄沙蛇在潮湿的夜间最为活跃，捕食包括蚂蚁、蟑螂在内的多种昆虫及身怀毒液的蜈蚣。

相近物种

沙蛇属 *Chilomeniscus*[①]的另一个物种是分布于墨西哥加利福尼亚州湾南部塞拉尔沃岛的萨氏沙蛇 *C. savagei*，与沙蛇属亲缘关系最近的类群则是索诺拉蛇属（第 232 页）及铲鼻蛇属（第 149 页），这两个属的蛇类分布于相同地区。

---

① 目前，沙蛇属被作为索诺拉蛇属*Sonora*的同物异名。——译者注

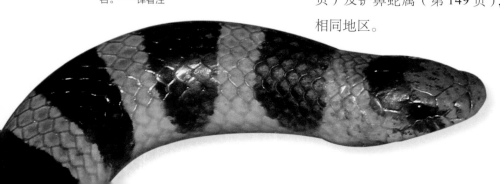

科名	游蛇科 Colubridae；游蛇亚科 Colubrinae
风险因子	无毒
地理分布	北美洲：美国西南部至墨西哥西北部
海拔	0～760 m
生境	有仙人掌和豆科–三齿拉雷亚灌丛的高地沙漠及沟谷
食物	昆虫、蜈蚣及蜘蛛
繁殖方式	卵生，每次产卵 3～5 枚
保护等级	IUCN 未列入

成体长度
9¾～11¾ in,
偶见 17 in
(250～300 mm,
偶见 430 mm)

149

铲鼻蛇
Chionactis palarostris
Sonoran Shovelnose Snake
(Klauber, 1937)

铲鼻蛇是鲜为人知的蛇类。它分布于美国亚利桑那州南端至墨西哥索诺拉州，栖息于遍布仙人掌、豆科灌丛及三齿拉雷亚灌丛的高地沙漠中，生活史资料几乎还是一片空白。该种白天可能躲藏在宽大的岩石下、石缝中或其他动物的洞穴里躲避日光，入夜后外出捕食蜘蛛、小型蜈蚣、昆虫及其幼虫。相比于近缘种枕斑铲鼻蛇 *Chionactis occipitalis*，铲鼻蛇挖掘能力稍弱。该种生性隐秘，受到威胁后会抬升身体呈"S"形并连续扑咬敌害。

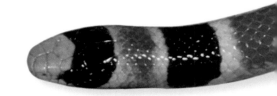

相近物种

铲鼻蛇目前已知有 2 个亚种，指名亚种 *Chionactis palarostris palarostris* 见于其分布区的南部，亚利桑那亚种 *C. p. organica* 则见于分布区北部，包括了美国的种群。铲鼻蛇属 *Chionactis*[①] 的另一个物种枕斑铲鼻蛇 *C. occipitalis* 分布于亚利桑那州至内华达州南部、加利福尼亚州、墨西哥下加利福尼亚州及索诺拉州。铲鼻蛇属与沙蛇属（第 148 页）及索诺拉蛇属（第 232 页）亲缘关系较近。

实际大小

铲鼻蛇的体形小，身体呈圆筒状，背鳞光滑，尾短，头窄而尖，眼小。色斑为宽黑斑与更宽的白色或浅黄色横纹相间，白斑间有红色鞍形斑纹，但不会延伸至体侧中线以下。头前半部分为浅黄色，后半部分则为第一条黑色横纹所覆盖。

---

① 目前，铲鼻蛇属被作为索诺拉蛇属 *Sonora* 的同物异名。——译者注

科名	游蛇科 Colubridae：游蛇亚科 Colubrinae
风险因子	无毒
地理分布	中南美洲：哥斯达黎加、巴拿马、委内瑞拉、圭亚那地区、巴西、厄瓜多尔、秘鲁、玻利维亚及阿根廷北部
海拔	0～2400 m
生境	原始及次生雨林、森林边缘、河岸带状林、林间溪流及林中的空旷地带
食物	蛙类、蜥蜴及蟾蜍
繁殖方式	卵生，每次产卵 4～12 枚
保护等级	IUCN 未列入

成体长度
3 ft 3 in～5 ft
(1.0～1.5 m)

150

喀戎蛇
Chironius exoletus
Common Sipo
(Linnaeus, 1758)

　　喀戎蛇属物种是新热带游蛇中少有的背鳞行数为偶数的蛇类，其脊鳞明显扩大。喀戎蛇属物种具有 12 行或更少的背鳞行数。此外，新热带游蛇中仅有虎鼠蛇属物种（第 234 页）的背鳞行数为偶数，有 14 行。喀戎蛇的分布区与整个属的大部分分布区重叠，并与属内的多个物种同域分布。该种栖息于多种森林生境，还包括林间空旷的地带，为昼行性蛇类，兼具陆栖与树栖习性，在分布区内颇为常见。喀戎蛇主要以蛙类与蜥蜴为食，分布于中美洲的种群亦捕食蟾蜍。虽然是无毒蛇，但喀戎蛇如被捕捉将会疯狂地咬向敌害，导致其流血。其英文俗名 "sipo" 可能来源于巴西图皮土著语中 "藤蔓" 一词。

相近物种

　　喀戎蛇属 *Chironius* 包含广泛分布于中美洲南部到南美洲北部及中部的 22 个物种，其中小安的列斯群岛特有的文氏喀戎蛇 *C. vincenti* 为濒危物种。在南美洲，喀戎蛇易与同属的棱喀戎蛇 *C. carinatus*、双棱喀戎蛇 *C. bicarinatus* 及黄带喀戎蛇 *C. flavolineatus* 相混淆。

喀戎蛇的体形大而纤细，身体侧扁，尾长，除脊鳞起棱外，背鳞光滑，头较宽，与颈部区分明显，眼大，瞳孔呈圆形。幼体可能具有横纹，成体体色则多为纯绿色、棕色、橄榄色、灰色或偏蓝色，不具点斑及斑纹。腹面较背面颜色更浅，喉部及颈部为白色或黄色，头侧或具一条黑色眶后纹。

实际大小

科名	游蛇科 Colubridae：游蛇亚科 Colubrinae
风险因子	无毒，具缠绕力
地理分布	东南亚地区：小巽他群岛（印度尼西亚及东帝汶）
海拔	0～1200 m
生境	沿海森林、山地雨林及城镇的远郊
食物	蛙类、小型哺乳动物及鸟类
繁殖方式	卵生，每次产卵最多6枚
保护等级	IUCN 未列入

成体长度
5 ft～5 ft 7 in,
偶见 6 ft 7 in
(1.5～1.7 m,
偶见 2.0 m)

151

小巽他颌腔蛇
Coelognathus subradiatus
Lesser Sunda Ratsnake
(Schlegel, 1837)

小巽他颌腔蛇又称小巽他游蛇或小巽他锦蛇，分布于小巽他群岛，包括内班达岛弧的龙目岛到韦塔岛、外班达岛弧的松巴岛至东帝汶。该种在东帝汶以蛙类为食，但应该也会通过绞杀的方式捕食小型哺乳动物与鸟类。小巽他颌腔蛇栖息于沿海森林、山地雨林到城镇周边的多种生境。遭遇威胁时它会抬升身体前段呈"S"形，张开嘴快速扑咬敌害，与此同时尾部在落叶层上抖动发出的声响也起到恐吓作用。该种受威胁后虽然会咬人，但没有毒性。

相近物种

颌腔蛇属 *Coelognathus* 包含分布于从巴基斯坦到菲律宾的7个物种。其中分布于苏门答腊岛以西恩加诺岛的恩加诺颌腔蛇 *C. enganensis* 曾被视为小巽他颌腔蛇的亚种，另一个与之相似的物种为分布于尼泊尔至爪哇岛的三索锦蛇 *C. radiatus*。颌腔蛇属的其他物种还包括分布于印度及斯里兰卡的海伦颌腔蛇 *C. helena*、分布于菲律宾的菲律宾颌腔蛇 *C. Philippinus*、分布于菲律宾与苏拉威西岛的赤尾颌腔蛇 *C. erythrurus* 及分布于泰国、马来西亚、苏门答腊岛、爪哇岛及加里曼丹岛的黄纹颌腔蛇 *C. flavo-lineatus*。

小巽他颌腔蛇的体形大而强壮，肌肉发达，尾长，头较长，眼大，瞳孔呈圆形。体色变异大，背面从黄色到浅黄褐色或深红棕色，腹面为白色或黄色，无斑。背面如果有斑纹，则包含一对背侧的深色纵纹，但可能不连续，呈现为更细的体侧纵纹或脊纹。鳞片间或有深色斑点与色素，一条黑色的眶后纹常延伸至颈部。

实际大小

科名	游蛇科 Colubridae；游蛇亚科 Colubrinae
风险因子	无毒
地理分布	北美洲及中美洲：加拿大南部、美国、墨西哥、危地马拉及伯利兹
海拔	0～2440 m
生境	树林、森林、草原、沼泽及城市环境
食物	小型哺乳动物、蜥蜴、小型蛇类、小型龟类、爬行动物的卵、鱼卵、蛙类、蝾螈、蜘蛛及昆虫
繁殖方式	卵生，每次产卵 1～36 枚
保护等级	IUCN 无危

成体长度
5 ft～6 ft 3 in
(1.5～1.9 m)

152

北美游蛇
Coluber constrictor
North American Racer
Linnaeus, 1758

北美游蛇体形纤细，背鳞光滑，尾长，头部宽于颈部，眼大，瞳孔呈圆形，眶上鳞较斜，似"皱眉"状。体色因不同亚种而有变异，各亚种名称也常与体色相符，例如北部黑游蛇 *Coluber constrictor constrictor* 与南部黑游蛇 *C. c. priapus*，黄腹游蛇 *C. c .flaviventris* 与西部黄腹游蛇 *C. c. mormon*。

北美游蛇是北美洲分布最广泛的蛇类之一，分布区北至加拿大英属哥伦比亚，跨越美国海线及大部分内陆，向南穿过墨西哥到达危地马拉及伯利兹。北美游蛇栖息于除沙漠以外的多种生境，栖息地通常具有水源，它在美国和墨西哥边境以南的分布区更加狭窄。北美洲的种群以多种动物为食，从昆虫、蜘蛛，到两栖动物、蜥蜴、小型蛇类甚至小型龟类，也包括鼩鼱、松鼠等小型哺乳动物。虽然种本名"constrictor"意为"缠绕者"，但北美游蛇并非以缠绕的方式杀死猎物，而是用力咀嚼直至猎物死亡。

相近物种

游蛇属 *Coluber* 为新北界的类群，一些学者认为游蛇属现在仅包含北美游蛇这一个物种，而原来所辖的11 个物种应归入鞭蛇属 *Masticophis*，例如鞭蛇（第 194 页）。北美游蛇包含 11 个亚种，例如沼泽亚种 *Coluber constrictor paludicola* 与墨西哥亚种 *C. c. oaxaca*。

实际大小

科名	游蛇科 Colubridae：游蛇亚科 Colubrinae
风险因子	无毒
地理分布	东南亚地区：越南
海拔	720 m
生境	次生常绿森林
食物	未知
繁殖方式	未知
保护等级	IUCN 数据缺乏

成体长度
19¾ in
(500 mm)

阮氏蠕游蛇
Colubroelaps nguyenvansangi
Nguyen Van Sang's Snake
Orlov, Kharin, Ananjeva, Thien Tao & Quang Truong, 2009

153

阮氏蠕游蛇的种本名来源于杰出的越南两栖爬行动物学家阮文创（Nguyen Van Sang），他痴迷于越南蛇类的研究，并做出了巨大贡献。因此，俄罗斯及越南的同行以阮文创的名字命名了他所采集的这种不同寻常的蛇类。阮氏蠕游蛇的正模标本为雌性，于 2003 年旱季采集自越南南部林同省禄北林区的一片次生常绿林的地表落叶层，第二号标本采集自越南南部平福省的布亚摩国家公园。关于该种的食性及繁殖行为还一无所知，但很纤细的体形使得该种难以进食比蚯蚓、昆虫更大的猎物。

阮氏蠕游蛇的体形极其细长，呈蠕虫状，背鳞光滑而有虹彩光泽，尾长，呈筒状，至尾尖骤然变细。头小，呈圆形，眼小，瞳孔为圆形，头部鳞片大而规则。体侧为蓝黑色，背面为橙棕色，通身具一条较窄的蓝黑色脊纹。腹面白色，无斑，头部为白色及黑色，喉部及颔部为白色，具黑斑。

相近物种

虽然是游蛇科的一员，但阮氏蠕游蛇在形态上与眼镜蛇科的丽纹蛇属（第 448～449 页）、华珊瑚蛇属（第 482 页）物种极为相似。当然，本种不具毒腺与毒牙。与眼镜蛇科相似也是蠕游蛇属名 *Colubroelaps* 的来源。[1]虽然具备游蛇的一些特征，但阮氏蠕游蛇与游蛇科其他蛇类有显著不同。未来通过分子等手段进行研究或许能解决阮氏蠕游蛇的分类学地位。

实际大小

---

① "*Colubr-*" 来源于游蛇科模式属 *Coluber*，"*elaps*" 来源于眼镜蛇科修订前的模式属 *Elaps*。——译者注

科名	游蛇科 Colubridae：游蛇亚科 Colubrinae
风险因子	无毒
地理分布	北美洲：墨西哥中南部
海拔	1750～3100 m
生境	松栎林、荆棘森林、热带稀树草原、云雾林、农耕地及人类聚居区附近
食物	昆虫及幼蚁
繁殖方式	胎生，每次产仔 2～7 条
保护等级	IUCN 无危

成体长度
9¾～12½ in
(250～320 mm)

154

线纹蚊蛇
Conopsis lineata
Lined Tolucan Earthsnake
(Kennicott, 1859)

线纹蚊蛇的体形小，背鳞光滑，头略尖，与颈部区分较明显，尾短。体色或为灰色、棕色、橙色，无纹或具一条、三条或五条纵向脊纹。眼略微突出，瞳孔呈圆形。

线纹蚊蛇广泛分布于墨西哥高原到墨西哥高地中部萨卡特卡斯州与瓦哈卡州之间，海拔在 1750 m 以上。该种栖息于多种生境，从豆科灌丛占优势的草原到松栎林、热带旱生林、高海拔云雾林甚至农耕地及人类聚居区，农耕地内的种群常躲避在瓦砾及岩石下。虽然体形较小，但线纹蚊蛇生性勇敢，遭遇威胁时会试图拟态栖息于山地的数种响尾蛇。当然，这些防御行为属虚张声势，该种其实无毒，也对人类完全无害。线纹蚊蛇以昆虫及其幼虫为食，雌性在繁殖期会产下 2～7 条幼体。蚊蛇属物种是美洲的游蛇科中仅有的胎生类群。

相近物种

一些学者以线纹的有无将线纹蚊蛇分为 3 个亚种，而蚊蛇属 *Conopsis* 则包含另外 5 个物种。分布最广泛的为长吻蚊蛇 *C. nasus*，分布于墨西哥高地西部大多数地区，北达索诺拉州及奇瓦瓦州。双线蚊蛇 *C. biserialis* 分布于哈利斯科州至伊达尔戈州，孪斑蚊蛇 *C. amphistcha*、尖蚊蛇 *C. acutus* 及大牙蚊蛇 *C. megalodon* 分布于瓦哈卡州及格雷罗州。蚊蛇属可能与鹰鼻蛇属（第 174页）、钩鼻蛇属（第 177 页）亲缘关系最近。

实际大小

科名	游蛇科 Colubridae：游蛇亚科 Colubrinae
风险因子	无毒，具缠绕力
地理分布	欧亚大陆：英格兰南部至哈萨克斯坦、伊朗北部，西西里岛，西班牙至瑞典南部
海拔	0～2250 m
生境	南部荒原、英格兰的铁路路基、开阔森林、碎石坡、沼泽较干燥的区域、葡萄园、干燥石墙及山区荒地
食物	蜥蜴、蛇类、小型哺乳动物、鸟类及鸟卵
繁殖方式	胎生，每次产仔 2～16 条
保护等级	IUCN 未列入，在英国受到保护

成体长度
23¾～29½ in,
偶见 31½ in
(600～750 mm,
偶见 800 mm)

155

奥地利滑蛇
Coronella austriaca
Smooth Snake

Laurenti, 1768

虽然奥地利滑蛇是英格兰最罕见的蛇类，仅分布在英格兰南部荒原，但放眼整个欧亚大陆，其广泛的分布东达哈萨克斯坦及伊朗，西至西班牙加利西亚。该种栖息于树林、碎石坡、沼泽地、葡萄园、石墙及山区等生境，主要以小型的蜥蜴科蜥蜴为食，偶尔亦捕食蛇蜥、蛇类、鼠类及鸟类，猎食时利用缠绕绞杀的方式控制猎物。在英国，奥地利滑蛇受到全面的保护。

奥地利滑蛇的肌肉发达，背鳞光滑，尾较长，头颈区分较明显，吻端为圆形，眼较大，瞳孔呈圆形。体色为银色或浅灰色到黄棕色，具一对较宽的背侧纵纹或背脊中央具连续短横斑，背部斑纹为深灰色或深棕色，比底色更深。头部具一条深色眶后纹，颈部的斑纹可能分为两支延续至背部的第一个斑纹。腹面为灰色或棕色，幼体腹面偏红色。

相近物种

奥地利滑蛇包含 3 个亚种，指名亚种 *Coronella austriaca austriaca* 分布广泛，占据本种分布的大多数地区；分布于伊比利亚半岛、西西里岛的种群分别被订为尖吻亚种 *C. a. acutirostris*、费氏亚种 *C. a. fitzingeri*。滑蛇属 *Coronella* 另外 2 个物种为卵生蛇类，为分布于伊比利亚到摩洛哥的吉伦特滑蛇 *C. girondica* 以及分布于印度的短尾滑蛇 *C. brachyura*。滑蛇属与红纹滞卵蛇（第 201 页）亲缘关系很近，后者也是欧亚大陆除奥地利滑蛇外唯一一种胎生的游蛇。

实际大小

科名	游蛇科 Colubridae：游蛇亚科 Colubrinae
风险因子	后沟牙，毒性轻微，对人类无害
地理分布	撒哈拉以南非洲：塞内加尔至厄立特里亚，南至南非开普地区
海拔	0～2500 m
生境	湿润草原及林地，尤其是近水源的生境
食物	蛙类
繁殖方式	卵生，每次产卵 6～19 枚
保护等级	IUCN 未列入

成体长度
23¾～28 in,
偶见 31½ in
(600～710 mm,
偶见 800 mm)

156

非洲大头蛇
Crotaphopeltis hotamboeia
Red-Lipped Herald Snake
(Laurenti, 1768)

非洲大头蛇体形较小，身体前段背鳞光滑，后段背鳞起棱，尾短，头宽，眼小，瞳孔竖直。体色多为纯灰、棕或橄榄色，头部为黑色，显虹彩光泽，上唇鳞为红色或白色。

非洲大头蛇又名红唇先锋蛇或白唇先锋蛇，是一种行动缓慢的夜行性陆栖蛇类，主要以蛙类为食。该种广泛分布于撒哈拉以南非洲，从塞内加尔到厄立特里亚，南至非洲大陆东南角的南非开普地区。非洲大头蛇的自然栖息地包含草原及林地，亦偏好猎物众多的湿地环境。遭遇侵扰时，非洲大头蛇会抬升身体前段，使头部变得扁平以展示颜色鲜亮的上唇，发出嘶嘶声并张开嘴咬向敌害。如果被非洲大头蛇咀嚼般、很深地咬一口，其后沟牙能够注入毒液，但毒液仅对蛙类效果显著，对人类无害。

相近物种

非洲大头蛇属 *Crotaphopeltis* 包含 6 个物种，本种在奥卡万戈沼泽及赞比西河上游与巴罗特兰非洲大头蛇 *C. barotseensis* 同域分布，在肯尼亚则与塔纳非洲大头蛇 *C. braestrupi*、迪氏非洲大头蛇 *C. degeni* 同域分布，在坦桑尼亚则与托氏非洲大头蛇 *C. tornieri* 同域分布。非洲大头蛇在非洲西部的近缘种为马蹄铁非洲大头蛇 *C. hippocrepis*。

实际大小

科名	游蛇科 Colubridae；游蛇亚科 Colubrinae
风险因子	无毒
地理分布	撒哈拉以南非洲：索马里、肯尼亚、坦桑尼亚（包括桑给巴尔岛及马菲亚岛）、津巴布韦、莫桑比克、马拉维及南非东部
海拔	0～1000 m
生境	沿海灌木林、湿润草原及低地常绿林
食物	鸟卵
繁殖方式	卵生，每次产卵 6～28 枚
保护等级	IUCN 未列入

东非食卵蛇
Dasypeltis medici
Eastern Forest Egg-Eater
Bianconi, 1859

成体长度
雄性
19¾～23¾ in
(500～600 mm)

雌性
23¾～29½ in,
偶见 3 ft 3 in
(600～750 mm,
偶见 1.0 m)

157

东非食卵蛇又称红褐食卵蛇、东部森林食卵蛇，广泛分布于撒哈拉以南非洲，从索马里、肯尼亚（包括拉穆岛）、坦桑尼亚（包括桑给巴尔岛、马菲亚岛）向南延伸至马拉维、津巴布韦东部、莫桑比克及南非夸祖鲁-纳塔尔省。该种完全以小型鸟类的卵为食，在进食之前会先"吐舌"以感知蛋的新鲜程度和大小，随后依靠可活动的颌关节使嘴张大，将鸟卵慢慢吞下。当蛋被推向喉部时，脊椎骨的一个朝前的椎突会将卵壳顶碎，蛋液被吞下，剩余的被压扁的卵壳则通过类似反刍的行为吐出。东非食卵蛇的牙齿很小甚至没有牙齿，因此为了防御天敌，它在色斑及行为上拟态剧毒的锯鳞蝰（第624～628 页）。东非食卵蛇种本名来源于意大利医师及博物学家米切尔·麦迪西（Michele Medici，1782—1859）。

东非食卵蛇的体形小，背鳞呈锯齿状起棱，尾长，头为圆形，与颈部区分不明显，眼大，瞳孔竖直。体色或为棕色、红色、橙色、灰色或粉色，通身无斑或具深棕色脊纹与排布规律的白色点斑。头后与颈部具几个"人"形斑纹，瞳孔为黄色、橙色或灰色，较为醒目。

相近物种

东非食卵蛇包含 2 个亚种，即分布偏南的指名亚种 *Dasypeltis medici medici*，以及分布靠北、模式产地位于拉穆岛的拉穆亚种 *D. m. lamuensis*。食卵蛇属 *Dasypeltis* 包含 13 个物种，全部分布于非洲。与东非食卵蛇同域分布的同属物种包括阿拉伯半岛也存在分布的食卵蛇 *D. scabra* 以及棕色食卵蛇 *D. inornataa*。

实际大小

科名	游蛇科 Colubridae；游蛇亚科 Colubrinae
风险因子	无毒
地理分布	中美洲及南美洲北部：哥斯达黎加、巴拿马、哥伦比亚西部及厄瓜多尔西部
海拔	0～1600 m
生境	低地及低海拔山地雨林、常绿林、河滨森林及开阔林间空地
食物	蛙类、蜥蜴及小型哺乳动物
繁殖方式	卵生，每次产卵最多 7 枚
保护等级	IUCN 未列入

成体长度
3 ft 3 in～5 ft
(1.0～1.5 m)

158

克氏中美树蛇
Dendrophidion clarkii
Rainbow Forest Racer

Dunn, 1933

克氏中美树蛇体形细长，尾长，呈鞭形，背鳞起弱棱，头部与颈部区分明显，眼大，瞳孔呈圆形，吻端呈方形。身体前段除棕色的头部外为亮绿色，近体中段为橄榄绿色到橄榄棕色，夹杂淡色中心的眼斑或交叉斑，尾部为红棕色。头腹面及颈部为黄色，腹面则为灰棕色，具深色及浅色点斑。

克氏中美树蛇又称彩虹丛林游蛇，栖息于低地、山地雨林、常绿林、河滨森林及树倒后开辟的空地、移除植被的花园等开阔生境。该种为昼行性蛇类，生性机警，多数时间营陆栖生活，偶有上树，主要以蛙类为食，亦会捕食蜥蜴与小型鼠类。遭遇威胁时，克氏中美树蛇会试图逃跑，如被逼得走投无路则会作势进攻，使颈部膨大以展示颜色对比明显的鳞间皮肤。如果尾巴被抓握住，克氏中美树蛇可能会自行脱落尾巴，但与很多蜥蜴不同的是它的尾巴一旦脱落就无法再生。克氏中美树蛇的种本名来源于联合果品公司的前雇员赫伯特·克拉克（Herbert Clark，1877—1960），他曾于1929—1953年间每年开展巴拿马地区的蛇类调查。

相近物种

中美树蛇属 *Dendrophidion* 包含 15 个物种，克氏中美树蛇曾从颈斑中美树蛇 *D. nuchale* 的同物异名中被恢复为独立种，与红尾中美树蛇 *D. rufiterminorum* 同时被描述发表。

实际大小

科名	游蛇科 Colubridae：游蛇亚科 Colubrinae
风险因子	后沟牙，毒性轻微，对人类无害
地理分布	非洲西部及中部：几内亚比绍到刚果（金）、乌干达西部、卢旺达及坦桑尼亚
海拔	1500～3000 m
生境	山地、中高海拔雨林及种植园
食物	蛙类及蝌蚪
繁殖方式	推测为卵生，产卵量未知
保护等级	IUCN 未列入

成体长度
2 ft 4 in～3 ft 3 in,
偶见 4 ft 2 in
(0.7～1.0 m,
偶见 1.28 m)

纯色非洲林蛇
Dipsadoboa unicolor
Günther's Green Treesnake

Günther, 1858

159

纯色非洲林蛇营夜行性生活，分布于非洲的中部及西部，栖息于几内亚比绍到乌干达西部、卢旺达南部及布隆迪的中高海拔雨林中。虽然生活在雨林及种植园，并具备树栖蛇类的许多特征，但纯色非洲林蛇缺乏树栖蛇类的利于攀爬的棱角状腹鳞，因此不适应于树栖习性。纯色非洲林蛇多被发现于地面上，关于其生活史资料还很缺乏。据推测，该种主要以蛙类及蝌蚪为食，而其近缘种则利用毒液制服并捕食石龙子、壁虎与避役。与其他非洲林蛇一样，纯色非洲林蛇应该也是卵生。

纯色非洲林蛇体形细长，背鳞光滑，尾长，头宽，眼突出，瞳孔呈竖直椭圆形。体色变异大，幼体为灰色或棕色，身体前段体色较浅，后段较深。性成熟之后，体色转为绿色、蓝色或黑色，尾蓝色，鳞间皮肤为黑色或灰色。

相近物种

非洲林蛇属 *Dipsadoboa* 的物种在外观上酷似体形更小、主要分布于亚洲的林蛇属物种（第144～146页），而在非洲大陆，非洲林蛇属与毒树蛇属（第247页）、非洲的猫眼蛇属（第243～244页）物种共同占据相似的夜行性、眼睛较大的游蛇类生态位。非洲林蛇属共有10个物种分布于撒哈拉以南的非洲，其中至少还有其他5个物种分布于非洲西部的雨林，包括绿非洲林蛇 *D. viridis*、杜氏非洲林蛇 *D. duchesnii* 及安氏非洲林蛇 *D. underwoodi* 等。

实际大小

科名	游蛇科 Colubridae：游蛇亚科 Colubrinae
风险因子	后沟牙，剧毒：促凝血素、出血性毒素，可能还有抗凝血素
地理分布	撒哈拉以南非洲：塞内加尔到厄立特里亚，南至南非开普敦
海拔	0～2400 m
生境	稀树草原林地、阔叶林地、沿海树林及花园，不见于沙漠及雨林
食物	蜥蜴及鸟类，有时捕食蛙类或鼠类
繁殖方式	卵生，每次产卵 10～25 枚
保护等级	IUCN 未列入

成体长度
雄性
3 ft 3 in～4 ft 3 in
(1.0～1.29 m)

雌性
3 ft 3 in～4 ft,
偶见 6 ft 7 in
(1.0～1.26 m,
偶见 2.0 m)

160

非洲树蛇
Dispholidus typus
Boomslang
(Smith, 1828)

非洲树蛇体形细长，背鳞起棱，斜向排列，尾长，头短而大，眼大，瞳孔呈圆形。幼体背面为棕色，具蓝色鳞间皮肤，腹面为白色，喉部为黄色，虹膜反射翡翠绿色。成年雌性背面为棕色或橄榄色，腹面白色或棕色。成年雄性体色多变，背面为浅蓝色或绿色，鳞间皮肤黑色，腹面淡绿色，或背面黄绿色，鳞片边缘具黑色，腹面粉色或红棕色，有些个体甚至背面通体黑色，腹面灰色，具黑色鳞片边缘。

实际大小

非洲树蛇的英文名"Boomslang"意为"树蛇"，是全世界后沟牙毒蛇中毒性最强的一种。由于被一条非洲树蛇幼体咬伤，菲尔德博物馆的两栖爬行动物学家卡尔·帕特森·施密特（Karl Patterson Schmidt）于 1957 年不幸失去了生命。其他致死案例多发生在捕蛇者身上，所幸用来应对非洲树蛇毒液的血清已在南非研制成功。该种通过位于眼下方位置的口腔内的一对较大后沟牙注射少量毒液，毒液能在 24～48 小时内导致内出血及肾功能衰竭。非洲树蛇广泛分布于撒哈拉以南非洲，栖息于稀树草原林地、沿海灌木丛甚至树篱、花园中。其生性机警敏捷，营昼行性生活，捕食避役、其他蜥蜴及鸟类，甚至能进入树上的织布鸟巢。遭遇敌害时，非洲树蛇抬升颈部以展示颜色对比明显的鳞间皮肤。

相近物种

非洲树蛇属 *Dispholidus* 为单型属。非洲树蛇包含 3 个亚种，指名亚种 *D. typus typus* 分布于非洲树蛇分布区的绝大多数区域，基伍亚种 *D. t. kivuensis* 分布于肯尼亚到赞比亚的东非大裂谷，斑点亚种 *D. t. punctatus* 分布于安哥拉、刚果（布）、刚果（金）及赞比亚西北部。非洲树蛇属与猛蛇属 *Thrasops* 亲缘关系最为接近。

科名	游蛇科 Colubridae：游蛇亚科 Colubrinae
风险因子	无毒，具缠绕力
地理分布	欧洲东南部：希腊、阿尔巴尼亚、土耳其的欧洲部分、保加利亚南部、罗马尼亚、摩尔多瓦、乌克兰及俄罗斯西南部，匈牙利、塞尔维亚、黑山及克罗地亚亦存较小种群
海拔	0～1600 m
生境	多岩山地、葡萄园、树篱、干燥石墙、森林、草地及半沙漠
食物	蜥蜴、鸟类、小型哺乳动物，有时亦捕食其他蛇类
繁殖方式	卵生，每次产卵 5～12 枚
保护等级	IUCN 未列入

成体长度
6 ft 7 in～8 ft 2 in
(2.0～2.5 m)

里海长鞭蛇
Dolichophis caspius
Caspian Whipsnake
(Gmelin, 1789)

里海长鞭蛇可能为欧洲体形最大的蛇类，广泛分布于阿尔巴尼亚到里海北岸的欧洲东南部，较为常见。该种为昼行性陆栖蛇类，通常栖息于多岩山地或开阔的砂石峡谷，亦见于葡萄园、森林、草地或半沙漠生境。遭遇敌害时，里海长鞭蛇多会先选择逃跑，如受威胁严重则会奋起反抗，高高蹿起咬向敌害。虽然里海长鞭蛇的咬伤会导致大量流血，但它无毒，对人类无害。里海长鞭蛇主要以蜥蜴为食，尤其是幼体，对蜥蜴更为偏好。除蜥蜴外，该种亦捕食鸟类、小型哺乳动物，成体甚至会捕食其他蛇类。

里海长鞭蛇的体形较细长，背鳞光滑而具有光泽，尾长，头颈区分明显。眼大，瞳孔呈圆形，倾斜的眶上鳞使本种的成体呈"皱眉"的表情。成体背面为灰色、橄榄棕色或橄榄绿色，鳞片边缘为黑色，形成网纹状，腹面为黄色至淡绿色，幼体为灰色或棕色，背面具黑色横斑。

相近物种

与里海长鞭蛇亲缘关系最近的是分布于土耳其、伊朗、亚美尼亚的施氏长鞭蛇 *Dolichophis schmidti*。长鞭蛇属的其他 3 个物种为塞浦路斯长鞭蛇 *D. cypriensis*；分布于希腊基克拉泽斯群岛的伊亚罗斯长鞭蛇 *D. gyarosensis*；分布于希腊、土耳其、中东与伊朗的红喉长鞭蛇 *D. jugularis*。

实际大小

科名	游蛇科 Colubridae：游蛇亚科 Colubrinae
风险因子	无毒
地理分布	北美洲：美国东南部
海拔	0～150 m
生境	沿海灌木林、红树林沼泽、松柏平原、草原、硬木丘及锯齿草平原
食物	蛙类、鼠类、其他蛇类及龟类
繁殖方式	卵生，每次产卵 4～11 枚
保护等级	IUCN 无危，在美国受威胁并受到联邦范围的保护

成体长度
5～6 ft,
偶见 8 ft 6 in
(1.5～1.8 m,
偶见 2.6 m)

162

海湾森王蛇
Drymarchon kolpobasileus
Gulf Coast Indigo Snake
(Holbrook, 1842)

海湾森王蛇体形粗壮，强健，背鳞光滑，具有虹彩光泽，尾长，头大，眼大，瞳孔呈圆形。与分布于南美洲的一些其他森王蛇的不同之处在于，本种通身为有光泽的蓝黑色，喉部为红色，偶有白色斑，腹面为橘色或蓝灰色。

海湾森王蛇近期才从库氏森王蛇 *Drymarchon couperi* 中被拆分出来。[1] 它是墨西哥以北体形最大的无毒蛇，分布于佛罗里达礁岛群到路易斯安那州河口，生境多样，包含红树林沼泽、松柏平原、季节性洪泛锯齿草平原及干燥的硬木丘，会与佛州穴龟及九带犰狳共享洞穴。海湾森王蛇曾经拥有较大的种群数量，但人类趁其躲避于树桩冬眠时进行的商业性采集已导致其种群数量大幅减少，成为美国联邦政府的保护物种。海湾森王蛇捕食多种脊椎动物，包括鼠类、龟类以及其他蛇类，例如玉米蛇（第 209 页）及东部菱斑响尾蛇（第 572 页）。其对响尾蛇毒素具免疫力。

相近物种

与海湾森王蛇亲缘关系最近的物种为分布于佛罗里达州东部、亚拉巴马州和佐治亚州的库氏森王蛇 *Drymarchon couperi*，后者曾为现分布于委内瑞拉到阿根廷的黑森王蛇 *D. corais* 的亚种。在黑森王蛇此前被认定的其他亚种中，除玛格丽塔岛森王蛇 *D. margaritae* 也被提升至独立种外，其他亚种均归为黑尾森王蛇（第 163 页）的亚种。分布于委内瑞拉北部的新物种尾斑森王蛇 *D. caudomaculatus* 近期才被描述发表。

① 目前，海湾森王蛇的有效性还未得到普遍认可。——译者注

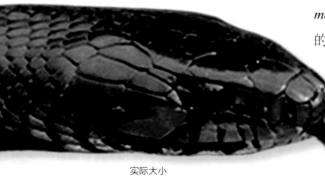

实际大小

科名	游蛇科 Colubridae：游蛇亚科 Colubrinae
风险因子	无毒
地理分布	北美洲、中美洲和南美洲：从得克萨斯州穿越墨西哥及中美洲到达委内瑞拉与安第斯山脉以西的南美洲
海拔	0～1600 m
生境	低地及山地雨林、干燥森林、稀树草原林地、旱谷及红树林
食物	蛙类、蜥蜴、鸟类及鸟卵、小型哺乳动物及蛇类
繁殖方式	卵生，每次产卵 4～11 枚，偶有 25 枚
保护等级	IUCN 无危

成体长度
5 ft～6 ft 7 in,
偶见 9 ft 8 in
(1.5～2.0 m,
偶见 2.95 m)

黑尾森王蛇
Drymarchon melanurus
Mexican Cribo
(Duméril, Bibron & Duméril, 1854)

163

黑尾森王蛇分布于美国得克萨斯州至安第斯山脉以西的秘鲁及安第斯山脉以东的委内瑞拉，栖息于潮湿、干燥森林、稀树草原林地与旱谷中。该种是中美洲体形仅次于红尾蚺（第 104 页）及巨蝮（第 588～589 页）的蛇类，以蜥蜴、鸟类、鼠类甚至其他蛇类为食。由于对蛇毒免疫，森王蛇能捕食包括大型毒蛇在内的多种蛇类。在接近猎物后，森王蛇会咬住其头部以防止被反咬，随后通过"咀嚼"杀死猎物并从头部开始吞食。该种亦会捕食鼠类，将鼠类挤压在鼠洞内壁上致其死亡，一次能捕杀一整窝鼠。

黑尾森王蛇的体形大，粗壮，背鳞光滑，尾长，头大，与颈部区分明显，眼较大，瞳孔呈圆形。体色依不同亚种而有变异，但总体上为身体前段及头部浅色到橄榄棕色，颈部具一条横斑，上唇鳞鳞缝为黑色。身体中段及后段为深棕色，鳞间有黑斑，尾部则依不同地理分布呈红色到黑色。

相近物种

森王蛇属 *Drymarchon* 曾经仅包含 1 个物种及其所包含的 8 个亚种，目前，其中 6 个亚种被视为独立种，且仅有黑尾森王蛇含有亚种：分布于南美洲西北部的指名亚种 *Drymarchon melanurus melanurus*、美国得克萨斯州及墨西哥东北部的得克萨斯亚种 *D. m. erebennus*、墨西哥西北部的红尾亚种 *D. m. rubidus*、墨西哥韦拉克鲁斯州的奥里萨巴亚种 *D. m. orizabensis* 及墨西哥恰帕斯州到哥斯达黎加的中美洲亚种 *D. m. unicolor*。

实际大小

科名	游蛇科 Colubridae：游蛇亚科 Colubrinae
风险因子	无毒
地理分布	北美洲、中美洲和南美洲：美国得克萨斯州穿越墨西哥及中美洲，一直到哥伦比亚
海拔	0～1830 m
生境	森林边缘、空地、低地及低海拔山地潮湿、干旱森林、旱谷
食物	蛙类、蜥蜴、鸟类、小型哺乳动物及蛇类，有时捕食昆虫
繁殖方式	卵生，每次产卵 4～8 枚
保护等级	IUCN 无危

成体长度
2 ft 4 in～3 ft 3 in,
偶见 4 ft 3 in
(0.7～1.0 m,
偶见 1.3 m)

164

珠点蛇
Drymobius margaritiferus
Speckled Racer
(Schlegel, 1837)

珠点蛇体形细长，背鳞光滑，尾长，头较颈部略宽，眼较大，瞳孔呈圆形。背面或为亮白色、浅绿色、黄色甚至红色，鳞片之间有黑色斑，形成斑点状或网纹状，腹面为黄色。

珠点蛇行动迅速，营昼行性生活，栖息于森林的边缘及空地，以及低地、低海拔山地森林与多岩的干燥旱谷。虽为陆栖蛇类，但该种善于爬树，偶见于较低的植被上。珠点蛇广泛分布于从美国得克萨斯州向南延伸，越过墨西哥与中美洲，直至哥伦比亚的地区。它主要以蛙类与蟾蜍为食，亦捕食蜥蜴、爬行动物卵及小型哺乳动物，成体亦有捕食小型蛇类的记录。鱼类曾被报道为该种的食物之一。幼体虽主要捕食小型脊椎动物，亦会吃昆虫。虽会捕食其他蛇类，但珠点蛇自身也是黑尾森王蛇（第 163 页）的猎物之一。

相近物种

珠点蛇共有 4 个亚种分化：指名亚种 *Drymobius margaritiferus margaritiferus* 分布于美国得克萨斯州到南美洲北部；西墨西哥亚种 *D. m. fistulosus* 分布于墨西哥索诺拉州至瓦哈卡州；西部亚种 *D. m. occidentalis* 见于墨西哥恰帕斯州至萨尔瓦多；麦氏亚种 *D. m. maydis* 则分布于尼加拉瓜。珠点蛇属 *Drymobius* 亦有其他 3 个物种：中美洲的绿珠点蛇 *D. chloroticus*、黑珠点蛇 *D. melanotropis* 及中南美洲的菱斑珠点蛇 *D. rhombifer*。

实际大小

科名	游蛇科 Colubridae：游蛇亚科 Colubrinae
风险因子	无毒
地理分布	南美洲：哥伦比亚、委内瑞拉、圭亚那、苏里南、法属圭亚那、巴西、厄瓜多尔、秘鲁东部及玻利维亚
海拔	0～3500 m
生境	原生及次生森林
食物	蜥蜴、蛙类、爬行动物的卵与小型蛇类
繁殖方式	卵生，每次产卵 2～6 枚
保护等级	IUCN 无危

成体长度
2 ft 4 in～4 ft
(0.7～1.2 m)

双色灌蛇
Drymoluber dichrous
Northern Woodland Racer
(Peters, 1863)

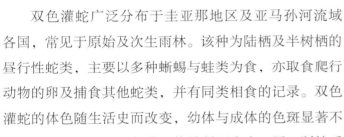

165

双色灌蛇广泛分布于圭亚那地区及亚马孙河流域各国，常见于原始及次生雨林。该种为陆栖及半树栖的昼行性蛇类，主要以多种蜥蜴与蛙类为食，亦取食爬行动物的卵及捕食其他蛇类，并有同类相食的记录。双色灌蛇的体色随生活史而改变，幼体与成体的色斑显著不同。受到威胁时，双色灌蛇能够断尾求生，尾巴断掉后会在短时间内抖动，因而能迷惑敌害。但与断尾后能再生的蜥蜴不同，该种断尾后尾巴无法再生。

双色灌蛇的体形较粗壮，背鳞光滑，尾长，头与颈部区分略明显，眼大，瞳孔呈圆形。头或为黑色，体侧为叶绿色，背面为暗绿色或橄榄色，腹面黄色，喉部、颈部及唇鳞为白色。幼体为浅棕色，具深棕色斑，部分成体亦保持深棕色斑。

相近物种

属名 *Drymoluber* 试图表明灌蛇属与珠点蛇属（第164页）、游蛇属（第152页）关系较近，但实际上灌蛇属与热带游蛇属（第195页）亲缘关系更近。灌蛇属的其他 2 个物种为分布于秘鲁高海拔地区的阿普里马克灌蛇 *D. apurimacensis* 及巴西、巴拉圭的巴氏灌蛇 *D. brazili*。

实际大小

科名	游蛇科 Colubridae：游蛇亚科 Colubrinae
风险因子	无毒
地理分布	南亚地区：印度南部及东北部、斯里兰卡北部及缅甸法尔斯岛
海拔	0～200 m
生境	低海拔生境，细节鲜为人知
食物	食性偏好未知，推测为蜥蜴
繁殖方式	推测为卵生，产卵量未知
保护等级	IUCN 无危

成体长度
15¾～20½ in
(400～520 mm)

166

细苇蛇
Dryocalamus gracilis
Scarce Bridal Snake
(Günther, 1864)

细苇蛇的体形小，身体细长，呈圆筒状，头圆而较狭长，与颈部区分略明显。眼小，瞳孔呈椭圆形。背面为乳白色，有较长的椭圆形棕色鞍形斑，鞍形斑间的白色中缀有棕色细点，头背覆有"帽形"浅棕色斑，腹面无斑。

细苇蛇英文名中的"稀缺"（scarce）一词十分贴切，因为其数量极其稀少。该种仅被记录于印度东北部，印度南部的东、西高止山脉，斯里兰卡北部（仅有3号标本）与缅甸若开邦海岸的法尔斯岛（仅有1例记录）。细苇蛇栖息于低海拔生境，曾被发现于人类居住区附近，亦有在水稻种植区穿行道路的记录。虽然对该种的生活史所知甚少，但推测可能与近缘种仙苇蛇 *Dryocalamus nympha* 一样，为捕食蜥蜴的卵生蛇类。受到威胁时，仙苇蛇会将身体盘成绳结状，细苇蛇可能有相似习性。

相近物种

与细苇蛇亲缘关系最近的物种为分布于印度的仙苇蛇 *Dryocalamus nympha*，部分研究者还将细苇蛇作为仙苇蛇的同物异名看待。苇蛇属 *Dryocalamus*[①] 包含4个分布于东南亚的物种：达氏苇蛇 *D. davisonii*、三线苇蛇 *D. tristrigatus*、半环苇蛇 *D. subannulatus*、菲律宾苇蛇 *D. philippinus*。苇蛇属与白环蛇属（第190～191页）亲缘关系较近。

实际大小

---

① 目前，苇蛇属被作为白环蛇属 *Lycodon* 的同物异名。——译者注

科名	游蛇科 Colubridae：游蛇亚科 Colubrinae
风险因子	无毒
地理分布	欧洲和西南亚地区：希腊、土耳其、格鲁吉亚、亚美尼亚、阿塞拜疆、纳戈尔诺-卡拉巴赫、达吉斯坦及伊朗
海拔	0～2000 m
生境	植被稀少的干旱多岩山丘、岩石坡及橡树林中的空地
食物	蜈蚣、蝎子及其他无脊椎动物、小型蜥蜴
繁殖方式	卵生，每次产卵 3～8 枚
保护等级	IUCN 无危

成体长度
19¾～24½ in
(500～620 mm)

167

侏蛇
Eirenis modestus
Asian Minor Dwarf Snake
(Martin, 1838)

侏蛇又称环头侏蛇，是成员众多的侏蛇属中唯一分布于东色雷斯（土耳其地处南欧的部分）的物种，其分布向东延伸至高加索地区（达吉斯坦、格鲁吉亚、亚美尼亚及阿塞拜疆），亦见于希腊位于爱琴海的部分岛屿。这些岛屿与小亚细亚半岛邻近，侏蛇的分布也通过小亚细亚半岛从土耳其延伸至伊朗。侏蛇体形较小，常见于干旱且开阔的生境，例如植被稀少的多岩山丘、岩石坡及树林中射入阳光的空地。侏蛇不喜欢被阳光直射，因此常在岩石植被下面或附近活动。侏蛇主要以蜈蚣、马陆、蜘蛛、蝎子、蟑螂、甲虫、鼠妇、蚯蚓、蜗牛等无脊椎动物为食，有时亦会捕食小型蜥蜴。

侏蛇体形细长，仅比铅笔略粗，背鳞光滑，尾较长，头颈部区分略明显，眼小，瞳孔呈圆形。体色为灰色、棕色或橄榄绿色，除颈部的新月状宽斑外通身无斑。头背为棕色，眼与颈斑间有一些黄色横斑。浅色的上唇鳞上有深色斑，腹面为黄色、浅灰色或米白色。

相近物种

侏蛇属 *Eirenis* 包含 20 个物种。侏蛇属还可细分为数个亚属。侏蛇与分布于土耳其的金线侏蛇 *E. aurolineatus* 被划入侏蛇亚属 *Eirenis*（*Eirnis*），这两个姊妹种被认为是侏蛇属的基部物种（较早分化的演化支系）。侏蛇包含 3 个亚种：指名亚种 *E. modestus modestus* 分布于土耳其及高加索地区，可能是复合种；奇里乞亚亚种 *E. m. cilicius* 分布于土耳其南部；半斑亚种 *E. m. semimaculatus* 分布于爱琴海及伊斯坦布尔海峡的岛屿上。

实际大小

科名	游蛇科 Colubridae：游蛇亚科 Colubrinae
风险因子	后沟牙，毒性轻微，对人类无害
地理分布	南亚地区：印度、孟加拉国及尼泊尔
海拔	250～500 m
生境	坐落于平原或山麓的近水低洼落叶林
食物	鸟卵，可能也捕食鸟类与小型哺乳动物
繁殖方式	可能为卵生，每次产卵最多 7 枚
保护等级	IUCN 无危

成体长度
27½～31½ in
(700～800 mm)

168

印度食卵蛇
Elachistodon westermanni
Indian Egg-Eating Snake
Reinhardt, 1863

印度食卵蛇的体形小而纤细，背鳞光滑，尾较长，头较颈部略宽，眼较大，瞳孔呈竖直椭圆形。体色总体为深棕色到黑色，具乳白色斑，色斑总体似棋盘状，或随机排列。一条白色纵纹覆盖了明显扩大的脊鳞，腹面为灰白色，具棕色斑点。头部为棕色，头背有一条黑色箭头状斑。

① 目前，印度食卵蛇属被作为林蛇属 *Boiga* 的同物异名，印度食卵蛇这个物种的中文名可保持不变。——译者注

实际大小

虽然都以"食卵蛇"为名，但罕见的印度食卵蛇具有牙齿及后沟牙，与几乎完全无齿的东非食卵蛇（第 157 页）有显著差异。印度食卵蛇为夜行性树栖蛇类，曾仅被记录于孟加拉地区，现被确认更广泛地分布于印度、孟加拉国及尼泊尔。印度食卵蛇偶尔在雀类等小型鸟类巢穴边活动，进入鸟巢后，印度食卵蛇会通过气味识别鸟卵并囫囵吞下，以有力的身体移动使鸟卵卵壳被尖锐的脊椎骨椎突扎破，蛋液被吞下，蛋壳则被吐出。它具有毒液，鼻孔中具有热传感窝，这提示出一个有趣的问题，即印度食卵蛇或许也会在夜间捕食鸟类和小型哺乳动物。印度食卵蛇的种本名来源于曾在 1838 年创办荷兰阿姆斯特丹动物园的杰拉杜斯·弗雷德里克·韦斯特曼（Gerardus Frederik Westermann，1807—1890）。

相近物种

印度食卵蛇属 *Elachistodon* 为单型属①，仅有印度食卵蛇一个物种。虽然东非食卵蛇展示出与印度食卵蛇相似的食卵习性，但这应为趋同演化，而非表示两个属存在较近的亲缘关系。与印度食卵蛇亲缘关系最近的类群难以确定，可能为亚洲分布的、具明显扩大脊鳞的树栖性后沟牙游蛇。

科名	游蛇科 Colubridae；游蛇亚科 Colubrinae
风险因子	无毒，具缠绕力
地理分布	东亚地区：日本全境（包括小笠原群岛）、琉球群岛及北方四岛
海拔	0～1325 m
生境	草原、水稻田、竹林、森林及人类居住区附近
食物	小型哺乳动物、鸟类及蛙类
繁殖方式	卵生，每次产卵 7～12 枚
保护等级	IUCN 未列入

成体长度
3 ft 3 in～6 ft 7 in,
偶见 7 ft 7 in
(1.0～2.0 m,
偶见 2.3 m)

日本锦蛇
Elaphe climacophora
Aodaisho
(Boie, 1826)

169

日本锦蛇又称青大将，广泛分布于日本四大岛、小笠原群岛南部、北方四岛中的国后岛、琉球群岛北部。日本锦蛇是少数在野生种群中拥有大量白化个体的蛇类，甚至还有由白色变异个体（无色素）组成的野外种群。日本锦蛇的生境包括森林、竹林与农业种植区，有时进入人类住宅捕食鼠类，亦捕食鸟类、松鼠及蛙类。日本锦蛇的体形足够大，能将鸟卵囫囵吞下，与印度食卵蛇（第168 页）和东非食卵蛇（第 157 页）类似，利用脊椎骨的椎突将鸟卵扎破。遭遇威胁时，日本锦蛇主要的自卫方式为通过泄殖腔腺释放难闻的臭味，这种防卫方式亦为其近缘种王锦蛇 *Elaphe carinata* 所用。

日本锦蛇的体形大，肌肉发达但身体细长，背鳞部分光滑，部分起弱棱，尾较长，头大，眼大，瞳孔呈圆形。正常体色的个体背面呈深橄榄绿色，具或不具黑色点斑，或具四条贯通全身的纵纹，许多个体为白化或白色变异。幼体通身有很多斑点。

相近物种

已被厘定多次的锦蛇属 *Elaphe* 目前仅包含 11 个物种，分布于从日本、朝鲜半岛、俄罗斯阿穆尔州到欧洲西部。除日本锦蛇外，日本境内还分布 4 种大型锦蛇：王锦蛇 *E. carinata*、日本四线锦蛇 *E. quadrivirgata*、日本丽蛇 *Euprepiophis conspicillata* 及黑眉锦蛇 *Orthriophis taeniurus*[1]。

实际大小

---

[1] 近期研究将晨蛇属 *Orthriophis* 修订为锦蛇属 *Elaphe* 的同物异名，原晨蛇属物种被重新归回锦蛇属，因此黑眉锦蛇的学名应修订为 *Elaphe taeniurus*。根据现行分类系统，锦蛇属应包括 17 个物种。——译者注

科名	游蛇科 Colubridae：游蛇亚科 Colubrinae
风险因子	无毒，具缠绕力
地理分布	东南亚地区：中国南部及越南北部
海拔	50～500 m
生境	喀斯特地貌下的落叶林，亦见于竹林与近水草甸
食物	小型哺乳动物及鸟类
繁殖方式	卵生，每次产卵 6～12 枚
保护等级	IUCN 易危

成体长度
5 ft 2 in～6 ft,
偶见 8 ft 2 in
(1.6～1.8 m,
偶见 2.5 m)

170

百花锦蛇
Elaphe moellendorffi
Möllendorff's Ratsnake
(Boettger, 1886)

百花锦蛇的体形大，身体细长而侧扁，头背为红色，唇部灰色，眼小，虹膜为红色。体色浅灰色，脊部与体侧具中心浅、边缘深的不规则红棕色斑块，一直延伸至身体后段与尾部，尾背面的底色带有红色。少数个体除头部的红色外通身无斑。

百花锦蛇又称默氏锦蛇、红头锦蛇或饰斑锦蛇，其种本名致敬曾在中国采集多年的德国软体动物学家奥托·弗朗兹·默伦多夫（Otto Franz von Möllendorff, 1848—1903）。该种仅见于中国南部和越南北部的落叶林（尤其是喀斯特地貌下的）、竹林与近水草甸，与除红纹滞卵蛇（第 201 页）外的大型锦蛇类一样为卵生，除此之外关于百花锦蛇的生活史所知甚少。百花锦蛇主要以温血动物为食，除鼠类、蝙蝠等小型哺乳动物外亦捕食鸟类。因常年被捕捉以供给肉类、蛇皮、中药市场，以及其在异宠市场上很抢手，百花锦蛇被 IUCN 列为易危物种。

相近物种

百花锦蛇是近期才从晨蛇属 Orthriophis 被划回锦蛇属 Elaphe 的 4 个物种之一，另外 3 种为分布于尼泊尔、印度东北部、不丹及缅甸的坎氏锦蛇 *E. cantoris*[1]，分布于印度北部、尼泊尔及中国西藏的南峰锦蛇 *E. hodgsoni*，以及分布广泛的黑眉锦蛇（第 172 页）。

实际大小

---

[1] 坎氏锦蛇亦分布于中国西藏东南部。——译者注

科名	游蛇科 Colubridae：游蛇亚科 Colubrinae
风险因子	无毒，具缠绕力
地理分布	欧洲东南部：意大利、斯洛文尼亚、克罗地亚、波黑、黑山、北马其顿、阿尔巴尼亚和希腊
海拔	0～2500 m
生境	干旱环境、落叶林地的空地、旧采石场、废弃建筑、植被茂盛的喀斯特露石、农田周围的树篱和干石墙
食物	小型哺乳动物、鸟类及鸟卵、蜥蜴
繁殖方式	卵生，每次产卵 3～18 枚
保护等级	IUCN 近危

成体长度
4 ft 3 in～5 ft 2 in，
偶见 6 ft 7 in
(1.3～1.6 m，
偶见 2.0 m)

171

四线锦蛇
Elaphe quatuorlineata
Four-Lined Ratsnake
(Bonnaterre, 1790)

四线锦蛇是欧洲南部和东南部的物种，分布于意大利、亚得里亚海沿岸的巴尔干国家、希腊和爱琴海的岛屿。它偏好干燥环境，例如落叶林地的空地、旧采石场、碎石墙和喀斯特露石，但它也栖息于水体附近、牧场周围、树篱下和旧建筑周围。它为昼行性陆栖蛇类，捕食小型哺乳动物，包括鼠类和幼兔，还有鸟类及鸟卵、蜥蜴。它通过缠绕的方式杀死猎物。它也善于在岩石上攀爬，可爬到很高的地方。作为熟练的捕鼠能手，四线锦蛇应该在农田里受到欢迎，因为它能义务劳动，消灭农田里的鼠害。

四线锦蛇体形粗壮，背鳞光滑或起弱棱，尾较长，头部宽于颈部，眼大，瞳孔圆形。幼体浅灰色，有粗大的深色斑点，但成体通常为棕色或深棕色，体侧为浅棕色或黄色，腹面为灰白色，背面有四条较宽的黑色纵纹，头侧有一条黑色的眼后纹。阿莫尔戈斯岛分布的个体背面几乎没有斑纹，一些大陆个体几乎为纯黑色。

相近物种

四线锦蛇指名亚种 *Elaphe quatuorlineata quatuorlineata* 分布于大陆和许多岛屿，还有 3 个亚种分布于爱琴海地区：分布于纳克索斯岛、阿莫尔戈斯岛和邻近岛屿的基克拉泽斯亚种 *E. q. muenteri*；帕罗斯亚种 *E. q. parensis*；斯基罗斯亚种 *E. q. scyrensis*。阿莫尔戈斯锦蛇 *E. rechingeri* 现在被作为四线锦蛇基克拉迪亚种 *E. q. muenteri* 的同物异名，而东部四线锦蛇 *E. sauromates* 曾经被作为四线锦蛇的一个亚种，分布于保加利亚、罗马尼亚、摩尔多瓦、乌克兰、土耳其和高加索地区。

实际大小

科名	游蛇科 Colubridae；游蛇亚科 Colubrinae
风险因子	无毒，具缠绕力
地理分布	东亚和东南亚地区：俄罗斯、中国、琉球群岛、印度东北部、不丹、缅甸、泰国、越南、老挝、马来半岛、加里曼丹岛和苏门答腊岛
海拔	0～3100 m
生境	落叶林、雨林、山地森林、稻田、人类居住区周围以及石灰岩洞穴中
食物	小型哺乳动物（包括蝙蝠）和鸟类
繁殖方式	卵生，每次产卵 5～25 枚，因不同种群而异
保护等级	IUCN 未列入

172

成体长度
4 ft 3 in～8 ft 2 in
(1.3～2.5 m)

黑眉锦蛇
Elaphe taeniura
Beauty Ratsnake
(Cope, 1861)

黑眉锦蛇的背鳞光滑，尾长，头部细长。体色变异大，有橄榄色、黄棕色或灰棕色，背面有黑色不规则斑纹，尾上有较粗的纵纹，体侧可能有较多黑色斑点。头顶棕色，唇部灰白色，有一条较宽的黑色眼后纹。马来洞穴亚种 *Elaphe taeniura ridleyi* 的身体前部分灰白色，后部较深，尾部中央有一条明显的黄色脊纹。

从中国的落叶山地林地到东南亚的热带雨林，黑眉锦蛇分布于广泛的地区和各种生境。它也可能出现在稻田和人类居住区周围，进入屋顶寻找猎物。在马来半岛、苏门答腊岛和加里曼丹岛，一些种群分布于喀斯特石灰岩洞穴里，被称为洞穴黑眉锦蛇。洞穴黑眉锦蛇被发现在 3 km 深的洞穴中，捕猎蝙蝠和洞穴金丝燕，而地上的种群则以绞杀致死的方式捕食各种小型哺乳动物和鸟类。

相近物种

黑眉锦蛇已知有 9 个亚种：指名亚种 *Elaphe taeniura taeniura* 分布于中国东部；云南亚种 *Elaphe. t. yunnanensis* 分布于中国西部、印度东北部、缅甸、泰国和老挝；泰北亚种 *E. t. helfenbergeri* 分布于缅甸和泰国；越南亚种 *E. t. callicyanous* 分布于越南、柬埔寨和泰国；台湾亚种 *E. t. friesi* 分布于中国台湾；先岛亚种 *E. t. schmackeri* 分布于琉球群岛；华南亚种 *E. t. mocquardi* 分布于中国海南；马来洞穴亚种 *E. t. ridleyi* 分布于泰国南部和马来西亚西部；印尼亚种 *E. t. grabowskyi* 分布于加里曼丹岛和苏门答腊岛。最后两个亚种都栖息于洞穴生境。

实际大小

科名	游蛇科 Colubridae：游蛇亚科 Colubrinae
风险因子	无毒，具缠绕力
地理分布	东南亚地区：印度东北部、缅甸北部和越南、中国
海拔	450～3000 m
生境	亚热带山地森林、藤蔓林、植被茂密的岩石地，有草丛、灌木丛、灌木和树木的高地，稻田
食物	小型哺乳动物
繁殖方式	卵生，每次产卵 2～10 枚
保护等级	IUCN 无危

成体长度
3 ft 3 in～4 ft,
偶见 5 ft 7 in
(1.0～1.2 m,
偶见 1.7 m)

173

玉斑锦蛇
Euprepiophis mandarinus
Mandarin Ratsnake
(Cantor, 1842)

关于玉斑锦蛇的记录很少，其在自然界中较罕见，多年来在圈养环境中未能繁殖成功。玉斑锦蛇分布于中国南部、东部和中部，印度东北部，缅甸北部和越南。它栖息于亚热带山地森林、藤蔓林、岩石地，甚至稻田，在低海拔地区非常罕见，更常栖息于海拔 2000 m 以上的地区。它在自然界中的猎物记录也很少，曾发现一号标本的体内有一只駒鼱。在人工饲养状态下，它以啮齿动物为食。神秘的玉斑锦蛇常栖息于地下洞穴中，由于没有多少空间可以缠绕猎物，因此它会用自己的身体把猎物挤压在洞穴壁上致死。

相近物种

玉斑蛇属 *Euprepiophis* 还包括另外 2 个物种：日本丽蛇 *E. conspicillata* 和更罕见和濒危的横斑锦蛇 *E. perlacea*。这两个物种也栖息于高海拔地区。

实际大小

玉斑锦蛇体形中等，较粗壮，尾短，头圆，头略粗于颈部，眼较小，瞳孔圆形。玉斑锦蛇的体色变异较大，有浅灰色、蓝灰色、灰棕色或深灰色，背面有较大的、略呈椭圆形的黑色菱斑，其边缘和中心呈黄色。头部有两个黑色"V"形斑，中间为黄纹，吻端呈黑色。

科名	游蛇科 Colubridae：游蛇亚科 Colubrinae
风险因子	后沟牙，毒性轻微，对人类无害
地理分布	北美洲：美国南部和墨西哥北部
海拔	0～1500 m
生境	干旱的荆棘丛，靠近水道
食物	蜘蛛、蜈蚣和其他无脊椎动物
繁殖方式	卵生，每次产卵最多 3 枚
保护等级	IUCN 无危

成体长度
5½～9 in,
偶见 19 in
(140～230 mm,
偶见 480 mm)

174

北美鹰鼻蛇
Ficimia streckeri
Tamaulipan Hooknose Snake

Taylor, 1931

北美鹰鼻蛇体形粗短，背鳞光滑，尾短，头部窄，吻端略向上翘，眼小，瞳孔圆形。背面为灰棕色和橄榄色，有连续而不规则的深色横纹，眼下方有一个深棕色斑点，腹面纯白色。

北美鹰鼻蛇栖息于墨西哥东北部各州，最南分布于韦拉克鲁斯州和普埃布拉州，在美国仅分布于得克萨斯州东南部的格兰德河下游。它是一种小型且较常见的夜行性半穴居蛇类，见于干旱的荆棘丛生境，也靠近水道，如灌溉沟渠或池塘。它捕食蜘蛛、蜈蚣和其他无脊椎动物。鹰鼻蛇具有较大的后沟牙，但其"毒液"作用为预消化以及使猎物麻痹，仅对无脊椎动物有用。北美鹰鼻蛇的防御策略为用力将泄殖腔内壁反复收缩和外翻，并发出响亮的类似放屁声。北美鹰鼻蛇以约翰·科恩·斯特雷克（John Korn Strecker，1875—1933）命名，他是贝勒大学的两栖爬行动物学家。

相近物种

鹰鼻蛇属 *Ficimia* 还包括另外 6 个物种，分布于墨西哥和中美洲。它们在外形和生态特征上，与分布于美国西南部和墨西哥的 2 种钩鼻蛇（第 177 页），以及分布于墨西哥的伪鹰鼻蛇（第 220 页）相似。

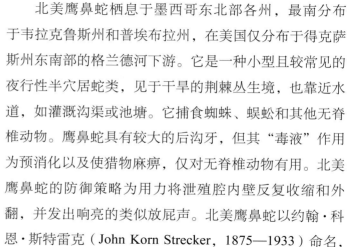

实际大小

科名	游蛇科 Colubridae：游蛇亚科 Colubrinae
风险因子	无毒，具缠绕力
地理分布	东南亚地区：中国南部，包括海南岛①，越南北部
海拔	200～1500 m
生境	原始雨林
食物	可能为小型哺乳动物和鸟类
繁殖方式	卵生，每次产卵最多 6 枚
保护等级	IUCN 无危

成体长度
4 ft 3 in～5 ft 2 in，
偶见 6 ft 7 in
(1.3～1.6 m，
偶见 2.0 m)

尖喙蛇
Gonyosoma boulengeri
Rhinoceros Ratsnake
(Mocquard, 1897)

尖喙蛇是一个奇特的物种，它的吻端有一个长长的肉质突起物，其作用还不清楚。在这一点上，它与南美洲的阿根廷栖林蛇（第 328 页）非常相似。尖喙蛇营昼行性和树栖生活，偏好原始雨林，尤其是在靠近水的地方。尖喙蛇在自然界中的食性还鲜为人知，但推测是小型哺乳动物和鸟类。尖喙蛇的种本名是致敬乔治·阿尔伯特·布朗吉（George Albert Boulenger，1858—1937），他是英国自然历史博物馆的英籍比利时裔动物学家，也是当时最有影响力的两栖爬行动物学家之一。

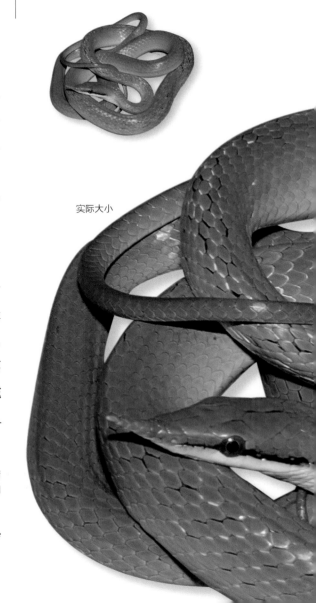

实际大小

相近物种

树栖锦蛇属 *Gonyosoma* 现包含分布于亚洲的 6 个物种，它们曾经被分为不同的属。尖喙蛇曾隶属于尖喙蛇属 *Rhynchophis*，灰腹绿锦蛇 *G. frenatum* 和绿锦蛇 *G. prasinum* 也曾隶属于尖喙蛇属 *Rhynchophis*。虹树蛇（第 176 页）曾隶属于虹树蛇属 *Gonyophis*，而红尾树栖锦蛇 *G. oxychephalum* 和黑尾树栖锦蛇 *G. jansenii* 则较早就被划入树栖锦蛇属 *Gonyosoma*。并非所有学者都遵循该划分。

尖喙蛇的身体侧扁，背鳞光滑，尾长，头长，吻端有一个延长的角状突起。它的眼睛较小，瞳孔圆形。体色通常为绿色或蓝绿色，腹面灰白色，有时在身体前段有不明显的斑点。眼前后有一条黑线，黑线下方的上唇鳞、下颌和喉部为白色或黄绿色。

---

① 2021 年，海南的尖喙蛇被命名为新种 ——海南尖喙蛇 *Gonyosoma hainanense* Peng, Zhang, Huang, Burbrink, and Wang, 2021。——译者注

科名	游蛇科 Colubridae：游蛇亚科 Colubrinae
风险因子	无毒
地理分布	东南亚地区：马来半岛、新加坡和加里曼丹岛
海拔	0～700 m，在基纳巴卢山可能达 2000 m
生境	低地雨林，可能还包括山地雨林
食物	食性未知
繁殖方式	可能为卵生，产卵量未知
保护等级	IUCN 无危

成体长度
5 ft 7 in～6 ft 7 in
(1.7～2.0 m)

虹树蛇
Gonyosoma margaritatum
Royal Treesnake

Peters, 1871

实际大小

迷人的虹树蛇在自然界中鲜为人知。它栖息于马来半岛、新加坡和加里曼丹岛的低地雨林中，但有报道称，它可能出现在沙巴州基纳巴卢山海拔 2000 m 的地方。该物种很难被发现，因为它生活在距离森林地面几十米以上的雨林树冠层。它的腹鳞纵向起棱，使它能在热带雨林中没有树枝的树干上轻松地攀爬。关于其食性的唯一信息是，一条人工饲养的虹树蛇只吃鱼，但对于这种昼行性的树栖蛇类来说，不太可能有这样的食性。它可能是卵生的，但还不能确定。

相近物种

虹树蛇曾经是树栖锦蛇属 *Gonyosoma* 唯一的物种，但现在该属已包含 5 个其他物种，其中包括尖喙蛇（第175 页）。

虹树蛇体形细长，身体侧扁，尾巴像鞭子，头部长，头部与颈部区分明显，眼大，瞳孔圆形。身体前段为绿色，中段带有黄色横纹，而绿色也转变为浅蓝色。每枚背鳞都有黑边，尾巴主要呈黑色，并带有黄色横纹。头部呈橙色，眼后有宽大的黑色纵纹，而喉部和身体腹面呈黄色，鳞片边缘黑色。

科名	游蛇科 Colubridae；游蛇亚科 Colubrinae
风险因子	后沟牙，毒性很轻微，对人类无害
地理分布	北美洲：美国东南部和墨西哥西北部
海拔	15～1260 m
生境	草原、荆棘丛、长满三齿拉雷亚灌丛和豆科灌丛的山麓和峡谷
食物	蜘蛛、蝎子、蜈蚣
繁殖方式	卵生，产卵量未知
保护等级	IUCN 无危

成体长度
6½～9½ in,
偶见 14 in
(165～240 mm,
偶见 360 mm)

沙漠钩鼻蛇
Gyalopion quadrangulare
Sonoran Hooknose Snake
(Günther, 1893)

177

沙漠钩鼻蛇分布于墨西哥西北海岸纳亚里特州以南，以及美国亚利桑那州南部。它栖息于多种生境，包括山区和峡谷的沙漠荆棘丛，长满三齿拉雷亚灌丛和豆科灌丛的山丘，以及草原平原。它为半穴居性，只有在雨后或夜晚才出现在地面。它的猎物主要是蜘蛛，还包括蝎子和蜈蚣，可能还有昆虫及其幼虫。它的防御行为是泄殖腔发出类似放屁声，就像对北美鹰鼻蛇（第 174 页）所描述的那样。钩鼻蛇具有稍微扩大的后沟牙，但其口腔分泌的"毒液"仅对无脊椎动物有用，具有预消化以及使猎物麻痹的作用。它们对人类没有危害。

相近物种

与沙漠钩鼻蛇最接近的是分布于墨西哥中北部和美国亚利桑那州南部的西部钩鼻蛇 *Gyalopion canum*。近缘属包括鹰鼻蛇属（第 174 页）和伪鹰鼻蛇属（第 220 页）。

沙漠钩鼻蛇的体形小而细长，背鳞光滑，尾短，头部窄，吻端的吻鳞略向上翻起。眼小，瞳孔圆形。背面为粉红色或橙色，在背脊中央具有黑白相间的方形宽斑，形成链纹，有一些个体的黑斑延伸到体侧。头背部有一个像帽子似的黑斑，黑斑与颈背的第一个黑色方斑相连。腹面乳白色，有黑色斑点或无斑。

实际大小

科名	游蛇科 Colubridae：游蛇亚科 Colubrinae
风险因子	无毒
地理分布	非洲西部和中部：冈比亚到乌干达和安哥拉，也包括圣多美岛
海拔	0～2200 m
生境	雨林、长廊森林、稀树草原林地、落叶林地、种植园和村庄
食物	蜥蜴和蛙类
繁殖方式	卵生，每次产卵 3～4 枚
保护等级	IUCN 未列入

成体长度
2 ft 4 in～4 ft
(0.7～1.2 m)

178

翡翠绿蛇
Hapsidophrys smaragdinus
Emerald Snake
(Schlegel, 1837)

翡翠绿蛇体形细长，身体侧扁，背鳞起棱，尾巴很长，头部长，与颈部区分明显，眼大，瞳孔圆形。背面为深绿色或翡翠绿色（种本名"*smaragdinus*"意为翡翠色），身体前段有几行浅蓝色和黑色斑点，眼睛前后贯穿一条深色纵纹，将绿色的头背与黄色的嘴唇分开。腹面浅绿色，喉部黄色。

翡翠绿蛇分布于非洲西部和中部，从冈比亚到乌干达，南达安哥拉。它在非洲西部很常见，但在非洲中部不太常见。据报道，该物种也分布于几内亚湾的圣多美岛。它是昼行性的树栖物种，栖息于雨林、长廊森林、落叶林地、稀树草原林地和种植园，也出现在村庄附近。它偏好靠近水的栖息地。腹鳞两侧的纵向起棱使它能在笔直的树干上攀爬。它捕食小型蛙类，如芦蛙，以及各种蜥蜴，包括壁虎和鬣蜥。它的长尾可以自动挣断，但与蜥蜴的断尾不同，它的尾巴不能再生。

相近物种

绿蛇属 *Hapsidophrys* 还有另外 2 个物种，一种是线纹绿蛇 *H. lineatus*，它与翡翠绿蛇同域分布；另一种是普林西比绿蛇 *H. principis*，分布于几内亚湾圣多美岛的邻近岛屿普林西比岛。这 3 个物种曾经都被归入腹沟蛇属 *Gastropyxis*。

实际大小

科名	游蛇科 Colubridae：游蛇亚科 Colubrinae
风险因子	无毒
地理分布	印度洋：索科特拉群岛（也门）
海拔	0～900 m
生境	干涸河床、河流、纸莎草沼泽附近和沿海地区的岩石灌木丛
食物	蜥蜴、小型哺乳动物，可能也包括海鱼
繁殖方式	卵生，产卵量未知
保护等级	IUCN 近危

成体长度
雄性
5 ft (1.5 m)

雌性
3 ft 3 in (1.0 m)

179

索科特拉婉蛇
Hemerophis socotrae
Socotran Racer
(Günther, 1881)

索科特拉婉蛇是索科特拉群岛的特有种，索科特拉群岛是阿拉伯海也门和索马里之间的小群岛。该物种分布于索科特拉岛和更小的代尔塞岛和萨姆哈岛（也称兄弟岛），但在阿卜杜勒库里岛上没有分布。它是陆栖蛇类，晨昏活动，行动很迅速，栖息于岩石灌木丛中，最常见于水边、河流沿岸、池塘和干涸河床周围，也活动于纸莎草沼泽和岛屿海岸线的沙地环境中。索科特拉婉蛇的猎物包括蜥蜴和啮齿类动物，但也有一位学者报道它以海鱼为食，这不太像是它的自然食性。索科特拉婉蛇受到栖息地丧失、路杀和人类活动的威胁。

相近物种

分布于纳米比亚的库内内草原蛇（第 197 页）曾经也属于婉蛇属 *Hemerophis*。索科特拉婉蛇的近缘物种还未确定。

索科特拉婉蛇体形细长，背鳞光滑，尾长，头部窄，吻端略呈方形，眼大，瞳孔圆形。头部背面黑色，侧面为白色。身体前段具黑色和橙粉色相间的横纹，黑色横纹约为粉色横纹宽的 1.5 倍，越往后粉色变得越窄、越白，而黑色越明显，身体后段和尾巴几乎完全为黑色。腹面浅黄色、红色或橄榄色。

实际大小

科名	游蛇科 Colubridae：游蛇亚科 Colubrinae
风险因子	无毒
地理分布	欧洲西南部和非洲西北部：西班牙、葡萄牙、意大利、摩洛哥、突尼斯和阿尔及利亚
海拔	0～2260 m
生境	岩石丛生的山坡、葡萄园、橄榄林、种植园、垃圾场、墓地、干石墙和废弃居住地
食物	蜥蜴、小型哺乳动物、蛇类、鸟类及鸟卵、爬行动物卵和昆虫
繁殖方式	卵生，每次产卵 5～11 枚
保护等级	IUCN 无危

成体长度
3 ft 3 in～5 ft,
偶见 6 ft 7 in
(1.0～1.5 m,
偶见 2.0 m)

180

马蹄秘纹蛇
Hemorrhois hippocrepis
Horseshoe Whipsnake
(Linnaeus, 1758)

马蹄秘纹蛇，也被称为马蹄游蛇，是昼行性、行动迅速的蛇类，分布于西班牙南部、葡萄牙、摩洛哥北部、突尼斯和阿尔及利亚。它还分布于意大利的地中海岛屿撒丁岛和潘泰莱里亚岛。马蹄秘纹蛇偏好栖息于开阔且有灌木的岩石山坡，但它也栖息于人工环境，如种植园、橄榄林、葡萄园、废弃建筑和干石墙，无论是什么地方都必须有岩石、丰富的猎物和可以逃生的路线。它的食性很广泛，包括昆虫幼虫，蜥蜴、蛇类、鸟类及鸟卵、爬行动物卵和小型哺乳动物。它是很机智的捕食者，会主动寻觅并追击猎物。它也有点神经质，虽然会主动避开人类，但如果被逼急了或被抓住，就会咬人。它是无毒蛇。

相近物种

马蹄秘纹蛇有 3 个近缘种：分布于非洲北部的阿尔及利亚秘纹蛇 *Hemorrhois algirus*，分布于希腊到埃及、东至哈萨克斯坦的亚洲秘纹蛇 *H. nummifer*，以及与亚洲秘纹蛇几乎同域分布但能向东分布到蒙古国的花脊游蛇 *H. ravergieri*。

实际大小

马蹄秘纹蛇体形细长，背鳞光滑，尾长，头部与颈部区分明显，眼大，瞳孔圆形。体色有变异，为灰色、黄色或橄榄色，背部有连续的硬币状或眼状斑，斑块中央通常为浅色，体侧各有一行较小而不太规则的斑块。马蹄秘纹蛇的种本名来源于其大多数标本的头背面有一个较粗的马蹄形斑纹。

科名	游蛇科 Colubridae：游蛇亚科 Colubrinae
风险因子	无毒
地理分布	南欧：西班牙东北部、法国、瑞士西部、意大利、马耳他、斯洛文尼亚、克罗地亚和伊亚罗斯岛（希腊）
海拔	0～2100 m
生境	干燥的岩石坡、森林边缘和空地、废弃建筑、葡萄园、铁路路基和采石场
食物	蜥蜴、小型哺乳动物、蛇类、鸟类及鸟卵、两栖动物和昆虫
繁殖方式	卵生，每次产卵最多 20 枚
保护等级	IUCN 无危

成体长度
4 ft 7 in～5 ft 2 in
(1.4～1.6 m)

181

西鞭蛇
Hierophis viridiflavus
Western Whipsnake
(Lacépède, 1789)

西鞭蛇分布于欧洲南部，包括西班牙东北部、法国（包括科西嘉岛）、瑞士到意大利（包括撒丁岛、西西里岛）、马耳他、斯洛文尼亚和克罗地亚。西鞭蛇有两种明显不同的色斑类型，一种是西部的斑纹型，另一种是东部的黑色型。它是一种机警、行动迅速的昼行性陆栖蛇类，栖息于岩石坡和田野、森林边缘和空地，以及铁路路基、葡萄园和采石场等人工环境。它喜欢阳光，捕食啮齿类动物、蜥蜴、小蛇和鸟类，幼体则捕食两栖动物和昆虫。它虽然是陆栖蛇类，但也善于攀爬，能在树上和灌木丛中晒太阳或觅食。虽然它无毒，但它是神经质的蛇类，遇到人类时它会选择逃跑，但如果被捉住，它会拼命地咬人。

西鞭蛇的体形大，尾长，背鳞光滑，头部宽，与颈部区分明显，眼大，瞳孔圆形。幼体可能呈浅棕色，带有隐约的横纹，头部有深色斑纹。成体背面黑色，身体前段有黄色或黄绿色横纹，后段有碎斑，尾部有细纹。头部有许多黄绿色斑点，而嘴唇、喉部和颈部为黄色或黄绿色。腹面呈黄灰色，带有深色斑点。

---

① 目前，该物种已被移入长鞭蛇属 *Dolichophis*。——译者注

相近物种

西鞭蛇通常被认为有 2 个亚种，一个是指名亚种 *Hierophis viridiflavus viridiflavus*，另一个是黑色亚种 *H. v. carbonarius*。伊亚罗斯岛分布有一个孤立的种群，曾经被命名为伊亚罗斯长鞭蛇 *Dolichophis gyarosensis*，但现在被认为是以前由人类引入的。西鞭蛇属 *Hierophis* 的其他物种包括伊朗的安氏西鞭蛇 *H. andreanus*①和巴尔干地区的巴尔干西鞭蛇 *H. gemonensis*，后者分布于巴尔干半岛的希腊等国和意大利。长鞭蛇属（第 161 页）和黄脊游蛇（第 204 页）也与西鞭蛇属关系较近。

实际大小

科名	游蛇科 Colubridae：游蛇亚科 Colubrinae
风险因子	无毒
地理分布	北美洲：美国南部和墨西哥北部
海拔	450～1820 m
生境	有砾石土壤、仙人掌、三齿拉雷亚灌丛和豆科灌丛的干旱奇瓦瓦沙漠环境及岩石峡谷，或裸露岩层
食物	蜥蜴、蜥蜴卵、小型哺乳动物和蛙类
繁殖方式	卵生，每次产卵 3～14 枚
保护等级	IUCN 无危

成体长度
2 ft 4 in～3 ft 3 in,
偶见 5 ft
(0.7～1.0 m,
偶见 1.5 m)

182

灰带王蛇
Lampropeltis alterna
Gray-Banded Kingsnake
(Brown, 1902)

灰带王蛇的背鳞光滑，身体呈圆柱形，头颈区分明显，头部向吻端逐渐变窄，吻端略尖。眼小而突出，瞳孔圆形。背面为浅灰色或深灰色横纹与镶黑边的红色或橙色横纹相间，指名亚种 *Lampropeltis alterna* 的红色或橙色横纹较窄，而布氏亚种 *L. a. blairi* 的较宽。

实际大小

灰带王蛇分布于得克萨斯州西南部和新墨西哥州东南部，向南延伸到墨西哥的萨卡特卡斯州。它栖息于有砾石土壤、三齿拉雷亚灌丛、豆科灌丛、金合欢树、仙人掌的奇瓦瓦沙漠峡谷。它的生活很隐秘，白天躲在岩石裂缝中，夜幕降临后外出活动，捕食正在睡觉的昼行性蜥蜴。它也吃蜥蜴卵、小鼠类和蛙类，但与许多其他王蛇和奶蛇不同的是，它没有吃其他蛇类的记录。暴雨也可能促进灰带王蛇的觅食活动。据报道，灰带王蛇通常在哺乳动物的洞穴或岩石裂缝中捕获猎物。在这种环境下不便于缠绕猎物，因此它将猎物挤压在坚硬的洞穴或缝隙内壁上，这样更容易杀死猎物。

相近物种

灰带王蛇曾经是墨西哥王蛇 *Lampropeltis mexicana* 的一个亚种，分布更靠南。一些学者认为灰带王蛇有 2 个亚种，指名亚种 *Lampropeltis alterna alterna* 和布氏亚种 *L. a. blairi*。灰带王蛇的近缘种墨西哥王蛇还包含 2～3 个亚种，即圣路易斯波托西王蛇 *L. m. mexicana*、塞氏王蛇 *L. m. thayeri* 和杜兰戈山王蛇 *L. m. greeri*，都分布于墨西哥。另一个近缘种是鲁氏王蛇 *L. ruthveni*，分布区与墨西哥王蛇相比更靠南。

科名	游蛇科 Colubridae：游蛇亚科 Colubrinae
风险因子	无毒，具缠绕力
地理分布	北美洲：美国西南部和墨西哥西北部
海拔	0～1820 m
生境	荒漠、半荒漠、峡谷、开阔草地、草原、农耕地和沼泽
食物	昆虫、蛙类、蝾螈、蜥蜴、其他蛇类、龟类和龟卵、鸟类及鸟卵、小型哺乳动物
繁殖方式	卵生，每次产卵 2～24 枚
保护等级	IUCN 未列入；东部王蛇 Lampropeltis getula 无危

成体长度
2 ft 4 in～3 ft 3 in，
偶见 4 ft
(0.7～1.0 m，
偶见 1.2 m)

183

加州王蛇
Lampropeltis californiae
Californian Kingsnake
(Blainville, 1835)

加州王蛇分布于俄勒冈州南部到加利福尼亚州、犹他州、亚利桑那州、下加利福尼亚半岛和墨西哥索诺拉州。它栖息于沿海及荒漠高地的几乎所有生境，包括荒漠、半荒漠、农耕地和沼泽，通常与水源相关。作为一种强有力的绞杀者，它的食性偏好和生境偏好一样广泛，包括蛙类、蝾螈、蜥蜴、龟类和龟卵、蛇类（包括有毒的响尾蛇）、鸟类及鸟卵，小型哺乳动物全都在它的菜单里。幼体可能也吃大型昆虫。加州王蛇在白天和夜晚都会活动。它的性格比较温驯，是不错的宠物，但与近缘种星点王蛇 *Lampropeltis holbrooki* 相比，加州王蛇更容易咬人。

加州王蛇的体形呈圆柱形，背鳞光滑，尾中等长度，头部圆润，眼中等大小，瞳孔圆形。它的斑纹类型变异大，有脊纹的"加州型"（*californiae*），有横纹的"博氏型"（*boylii*），这两种形态类型都可能出现在"沿海型"（*coastal*）——棕色带乳白色或黄色纵纹，或"荒漠型"（*desert*）——黑色带白色横纹或纵纹。加州王蛇的头部呈黄色，头部后方、吻端和鳞片缝隙处颜色较深。

相近物种

加州王蛇曾经是东部王蛇 *Lampropeltis getula* 的一个亚种，后者现在已分为 5 个物种，另外 3 个物种是星点王蛇 *L. holbrooki*、沙漠王蛇 *L. splendida* 和黑王蛇 *L. nigra*。圣卡塔琳娜岛王蛇 *L. catalinensis* 曾被视为加州王蛇的同物异名。

实际大小

科名	游蛇科 Colubridae：游蛇亚科 Colubrinae
风险因子	无毒，具缠绕力
地理分布	北美洲：美国东部
海拔	0～915 m
生境	干旱草原、湿草地、盐草稀树草原、岩石山坡、河岸林地、落叶和混交林地
食物	小型哺乳动物和鸟类、两栖动物、蜥蜴、蛇类
繁殖方式	卵生，每次产卵 6～17 枚
保护等级	IUCN 无危

成体长度
23¾～35½ in,
偶见 5 ft
(600～900 mm,
偶见 1.5 m)

184

草原王蛇
Lampropeltis calligaster
Yellow-Bellied Kingsnake
(Harlan, 1827)

草原王蛇体形细长，背鳞光滑，尾较短，头部窄而略尖，眼中等大小，瞳孔圆形。体色为深灰色至灰棕色或浅灰色，带有连续的红色至深棕色横纹，有时横纹边缘色较浅。体侧的斑点与背面的横纹相对应。腹面灰白色，带有深色斑块。眼后有一条深色纵纹。

　　草原王蛇是一个神秘且罕见的物种。它的 3 个亚种分布于美国东部，包括得克萨斯州东部，北至艾奥瓦州南部，东至马里兰州和卡罗来纳州。佛罗里达州几乎没有草原王蛇分布，仅在佛罗里达狭地有一个小种群，以及中部奥基乔比湖附近分布着一个孤立的亚种。草原王蛇的生境包括干旱的草原、潮湿的草甸和牧场、盐草稀树草原、落叶和混交林地。西部的亚种主要以小型哺乳动物为食，而东部的亚种则更偏好捕食其他爬行动物。这 3 个亚种在被捕捉时通常都很温驯。白天，草原王蛇会躲避在扁平的岩石下或动物洞穴里，所以只有当它在夜间外出活动时，尤其是大雨过后，才能偶尔被遇见。

相近物种

　　草原王蛇包含 3 个亚种：在分布区靠西的指名亚种 *Lampropeltis calligaster calligaster*，在分布区靠东的菱斑亚种 *L. c. rhombomaculata*，分布于奥基乔比湖周围的枕纹亚种 *L. c. occipitolineata*。草原王蛇可能是王蛇属 *Lampropertis* 最基部（原始）的现存物种。同样较原始的物种还有分布于佛罗里达州的短尾王蛇 *L. extenuata*，它曾经属于竹竿蛇属 *Stilosoma*。

实际大小

科名	游蛇科 Colubridae：游蛇亚科 Colubrinae
风险因子	无毒，具缠绕力
地理分布	北美洲：美国西南部，可能还有墨西哥北部
海拔	850～2700 m
生境	多岩石、树木繁茂的峡谷，碎石和岩屑坡，通常为靠近水源的山地落叶和针叶林地
食物	蜥蜴、小型哺乳动物、鸟类和其他蛇类
繁殖方式	卵生，每次产卵 1～9 枚
保护等级	IUCN 无危

成体长度
27½～35½ in,
偶见 3 ft 3 in
(700～900 mm,
偶见 1.0 m)

185

高山王蛇
Lampropeltis pyromelana
Arizona Mountain Kingsnake
(Cope, 1867)

高山王蛇最初被称为索诺拉山王蛇（Sonoran Mountain Kingsnake），当时它包含 4 个亚种，分布更广，现在的高山王蛇分布较狭窄，分布于美国犹他州、内华达州、亚利桑那州和新墨西哥州的山地生境，可能会穿越边境进入墨西哥州的索诺拉州北部和奇瓦瓦州。它主要栖息于海拔 2500 m 以上的高海拔地区，极少在海拔 1500 m 以下的地方出现，在低海拔地区几乎见不到它。高山王蛇的山地种群与世隔绝，容易受到过度采集、火灾或其他威胁的致危影响。它的栖息地生境偏好于岩屑坡、落叶林和高海拔针叶林的岩石森林峡谷。猎物包括蜥蜴、小型哺乳动物、鸟类和蛇类。

相近物种

高山王蛇曾经包含 4 个亚种，其中，奇瓦瓦山王蛇 *Lampropeltis knoblochi* 已被提升为独立种，高山王蛇伍氏亚种 *Lampropeltis pyromelana woodini* 被作为该种的同物异名。高山王蛇犹他亚种 *L. p. infralabialis* 已被作为指名亚种 *L. p. pyromalana* 的同物异名。最近发表的分布于墨西哥西部的韦氏王蛇 *L. webbi* 被认为是高山王蛇的近缘种。高山王蛇在外形上与加州山王蛇（第 187 页）和有毒的拟珊瑚蛇（第 456 页）非常相似。

实际大小

高山王蛇的体形呈圆柱形，背鳞光滑，尾中等长度，头部窄，与颈部略有区分，眼呈球状，瞳孔圆形。吻端白色或黄色，眼和头顶后方大部分区域有一个亮黑色斑块，其后面为一条白色或黄色的横纹。身体背面具醒目的前后镶黑边的红色宽横纹，两条红色宽横纹之间为白色或黄色的窄横纹。

科名	游蛇科 Colubridae：游蛇亚科 Colubrinae
风险因子	无毒，具缠绕力
地理分布	北美洲：加拿大东部和美国
海拔	0～3300 m
生境	岩石山坡、落叶林和松林、灌丛、沼泽边缘、河岸漫滩和废弃建筑
食物	小型哺乳动物、鸟类、卵、蜥蜴、小型蛇类、蛙类、蝾螈、各种无脊椎动物
繁殖方式	卵生，每次产卵 5～20 枚
保护等级	IUCN 未列入

成体长度
2 ft 4 in～3 ft 3 in,
偶见 4 ft 3 in
(0.7～1.0 m,
偶见 1.3 m)

186

奶蛇
Lampropeltis triangulum
Eastern Milksnake
(Lacépède, 1789)

奶蛇的头部窄，与颈部略有区分，眼中等大小，瞳孔圆形。其色斑类型通常为底色灰色或乳白色，带有镶黑边的红色、橙色或棕色鞍形横斑。头背面有一个棕色或红色的"V"形斑，与体背的第一个深色鞍形横斑相连。现已从奶蛇中划分出的其他物种，则是典型的红、黑、黄的三色横纹，而且总是红色和黑色横纹相连。

奶蛇分布于加拿大安大略省，以及南至美国新英格兰各州、北卡罗来纳州、亚拉巴马州北部和佐治亚州，西至阿肯色州和堪萨斯州，北至威斯康星州和密歇根州，其中包括以前的"syspila"亚种的分布区，以及路易斯安那州东北部的"amaura"亚种的分布区。虽然奶蛇也具有呈三色的环纹，但该物种及其众多亚种，都不是对珊瑚蛇的环纹的拟态。奶蛇栖息于岩石山坡、碎石坡、落叶林和针叶林地、河岸漫滩、沼泽边缘和废弃建筑中。猎物主要是小型啮齿类动物，也捕食小蛇、蜥蜴、鸟类，以及爬行动物和鸟类的卵。当受到惊吓时，奶蛇会抖动尾巴，在枯叶上发出"咔嗒咔嗒"的声音，就像有毒的铜头蝮（第553页）。

相近物种

奶蛇是美国最常见、分布最广的蛇类之一，已知有25个亚种。最近的分子系统学研究表明，其中至少包含7个物种。奶蛇现在仅分布于北美洲东部。从奶蛇中划分出的其他物种，包括分布于美国东南部的猩红王蛇 *Lampropeltis elapsoides*、美国中部的西部奶蛇 *L. gentilis*、墨西哥东北部的墨西哥奶蛇 *L. annulata*、墨西哥的大西洋奶蛇 *L. polyzona*、中美洲的危地马拉王蛇 *L. abnorma* 以及南美洲的厄瓜多尔奶蛇 *L. micropholis*，最南分布至厄瓜多尔。这些物种目前都未包含亚种。

实际大小

科名	游蛇科 Colubridae：游蛇亚科 Colubrinae
风险因子	无毒，具缠绕力
地理分布	北美洲：美国西部和墨西哥西北部
海拔	0～3300 m
生境	落叶林地、针叶林、灌木林、河岸林地和岩石峡谷的斜坡
食物	蜥蜴、小型鸟类及鸟卵、小型蛇类
繁殖方式	卵生，每次产卵 2～13 枚
保护等级	IUCN 无危

成体长度
2 ft 7 in～3 ft 3 in,
偶见 4 ft
(0.8～1.0 m,
偶见 1.2 m)

加州山王蛇
Lampropeltis zonata
California Mountain Kingsnake
(Lacépède, 1789)

187

加州山王蛇的分布区以加利福尼亚州为中心，向北可达俄勒冈州，以及俄勒冈州与华盛顿州边境上的孤立种群，在墨西哥的下加利福尼亚州也有一个种群。它栖息于各种生境，从灌木林到高海拔的落叶林地和针叶林，以及低海拔的河岸林。有岩石和植被的朝南的斜坡是最佳生境。加州山王蛇主要以爬行动物为食，尤其是蜥蜴，它会主动追逐并捕获猎物。小型蛇类、小型鸟类及鸟卵也是它的猎物。已有文献报道，该物种鲜艳的颜色会引起亲鸟的攻击，它可能会根据被围攻的激烈程度来找到鸟巢。

加州山王蛇体形细长，背鳞光滑，尾较短，头部较窄，与颈部几乎无区分，眼中等大小，瞳孔圆形。它的斑纹与高山王蛇、奇瓦瓦山王蛇非常相似，在红色宽横纹的前后缘为黑色窄横纹，两个这种红黑横纹之间则是白色或乳白色横纹。除吻端有时为红色外，头部的前段均为黑色，其后为颈部的白色横纹，然后是第一个黑色-红色-黑色横纹。

相近物种

加州山王蛇已知的亚种多达 7 个，但目前都还没有得到证实。有些学者认为，下加利福尼亚州太平洋沿岸的托多斯桑托斯岛分布的托岛王蛇 *Lampropeltis herrerae* 只是加州王蛇的亚种，IUCN 将其列为极危物种。与加州王蛇的亲缘关系最近的是高山王蛇（第 185 页）、奇瓦瓦山王蛇 *L. knoblochi* 和最近发表的韦氏王蛇 *L. webbi*。

实际大小

科名	游蛇科 Colubridae：游蛇亚科 Colubrinae
风险因子	后沟牙，毒性轻微，对人类基本无害
地理分布	北美洲、中美洲和南美洲：墨西哥南部到阿根廷
海拔	0～2750 m
生境	低地和低山区雨林，以及干旱森林栖息地中的长廊森林
食物	蛙类、蜥蜴、蛇类、鸟类及鸟卵、昆虫
繁殖方式	卵生，每次产卵 1～8 枚
保护等级	IUCN 未列入

成体长度
4～5 ft,
偶见 7 ft 7 in
(1.2～1.5 m,
偶见 2.3 m)

188

绿鹦鹉蛇
Leptophis ahaetulla
Green Parrot Snake
(Linnaeus, 1758)

绿鹦鹉蛇的体形大而细长，背鳞倾斜排列，尾长，头部宽，与颈部区分明显，眼大，瞳孔圆形。整体呈绿色，腹面颜色浅于背面，眼后有黑色纵纹，唇部浅黄色，虹膜黑色和金色。

绿鹦鹉蛇也称绿大眼蛇，分布于墨西哥东南部的韦拉克鲁斯州，穿越中美洲和南美洲，南达阿根廷和乌拉圭。它栖息于低地和低山区雨林中，也栖息于干旱森林中的河岸长廊森林。绿鹦鹉蛇最喜好的猎物是蛙类，也包括蜥蜴、蛇类、鸟类及鸟卵，甚至还有蚱蜢等大型昆虫。绿鹦鹉蛇感受到威胁时，会张大嘴巴，露出口腔内部和蓝色的舌头。它的体形较大，具后沟牙，毒性轻微。它的攻击性较强，容易咬人。其咬伤后的症状为局部疼痛和麻木。它在附生凤梨中产卵，卵较小。

相近物种

该物种分布广泛，已知有 10～11 个亚种，分布于墨西哥南部（*Leptophis ahaetulla praestans*）到巴拉圭、乌拉圭和阿根廷（*L. a. marginatus*）。大眼蛇属 *Leptophis* 还包含另外 10 个物种，包括几个体色为绿色的物种：墨西哥特有种西海岸鹦鹉蛇 *L. diplotropis*；分布于洪都拉斯到秘鲁的扁吻鹦鹉蛇 *L. depressirostris*；分布于中美洲的云林鹦鹉蛇 *L. modestus*，IUCN 将其评估为易危等级。

实际大小

科名	游蛇科 Colubridae：游蛇亚科 Colubrinae
风险因子	无毒
地理分布	东南亚地区：印度东北部、中国、缅甸、老挝和越南
海拔	610～1830 m
生境	亚热带和山地森林、竹林
食物	可能为蛙类及蝌蚪[1]
繁殖方式	卵生，每次产卵 4～5 枚
保护等级	IUCN 无危

成体长度
30 in
(760 mm)

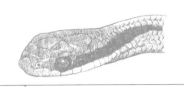

滑鳞蛇
Liopeltis frenatus
Günther's Stripe-Necked Snake
(Günther, 1858)

189

滑鳞蛇分布于印度东北部的梅加拉亚邦和阿萨姆邦，以及中国西藏东南部，也分布于缅甸北部、老挝和越南，栖息于亚热带和山地森林，尤其是有竹林和灌丛的森林。该物种为昼行性的陆栖蛇类。一些滑鳞蛇被发现于有蛙类及蝌蚪的临时水坑附近，因此它们被认为是滑鳞蛇的猎物，但滑鳞蛇的食性还没有确切的记录。滑鳞蛇为卵生，据报道，它在竹子的节间内可产卵达 5 枚。它是无毒无害的蛇类，在被捉住时也不会咬人。

相近物种

滑鳞蛇属 *Liopeltis* 还有另外 5 个物种，包括长尾滑鳞蛇 *L. stoliczkae*，它与滑鳞蛇同域分布，还有菲律宾滑鳞蛇 *L. philippinus*、斯里兰卡滑鳞蛇 *L. calamaria*、喜山滑鳞蛇 *L. rappii* 和马来滑鳞蛇 *L. tricolor*。

滑鳞蛇的体形小，背鳞光滑，尾长而具有缠绕性，头与颈稍有区分，眼大，瞳孔圆形。背面呈棕色，腹面白色。眼后有一条宽而黑的纵纹，到颈部变窄，成为体侧四条细纵纹中最上面的一条，这些纵纹由背鳞的黑色边缘构成。唇部和喉部呈浅黄色。

实际大小

---

[1] 已有文献报道，在采集于西藏墨脱县的 1 号标本胃内发现蜘蛛残骸，说明该种可能会捕食蜘蛛。——译者注

科名	游蛇科 Colubridae：游蛇亚科 Colubrinae
风险因子	无毒
地理分布	东南亚地区：中国东南部到菲律宾、印度尼西亚和东帝汶，成为常见的入侵种
海拔	0～700 m
生境	各种生境，包括人类居住地
食物	蜥蜴、小型哺乳动物、爬行动物的卵
繁殖方式	卵生，每次产卵 4～11 枚
保护等级	IUCN 无危

成体长度
19¾ ～ 26½ in
(500～670 mm)

190

白枕白环蛇
Lycodon capucinus
Common Island Wolfsnake
(Boie, 1827)

白枕白环蛇的体形小，背鳞光滑，尾中等长度，头部较宽，在吻部突然变窄，眼呈球状，瞳孔呈竖直椭圆形。体色通常为背面棕色或灰色，带有密集的白色或浅灰色斑点，腹面纯白。头部棕色，枕部有一个白色或浅黄色带棕色斑点的宽横纹，唇部白色带棕色斑点。

白枕白环蛇分布于中国东南部[1]、东南亚大陆以及菲律宾和印度尼西亚的主要群岛，最南端达东帝汶。它很容易成为入侵物种，曾被偶然引入马尔代夫、马斯克林群岛和圣诞岛（印度洋爪哇岛以南的澳大利亚领土）、密克罗尼西亚和新几内亚岛。白枕白环蛇几乎可以栖息于任何地方，在人类居住地尤其常见，可进入有人居住和无人的建筑物。它的主要猎物是壁虎（壁虎也出现在人类居住的地方），也捕食石龙子和啮齿类动物，以及爬行动物的卵。白枕白环蛇对人类无害，它会在落叶上摆动尾巴，警告潜在的捕食者保持距离。如果被捉住，它很容易咬人。

相近物种

白环蛇属 *Lycodon* 包含超过 50 个物种，与甲背蛇属（第 235～236 页）关系最近。白枕白环蛇在外观上与南亚常见的白环蛇 *L. aulicus* 非常相似，前者曾经是后者的一个亚种。

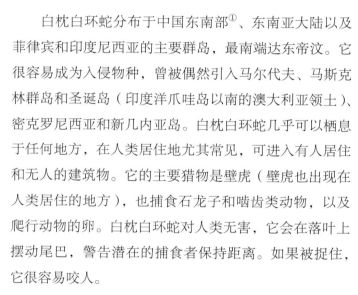

实际大小

① 在中国，该物种与白环蛇 *Lycodon aulicus* 的分类关系尚存在争议。——译者注

科名	游蛇科 Colubridae；游蛇亚科 Colubrinae
风险因子	无毒
地理分布	东亚和东南亚地区：蒙古国、中国东部、俄罗斯、韩国、日本、老挝和越南
海拔	400～1100 m
生境	低山稻田和洪泛草地
食物	蛙类、蜥蜴、鱼类、鸟类和小型哺乳动物
繁殖方式	卵生，每次产卵 6～10 枚
保护等级	IUCN 无危，被列入俄罗斯红色名录

成体长度
1 ft 8 in～3 ft 3 in,
偶见 4 ft 3 in
(0.5～1.0 m,
偶见 1.3 m)

赤链蛇
Lycodon rufozonatus
Red Banded Snake
Cantor, 1842

191

赤链蛇分布于越南、老挝、中国、蒙古国、韩国、日本，可能还包括俄罗斯远东地区。在大多数地区，赤链蛇是常见的夜行性蛇类，主要以蛙类为食，但也捕食其他脊椎动物，包括小鱼、蜥蜴、蛇类、鸟类和啮齿类动物。它的栖息地包括低山区的洪泛草地和稻田。如果受到惊扰，一些个体会抬高身体前段，让扁平的头部显得更扁。如果被捕捉，它很容易咬人，但也有一些个体不爱咬人，而喜欢把装死作为一种防御手段。赤链蛇的英文名 "red banded snake" 中不应使用连字符：它是具有横纹的红蛇（red banded snake），而非具有红色横纹的蛇（red-banded snake）。

赤链蛇的身体略侧扁，头部宽大而扁平，眼小，瞳孔竖直。它的背面为橙红色，带有连续而规则的黑色横纹，起始于颈部的"v"形纹，延伸到尾梢。体侧还有两行不规则的黑色斑点。眼后部有一条黑色的眼后棕纹。腹面白色。

相近物种

赤链蛇曾经是链蛇属 *Dinodon* 的 8 个物种之一，后来该属物种都被移入现在的白环蛇属 *Lycodon* 里。这两个属之间的差异主要与齿列有关。赤链蛇包含 2 个亚种，分布于亚洲大陆地区和日本对马岛的指名亚种 *Lycodon rufozonatus rufozonatus* 和横纹更宽的冲绳亚种 *L. r. walli*。相近物种包括粉链蛇 *L. rosozonatus* 和黄链蛇 *L. flavozonatus*。

实际大小

科名	游蛇科 Colubridae：游蛇亚科 Colubrinae
风险因子	无毒
地理分布	非洲北部、阿拉伯和西亚地区：毛里塔尼亚到埃及，叙利亚到阿曼和也门，以及伊朗西部
海拔	0～2300 m
生境	沙质沙漠，尤其是沙地与岩石、砾石和盐沼相接的地方
食物	蜥蜴和昆虫
繁殖方式	卵生，每次产卵 3～5 枚
保护等级	IUCN 无危

成体长度
9¾～11¾ in,
偶见 17¼ in
(250～300 mm,
偶见 440 mm)

192

冠纹裂鼻蛇
Lytorhynchus diadema
Crowned Leafnose Snake
(Duméril, Bibron & Duméril, 1854)

冠纹裂鼻蛇体形细长，尾长，背鳞光滑，头部狭长，吻鳞呈叶状，眼大，瞳孔呈竖直椭圆形。体色多变，为粉棕色、棕褐色或乳白色，背面有连续的不规则棕色鞍状斑，体侧有较小斑点。腹面白色。头背有一个明显的棕色或红棕色冠状纹，两眼间有一条横纹，穿过眼睛延伸到眼后方。

　　冠纹裂鼻蛇又称锥头蛇，分布区从毛里塔尼亚到非洲北部的埃及，涵盖阿拉伯半岛的大部分地区，到伊朗西部，以及伊拉克边境和波斯湾海岸。它为夜行性，栖息于沙漠、砾石和盐沼的生境里。冠纹裂鼻蛇的吻鳞扩大呈叶状，以帮助它在松散的沙地里挖洞。它也能很轻易地在沙地上运动，留下明显的痕迹。它几乎完全以蜥蜴为食，尤其是栖息于沙丘上的壁虎类。虽然无毒，但冠纹裂鼻蛇能够通过强有力的咬合来杀死蜥蜴：上颌后方扩大的牙齿能将其口腔分泌物注入猎物体内，并用身体将猎物缠住，直到注入的微弱分泌物起效。

相近物种

　　有的学者认为冠纹裂鼻蛇有 4 个亚种，但只有广泛分布的指名亚种 *Lytorhynchus diadema diadema* 和分布于沙特阿拉伯、伊拉克和伊朗的东北亚种 *L. d. gaddi* 得到广泛认可。在裂鼻蛇属 *Lytorhynchus* 另外 6 个物种中，加氏裂鼻蛇 *L. gasperetti* 分布于沙特阿拉伯西南部，肯氏裂鼻蛇 *L. kennedyi* 分布于约旦、叙利亚和伊拉克，里氏裂鼻蛇 *L. ridgewayi* 分布于伊朗、阿富汗和巴基斯坦，立氏裂鼻蛇 *L. levitoni* 也分布于伊朗，而梅氏裂鼻蛇 *L. maynardi* 和信德裂鼻蛇 *L. paradoxus* 分布于巴基斯坦。

实际大小

科名	游蛇科 Colubridae：游蛇亚科 Colubrinae
风险因子	后沟牙，毒性轻微，对人类无害
地理分布	非洲北部和中东地区：西撒哈拉地区、摩洛哥、阿尔及利亚、突尼斯、利比亚、埃及、以色列西南部；以及意大利的兰佩杜萨岛
海拔	0～2500 m
生境	具有稀疏植被的干旱开阔生境、岩石生境和人类居住区周围
食物	蜥蜴、蚓蜥和小型哺乳动物
繁殖方式	卵生，每次产卵 5～7 枚
保护等级	IUCN 无危

成体长度
15¾～19¾ in,
偶见 21¾ in
（400～500 mm,
偶见 550 mm）

拟滑蛇
Macroprotodon cucullatus
Common False Smooth Snake
(Geoffroy Saint-Hilaire, 1827)

193

拟滑蛇又称帽蛇，类似于滑蛇（第 155 页）。它是广泛分布于非洲北部的物种，分布地包括大西洋沿岸到中东，在欧洲仅分布于意大利岛屿兰佩杜萨岛（位于突尼斯和西西里岛之间）。它喜欢具有稀疏植被的开阔、干旱的岩石或沙地生境，也出现在人类居住区周围，躲避于碎石墙或废弃垃圾下。它营陆栖生活，通常在晨昏活动，但阴天时也可能在白天活动。它主要捕食小型蜥蜴和蚓蜥，还有鼠类。拟滑蛇通过后沟牙注射微毒的毒液，即使没有彻底杀死猎物，也足以制服猎物。

相近物种

拟滑蛇指名亚种 *Macroprotodon cucullatus cucullatus* 分布于地中海沿岸，从突尼斯到埃及和以色列，而另一个亚种 *M. c. textilis* 分布于突尼斯到摩洛哥的山区、阿尔及利亚的霍加尔地区和意大利的兰佩杜萨岛。拟滑蛇属 *Macroprotodon* 的另外三个物种为分布于西班牙、葡萄牙和摩洛哥的西部拟滑蛇 *M. brevis*、摩洛哥–阿尔及利亚边境地区的阿氏拟滑蛇 *M. abubakeri*、阿尔及利亚到突尼斯以及巴利阿里群岛的阿尔及利亚拟滑蛇 *M. mauritanicus*。

拟滑蛇体形小而细长，背鳞光滑，尾较短，头较宽，眼中等大小，瞳孔圆形。背面常为浅灰色或灰棕色，带有不明显的深色斑块或斑点。头背有一个黑色的"V"形斑，与枕部或颈部的黑色宽纹以及两眼间的横斑相接，眼前后也有一条黑色纹。

实际大小

科名	游蛇科 Colubridae；游蛇亚科 Colubrinae
风险因子	无毒，具缠绕力
地理分布	北美洲：美国南部到墨西哥中部
海拔	0～2500 m
生境	豆科灌丛草原、灌木丛和草原、农田、荆棘和三齿拉雷亚灌丛、落叶和混交林地以及沙漠
食物	蜥蜴、小型哺乳动物、鸟类、其他蛇类、爬行动物的卵、两栖动物和昆虫
繁殖方式	卵生，每次产卵 4～24 枚
保护等级	IUCN 无危

成体长度
3 ft 3 in～5 ft,
偶见 8 ft 6 in
(1.0～1.5 m,
偶见 2.6 m)

194

鞭蛇
Masticophis flagellum
Coachwhip
(Shaw, 1802)

鞭蛇体形细长，背鳞光滑，尾较长，头部窄，向前逐渐变细，形成较尖的吻部，眼大，眶上鳞突起，呈现出愁眉苦脸的表情。体色因不同亚种而有所不同。体色可呈两种色调，头部和身体前段呈黑色，身体后段和尾部呈棕褐色或红棕色，也可呈黑色、黄棕色、灰棕色，或整体呈淡粉色而带有较深的横纹。

鞭蛇广泛分布于美国南部，从佛罗里达州到加利福尼亚州，除了密西西比河谷和加利福尼亚海岸外几乎都有分布。它也向南分布到墨西哥中部。鞭蛇体形较大，高度警觉，行动快速，为陆栖的昼行性蛇类，但也在地下洞穴中捕食。猎物主要包括蜥蜴和小型哺乳动物，会主动追赶或伏击。其他猎物也包括鸟类、两栖动物、蛇类（包括响尾蛇）、爬行动物卵，甚至是昆虫。鞭蛇的英文名"Coachwhip"和学名的种本名"*flagellum*"都源自一个古老的传说，即这种蛇会用身体缠绕在人的腿上，然后用它鞭子似的尾巴反复鞭打他们。这当然是假的。鞭蛇无毒，但如果被捉住它会马上咬人。

相近物种

这一广泛分布的物种包含 6 个亚种：东部亚种 *Masticophis flagellum flagellum*、西部亚种 *M. f. testaceus*、线纹亚种 *M. f. lineatulus*、红色亚种 *M. f. piceus*、索诺拉亚种 *M. f. cingulum* 和圣华金亚种 *M. f. ruddocki*。相近物种包括曾经作为鞭蛇亚种的下加利福尼亚鞭蛇 *M. fuliginosus*、索诺拉鞭蛇 *M. bilineatus*，以及极危物种——克拉里昂岛鞭蛇 *M. anthonyi*。有学者将鞭蛇属 *Masticophis* 所有的 11 个物种归入游蛇属 *Coluber*（第 152 页）。

实际大小

科名	游蛇科 Colubridae：游蛇亚科 Colubrinae
风险因子	无毒
地理分布	南美洲北部：哥伦比亚、委内瑞拉、圭亚那地区、特立尼达和多巴哥、巴西、厄瓜多尔、秘鲁和玻利维亚
海拔	0～2200 m
生境	原生和次生的干湿热带森林、森林边缘和种植园
食物	蛙类、蜥蜴、雏鸟、小型哺乳动物和大型昆虫
繁殖方式	卵生，每次产卵最多 5 枚
保护等级	IUCN 未列入

成体长度
3 ft 3 in～4 ft,
偶见 5 ft 2 in
(1.0～1.2 m,
偶见 1.6 m)

博氏热带游蛇
Mastigodryas boddaerti
Boddaert's Tropical Racer
(Sentzen, 1796)

195

博氏热带游蛇又称棕褐游蛇，广泛分布于南美洲北部，从哥伦比亚到特立尼达和多巴哥，南至巴西和玻利维亚。它栖息于茂密的森林里，包括原生和次生的干湿森林、种植园以及接近稀树草原的森林边缘。它也活动于半永久的池塘和其他水道附近，或者在小路或有倒木的空地上晒太阳。它可以爬到低矮的植被中，但更常在森林的地面上看到。它是警觉的、昼行性的陆栖物种，捕食蜥蜴、蛙类、雏鸟、啮齿动物和大型昆虫。彼得·博达尔特（Pieter Boddaert，1730—1796）是一位荷兰博物学家兼内科医生，也是卡尔·林奈（Carl Linnaeus）的朋友。

博氏热带游蛇体形细长，背鳞光滑，尾较长，头部细长，与颈部区分明显，眼大，瞳孔圆形。幼体的背面棕色，嘴唇和腹面白色，背面有交替的深色和浅色横斑，体侧各有一条不明显的纵纹。成体的背面为红棕色或深棕色，体侧有一条较为清晰的黄棕色纵纹，没有横斑，喉部、嘴唇和腹面呈浅黄色。

相近物种

博氏热带游蛇分布最广的亚种是指名亚种 *Mastigodryas boddaerti boddaerti*，另一个亚种 *M. b. ruthveni* 也可能分布于哥伦比亚和委内瑞拉。指名亚种分布于特立尼达岛，但多巴哥岛和小多巴哥岛的种群被认为是邓氏亚种 *M. b. dunni*。热带游蛇属 *Mastigodryas* 还包含另外 13 个物种，分布于墨西哥南部到阿根廷北部，以及小安的列斯群岛（布氏热带游蛇 *M. bruesi*）。与博氏热带游蛇具有亲缘关系并同域分布的物种——巴西热带游蛇 *M. bifossatus*，现已被移入单型属 *Palusophis*。

实际大小

科名	游蛇科 Colubridae：游蛇亚科 Colubrinae
风险因子	无毒
地理分布	撒哈拉以南的非洲：埃塞俄比亚和索马里到乍得和喀麦隆，到斯威士兰和南非东北部；可能包括也门
海拔	0～2200 m
生境	沙漠、半沙漠、沿海灌木丛、林地、稀树草原、低山草原、河岸和季节性洪泛生境
食物	蛙类和蜥蜴
繁殖方式	卵生，每次产卵 2～3 枚
保护等级	IUCN 未列入

成体长度
雄性
15¾～17¾ in
(400～450 mm)

雌性
23¾～25½ in,
偶见 31½ in
(600～650 mm,
偶见 800 mm)

196

大齿蛇
Meizodon semiornatus
Semiornate Smooth Snake
(Peters, 1854)

大齿蛇的体形较小，分布广泛，见于埃塞俄比亚和索马里到南非东北部和斯威士兰。在更靠西部的南苏丹、喀麦隆和乍得也有发现。它栖息于干旱和潮湿的生境，包括沙漠、半沙漠、干旱林地和萨赫勒稀树草原、山地草原，以及永久性或临时性水道周围。该物种还栖息于沿海灌木丛和林地中，这些灌木丛和林地的湿度高于一些内陆生境。大齿蛇无毒，猎物包括蛙类和壁虎等蜥蜴。虽然它主要营陆栖生活，但也能够攀爬，经常躲避于树洞或树皮下，在这些地方它也可能遇到自己喜欢的猎物。大齿蛇对人类无害，被捉住时也不会咬人。

大齿蛇的体形小，背鳞光滑，头部扁平，与颈部区分明显，眼大，瞳孔圆形。体色为橄榄棕色、灰色或灰棕色，身体前段有不规则的黑色横纹，颈部的横纹更宽而明显。头背面呈黑色，腹面白色。

相近物种

大齿蛇包含 2 个亚种，非洲东部和南部的种群为指名亚种 *Meizodon semiornatus semiornatus*，而南苏丹、喀麦隆和乍得的种群是另一个亚种 *M. s. tchadensis*。大齿蛇也可能分布于也门。大齿蛇属 *Meizodon* 还包括其他 4 个物种：西部大齿蛇 *M. coronatus*、塔纳大齿蛇 *M. krameri*、黑头大齿蛇 *M. plumiceps* 和东部大齿蛇 *M. regularis*。

实际大小

科名	游蛇科 Colubridae：游蛇亚科 Colubrinae
风险因子	无毒
地理分布	非洲南部：纳米比亚西北部
海拔	780 m
生境	多岩石和灌木丛的河岸生境、以莫潘树为主的稀树草原、分散的裸露岩层
食物	蜥蜴
繁殖方式	卵生，产卵量未知
保护等级	IUCN 未列入

成体长度
27½~31½ in
(700~800 mm)

库内内草原蛇
Mopanveldophis zebrinus
Kunene Racer
(Broadley & Schätti, 2000)

197

　　库内内草原蛇的名称来源于库内内河（Kunene River），库内内河是纳米比亚和安哥拉边境的一部分。库内内草原蛇由于具有独特的斑纹，也被称为斑马蛇。库内内草原蛇的正模标本是由两位两栖爬行动物学家在无意间采集到的，目前对这个物种的了解还仅限于少数标本。库内内草原蛇的栖息地包括多岩石的灌木丛和以莫潘树为主的稀树草原林地，以及分散的裸露花岗岩层。库内内草原蛇为昼行性的陆栖蛇类，捕食壁虎和石龙子。它为卵生，但产卵量未知。库内内草原蛇的斑纹可能是拟态同域分布、剧毒的黑带眼镜蛇（第474页），这种拟态可能会为库内内草原蛇提供一些保护，使其免受捕食者的攻击。

库内内草原蛇体形细长，背鳞光滑，尾长，头部与颈部区分明显，眼中等大小，瞳孔圆形。它背面为灰白色到橄榄棕色或灰色，体侧和腹面颜色更浅，背面具有颜色较深的宽横纹，体侧具有不规则的斑点，接近尾部的斑纹逐渐消失。头部为灰棕色，唇部浅黄色。

相近物种

　　该物种曾与阿拉伯海特有的索科特拉婉蛇（第179页）一起被归入婉蛇属 *Hemerophis*。库内内草原蛇可能也与分布于非洲北部和东北部的花扁头蛇 *Platyceps florulentus* 具有亲缘关系。

实际大小

科名	游蛇科 Colubridae；游蛇亚科 Colubrinae
风险因子	无毒
地理分布	南亚地区：印度、尼泊尔、巴基斯坦、孟加拉国和斯里兰卡[①]
海拔	100～2000 m
生境	干湿森林、公园和花园
食物	蜥蜴、蛇类、小型哺乳动物、爬行动物的卵和昆虫
繁殖方式	卵生，每次产卵 3～9 枚
保护等级	IUCN 未列入

成体长度
13¾～27½ in
(350～700 mm)

198

人斑小头蛇
Oligodon arnensis
Banded Kukri Snake
(Shaw, 1802)

人斑小头蛇分布于印度次大陆，包括从尼泊尔到印度南部，以及斯里兰卡岛。[②]它栖息于各种生境，包含原生生境和受到人为干扰的生境，如潮湿和干燥的森林、公园和花园，甚至是人类居住区。它是夜行性或晨昏性蛇类，白天隐藏于树洞、白蚁丘、原木下或岩石裂缝中。夜间，它会在落叶层中捕食蜥蜴、小蛇和鼠类。所有的小头蛇都有特化的锋利的"弯刀状"牙齿，使它们能够将爬行动物的卵切割开，从而钻进去吸食蛋液，这是小头蛇的主要食性构成。幼体也捕食昆虫和蜘蛛。虽然小头蛇通常对人类无害，但它们利刃般的牙齿能造成很深的伤口。

相近物种

小头蛇属 *Oligodon* 是游蛇科最大的属，已有超过 80 个物种。分布于印度半岛的神女小头蛇 *O. venustus* 被认为是与人斑小头蛇亲缘关系最近的物种。与人斑小头蛇同域分布的其他物种还有喜山小头蛇 *O. albocintus*、旱地小头蛇 *O. taeniolatus* 和腹链小头蛇 *O. sublineatus*。

人斑小头蛇体形短而壮，背鳞光滑，尾短，头部圆润，吻钝，吻鳞宽而呈盾形。眼大，瞳孔圆形。背部呈浅棕色，有边缘较浅、间距规则的连续的黑色横纹，头部和颈部有连续的三个"人"形黑斑。腹面白色。

实际大小

①②人斑小头蛇已被拆分为 3 个物种，因此，拆分后的人斑小头蛇仅分布于印度南部和斯里兰卡。——译者注

科名	游蛇科 Colubridae；游蛇亚科 Colubrinae
风险因子	无毒
地理分布	东南亚地区：马来半岛、新加坡、加里曼丹岛、苏门答腊岛和爪哇岛
海拔	0～1000 m
生境	低地和低山龙脑香林，也栖息于有人为干扰的生境和花园
食物	蛙类、蜥蜴、蛇类，以及爬行动物和鸟类的卵
繁殖方式	卵生，每次产卵 4～5 枚
保护等级	IUCN 无危

成体长度
23¾～27½ in
(600～700 mm)

199

八线小头蛇
Oligodon octolineatus
Eight-Striped Kukri Snake
(Schneider, 1801)

八线小头蛇分布于马来半岛、新加坡和大巽他群岛：加里曼丹岛、苏门答腊岛和爪哇岛。它栖息于原始的低地和低山龙脑香林，但也栖息于次生生境，以及被人为干扰或人为改造的生境，如花园。八线小头蛇在夜间活动，营陆栖生活，但可以爬进灌木丛并在高处捕猎。其猎物多种多样，包括蛙类、蜥蜴和其他蛇类，以及爬行动物和鸟类的卵。八线小头蛇特化的牙齿非常锋利，能将蛇卵或蜥蜴卵的坚韧外壳割开。虽然八线小头蛇通常不会对人类构成威胁，但如果捉住它，它会用能切开卵壳的牙齿咬人，很痛而且伤口会流很多血。

八线小头蛇体形细长，背鳞光滑，尾短，头部圆形，吻鳞扩大，瞳孔圆形。背部为浅棕色，有三对深棕色纵纹和一条橙棕色脊纹。尽管它的名称是"八线"，但纵纹的数量不一定是八条。头背面有两个深棕色的"人"形斑。腹面粉白色。

相近物种

八线小头蛇的近缘种目前还未知，与它同域分布的物种有埃氏小头蛇 *Oligodon everetti*、环纹小头蛇 *O. annulifer* 和紫斑小头蛇（第 200 页）。

实际大小

科名	游蛇科 Colubridae：游蛇亚科 Colubrinae
风险因子	无毒
地理分布	东南亚地区：泰国南部、马来半岛、新加坡、加里曼丹岛、苏门答腊岛和爪哇岛
海拔	0～1840 m
生境	原始龙脑香林、次生林和泥炭沼泽林
食物	蛙类、蝌蚪、蛙卵和蜥蜴卵
繁殖方式	卵生，每次产卵 8～13 枚
保护等级	IUCN 无危

成体长度
31½～37½ in
(800～950 mm)

200

紫斑小头蛇
Oligodon purpurascens
Purple Kukri Snake
(Schlegel, 1837)

紫斑小头蛇体形中等而结实，背鳞光滑，尾短，头部呈方形，与颈部略有区分，吻鳞扩大，瞳孔圆形。体色通常为棕色而非紫色，背面带有连续而不规则的镶黄边的深棕色鞍形斑块或斑点。腹面黄色或粉白色，幼体腹面则为鲜红色，喉部和嘴唇为黄色。头背面有"人"形斑，但通常很模糊。

紫斑小头蛇分布于泰国南部、马来半岛、新加坡、苏门答腊岛、爪哇岛和加里曼丹岛，在沙巴州的基纳巴卢山也有发现。它栖息于低地或低山区原始龙脑香林、次生林和泥炭沼泽林，为夜行性蛇类，营陆栖生活。与其他一些带有清晰斑纹的小头蛇不同，紫斑小头蛇带有柔和而隐秘的斑纹，有助于它融入森林生境的落叶层。它以两栖动物和爬行动物的卵为食，也捕食蛙类和蝌蚪。它与所有小头蛇一样为卵生。虽然通常不会对人类构成威胁，但它与其他小头蛇一样能迅速咬伤人，造成疼痛和流血。

相近物种

紫斑小头蛇的斑纹让人想起有毒的基纳巴卢蝮（第583页）、扁鼻竹叶青蛇 *Trimeresurus puniceus* 或加里曼丹岛竹叶青蛇 *T. borneensis*。紫斑小头蛇与八线小头蛇（第199页）和箭斑小头蛇 *Oligodon signatus* 同域分布。

实际大小

科名	游蛇科 Colubridae：游蛇亚科 Colubrinae
风险因子	无毒
地理分布	东亚地区：中国东部至东北部、俄罗斯东部、朝鲜半岛
海拔	75～1000 m
生境	沼泽、稻田、池塘、溪流、草地和花园
食物	鱼类、蛙类、蜥蜴、小型哺乳动物、其他蛇类和昆虫
繁殖方式	胎生，每次产仔 8～25 条
保护等级	IUCN 无危

成体长度
19¾～27½ in,
偶见 35½ in
(500～700 mm,
偶见 900 mm)

红纹滞卵蛇
Oocatochus rufodorsatus
Red-Backed Ratsnake
(Cantor, 1842)

201

红纹滞卵蛇曾被称为红点锦蛇，分布于俄罗斯远东、朝鲜半岛、中国东部至东北部。它栖息于低洼的淡水生境，如沼泽、湿地、稻田、池塘和溪流。它也会出现在草地上，并进入花园。它是常见种。如果受到威胁，它会逃到水里，并潜入水下。作为半水栖物种，它很少攀爬。它的猎物也主要是水栖动物，包括鱼类和青蛙，但也捕食蜥蜴、鼠类、其他蛇类和一些昆虫。红纹滞卵蛇是亚洲分布的游蛇科中已知唯一的胎生物种，此外其他物种都为卵生。

相近物种

红纹滞卵蛇最初被归入锦蛇属 *Elaphe*，但现在是滞卵蛇属 *Oocatochus* 中唯一的物种。它与同样为胎生的奥地利滑蛇（第 155 页）关系较近，而非其他锦蛇。

红纹滞卵蛇体形细长，背鳞光滑，尾短，头部窄，几乎与颈部无区分，眼略突出，瞳孔圆形。体色为灰色或棕色，斑纹较醒目但变异大，通常具有一条棕色、橙色或黄色的脊纹，延伸至尾部，体侧具有纵纹或连续的斑点。

实际大小

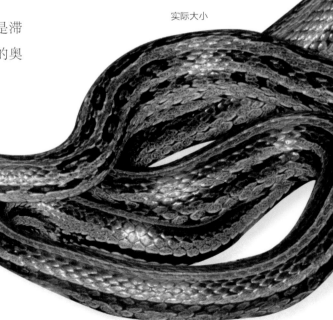

科名	游蛇科 Colubridae：游蛇亚科 Colubrinae
风险因子	无毒
地理分布	北美洲：美国东南部和墨西哥西北部
海拔	0～1525 m
生境	湿地、沼泽、湖边、河岸和运河岸、湿草地和牧场，以及湿润林地边缘
食物	昆虫、蜘蛛、马陆、等足类动物、蜗牛和小蛙
繁殖方式	卵生，每次产卵 1～14 枚
保护等级	IUCN 无危

成体长度
23¾～29½ in，
偶见 3 ft 10 in
（600～750 mm，
偶见 1.16 m）

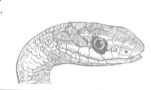

202

糙鳞绿树蛇
Opheodrys aestivus
Rough Greensnake
(Linnaeus, 1766)

糙鳞绿树蛇为树栖物种，分布于美国东南部，从新泽西州到得克萨斯州，包括佛罗里达半岛，并进入墨西哥西北部。它的栖息地为各种潮湿生境，包括沼泽和林地、草甸及运河和河流的岸边等。它是昼行性的敏捷攀爬者，具有很好的伪装以适应于树栖生活，即使在树叶稀疏的树冠上也几乎发现不了它。它在高处睡觉，这可能是它最容易被发现的时候。糙鳞绿树蛇以多种无脊椎动物为食，昆虫和蜘蛛是其主要猎物。它也捕食蜗牛、马陆、鼠妇，偶尔也捕食小蛙。杀虫剂的使用可能会使其猎物的数量减少，从而对糙鳞绿树蛇种群数量产生不利影响。

糙鳞绿树蛇体形细长，背鳞起棱，尾较长，头部比颈部宽，眼较大，瞳孔圆形。背面呈绿色，背部颜色比体侧颜色深，腹部为白色或黄色，嘴唇呈黄绿色，喉部呈黄色。

相近物种

糙鳞绿树蛇包含两个亚种，即指名亚种 *Opheodrys aestivus aestivus* 和佛罗里达亚种 *O. a. carinatus*。与糙鳞绿树蛇亲缘关系最近的物种是滑鳞绿树蛇 *O. vernalis*，分布于美国北部和东北部以及加拿大东南部，背鳞光滑。一些学者将绿树蛇属中的一个或全部物种归为 *Liochlorophis* 属。

实际大小

科名	游蛇科 Colubridae：游蛇亚科 Colubrinae
风险因子	无毒，具缠绕力
地理分布	东亚和东南亚地区：印度东北部到中国东部，南至新加坡和苏门答腊岛
海拔	115～2600 m
生境	低海拔到中等海拔的山地森林、雨林、森林边缘、长满苔藓的森林地面和竹林
食物	小型哺乳动物
繁殖方式	卵生，每次产卵 2～7 枚
保护等级	IUCN 未列入

成体长度
31½～35½ in,
偶见 4 ft
(800～900 mm,
偶见 1.25 m)

紫灰锦蛇
Oreocryptophis porphyraceus
Red Mountain Ratsnake
(Cantor, 1839)

这种斑纹醒目的蛇类广泛分布于东亚和东南亚。它栖息于热带雨林、山地和丘陵森林，海拔可高达 2600 m。它营晨昏性陆栖生活，常钻入苔藓层的较深处，或藏在有竹子和草丛的岩石斜坡上，是罕见而神秘的物种。它的猎物为小型哺乳动物，主要是田鼠和鼩鼱。它通过缠绕的方式来杀死猎物。紫灰锦蛇行动缓慢，对人类无害，即使被捉住也很少咬人。紫灰锦蛇的属名"*Oreocryptophis*"的字面意思是"神秘的山蛇"（*Oreo*= 山脉，*-crypto*= 神秘，*-ophis*= 蛇）。

紫灰锦蛇的身体扁平，背鳞光滑，头部狭长而呈方形，眼小，瞳孔圆形。具有两种色斑类型。一种是深红棕色，带有浅色边的黑色宽横纹，眼前后、头背部各有一条黑色纵纹，背侧面的横纹间有一条黑色细纵纹。另一种色斑类型相似，但宽横纹为红色或橙色，边缘为黑色，底色为红色或橙色。有些个体为纵纹，而没有横纹。

相近物种

紫灰蛇属 *Oreocryptophis* 是单型属，曾被包含在锦蛇属 *Elaphe* 中。紫灰锦蛇被认为包含多达 8 个亚种[①]，指名亚种 *O. porphyraceus porphyraceus* 分布于中国西南部、印度东北部、尼泊尔、缅甸北部和泰国。其他亚种分布于中国南部和东部、老挝、柬埔寨和越南（范氏亚种 *O. p. vaillanti*），华中地区（丽纹亚种 *O. p. pulchra*），中国台湾（川上亚种 *O. p. kawakamii*），中国海南（海南亚种 *O. p. hainana*），泰国东北部（克氏亚种 *O. p. coxi*），马来半岛和苏门答腊岛（宽纹亚种 *O. p. laticincta*），华南地区，可能还有老挝和越南（黑线亚种 *O. p. nigro-fasciata*）。

① 目前，紫灰锦蛇的亚种分化还存在争议。——译者注

实际大小

科名	游蛇科 Colubridae：游蛇亚科 Colubrinae
风险因子	无毒
地理分布	东亚地区：俄罗斯、蒙古国、哈萨克斯坦、中国北方和朝鲜半岛
海拔	1245～1900 m
生境	岩石或砾石半沙漠、植被覆盖的山坡、溪流、森林和沿海灌木丛
食物	蜥蜴
繁殖方式	卵生，每次产卵 4～9 枚
保护等级	IUCN 未列入，被列入《哈萨克斯坦濒危物种红皮书》

成体长度
19¾～22½ in
(500～570 mm)

204

黄脊游蛇
Orientocoluber spinalis
Slender Racer
(Peters, 1866)

关于黄脊游蛇的记录很少。其分布区主要在中国北方和蒙古国境内，以及俄罗斯远东、朝鲜半岛和哈萨克斯坦，并被列入《哈萨克斯坦濒危物种红皮书》。黄脊游蛇栖息于亚洲内陆的干旱生境，如岩石或砾石半沙漠，或灌木覆盖的岩石山坡，以及森林和溪流附近、远东地区海岸的灌木丛。据报道，黄脊游蛇的猎物包括壁虎和其他蜥蜴。该物种较神经质且行动迅速，被捉住时不会咬人。它为卵生，最多可产 9 枚卵。

相近物种

东方蛇属 *Orientocoluber* 为单型属，与长鞭蛇属（第 161 页）和西鞭蛇属（第 181 页）以及侏蛇属（第 167 页）最为接近。

实际大小

黄脊游蛇体形细长，背鳞起弱棱，尾很长，头部略宽于颈部，眼大，瞳孔圆形，倾斜的眶上鳞使之呈现出愁眉苦脸的表情。背面为灰色或棕色，背面比侧面色深，腹面白色。一条醒目的白色脊纹从头背部延伸到尾部，体侧有黑色斑点，头部有黑色碎斑。

科名	游蛇科 Colubridae；游蛇亚科 Colubrinae
风险因子	后沟牙，毒性轻微，对人类无害
地理分布	北美洲、中美洲和南美洲：美国西南部和墨西哥至玻利维亚东部，包括特立尼达和多巴哥、阿鲁巴岛
海拔	0～1915 m
生境	原生林和次生林、长廊森林、林地、受干扰的生境和花园
食物	蜥蜴、小型鸟类、蛙类、小型哺乳动物和昆虫
繁殖方式	卵生，每次产卵 3～8 枚
保护等级	IUCN 未列入

棕蔓蛇
Oxybelis aeneus
Brown Vinesnake
(Wagler, 1824)

成体长度
3～5 ft 7 in
(0.9～1.7 m)

205

棕蔓蛇广泛分布于美国西南部到玻利维亚东部，包括加勒比海和太平洋沿岸的许多岛屿。它栖息于原生的和受干扰的生境，常见于在低矮的植被中捕食小型蜥蜴，如安乐蜥。据报道，它也捕食小鸟、鼠类、蛙类和昆虫。棕蔓蛇为昼行性，当它追踪猎物时，会抬起头部和身体前段，缓慢地、断断续续地移动。采用这样的运动方式一方面能搜寻到伪装起来的猎物，另一方面也能使自己与摆动的植被相融合。它的毒液微毒，主要作用于蜥蜴，但人类被它咬一口会出现局部肿胀和起泡。它的主要防御措施是张大嘴巴，露出蓝黑色的口腔内壁。

棕蔓蛇体形非常纤细而侧扁，背鳞光滑，呈斜行排列，尾长而具有缠绕性，头部细长、尖而窄，瞳孔圆形。背面为棕色或灰棕色，腹面为白色，上唇鳞和喉部也为白色。背面的棕色和腹面的白色在眼下缘附近呈现出明显的分界线。

相近物种

美洲的蔓蛇 *Oxybelis* 与亚洲的瘦蛇（第 130～131 页）、非洲的藤蛇（第 245～246 页）非常相似，后两者也都隶属于游蛇科，但蔓蛇属物种的瞳孔呈圆形，而另两个属物种的瞳孔呈水平椭圆形。在这一点上，蔓蛇属与长尾蛇属（第 344 页）更相似，但后者属于食螺蛇科 Dipsadidae。

实际大小

科名	游蛇科 Colubridae：游蛇亚科 Colubrinae
风险因子	后沟牙，毒性轻微，对人类无害
地理分布	北美洲、中美洲和南美洲：墨西哥南部至玻利维亚东北部
海拔	0～1600 m
生境	原生林和次生雨林、山地森林和河岸森林
食物	蛙类、蜥蜴、鸟类和小型哺乳动物
繁殖方式	卵生，每次产卵 8～14 枚
保护等级	IUCN 未列入

成体长度
4 ft 3 in～6 ft 7 in,
偶见 7 ft 7 in
(1.3～2.0 m,
偶见 2.3 m)

206

绿蔓蛇
Oxybelis fulgidus
Green Vinesnake
(Daudin, 1803)

绿蔓蛇体形细长，身体长而略侧扁，背鳞光滑，呈斜行排列，尾长而具有缠绕性。头部长，吻端尖。眼小，瞳孔圆形。背面为翠绿色，体侧下方和头部下半部分为浅绿色，腹面为绿色。一条浅黄绿色的纵纹从吻端、眼下方一直延伸到颌部后端，体侧下方具有一条白色纵纹。

从墨西哥南部到玻利维亚东北部的大部分区域内，绿蔓蛇与棕蔓蛇（第 205 页）同域分布。绿蔓蛇是体形较大的物种，栖息于各种森林生境，从低地到山地，从原生林到次生林，从湿润到干燥，也栖息于小树和低矮植被中，并可能在地面上遇到。它以蛙类、蜥蜴、鸟类和小型哺乳动物为食，通过扩大的后沟牙注射毒液杀死猎物。绿蔓蛇虽然和棕蔓蛇一样都在白天活动，但不太常见。它的毒液对蜥蜴、蛙类甚至小白鼠都有效。人被咬伤会有局部疼痛和肿胀，但没有更严重的影响。

相近物种

美洲的热带地区还分布有另外两种绿色的蔓蛇，一种是短头蔓蛇 *Oxybelis brevirostris*，分布于洪都拉斯到厄瓜多尔西部，另一种是罗阿坦岛蔓蛇 *O. wilsoni*，其体色更偏深黄色，它是洪都拉斯海湾群岛中最大岛屿——罗阿坦岛的特有种，而绿蔓蛇也分布于邻近的乌提拉岛。

实际大小

科名	游蛇科 Colubridae；游蛇亚科 Colubrinae
风险因子	无毒，具缠绕力
地理分布	北美洲：美国东部
海拔	0～600 m
生境	落叶和混交林地、松林、柏林、锯齿草平原的硬木林、红树林灌丛、农田和小岛
食物	哺乳动物、鸟类、蜥蜴、蛇类和蛙类
繁殖方式	卵生，每次产卵 8～20 枚，偶有 30 枚
保护等级	IUCN 未列入

东部鼠蛇
Pantherophis alleghaniensis
Eastern Ratsnake
(Holbrook, 1836)

成体长度
3 ft 3 in～6 ft,
偶见 7 ft 7 in
(1.0～1.8 m,
偶见 2.3 m)

207

东部鼠蛇近期才被重新恢复有效性。它分布于大西洋沿岸，阿巴拉契亚山脉和阿巴拉契科拉河以东，从新英格兰到佛罗里达群岛。它具有强大的绞杀能力，栖息于多种生境，包括落叶和混交林地、松林、锯齿草平原上的硬木林，也栖息于农田、海岸红树林和小岛上，如佛罗里达群岛。它善于攀爬，即使是高大的棕榈树或松树也不在话下。利用其起棱的腹鳞和强大的缠绕性，它能攀爬最光滑的树干。它的猎物包括大多数它能够制服和吞咽的脊椎动物，尤其是哺乳动物和鸟类，有时也捕食家鸡，吞食鸡蛋，这也是古老的名称"鸡蛇"的由来。它也捕食蜥蜴、其他蛇类及蛙类。

相近物种

黑鼠蛇 *Elaphe obsoleta* 曾包含由色型定义的 5～8 个亚种，但现代的分子分析结果认为锦蛇属 *Elaphe* 仅包含欧亚地区的锦蛇，并恢复了豹斑蛇属 *Pantherophis* 的有效性，以辖美洲地区的鼠蛇。确定了如下三个独立的物种：东部鼠蛇分布于阿巴拉契亚山脉和阿巴拉契科拉河以东，中部鼠蛇 *P. spiloides* 分布于这些屏障和密西西比河之间，而黑鼠蛇 *P. obsoletus* 则分布于密西西比河以西。

东部鼠蛇的体形大，头部长，眼大，瞳孔圆形。其体色变异大，北部种群为黑色带有隐约的纵纹；中部种群为黄色带有四条黑色纵纹；南部种群为黄灰色带有棕色纵纹（汉默克湾），或橙色带有隐约的纵纹（大沼泽地），或浅黄色带有棕色纵纹和斑点（佛罗里达群岛）。幼体带有斑点，这是其属名"*Pantherophis*"（豹斑蛇属）的由来。

实际大小

科名	游蛇科 Colubridae：游蛇亚科 Colubrinae
风险因子	无毒，具缠绕力
地理分布	北美洲：美国南部和墨西哥北部
海拔	900～1800 m
生境	半干旱林地、岩石山坡、树木繁茂的石灰岩峡谷和河岸生境
食物	小型哺乳动物、鸟类及鸟卵、蜥蜴
繁殖方式	卵生，每次产卵 4～15 枚
保护等级	IUCN 未列入

成体长度
4 ft～4 ft 7 in,
偶见 5 ft 2 in
(1.2～1.4 m,
偶见 1.6 m)

贝氏鼠蛇
Pantherophis bairdi
Baird's Ratsnake
(Yarrow, 1880)

贝氏鼠蛇分布于美国得克萨斯州西南部，越过边境进入墨西哥东北部的科阿韦拉州、新莱昂州和塔毛利帕斯州。它栖息于干旱的高地生境，包括岩石山坡和树木繁茂的石灰岩峡谷，以及河岸生境和沙漠边缘的湿地，也出现在人类居住区。贝氏鼠蛇在夜间活动，尤其是在降雨之后。它主要营陆栖，但也会爬上低矮的植被或裸露岩层。它以啮齿类动物、蝙蝠、鸟类及鸟卵为食，偶尔也捕食蜥蜴。由于贝氏鼠蛇在夜间隐秘活动，其自然状态还少有研究。如果被发现，它会在枯叶上摆动尾巴作为警告，如果被捉住，它可能会咬人。贝氏鼠蛇是以斯宾塞·富勒顿·贝尔德（Spencer Fullerton Baird，1823—1887）命名，他是美国的鸟类学家和两栖爬行动物学家。

实际大小

相近物种

贝氏鼠蛇与玉米蛇（第 209 页）、黑鼠蛇 *Pantherophis obsoletus* 和东部狐蛇（第 210 页）有亲缘关系。

贝氏鼠蛇体形中等，背鳞光滑，尾部具有缠绕性，头部与颈部区分明显，眼大，瞳孔圆形。个体间的体色有差异，有黄色到黄灰色、青铜色或银色，带有浅灰色宽纵纹。身体前段有黄色着色，而身体和尾部颜色则较深。不同种群的色斑有差异。幼体呈灰色，有较深的灰色横纹而没有纵纹。

科名	游蛇科 Colubridae：游蛇亚科 Colubrinae
风险因子	无毒，具缠绕力
地理分布	北美洲：美国东南部和东部
海拔	0～1380 m
生境	阔叶林、松林滩涂、沼泽、草地平原、红树林沼泽和人类居住区周围
食物	哺乳动物、鸟类、蜥蜴、蛇类、蛙类和昆虫
繁殖方式	卵生，每次产卵 3～40 枚
保护等级	IUCN 无危

成体长度
2～5 ft,
偶见 6 ft
(0.6～1.5 m,
偶见 1.8 m)

玉米蛇
Pantherophis guttatus
Cornsnake
(Linnaeus, 1766)

实际大小

　　玉米蛇也称红鼠蛇，广泛分布于美国东南部和东部，从新泽西州到佛罗里达州，西至得克萨斯州，栖息于各种生境，包括干燥的林地、松林滩涂的沙土地、淡水沼泽、锯齿草场的高地和红树林沼泽。玉米蛇也常见于农场建筑周围，甚至是城郊。它在夜间捕食，主要以恒温动物（温血动物）——啮齿动物、鸟类及鸟卵为食，但也捕食蛙类、蜥蜴，有时还捕食其他蛇类或昆虫。玉米蛇的腹鳞两侧起棱，身体肌肉发达，善于在树木和建筑上攀爬。玉米蛇无毒，很少咬人，是很受欢迎的宠物。玉米蛇的很多品系或色型是专门为大量的宠物贸易而培育的。

相近物种

　　玉米蛇 *Pantherophis guttatus* 曾被划入锦蛇属 *Elaphe guttata*，它与大平原鼠蛇 *P. emoryi*、斯氏鼠蛇 *P. slowinskii* 的亲缘关系较近。大平原鼠蛇曾经是玉米蛇的一个亚种，斯氏鼠蛇分布于路易斯安那州和得克萨斯州，该物种以已故的约瑟夫·斯洛文斯基（Joseph Slowinski）命名，他于 2001 年因被银环蛇 *Bungarus multicinctus* 咬伤而去世[1]。玉米蛇曾有的分布于佛罗里达群岛的一个亚种 *E. g. rosacea* 现已不成立。

玉米蛇的色斑类型在其分布区内有变异。体色可以是灰色、棕褐色或橙色，背部有连续的边缘深色的深红色菱形或椭圆鞍形大斑块，体侧有较小的斑纹，头背面和头侧面分别有类似颜色的纵纹和眶后纹。腹面通常为黑白相间的方斑。幼体呈灰色，背部有棕色的鞍形斑。在自然界中也会遇到白化红（缺乏黑色素）和炭黑（缺乏红色素）的变异成年个体。

① 导致斯洛文斯基先生被咬伤而逝世的环蛇属物种，已于 2021 年发表为新种——素贞环蛇 *Bungarus suzhenae*。——译者注

科名	游蛇科 Colubridae：游蛇亚科 Colubrinae
风险因子	无毒，具缠绕力
地理分布	北美洲：美国北部和加拿大东南部
海拔	152～457 m
生境	草地和牧场、开阔林地、农耕地、沼泽、海滩和建筑物周围
食物	哺乳动物、鸟类及鸟卵、蜥蜴、蛙类，以及蛇类、蝾螈和蚯蚓
繁殖方式	卵生，每次产卵 7～20 枚，偶有 29 枚
保护等级	IUCN 无危

成体长度
3 ft 3 in～4 ft 7 in,
偶见 6 ft
(1.0～1.4 m,
偶见 1.8 m)

东部狐蛇
Pantherophis vulpinus
Eastern Foxsnake
(Baird & Girard, 1853)

210

东部狐蛇呈灰色至黄色，背面有连续而不规则的棕色或黑色斑块，体侧有连续的小斑点。头背的中央可能有一个黑色小斑块。东部狐蛇的一些成体的色斑与其他美洲鼠蛇类幼体非常相似，为浅灰色带深色斑点。

　　东部狐蛇分布于加拿大安大略省的五大湖周围，以及美国俄亥俄州、密歇根州、伊利诺伊州和印第安纳州。其他的美洲鼠蛇类更喜好森林或树木繁茂的生境，但东部狐蛇更偏好开阔生境，如草原、沼泽和农耕地。它也栖息于开阔林地以及建筑物周围。东部狐蛇成体的主要猎物是哺乳动物和鸟类，幼体则以蜥蜴、蛙类和昆虫为食。猎物由缠绕致死。相比其他近缘种，东部狐蛇在自然界中的研究较少。东部狐蛇对人无威胁，也很少咬人。

相近物种

　　东部狐蛇曾包含两个亚种，指名亚种即以前的东部狐蛇 *Pantherophis vulpinus* 分布于密歇根州到内布拉斯加州，而格氏亚种即以前的格氏狐蛇 *P. gloydi* 分布于密歇根州、俄亥俄州北部和安大略省。分子研究结果表明，以密西西比河谷为界存在两个支系，但格氏狐蛇和东部狐蛇为同一支系，分布于密西西比河谷以东，因此将格式狐蛇作为东部狐蛇的同物异名，而密西西比河谷以西的种群则被描述为一个新种，西部狐蛇 *P. ramspotti*。

实际大小

科名	游蛇科 Colubridae：游蛇亚科 Colubrinae
风险因子	无毒
地理分布	非洲西部、中部和东部：几内亚比绍到安哥拉和肯尼亚
海拔	10～1900 m
生境	雨林、长廊森林、常绿林、落叶林地和稀树草原林地
食物	蛙类
繁殖方式	卵生，每次产卵 1～4 枚
保护等级	IUCN 未列入

成体长度
17¾～27½ in,
偶见 35½ in
(450～700 mm,
偶见 900 mm)

森林灌栖蛇
Philothamnus heterodermus
Forest Greensnake
(Hallowell, 1857)

211

森林灌栖蛇的体色有绿色的，也有棕色的。它分布于非洲西部、中部和东部，从几内亚比绍到肯尼亚，南至安哥拉，栖息于海拔约 2000 m 以下的低地和低山区热带雨林、常绿林、长廊森林以及落叶林地和稀树草原林地等。它为昼行性蛇类，活动于树上或地面上。它喜欢捕食蛙类，但据报道不吃蟾蜍。目前尚不清楚它是否会捕食蜥蜴。总体而言，森林灌栖蛇仍然是鲜为人知的物种。

相近物种

灌栖蛇属 *Philothamnus* 包含 20 个物种，均分布于非洲，它们的背鳞都较光滑，与同样分布于非洲但背鳞起棱的绿蛇属（第 178 页）亲缘关系较近。与森林灌栖蛇亲缘关系最近的物种——棱鳞灌栖蛇 *P. carinatus* 曾经是森林灌栖蛇的一个亚种。棱鳞灌栖蛇分布于非洲中部，虽然它的名称是"棱鳞"，但并非所有背鳞都起棱。在非洲，无害的灌栖蛇经常被误认为是曼巴蛇（第 450～451 页）而被打死。

实际大小

森林灌栖蛇体形细长，背鳞斜向排列、光滑，尾长，头部狭长，眼大，瞳孔圆形。存在两种色型，一种是背面绿色而腹面黄绿色，另一种是背面深棕色而腹面浅棕色。身体前段背鳞之间有白色斑点，但只有当它将颈部扩展而做出防御性姿态时，这些白色斑点才显露出来。

科名	游蛇科 Colubridae：游蛇亚科 Colubrinae
风险因子	无毒
地理分布	撒哈拉以南非洲：埃塞俄比亚和苏丹到几内亚和南非
海拔	0～2000 m
生境	干湿森林和稀树草原、卡鲁灌木丛、海岸灌丛和森林、稀树草原林地、半沙漠和河岸生境
食物	蜥蜴和蛙类
繁殖方式	卵生，每次产卵 3～12 枚
保护等级	IUCN 未列入

成体长度
2¼～3½ ft,
偶见 4 ft 3 in
(0.7～1.1 m,
偶见 1.3 m)

212

斑点灌栖蛇
Philothamnus semivariegatus
Spotted Bushsnake

(Smith, 1840)

斑点灌栖蛇体形细长，背鳞光滑而斜向排列，尾长，头部宽于颈部，眼大，瞳孔圆形。个体间的体色有差异，背面有亮绿色、蓝绿色、灰绿色或黄绿色，而腹面为浅黄色或绿白色。身体前段有大量黑色斑点或横纹，即使在灰色个体中头部也呈绿色。

斑点灌栖蛇是一种极具吸引力的树栖蛇类，广泛分布于撒哈拉以南非洲地区，栖息于干湿林地、森林、稀树草原生境，半沙漠到河岸长廊森林和海岸灌丛，是非洲最常见的灌栖蛇属物种之一。它机警、敏捷、移动迅速，非常适应森林高处的生活。它能通过腹鳞的棱角在树干上快速攀爬，也能利用其纤细的身体在树枝之间穿行。它的猎物包括壁虎、避役和蛙类。当受到威胁时，斑点灌栖蛇会将颈部扩展，露出背鳞边缘醒目的蓝色。

相近物种

与斑点灌栖蛇的亲缘关系最近的是西部灌栖蛇 *Philothamnus angolensis* 和优雅灌栖蛇 *P. nitidus*，前者从南非的夸祖鲁－纳塔尔省到喀麦隆有零星分布，后者分布于非洲西部、中部和东部。

实际大小

科名	游蛇科 Colubridae：游蛇亚科 Colubrinae
风险因子	无毒
地理分布	北美洲、中美洲和南美洲：墨西哥南部到哥斯达黎加
海拔	0～1420 m
生境	热带雨林、低地和低山湿润森林、低地干林中的长廊森林
食物	鸟类及鸟卵、小型哺乳动物、蜥蜴
繁殖方式	卵生，每次产卵 7～14 枚
保护等级	IUCN 无危

成体长度
5～6 ft，
偶见 8 ft
(1.5～1.8 m，
偶见 2.4 m)

杂斑喘蛇
Phrynonax poecilonotus
Puffing Snake
(Günther, 1858)

213

杂斑喘蛇又称北部食鸟蛇，因其防御行为而得名——张大嘴巴发出嘶嘶声，并使颈部扩张。它的分布区从墨西哥南部到洪都拉斯和尼加拉瓜，从加勒比海沿岸至哥斯达黎加的太平洋沿岸。它主要栖息于低地雨林和低山地湿润森林等潮湿森林，在干旱森林中，它则栖息于河流沿岸的长廊森林中。杂斑喘蛇为昼行性的陆栖和树栖蛇类，主要捕食鸟类，但也以鸟卵、树栖小型哺乳动物、蝙蝠和蜥蜴为食。杂斑喘蛇的体形大而长，如果遇到威胁会咬人，但它是无毒的。

杂斑喘蛇体形大而侧扁，背鳞光滑，尾长，头宽，眼大，瞳孔圆形。背面为有光泽的橄榄色、棕色或绿色，杂有红色或橙色鳞片和模糊的横纹。腹面为浅黄色，尤其是喉部和嘴唇，而体侧下方为淡橙色。幼体可能具有横纹，也有几乎全黑的个体。

相近物种

杂斑喘蛇有 3 个已知的亚种：分布于墨西哥南部到洪都拉斯的指名亚种 *Phrynonax poecilonotus poecilonotus*、分布于墨西哥尤卡坦半岛的北部亚种 *P. p. argus* 以及分布于中美洲南部尼加拉瓜和哥斯达黎加的中美亚种 *P. p. chrysobronchus*。分布于巴拿马和南美洲北部的东北喘蛇 *P. polylepis* 曾经是杂斑喘蛇的亚种。杂斑喘蛇的近缘种是分布于哥斯达黎加的什氏喘蛇 *P. shropshirei*，但它也可能是杂斑喘蛇的同物异名。以上这些物种曾经被归入膨蛇属 *Pseustes*。

实际大小

科名	游蛇科 Colubridae：游蛇亚科 Colubrinae
风险因子	无毒
地理分布	北美洲：美国西南部和墨西哥西北部
海拔	300～915 m
生境	有豆科灌丛、盐灌、荆棘灌丛、三齿拉雷亚灌丛和仙人掌的岩漠、沙漠或石漠
食物	蜥蜴及蜥蜴卵、昆虫
繁殖方式	卵生，每次产卵 2～6 枚
保护等级	IUCN 无危

成体长度
9¾～15¾ in,
偶见 20 in
(250～400 mm,
偶见 510 mm)

214

鞍斑叶鼻蛇
Phyllorhynchus browni
Saddled Leafnose Snake
Stejneger, 1890

鞍斑叶鼻蛇体形小而短粗，背鳞光滑，尾短，头部短，与颈部几乎没有区分，吻鳞扩大而突出，眼中等大小，瞳孔竖直。体色为粉棕色，具有规则的棕色或深棕色鞍形大斑块，身体前段的斑块最深，其他部位的仅边缘较深，头背前方和眼睛周围有一条深棕色横纹。腹面白色。

鞍斑叶鼻蛇分布于美国亚利桑那州南部和墨西哥索诺拉州、锡那罗亚州，栖息于覆盖有豆科灌丛、三齿拉雷亚灌丛、盐灌、荆棘灌丛和仙人掌的岩漠、沙漠或石漠。鞍斑叶鼻蛇是夜间活动的小型蛇类，尤其在雨后的夜间从地下的洞穴里爬出来活动。它捕食蜥蜴，可能是壁虎或犹他蜥，也以蜥蜴卵为食。它用扩大呈叶状的吻鳞将蜥蜴卵从沙子中挖出。幼体可能以昆虫为食。鞍斑叶鼻蛇是罕见种，能在沙漠地面上伪装得很好，大多数标本都是在穿越沙漠公路时被发现的。鞍斑叶鼻蛇的体形很小，但会发出嘶嘶声并扩张颈部来起到示警作用，不过这只是虚张声势。鞍斑叶鼻蛇的种本名来自赫伯特·布朗（Herbert Brown, 1848—1913），他是亚利桑那州奥杜邦学会主席。

相近物种

鞍斑叶鼻蛇 *Phyllorhynchus browni* 的近缘种是斑点叶鼻蛇 *P. decurtatus*，两者同域分布，但斑点叶鼻蛇还分布于南加州和下加利福尼亚州。鞍斑叶鼻蛇已知有 4 个亚种，分别分布于亚利桑那州马里科帕县（*P. b. lucidus*）、亚利桑那州南部和索诺拉州北部（*P. b. browni*）、索诺拉州南部（*P. b. fortitus*）和锡那罗亚州（*P. b. klauberi*）。叶鼻蛇与同样分布于美国西南部和墨西哥西北部的琴蛇（第 248～249 页）亲缘关系较近。

实际大小

科名	游蛇科 Colubridae：游蛇亚科 Colubrinae
风险因子	无毒，具缠绕力
地理分布	北美洲：加拿大西南部、美国西部和中部到墨西哥中部
海拔	0～2895 m
生境	沙漠和半沙漠、草原、落叶林地、针叶林、农田和沼泽
食物	哺乳动物、鸟类及鸟卵、蜥蜴
繁殖方式	卵生，每次产卵 2～24 枚
保护等级	IUCN 无危

成体长度
4 ft～5 ft 2 in,
偶见 9 ft 2 in
(1.2～1.6 m,
偶见 2.8 m)

215

链松蛇
Pituophis catenifer
Gophersnake
(Blainville, 1835)

链松蛇是分布广泛的大型蛇类，分布区从加拿大西南部，经过美国西部和中西部，进入墨西哥西北部和中部。在北美的游蛇科物种中，可能只有森王蛇属物种（第162～163页）的体形比链松蛇大，但岛屿种群的体形通常比大陆种群小很多。链松蛇的生境种类很丰富，从沙漠到湿地，从草原到沼泽地，以及农耕地，而且根据不同季节和气候，它可选择白天、晨昏或夜间活动。链松蛇通常为穴居，并捕食地下洞穴中生活的哺乳动物，包括鼠类和兔子。如果在地面上，链松蛇将猎物缠绕致死，如果在地下洞穴里，它就将猎物挤压在洞穴内壁上致死。它的食物也包括蜥蜴、鸟类及鸟卵。

链松蛇体形较细长但肌肉发达，背鳞起棱，头部略尖，吻鳞扩大，眼小，瞳孔圆形。其体色差异大，有黄色、棕褐色、棕色或灰色，背面比体侧深，背面具有连续的深色大斑块，体侧则是几行不规则的深色斑点。腹面通常为均匀的黄色或棕褐色。

相近物种

链松蛇有多达 10 个亚种，其中，俗称为牛蛇的亚种 *Pituophis catenifer sayi* 能发出嘶嘶声。岛屿特有的亚种分布于加利福尼亚州附近的圣克鲁斯岛（*P. c. pumilus*）、加利福尼亚湾的科罗纳多岛（*P. c. coronalis*）、塞德罗斯岛（*P. c. insulanus*）和圣马丁岛（*P. c. fuliginatus*）。松蛇属 *Pituophis* 其他物种还包括美国东南部的黑唇松蛇 *P. melanoleucus*、路易斯安那松蛇 *P. ruthveni*、墨西哥松蛇 *P. deppei*、下加利福尼亚州的脊纹松蛇 *P. vertebralis* 和中美松蛇 *P. lineaticollis*。

实际大小

科名	游蛇科 Colubridae：游蛇亚科 Colubrinae
风险因子	无毒
地理分布	中东地区：以色列南部、巴勒斯坦、约旦西南部、沙特阿拉伯北部和西北部
海拔	0～1650 m
生境	多岩石的洼地和山坡
食物	蜥蜴，可能还有小型哺乳动物
繁殖方式	卵生，产卵量未知
保护等级	IUCN 无危

成体长度
19¾～23¾ in,
偶见 27½ in
(500～600 mm,
偶见 700 mm)

216

优雅扁头蛇
Platyceps elegantissimus
Elegant Racer
(Günther, 1878)

优雅扁头蛇分布于以色列南部和巴勒斯坦、约旦西南部、沙特阿拉伯北部和西北部。它栖息于多岩石的生境，如干洼地或岩石山坡，偶尔被发现于沙地生境中。人们曾经认为，由于白天温度较高，优雅扁头蛇会偏向于夜行性，但这与其同类的习性不符。最近的研究表明，优雅扁头蛇其实为昼行性，但活动很隐秘。它是机警且行动快速的物种，在自然界中很少被发现，因此鲜为人知。它是陆栖物种，但有一个标本是在雨后有水的干河谷游泳时被捕获。优雅扁头蛇以小型蜥蜴为食，尤其是在地上活动的壁虎，但也可能会捕食小型啮齿动物。

相近物种

扁头蛇属 *Platyceps* 包含多达 31 个物种，分布于古北界西部，它们曾经隶属于游蛇属 *Coluber*，但现在的游蛇属仅包含一个物种——北美游蛇（第 152 页）。优雅扁头蛇的近缘物种包括分布于阿拉伯半岛的西奈扁头蛇 *P. sinai*、托氏扁头蛇 *P. thomasi* 和多变扁头蛇 *P. variabilis*。西奈扁头蛇、托氏扁头蛇与优雅扁头蛇有类似的脊纹，而多变扁头蛇则几乎没有纵纹。

优雅扁头蛇体形小而纤细，背鳞光滑，尾长，头部窄而尖，吻端突出，眼大，瞳孔圆形。体色为橄榄色到乳白色，具有连续而规则的黑色横纹，横纹在体背面比体侧面宽，在尾部形成完整的环纹。头背面有两条黑色窄横纹，后方的颈背面有一条黑色宽横纹。腹面呈灰白色或乳白色。一些个体具有橙色的细脊纹，但只在背面黑色横纹之间的浅色部分才显现出来。

实际大小

科名	游蛇科 Colubridae：游蛇亚科 Colubrinae
风险因子	无毒
地理分布	欧洲东南部和亚洲西南部：巴尔干半岛、塞浦路斯、土耳其、俄罗斯西南部、高加索地区、叙利亚、黎巴嫩、伊拉克、土库曼斯坦和伊朗北部
海拔	0～2200 m
生境	河谷、岩石山坡、森林边缘、灌木丛生的山坡、半沙漠和废弃建筑
食物	蜥蜴，偶有小鼠或昆虫
繁殖方式	卵生，每次产卵 3～16 枚
保护等级	IUCN 无危

成体长度
31½～38½ in,
偶见 3 ft 3 in
(800～980 mm,
偶见 1.0 m)

细扁头蛇
Platyceps najadum
Dahl's Whipsnake
(Eichwald, 1831)

217

细扁头蛇是常见且分布广泛的物种，分布于巴尔干半岛至土耳其、高加索地区，南至伊朗，栖息于半沙漠到岩石山坡、河谷、废弃建筑、森林边缘和灌丛等低地和低山区。细扁头蛇高度警觉且行动快速，它在白天活动，追踪并捕食蜥蜴。它捕食蜥蜴时要么直接吞食，要么用蜷曲的身体将蜥蜴挤压在岩石上致死。它很少使用缠绕的方式杀死猎物。虽然蜥蜴是主要猎物，但它偶尔也捕食乳鼠或幼鼠，以及大型昆虫。

细扁头蛇体形非常纤细，背鳞光滑，尾巴像鞭子一样，头部窄而略尖，眼大，瞳孔圆形。在分布区西部的个体中，头部为灰褐色，颈部和身体前段为灰色，有一个镶白边的黑色颈斑，体侧有连续的黑色眼斑，向后部逐渐缩小。除了身体前段为灰色，身体其他部分及尾部为均匀的棕色。腹面、喉部和嘴唇为白色，眶前鳞和眶后鳞也为白色。上述这样的体色在近缘类群中是独有的。

相近物种

细扁头蛇已知有多达 6 个亚种，分别分布于高加索地区（*Platyceps najadum najadum*）、欧洲东南部和土耳其（*P. n. dahlii*）、土库曼斯坦和伊朗（*P. n. atayevi*）、伊朗扎格罗斯山脉（*P. n. schmidtleri*）和阿塞拜疆东南部（*P. n. albitemporalis*），而卡利姆诺斯岛（*P. n. kalymnensis*）和希腊其他岛屿上的种群的分类地位则有待商榷。细扁头蛇的近缘种是分布于西亚和中东的腹斑扁头蛇 *P. ventromaculatus*。

实际大小

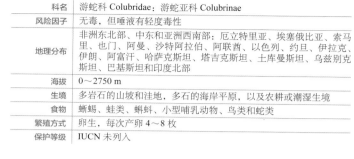

科名	游蛇科 Colubridae：游蛇亚科 Colubrinae
风险因子	无毒，但唾液有轻度毒性
地理分布	非洲东北部、中东和亚洲西南部：厄立特里亚、埃塞俄比亚、索马里、也门、阿曼、沙特阿拉伯、阿联酋、以色列、约旦、伊拉克、伊朗、阿富汗、哈萨克斯坦、塔吉克斯坦、土库曼斯坦、乌兹别克斯坦、巴基斯坦和印度北部
海拔	0～2750 m
生境	多岩石的山坡和洼地，多石的海岸平原，以及农耕或潮湿生境
食物	蜥蜴、蛙类、蝌蚪、小型哺乳动物、鸟类和蛇类
繁殖方式	卵生，每次产卵 4～8 枚
保护等级	IUCN 未列入

成体长度
23¾～27½ in,
偶见 4 ft 3 in
(600～700 mm,
偶见 1.3 m)

218

红脊扁头蛇
Platyceps rhodorachis
Wadi Racer

(Jan, 1865)

红脊扁头蛇体形细长，背鳞光滑，尾长，头部窄而尖，眼大，瞳孔圆形。体色通常为棕褐色、绿灰色或橄榄绿色，身体前段或整个身体及尾部背面具有连续的深色横纹或斑点，也可能完全无斑纹。腹部为粉白色。

红脊扁头蛇又称简氏红鞭蛇，是广布种，分布于整个中东地区，从以色列到也门和阿曼，从西亚到印度，也分布于非洲东北部、索马里、埃塞俄比亚和厄立特里亚。它栖息于干旱生境、多岩石的平原、洼地或丘陵地带，虽然不依赖水，但通常在水道附近被遇到。红脊扁头蛇为昼行性，警觉且行动迅速，天气炎热时也在晨昏活动。它善于攀爬和游泳，捕食蛙类、蝌蚪、蜥蜴、啮齿动物、蝙蝠、鸟类和蛇类，包括同类，但不会捕食蟾蜍。虽然没有真正意义上的毒液，但是红脊扁头蛇通过咀嚼时流入具有轻微神经毒性的唾液来制服猎物。它如果咬到人类，只会引起局部瘙痒。

相近物种

红脊扁头蛇的亚种达 4 个：分布于伊朗（*Platyceps rhodorachis rhodorachis*）、伊朗和哈萨克斯坦到巴基斯坦和印度（*P. r. ladacensis*[①]）、克什米尔地区（*P. r. kashmirensis*）和非洲东北部（*P. r. subnigra*）。与红脊扁头蛇亲缘关系较近的是分布于非洲北部和中东地区的罗氏扁头蛇 *P. rogersi*。红脊扁头蛇与分布于伊朗和土库曼斯坦的斑点扁头蛇 *P. karelini* 也较为相似。

实际大小

① 目前，该亚种已被提升为独立种，中文名可称为拉达克扁头蛇，在我国分布于西藏阿里地区札达县。——译者注

科名	游蛇科 Colubridae：游蛇亚科 Colubrinae
风险因子	无毒，具缠绕力
地理分布	北美洲和中美洲：墨西哥南部、危地马拉、伯利兹、洪都拉斯和尼加拉瓜
海拔	0～1500 m
生境	热带常绿林、半干旱荆棘灌丛、落叶林、喀斯特石灰岩悬崖和低地海岸沼泽
食物	小型哺乳动物、鸟类和蜥蜴
繁殖方式	卵生，每次产卵4～9枚
保护等级	IUCN 无危

成体长度
4～5 ft,
偶见 5 ft 9 in
(1.2～1.5 m,
偶见 1.76 m)

伪锦蛇
Pseudelaphe flavirufa
Tropical Ratsnake
(Cope, 1867)

219

伪锦蛇分布于墨西哥、伯利兹和洪都拉斯的加勒比海岸（不包括尤卡坦半岛），包括洪都拉斯的海湾群岛和尼加拉瓜的大马伊斯岛，以及危地马拉、墨西哥瓦哈卡州和恰帕斯州的太平洋海岸。它栖息于半干旱和干旱生境，从沼泽和常绿林到干旱林和荆棘灌丛，在沿海低地尤为常见。伪锦蛇为夜间活动的捕食者，猎物包括鼠类、蝙蝠、鸟类，有时还捕食蜥蜴，它通过缠绕的方式杀死猎物。伪锦蛇通常很温驯，它在受到威胁时的警戒行为是使头部显得扁平，将身体盘成"S"形并在枯叶上抖动尾巴，如果还不起作用，就通过猛烈的扑咬来保护自己。

伪锦蛇体形中等，背鳞光滑，尾长，头部宽，眼大，瞳孔圆形，在明亮的光线下呈竖直椭圆形。体色为浅灰色或棕色，背面和侧面各有一行不规则的斑点，可能呈红色、棕色或黑色，通常有黑色边缘。头部后方有两条和身上斑点颜色相似的纵纹。腹面呈黄灰色，带有小黑点。幼体的体色较浅，斑纹也显得更醒目。

相近物种

伪锦蛇已知3个亚种：指名亚种 *Pseudelaphe flavirufa flavirufa*、分布于恰帕斯州南部的马氏亚种 *P. f. matudai* 和中美洲亚种 *P. f. pardalina*。另一个亚种被提升为独立种，即尤卡坦伪锦蛇 *P. phaescens*。与伪锦蛇亲缘关系最近的是亚利桑那蛇（第142页）和疣唇蛇（第225页）。虽然伪锦蛇与美洲绿鼠蛇 *Senticolis triaspis* 同域分布，但两者不容易混淆。

实际大小

科名	游蛇科 Colubridae；游蛇亚科 Colubrinae
风险因子	后沟牙，毒性轻微，对人类无害
地理分布	北美洲：墨西哥西部
海拔	0～1100 m
生境	荆棘林地、热带半干旱和干旱林以及热带落叶林
食物	蜘蛛和昆虫
繁殖方式	卵生，每次产卵 3～30 枚
保护等级	IUCN 无危

成体长度
15¾～19¾ in,
偶见 28 in
(400～500 mm,
偶见 710 mm)

220

伪鹰鼻蛇
Pseudoficimia frontalis
Southwestern Hooknose Snake
(Cope, 1864)

伪鹰鼻蛇体形中等，较粗壮，头部尖，吻端朝上，眼小，瞳孔圆形。体色呈灰褐色，头部后方有两条深棕色或红棕色纵纹，向后延伸，形成连续的、颜色相似的背部斑块，斑块之间有黄色宽脊纹相连，体侧有较小的黑色斑点，眼下方有一条斜向的黑色纹。腹面呈暗橙色。

伪鹰鼻蛇是墨西哥特有蛇类，分布于索诺拉州南部和锡那罗亚州，以及墨西哥西部的格雷罗州和普埃布拉州。伪鹰鼻蛇栖息于低地和低山区荆棘林地、热带半干旱和干旱林以及落叶林中。伪鹰鼻蛇向上翘起的吻部用来挖掘腐殖土，胃内容物显示它捕食蛾类幼虫和狼蛛。钩鼻蛇为卵生，雌性具有与雄性类似的比较发达的半阴茎，这种现象被称为假雌雄同体。伪鹰鼻蛇较为罕见，在自然界中的状态还鲜为人知。虽然伪鹰鼻蛇是后沟牙毒蛇，但对人类没有危害。

相近物种

伪鹰鼻蛇有时被称为假鹰鼻蛇，因为其属名 "*Pseudoficimia*" 的字面意思为 "假的鹰鼻蛇"，但这只是 "望文生义"。伪鹰鼻蛇属 *Pseudoficimia* 与鹰鼻蛇属 *Ficimia* 是两个不同的属，但较为相似。伪鹰鼻蛇的分布区相对于钩鼻蛇属（第 177 页）更靠南部，与鹰鼻蛇属（第 174 页）相比更靠西部。伪鹰鼻蛇属是单型属。

实际大小

科名	游蛇科 Colubridae；游蛇亚科 Colubrinae
风险因子	无毒
地理分布	亚洲：伊朗和土库曼斯坦到中国，南至斯里兰卡和马来半岛
海拔	0～4000 m
生境	干湿低地和山地森林、河岸森林、农耕地、公园和花园
食物	小型哺乳动物、鸟类、蜥蜴、蛙类和其他蛇类
繁殖方式	卵生，每次产卵 5～25 枚
保护等级	IUCN 未列入

成体长度
5 ft～6 ft 3 in,
偶见 12 ft 2 in
(1.5～1.9 m,
偶见 3.7 m)

滑鼠蛇
Ptyas mucosa
Dhaman Ratsnake
(Linnaeus, 1758)

221

滑鼠蛇是大型、常见的陆栖和树栖蛇类，广泛分布于亚洲各地，从伊朗到中国，南到斯里兰卡、马来半岛。它栖息于多种生境，从湿润和干旱的低地和山地森林，到稻田和种植园，甚至公园和花园。滑鼠蛇为昼行性捕食者，猎物包括啮齿类动物、鸟类、蛙类、蜥蜴和其他蛇类等脊椎动物，用缠绕的方式杀死猎物，但它自己也是眼镜王蛇（第 480 页）的常见猎物。雄性滑鼠蛇在交配期间会进行打斗，它们把身体缠绕在一起并试图将对方摔到地面上（第 28 页）。在孵化过程中，雌性滑鼠蛇会主动保护自己的卵。虽然滑鼠蛇是无毒蛇，但如果被体形较大的个体咬一口，伤口也会流血。

滑鼠蛇体形粗壮，略侧扁，背鳞光滑，尾长，头部略尖，眼大，瞳孔圆形，眶上鳞呈盾形。体色呈有光泽的棕色、橄榄色或绿色，背面散有黑色斑点。腹面白色或黄色。上唇鳞和喉部鳞片具有黑色边缘。

相近物种

滑鼠蛇虽然分布广泛，但没有亚种的分化。鼠蛇属 *Ptyas* 还包括另外 7 个物种，其中 5 个分布于东南亚大陆：黑网乌梢蛇 *P. carinata*、乌梢蛇 *P. dhumnades*、白腹鼠蛇 *P. fusca*、灰鼠蛇 *P. korros*，还有惊艳的黑线乌梢蛇（第 222 页）。菲律宾鼠蛇 *P. luzonensis* 分布于菲律宾北部，苏拉威西黑鼠蛇 *P. dipsas* 分布于印度尼西亚。

实际大小

科名	游蛇科 Colubridae：游蛇亚科 Colubrinae
风险因子	无毒，具缠绕力
地理分布	南亚和东南亚地区：印度东北部、尼泊尔、不丹、孟加拉国、中国西部、缅甸北部、老挝、越南和泰国
海拔	500～2350 m
生境	平原和低山上的开阔林地，以及受干扰的区域
食物	小型哺乳动物、蜥蜴、鸟类和其他蛇类
繁殖方式	卵生，每次产卵 8～10 枚
保护等级	IUCN 未列入

成体长度
2 ft 4 in～3 ft 3 in,
偶见 8 ft 2 in
(0.7～1.0 m,
偶见 2.5 m)

222

黑线乌梢蛇
Ptyas nigromarginata
Asian Green Ratsnake
(Blyth, 1854)

令人感到惊艳的黑线乌梢蛇为昼行性的陆栖和树栖蛇类，栖息于中低海拔的开阔林地，分布于尼泊尔、不丹到中国西部的四川和云南，以及向南到缅甸北部、泰国、老挝和越南的平原和丘陵地区。它也栖息于受干扰的生境。它的主要猎物是啮齿动物，通过绞杀的方式杀死猎物，或者在固定物体上挤压猎物致死。此外它也捕食蜥蜴、鸟类和其他蛇类。当它被逼到绝境时，它的防御行为可能包括猛咬，以及通过泄殖腔的臭腺分泌恶臭的物质，但它无毒且对人类无害。

黑线乌梢蛇体形细长，背鳞光滑，尾长，头部细长，眼大，瞳孔圆形。背面为亮绿色至橄榄绿色，背鳞边缘黑色。幼体的身体和尾部背面有四条较宽的黑色纵纹，但成体的这些纵纹仅位于身体后段和尾部。腹面呈黄绿色，头部呈红棕色，喉部白色。

相近物种

黑线乌梢蛇与滑鼠蛇（第 221 页）以及另外 6 种分布于中南半岛和东南亚的鼠蛇属 *Ptyas* 物种有亲缘关系。其中一些物种曾经被归入乌梢蛇属 *Zaocys*。

实际大小

科名	游蛇科 Colubridae；游蛇亚科 Colubrinae
风险因子	无毒
地理分布	非洲西部、中部和东部：几内亚至喀麦隆，南至安哥拉，西至肯尼亚，以及比奥科岛
海拔	0～2000 m
生境	热带雨林和其他森林生境
食物	蛙类和蟾蜍
繁殖方式	卵生，每次产卵最多 17 枚
保护等级	IUCN 未列入

成体长度
3 ft～3 ft 7 in,
偶见 5 ft
(0.9～1.1 m,
偶见 1.5 m)

223

窄鳞蛇
Rhamnophis aethiopissa
Splendid Dagger-Toothed Treesnake
(Günther, 1862)

窄鳞蛇又称大眼绿树蛇，为昼行性树栖蛇类，栖息于热带雨林和其他热带森林生境，但不会栖息在开阔的环境里。它分布于几内亚到肯尼亚，南达安哥拉，在几内亚湾的比奥科岛也有记录。窄鳞蛇的特征是脊鳞扩大，与其树栖适应相关。此外，它的后面几枚上颌齿扩大且前后缘锋利，与剑齿蛇 *Xyelodontophis uluguruensis* 的牙齿类似，只是稍小点，这也是它的英文名"Splendid dagger-toothed treesnake"（丽剑齿树蛇）中"dagger-toothed"（剑齿）的来源。窄鳞蛇以树栖蛙类和蟾蜍为食。它的大眼睛占据了头部的很大一部分，说明它是视力很好、非常机警的蛇类，即使在雨林的弱光条件下也是如此。

窄鳞蛇体形细长，背鳞光滑，倾斜排列，尾长，头部与颈部区分明显，眼睛特别大，瞳孔圆形。背面呈黄绿色，每枚背鳞都有黑色边缘。腹面为绿色，腹鳞和尾下鳞的黑色边缘或有或无。

相近物种

窄鳞蛇属 *Rhamnophis* 与猛蛇属 *Thrasops* 亲缘关系最近，前者曾被归入后者，这两个属的物种也与有毒的非洲树蛇（第 160 页）极为相似。窄鳞蛇有 3 个亚种，指名亚种 *Rhamnophis aethiopissa aethiopissa* 占据了该物种的大部分分布区，而另外 2 个亚种分布于安哥拉北部和赞比亚（*R. a. ituriensis*），以及乌干达、肯尼亚和坦桑尼亚（*R. a. elgonensis*）。窄鳞蛇属中的贝氏窄鳞蛇 *R. batesii* 分布于非洲中部。

实际大小

科名	游蛇科 Colubridae：游蛇亚科 Colubrinae
风险因子	后沟牙，毒性轻微，对人类无害
地理分布	南美洲北部：哥伦比亚、委内瑞拉、圭亚那地区、巴西、秘鲁、玻利维亚和巴拉圭
海拔	10～490 m
生境	热带雨林
食物	蜥蜴
繁殖方式	卵生，每次产卵最多 3 枚
保护等级	IUCN 未列入

成体长度
2 ft 7 in～5 ft 2 in
(0.85～1.6 m)

224

大吻鳞蛇
Rhinobothryum lentiginosum
Amazon Banded Snake
(Scopoli, 1788)

大吻鳞蛇的体形非常纤细，背鳞光滑，尾部长，颈部很窄，头部宽而圆，眼睛大，瞳孔呈竖直椭圆形。它的体色呈哑光黑，具有规则的横纹，每道横纹为白色纹中间有 1 道带黑边的红色纹。头部为黑色，鳞缝为白色并散有红点。

大吻鳞蛇是一种罕见的蛇类，广泛分布于南美洲北部，从委内瑞拉到巴拉圭、圭亚那地区和秘鲁，但仅栖息于热带雨林中，而且主要活动于雨林的树冠层中，因此很难被发现。它是夜间活动的树栖蛇类，主要捕食树栖蜥蜴，如壁虎、安乐蜥和美洲鬣蜥类。大吻鳞蛇是后沟牙毒蛇，但通常很温驯，它的毒液用于制服蜥蜴，对人类无害。大吻鳞蛇为卵生，但产卵量似乎很少，曾有报道 1 个个体仅怀有 3 枚卵。大吻鳞蛇非常稀有，其生活史还有待更多的研究。

相近物种

大吻鳞蛇属 *Rhinobothryum* 还有另一个物种，即中美大吻鳞蛇 *R. bovallii*。大吻鳞蛇属与食蛛蛇属（第 237 页）、铲鼻蛇属（第 149 页）、沙蛇属（第 148 页）和索诺拉蛇属（第 232 页）在同一个支系内。

实际大小

科名	游蛇科 Colubridae：游蛇亚科 Colubrinae
风险因子	无毒
地理分布	北美洲：美国西南部和南部，以及墨西哥北部
海拔	0～1900 m
生境	低地沙漠、荆棘丛、金合欢树或豆科灌丛半沙漠、干草原
食物	蜥蜴、小型哺乳动物、鸟类和大型昆虫
繁殖方式	卵生，每次产卵 3～11 枚
保护等级	IUCN 无危

成体长度
15¾～30 in,
偶见 5 ft
(400～760 mm,
偶见 1.5 m)

疣唇蛇
Rhinocheilus lecontei
Long-Nosed Snake
Baird & Girard, 1853

225

疣唇蛇是美国西南部沙漠中常见的夜行性蛇类，通常在穿越公路时被见到。它还向南延伸分布到墨西哥北部。疣唇蛇栖息于干旱生境，例如荆棘丛或豆科灌丛半沙漠、干草原等。它喜欢沙质土壤，可以利用自己突起的吻端和扩大的吻鳞轻松掘土。它的猎物主要是蜥蜴和小型哺乳动物，也包括鸟类和蚱蜢。它捕食鼠类时，通过缠绕或者将其挤压在坚硬的物体上致死。疣唇蛇很少咬人，即使在被触碰时也是如此，但它可能会扭曲身体，并通过泄殖腔旁的腺体排出分泌物。有些个体被观察到一种防御性的行为——鼻孔里流血。疣唇蛇的种本名来自美国南北战争时期的内科医生和博物学家约翰·劳伦斯·莱孔特（John Lawrence LeConte，1825—1883）。

疣唇蛇的体形略侧扁，背鳞光滑，头部窄而尖利，眼睛小，瞳孔圆形。它的体色底色为灰白色，背面中央有黑色与红色或橙色相交替的方形斑。由于几乎每枚浅色鳞片都与黑色相交杂，背上黑色或红色斑纹中也多少都杂有浅色。虹膜也呈红色。

相近物种

疣唇蛇目前已知有 3 个亚种：指名亚种 *Rhinocheilus lecontei lecontei*、得克萨斯亚种 *R. l. tessellatus* 和太平洋沿岸亚种 *R. l. antonii*。分布于加利福尼亚湾的塞拉尔沃岛疣唇蛇 *R. etheridgei* 曾经是疣唇蛇的一个亚种，但现在被视为独立的物种。疣唇蛇属 *Rhinocheilus* 与亚利桑那蛇（第 142 页）和伪锦蛇（第 219 页）在同一个支系内，都属于广义锦蛇和王蛇的大支系。

实际大小

科名	游蛇科 Colubridae：游蛇亚科 Colubrinae
风险因子	后沟牙，毒性轻微，对人类无害
地理分布	中东地区：叙利亚、以色列、巴勒斯坦、约旦、埃及（西奈半岛）和沙特阿拉伯
海拔	50～1800 m
生境	干草原、半沙漠、洼地、岩石斜坡，有稀疏植被的砾石平原，以及有光照的栎林、农耕地和废弃建筑
食物	昆虫、甲壳类动物、蜈蚣和小型蜥蜴
繁殖方式	卵生，产卵量未知
保护等级	IUCN 未列入

成体长度
15¾～19 in
（400～480 mm）

226

黑头茅鼻蛇
Rhynchocalamus melanocephalus
Palestine Black-Headed Snake
(Jan, 1862)

黑头茅鼻蛇的体形短小，为隐秘的夜行性蛇类，白天躲在石头下，夜间出来活动，捕食各种昆虫，从蚂蚁幼虫到蝗虫，以及鼠妇、蜈蚣和小壁虎。黑头茅鼻蛇分布于叙利亚到埃及的西奈半岛和沙特阿拉伯北部，通常栖息于半沙漠生境，如洼地、岩石斜坡、砾石洼地和干草原，也可能被发现于有光照的栎林、农耕地和废弃建筑中。它的生活史记录很少，虽然已知为卵生，但产卵量未知。

相近物种

茅鼻蛇属 *Rhynchocalamus* 已知还有另外 5 个物种，分别是分布于也门和阿曼的亚丁茅鼻蛇 *R. arabicus*、土耳其南部的巴氏茅鼻蛇 *R. barani*、以色列内盖夫山脉的达氏茅鼻蛇 *R. dayanae*、伊朗的伊朗茅鼻蛇 *R. ilamensis*，以及曾经是黑头茅鼻蛇的亚种，分布于土耳其东部、高加索地区、伊拉克和伊朗的萨氏茅鼻蛇 *R. satunin*。茅鼻蛇属是裂鼻蛇属（第 192 页）的姊妹群。

黑头茅鼻蛇体形小而细长，身体呈圆柱形，背鳞光滑，头部窄，与颈部区分明显，眼睛中等大小，瞳孔圆形。背面为均匀的浅棕色，除一些个体的上唇鳞为白色外，整个头部和颈部背面为有光泽的深黑色。腹面白色。

实际大小

科名	游蛇科 Colubridae；游蛇亚科 Colubrinae
风险因子	无毒
地理分布	北美洲：美国西南部和墨西哥西北部
海拔	240～2200 m
生境	岩漠干谷、峡谷和山坡（特别是有仙人掌、荆棘灌丛、三齿拉雷亚灌丛或盐灌植物的），以及浓密常绿阔叶灌丛
食物	蜥蜴、小蛇、爬行动物的卵、小型哺乳动物和鸟类
繁殖方式	卵生，每次产卵 3～12 枚
保护等级	IUCN 无危

成体长度
26～35½ in,
偶见 3 ft 10 in
(660～900 mm,
偶见 1.17 m)

227

西部鞍鼻蛇
Salvadora hexalepis
Western Patchnose Snake
(Cope, 1867)

西部鞍鼻蛇是常见的沙漠物种，分布于美国加利福尼亚州北部和内华达州，南至墨西哥下加利福尼亚州、索诺拉州、奇瓦瓦州和锡那罗亚州的岩石和沙地生境。它可能栖息于岩石斜坡、峡谷或干谷，尤其是带有沙漠植被的地区。吻端扩大的吻鳞使它能够通过挖掘来寻找猎物，但它主要还是白天在地表觅食，是为数不多的在炎热的中午活动的蛇类之一。它的猎物主要是昼行性蜥蜴，也包括小蛇、啮齿动物和鸟类。西部鞍鼻蛇是一种机警的蛇类，视力很好，在受到威胁时通常选择逃跑，但如果被逼急了，它会扩张脖子，并进行扑咬。西部鞍鼻蛇是无毒蛇，对人类无害。

西部鞍鼻蛇的肌肉发达，背鳞光滑，尾长，头部与颈部区分明显，眼睛大，瞳孔圆形，吻鳞扩大呈鞍形。它总体上是柔和的沙漠色调。头背面为棕色，腹面灰白色，头背后方有一条黄色至浅棕色的宽纵纹，延伸至身体和尾部。体侧为均匀的棕色，或为浅黄色带有两条棕色纵纹，上方的一条较宽。腹面白色。

相近物种

西部鞍鼻蛇已知有 4 个亚种：指名亚种 *Salvadora hexalepis hexalepis*、莫哈夫亚种 *S. h. mojavensis*、下加利福尼亚亚种 *S. h. klauberi* 和海岸亚种 *S. h. virgultea*。鞍鼻蛇属 *Salvadora* 在美国还分布有另外 2 个物种，即东部鞍鼻蛇 *S. grahamiae* 和沙漠鞍鼻蛇 *S. deserticola*，而墨西哥则分布有另外 4 个物种：墨西哥鞍鼻蛇 S.mexicana、贝氏鞍鼻蛇 *S. bairdi*、瓦哈卡鞍鼻蛇 *S. intermedia* 和太平洋鞍鼻蛇 *S. lemniscatus*。

实际大小

科名	游蛇科 Colubridae：游蛇亚科 Colubrinae
风险因子	无毒
地理分布	非洲西部、中部和东部：塞拉利昂和加纳到肯尼亚，南到赞比亚和安哥拉
海拔	0～1475 m
生境	沿海灌丛、干湿林地和稀树草原
食物	小型哺乳动物
繁殖方式	卵生，每次产卵最多 48 枚
保护等级	IUCN 未列入

成体长度
3 ft 3 in～4 ft 3 in,
偶见 5 ft 2 in
(1.0～1.3 m,
偶见 1.6 m)

228

灰掘蛇
Scaphiophis albopunctatus
Gray Hooknosed Snake

Peters, 1870

灰掘蛇体形结实，背鳞光滑，尾巴短，头部窄，头部与颈部区分不明显，吻端的吻鳞尖而明显。眼睛小，瞳孔圆形。背面为灰色或棕色，有黑色斑点或无斑点。腹面为橙色、乳白色或白色。

灰掘蛇分布于塞拉利昂到肯尼亚，南达赞比亚，栖息于沿海灌丛和林地，在内陆地区，它则栖息于干湿林地和稀树草原。它通常为夜行性，用扩大呈铲状的吻鳞在松散土壤中挖洞，缝隙状的鼻孔和紧密的唇鳞，可以防止挖洞过程中土壤进入口鼻。它也会利用其他动物的洞穴。它在地下捕食啮齿动物，用身体将猎物缠绕后将其挤压在洞穴壁上致死。灰掘蛇受到威胁时，会抬起身体前段，张大嘴巴以展示蓝黑色的口腔内部，并伸出舌头，再蹿起向前扑咬，但这都是虚张声势的伪装攻击。它是无毒蛇，对人类无害。

相近物种

掘蛇属 *Scaphiophis* 的另一个物种是埃塞俄比亚掘蛇 *S. raffreyi*，分布于埃塞俄比亚、南苏丹、厄立特里亚、乌干达和肯尼亚西北部。非洲的掘蛇属可能与亚洲的小头蛇属（第 198～200 页）有远缘关系。它们也可能与钩吻蛇属（第 376 页）相混淆，但钩吻蛇的吻鳞更发达，身体更强壮，眼睛更小。

实际大小

科名	游蛇科 Colubridae：游蛇亚科 Colubrinae
风险因子	后沟牙，毒性轻微，对人类无害
地理分布	中美洲：危地马拉、萨尔瓦多、洪都拉斯、尼加拉瓜和哥斯达黎加
海拔	0～1530 m
生境	干燥或湿润的低地和山地热带森林
食物	蜈蚣
繁殖方式	卵生，每次产卵最多 7 枚
保护等级	IUCN 无危

成体长度
17¾～19¼ in
(450～490 mm)

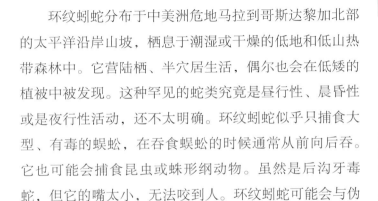

环纹蚓蛇

Scolecophis atrocinctus
Black-Banded Centipede Snake
(Schlegel, 1837)

229

环纹蚓蛇分布于中美洲危地马拉到哥斯达黎加北部的太平洋沿岸山坡，栖息于潮湿或干燥的低地和低山热带森林中。它营陆栖、半穴居生活，偶尔也会在低矮的植被中被发现。这种罕见的蛇类究竟是昼行性、晨昏性或是夜行性活动，还不太明确。环纹蚓蛇似乎只捕食大型、有毒的蜈蚣，在吞食蜈蚣的时候通常从前向后吞。它也可能会捕食昆虫或蛛形纲动物。虽然是后沟牙毒蛇，但它的嘴太小，无法咬到人。环纹蚓蛇可能会与伪珊瑚蛇（第 285 页）和珊瑚蛇（第 457～465 页）相混淆，但大多数珊瑚蛇和伪珊瑚蛇的红色环纹都是完全环绕身体的。

环纹蚓蛇的体形小，呈圆柱形，背鳞光滑，尾巴短，头部呈圆形，颈部与头部区分不明显，眼睛小，瞳孔圆形。它具有醒目的黑白相间的横纹，白色鳞片的鳞尖也呈黑色。身体和尾部的黑色环之间还有一条鲜艳的红色纵纹。头顶呈黑色，颈背、眼睛和吻端各有一条黑色环纹。

相近物种

蚓蛇属 *Scolecophis* 是单型属，与黑头蛇属（第 240～241 页）的亲缘关系最近。

实际大小

科名	游蛇科 Colubridae：游蛇亚科 Colubrinae
风险因子	无毒，具缠绕力
地理分布	北美洲和中美洲：美国西南部、墨西哥、伯利兹、危地马拉、萨尔瓦多、洪都拉斯、尼加拉瓜和哥斯达黎加
海拔	0～2425 m
生境	岩石峡谷、半干旱的浓密常绿阔叶灌丛、低山区混交林、豆科灌丛草原、热带干旱森林和荆棘灌丛
食物	小型哺乳动物、鸟类及鸟卵、蜥蜴
繁殖方式	卵生，每次产卵 3～9 枚
保护等级	IUCN 无危，在新墨西哥州为濒危

成体长度
雄性
2 ft 4 in～3 ft 3 in
(0.7～1.0 m)

雌性
3～4 ft，
偶见 6 ft
(0.9～1.2 m，
偶见 1.8 m)

230

美洲绿鼠蛇
Senticolis triaspis
American Green Ratsnake
(Cope, 1866)

美洲绿鼠蛇的肌肉发达，尾长，头部长，头部与颈部区分明显，眼中等大小，瞳孔圆形。它的背鳞大部分是光滑的，但中央几行起弱棱。成体通常为单色，呈绿色或橄榄色，身体后段的颜色比前段更深，也有些个体呈棕色或红色。幼体呈灰色，带有红色或棕色的鞍形斑。

　　美洲绿鼠蛇是中等体形的蛇类，在美国仅分布于亚利桑那州南部和新墨西哥州的奇瓦瓦沙漠，并在新墨西哥州被列为濒危物种。此外，它还分布于墨西哥和中美洲，最南可达哥斯达黎加。美洲绿鼠蛇偏好干旱生境，从岩石峡谷到干旱的浓密常绿阔叶灌丛和荆棘灌丛，但它也出现在潮湿的生境中，如低山区混交林。它是一种机警而神秘的陆栖和树栖蛇类。遇到干扰时，它首先会选择逃跑，但如果被逼到绝境，也会拼死反抗。美洲绿鼠蛇成体捕食啮齿动物、鸟类及鸟卵、鼩鼱和蝙蝠，而幼体则捕食蜥蜴和小型鼠类。猎物由绞杀致死。

相近物种

　　美洲绿鼠蛇包含 3 个亚种：分布于亚利桑那州和墨西哥的西部亚种 *Senticolis triaspis intermedia*、分布于中美洲的指名亚种 *S. t. triaspis* 和洪都拉斯亚种 *S. t. mutabilis*。虽然美洲绿鼠蛇和伪锦蛇（第 219 页）同域分布，但两者不易混淆。

实际大小

科名	游蛇科 Colubridae；游蛇亚科 Colubrinae
风险因子	无毒
地理分布	南美洲：巴西，包括圣塞巴斯蒂昂岛和巴拉圭
海拔	180～1065 m
生境	塞拉多热带稀树草原和大西洋森林生境
食物	蛙类，可能还包括小型哺乳动物和蜥蜴
繁殖方式	卵生，每次产卵 2～7 枚
保护等级	IUCN 未列入

成体长度
2 ft 7 in～3 ft 3 in
(0.8～1.0 m)

环纹棱吻蛇
Simophis rhinostoma
São Paulo False Coralsnake
(Schlegel, 1837)

231

环纹棱吻蛇分布于巴西南部的圣保罗州、米纳斯吉拉斯州、戈亚斯州和马托格罗索州，包括圣保罗海岸外的圣塞巴斯蒂昂岛，以及巴西东北部的巴伊亚州，西至巴拉圭。它主要栖息于大西洋沿岸森林，在塞拉多热带稀树草原也曾被发现。环纹棱吻蛇是鲜为人知的物种，从自然界获得的生活史资料很少，但由于它具有较宽的吻鳞，推测是一种穴居蛇类。虽然它的食性报道只有蛙类，但一些学者认为它也可能捕食小型哺乳动物或蜥蜴。环纹棱吻蛇拟态了珊瑚蛇（第 464 页）和阿根廷珊瑚蛇 *Micrurus frontalis* 的警戒色斑（警戒色）。

环纹棱吻蛇的背鳞光滑，体形呈圆柱形，尾较长，头部长而尖，头部与颈部区分不明显，吻端具有扩大的吻鳞。它的斑纹由有光泽的三种颜色组成——在两条红色宽纹中间夹有黑色-白色-黑色-白色-黑色横纹。白色横纹上的鳞片的顶端为黑色。头部呈白色，头部鳞片缝隙为黑色，头部后方为一条弯曲的黑色纹，以及一条较窄的红色纹。

相近物种

棱吻蛇属 *Simophis* 是单型属。环纹棱吻蛇与几种珊瑚蛇和伪珊瑚蛇极为相似，但它也有一些特征能与珊瑚蛇和伪珊瑚蛇相区分。

实际大小

科名	游蛇科 Colubridae：游蛇亚科 Colubrinae
风险因子	无毒
地理分布	北美洲：美国西部和墨西哥北部
海拔	0～2080 m
生境	沙漠和半沙漠、干旱草原、岩石斜坡、灌木丛和河岸生境
食物	昆虫、蜘蛛、蝎子、蜈蚣、蚯蚓，偶尔也捕食蜥蜴
繁殖方式	卵生，每次产卵 3～6 枚
保护等级	IUCN 无危，在俄勒冈州和阿肯色州受保护

成体长度
8～12½ in，
偶见 18 in
(180～320 mm，
偶见 460 mm)

232

索诺拉蛇
Sonora semiannulata
Western Groundsnake
Baird & Girard, 1853

索诺拉蛇广泛分布于美国西南部，从俄勒冈州和加利福尼亚州到得克萨斯州和密苏里州，再到墨西哥南部的杜兰戈州，栖息于沙漠和半沙漠，以及干旱草原、岩石山坡和干旱地区河岸生境。它为夜行性蛇类，几乎完全以无脊椎动物为食，不仅包括甲虫和蚱蜢，还有黑寡妇蜘蛛、杀牛蝎和蜈蚣等危险物种，有时包括小型壁虎。作为一种小型蛇类，索诺拉蛇有很多天敌，因此它采取了各种防御策略，例如装死和喷洒分泌物，以及把自己的尾巴叼在嘴里形成一个环，使自己难以被吞食。

相近物种

索诺拉蛇包含 2 个亚种，一个是指名亚种 *Sonora semiannulata semiannulata*，另一个是南得克萨斯亚种 *S. s. taylori*。索诺拉蛇属还包含墨西哥的 3 个特有种：墨西哥索诺拉蛇 *S. mutabilis*、米却肯索诺拉蛇 *S. michoacanensis* 和环尾索诺拉蛇 *S. aemula*。索诺拉蛇属与沙蛇属 *Chilomeniscus*、铲鼻蛇属 *Chionactis* 为同一个支系。

索诺拉蛇体形小，呈圆柱形，背鳞光滑，尾较短，头部窄而尖，眼小，瞳孔圆形。它是北美洲斑纹变异最大的蛇类之一，但斑纹通常由黑白相间的横纹组成，白色横纹的上半部分为红色。吻端为白色或红色，后方为黑色横纹。

实际大小

科名	游蛇科 Colubridae；游蛇亚科 Colubrinae
风险因子	无毒，具缠绕力
地理分布	非洲北部、中东和西亚地区：摩洛哥到埃及、土耳其到阿曼、土库曼斯坦到印度
海拔	0～2425 m
生境	草原、半沙漠、洼地、岩石山坡、沙丘和农耕地
食物	小型哺乳动物、鸟类和蜥蜴
繁殖方式	卵生，每次产卵 3～16 枚
保护等级	IUCN 未列入

成体长度
2 ft 7 in～3 ft 3 in，
偶见 4 ft 3 in
(0.8～1.0 m，
偶见 1.3 m)

233

王冠蛇
Spalerosophis diadema
Diadem Snake
(Schlegel, 1837)

王冠蛇分布于从摩洛哥到埃及、阿拉伯半岛部分地区，从土耳其到哈萨克斯坦和印度西北部的大片干旱生境。王冠蛇为昼行性，在天气炎热时则为晨昏性或夜行性。当天气太热时，它会躲在其他动物的洞穴里。王冠蛇主要栖息于植被茂盛的草原和岩石、砾石、沙质的半沙漠环境中，它在鼠类等猎物丰富的农耕地和建筑物周围也很常见。除了鼠类，鸟类和蜥蜴也是它的主要猎物。虽然口腔内有毒的分泌物在王冠蛇的捕食过程中起到了一定作用，但猎物主要还是由绞杀致死。因为王冠蛇能消灭啮齿动物，所以在农业社区中应该主动保护它。

王冠蛇的身体肌肉发达，背鳞起棱，头部与颈部区分明显，眼睛大，瞳孔圆形。体色呈灰褐色，每枚鳞片都带有深褐色斑点；背脊中央有连续的菱形棕色斑块，体侧为连续的较小的棕色斑点。

相近物种

王冠蛇已知有 3 个亚种：指名亚种 *Spalerosophis diadema diadema* 分布于巴基斯坦和印度东北部；西部亚种 *S. d. cliffordi* 分布于非洲北部、阿拉伯半岛、土耳其和伊拉克；中部亚种 *S. d. schirasianus* 分布于伊朗、土库曼斯坦和巴基斯坦西部。王冠蛇属 *Spalerosophis* 还包括非洲北部和西亚地区的另外 5 个物种。王冠蛇属的近缘类群包括古北界分布的扁头蛇属（第 216～218 页）。

实际大小

科名	游蛇科 Colubridae：游蛇亚科 Colubrinae
风险因子	无毒，具缠绕力
地理分布	北美洲、中美洲和南美洲：从墨西哥南部到巴拉圭，包括特立尼达岛、多巴哥岛和玛格丽塔岛
海拔	0～2000 m
生境	长廊森林、低地和低山地湿润的次生林
食物	哺乳动物、鸟类及鸟卵、蜥蜴
繁殖方式	卵生，每次产卵 5～12 枚
保护等级	IUCN 未列入

成体长度
3 ft 3 in～6 ft 7 in,
偶见 8 ft 8 in
(1.0～2.0 m,
偶见 2.65 m)

234

虎鼠蛇
Spilotes pullatus
Tiger Ratsnake
Linnaeus, 1758

　　虎鼠蛇又称雷电蛇或鸡蛇，是常见的昼行性蛇类，分布于墨西哥南部、中美洲和南美洲，远达圭亚那地区、巴西和巴拉圭的低地海岸或河流生境。它是陆栖和树栖蛇类，经常在潟湖附近的树上睡觉，或游泳过河。它偏好生活于潮湿森林，如果在干旱森林中，则喜欢生活在河边。虎鼠蛇捕食鼠类、蝙蝠甚至豪猪等哺乳动物，也以鸟类及鸟卵、蜥蜴为食，具有强大的绞杀能力。虎鼠蛇的体形大，胆子也大，它通过扩张颈部和扑咬的方式来御敌。虎鼠蛇是无毒蛇类，而且能够消灭啮齿动物，所以应该保护它。

相近物种

　　虎鼠蛇属 *Spilotes* 还包括另外 2 个物种，即黄腹虎鼠蛇 *S. sulfureus*，以及由亚种提升为独立种的厄瓜多尔虎鼠蛇 *S. megalolepis*。虽然虎鼠蛇的名称中有"鼠蛇"，但它与其他美洲鼠蛇类没有密切的亲缘关系，而更接近于喘蛇属（第 213 页）。

实际大小

虎鼠蛇体形粗壮，背鳞光滑，身体侧扁，尾巴长，头大，眼大，瞳孔圆形。它的身体背面和腹面都呈黄色，带有不规则的黑色斑纹，在身体后段黑色斑纹所占比例更大，尾巴全呈黑色。头部为黄色，鳞缝为黑色，并带有黑色横纹。

科名	游蛇科 Colubridae；游蛇亚科 Colubrinae
风险因子	无毒，唾液可能有微毒
地理分布	东南亚地区：印度尼西亚
海拔	0～650 m
生境	雨林、种植园和湿地
食物	蛙类、蜥蜴、小型哺乳动物和爬行动物的卵
繁殖方式	卵生，产卵量未知
保护等级	IUCN 未列入

成体长度
2 ft 7 in～3 ft 3 in,
偶见 5 ft
(0.8～1.0 m,
偶见 1.55 m)

巴占甲背蛇
Stegonotus batjanensis
North Moluccan Groundsnake
(Günther, 1865)

235

巴占甲背蛇是甲背蛇属 *Stegonotus* 体形最大的物种，分布于印度尼西亚东部的马鲁古群岛。巴占甲背蛇的正模标本采集于巴占岛。巴占甲背蛇栖息于雨林、种植园和低洼湿地，捕食蛙类、蜥蜴和啮齿动物。它的后面几枚上颌齿扩大，可以切开爬行动物的卵，因而爬行动物的卵也是它的食物。如果有人试图用手去捉它，很可能会被它的长牙咬得鲜血淋漓。这样说起来可能会令人感到不适，不过好在巴占甲背蛇无毒。

巴占甲背蛇的体形较壮，背鳞光滑，头部大而圆，眼小，瞳孔呈竖直椭圆形。头部、身体和尾部背面为棕色、灰色或黑色，体侧具有下宽上窄的白色、黄色或橙色横纹，有些个体的这些体侧横纹在背中央相遇，形成浅色的环纹。腹面白色。颈部和身体交界处附近可能有白色或黄色的横纹，头部两侧的许多鳞片为中央浅色而边缘深色。

相近物种

甲背蛇属 *Stegonotus* 另外还包含至少 23 个物种，其中至少 12 种分布于新几内亚地区，其余物种则分布于加里曼丹岛、菲律宾以及小巽他群岛的弗洛勒斯岛和帝汶岛。甲背蛇属与白环蛇属（第 190～191 页）具有最近亲缘关系。

实际大小

科名	游蛇科 Colubridae：游蛇亚科 Colubrinae
风险因子	无毒，唾液可能有微毒
地理分布	澳大拉西亚：巴布亚新几内亚，可能包括澳大利亚北部
海拔	0～1220 m
生境	雨林、河岸森林、受干扰区域、湿地、种植园和人类居住区周围
食物	蛙类、蜥蜴、小型哺乳动物和爬行动物的卵
繁殖方式	卵生，每次产卵 6～12 枚
保护等级	IUCN 未列入

成体长度
2 ft 7 in～3 ft 3 in,
偶见 4 ft 3 in
(0.8～1.0 m,
偶见 1.3 m)

236

网纹甲背蛇
Stegonotus reticulatus
Reticulated Groundsnake
Boulenger, 1895

网纹甲背蛇背鳞光滑，头部与颈部区分明显，眼小而黑，较突出。身体的每一枚浅色背鳞都具有深色边缘，形成网状纹。腹面呈均匀的白色。头背面通常为深色，嘴唇、下巴和喉部颜色较浅。

实际大小

网纹甲背蛇已经从灰黑甲背蛇 *S. cucullatus* 的同物异名中被恢复出来。它分布于巴布亚新几内亚的陆地和米尔恩湾群岛，也被认为分布于澳大利亚北部。它是新几内亚岛最大的甲背蛇属物种之一，全长可超过 1 m，栖息于低洼湿地、雨林和种植园，但也出现在受干扰的生境和人类居住区周围。网纹甲背蛇是夜行性的陆栖蛇类，也能够攀爬，经常在夜间穿越道路。它的猎物包括蛙类、蜥蜴、鼠类和爬行动物的卵。网纹甲背蛇很爱咬人，被咬后伤口会出血，但只是局部外伤。

相近物种

网纹甲背蛇是由多个隐存种组成的复合种，其中网纹甲背蛇最为独特。甲背蛇属的许多物种都分布于新几内亚岛，还有一些物种分布在当特尔卡斯托群岛和特罗布里恩群岛（耿氏甲背蛇 *S. guentheri*）、俾斯麦群岛（俾斯麦岛甲背蛇 *S. heterurus*）、阿德默勒尔蒂群岛（阿岛甲背蛇 *S. admiraltiensis*）、拉贾安帕特群岛（彩虹甲背蛇 *S. iridis*、罗氏甲背蛇 *S. derooijae*）和实珍群岛（比亚克岛甲背蛇 *S. parvus*）。有些物种可能会与剧毒的小伊蛇（第518页）相混淆。

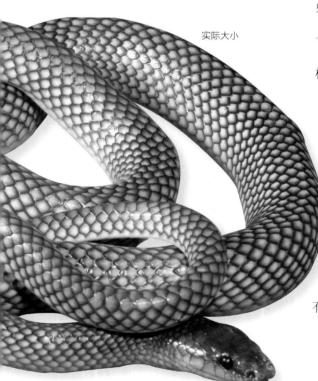

科名	游蛇科 Colubridae：游蛇亚科 Colubrinae
风险因子	后沟牙，毒性轻微，对人类无害
地理分布	北美洲和中美洲：墨西哥南部、危地马拉、伯利兹、萨尔瓦多、洪都拉斯、尼加拉瓜、哥斯达黎加和巴拿马
海拔	0～2200 m
生境	低地和低山区干湿森林、稀树草原林地和沼泽地区
食物	蛛形纲节肢动物和昆虫
繁殖方式	卵生，每次产卵 4～19 枚
保护等级	IUCN 无危

成体长度
13¾～18½ in,
偶见 33½ in
(350～470 mm,
偶见 850 mm)

237

血红食蛛蛇
Stenorrhina freminvillei
Blood Snake
(Duméril, Bibron & Duméril, 1854)

血红食蛛蛇是中美洲的食蛛蛇属物种之一。它栖息于低地和低山区干旱或半湿润的森林，以及沼泽地区，活动隐秘，为昼行性的陆栖或半穴居蛇类，生活在倒木下和落叶中。血红食蛛蛇的猎物为蝎子和蜘蛛，包括狼蛛，但也捕食甲虫和蟋蟀等昆虫。雌性营卵生，在旱季可能产卵两次。虽然血红食蛛蛇对人类无害，但哥斯达黎加的民间传说认为，被它咬伤的人都会因皮肤大出血而死亡。这还真是难以反驳，因为这种无害的蛇类根本不会咬人。血红食蛛蛇的种本名是以法国海军军官和博物学家克里斯托夫-鲍林·弗雷曼维尔（Christophe-Paulin de La Poix Chevalier de Fréminville，1787—1848）骑士命名的。

血红食蛛蛇体形小，背鳞光滑，头部狭窄，呈方形，头部与颈部区分不明显，眼小，瞳孔圆形。背面为血红色、橙色或棕色，具有纵纹或无纹。腹面无斑。

相近物种

食蛛蛇属 *Stenorrhina* 还有另一个物种——德氏食蛛蛇 *S. degenhardtii*，该物种包含 3 个亚种，分布于墨西哥南部到委内瑞拉和秘鲁。食蛛蛇属物种的鼻间鳞和前面的鼻鳞愈合，因此与其分布区内的其他蛇类都不同。食蛛蛇属与沙蛇属（第148 页）、喀戎蛇属（第 150 页）和索诺拉蛇属（第 232 页）的亲缘关系最近。

实际大小

科名	游蛇科 Colubridae：游蛇亚科 Colubrinae
风险因子	无毒
地理分布	北美洲：墨西哥
海拔	200～1000 m
生境	热带落叶林、荆棘林和松栎林
食物	推测为蛛形纲节肢动物和昆虫
繁殖方式	卵生，产卵量未知
保护等级	IUCN 无危，在墨西哥受到特别保护

成体长度
22¾～32 in
(580～810 mm)

238

合蛇
Symphimus leucostomus
Tehuantepec White-Lipped Snake
Cope, 1869

合蛇体形细长，背鳞光滑，尾长，头部宽而长，眼大，瞳孔圆形。背面为浅棕色，带有深棕色的宽脊纹。头背面为棕色，唇部为黄色，颈部有一条黄色纵纹向后延伸，黄色纵纹两侧各有一条深色纵纹。

合蛇栖息于墨西哥西南部的哈利斯科州、米却肯州、格雷罗州、瓦哈卡州和恰帕斯州的热带落叶林、荆棘林和松栎林中。合蛇是一种罕见的蛇类，发现于低地或低海拔山区，博物馆收藏的标本可能还不到 20 号，它的生活史记录也很缺乏。它是昼行性的陆栖和半树栖蛇类，被认为以昆虫为食，也可能包括蝎子和蜘蛛，如同它的同类梅氏合蛇 *Symphimus mayae* 一样。合蛇也可能和梅氏合蛇一样为卵生。虽然合蛇被 IUCN 列为无危物种，但它在恰帕斯的种群被墨西哥环境保护部列为濒危物种，并受到特别保护。

相近物种

合蛇属 *Symphimus* 的仅有的另一个物种是梅氏合蛇 *S. mayae*，分布于尤卡坦半岛的墨西哥和伯利兹。合蛇属可能与绿树蛇属（第 202 页）有密切的亲缘关系，而梅氏合蛇曾被归入绿树蛇属。

实际大小

科名	游蛇科 Colubridae；游蛇亚科 Colubrinae
风险因子	后沟牙，毒性轻微，对人类无害
地理分布	北美洲：墨西哥西北部
海拔	435～915 m
生境	热带落叶林和荆棘灌丛
食物	推测为节肢动物
繁殖方式	卵生，产卵量未知
保护等级	IUCN 未列入

成体长度
17～21¼ in
(430～540 mm)

239

铰蛇
Sympholis lippiens
Mexican Short-Tailed Snake
Cope, 1861

铰蛇分布于奇瓦瓦州西南部、索诺拉州和锡那罗亚州，以及墨西哥西北部海岸至哈利斯科州。它是一种罕见的蛇类，栖息于热带落叶林和荆棘灌丛中，营夜行性半穴居生活。由于与墨西哥的食蛛蛇类有较近亲缘关系，因此铰蛇很可能也以蛛形纲动物为食，但目前尚无关于其食性的报道。铰蛇是一种辨识度很高的蛇类，在其分布区内没有其他物种具有相似的斑纹。铰蛇的种本名"*lippiens*"的词源意思为"几乎失明"，是指该物种的眼睛非常小。

铰蛇的体形呈圆柱形，背鳞光滑，尾巴短，头部与颈部区分不明显，眼睛小。它的斑纹很独特，在黑色底色上有规则的、边缘参差不齐的黄色或白色环纹，环纹之间的间隙为其宽度的2～3倍。

相近物种

铰蛇属 *Sympholis* 为单型属，铰蛇也没有亚种分化。它被认为与食蛛蛇属（第237页）以及鹰鼻蛇属（第174页）、钩鼻蛇属（第177页）和伪鹰鼻蛇属（第220页）亲缘关系最近。

实际大小

科名	游蛇科 Colubridae：游蛇亚科 Colubrinae
风险因子	后沟牙，毒性轻微，对人类无害
地理分布	南美洲：圭亚那地区到阿根廷和乌拉圭，特立尼达岛、多巴哥岛、小安的列斯群岛
海拔	0～3080 m
生境	原始和次生雨林、卡廷加干旱沙漠植被、塞拉多热带稀树草原、热带稀树草原和耕地
食物	蜈蚣和昆虫
繁殖方式	卵生，每次产卵 1～3 枚
保护等级	IUCN 未列入

成体长度
11¾～15¾ in,
偶见 17¾ in
(300～400 mm,
偶见 450 mm)

240

黑头蛇
Tantilla melanocephala
Black-Headed Centipede Snake
(Linnaeus, 1758)

实际大小

黑头蛇最初被认为分布于危地马拉和阿根廷北部，但以前的几个种群现在已被描述为独立的近缘物种，因而黑头蛇的大部分种群现在仅限于南美洲，以及特立尼达岛、多巴哥岛、小安的列斯群岛的几个岛屿。黑头蛇为夜行性，营陆栖和半穴居生活，常出现在低海拔至高海拔的热带雨林和开阔生境的落叶、棕榈叶或白蚁丘下。它是很常见的物种，有时候能在一片落下的棕榈叶下发现好几个个体。它的猎物包括有毒的蜈蚣和昆虫。在南美洲的许多地方，黑头蛇属都仅分布有这一个物种。

相近物种

黑头蛇属有 66 个物种。黑头蛇 *Tantilla melano-cephala* 种组包含至少其他 8 个物种：中美洲的哥斯达黎加黑头蛇 *T. armillata* 和红纹黑头蛇 *T. ruficeps*，洪都拉斯黑头蛇 *T. lempira*，厄瓜多尔的安第斯黑头蛇 *T. andinista*、宫氏黑头蛇 *T. miyatai* 和山黑头蛇 *T. insulamontana*，以及秘鲁的枕纹黑头蛇 *T. capistrata*。

黑头蛇的体形小，背鳞光滑，头部小，头颈区分不明显，眼睛小，瞳孔圆形。背面为棕色，有五条黑色纵纹，背脊中央的最粗。腹面黄色。头部为黑色，有白色斑点，颈部有黑色横斑或箭斑。

科名	游蛇科 Colubridae；游蛇亚科 Colubrinae
风险因子	后沟牙，毒性轻微，对人类无害
地理分布	北美洲：美国东南部
海拔	0～10 m
生境	鲕状石灰岩上的硬木高地和松林
食物	昆虫、蜘蛛、蝎子、蜈蚣、蜗牛和小蛇
繁殖方式	卵生，产卵量未知
保护等级	IUCN 濒危，在佛罗里达州受到保护

成体长度
6～9 in，
偶见 11½ in
(150～230 mm，
偶见 290 mm)

岩黑头蛇
Tantilla oolitica
Rim Rock Crowned Snake
Telford, 1966

241

岩黑头蛇是美国最小的蛇类之一，它的分布区很狭窄，包括佛罗里达州的门罗县和迈阿密–戴德县，从迈阿密到基拉戈，到基韦斯特，栖息于海岸边鲕粒状（即由圆形颗粒或鲕粒形成）石灰岩脊上的硬木高地和松林中。这种小型、对人类无害的蛇类所面临的主要威胁是由于人为开发而导致的其栖息地丧失，曾经有一条岩黑头蛇被发现于迈阿密的一块待开发的空地皮上。岩黑头蛇也是佛罗里达州研究最少的蛇类之一。它以甲虫、蜘蛛、蝎子、蜈蚣、蜗牛为食，可能也包括更小的蛇类。对于岩黑头蛇来说，拉戈野生动物保护区可能是最好的庇护所。

实际大小

黑头蛇的体形小，背鳞光滑，身体呈圆柱形，头部和颈部区分不明显，眼睛小，瞳孔圆形。背面为浅棕色，腹面为粉棕色或乳白色，头背面为黑色，颈部有一条宽黑纹。

相近物种

黑头蛇属 *Tantilla* 的 66 个物种中有 11 种分布于美国境内，但只有 3 种分布于佛罗里达州：佛罗里达狭地的东南黑头蛇 *T. coronata*，佛罗里达半岛的包含了 3 个亚种的佛罗里达黑头蛇 *T. relicta*，以及岩黑头蛇。

科名	游蛇科 Colubridae；游蛇亚科 Colubrinae
风险因子	后沟牙，毒性轻微，对人类无害
地理分布	北美洲和中美洲：墨西哥、危地马拉北部和伯利兹
海拔	0～300 m
生境	热带常绿林和荆棘林
食物	可能是节肢动物，尤其是蜈蚣
繁殖方式	卵生，产卵量未知
保护等级	IUCN 无危

成体长度
5¾～7 in
(145～180 mm)

242

尤卡坦侏短尾蛇
Tantillita canula
Yucatán Dwarf Short-Tailed Snake
(Cope, 1875)

尤卡坦侏短尾蛇分布于墨西哥南部的尤卡坦半岛，包括墨西哥的坎佩切州、尤卡坦州和金塔那罗奥州，以及同样位于尤卡坦半岛的危地马拉北部和伯利兹。它是体形很小的低地物种，栖息于海拔 300 m 以下的热带常绿林和荆棘林中。它营陆栖或半穴居生活，常被发现于落叶层或原木、岩石下。发掘玛雅神庙的考古学家或建造新房的施工人员也曾发现过一些尤卡坦侏短尾蛇个体。人们对这种小型蛇类的自然生活史知之甚少，推测它以节肢动物为食，尤其是蜈蚣，可能为卵生。

实际大小

尤卡坦侏短尾蛇的体形小，背鳞光滑，尾巴很短，头部与颈部区分不明显，眼睛小，瞳孔圆形。背面为棕色，头部色略深，颈部没有像黑头蛇那样的黑色颈斑，有些个体具有浅色的脊纹。腹面为乳白色。

相近物种

侏短尾蛇属 *Tantillita* 还包含另外 2 个物种，即墨西哥西南部和危地马拉的斑点侏短尾蛇 *T.brevissima*，以及墨西哥南部、危地马拉和伯利兹的林氏侏短尾蛇 *T. lintoni*。侏短尾蛇属与黑头蛇属（第 240～241 页）、扁吻蛇 *Geagras redimitus* 具有较近的亲缘关系。

科名	游蛇科 Colubridae：游蛇亚科 Colubrinae
风险因子	后沟牙，毒性轻微，对人类无害
地理分布	欧洲东南部、中东和西亚地区：巴尔干半岛、土耳其、马耳他、科孚岛、塞浦路斯、罗德岛、以色列、叙利亚、黎巴嫩、西奈半岛、伊拉克、伊朗和高加索地区
海拔	0～2000 m
生境	岩石生境，包括铁路路堤和干石墙等人为生境
食物	蜥蜴、小蛇、小型哺乳动物和鸟类
繁殖方式	卵生，每次产卵 5～8 枚
保护等级	IUCN 无危

成体长度
2 ft 7 in～3 ft 3 in,
偶见 4 ft
(0.8～1.0 m,
偶见 1.2 m)

欧洲猫眼蛇
Telescopus fallax
European Catsnake
Fleischmann, 1831

欧洲猫眼蛇分布于欧洲东南部、中东和西亚，主要栖息于沿海地区和岛屿上的干旱岩石生境。它为夜行性陆栖物种，能够在岩石上攀爬。它还栖息于人工生境，如干燥的石墙和铁路路堤，那里是壁虎和其他蜥蜴的家园，而它们是欧洲猫眼蛇的首选猎物。小蛇、鼠类甚至雏鸟也是欧洲猫眼蛇的猎物。欧洲猫眼蛇是后沟牙蛇类，它会尾随猎物，快速发起攻击，并通过类似咀嚼的动作用后沟牙注入毒液，在毒液发挥作用时，再通过缠绕来制服猎物。它的防御行为包括将较宽的头部变得更扁平、发出嘶嘶声并伴随攻击，但它的毒液对人类没有危害。

欧洲猫眼蛇的身体侧扁，背鳞光滑，尾巴长，头部宽，眼睛突出，瞳孔呈直椭圆形。背面呈灰色到棕色，背面带有清晰的深色斑块，体侧带有短小的条纹。虹膜呈黄色。

相近物种

欧洲猫眼蛇含有 7 个亚种，分别分布于欧洲东南部大陆、马耳他、罗德岛和土耳其（*Telescopus fallax fallax*），希腊安提基特拉岛（*T. f. intermedius*），克里特岛（*T. f. pallidus*），希腊库福尼西岛（*T. f. multisquamatus*），塞浦路斯（*T. f. cyprianus*），土耳其东南部和中东（*T. f. syriacus*），土耳其东部、伊朗北部和外高加索（*T. f. iberus*）。猫眼蛇属在非洲、阿拉伯和西亚还有 14 个物种，其中包括分布于以色列和约旦的霍氏猫眼蛇 *T. hoogstraali*，它曾经是欧洲猫眼蛇的一个亚种。

实际大小

科名	游蛇科 Colubridae：游蛇亚科 Colubrinae
风险因子	后沟牙，毒性轻微，对人类无害
地理分布	非洲南部和东部：南非、纳米比亚、斯威士兰、博茨瓦纳、赞比亚、莫桑比克、马拉维、津巴布韦、刚果（金）、坦桑尼亚和肯尼亚
海拔	0～1700 m
生境	裸露岩层、沙地、灌木丛、低地、海岸灌木丛、稀树草原林地
食物	蜥蜴、小型哺乳动物和鸟类
繁殖方式	卵生，每次产卵 6～20 枚
保护等级	IUCN 未列入

成体长度
雄性
23¾～31½ in
（600～800 mm）

雌性
31½～35½ in,
偶见 3 ft 9 in
（800～900 mm,
偶见 1.15 m）

244

东部猫眼蛇
Telescopus semiannulatus
Eastern Tiger Snake

Smith, 1849

东部猫眼蛇是非洲常见的夜行性蛇类，经常在雨后横穿马路。它分布于南非和纳米比亚到肯尼亚和坦桑尼亚，栖息于多岩石的生境和稀树草原的沙质林地，捕食壁虎、睡觉的避役、小鸟、蝙蝠和鼠类。东部猫眼蛇的毒性很弱，因此在毒液生效的同时还需要通过缠绕的方式来制服猎物。它虽然主要营陆栖生活，但也可以轻松地在岩石、建筑物或树木上攀爬。当遇到威胁时，它可能会采取防御姿态——将身体前段抬高，形成"S"形，将较宽的头部压得更扁平，发起突然而快速的攻击，其力量通常会使身体向前甩。雌性可以将雄性的精子储存在体内，在夏季每两个月产卵一次。

相近物种

东部猫眼蛇指名亚种 *Telescopus semiannulata semiannulata* 占据了该物种的大部分分布区，而纳米比亚的种群被认为是一个亚种 *T. s. polystictus*。相似的另一个物种，比氏猫眼蛇 *T. beetzi*，分布于纳米比亚南部和南非纳马夸兰。阿拉伯猫眼蛇 *T. dhara* 分布于肯尼亚北部。

实际大小

东部猫眼蛇体形细长，背鳞光滑，头部宽大，与颈部区分明显，眼睛突出，瞳孔呈竖直椭圆形。背面为棕色、橙色、沙黄色或粉黄色，有连续的、间隔规则的黑色斑点或横纹，颈部有一条黑色横纹。纳米比亚的亚种斑点或横纹数量最多。腹面为浅黄色或橙色。

科名	游蛇科 Colubridae；游蛇亚科 Colubrinae
风险因子	后沟牙，剧毒：促凝血素，可能还有抗凝血素或出血性毒素
地理分布	非洲南部：安哥拉南部、纳米比亚、博茨瓦纳东部、刚果（金）、马拉维、莫桑比克、赞比亚、津巴布韦、斯威士兰和南非东北部
海拔	0～1830 m
生境	干旱或湿润的稀树草原和河岸林地
食物	蜥蜴、小鸟、蛙类、蛇类、蝙蝠
繁殖方式	卵生，每次产卵 4～18 枚
保护等级	IUCN 无危

成体长度
2 ft 7 in～4 ft,
偶见 5 ft
(0.8～1.2 m,
偶见 1.5 m)

草原非洲藤蛇

Thelotornis capensis
Southeastern Savanna Twigsnake

Smith, 1849

245

草原非洲藤蛇栖息于安哥拉到南非夸祖鲁-纳塔尔省的开阔林地和热带稀树草原，但南非大部分地区都没有分布。作为一种昼行性且高度偏好于树栖的蛇类，它的完美伪装使它能在树上捕食避役和小鸟。水平的瞳孔为它提供了惊人的视觉，使它能够辨别最善于伪装的避役。草原非洲藤蛇通过扩大的后沟牙注射毒液杀死猎物。它在受威胁后的防御姿势包括扩张脖子和将头部变得扁平，但它不愿意咬人。然而，如果被它咬伤则后果非常严重，毒液中的血液毒素会导致长时间出血和肾功能衰竭。著名的德国两栖爬行动物学家罗伯特·默滕斯（Robert Mertens，1894—1975）在被咬伤的几天后去世。目前还没有用于治疗草原非洲藤蛇咬伤的抗蛇毒血清。

草原非洲藤蛇的体形非常纤细，背鳞呈斜行排列，起弱棱，尾巴很长，头部细长，眼睛大，瞳孔水平。背面为浅灰色至灰棕色，具有浅色的交错状横纹，并杂以黑色和粉色斑点，整体上类似树枝。头背面棕色，眼睛前后贯穿一条红棕色纵纹。

相近物种

草原非洲藤蛇包括 2 个亚种，一个是指名亚种 *Thelotornis capensis capensis*，另一个是西部亚种 *T. c. oatesi*。东部非洲藤蛇 *T. mossambicanus* 曾经是草原非洲藤蛇的一个亚种。非洲藤蛇与亚洲的瘦蛇（第130～131 页）、美洲的蔓蛇（第205～206 页）、海地岛的长尾蛇（第 344 页）和剑齿蛇 *Xyelodontophis uluguruensis* 极为相似。

实际大小

科名	游蛇科 Colubridae：游蛇亚科 Colubrinae
风险因子	后沟牙，剧毒：促凝血素，可能还有抗凝血素或出血性毒素
地理分布	非洲西部和中部：几内亚到加纳，尼日利亚到刚果（金）、乌干达和坦桑尼亚，南到安哥拉和赞比亚
海拔	1600～2200 m
生境	雨林，茂密的林地，灌木丛，稀树草原湿润的芦苇荡
食物	蜥蜴、鸟类及鸟卵、两栖动物、其他蛇类
繁殖方式	卵生，每次产卵 4～12 枚
保护等级	IUCN 未列入

成体长度
4 ft 3 in～5 ft 7 in
(1.3～1.7 m)

246

森林非洲藤蛇
Thelotornis kirtlandi
Forest Twigsnake
(Hallowell, 1844)

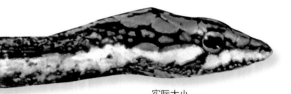

实际大小

森林非洲藤蛇的体形非常纤细，背鳞起弱棱，呈斜行排列，尾巴很长，头部细长，眼睛大，瞳孔水平。它最显著的特征是头背面呈鲜绿色，与坦桑尼亚非洲藤蛇相似，头背面的绿色与唇鳞的白色形成对比。身体背面呈斑驳的灰色、绿色和棕色，带有黑色交叉横纹。

森林非洲藤蛇栖息于非洲东部山区森林的一小部分地区，更广泛地分布于西部雨林和茂密的林地，也栖息于稀树草原上湿润的芦苇荡。它的分布区最西为塞拉利昂和几内亚，最南为安哥拉北部和赞比亚。虽然有时被称为"鸟蛇"，但它主要捕食避役、壁虎和其他蜥蜴，偶尔也以鸟类及鸟卵、两栖动物和其他蛇类为食。它也可能从高处伏击陆栖蜥蜴，策略类似于新几内亚树蚺（第 115 页）。森林非洲藤蛇的咬伤病例很少，但考虑到草原非洲藤蛇（第 245 页）造成的致死病例以及缺乏抗蛇毒血清，必须将其视为具有潜在危险的蛇类。森林非洲藤蛇是以贾里德·波特·科特兰（Jared Potter Kirtland，1793—1877）命名的，他是美国博物学家。

相近物种

非洲藤蛇属 *Thelotornis* 还包括另外 3 个物种，即草原非洲藤蛇（第 245 页）、东部非洲藤蛇 *T. mossambicanus* 和分布于非洲东部的濒危物种坦桑尼亚非洲藤蛇 *T. usumbaricus*。

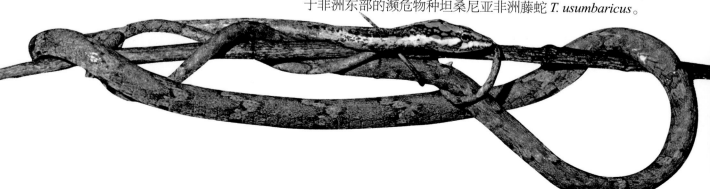

科名	游蛇科 Colubridae：游蛇亚科 Colubrinae
风险因子	后沟牙，有毒，具有潜在危险：突触后神经毒素
地理分布	非洲西部和中部：塞内加尔到肯尼亚，南到安哥拉和赞比亚
海拔	0～2200 m
生境	雨林、林地、稀树草原林地、长廊森林和公园
食物	蜥蜴、小型哺乳动物、鸟类及鸟卵、蛙类
繁殖方式	卵生，每次产卵 7～14 枚
保护等级	IUCN 未列入

成体长度
4 ft 7 in～6 ft 7 in,
偶见 9 ft 2 in
(1.4～2.0 m,
偶见 2.8 m)

布氏毒树蛇
Toxicodryas blandingii
Blanding's Treesnake
(Hallowell, 1844)

247

　　布氏毒树蛇是非洲最大的夜行性树栖蛇类，分布于非洲西部和中部，栖息于热带雨林、河岸长廊森林和热带稀树草原林地。它喜欢生活在大树上，很少冒险下到地面。它的猎物包括树栖哺乳动物、睡觉的鸟类、鸟卵、蜥蜴和蛙类。布氏毒树蛇经常捕食蝙蝠，它通常埋伏在蝙蝠栖息地附近的树上，或进入屋顶的空间寻找蝙蝠。它可能还会通过气味找到在巢中睡觉的鸟类。布氏毒树蛇是后沟牙毒蛇，它的毒液含有强大的突触后神经毒素，干扰神经肌肉传递。布氏毒树蛇的咬伤会导致肌肉疼痛和呼吸困难，还可能发生更严重的反应。应谨慎对待该物种。布氏毒树蛇是以威廉·布兰德（William Blanding，1772—1857）命名的，他是美国博物学家。

布氏毒树蛇的体形大，背鳞光滑，身体侧扁，尾巴长，头部宽而扁平，与颈部区分明显，眼睛大，瞳孔圆形。该物种具有性二色型，雄性背面为亮黑色，腹面及唇部为浅黄色，雌性为浅棕色，带有深色的横纹。

相近物种

　　非洲的毒树蛇属 *Toxicodryas* 有 2 个物种，另一个是体形较小的粉鳞毒树蛇 *T. pulverulenta*。这两个物种曾经被归入亚洲的林蛇属（第 144～145 页）。布氏毒树蛇很容易与剧毒的黑树眼镜蛇（第 481 页）或黑白眼镜蛇（第 470 页）相混淆。

实际大小

科名	游蛇科 Colubridae：游蛇亚科 Colubrinae
风险因子	后沟牙，毒性轻微，对人类无害
地理分布	北美洲：美国西南部和墨西哥北部
海拔	0～800 m
生境	岩漠、岩石悬崖、豆科灌丛、三齿拉雷亚灌丛和巨型仙人掌
食物	蜥蜴、小型哺乳动物、鸟类
繁殖方式	卵生，每次产卵 5～20 枚
保护等级	IUCN 未列入

成体长度
23¾～35½ in,
偶见 4 ft
(600～900 mm,
偶见 1.2 m)

索诺拉琴蛇
Trimorphodon lambda
Sonoran Lyresnake
Cope, 1886

索诺拉琴蛇的身体侧扁，背鳞光滑，头部宽大，与颈部区分明显，眼睛大而突出，瞳孔呈竖直椭圆形。背面的底色为灰色、棕色或略带粉红色，中央具有连续的深棕色斑块，每个斑块的中心为横向的浅棕色，而深色区域向体侧延伸，几乎到腹鳞处。头背面有两个深棕色的"V"形斑，类似竖琴的形状，其中一个穿过眼睛，另一个到达口角。

索诺拉琴蛇分布于墨西哥索诺拉州，向北达美国亚利桑那州和内华达州。它生活在多岩石的生境，从悬崖到布满巨石，生长着三齿拉雷亚灌丛、豆科灌丛和仙人掌的沙漠。虽然索诺拉琴蛇主要营陆栖，但如果需要，它也很善于攀爬，并且能在裸露岩层和低矮的沙漠植被上自如地攀爬。它是体形较大的蛇类，猎物主要是蜥蜴。它会在夜间到岩石或地面缝隙中寻找猎物，通过后沟牙注射毒液杀死猎物。除了蜥蜴外，它也捕食小型啮齿动物、蝙蝠和鸟类。索诺拉琴蛇的警戒姿势为抬起身体前段，做出具有攻击性的姿势。索诺拉琴蛇的毒液毒性很弱，对人类没有影响，但对待体形较大的个体时还是需要谨慎。

相近物种

索诺拉琴蛇目前没有亚种，锡那罗亚琴蛇 *Trimorphodon paucimaculatus* 曾经是它的亚种，但现已被提升为独立种。索诺拉琴蛇与加州琴蛇 *T. lyrophanes*、中美洲琴蛇 *T. quadruplex* 都曾是西部琴蛇 *T. biscutatus* 的亚种。琴蛇属与叶鼻蛇属（第214页）具有亲缘关系。

实际大小

科名	游蛇科 Colubridae：游蛇亚科 Colubrinae
风险因子	后沟牙，毒性轻微，对人类无害
地理分布	北美洲：美国南部和墨西哥北部
海拔	900～1850 m
生境	裸露岩层和悬崖，以及开阔的岩漠
食物	蜥蜴、小型哺乳动物、鸟类
繁殖方式	卵生，每次产卵 6～7 枚
保护等级	IUCN 无危，在得克萨斯州受威胁

成体长度
23¾～35½ in,
偶见 3 ft 5 in
(600～900 mm,
偶见 1.04 m)

得州琴蛇
Trimorphodon vilkinsonii
Texas Lyresnake
Cope, 1886

249

得州琴蛇分布于得克萨斯州西部大转弯、新墨西哥州南部和墨西哥奇瓦瓦州北部。它是琴蛇属中分布最东端的物种。它栖息于岩石峭壁上，但也能栖息于平坦、开阔、布满岩石的沙漠和靠近河流的地方。得州琴蛇是一个罕见而神秘的物种。它在降雨后湿度较高的夜晚最为活跃，在岩石和地面缝隙中搜寻蜥蜴，既包括夜行性物种，也有正在睡觉的昼行性物种。此外，它也捕食鼠类、蝙蝠和雏鸟。得州琴蛇通过其扩大的、有凹槽的后沟牙向猎物体内注入毒液从而杀死猎物。如果被干扰到，得州琴蛇会咬人，但它的毒性轻微，对人类没有危害。得州琴蛇的种本名来自爱德华·威尔金森（Edward Wilkinson，1846—1918），他是一位业余博物学家。

相近物种

得州琴蛇曾被作为西部琴蛇复合种（包含西部琴蛇 *Trimorphodon biscutatus*、索诺拉琴蛇 *T. lambda* 等，第 248 页）中的一个亚种。琴蛇属的另一个物种，墨西哥琴蛇 *T. tau* 包含 2 个亚种，分布在更靠南部的地方。

得州琴蛇的身体侧扁，背鳞光滑，头部宽阔，与颈部区分明显，眼睛大而突出，瞳孔呈竖直椭圆形。背面为浅灰色，中央有连续的深灰色至黑色的斑块，每个斑块的边缘为白色或浅灰色，并向体侧延伸，形成窄纹。头背部有一个黑色的竖琴形状的斑纹。

实际大小

科名	游蛇科 Colubridae；游蛇亚科 Colubrinae
风险因子	无毒
地理分布	东南亚地区：马来半岛、加里曼丹岛和苏门答腊岛
海拔	150～1100 m
生境	原始低地和低山地雨林中靠近水域的地方
食物	小型哺乳动物、蜥蜴、蛙类和鱼类
繁殖方式	卵生，产卵量未知
保护等级	IUCN 无危

成体长度
5 ft～7 ft 7 in,
偶见 8 ft 2 in
(1.5～2.3 m,
偶见 2.5 m)

250

华丽异蛇
Xenelaphis ellipsifer
Ornate Brownsnake

Boulenger, 1900

华丽异蛇体形大而健壮，背鳞光滑，尾长，头部大，与颈部区分明显，眼睛大，瞳孔圆形。背面呈灰白色，有连续的镶黑边的红色大眼斑，头背面为鲜红色至橙色。上唇鳞和颈部为黄色，腹面为白色或乳白色。

华丽异蛇是大型且稀有的物种，仅在加里曼丹岛、苏门答腊岛和马来半岛发现少数标本或有少量观测记录。它栖息于低地和低山地雨林中，最有可能在水道附近被遇到。异蛇属物种是半水栖蛇类，据报道它们以鱼类为食。成体也捕食松鼠这样大小的小型哺乳动物，而幼体以蜥蜴和蛙类为食。华丽异蛇也会爬进低矮的灌木丛。它在自然界中很罕见，因此生活史资料非常缺乏。曾有人在一条溪流附近多次看到同一个个体，这表明其活动范围较小，且有固定的栖息地。

相近物种

异蛇属的另一个物种是更为常见的马来异蛇 *Xenelaphis hexagonotus*，分布于缅甸南部、泰国、越南、马来西亚、苏门答腊岛、爪哇岛和加里曼丹岛。异蛇属最初被包含在闪皮蛇亚科 Xenodermatinae 中，即现在的闪皮蛇科 Xenodermatidae（第548～551页），但目前被认为与颌腔蛇属（第151页）、树栖锦蛇属（第175～176页）和鼠蛇属（第221～222页）更为接近。

实际大小

科名	游蛇科 Colubridae：游蛇亚科 Colubrinae
风险因子	无毒，具缠绕力
地理分布	欧洲和西亚地区：西班牙东北部、法国、意大利、德国、波兰、捷克共和国、巴尔干半岛、罗马尼亚、乌克兰、土耳其、俄罗斯和伊朗；被引入到英国
海拔	0～1700 m
生境	落叶林地、葡萄园、果园、河岸、水草地、干石墙
食物	小型哺乳动物、鸟类和蜥蜴
繁殖方式	卵生，每次产卵 5～8 枚
保护等级	IUCN 无危

成体长度
4 ft 7 in～5 ft 2 in,
偶见 7 ft 5 in
(1.4～1.6 m,
偶见 2.25 m)

长锦蛇
Zamenis longissimus
Common Aesculapian Snake
(Laurenti, 1768)

251

长锦蛇与古希腊医药之神阿斯克勒庇俄斯有关，是阿斯克勒庇俄斯的蛇杖上的蛇的原型，是医药的象征。它分布于西班牙东北部到乌克兰，向南到巴尔干半岛和土耳其。有人提出，德国和奥地利的孤立种群来源于古罗马范围内的残余种群，但它们更可能是曾经广泛分布的种群的孑遗。土耳其东部、伊朗和俄罗斯也有孤立的种群。长锦蛇被引入到北威尔士并形成种群，几十年来一直繁盛，而伦敦则有另一个引入的种群。长锦蛇是捕食啮齿动物和鸟类的无毒蛇，幼体则捕食小鼠和蜥蜴。它栖息于落叶林地、河流附近和人类居住地附近。

长锦蛇的身体粗壮，背鳞光滑，尾长，头部呈方形，与颈部区分明显，眼睛大，瞳孔圆形。成体背面为较均匀的橄榄绿色、棕色或灰色，腹面、喉部、唇部、颈背的颜色较浅。幼体的斑纹更明显，通常有棕色的棋盘状斑纹。眼眶后有深色纹，颈部有黑黄相间的颈斑，与条纹水游蛇（第 415 页）的颈斑相似。

相近物种

长锦蛇目前还没有亚种的分化。与长锦蛇亲缘关系最近的是分布于意大利南部和西西里岛的线纹锦蛇 *Zamenis lineatus*，它曾经是长锦蛇的亚种。分布于阿塞拜疆和伊朗的波斯锦蛇 *Z. persicus* 曾经也是长锦蛇的亚种。

实际大小

科名	游蛇科 Colubridae：游蛇亚科 Colubrinae
风险因子	无毒，具缠绕力
地理分布	欧洲西南部：西班牙、葡萄牙、法国南部及梅诺卡岛
海拔	0～2100 m
生境	南向多岩山丘、开阔林地、橄榄林、西班牙栓皮栎种植园及葡萄园
食物	小型哺乳动物、鸟类及蜥蜴
繁殖方式	卵生，每次产卵 6～12 枚
保护等级	IUCN 无危

成体长度
4 ft 3 in～5 ft 2 in
(1.3～1.6 m)

252

梯纹锦蛇
Zamenis scalaris
Ladder Snake
(Schinz, 1822)

梯纹锦蛇体形粗壮，背鳞光滑，尾长，头突出，与颈部区分明显，眼大，瞳孔呈圆形。成体体色差异较大，从黄色到红棕色或灰色，具与浅色规则状横斑相接的深色背侧纵暗带纹，与梯子的形状相似。幼体具穿过身体中段的横纹，体侧具散点状黑斑。

梯纹锦蛇分布于除极北部以外的伊比利亚半岛、法国南部及巴利阿里群岛的梅诺卡岛，偏好南向岩石坡，干燥、开阔的树林等开阔生境，亦见于人工环境周围，例如橄榄林、葡萄园及西班牙栓皮栎种植园。该种为昼行性，喜欢晒太阳，但在天气极端炎热时则转变为晨昏性与夜行性。身为行动迅速、性情机敏的猎手，梯纹锦蛇主要以小型哺乳动物及鸟类为食，幼体捕食鼠类及蜥蜴。当猎物被追逐逃进巢穴时，梯纹锦蛇能不费吹灰之力地进入捕食。该种亦具备较强的攀爬能力，能够捕食鸟类并袭击鸟巢。

相近物种

因其突出的吻端，梯纹锦蛇曾被划入单型属 *Rhinechis* 内，后来依据分子数据将其归入与长锦蛇（第 251 页）、线纹锦蛇 *Zamenis lineatus*、豹纹锦蛇（第 253 页）、波斯锦蛇 *Z. persicus* 及南高加索锦蛇 *Z. hohenackeri* 相同的欧锦蛇属 *Zamenis*。梯纹锦蛇与分布于欧洲东南部的豹纹锦蛇为近缘种。

实际大小

科名	游蛇科 Colubridae；游蛇亚科 Colubrinae
风险因子	无毒，具缠绕力
地理分布	欧洲东南部：意大利南部及西西里岛、马耳他、克罗地亚、波斯尼亚、阿尔巴尼亚、希腊、北马其顿、保加利亚、土耳其及克里米亚，亦见于科孚、克里特岛与罗德岛
海拔	0～1600 m
生境	地中海生境，包括植被茂密的岩石坡、开阔的林地，以及种植园、树林、石墙等受人类活动影响较大的生境
食物	小型哺乳动物、蜥蜴及鸟类
繁殖方式	卵生，每次产卵 2～7 枚
保护等级	IUCN 无危

成体长度
27½～31½ in,
偶见 3 ft 3 in
(700～800 mm,
偶见 1.0 m)

豹纹锦蛇
Zamenis situla
Leopard Snake
(Linnaeus, 1758)

253

豹纹锦蛇的分布较广泛，从西西里岛、马耳他、意大利沿海线到克罗地亚、阿尔巴尼亚、希腊及土耳其欧洲部分，向内陆延伸至北马其顿与保加利亚，横跨黑海到达克里米亚半岛，亦见于科孚、克里特岛及罗德岛等多座岛屿。在广泛的分布区内，该种的生境包括植被茂密的岩石坡、开阔的林地及灌丛等半干旱环境，但总体上栖息地斑块化严重。虽与近缘种梯纹锦蛇（第252页）一样为昼行性蛇类，但豹纹锦蛇却鲜有晒太阳的习惯，更倾向于栖息于植被附近。豹纹锦蛇的食物主要为鼠类，也捕食蜥蜴，具备攀爬能力，有时还会以鸟类或鸟卵为食。该种通常会将猎物绞杀致死，但也会直接吞食体形小的猎物。

豹纹锦蛇可能是欧洲最引人注目的蛇类之一，成体背面底色为灰色，具镶黑边的连续的红色横斑，颈背具红色眼斑。体侧具较大的连续黑色点斑，眼间、眼至上下唇、眼至口裂处有黑色横纹，部分个体体背的红斑汇集为一对背部纵纹。

相近物种

豹纹锦蛇是欧锦蛇属 *Zamenis* 的 6 个物种之一，与分布于伊比利亚半岛的梯纹锦蛇（第252页）为姊妹种，与长锦蛇（第251页）亦有较近的亲缘关系。

实际大小

科名	游蛇科 Colubridae；葛雷蛇亚科 Grayiinae
风险因子	无毒
地理分布	非洲东部、中部及西部：塞内加尔到南苏丹，南至安哥拉
海拔	0～1385 m
生境	稀树草原中的河流与湖泊
食物	鱼类、蛙类及蝌蚪
繁殖方式	卵生，每次产卵 9～20 枚
保护等级	IUCN 未列入

254

成体长度
3 ft 3 in～5 ft 7 in,
偶见 8 ft 2 in
(1.0～1.7 m,
偶见 2.5 m)

西非葛雷蛇
Grayia smythii
Smith's African Watersnake
(Leach, 1818)

西非葛雷蛇体形粗壮，背鳞光滑，尾长，头较大，眼小，瞳孔呈圆形。背部体色或为黑色或黄棕色，具暗淡的白色斑点，幼体的斑纹更为明显。头部为棕色，鳞片边缘为黑色，喉部与上下唇为黄色。

西非葛雷蛇体形较大，常出没于草原中的河流与湖泊等水源附近，包括维多利亚湖、艾伯特湖及爱德华湖。该种主要以鱼类为食，亦食蛙类及蝌蚪。遭遇威胁时，西非葛雷蛇多会张开嘴发出嘶嘶声警告，但很少咬人。但由于其与剧毒的环纹水眼镜蛇（第 466 页）外观酷似，为防止混淆，在野外遇见时仍应小心为妙。虽然拼写上有差异，但西非葛雷蛇的种本名"smythii"应是致敬在采集到该种正模标本的探险中去世的挪威医生、博物学家克里斯滕·史密斯（Christen Smith，1785—1816）。

相近物种

游蛇科中的葛雷蛇亚科是非洲特有亚科，仅辖有葛雷蛇属 *Grayia*，属名致敬伦敦自然博物馆杰出的动物学家约翰·爱德华·格雷（John Edward Gray，1800—1875）。除本种西非葛雷蛇外，葛雷蛇属还包含 3 个物种：塞氏葛雷蛇 *G. caesar*、非洲中部的饰纹葛雷蛇 *G. ornata* 及分布于非洲东部与中部的索氏葛雷蛇 *G. tholloni*。葛雷蛇属也是旧大陆游蛇中少数未被包含在游蛇亚科内的属。

实际大小

科名	游蛇科 Colubridae；亚科地位未定[①]
风险因子	无毒
地理分布	南亚及东南亚地区：印度东北部、缅甸、中国西南部
海拔	145～2000 m
生境	潮湿的常绿森林
食物	蚯蚓与节肢动物
繁殖方式	卵生，每次产卵最多 6 枚
保护等级	IUCN 数据缺乏

成体长度
20¼ in
(514 mm)

珠光蛇
Blythia reticulata
Blyth's Iridescent Snake
(Blyth, 1854)

珠光蛇栖息于中低海拔的潮湿常绿森林中，由于习性隐秘，关于其生活史的资料仍十分匮乏。该种营半穴居至穴居生活，常见于倒塌的树干、茂密的落叶丛及腐烂的植被丛下。珠光蛇的尾末端有一枚短小的刺，当它钻洞时，这枚刺会插进地里，给它一个锚定点，从那里向前施力。人们尚不知晓该种是昼行性还是夜行性蛇类。虽然它主要以蚯蚓为食，但亦有科学家指出珠光蛇还可能捕食其他身体柔软的土壤无脊椎动物。雌性每次最多能产卵 6 枚。性情温驯的珠光蛇即使被人捉住也不会表现出攻击性。

珠光蛇体形小，身体呈圆筒状，背鳞光滑而有光泽，尾短，尾端有一枚小刺，头窄而突出，与颈部区分较不明显，眼小。背部为纯黑色、蓝黑色甚至深紫色或橄榄色，有时显一条不明显、不连续的较暗的脊线。幼体具一条在体背中线处断开的黄色领状颈斑。

相近物种

珠光蛇最初被英国博物学家爱德华·布莱斯（Edward Blyth，1810—1873）描述为 *Calamaria reticulata*，后续研究将珠光蛇置于为致敬布莱斯而建立的单型属——珠光蛇属 *Blythia* 内。珠光蛇属也是游蛇科内目前亚科地位未定的 9 个属之一。最近，珠光蛇属的第二个物种米佐拉姆珠光蛇 *B. hmuifang* 依据印度东北部米佐拉姆邦赫姆方村（Hmuifang village，Mizoram）的标本被描述发表。

实际大小

[①] 近期，有学者依据分子系统学证据，提出珠光蛇属 *Blythia* 隶属于水游蛇科 Natricidae，与坭蛇属 *Trachischium* 的亲缘关系最近。——译者注

科名	游蛇科 Colubridae：亚科地位未定
风险因子	无毒
地理分布	东南亚地区：马来西亚（刁曼岛）
海拔	10 m
生境	低海拔及山麓雨林
食物	食性偏好未知，据推测为节肢动物及蜥蜴
繁殖方式	卵生，产卵量未知
保护等级	IUCN 极危

成体长度
17 in
(430 mm)

256

穆库特球体蛇
Gongylosoma mukutense
Pulau Tioman Groundsnake

Grismer, Das & Leong, 2003

穆库特球体蛇体形小而细长，头钝，呈方形，头部略宽于颈部，眼较大。身体前段为红棕色，中段以后为棕灰色，腹面为乳白色。头背及颈部为深棕色，眼后沿上唇至颈背有一条"V"形白色带纹。本种为球体蛇属中唯一具有这种斑纹的物种。

穆库特球体蛇又称刁曼岛球体蛇，是马来半岛东海岸刁曼岛的特有种。穆库特球体蛇的种本名"*mukutense*"来源于正模标本的采集地穆库特村，该种的正模标本曾被一条幼体黑网乌梢蛇 *Ptyas carinatus* 吞入腹中。球体蛇属物种栖息于低地及山麓雨林，见于落叶堆中、岩石或枯木下。穆库特球体蛇的食性未知，但根据其同属近缘种的食性可推测该种应亦以蜘蛛、昆虫或小型蜥蜴为食。球体蛇属物种营卵生。作为东南亚诸多栖息于落叶层中的小型蛇类类群之一，球体蛇本身也是一些体形较大的食蛇性蛇类，例如丽纹蛇 *Calliophis* 及环蛇 *Bungarus* 物种的猎物。

相近物种

球体蛇属 *Gongylosoma* 在游蛇科中亚科地位未定，该属包含另外 4 个物种：与穆库特球体蛇同域分布的长尾球体蛇 *G. longicaudum*、斑点球体蛇 *G. baliodeirum*、尼科巴球体蛇 *G. nicobariensis* 及分布于缅甸与泰国的印支球体蛇 *G. scriptum*。

实际大小

科名	游蛇科 Colubridae：亚科地位未定
风险因子	无毒
地理分布	南亚地区：印度西南部
海拔	610～1300 m
生境	山地森林，尤其在河岸附近
食物	蛞蝓及蚯蚓
繁殖方式	推测为卵生，产卵量未知
保护等级	IUCN 无危

成体长度
30¾ in
(780 mm)

橄榄杆蛇
Rhabdops olivaceus
Indian Olive Forest Snake
(Beddome, 1863)

257

橄榄杆蛇分布于印度西南部的西高止山脉，巨大的降雨量及茂密的山地丛林赋予了当地动物区系高度的独特性。该种栖息于山地丛林中，尤其偏好接近溪流的生境，常于夜间出没在落叶层及溪流周围等潮湿的环境捕食蚯蚓及蛞蝓，它会用扩大的吻鳞挖掘猎物。橄榄杆蛇营陆栖到半穴居生活，有时也营半水栖生活。由于野生个体极少被发现，关于其生活史的资料还很缺乏。该种会在白天躲进石缝中或枯木下，习性温驯，不具攻击性，即使被捉住也几乎不会咬人。

实际大小

相近物种

杆蛇属 *Rhabdops* 在游蛇科中地位未定[1]，无法被置入现有的 4 个亚科中。游蛇科内共有 9 个属的地位未定，其中包括珠光蛇属（第 255 页）。杆蛇属还包含另外 2 个物种：分布于印度东北部到中国西南部的黄腹杆蛇 *R. bicolor*[2]，以及印度南部的水栖杆蛇 *R. aquaticus*。

橄榄杆蛇体形粗壮，背鳞光滑而有光泽，头部较颈部略宽，眼小，瞳孔呈竖直椭圆形。体背为橄榄棕色到黄绿色，腹面为黄色至棕色，背部具四行黑色点斑，头与身体颜色相同。

---

[1] 近期，有学者依据分子系统学等证据，提出杆蛇属 *Rhabdops* 隶属于水游蛇科 Natricidae。——译者注
[2] 目前，该物种被移入新建立的溪蛇属 *Smithophis*，物种中文名保持不变。杆蛇属现仅有橄榄杆蛇和水栖杆蛇这两个物种。——译者注

科名	剑蛇科 Sibynophiidae
风险因子	无毒
地理分布	北美洲及中美洲：墨西哥南部、伯利兹、危地马拉、洪都拉斯、萨尔瓦多及尼加拉瓜
海拔	0～1550 m
生境	低地及低海拔山地的潮湿、干旱森林与长廊森林
食物	蜥蜴，尤其是石龙子
繁殖方式	卵生，每次产卵 1～10 枚
保护等级	IUCN 无危

258

成体长度
27½～36¼ in
(700～920 mm)

环纹美洲剑蛇
Scaphiodontophis annulatus
Guatemalan Spatula-Toothed Snake
(Duméril, Bibron & Duméril, 1854)

环纹美洲剑蛇体形细长，尾长，背鳞光滑，头颈区分不太明显，眼大，瞳孔呈圆形。体背的大部分及尾背为棕色，可能为纯色或具三条明显的纵向排列的线形黑色点斑。身体前段颜色鲜艳，为红色夹杂白－黑－白色或黄－黑－黄色的斑纹，头部或为棕色、红色或黑色，喉部及唇部带有黄色。

环纹美洲剑蛇又称斑颈蛇、半珊瑚蛇，广泛分布于墨西哥中部至尼加拉瓜。该种为生性隐秘的昼行性蛇类，营陆栖到半穴居生活，常见于落叶层或倒木下，捕食鳞片光滑、具皮下成骨（骨板）的石龙子为主的各类蜥蜴。环纹美洲剑蛇演化出了特化的铰链式铲状齿，以保证咬住体形粗壮并不断扭动的石龙子，随后在数秒内将其吞食。许多个体的尾巴都有被截断的痕迹，这或许佐证了该种在逃避捕食者袭击时会采取断尾求生的策略。

相近物种

美洲剑蛇属 *Scaphiodontophis* 的另一个物种为分布于中美洲南部及哥伦比亚的优雅美洲剑蛇 *S. venustissimus*，美洲剑蛇属与亚洲的剑蛇属（第 259 页）共同组成成员较少的剑蛇科。剑蛇科在部分文献中仍被作为游蛇科的亚科。

实际大小

科名	剑蛇科 Sibynophiidae
风险因子	无毒
地理分布	南亚及东南亚地区：印度北部、尼泊尔、中国西南部、不丹、孟加拉国、缅甸、泰国、越南、柬埔寨及马来半岛
海拔	0～3280 m
生境	低地及山地森林，尤其偏好植被茂密的生境
食物	蜥蜴、蛙类、蛇类及昆虫
繁殖方式	卵生，每次产卵 4～6 枚
保护等级	IUCN 无危

成体长度
30～33½ in
(760～850 mm)

黑领剑蛇
Sibynophis collaris
Collared Black-Headed Snake
(Gray, 1853)

259

黑领剑蛇的分布从印度西北部穿越喜马拉雅山脉延伸至中国西南、缅甸，直抵马来半岛。该种栖息于低地森林到海拔 3000 m 以上的山地森林，偏好植被茂密的生境，在生活习性上可能为昼行性或夜行性，营陆栖到半穴居生活。黑领剑蛇主要以石龙子等蜥蜴为食，具特化的齿列，偶有捕食蛙类及其他蛇类，幼体可能还以昆虫为食。即使被人捉住，黑领剑蛇一般也不会攻击，多会通过缠紧手指的方式反抗。它的泄殖腔分泌物为类似香烟的气味。

黑领剑蛇体形细长，背鳞光滑，尾长，头颈部宽度相似，眼小，瞳孔呈圆形。背面为棕色或灰棕色，脊部具一串线形排列的斑点。腹面为黄色，头背为灰色，后端具一条暗斑，上下唇为白色。头后端具一条宽领斑，领斑后缘为白色。

相近物种

剑蛇属 *Sibynophis* 为剑蛇科的模式属，除黑领剑蛇外，还有分布于亚洲的另外 8 个物种。南亚次大陆还分布着黑链剑蛇 *S. subpunctatus*，而黄颞剑蛇 *S. sagittarius* 则分布于印度东北部。其余物种分布于东南亚大陆、中国、印度尼西亚与菲律宾。部分学者将剑蛇科作为游蛇科的亚科，即剑蛇亚科。

实际大小

科名	食螺蛇科 Dipsadidae：草蛇亚科 Carphophiinae
风险因子	无毒
地理分布	北美洲：美国中部
海拔	60 ～ 610 m
生境	遍布石头、树木繁茂的小山坡或长满树的溪边地带
食物	蚯蚓
繁殖方式	卵生，每次产卵 1 ～ 12 枚
保护等级	IUCN 无危

成体长度
8 ～ 15½ in
(200 ～ 390 mm)

260

西部草蛇
Carphophis vermis
Western Wormsnake
(Kennicott, 1859)

西部草蛇体形细长，背鳞光滑，头部与颈部区分不明显，尾短。眼睛又黑又小，瞳孔呈圆形。背面为有光泽的褐色或深灰色，腹部与身体两侧下部为黄色、粉色或浅褐色。

西部草蛇生活在美国中西部地区，从艾奥瓦州南部、威斯康星州与伊利诺伊州西部，一直到得克萨斯州西北部以及路易斯安那州北部都有分布。它行动隐秘，通常生活在遍布石头、树木繁茂的小山坡上。西部草蛇虽然并不常见于开阔地带，但有时也会出现在从树林中流至平原的小溪边。它是一种半穴居蛇类，喜爱钻入湿润的土壤中捕食蚯蚓。如果森林被开垦，西部草蛇也将无法生存，这是因为它的皮肤具有半透性，特别容易大量脱水而死。如果土壤变得干硬，它也没办法在其中钻洞。西部草蛇的主食是蚯蚓，但也会捕食柔软的昆虫幼虫，甚至是小型蛇类，比如环颈蛇（第 262 页）。

相近物种

草蛇属的另一物种——东部草蛇 *Carphophis amoenus*，从纽约州、伊利诺伊州到南边的南、北卡罗来纳州和路易斯安那州均有分布。草蛇属与泥蛇属（第 263 页）的亲缘关系最近。草蛇亚科共包含了北美洲的 5 个属，以及一个分布于中国西藏等地的属[1]。

实际大小

---

[1] 指温泉蛇属，第 265 页。——译者注

科名	食螺蛇科 Dipsadidae：草蛇亚科 Carphophiinae
风险因子	无毒
地理分布	北美洲：美国与加拿大西部
海拔	0～2100 m
生境	潮湿的林地、河边湿地、开阔的大草原、草地、多石头的斜坡以及城郊的花园
食物	蛞蝓
繁殖方式	卵生，每次产卵 2～9 枚
保护等级	IUCN 无危

成体长度
17¾～19 in
(450～483 mm)

侏尾蛇
Contia tenuis
Sharptail Snake
(Baird & Girard, 1852)

261

侏尾蛇最北分布于加拿大不列颠哥伦比亚省的西南部，包括温哥华岛，也是该岛仅有的 4 种蛇类之一，最南则分布于美国加利福尼亚州中部。侏尾蛇的生活环境多样，从潮湿的针叶林、松栎林、开阔草地、大草原到凉爽的草甸，都能见到它的踪迹。在遍地石头的斜坡与城郊的花园也可能发现侏尾蛇。它喜欢潮湿的环境，常躲在石头下面或者腐烂的倒木中。冬眠时，它会钻到更深的地下。侏尾蛇利用自己尖锐的尾刺推动身体在土壤中前进。它行为隐秘，也不具有攻击性，主要食物几乎只有蛞蝓或蛞蝓卵。有人报道，侏尾蛇的食物还包括蚯蚓、昆虫和蝾螈，但仍有争议。

实际大小

侏尾蛇的背鳞光滑，头部偏圆，与颈部区分不明显，眼小，瞳孔圆形，尾短。背面褐色，体侧为灰色，腹面白色，每片腹鳞边缘为黑色，背外侧有一条灰白色纵纹，吻端与唇部也为白色。

相近物种

与之相近的物种是长尾侏尾蛇 *Contia longicaudae*，也分布于加利福尼亚州与俄勒冈州。它的尾部更长，腹部的黑色条纹更不明显。侏尾蛇属与猪鼻蛇属（第 264 页）亲缘关系最近。

科名	食螺蛇科 Dipsadidae：草蛇亚科 Carphophiinae
风险因子	后沟牙，毒性轻微，对人类无害
地理分布	北美洲与西印度群岛：加拿大东南部、美国、墨西哥北部；被引入开曼群岛
海拔	0～2400 m
生境	林地、浓密常绿阔叶灌丛、多石头的山谷以及铁道线
食物	蝾螈、小型蛙类、小型蜥蜴、其他蛇类、蚯蚓、昆虫幼虫、蛞蝓
繁殖方式	卵生，每次产卵 1～10 枚，帝王亚种可达 18 枚
保护等级	IUCN 无危

成体长度
9¾ ～ 23¾ in,
偶见 34 in
(250 ～ 600 mm,
极少数情况能
达到 860 mm)

262

环颈蛇
Diadophis punctatus
Ringneck Snake
(Linnaeus, 1766)

环颈蛇为小型蛇类，头部圆，眼小，瞳孔圆形。背鳞光滑而有光泽，尾短。背面通常情况下为褐色、灰色或蓝灰色。根据亚种不同，腹面可能是黄色、橘黄色或红色。喉部白色，颈部有与腹面颜色相同、带黑色边纹的环纹。有的亚种腹面没有杂色斑，有的稍带斑点，有的则沿腹部中线有明显的黑斑。南方的种群通常缺乏颈部的环纹。

环颈蛇是北美洲分布最广的蛇类之一，广泛分布于从加拿大新斯科舍省，经美国中部与东部，直到墨西哥东部的圣路易斯波托西州。在北美洲西海岸，从华盛顿州到下加利福尼亚州也有它的踪迹。此外，它还被引入了开曼群岛。大部分环颈蛇的体形都很小（通常小于 600 mm），但分布于美国犹他州的环颈蛇帝王亚种 *Diadophis punctatus regalis* 可达 860 mm。环颈蛇生活在林地与多石块的谷地中，有时会聚集在一起，数量超过 100 条。在铁道线枕木之间的碎石中，人们也能发现环颈蛇。遇到危险时，环颈蛇会翻转颜色鲜艳的尾巴腹面，并将尾巴紧紧卷起来。至于它为什么会这么做，还有没有科学的解释。这种蛇有一定毒性，有的人被咬后会有局部反应。

相近物种

环颈蛇属 *Diadophis* 是单型属，只有环颈蛇这一个物种，但细分出 7～14 个地理亚种，然而有的亚种之间很难分辨。也有学者认为环颈蛇包含 2 个物种。环颈蛇属是草蛇属（第 260 页）和泥蛇属（第 263 页）的姊妹群。

实际大小

科名	食螺蛇科 Dipsadidae；草蛇亚科 Carphophiinae
风险因子	后沟牙，毒性轻微，对人类无害
地理分布	北美洲：美国东南部
海拔	0 ～ 150 m
生境	小河、运河、湖泊、落羽杉沼泽以及海岸边的湿地
食物	鱼类（包括鳗鱼）、蝾螈、鳗螈、蛙类以及蚯蚓
繁殖方式	卵生，每次产卵 10 ～ 52 枚
保护等级	IUCN 无危，在美国密西西比州与路易斯安那州为濒危物种，在佛罗里达半岛很可能已经绝迹

成体长度
4 ft 7 in ~ 5 ft 2 in
(1.4～1.6 m)

彩虹泥蛇
Farancia erytrogramma
Rainbow Snake
Palisot de Beauvois, 1802

263

彩虹泥蛇分布于美国马里兰州至佛罗里达州北部与路易斯安那州，在佛罗里达半岛还有一个孤立的小种群。它生活在流速缓慢的淡水环境中，比如小河、湖泊、落羽杉沼泽以及运河。彩虹泥蛇也会出现在半海水环境中，比如海边湿地、泥滩地和潮汐沟。雌性产卵之前会在泥土里挖一个小坑，然后把卵产在其中，并可能一直守护在旁边，直到卵孵化。彩虹泥蛇为夜行性蛇类，以水栖脊椎动物为食，包括蝾螈、鳗螈、蛙类、鱼类（包括鳗鱼），也会捕食蚯蚓。制服鳗鱼等猎物时，达氏腺与长长的后沟牙就派上用场。如果把彩虹泥蛇捉住，它不会咬人，但可能用尾刺轻轻扎人。

彩虹泥蛇体形细长，背鳞光滑而有光泽，头部圆，眼小，瞳孔圆形，尾长，尾端呈刺状。体色为带虹彩的蓝黑色至紫色，背面有三条红色纵纹，头顶有红色边纹。唇部与下颏为黄色。腹面为红色至黄色，有三纵行黑斑。

相近物种

彩虹泥蛇有 2 个亚种，绝大部分地区都是指名亚种 *Farancia erytrogramma erytrogramma*，而极其濒危的南佛罗里达亚种 *F. e. seminola* 仅生活在佛罗里达州沼泽县的食鱼溪（Fisheating Creek）。自 1952 年以后，南佛罗里达亚种就再未被发现过，因此也成为公众科学观测的目标。泥蛇属 *Farancia* 还包含另一个物种——泥蛇 *F. abacura*，又分为东部亚种 *F. a. abacura* 与西部亚种 *F. a. reinwardtii*，均分布在美国。

实际大小

科名	食螺蛇科 Dipsadidae；草蛇亚科 Carphophiinae
风险因子	后沟牙，毒性轻微
地理分布	北美洲：墨西哥东北部、美国得克萨斯州、新墨西哥州与亚利桑那州南端
海拔	0～2440 m
生境	林地、冲积平原、长有三齿拉雷亚灌丛的沙漠、北美大草原、耕地
食物	蟾蜍、蜥蜴、蛙类、蝾螈、龟类、爬行动物的卵、小鸟以及小型哺乳动物
繁殖方式	卵生，每次产卵 4～25 枚
保护等级	IUCN 未列入

成体长度
15¾～23¾ in,
偶见 30 in
(400～600 mm,
偶见 760 mm)

264

墨西哥猪鼻蛇
Heterodon kennerlyi
Mexican Hognose Snake
Kennicott, 1860

墨西哥猪鼻蛇体形粗短，背鳞起棱。头尾均短，头部止于向上翻的吻鳞。背面颜色为棕褐色，带有成排的深褐色斑块，斑块具黑边，在尾部变为横条纹。头部有连续的深色"V"形纹。腹面为灰白色，尾部腹侧有大片的黑色、橘色或黄色斑点。

实际大小

墨西哥猪鼻蛇分布于墨西哥东北部与美国南部得克萨斯州到亚利桑那州的边境地带。这种蛇喜欢钻进沙地或碎石子地里。它的栖息地多种多样，包括农田、林地、冲积平原和长有三齿拉雷亚灌丛的沙漠。墨西哥猪鼻蛇主要以蟾蜍为食，有时也捕食蛙类、蜥蜴、蝾螈、爬行动物的卵、小型哺乳动物和鸟类，甚至龟类。它向上翻起的吻端是为了更好地从土壤中挖掘出猎物。当遇上蟾蜍以鼓气作为防御时，墨西哥猪鼻蛇会用它长长的后沟牙刺穿猎物，再用达氏腺的分泌物将其杀死。猪鼻蛇自己的防御办法靠的是虚张声势，它很少咬人。不过一些人被咬后会因达氏腺分泌物而产生局部反应，所以最好还是避免被咬到。猪鼻蛇也是装死高手，它会翻过身子，腹部朝天，嘴巴大张，舌头掉出来，装死装得惟妙惟肖。

相近物种

除了墨西哥猪鼻蛇，北美洲还有另外 4 种猪鼻蛇：东猪鼻蛇 *Heterodon platirhinos* 分布于加拿大安大略省至得克萨斯州；西猪鼻蛇 *H. nasicus* 分布于加拿大艾伯塔省至曼尼托巴省，南至得克萨斯州；斑点猪鼻蛇 *H. gloydi* 分布于得克萨斯州与俄克拉何马州[1]；南猪鼻蛇 *H. simus* 分布于美国路易斯安那州至南、北卡罗来纳州和佛罗里达州。墨西哥猪鼻蛇以前被认为是西猪鼻蛇的一个亚种。

① 目前认为斑点猪鼻蛇为西猪鼻蛇的同物异名。——译者注

科名	食螺蛇科 Dipsadidae；草蛇亚科 Carphophiinae
风险因子	后沟牙，毒性轻微[1]
地理分布	亚洲中部：中国西藏
海拔	3000 ～ 4900 m
生境	温泉附近的小溪、水塘、草甸和湿地
食物	小型蛙类和鱼类
繁殖方式	普遍认为是卵生，每次产卵最多 6 枚，但不排除是胎生
保护等级	IUCN 近危

成体长度
17¾ ～ 24 in
(450 ～ 610 mm)

西藏温泉蛇
Thermophis baileyi
Xizang Hot-Spring Snake
(Wall, 1907)

265

西藏温泉蛇生活在拉萨附近的高海拔地区。它的栖息地包括高原温泉周围的小溪、水塘、草甸与湿地。人们对西藏温泉蛇的了解甚少，只能推测它的食物是同样栖息于这种贫瘠环境中的高山倭蛙与鱼类。虽然人们认为西藏温泉蛇为卵生，但也不排除胎生的可能。毕竟对生活在如此高海拔的蛇类而言，胎生是更安全的策略。根据 IUCN 的数据，修建地热水力发电站与栖息地干扰正威胁着西藏温泉蛇的生存。西藏温泉蛇的学名是为了纪念一位英国情报军官——弗雷德里克·贝利中校（Lieutenant Colonel Frederick Bailey，1882—1967）[2]。

西藏温泉蛇体形细长，尾长，背鳞起棱，头部略尖，眼相对较小，瞳孔圆形。背面颜色为橄榄绿至褐色，并带有深褐色的横斑，背正中有一条不连续的深色条纹。腹面与唇部为浅黄色。

---

[1] 温泉蛇属物种的上颌齿向后逐渐扩大，但扩大的上颌齿与严格意义上的后沟牙不同。目前也暂无证据表明温泉蛇属物种有毒，一般认为温泉蛇属物种是无毒蛇。——译者注
[2] 第一次世界大战期间，他在印度及周边地区进行军事行动，同时收集了大量蝴蝶与鸟类标本。——译者注

相近物种

温泉蛇属 *Thermophis* 还包含了来自中国云南的香格里拉温泉蛇 *T. shangrila* 与濒危的四川温泉蛇 *T. zhaoermii*。温泉蛇属是唯一已知分布于美洲以外的食螺蛇科成员。这种分布说明蛇类曾经在第四季冰川时期跨过了位于西伯利亚与阿拉斯加之间的白令陆桥。与温泉蛇亲缘关系最近的是环颈蛇（第 262 页）。

实际大小

科名	食螺蛇科 Dipsadidae：食螺蛇亚科 Dipsadinae
风险因子	无毒
地理分布	北美洲：墨西哥东南部
海拔	0 ~ 1900 m
生境	低地及低海拔的湿润热带雨林、山地松树林、咖啡与甘蔗种植园
食物	蚯蚓及其他软体无脊椎动物
繁殖方式	卵生，每次产卵 3 ~ 5 枚
保护等级	IUCN 无危

成体长度
11 ~ 15¾ in,
偶见 20½ in
(280 ~ 400 mm,
偶见 520 mm)

266

中美洲穴蛇
Adelphicos quadrivigatum
Veracruz Earthsnake

Jan, 1862

中美洲穴蛇是小型蛇类，分布于墨西哥的塔毛利帕斯州至韦拉克鲁斯州。中美洲穴蛇生活在低海拔的湿润热带雨林与高海拔的松树林里，喜欢躲在腐朽的倒木下或腐烂的落叶堆中。在咖啡或甘蔗种植园中类似环境里，也能找到中美洲穴蛇的踪迹。但如果种植园定期放火烧掉地面的覆盖物，就见不到这种蛇。中美洲穴蛇以蚯蚓和其他软体无脊椎动物为食，而它自己也经常沦为食蛇性蛇类的食物，例如珊瑚蛇（第 457 ~ 465 页）。中美洲穴蛇经常把卵产在白蚁堆中，也包括树栖白蚁种类的巢穴中。

相近物种

中美洲穴蛇包含 3 个亚种，也有学者认为它们应该都是独立的物种。穴蛇属 *Adelphicos* 还有另外 7 个物种，分别分布于墨西哥瓦哈卡州（*A. latifasciatum* 和 *A. visoninum*）、墨西哥恰帕斯州（*A. nigrilatum*）、危地马拉（*A. daryi* 和 *A. ibarrorum*）、墨西哥与危地马拉均有（*A. sargii* 和 *A. veraepacis*）。虽然中美洲穴蛇是无危物种，但同属其余几个分布狭窄的物种被 IUCN 列为易危或濒危。

中美洲穴蛇是一种小型蛇类。背鳞光滑而有光泽，散布黑色小斑点。头小，与颈部区分不明显。眼小而黑。尾短。背面颜色为橄榄绿或红褐色，有数条深褐色的纵纹。侧面条纹宽于脊线。腹面为黄色，有时为粉色，密布黑色斑点。

实际大小

科名	食螺蛇科 Dipsadidae；食螺蛇亚科 Dipsadinae
风险因子	无毒
地理分布	北美洲与中美洲：墨西哥、伯利兹、危地马拉和洪都拉斯
海拔	0 ~ 1600 m
生境	低地及低海拔的湿润热带雨林、咖啡种植园
食物	蛙类、小型蜥蜴、蜈蚣
繁殖方式	推测为卵生，产卵量未知
保护等级	IUCN 未列入

成体长度
13¾ ~ 15¾ in,
偶见 28¾ in
(350 ~ 400 mm,
偶见 730 mm)

北方锈头蛇
Amastridium sapperi
Northern Rustyhead Snake
(Werner, 1903)

267

"锈头蛇"得名于其头后方的锈色颈斑。北方锈头蛇分布于墨西哥的塔毛利帕斯州至瓦哈卡州及伯利兹、危地马拉和洪都拉斯。这种昼行性的小型蛇类生活在低海拔湿润热带雨林里的小溪边，或者咖啡种植园。它常躲在地面覆盖物下，以避开天敌或搜寻猎物。人们在采集到的北方锈头蛇体内发现了小型蛙类、蜥蜴以及蜈蚣，但对它在自然界的行为依然知之甚少，也不确定它的繁殖方式。不过同属的南方锈头蛇 *Amastridium veliferum* 确定为卵生。北方锈头蛇的种本名源于德国人卡尔·西奥多·扎佩尔（Karl Theodor Sapper，1866—1945），他是一名火山学家、语言学家和探险家，曾在19世纪末历游墨西哥与中美洲。

北方锈头蛇是一种小型蛇类，背鳞光滑，头略呈方形，眼小，瞳孔圆形，尾长。背面整体颜色为黑色或深褐色，头部背面可能为浅褐色或灰色。部分个体的背面有模糊的纵纹。北方锈头蛇最明显的特征就是其锈色的颈斑，与背面颜色形成鲜明对比，这也是它叫锈头蛇的原因。

相近物种

南方锈头蛇 *Amastridium veliferum* 分布于哥斯达黎加、巴拿马至哥伦比亚。有的学者认为锈头蛇属为单型属，把北方锈头蛇作为南方锈头蛇的一个亚种。

实际大小

科名	食螺蛇科 Dipsadidae：食螺蛇亚科 Dipsadinae
风险因子	无毒
地理分布	南美洲：厄瓜多尔与秘鲁
海拔	600 ～ 2300 m
生境	潮湿的热带雨林、云雾林、次生林、咖啡种植园
食物	蚯蚓，可能还有小型哺乳动物
繁殖方式	卵生，每次产卵最多 12 枚
保护等级	IUCN 未列入

成体长度
10～41 in,
偶见 3 ft 7 in
(255～1,040 mm,
偶见 1.1 m)

268

巨箭蛇
Atractus gigas
Giant Arrow Earthsnake

Myers & Schargel, 2006

巨箭蛇是箭蛇属体形最大的物种，分布于厄瓜多尔与秘鲁境内的安第斯山脉。这个物种直到 2006 年才被发现，原始描述中仅有 1 号体长 1.04 m 的雌性标本。后来人们又陆续发现了十几号标本，其中最大的雄性是一条 255 mm 的亚成体。巨箭蛇主要生活在山区潮湿的热带雨林、云雾林和次生林中，在种植园中有时亦能见到。它是半穴居的蛇类，喜欢钻到落叶堆或倒木下面，也会在清晨与黄昏时分穿越小径。人们对这种温驯、体形不算小的蛇类的食性并不了解。据报道，巨箭蛇以蚯蚓为食，但其中 1 号标本的粪便中有小型哺乳动物的残骸。

巨箭蛇体形粗壮，背鳞光滑，头部圆，头部与颈部区分不明显，眼小，瞳孔圆形，尾短。成体背面为均匀的红褐色，也可能具有网状斑纹。每枚鳞片底色灰白，点缀着褐色斑点。幼体体色为黑色，具有连续、不规则的偏红色横纹，头部鳞片染有黄色。巨箭蛇的腹面为棋盘状的杂色或密布斑点。有的标本全身颜色偏黑，也许是为了适应高海拔环境。

实际大小

相近物种

南美洲的箭蛇属 *Atractus* 是所有蛇类中物种最丰富的属，目前已经记录了 143 个物种。属名 "*Atractus*" 即为 "弓箭" 的意思。箭蛇属展现出高度的多样性与复杂性。箭蛇属从南美洲一直分布到中美洲的巴拿马东部，再往北则被亲缘关系接近的土蛇属（第 277～278 页）替代。

科名	食螺蛇科 Dipsadidae；食螺蛇亚科 Dipsadinae
风险因子	无毒
地理分布	南美洲：哥伦比亚、委内瑞拉、苏里南、法属圭亚那、巴西、秘鲁、玻利维亚
海拔	90 ～ 500 m
生境	低地原始热带雨林、河岸森林以及森林刚刚被砍伐后的地带
食物	蚯蚓及昆虫
繁殖方式	卵生，每次产卵 3 ～ 6 枚
保护等级	IUCN 未列入

成体长度
20½ ～ 24 in
(520 ～ 610 mm)

宽头箭蛇
Atractus latifrons
Broadhead Arrow Earthsnake
(Günther, 1868)

宽头箭蛇又称楔尾箭蛇，是箭蛇属中分布于亚马孙河流域的种类。南美洲北部的各个国家，除厄瓜多尔与圭亚那以外，都有它的踪迹。宽头箭蛇通常栖息于无人干扰的低地原始热带雨林或河岸森林里。但在森林刚刚被砍伐后的空旷地带，更容易找到宽头箭蛇。它是半穴居的蛇类，喜欢钻到森林地表的落叶堆中，寻找蚯蚓或其他昆虫。宽头箭蛇无毒，但不同个体之间颜色差异较大，有的个体颜色很像剧毒的珊瑚蛇（第 457～465 页），为避免混淆，需要小心。

宽头箭蛇体形细长，背鳞光滑，头部略尖，眼小，瞳孔圆形，尾较短。不同个体颜色差异很大，身上或为双色（黑色配黄色细环纹），或为三色（红色配黑-黄-黑交替环纹，或配黑-黄-黑-黄-黑交替环纹），还有的个体全身几乎只有一个颜色，只有头尾具环纹。幼体颜色较成体更鲜艳，老成体的环纹可能会因黑色素而变得不明显。

相近物种

身上具有三种颜色的宽头箭蛇，以及同属的其他一些物种，包括黑箭蛇 *Atractus elaps* 与圭亚那箭蛇 *A. badius*，与亚马孙河流域的其他一些蛇类一样，例如橡树红光蛇（第 311 页），都在模拟真正的珊瑚蛇。

实际大小

科名	食螺蛇科 Dipsadidae：食螺蛇亚科 Dipsadinae
风险因子	无毒
地理分布	北美洲：墨西哥中部
海拔	1650～1840 m
生境	喀斯特石灰岩上的云雾林以及松栎林
食物	蚂蚁和甲虫幼虫
繁殖方式	卵生，产卵量未知
保护等级	IUCN 濒危

成体长度
5～13¾ in
(130～350 mm)

270

红腹奔蛇
Chersodromus rubriventris
Red-Bellied Earthrunner
(Taylor, 1949)

红腹奔蛇仅分布于墨西哥的西马德雷山脉，主要在克雷塔罗州、圣路易斯波托西州和伊达尔戈州。它生活在高海拔喀斯特石灰岩斜坡上的云雾林或松栎林中。由于农业发展，红腹奔蛇的栖息地被改造以及呈斑块化，以致 IUCN 将其保护等级评为濒危。这种蛇生性隐秘，很难见到。白天它一般躲在腐朽的倒木、巨石或落叶堆下面。解剖标本发现，红腹奔蛇的胃中有甲虫幼虫与蚂蚁成体，所以人们推测它可能是夜晚在地表下觅食，但也不排除它会在地面上觅食。

相近物种

奔蛇属 *Chersodromus* 的另一物种——奔蛇 *C. liebmanni*，较红腹奔蛇更为常见，分布于墨西哥的瓦哈卡州与韦拉克鲁斯州。奔蛇属的近亲可能是中美洲的宁尼亚蛇属（第 283 页）。两者形态相似，生活习性也接近。

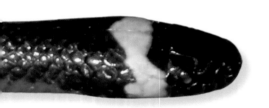

红腹奔蛇属于小型蛇类，背鳞光滑而有光泽，头部近方形，眼小，尾短。背面为黑色，腹面红色，颈部有黄色的宽环带，一直延伸至喉部。下颏为黑色。

实际大小

科名	食螺蛇科 Dipsadidae：食螺蛇亚科 Dipsadinae
风险因子	后沟牙，毒性轻微，对人类无害
地理分布	北美和中美洲：墨西哥、危地马拉、萨尔瓦多、洪都拉斯、尼加拉瓜、哥斯达黎加
海拔	0 ～ 1300 m
生境	干燥或湿润的热带落叶与常绿林
食物	蛙类、蜥蜴、小型蛇类以及爬行动物的卵
繁殖方式	卵生，每次产卵 1 ～ 6 枚
保护等级	IUCN 无危

成体长度
19¾ ～ 22½ in
(500 ～ 570 mm)

科氏泛美蛇
Coniophanes piceivittis
Mesoamerican Striped Snake
Cope, 1870

271

科氏泛美蛇又称中美洲泛美蛇，除尤卡坦半岛的伯利兹外，分布于墨西哥北部至哥斯达黎加之间的所有国家。在尤卡坦半岛，科氏泛美蛇被外形相近的施氏泛美蛇 *Coniophanes schmidti* 替代。科氏泛美蛇喜欢低海拔的湿润或干燥热带森林，包括落叶林与针叶林。科氏泛美蛇是陆栖蛇类，白天和夜晚都会出来活动，主要以蛙类和蜥蜴为食。它也捕食小型蛇类，比如盲蛇。还有记录说它会偷吃爬行动物的卵。科氏泛美蛇并不常见，人们往往在岩石或倒木下发现它。虽然泛美蛇属物种为后沟牙毒蛇，但它们的毒性微弱，对人类没什么危害。

科氏泛美蛇属于小型蛇类，背鳞光滑，头尖，与颈部区别明显，眼小，尾长。背面为黑色，背外侧有两条黄色纵纹，从眼上方一直延伸至尾部。腹面为浅褐色，延伸至体侧下方。

相近物种

科氏泛美蛇含有 3 个亚种，其中指名亚种 *Coniophanes piceivittis piceivittis* 分布于墨西哥至哥斯达黎加。还有一个北部亚种 *C. p. frangivirgatus* 分布于墨西哥韦拉克鲁斯州和塔毛利帕斯州。泛美蛇属还有另外 16 个物种，分布于墨西哥、中美洲以及加勒比地区西部的近海海岛上。与科氏泛美蛇同域分布的还有黄腹泛美蛇 *C. fissidens*、双斑泛美蛇 *C. bipunctatus* 和皇帝泛美蛇 *C. imperialis*。泛美蛇属与细蛇属（第 287 页）亲缘关系最接近。

实际大小

科名	食螺蛇科 Dipsadidae；食螺蛇亚科 Dipsadinae
风险因子	无毒
地理分布	中美洲与南美洲：巴拿马、哥伦比亚、厄瓜多尔
海拔	100 ~ 1520 m
生境	低地与低海拔山区的常绿林及林中空地
食物	未知，可能是蛙类或蜥蜴
繁殖方式	卵生，产卵量未知
保护等级	IUCN 数据缺乏，在当地为濒危物种

成体长度
19¾ ~ 27 in
(500 ~ 690 mm)

272

瓦氏异甲蛇
Diaphorolepis wagneri
Humpback Terrier Snake
Jan, 1863

瓦氏异甲蛇又称隆背狻蛇（由西班牙语 "Culebra terrier jorobada" 翻译而来）。它还有一个常用名叫厄瓜多尔食蛙蛇，但这个名字可能并不准确，因为连原作者都不清楚它是否以蛙或蜥蜴为食。这种非常罕见的蛇类的最大特点在于它脊背正中的鳞片变大并具两条棱。瓦氏异甲蛇分布于厄瓜多尔与哥伦比亚境内的安第斯山脉靠太平洋一侧，以及巴拿马东部的达连地区。它身手敏捷，生活在低地与低海拔山区的常绿阔叶林中，特别是靠近水源的地方。据称，雨后最容易见到瓦氏异甲蛇。有学者认为它是昼行性蛇类，有的则认为它是夜行性蛇类。瓦氏异甲蛇的种本名源于德国博物学家、旅行家莫里茨·瓦格纳（Moritz Wagner，1813—1887），是他采集到了这个物种的正模标本。

相近物种

异甲蛇属 *Diaphorolepis* 另一个物种是更为稀有的光滑异甲蛇 *D. laevis*，它是哥伦比亚的特有种。根据其种本名 *laevis*（拉丁语 "光滑" 的意思）推断，光滑异甲蛇的鳞片可能是光滑无棱的。异甲蛇属与南美洲的愈蛇属（第 293 页）亲缘关系最接近。

实际大小

瓦氏异甲蛇体形细长，鳞片起强棱，背脊中央的鳞片有双棱。鼻端扁平，颈部很细，与头部区别明显。眼大，瞳孔圆形。尾很长。背面为褐色，腹面、喉部、上唇鳞为亮黄色。两种颜色在腹部外侧相遇，界限分明。腹面正中略带褐色。尾腹面为纯褐色。

科名	食螺蛇科 Dipsadidae：食螺蛇亚科 Dipsadinae
风险因子	无毒
地理分布	北美洲和中美洲：墨西哥与伯利兹
海拔	0 ～ 300 m
生境	干燥的热带荆棘森林、季节性湿润森林
食物	蜗牛和蛞蝓
繁殖方式	卵生，每次产卵 2 ～ 5 枚
保护等级	IUCN 无危

成体长度
14½ ～ 20¾ in
(370～528 mm)

短面食螺蛇
Dipsas brevifacies
Yucatán Thirst Snake
(Cope, 1866)

273

中美洲与南美洲共有 36 种食螺蛇，其中短面食螺蛇是分布最靠北的种类，分布于尤卡坦半岛的墨西哥与伯利兹。短面食螺蛇为树栖夜行性蛇类，常见于干燥的热带多刺丛林。食螺蛇只吃蛞蝓与蜗牛。食螺蛇捕食蛞蝓时，会从尾部开始吞咽，而捕食蜗牛时，则需要先将蜗牛肉从壳里拽出来。食螺蛇会把蜗牛牢牢卷起来，把下颌伸进蜗牛壳，用尖牙钩住蜗牛肉，然后用力挤压蜗牛壳，抽出下颌而最终把蜗牛肉拽出。整个过程中，下颌腺分泌物会帮助食螺蛇制服蜗牛。

短面食螺蛇的体形极其纤细，身体侧扁，背鳞光滑，头圆而宽，眼大且突出，瞳孔呈竖直椭圆形，尾长。全身黑色，有光泽，均匀分布着橙粉色至红色的宽横纹，宽度约为黑色间距的二分之一至三分之一，头部的第一个横纹形成颈部环纹。

相近物种

短面食螺蛇的分布区内只有这一种食螺蛇，但人们有时会把它与同域分布的沙陀龙蝎蛇（第 296 页）混淆。沙陀龙蝎蛇的鳞片起弱棱，颏鳞具沟，而食螺蛇的背鳞光滑，颏鳞无沟。

实际大小

科名	食螺蛇科 Dipsadidae；食螺蛇亚科 Dipsadinae
风险因子	无毒
地理分布	南美洲：哥伦比亚、委内瑞拉、圭亚那地区、巴西、厄瓜多尔、秘鲁、玻利维亚、巴拉圭、阿根廷东北部
海拔	0～1000 m
生境	亚马孙河流域热带雨林
食物	蜗牛与蛞蝓
繁殖方式	卵生，每次产卵 2～6 枚
保护等级	IUCN 未列入

274

成体长度
23¾～31½ in,
偶见 35¾ in
(600～800 mm,
偶见 910 mm)

食螺蛇
Dipsas indica
South American Thirst Snake
Laurenti, 1768

食螺蛇体形细长，背鳞光滑，身体侧扁，尾长，具缠绕性，头圆，眼大，瞳孔呈竖直椭圆形。食螺蛇背面为浅褐色，伴有连续、不规则的深褐色马鞍形斑纹并散布着白斑。有的标本则背面几乎为单一颜色。腹面为纯白色。

食螺蛇可能是食螺蛇属分布最广、体形最大的种类，有的个体体长接近 1 m。它广泛分布于南美洲北部安第斯山脉以东的地区，从加勒比海岸到阿根廷北部都有它的踪迹。然而这种蛇并不常见，因为它属于夜行性蛇类，并且高度树栖，常常生活在树冠层。要想在茂密的亚马孙河流域与圭亚那热带雨林中碰到食螺蛇，并非易事。与同属的其他蛇类一样，食螺蛇也以蛞蝓和蜗牛为食。但由于它体形最大，所以可以捕食其他食螺蛇无法下口的大型蜗牛。具体捕食方法参见短面食螺蛇（第273 页）。

相近物种

在食螺蛇的分布区内，绝大多数是指名亚种 *Dispas indica indica*，在厄瓜多尔的种群则为厄瓜多尔亚种 *D. i. ecuadoriensis*。分布于巴西东南地区的皮氏食螺蛇 *D. petersi* 曾经也是食螺蛇的一个亚种。在世界范围内，食螺蛇属的物种都属于专吃蜗牛和蛞蝓的同功群（guild）。这类蛇也被两栖爬行动物学家戏称为"吃黏稠物的蛇"。

实际大小

科名	食螺蛇科 Dipsadidae：食螺蛇亚科 Dipsadinae
风险因子	后沟牙，毒性轻微，对人类无害
地理分布	中美洲与南美洲：洪都拉斯、尼加拉瓜、哥斯达黎加、巴拿马、哥伦比亚
海拔	0 ~ 1285 m
生境	低海拔潮湿森林、常绿林、长廊森林、干燥森林、稀树草原
食物	蛙类、蜥蜴、小型蛇类、爬行动物的卵
繁殖方式	卵生，每次产卵 2 ~ 5 枚
保护等级	IUCN 未列入

成体长度
19¾ ~ 21¼ in
(500 ~ 550 mm)

斯氏拟长尾蛇
Enuliophis sclateri
Colombian Longtail Snake
(Boulenger, 1894)

275

斯氏拟长尾蛇分布于洪都拉斯、尼加拉瓜、哥斯达黎加、巴拿马与哥伦比亚，生活在低海拔的湿润森林、常绿林以及沿河流两岸的长廊森林中。干燥森林和干旱稀树草原中也有它的踪迹。虽然斯氏拟长尾蛇在白天与夜晚都很活跃，但它行踪隐秘，喜欢在森林地表的落叶堆中或倒木下活动。斯氏拟长尾蛇以其他爬行动物和两栖动物为食，也包括爬行动物的卵，它会用长长的后沟牙刺穿蛋壳。这种蛇类的长尾巴非常脆弱，容易断掉。雌性通常产 2~5 枚卵。尽管有后沟牙和微弱毒性，斯氏拟长尾蛇对人类没有威胁。斯氏拟长尾蛇的种本名源于英国鸟类学家、生物地理学家菲利普·勒特利·斯考特（Philip Lutley Sclater，1829—1913）。

斯氏拟长尾蛇又细又长，背鳞光滑，头部圆，比颈部宽，尾很长。背面为深灰色至黑色，头部为明显的白色，眼周围与吻端带有黑色。

相近物种

斯氏拟长尾蛇曾经被归入长尾蛇属（第 276 页），有些学者依然认同这种分类学安排。

实际大小

科名	食螺蛇科 Dipsadidae：食螺蛇亚科 Dipsadinae
风险因子	后沟牙，毒性轻微，对人类无害
地理分布	中美洲：墨西哥西南部至哥伦比亚
海拔	0 ～ 1800 m
生境	低中海拔的干湿森林或落叶林、稀树草原、多刺灌丛
食物	白蚁、蚂蚁、爬行动物的卵
繁殖方式	卵生，每次产卵 1 ～ 2 枚
保护等级	IUCN 无危

成体长度
5¾ ～ 19¾ in
(400 ～ 500 mm)

276

黄颈长尾蛇
Enulius flavitorques
Pacific Longtail Snake
(Cope, 1869)

黄颈长尾蛇的分布区起始于墨西哥西南海岸的哈利斯科州，跨越中美洲，一直到哥伦比亚。这种蛇主要生活在海拔最高至 1800 m 的干湿森林中。它的栖息地还包括稀树草原和多刺丛林。黄颈长尾蛇白天与夜晚都会出来活动，不过这种半穴居的蛇类行踪隐秘，常躲在腐朽的倒木中、岩石下面或泥土的缝隙中。它以白蚁或蚂蚁及其幼虫为食，也偷吃爬行动物的卵。黄颈长尾蛇的学名表明这种蛇类有黄色的颈部，但颈部没有黄色、体色均一的标本并不少见。长尾蛇属的物种都有一条粗壮但脆弱的尾巴，很容易断掉。黄颈长尾蛇为卵生，每次产卵最多 2 枚。

黄颈长尾蛇为小型蛇类，非常纤细，背鳞光滑而有光泽，头圆，略宽于颈部，尾长。黄颈长尾蛇全身灰色，背面比腹面颜深。有的标本颈部有米色或黄色的颈部环纹，也有很多标本没有此环纹。

相近物种

长尾蛇属 *Enulius* 还有另外 3 个物种，包括濒危的罗阿坦岛长尾蛇 *E. ruatanensis* 和双窝长尾蛇 *E. bifoveatus*，均分布于洪都拉斯的海湾群岛。此外，寡线长尾蛇 *E. oligostichus* 分布于墨西哥南部。亲缘关系较近的斯氏拟长尾蛇（第 275 页）也曾经被归入长尾蛇属。黄颈长尾蛇包含 3 个亚种，其中 2 个（*E. f. sumichrasti* 和 *E. f. unicolor*）分布于墨西哥，而指名亚种则分布于中美洲。

实际大小

科名	食螺蛇科 Dipsadidae：食螺蛇亚科 Dipsadinae
风险因子	后沟牙，毒性轻微，对人类无害
地理分布	中美洲：哥斯达黎加、巴拿马
海拔	15 ～ 2115 m
生境	低海拔山区及低海拔热带雨林、高低不平的草场、森林被砍伐后的空旷地带
食物	蚯蚓
繁殖方式	卵生，每次产卵 3 ～ 6 枚
保护等级	IUCN 无危

成体长度
11¾ ~ 18 in
(300 ~ 460 mm)

短头土蛇
Geophis brachycephalus
Short-Headed Earthsnake
Cope, 1871

短头土蛇主要分布于哥斯达黎加中部以及巴拿马西部，巴拿马运河的东侧还有一个孤立的小种群，可能也是这个物种。短头土蛇的栖息地包括低海拔山区的热带雨林，以及低海拔山区草场和受生态干扰的区域，不过在海拔相对高的地方，更容易见到它。短头土蛇生活在岩石、倒木、落在地上的树枝和其他森林地表废弃物下面，和土蛇属其他物种一样，仅以蚯蚓为食。尽管有后沟牙与微弱的毒性，短头土蛇对人类完全无威胁。它不会咬人，即使咬了人也没有大碍。短头土蛇为卵生。

相近物种

土蛇属 *Geophis* 分布于中美洲，在生态位上替代了南美洲的箭蛇属（第 268～269 页），现已知有 50 个物种，其中个别物种进入了巴拿马东部或哥伦比亚的乔科省。哥伦比亚的种群本来被认为是短头土蛇，但现在被另立为黑白土蛇 *G. nigroalbus*。

短头土蛇是一种小型蛇类，背鳞起棱，头部钝平，眼小，尾短。背面为褐色、灰色或黑色，幼体有一个白色颈斑。身体外侧各有一道橙红色纵纹，或者是一列橙红色斑点，左右两侧斑点可能连接成横纹。腹面为纯白色。短头土蛇的头比同属其他物种更圆更短。

实际大小

科名	食螺蛇科 Dipsadidae：食螺蛇亚科 Dipsadinae
风险因子	后沟牙，毒性轻微，对人类无害
地理分布	北美洲：墨西哥
海拔	800 ~ 2600 m
生境	低海拔山区热带雨林
食物	蚯蚓，也可能包括其他软体无脊椎动物
繁殖方式	卵生，每次产卵最多 4 枚
保护等级	IUCN 数据缺乏

成体长度
11¾ ~ 16½ in
(300 ~ 420 mm)

278

宽额土蛇
Geophis latifrontalis
San Luis Potosí Earthsnake

Garman, 1883

宽额土蛇是土蛇属 *Geophis* 中分布最靠北的物种之一，该属物种都集中在中美洲和北美洲。宽额土蛇分布于墨西哥的圣路易斯波托西州、伊达尔戈州和克雷塔罗州，栖息地为低海拔山区热带雨林。它是一种半穴居的蛇类，生活在腐烂的倒木、岩石和森林地表废弃物下面，有时也出现在人们丢弃的垃圾堆下。与同属物种相同，宽额土蛇为卵生，每次最多产4枚卵。它以蚯蚓为食，也可能包括其他软体无脊椎动物。在防御捕食者的时候，宽额土蛇会从泄殖腔中分泌难闻的液体并抹到对方身上。宽额土蛇有后沟牙与微弱毒性，但对人类无威胁。

宽额土蛇为小型蛇类，背鳞光滑，头圆，眼小，尾短。有的个体背面为均一的褐色或灰色，有的个体背面有连续的橘黄色或橙红色环纹或断开的横纹。腹面为米色，可能散布着灰褐色的色斑。

相近物种

宽额土蛇包含 2 个亚种，即体色均一的指名亚种 *Geophis latifrontalis latifrontalis* 与身上带有红色环纹的山地亚种 *G. l. semiannulatus*。墨西哥还有土蛇属的另外30个物种，而美国则没有土蛇分布。

实际大小

科名	食螺蛇科 Dipsadidae：食螺蛇亚科 Dipsadinae
风险因子	无毒
地理分布	中美洲：危地马拉、洪都拉斯、尼加拉瓜、哥斯达黎加、巴拿马
海拔	0 ~ 1500 m
生境	低地和低海拔山区热带雨林中的溪流与水塘
食物	可能包括淡水虾类、鱼类或蛙类
繁殖方式	卵生，每次产卵 4 ~ 7 枚
保护等级	IUCN 无危

成体长度
28¾ ~ 33½ in
(730 ~ 850 mm)

水型蛇
Hydromorphus concolor
Central American Watersnake
Peters, 1859

279

水型蛇广泛分布于中美洲的危地马拉北部至巴拿马的区域，然而它并不常见。这是一种水栖或半水栖的蛇类，生活在低地和低海拔山区热带雨林中，常常出没于溪流边、水塘中或水塘四周。水型蛇会躲在腐烂的植被下或满是淤泥的水底。作为水栖种类，它的鼻孔位于头部靠上的位置，以方便探出水面呼吸。水型蛇在夜晚最为活跃，暴雨后有时会爬过路面。人们认为水型蛇主要以淡水虾类、鱼类或蛙类为食，但缺乏关于其食性的确凿报道。水型蛇为卵生，每次产卵 4~7 枚。水型蛇对人类不构成威胁。

水型蛇的身体呈圆柱形，背鳞光滑，带有光泽，头部狭窄，与颈部区分不太明显，眼小，尾短。背面为均匀的浅褐色或深褐色，可能散布深褐色斑点。腹面为黄色或浅褐色。

相近物种

水型蛇属的另一物种为邓氏水型蛇 *Hydromorphus dunni*，目前仅知分布于巴拿马西部的一处低海拔山区。水型蛇属与同样生活在中美洲的沼蛇属（第 294 页）亲缘关系最近。

实际大小

科名	食螺蛇科 Dipsadidae：食螺蛇亚科 Dipsadinae
风险因子	毒性轻微，对人类无害
地理分布	北美洲：加拿大、美国、墨西哥
海拔	0 ～ 1545 m
生境	沙漠和半沙漠
食物	蜥蜴、蟾蜍、蛇类、无脊椎动物、小型哺乳动物
繁殖方式	卵生，每次产卵 2 ～ 9 枚
保护等级	IUCN 未列入

成体长度
8～11¾ in,
偶见 23¾ in
(200～300 mm,
偶见 600 mm)

280

沙漠夜蛇
Hypsiglena chlorophaea
Desert Nightsnake
Cope, 1860

沙漠夜蛇为小型蛇类，背鳞光滑，头尖，与颈部区别明显，瞳孔呈竖直椭圆形。体色以淡色调为主，与沙漠环境相似，带有成排的灰白色或褐色色斑。颈部色斑较大，形成不贯通的颈斑。

沙漠夜蛇是夜蛇属中分布最靠北的物种，分布于加拿大的不列颠哥伦比亚省、美国西部、墨西哥奇瓦瓦州和索诺拉州。正如其名字所示，沙漠夜蛇为夜行性蛇类，出没于沙漠和半沙漠地带。白天，沙漠夜蛇钻入沙中，或躲进小型哺乳动物、爬行动物及蜘蛛的洞穴中，夜晚才出来捕食，主要食物为小型蜥蜴。沙漠夜蛇偶尔也会捕食其他小型蛇类、鼠类、蟾蜍和大型无脊椎动物。尽管沙漠夜蛇的毒液能麻痹小型猎物，但由于其体形小，缺乏大型后沟牙，又不主动咬人，所以对人类不构成威胁。夜间沙漠中的公路上有时能碰到这种夜蛇。

相近物种

沙漠夜蛇曾经被认为是夜蛇 *Hypsiglena torquata* 的一个亚种，夜蛇现在仅分布于墨西哥。沙漠夜蛇包含 4 个亚种，分别是指名亚种 *H. chlorophaea chlorophaea*、北部亚种 *H. c. deserticola*、梅萨维德亚种 *H. c. loreala* 和蒂岛亚种 *H. c. tiburonensis*。曾经的卡岛亚种已经被提升为种 *H. catalinae*。夜蛇属还包括另外 6 个物种，分布于美国西部与墨西哥。

实际大小

科名	食螺蛇科 Dipsadidae：食螺蛇亚科 Dipsadinae
风险因子	后沟牙，毒性轻微，对人类无害
地理分布	北美洲、中美洲和南美洲：墨西哥南部至阿根廷北部
海拔	0～2000 m
生境	低海拔山区的热带雨林或干燥森林、种植园、次生林
食物	蜥蜴与蛙类
繁殖方式	卵生，每次产卵 1～3 枚，偶有 8 枚
保护等级	IUCN 未列入

成体长度
3 ft 3 in～4 ft 3 in
(1.0～1.3 m)

皮带蛇
Imantodes cenchoa
Common Blunt-Headed Treesnake
Linnaeus, 1758

281

尽管皮带蛇并非珍稀物种，而且分布广泛，但却并不容易见到。这是因为它属于夜行性蛇类，又生活在树上，体色与周围环境混杂在一起，它长时间保持静止时，宛如藤蔓。皮带蛇主要生活在原始的干湿森林中，特别是靠近水源的地方，不过也会出现在种植园和次生林中。皮带蛇白天可能躲在凤梨科植物中或树皮下睡觉，难觅踪迹。有时它会爬到地面上，穿过小径。皮带蛇以蛙类和蜥蜴为食，特别是安乐蜥。皮带蛇会等安乐蜥睡觉的时候，利用微弱的毒液与绞杀的方式将其制服。

相近物种

皮带蛇属 *Imantodes* 包含有另外 7 个物种，其中白环皮带蛇 *I. gemmistratus*、棕皮带蛇 *I. inornatus* 和亚马孙皮带蛇 *I. lentiferus* 分布广泛，分布区与皮带蛇有部分重叠。其余 4 种皮带蛇的分布相对狭窄，分别分布于墨西哥尤卡坦州（*I. tenuissimus*）、巴拿马的达连隘口（*I. phantasma*）、哥伦比亚乔科省（*I. chocoensis*）和桑坦德省（*I. guane*）。皮带蛇属的外形与以蜗牛、蛞蝓为食的食螺蛇属（第 273～274 页）及钝蛇属（第 290～291 页）很相似。

实际大小

皮带蛇又细又长，身体侧扁，背鳞光滑，尾长，头部鼓起，眼大而突出，瞳孔呈竖直椭圆形。背面为橙色至棕黄色，带有连续的深橙色至红色、有黑边的马鞍形脊斑。虹膜黄色。

科名	食螺蛇科 Dipsadidae：食螺蛇亚科 Dipsadinae
风险因子	后沟牙，毒性轻微，对人类无害
地理分布	南美洲：巴拿马至阿根廷北部、特立尼达岛、多巴哥岛和玛格丽塔岛
海拔	0 ~ 2300 m
生境	低海拔或山地次生林、长廊森林、林边地带
食物	蛙类和蛙卵、蜥蜴
繁殖方式	卵生，每次产卵 3 ~ 6 枚
保护等级	IUCN 未列入

成体长度
15¾ ~ 27½ in，
偶见 31½ in
（400 ~ 700 mm，
偶见 800 mm）

282

大头蛇
Leptodeira annulata
Banded Cat-Eyed Snake
(Linnaeus, 1758)

大头蛇的体形较细长，身体侧扁，背鳞光滑，尾长，头部宽，眼大而突出，瞳孔呈竖直椭圆形。背面为褐色至橙色，带有黑色或深褐色菱形斑块或斑点，部分斑块可能连接成不规则的锯齿形图案。

大头蛇又称猫眼蛇，因为这种夜行性捕食者的瞳孔是竖直的，像猫一样。大头蛇生活在次生林、稀树草原林边地带、被人为干扰的环境以及河道附近的植被中。它以树蛙及蛙卵为食，也捕食蜥蜴。人们常在房屋四周见到这种蛇。虽然是半树栖的蛇类，大头蛇在夜里也会爬到地上。尽管大头蛇有后沟牙，但并不具有攻击性，其毒液对人类也无害。它广泛分布于南美洲北部、安第斯山脉以西的区域，也包括一些近海的岛屿，比如靠近委内瑞拉的特立尼达岛、多巴哥岛以及玛格丽塔岛。

相近物种

大头蛇包含 3 个亚种，分别是亚马孙河流域的指名亚种 *Leptodeira annulata annulata*、北部亚种 *L. a. ashmeadi* 和南部亚种 *L. a. pulchriceps*。除大头蛇外，大头蛇属 *Leptodeira* 有另外 11 个物种，其中北方大头蛇 *L. septentrionalis* 分布最北至美国得克萨斯州，贝氏大头蛇 *L. bakeri* 则分布于委内瑞拉和阿鲁巴岛。大头蛇属与树栖的皮带蛇属（第281页）亲缘关系较近。

实际大小

科名	食螺蛇科 Dipsadidae：食螺蛇亚科 Dipsadinae
风险因子	后沟牙，毒性轻微，对人类无害
地理分布	北美洲和中美洲：墨西哥南部、伯利兹、危地马拉、萨尔瓦多、洪都拉斯、尼加拉瓜、哥斯达黎加、巴拿马
海拔	0～2000 m
生境	低地及低海拔山区的热带雨林、干燥森林、稀树草原、牧场、咖啡种植园
食物	蚯蚓、蛞蝓、蜗牛
繁殖方式	卵生，每次产卵 1～4 枚
保护等级	IUCN 无危

成体长度
6～15¼ in
(150～386 mm)

283

赛氏宁尼亚蛇
Ninia sebae
Red Coffee Snake
(Duméril, Bibron & Duméril, 1854)

这种生活在森林地面的小型蛇类会拟态成中美洲的珊瑚蛇（第457～465页），但它其实对人类无害。赛氏宁尼亚蛇分布于墨西哥至巴拿马，常见于各种密闭森林和开阔环境中。白天时，它会躲在倒木下或落叶堆中，夜晚出来活动，以蚯蚓、蛞蝓、蜗牛为食，属于专吃蜗牛和蛞蝓的同功群（guild）。这类蛇被戏称为"吃黏稠物的蛇"，具有特殊的口腔分泌液，能够让它们在捕食滑溜溜的猎物的同时，口腔不被猎物防御性的黏液粘住。宁尼亚蛇属物种也被称为咖啡蛇，因为它们经常出没于咖啡种植园。赛氏宁尼亚蛇以荷兰收藏家、《自然奇珍》（*Cabinet of Natural Curiosities*）一书的作者阿尔韦图斯·塞巴（Albertus Seba，1665—1736）命名。

赛氏宁尼亚蛇体形短小，背鳞光滑，头部与颈部区别明显。眼小，瞳孔呈竖直椭圆形，尾较长。背面为红色至粉色，头顶为黑色，具有黑黄两色的颈斑。腹面为纯白色。

相近物种

赛氏宁尼亚蛇有 4 个亚种，其中 3 个亚种分别分布于墨西哥尤卡坦州（*Ninia sebae morleyi*）、危地马拉（*N. s. punctulata*）和尼加拉瓜东南部至巴拿马（*N. s. immaculata*）。指名亚种分布于剩余地区。宁尼亚蛇属 *Ninia* 还有另外 10 个物种，分布于墨西哥至特立尼达岛。其中，分布于洪都拉斯和萨尔瓦多的埃式宁尼亚蛇 *N. espinali* 被 IUCN 列为近危，而最近刚被发现的弗氏宁尼亚蛇 *N. franciscoi* 只有来自特立尼达岛的模式标本。

实际大小

科名	食螺蛇科 Dipsadidae：食螺蛇亚科 Dipsadinae
风险因子	后沟牙，毒性轻微，对人类无害
地理分布	中美洲和南美洲：洪都拉斯、尼加拉瓜、哥斯达黎加、巴拿马、哥伦比亚、厄瓜多尔
海拔	0 ~ 1000 m
生境	低地至低海拔山地雨林
食物	蛙类、蝾螈、可能还有蜥蜴
繁殖方式	卵生，每次产卵最多 3 枚
保护等级	IUCN 无危

成体长度
8~15 in,
偶见 17 in
(200~380 mm,
偶见 430 mm)

284

中美蛇
Nothopsis rugosus
Rough Coffee Snake

Cope, 1871

实际大小

中美蛇体形细长，最大特点为背鳞起强棱，头顶鳞片为颗粒状，尾较长，头部与颈部区别明显，眼小，瞳孔竖直。背面为深褐色或浅黄褐色，带有深褐色网纹、波浪线条纹和斑块。

在中南美洲的蛇类中，中美蛇的外形可谓独树一帜，曾被认为与闪皮蛇科的爪哇闪皮蛇（第551页）有关系。其特点包括头顶的鳞片分裂成众多粒鳞，以及头上和身上的背鳞起棱。背鳞起棱往往常见于蚺或蝮蛇。

中美蛇分布于洪都拉斯至厄瓜多尔，十分罕见，标本数量也很少。它生性隐秘，生活在热带雨林的地面上，常躲在倒木下或落叶堆中。这种蛇以蝾螈和小型蛙类为食，可能也捕食蜥蜴。中美蛇具有扩大的后沟牙，还可能有达氏腺，但对人类没有威胁。

相近物种

中美蛇属为单型属。尽管长相怪异，但中美蛇其实与其他中美洲的蛇类关系较近，例如皮带蛇（第281页）和大头蛇（第282页）。

科名	食螺蛇科 Dipsadidae：食螺蛇亚科 Dipsadinae
风险因子	后沟牙，有毒
地理分布	北美洲和中美洲：墨西哥南部、危地马拉、伯利兹、洪都拉斯、萨尔瓦多
海拔	0～1980 m
生境	低地和低海拔山区雨林和干燥森林、咖啡种植园、农耕地
食物	蛙类、蝾螈、两栖动物卵
繁殖方式	卵生，每次产卵4～8枚
保护等级	IUCN 无危

成体长度
11¾～19¾ in，
偶见 30¼ in
(300～500 mm，
偶见 780 mm)

异色伪珊瑚蛇
Pliocercus elapoides
Variegated False Coralsnake
Cope, 1860

285

异色伪珊瑚蛇分布于墨西哥和中美洲北部的大部分地区，种群之间体色差异很大，给物种鉴定带来困难。异色伪珊瑚蛇完美地拟态成几种剧毒的珊瑚蛇（第457～465页），而且不同种群会匹配当地的珊瑚蛇种类。虽然异色伪珊瑚蛇的毒液对人而言并不致命，但还是应该避免被咬到，因为其毒液会造成局部疼痛与肿胀，严重时会让人疼痛难耐，伤口组织发生变色，需要数星期才能恢复。异色伪珊瑚蛇栖息于干湿森林、咖啡种植园或其他耕地中，白天和夜晚都会在地面上活动。它以蛙类、蜥蜴和两栖动物卵为食。

异色伪珊瑚蛇体形中等粗细，头圆，与颈部区别明显，瞳孔圆形，背鳞光滑，尾尖容易断掉。很多种群拟态成珊瑚蛇，具有红-黄-黑-黄-红的横纹。亚种 *P. e. wilmarai* 的某些个体没有黑色横纹。

相近物种

异色伪珊瑚蛇有5个亚种，分别分布于墨西哥普埃布拉州至恰帕斯州（*Pliocercus elapoides elapoides*）、墨西哥韦拉克鲁斯州至尤卡坦州和洪都拉斯（*P. e. aequalis*）、墨西哥瓦哈卡州至危地马拉（*P. e. diastema*）、瓦哈卡州靠太平洋一侧海岸（*P. e. occidentalis*）以及韦拉克鲁斯州靠加勒比海一侧海岸（*P. e. wilmarai*）。伪珊瑚蛇属 *Pliocercus* 还包括另外3个物种，其中安氏伪珊瑚蛇 *P. andrewsi* 分布于尤卡坦半岛北部，双色伪珊瑚蛇 *P. bicolor* 分布于墨西哥塔毛利帕斯州至委内瑞拉，南方伪珊瑚蛇 *P. euryzonus* 分布于危地马拉至秘鲁。伪珊瑚蛇属与棍尾蛇属（第297页）亲缘关系较近。

实际大小

科名	食螺蛇科 Dipsadidae：食螺蛇亚科 Dipsadinae
风险因子	后沟牙，毒性轻微，对人类无害
地理分布	北美洲：墨西哥南部
海拔	100 ～ 1800 m
生境	热带半阔叶林
食物	蜥蜴和蛙类
繁殖方式	卵生，产卵量未知
保护等级	IUCN 无危

成体长度
15¾ ～ 19¾ in，
偶见 27½ in
（400～500 mm，
偶见 700 mm）

286

伪大头蛇
Pseudoleptodeira latifasciata
False Cat-Eyed Snake
(Günther, 1894)

伪大头蛇身体侧扁，背鳞光滑，尾部较长，头部与颈部区别明显，眼较大，瞳孔呈竖直椭圆形。头部发白，每枚鳞片上都有黑色斑纹。头顶与颈部为红色，后颈有一个黑色斑纹。身体为白色，具有黑色或褐色的马鞍形宽斑纹，有的斑纹几乎闭合，形成环纹。白色部分基本无杂色，相对于深色斑纹较窄。

伪大头蛇分布于墨西哥西南部的科利马州、瓦哈卡州、格雷罗州、米却肯州、莫雷洛斯州、普埃布拉州以及哈利斯科州。它的斑纹色彩反差很大，生活在热带半阔叶林和沿海低地森林中的地面。伪大头蛇为夜行性蛇类，因此并不常见。虽然伪大头蛇与大头蛇（第282页）在外形上极其相似，但两者关系并不大，有许多分类学上重要的区别。例如伪大头蛇的后沟牙无沟，而大头蛇的后沟牙有深沟。伪大头蛇经常穿墙入室，搜寻壁虎。它也会捕食蛙类。人们对伪大头蛇了解并不多，认为它应该为卵生，但每次产卵量未知。

相近物种

尽管伪大头蛇的外形与大头蛇属的物种相似，但它其实与夜蛇属（第280页）关系更接近，也曾经被归到后者之中。伪大头蛇属现为单型属，乌氏伪大头蛇 *Pseudoleptodeira uribei* 被划入了大头蛇属，成为乌氏大头蛇 *Leptodeira uribei*。

实际大小

科名	食螺蛇科 Dipsadidae：食螺蛇亚科 Dipsadinae
风险因子	后沟牙，毒性轻微，对人类无害
地理分布	北美洲、中美洲和南美洲：墨西哥东南部、伯利兹、危地马拉、洪都拉斯、尼加拉瓜、哥斯达黎加、巴拿马、哥伦比亚、厄瓜多尔
海拔	0～1750 m
生境	低地和低海拔山区雨林、次生林、咖啡种植园
食物	蛙类、蝶螈、两栖动物卵、蜥蜴、蚯蚓
繁殖方式	卵生，每次产卵 1～4 枚
保护等级	IUCN 未列入

成体长度
13¾～15¾ in，
偶见 18½ in
（350～400 mm，
偶见 470 mm）

丽细蛇
Rhadinaea decorata
Central American Graceful Brownsnake
(Günther, 1858)

丽细蛇的分布区包括墨西哥东南部和整个中美洲，一直到南美洲西北部的哥伦比亚和厄瓜多尔。它属于昼行性蛇类，生活在低地和低海拔山区雨林的落叶堆中。丽细蛇偶尔也出没于次生林和咖啡种植园，不过更偏好原始森林。丽细蛇以陆栖蛙类和它们的卵为食，也捕食蝶螈、蜥蜴和蚯蚓。阴天或雨后是丽细蛇最活跃的时间。作为一种小型蛇类，丽细蛇每次最多产 4 枚卵。

相近物种

细蛇属共有 23 个物种，又被称为森林蛇或落叶堆蛇，其中 11 个物种属于丽细蛇种组。该种组中，仅丽细蛇在墨西哥以外有分布。细蛇属与倭细蛇属（第 289 页）、带茎蛇属（第 340 页）亲缘关系接近。

丽细蛇体形纤细，背鳞光滑，尾长且易折断，头窄而尖，与颈部区别明显，眼较大，瞳孔圆形。背面为深褐色。具两条纵纹，始于颈部，开始为黄色，延伸至身体后变宽，转为浅褐色。唇部有一条白色细纹。另有白色或黄色条纹延伸至眼后。

实际大小

科名	食螺蛇科 Dipsadidae：食螺蛇亚科 Dipsadinae
风险因子	后沟牙，毒性轻微，对人类无害
地理分布	北美洲：美国东南部
海拔	0 ～ 190 m
生境	低洼松树林、沼泽高地阔叶林、沿海湿地
食物	蛙类、蝾螈、蜥蜴
繁殖方式	卵生，每次产卵 1 ～ 4 枚
保护等级	IUCN 无危

成体长度
9¾ ～ 11¾ in,
偶见 15¾ in
(250 ～ 300 mm,
偶见 400 mm)

288

黄细蛇
Rhadinaea flavilata
Pinewoods Snake
(Cope, 1871)

实际大小

黄细蛇为小型蛇类，背鳞光滑，尾短，尾尖具刺，头略宽于颈部，眼较大，瞳孔圆形。背面为红褐色，腹面颜色稍浅，唇部黄色或白色，虹膜红色。

黄细蛇是细蛇属唯一分布在美国的物种，分布于南、北卡罗来纳州至佛罗里达州，最西至路易斯安那州南部和密西西比州。在佛罗里达州沼泽高地阔叶林、低洼松树林，以及南、北卡罗来纳州沿海的湿地与小岛上，都能找到黄细蛇。这种蛇为半穴居，生活在倒木或树皮下，或者藏在沙土中。据说黄细蛇会在干旱季节躲在淡水螯虾的洞穴里夏蛰。它的食物包括小型蛙类、蝾螈和蜥蜴。黄细蛇微弱的毒液能帮它制服猎物。与其他小型蛇类一样，黄细蛇有许多天敌，比如食蛇性的蛇类、猛禽和肉食性哺乳动物。同样威胁到黄细蛇生存的因素还有生境破坏、呈斑块化和被改造。黄细蛇不会咬人，但会从泄殖腔喷出刺激性的液体。

相近物种

黄细蛇是细蛇属 *Rhadinaea* 唯一分布在美国的物种。它的近缘种可能是分布于墨西哥中部的冠细蛇 *R. laureata*。

科名	食螺蛇科 Dipsadidae：食螺蛇亚科 Dipsadinae
风险因子	后沟牙，毒性轻微，对人类无害
地理分布	中美洲：哥斯达黎加
海拔	1160～2200 m
生境	低海拔山区湿润森林和雨林
食物	爬行动物的卵
繁殖方式	卵生，每次产卵最多 6 枚
保护等级	IUCN 无危

成体长度
14～17½ in
(360～445 mm)

束带倭细蛇
Rhadinella serperaster
Costa Rican Graceful Brownsnake
(Cope, 1871)

289

束带倭细蛇仅分布于哥斯达黎加中北部塔拉曼卡山脉的中低海拔山区。这种小型蛇类主要生活在雨林地表的倒木下，但人们也曾在深至 50 cm、松软湿润的雨林土壤中发现它的踪迹。据称束带倭细蛇以爬行动物的卵为食，特别是土蛇属物种（第 277～278 页）的卵。虽然严格讲束带倭细蛇有毒，但它不具攻击性，对人类无威胁。束带倭细蛇为卵生，每次最多产 6 枚卵。

相近物种

倭细蛇属 *Rhadinella* 包含了 19 个物种，基本都曾被划在戈氏细蛇 *Rhadinaea godmani* 种组中，现在挪到了新建的倭细蛇属。大部分倭细蛇的分布都很狭窄。哥斯达黎加仅有的另一种倭细蛇就是戈氏倭细蛇 *Rhadinella godmani*。

束带倭细蛇体形细小，背鳞光滑，尾短，头略尖，眼小，瞳孔圆形。头顶为深褐色，唇部为白色，身体为褐色，带有数条棕黄色和深褐色纵纹。

实际大小

科名	食螺蛇科 Dipsadidae：食螺蛇亚科 Dipsadinae
风险因子	无毒
地理分布	中美洲：洪都拉斯、尼加拉瓜、哥斯达黎加、巴拿马
海拔	0 ～ 800 m
生境	低海拔山区湿润森林和雨林
食物	蛞蝓和蜗牛，可能还包括蚯蚓
繁殖方式	卵生，产卵量未知
保护等级	IUCN 无危

成体长度
19¾ ~ 27½ in
(500 ~ 700 mm)

290

中美钝蛇
Sibon longifrenis
Lichen Snail-Eater
(Stejneger, 1909)

中美钝蛇分布于洪都拉斯、尼加拉瓜、哥斯达黎加以及巴拿马，生活在低海拔湿润森林和雨林中，特别是靠近水源的地方。它是夜行性树栖蛇类，加上全身具有保护色，因此很难被人发现。人们对中美钝蛇的了解也不如同属其他物种多。它的体色与睫角棕榈蝮（第558页）非常接近，不过这到底是巧合还是拟态尚不清楚。中美钝蛇以蛞蝓和蜗牛为食，在进食蜗牛时，会用下颌齿钩住蜗牛肉并将其拽出壳外。它也会捕食蚯蚓。中美钝蛇与同属其他物种一样，均为卵生，但每次产卵量未知。

中美钝蛇身体侧扁，尾长，头宽，眼突出。瞳孔如猫，呈竖直椭圆形。背面为复杂的绿色、褐色和灰色苔藓状花斑，体侧下方点缀有白色斑点。

相近物种

中美钝蛇在外形上与新近发现的哥斯达黎加钝蛇 *Sibon lamari* 相似。哥斯达黎加还有另外 9 种以蜗牛为食的蛇类，其中钝蛇属有 5 种，食螺蛇属有 3 种，以及沙陀龙谒蛇（第 296 页）。

实际大小

科名	食螺蛇科 Dipsadidae：食螺蛇亚科 Dipsadinae
风险因子	无毒
地理分布	北美洲、中美洲和南美洲：墨西哥东南部至巴西与厄瓜多尔、圭亚那地区、特立尼达和多巴哥、玛格丽塔岛
海拔	0 ~ 2630 m
生境	低海拔山区湿润森林和雨林、干燥森林、长廊森林、次生林
食物	蛞蝓和蜗牛，可能包括树蛙的卵
繁殖方式	卵生，每次产卵 3 ~ 9 枚
保护等级	IUCN 未列入

成体长度
27½ ~ 32¾ in
(700 ~ 830 mm)

钝蛇
Sibon nebulatus
Cloudy Snail-Eater
(Linnaeus, 1758)

钝蛇是钝蛇属分布最广的物种，从墨西哥南部一直到安第斯山脉以西的厄瓜多尔和以东的圭亚那地区都有它的踪迹。它主要生活在中低海拔的各种雨林与湿润森林中，但也出没于干燥森林、沿河的长廊森林以及次生林。与同属其他物种相似，钝蛇为夜行性树栖蛇类，以蛞蝓和蜗牛为食。当树栖性蜗牛大量聚集到树上时，会吸引数量众多的钝蛇前来捕食。如果树上没有蜗牛，就不会有钝蛇。人们认为钝蛇也取食树蛙的卵。由于钝蛇会进入民宅，爬上房梁，所以并不难见到。

钝蛇体形细长，身体侧扁，尾长，头宽，眼突出，瞳孔呈竖直椭圆形。背面为灰色，带有不规则的深灰色环纹，并在腹部闭合。环纹边缘色浅，环纹之间有深色碎斑。个体之间斑纹差异可能较大。

相近物种

钝蛇属 *Sibon* 包含了 16 个物种，均以蜗牛为食，其中钝蛇的分布区最广，外观与同属蛇类都不相似。与钝蛇亲缘关系最接近的物种是分布于洪都拉斯与萨尔瓦多的卡氏钝蛇 *S. carri* 和分布于厄瓜多尔的邓氏钝蛇 *S. dunni*，这三者共同组成了钝蛇种组。

实际大小

科名	食螺蛇科 Dipsadidae；食螺蛇亚科 Dipsadinae
风险因子	无毒
地理分布	南美洲：巴西东南部
海拔	0 ～ 640 m
生境	低海拔山区干湿森林、市郊和被人为干扰的区域
食物	蛞蝓和蜗牛
繁殖方式	卵生，产卵量未知
保护等级	IUCN 未列入

成体长度
19¾ ～ 27½ in
(500 ～ 700 mm)

292

钮氏茅形蛇
Sibynomorphus neuwiedi
Eastern Slug-Eater
(Ihering, 1911)

钮氏茅形蛇的体形较粗壮，身体侧扁，背鳞光滑，头宽，眼小而突出，瞳孔竖直。背面淡褐色，带有深褐色宽横纹。左右两侧横纹可能在背脊正中相连，也可能不相连，样式多变。

钮氏茅形蛇分布于巴西东南部的巴伊亚州至南里奥格兰德州，也分布于圣塞巴斯蒂昂岛和圣维森特岛。它主要生活在大西洋沿岸的森林中，但也出没于市郊和被人为干扰的区域。与纯树栖的钝蛇属或食螺蛇属不同，茅形蛇属物种为陆栖或半树栖，以地面的蜗牛和蛞蝓为食。这些蛇被统称为"吃黏稠物的蛇"。它们的口腔里有专门的腺体，能分泌特殊的毒液，来化解猎物自身的黏液，否则蛇嘴就会被黏液粘住。这种蛇毒对人无害，这些蛇本身也不具有攻击性。在巴西，捕食蜗牛和蛞蝓的蛇被称为睡蛇。钮氏茅形蛇的种本名来源于德国博物学家维德–钮维德亲王马克西米利安·亚历山大·菲利普（Maximilian Alexander Philipp，Prince of Wied-Neuwied，1782—1867），他曾在亚马孙河流域考察。

相近物种

茅形蛇属 *Sibynomorphus*[1]包含了 11 种分布于南美洲、以蜗牛或蛞蝓为食的蛇类。除了钮氏茅形蛇，巴西还有白环茅形蛇 *S. mikanii*、斑腹茅形蛇 *S. ventrimaculatus* 以及玻利维亚茅形蛇 *S. turgidus*。

---

[1] 目前，茅形蛇属被作为食螺蛇属 *Dipsas* 的同物异名。——译者注

实际大小

科名	食螺蛇科 Dipsadidae：食螺蛇亚科 Dipsadinae
风险因子	无毒
地理分布	南美洲：哥伦比亚
海拔	200～1700 m
生境	低地雨林、安第斯山脉云雾林
食物	未知，可能为蜥蜴
繁殖方式	卵生，每次产卵 2～8 枚
保护等级	IUCN 未列入

成体长度
8～15¾ in,
偶见 31½ in
(200～400 mm,
偶见 800 mm)

双色愈蛇
Synophis bicolor
Bicolored Fishing Snake
Peracca, 1896

293

愈蛇属物种又被称为食鱼蛇，然而这仅仅是个误称，因为没有任何证据表明该属的 9 个物种以鱼类为食。关于愈蛇属物种的食性并没有准确的记录，估计以小型蜥蜴为主。愈蛇属的模式物种为双色愈蛇，分布于哥伦比亚的中低海拔地区。根据最新研究，双色愈蛇实际上可能包含 3 个外形相似但又有细微区别的物种，它们分别分布于厄瓜多尔乔科地区、厄瓜多尔境内的安第斯山脉和哥伦比亚境内的安第斯山脉。其中一种生活在低海拔的雨林中，另外两种则生活在安第斯山脉的云雾林中。这 3 个疑似物种的标本都采自靠近地面的灌木或落叶堆中。据称双色愈蛇在白天和夜晚都很活跃。

双色愈蛇体形细长，身体侧扁，背鳞起棱，头较宽，眼突出，瞳孔圆形，尾长。蛇如其名，双色愈蛇身体有两种颜色，背面为褐色，腹面为鲜黄色。

相近物种

愈蛇属 *Synophis* 包含 9 个物种，其中 2001 年发表、分布在哥伦比亚的绞椎愈蛇 *S. plectovertebralis* 被 IUCN 列为极危。与愈蛇属亲缘关系较近的有小眼蛇属 *Emmochliophis* 和异甲蛇属（第 272 页）。

实际大小

科名	食螺蛇科 Dipsadidae：食螺蛇亚科 Dipsadinae
风险因子	无毒
地理分布	北美洲、中美洲和南美洲：墨西哥东南部、危地马拉、伯利兹、洪都拉斯、尼加拉瓜、哥斯达黎加、巴拿马、哥伦比亚
海拔	0 ~ 1260 m
生境	低地湿润森林、树沼泽、淡水溪流、红树林
食物	鱼类、蛙类、蝌蚪
繁殖方式	卵生，每次产卵 6 ~ 9 枚
保护等级	IUCN 无危

成体长度
雄性
8 ~ 25¼ in
(200 ~ 640 mm)

雌性
22¾ ~ 35¾ in
(575 ~ 900 mm)

294

橙腹沼蛇
Tretanorhinus nigroluteus
Orange-Bellied Swamp Snake
Cope, 1861

橙腹沼蛇分布于墨西哥东南部至哥伦比亚一带的中低海拔地区，包括中美洲、洪都拉斯的海湾群岛和尼加拉瓜的马伊斯群岛。在某些地方，这是种极为常见的蛇类，但在哥斯达黎加，它的数量稀少得多。橙腹沼蛇生活在水栖环境中，夜晚尤为活跃，从淡水溪流和树沼泽到半海水的红树林都能有它的踪迹。它的食物包括小鱼、蛙类及蝌蚪。橙腹沼蛇要么四处游走，搜寻猎物，要么在水底潜伏，伺机出击。休息的时候，橙腹沼蛇会把吻部露出水面，如果危险来临，就马上潜入水中逃走。涉禽和其他水鸟会捕食体形偏小的橙腹沼蛇。

橙腹沼蛇的背鳞光滑而有光泽，尾长，头部窄但与颈部区别明显，眼小。背面为褐色，腹面为鲜艳的橙色，两种颜色的分界线位于体侧偏下的位置。

相近物种

某些学者认为橙腹沼蛇包含了 4 个亚种，但亚种之间界限并不清楚，因此常常不被学术界承认。美洲沼蛇属 *Tretanorhinus* 还包含了另外 3 个物种，分别是分布于巴拿马和厄瓜多尔的莫氏沼蛇 *T. mocquardi*，分布于哥伦比亚和厄瓜多尔的条带沼蛇 *T. taeniatus*，以及分布于古巴和开曼群岛的加勒比沼蛇 *T. variabilis*。

实际大小

科名	食螺蛇科 Dipsadidae：食螺蛇亚科 Dipsadinae
风险因子	无毒
地理分布	中美洲：巴拿马
海拔	0 ～ 1100 m
生境	低海拔雨林、次生林、花园和农田
食物	可能是蝾螈或蜥蜴
繁殖方式	推测为卵生，每次产卵 1 ～ 2 枚
保护等级	IUCN 易危

成体长度
8～11¾ in
(200～300 mm)

巴氏单前额鳞蛇

Trimetopon barbouri
Canal Zone Groundsnake

Dunn, 1930

295

巴氏单前额鳞蛇仅分布于巴拿马，包括巴罗科罗拉多岛。人们最初以为它仅分布于巴拿马运河附近，后来在巴拿马其他地方也发现了它的踪迹。由于栖息地丧失，巴氏单前额鳞蛇被 IUCN 列为易危物种。这是种半穴居的蛇类，生活在雨林和次生林中的落叶堆中，但也出没于花园和农田。巴氏单前额鳞蛇喜欢晨昏时出来活动，食性未知。根据同属其他物种以蝾螈和蜥蜴为食来推断，巴氏单前额鳞蛇或许也捕食相同的猎物。类似的情况还包括其繁殖特性。根据同属物种的资料，巴氏单前额鳞蛇应该为卵生且每次产卵量很少。巴氏单前额鳞蛇的种本名来源于美国动物学家托马斯·巴伯（Thomas Barbour，1884—1946），他曾对中美洲物种情有独钟。

实际大小

巴氏单前额鳞蛇为小型蛇类，背鳞光滑，身体细长，头部与颈部区分不明显，眼中等大小，瞳孔圆形。背面为褐色，带有两条浅褐色但边缘为深色的纵纹。体侧下部为灰色，腹面为白色。部分标本颈部有一对灰白色斑点。

相近物种

单前额鳞蛇属 *Trimetopon* 还包括另外5 个物种，分布于哥斯达黎加和巴拿马西部，均生活在落叶堆中。它们是纤细单前额鳞蛇 *T. gracile*、多鳞单前额鳞蛇 *T. pliolepis*、似单前额鳞蛇 *T. simile*、莱氏单前额鳞蛇 *T. slevini*、维氏单前额鳞蛇 *T. viquezi*。

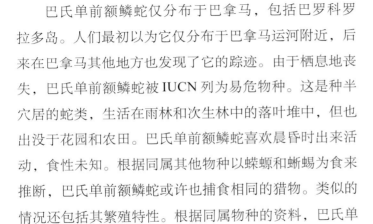

科名	食螺蛇科 Dipsadidae：食螺蛇亚科 Dipsadinae
风险因子	后沟牙，毒性轻微，对人类无害
地理分布	北美洲和中美洲：墨西哥、危地马拉、伯利兹、洪都拉斯、萨尔瓦多、尼加拉瓜、哥斯达黎加
海拔	0 ～ 2440 m
生境	低海拔干燥森林和长廊森林、低地和山麓处的湿润森林和次生林
食物	蛞蝓和蜗牛
繁殖方式	卵生，每次产卵 3 ～ 5 枚
保护等级	IUCN 无危

成体长度
雄性
15¾ ～ 28¼ in
（400 ～ 720 mm）

雌性
15¾ ～ 34 in
（400 ～ 860 mm）

296

沙陀龙谒蛇
Tropidodipsas sartorii
Sartorius' Terrestrial Snail-Sucker
Cope, 1863

沙陀龙谒蛇的背鳞光滑而有光泽，尾长，头圆，眼小而突出。身体为黑色，带有均匀分布的黄色环纹。第一个环纹位于头后方。

绝大部分以蜗牛为食的蛇类都是树栖种类（比如食螺蛇属，第 273 ～ 274 页，以及钝蛇属，第 290 ～ 291 页），而龙谒蛇属的物种却主要在地上生活。沙陀龙谒蛇是属内分布最广的物种，从墨西哥南部到哥斯达黎加都有它的踪迹。沙陀龙谒蛇为夜行性蛇类，生活在低海拔的热带干湿森林、长廊森林、山麓湿润森林以及次生林中，尤其是在有石灰岩的区域。它会钻进石灰岩的洞穴和缝隙中搜寻猎物或寻找藏身之处。沙陀龙谒蛇只以蜗牛和蛞蝓为食，利用口腔分泌液中的毒素制服猎物并化解这些软体动物自身的黏液。沙陀龙谒蛇的种本名来源于德国博物学家克里斯蒂安·卡尔·威廉·赛多利斯（Christian Carl Wilhelm Sartorius，1796—1872），他曾在墨西哥采集标本。

相近物种

沙陀龙谒蛇包含 2 个亚种，分别是墨西哥亚种 *Tropidodipsas sartorii macdougalli* 和分布于中美洲的指名亚种 *T. s. sartorii*。龙谒蛇属 *Tropidodipsas* 还有另外 6 个分布于拉丁美洲的物种，分别是西部龙谒蛇 *T. annulifera*、环纹龙谒蛇 *T. fasciata*、费式龙谒蛇 *T. fischeri*、菲氏龙谒蛇 *T. philippii*、索诺拉龙谒蛇 *T. repleta* 以及兹氏龙谒蛇 *T. zweifeli*。

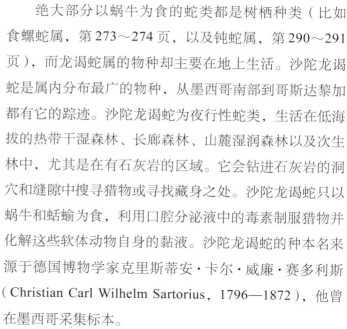

实际大小

科名	食螺蛇科 Dipsadidae：食螺蛇亚科 Dipsadinae
风险因子	后沟牙，毒性轻微，对人类无害
地理分布	中美洲：洪都拉斯、尼加拉瓜、哥斯达黎加、巴拿马
海拔	0 ～ 2100 m
生境	低地及低海拔山区干湿森林
食物	蛙类、蚓螈、蜥蜴
繁殖方式	卵生，每次产卵 3 ～ 5 枚
保护等级	IUCN 无危

成体长度
11¾ ～ 19¼ in,
偶见 26½ in
(300 ～ 490 mm,
偶见 670 mm)

耿氏棍尾蛇
Urotheca guentheri
Günther's Brownsnake
(Dunn, 1938)

297

　　耿氏棍尾蛇分布于洪都拉斯东北部至巴拿马中部的中低海拔雨林中，尤其偏爱石灰岩环境，以躲藏在其中的蛙类、蚓螈、蜥蜴为食。耿氏棍尾蛇为昼行性蛇类，行踪隐秘，休息时常躲在腐朽的倒木中或落叶堆下。棍尾蛇属物种都有长长的尾巴，但许多个体的尾巴都残缺不全，因为它们会采取类似于蜥蜴中石龙子和壁虎的断尾方式来逃避捕食者。但是与蜥蜴不同，蛇类自行断尾之后无法再长出新的尾巴。耿氏棍尾蛇的种本名来源于阿尔伯特·耿托（Albert Günther，1830—1914），他是一位出生于德国的动物学家，曾在大英自然历史博物馆工作。

耿氏棍尾蛇为小型蛇类，背鳞光滑，尾长且易折断，头与颈部略有区分，眼中等大小，瞳孔圆形。背面为褐色，腹面为橙色，体侧各有两条黄色细纵纹，位于上方的纵纹始于颈部的黄色圆斑。

相近物种

　　棍尾蛇属还包含有另外 7 个物种，分布于洪都拉斯至秘鲁一带。棍尾蛇属与细蛇属（第 287～288 页）和伪珊瑚蛇属（第 285 页）亲缘关系较近。

实际大小

科名	食螺蛇科 Dipsadidae：异齿蛇亚科 Xenodontinae
风险因子	后沟牙，毒性轻微，对人类无害
地理分布	西印度群岛：大鸟岛（安提瓜和巴布达）
海拔	0 ～ 30 m
生境	开阔干燥且多岩石的灌木丛林地
食物	蜥蜴和小型哺乳动物
繁殖方式	卵生，每次产卵最多 11 枚（数据来源于 2 号雌性标本）
保护等级	IUCN 极危，作为安提瓜树栖蛇的亚种

成体长度
23¾ ～ 30½ in,
偶见 3 ft 3 in
(600 ～ 776 mm,
偶见1.0m)

塞氏树栖蛇
Alsophis sajdaki
Great Bird Island Racer

Henderson, 1990

塞氏树栖蛇的背鳞光滑，头部略长而尖，眼小，瞳孔圆形。这种蛇为雌雄异色，雄性为深褐色，伴有米色斑纹，而雌性为银灰色，伴有浅褐色斑纹。个体的斑纹可能是块状、条纹状或斑点状。雌性比雄性个体稍大，头也更大一些。

塞氏树栖蛇曾经被认为是安提瓜树栖蛇 *Alsophis antiguae* 的亚种之一。它是世界上最濒危的蛇类之一，其中安提瓜种群在 19 世纪末就已经处于灭绝的边缘，原因是鼠类的意外引入，以及后来人们又特意引入了獴来试图控制鼠类。到了 1995 年，大鸟岛上的塞氏树栖蛇只剩下 50～70 条。通过各项保育措施的实施，包括消灭鼠类、人工繁殖以及重新引入到约克岛、格林岛和兔子岛，塞氏树栖蛇的数量已经恢复到超过 1000 条。这种蛇对人类无威胁，喜欢白天活动，生活在布满岩石的灌木丛林地中，以蜥蜴和小鼠类为食。它的捕猎方式为藏在落叶堆中伏击猎物。根据 IUCN 的数据，塞氏树栖蛇的保护现状为极危。塞氏树栖蛇的种本名来源于美国两栖爬行动物学家理查德·A. 塞达克（Richard A. Sajdak）。

相近物种

除了塞氏树栖蛇和安提瓜树栖蛇以外，树栖蛇属 *Alsophis* 还包括另外 7 个物种，分别是安的列斯树栖蛇 *A. antillensis*、多米尼加树栖蛇 *A. sibonius*、曼氏树栖蛇 *A. manselli*、丹氏树栖蛇 *A. danforthi*）、奥岛树栖蛇 *A. sanctonum*、瑞氏树栖蛇 *A. rijgersmaei* 以及红腹树栖蛇 *A. rufiventris*。IUCN 把后 3 种树栖蛇都列为濒危物种。

实际大小

科名	食螺蛇科 Dipsadidae；异齿蛇亚科 Xenodontinae
风险因子	后沟牙，有毒：可能有出血性毒素
地理分布	南美洲：巴西东北部及中部
海拔	230～860 m
生境	开阔的塞拉多热带稀树草原中的沙土环境
食物	蚓蜥
繁殖方式	卵生，每次产卵多至 3 枚
保护等级	IUCN 数据缺乏

成体长度
17¾～25 in
(450～634 mm)

沙土间鳞蛇
Apostolepis ammodites
Twin-Collared Cerrado Sandsnake

Ferrarezzi, Erritto Barbo & España Albuquerque, 2005

299

间鳞蛇属的很多物种都没有英文名，沙土间鳞蛇的名称来源于其生活的环境。又有人称它为双环间鳞蛇，意思是颈部有两条白色环纹。沙土间鳞蛇生活在塞拉多热带稀树草原的干旱沙质环境中，此类生境广布于巴西东北部和中部。它是一种在沙土中掘土的蛇类。关于沙土间鳞蛇食性的唯一数据来自博物馆标本的肠胃解剖，其中发现了蚓蜥的残骸。与普通蜥蜴不同，绝大部分蚓蜥没有腿，同样过着穴居生活。沙土间鳞蛇可能具有后沟牙，带有毒液，但它的嘴非常小。然而，双线间鳞蛇 *Apostolepis dimidiata* 有咬人的记录。双线间鳞蛇具有出血性毒素。所以面对不常见的蛇类时，都应该小心。

沙土间鳞蛇体形细长，背鳞光滑，头部狭窄，与颈部区分不明显，眼小，吻部呈铲形，便于挖沙。与同属物种相似，沙土间鳞蛇身体为红色，尾尖为黑色，头颈部有连续的黑白相间的环纹。它区别于其他间鳞蛇的特征是有两个白环，其他物种为单个白环。

相近物种

间鳞蛇属 *Apostolepis* 包含了 39 个物种，其中沙土间鳞蛇被归到红间鳞蛇种组。该种组包含另外 5 个物种，分别是分布于巴西中部和东南部、巴拉圭及阿根廷的红间鳞蛇 *A. assimilis*、分布于巴西塞阿拉州的塞阿拉间鳞蛇 *A. cearensis*、分布于巴西巴伊亚州的沙丘间鳞蛇 *A. arenaria* 和嘎氏间鳞蛇 *A. gaboi*，以及分布于巴西南里奥格兰德州和阿根廷米西奥内斯省的邱氏间鳞蛇 *A. quirogai*。

实际大小

科名	食螺蛇科 Dipsadidae：异齿蛇亚科 Xenodontinae
风险因子	可能为后沟牙，毒性轻微
地理分布	西印度群岛：古巴，包括青年岛
海拔	0～100 m
生境	开阔的草场与遍布岩石的牧场
食物	蚓蜥和小型蛇类
繁殖方式	未知，推测为卵生
保护等级	IUCN 无危

成体长度
15¼～18 in
(400～460 mm)

300

条纹古巴蛇
Arrhyton taeniatum
Broad-Striped Racerlet

Günther, 1858

条纹古巴蛇生性隐蔽，是穴居或半穴居的蛇类。根据其竖直的瞳孔推测，条纹古巴蛇可能为夜行性。人们很难碰见这种小型蛇类，只在犁地时在翻出的泥土中见到它，或者在扁平的石头下发现这种蛇。学者们认为，条纹古巴蛇比同属其他尾部较长的种类更适应穴居生活，那些长尾种类则更适宜在地面上活动。条纹古巴蛇生活在开阔的草场和牧场中，尤其是岩石较多的区域。古巴的东部、西部、南部和青年岛都有这种小蛇分布。条纹古巴蛇以其他穴居的爬行动物为食，包括蚓蜥和盲蛇科以及细盲蛇科的物种。由于缺乏生态学资料，人们对条纹古巴蛇知之甚少。

条纹古巴蛇为小型蛇类，背鳞光滑，头略尖且扁平，与颈部区别明显，眼小，瞳孔呈竖直椭圆形。背面为红褐色，体背侧有两条灰白色纵纹，腹面为黄色。

相近物种

古巴蛇属 *Arrhyton* 目前有 8 个物种，只有条纹古巴蛇与纵纹古巴蛇 *A. vittatum* 分布较广，且在青年岛都有分布。这两种蛇的区别在于纵纹古巴蛇尾较长且具有颊鳞，而条纹古巴蛇没有颊鳞。其余的古巴蛇均仅分布于古巴本岛，且范围狭窄。

实际大小

科名	食螺蛇科 Dipsadidae；异齿蛇亚科 Xenodontinae
风险因子	后沟牙，有毒；可能有细胞毒素，具体成分未知
地理分布	南美洲：巴西东南部、玻利维亚东部、巴拉圭、乌拉圭、阿根廷
海拔	30～880 m
生境	湿润的大西洋沿岸森林、干燥的查科林地、干旱的沙漠
食物	蛇类、蜥蜴、小型哺乳动物
繁殖方式	卵生，每次产卵 4～15 枚
保护等级	IUCN 未列入

成体长度
5～6 ft
(1.5～1.8 m)

食蛇乌蛇
Boiruna maculata
Black-Tailed Mussurana
(Boulenger, 1896)

301

食蛇乌蛇广泛分布于巴西东南部、巴拉圭、玻利维亚、乌拉圭及阿根廷不同类型的栖息地中，包括湿润的大西洋沿岸森林、干燥的查科林地，甚至是干旱的高海拔沙漠。这种蛇类的体色从幼年到成年会经历非常明显的变化。属名 "*Boiruna*" 来自图皮瓜拉尼语 "Mboi-r-ú"，意思是 "以蛇为食"。乌蛇类（mussuranas）的物种主要以其他蛇类为食，猎物甚至包括剧毒的矛头蝮（第560～569 页），因为它们对矛头蝮的毒液免疫。乌蛇也捕猎蜥蜴和小型哺乳动物。人被乌蛇咬伤后，伤口会局部疼痛肿胀，症状与被矛头蝮咬伤后类似，不过不及后者严重。但如果小孩被大个体的乌蛇咬伤，就可能有生命危险。

食蛇乌蛇为大型蛇类，背鳞光滑，头较大，眼中等大小。幼年时头顶为黑色，颈部有一块白色、黄色或红色颈斑，背脊正中具黑色的宽脊线，背面其余鳞片为红色，但鳞片顶端为黑色，腹面和唇部为白色。成年后体色变深，黑色色素几乎掩盖了背面的斑纹。

相近物种

食蛇乌蛇属 *Boiruna* 还有另外一个物种，即塞尔唐食蛇乌蛇 *B. sertaneja*，分布于巴西东北部开阔干旱的环境中。南美洲还生活着其他乌蛇，包括克乌蛇属（第304 页）、乌蛇属（第323 页）和褐乌蛇属（第326 页）。食蛇乌蛇成体的身体后端腹面和尾巴下面为黑色，可以区别于其他同域分布的乌蛇。乌蛇与巴西棘蛇 *Rhachidelus brazili* 和拟蚺属（第333 页）亲缘关系较近。

实际大小

科名	食螺蛇科 Dipsadidae：异齿蛇亚科 Xenodontinae
风险因子	后沟牙，有毒：溶血性毒素和出血性毒素
地理分布	西印度群岛：波多黎各、美属和英属维尔京群岛
海拔	0 ～ 450 m
生境	雨林、开阔牧场、遍布岩石的山麓、椰子种植园及椰林、花园、红树林沼泽、海滩
食物	蜥蜴、蛙类、蛇类
繁殖方式	卵生，每次产卵 4 ～ 10 枚
保护等级	IUCN 未列入

成体长度
2 ft 7 in ～ 3 ft 3 in
(0.8～1.0 m)

302

波多黎各蛇
Borikenophis portoricensis
Puerto Rican Racer
(Reinhardt & Lütken, 1862)

波多黎各蛇分布于波多黎各及美属和英属维尔京群岛。这是一种昼行性蛇类，从雨林到牧场和种植园都有它的踪迹。甚至在海滩或者人类丢弃的垃圾堆下，也能发现波多黎各蛇。它喜欢在清晨活动，上午 10 点后就难觅踪影。虽然波多黎各蛇常在地表活动，但它极度敏捷，甚至能爬上 75 m 高的雨林树冠层。它以蜥蜴、蛙类和其他小型蛇类为食，其毒液同时含有溶血性和出血性的毒素（第 35 页）。通常情况下，它仍需要通过缠绕来控制猎物，等待毒液逐渐起作用。如果人被波多黎各蛇咬到，虽然不会致命，但也会有严重的后果。整个波多黎各和维尔京群岛都没有剧毒蛇类。

相近物种

波多黎各蛇有 6 个亚种，其中指名亚种和 *Borikenophis portoricensis prymnus* 亚种分布于波多黎各，其余亚种分别是分布于别克斯岛的 *B. p. aphantus* 亚种、库莱布拉岛和圣托马斯岛的 *B. p. richardi* 亚种、巴克岛的 *B. p. nicholsi* 亚种以及阿内加达岛和英属维尔京群岛的 *B. p. anegadae* 亚种。波多黎各蛇属 *Borikenophis* 还有另外两个物种，分别是分布于莫纳岛的异色波多黎各蛇 *B. variegatus* 和美属维尔京群岛的圣克罗伊波多黎各蛇 *B. sanctaecrucis*。后者被 IUCN 认定为已经灭绝。

实际大小

波多黎各蛇体形细长，尾长，头部长而尖，略区别于颈部，眼大，瞳孔圆形。不同岛屿的个体之间体色差异较大。通常情况下，波多黎各蛇背面为褐色或灰色，伴有黑色细纵纹，腹面与唇部为灰白色至白色。有黑色条纹从吻部延伸至眼后。

科名	食螺蛇科 Dipsadidae：异齿蛇亚科 Xenodontinae
风险因子	无毒
地理分布	西印度群岛：古巴，包括青年岛
海拔	0～100 m
生境	棕榈林、沿海或干燥的矮树丛、林地、咸水潟湖、草场、田地、住宅
食物	蛙类和蜥蜴
繁殖方式	卵生，每次产卵最多 3 枚
保护等级	IUCN 无危

成体长度
15¾～19¾ in
(400～500 mm)

黑白加勒比游蛇
Caraiba andreae
Cuban Black And White Racer
(Reinhardt & Lütken, 1862)

　　黑白加勒比游蛇又称古巴细游蛇，是古巴分布最广的蛇类。它广泛分布于古巴本岛，以及青年岛和南北海岸线的珊瑚礁小岛。黑白加勒比游蛇生活在棕榈林、沿海矮树丛以及咸水潟湖中，它也会在农田附近活动，甚至进入人类住宅。这是一种昼行性的陆栖蛇类，非常警觉，以蛙类和蜥蜴为食，遇到天敌时能飞快地逃走。黑白加勒比游蛇也会钻入土中，犁地时被翻出来。黑白加勒比游蛇的种本名来源于丹麦船长 F. 安德里（F. Andréa），他采集了该蛇的模式系列标本，存入哥本哈根博物馆中。

黑白加勒比游蛇为小型蛇类，背鳞光滑，头与颈部区别明显，眼大，瞳孔圆形，尾长。尽管存在个体差异，大部分黑白加勒比游蛇的背面为黑色，点缀有白斑。体侧亦为黑色，白色斑纹更明显。腹面与唇部为白色，鳞片接缝处为黑色。

相近物种

　　虽然黑白加勒比游蛇为单型属，但它包含了 6 个亚种，其中 3 种分布于古巴本岛，另外 3 种分布于青年岛、坎蒂莱斯岛、圣玛利亚岛和瓜哈瓦岛。黑白加勒比游蛇与海地岛蛇 *Haitiophis anomalus* 亲缘关系最接近，有的学者甚至把后者归入加勒比游蛇属。这两种蛇都与古巴游蛇（第 307 页）关系较近。

实际大小

科名	食螺蛇科 Dipsadidae：异齿蛇亚科 Xenodontinae
风险因子	后沟牙，有毒，也具缠绕力
地理分布	中美洲和南美洲：伯利兹、危地马拉、特立尼达岛、小安的列斯群岛，往南一直到阿根廷西北部
海拔	0 ～ 2500 m
生境	低地森林、次生林、农耕地、马路与水渠附近
食物	蛇类、蜥蜴、小型哺乳动物
繁殖方式	卵生，每次产卵 10 ～ 22 枚卵
保护等级	IUCN 未列入，CITES 附录 II

成体长度
雄性
3 ft 3 in ～ 6 ft
(1.0 ～ 1.8 m)

雌性
5 ft ～ 8 ft 6 in
(1.5 ～ 2.6 m)

304

克乌蛇
Clelia clelia
Common Mussurana
(Daudin, 1803)

实际大小

克乌蛇在西班牙语里又被戏称为"捕鼠夹"，是一种分布极广的乌蛇，从伯利兹、危地马拉、特立尼达岛一直到阿根廷北部都有它的踪迹。克乌蛇生活在低海拔地区，包括原始热带雨林、次生林、有人类活动的生态环境、马路与水渠边或房屋附近。它主要捕食同域分布的石板蝮属（第 556 页）、矛头蝮属（第 560 ～ 569 页）、猪鼻蝮属（第 593 页）以及响尾蛇属（第 572 ～ 581 页）的蛇类物种，也捕食蜥蜴和小型哺乳动物。乌蛇类都对猎物的毒液免疫。捕猎时，它会先一口咬在猎物的脖子上，注射毒液，然后用绞杀的方式制服猎物。克乌蛇通常情况下不具有攻击性，即使被捉住也不会咬人。但由于它属于大型毒蛇，仍然需要小心。雌性的体形比雄性大。

相近物种

克乌蛇包含有 2 个亚种。指名亚种分布广泛，而 *Clelia clelia groomi* 亚种仅分布于小安的列斯群岛中的格林纳达岛。克乌蛇属 *Clelia* 还包含另外 6 个物种，其中分布于墨西哥南部的为墨西哥克乌蛇 *C. scytalina*，而分布于圣卢西亚的为圣卢西亚克乌蛇 *C. errabunda*。在南美洲，与克乌蛇属亲缘关系较近的有食蛇乌蛇属（第 301 页）、乌蛇属（第 323 页）和褐乌蛇属（第 326 页）。

克乌蛇为大型蛇类，身体粗壮有力，背鳞光滑而有光泽，头大，眼小，瞳孔圆形。成体背面为铅黑色，不具斑纹，腹面为白色。幼体背面为红色，腹面白色，头黑色，颈部有黄色或米色的宽纹，宽纹之后又有一块黑斑。克乌蛇的幼体在外形上与拟蚺（第 333 页）的幼体及宁尼亚蛇（第 283 页）的成体相似。

科名	食螺蛇科 Dipsadidae；异齿蛇亚科 Xenodontinae
风险因子	后沟牙，毒性轻微；可能有抗凝血素；有潜在危险
地理分布	北美洲和中美洲：墨西哥、危地马拉、萨尔瓦多、洪都拉斯、尼加拉瓜、哥斯达黎加
海拔	0 ~ 1500 m
生境	干燥的稀树草原、海滩、干燥的热带森林、路边、湿润热带森林的开阔区域
食物	蜥蜴、蛇类、小型哺乳动物、鸟类
繁殖方式	卵生，每次产卵 5 ~ 10 枚
保护等级	IUCN 无危

成体长度
3 ft ~ 3 ft 10 in
(0.7 ~ 1.16 m)

线纹锥吻蛇
Conophis lineatus
Central American Road Guarder
(Duméril, Bibron & Duméril, 1854)

305

线纹锥吻蛇是锥吻蛇属分布最广的物种，从墨西哥中部至哥斯达黎加都有分布。它生活在稀树草原和干燥或湿润热带森林中以及海滩边，既在地表活动，也会上树。线纹锥吻蛇会捕食其他蛇类，特别是同域分布且剧毒的珊瑚蛇（第457~465页）。不过它主要还是以蜥蜴为食，号称"蜥蜴杀手"。小型哺乳动物、鸟类和蛙类也在它的食谱上。线纹锥吻蛇的后沟牙能分泌毒液。它脾气暴躁，被人捉住时，通常会发起攻击。据被它咬到的人描述，伤口会剧烈疼痛，有灼烧感，刺痛肿胀，并且长时间流血不止，所以线纹锥吻蛇属于危险蛇类，需要小心应对。

实际大小

相近物种

锥吻蛇属 *Conophis* 还有另外 4 个分布狭窄的物种，有时它们也被认为是线纹锥吻蛇的亚种。单色锥吻蛇 *C. concolor* 分布于尤卡坦州，并曾被认为是线纹锥吻蛇单色亚种；莫氏锥吻蛇 *C. morai* 分布于图斯特拉州；条纹锥吻蛇 *C. vittatus* 分布于墨西哥西南部；丽锥吻蛇 *C. pulcher* 分布于墨西哥恰帕斯州、危地马拉和萨尔瓦多。分布于危地马拉至哥斯达黎加的内氏锥吻蛇（第306页）也曾被归入锥吻蛇属中。

线纹锥吻蛇背鳞光滑，头狭窄，吻端尖，眼中等大小，瞳孔圆形，尾长。背面为褐色或橄榄色，带有数条深浅不一的纵纹。条纹的颜色、宽度、数量存在个体差异。喉部与腹面为纯白色。

科名	食螺蛇科 Dipsadidae：异齿蛇亚科 Xenodontinae
风险因子	后沟牙，毒性未知
地理分布	中美洲：危地马拉、萨尔瓦多、洪都拉斯、尼加拉瓜、哥斯达黎加
海拔	0～1395 m
生境	低海拔干燥森林及山麓湿润森林，尤其在溪流、湖泊和稻田附近
食物	蛙类、蟾蜍、小型蛇类，也包括同类
繁殖方式	卵生，每次产卵最多 10 枚
保护等级	IUCN 无危

成体长度
23¾～32½ in
（600～828 mm）

306

内氏锥吻蛇
Crisantophis nevermanni
Nevermann's Road Guarder
(Dunn, 1937)

内氏锥吻蛇的体形较纤细，背鳞光滑，头部长，眼中等大小，尾长。背面为黑色，有四条黄色细纵纹，下方条纹的宽度约为上方的两倍。腹面为黄色或米色。

实际大小

内氏锥吻蛇分布于安第斯山脉靠太平洋一侧的危地马拉至哥斯达黎加，以及靠大西洋一侧的尼加拉瓜。它生活在干燥的低海拔森林，也出没于位于山麓的湿润森林。尽管它与食蛇的锥吻蛇属关系接近，内氏锥吻蛇主要捕食蛙类和蜥蜴，不过遇到其他蛇类时它也不会放过，甚至包括个头小一些的同类。内氏锥吻蛇利用毒液和绞杀的方式制服猎物。由于被它咬伤的后果尚不得知，所以与面对其他"未知"的后沟牙毒蛇一样，面对内氏锥吻蛇需要小心。内氏锥吻蛇的种本名来自命名人邓恩（Dunn）的德国朋友、甲虫学家威廉·内费曼（Wilhelm Nevermann，1881—1938）。

相近物种

克里姗塔蛇属 *Crisantophis* 为单型属，从锥吻蛇属分出，物种中文名则沿用旧名，它可能与线纹锥吻蛇（第 305 页）的亲缘关系最接近。有的学者将其归入食螺蛇亚科（地位未定）。

科名	食螺蛇科 Dipsadidae：异齿蛇亚科 Xenodontinae
风险因子	后沟牙，毒性轻微
地理分布	西印度群岛：古巴，包括青年岛
海拔	0 ~ 300 m
生境	小山坡、灌木丛林地、海滩、牧草、林地、红树林沼泽、人类住宅附近
食物	蛙类、蜥蜴、蛇类、鸟类、小型哺乳动物
繁殖方式	卵生，每次产卵 10 ~ 24 枚
保护等级	IUCN 未列入

成体长度
3 ft ~ 4 ft 3 in
(0.95 ~ 1.3 m)

古巴游蛇
Cubophis cantherigerus
Cuban Racer
(Bibron, 1840)

307

古巴游蛇分布广泛，生活在古巴境内各式栖息地中，从海滩和红树林沼泽到农田和灌木丛生的小山坡，都能见到它。它也出没于人类住宅附近，有时就躲在人类丢弃的垃圾下面。古巴游蛇生性活跃，以蛙类、蜥蜴、蛇类、鸟类、蝙蝠及鼠类为食。它的毒性相对微弱，所以经常需要利用绞杀的方式来制服猎物。目前未有人类被咬伤的记录，但任何体形较大的后沟牙毒蛇都应该小心应对。尽管古巴游蛇主要为昼行性陆栖蛇类，常常急速追踪猎物，但人们也曾观察到它在夜晚活动。

古巴游蛇背鳞光滑，头部较长，眼大，瞳孔圆形，尾长。个体之间斑纹有差异，但大部分个体背面为灰色至浅褐色，鳞片边缘为黑色，形成网纹。头部后方常有一块黑斑，眼后有深色条纹。

相近物种

古巴游蛇有 4 个亚种，分布于古巴本岛、青年岛以及海岸线边的小岛和珊瑚礁。古巴游蛇属 *Cubophis* 还有另外 5 个物种，分别是布氏古巴游蛇 *C. brooksi*、凯门古巴游蛇 *C. caymanus*、黑尾古巴游蛇 *C. fuscicauda*、鲁氏古巴游蛇 *C. ruttyi* 以及伍氏古巴游蛇 *C. vudii*。前 4 种曾经都被作为古巴游蛇的亚种。古巴游蛇与黑白加勒比游蛇（第 303 页）和海地岛蛇 *Haitiophis anomalus* 亲缘关系最接近。

实际大小

科名	食螺蛇科 Dipsadidae：异齿蛇亚科 Xenodontinae
风险因子	后沟牙，毒性轻微
地理分布	南美洲：哥伦比亚、厄瓜多尔、巴西、秘鲁、玻利维亚、圭亚那地区
海拔	50 ～ 500 m
生境	雨林中的空地或小径
食物	蜥蜴卵
繁殖方式	卵生，每次产卵 2 ～ 3 枚
保护等级	IUCN 未列入

成体长度
15¾～21¼ in
(400～540 mm)

308

异镰蛇
Drepanoides anomalus
Lizard Egg-Eating Snake
(Jan, 1863)

异镰蛇为小型蛇类，背鳞光滑，头部稍可以与颈部区分开，眼小，尾长但容易断掉。背面为鲜艳的红色，鳞片顶端为黑色，形成网纹状。头呈黑色，具光泽。黑色颈斑中有米黄色的横斑，向前延伸至唇部。唇部为黑色。

异镰蛇是一种生活在亚马孙河流域西侧的蛇类，分布于哥伦比亚南部、巴西西部、厄瓜多尔东部、秘鲁以及玻利维亚北部。东北方向的圭亚那地区也曾有这种蛇的记录。异镰蛇为夜行性蛇类，生活在森林地面，经常出没于林中空地或小径附近，搜寻蜥蜴的卵，这也是目前仅知的它的食物。也有报道称异镰蛇会钻入泥土中或爬到一定高度的树枝上。异镰蛇属于小型蛇类，雌性一次只产 2～3 枚卵。这种蛇很容易与同域分布的克乌蛇（第 304 页）的幼体或者拟蚺（第 333 页）混淆，区别在于异镰蛇没有颊鳞。尽管异镰蛇具有后沟牙，不过它毒性微弱，通常认为对人类无威胁。

相近物种

镰蛇属 *Drepanoides* 为单型属，与食蛇乌蛇属（第 301 页）、克乌蛇属（第 304 页）以及褐乌蛇属（第 326 页）亲缘关系最近。

实际大小

科名	食螺蛇科 Dipsadidae：异齿蛇亚科 Xenodontinae
风险因子	无毒
地理分布	南美洲：巴西东南部和南部、阿根廷北部
海拔	510～1025 m
生境	大西洋沿岸森林
食物	蛙类，可能还有蜥蜴
繁殖方式	卵生，产卵量未知
保护等级	IUCN 未列入

成体长度
23¾～31½ in
(600～800 mm)

黄腹棘花蛇
Echinanthera cyanopleura
Yellow-Bellied Forest Snake
(Cope, 1885)

309

黄腹棘花蛇首先发现于巴西南里奥格兰德州的蒙特内格鲁，但它的实际分布区域北至里约热内卢，南至阿根廷的米西奥内斯省。黄腹棘花蛇主要生活在正受到破坏的大西洋沿岸森林中，偶尔也出现在更靠近内陆的地方。它以蛙类为食，可能也包括小型蜥蜴。黄腹棘花蛇为昼行性蛇类，在森林地表的落叶堆中活动，晚上很难见到。雌性为卵生，但每次产卵量未知。黄腹棘花蛇不具毒液，受到惊吓时会把身体压扁，并从泄殖腔中喷出难闻的物质。

黄腹棘花蛇为小型蛇类，背鳞光滑，头部稍可以与颈部区分开，尾长，眼相对较大，瞳孔圆形。背面为褐色，侧面颜色略深，有灰白色不连续纵纹。腹面为黄色。颈斑左右不相接。唇部白色。

相近物种

棘花蛇属 *Echinanthera* 还有另外 5 个物种，分布于巴西东部的巴伊亚州至南里奥格兰德州、乌拉圭以及阿根廷北部，不过波纹棘花蛇 *E. undulata* 在哥伦比亚东南部也有分布。在外形上，黄腹棘花蛇与头纹棘花蛇 *E. cephalostriata* 最为相似。棘花蛇属与同样生活在落叶堆中的带茎蛇属（第 340 页）亲缘关系接近。

实际大小

科名	食螺蛇科 Dipsadidae：异齿蛇亚科 Xenodontinae
风险因子	后沟牙，有毒；有潜在危险
地理分布	南美洲：巴西东南部
海拔	0 ～ 350 m
生境	低地和沿海森林
食物	蚯蚓、蚓蜥、小型蛇类
繁殖方式	卵生，产卵量未知
保护等级	IUCN 未列入

310

成体长度
1 ft 8 in ～ 3 ft 3 in
(0.5 ～ 1.0 m)

五线南美蛇
Elapomorphus quinquelineatus
Five-Lined Burrowing Snake
(Raddi, 1820)

五线南美蛇背鳞光滑，尾短，头狭窄，与颈部区分不明显，眼小，瞳孔圆形。背面为褐色，有五条深褐色纵纹。体侧与腹面为黄色。颈部有黄色颈斑。

五线南美蛇是巴西东南部低地雨林中的一种稀有蛇类，生活在落叶堆中。它分布于巴伊亚州至南里奥格兰德州。成体的五线南美蛇以蚓蜥和小型蛇类为食，而幼体则捕食蚯蚓。五线南美蛇的另一个俗名——拉氏食蜥蜴蛇，明显与它的食谱不符。五线南美蛇为卵生，但每次产卵量未知。它是昼行性蛇类，在森林地面或泥土里活动，常躲在倒木下或堆满落叶的树根处。当被人捉住时，五线南美蛇会剧烈挣扎，并从泄殖腔腺中排出分泌物，甚至可能咬人。目前还没人研究过它的毒液。虽然它的头不大，但依然需要小心应对，因为南美蛇属与亮蛇属（第 327 页）亲缘关系最近，而后者的毒液可以致人死亡。

相近物种

南美蛇属 *Elapomorphus* 还有另外一个物种，即乌氏南美蛇 *E. wuchereri*，分布于巴西东部的巴伊亚州至圣埃斯皮里图州。与南美蛇属亲缘关系接近的有亮蛇属（第 327 页）和间鳞蛇属（第 299 页）。

实际大小

科名	食螺蛇科 Dipsadidae：异齿蛇亚科 Xenodontinae
风险因子	后沟牙，毒性轻微
地理分布	南美洲：哥伦比亚至特立尼达岛和阿根廷北部
海拔	0～2300 m
生境	雨林
食物	其他蛇类、蚓蜥、蜥蜴
繁殖方式	卵生，每次产卵最多 5 枚
保护等级	IUCN 未列入

成体长度
25½～31½ in
(650～800 mm)

橡树红光蛇
Erythrolamprus aesculapii
Aesculapian False Coralsnake
(Linnaeus, 1758)

311

橡树红光蛇在亚马孙河流域森林中很常见，广泛分布于南美洲北部、安第斯山脉以东包括特立尼达岛的大部分地区，最南至阿根廷北部，外形与珊瑚蛇非常相似（拟态）。在其广阔的分布区内，不同种群的橡树红光蛇的三色斑纹会有所不同，以匹配同域生活的珊瑚蛇（第457～465 页）。橡树红光蛇与真珊瑚蛇的区别在于它具有 1 枚颊鳞，而后者没有。橡树红光蛇生活在原始森林地面的落叶堆中，捕食其他蛇类、蚓蜥和蜥蜴。它通过毒液杀死猎物，但其毒性不足以对人类造成威胁。在面对任何长得像珊瑚蛇的蛇类时都应当小心，以免遇到的是真珊瑚蛇。

橡树红光蛇背鳞光滑，头部狭窄，稍可以与颈部区分开，白色的吻端呈圆形，眼中等大小，瞳孔圆形。身体与头部有三种颜色，其中黑-白-黑组成一组横纹，每组横纹之间为红色。老年个体整体更偏黑色。白色与红色的鳞片顶端为黑色。橡树红光蛇不同地理种群之间的斑纹也不同，以匹配当地的珊瑚蛇。

相近物种

橡树红光蛇有 4 个亚种，分别是分布于亚马孙河的指名亚种、巴西大西洋沿岸森林的 *Erythrolamprus aesculapii monozona* 亚种、玻利维亚的 *E. a. tetrazona* 亚种以及巴西东南部和阿根廷的 *E. a. venustissimus* 亚种。在很长时间内，红光蛇属都只有 5 个物种，然而最近由于把光蛇属 *Liophis* 的很多物种归入了红光蛇属，该属已经增至 50 个物种。

实际大小

科名	食螺蛇科 Dipsadidae：异齿蛇亚科 Xenodontinae
风险因子	后沟牙，毒性轻微，可能含有抗凝血素
地理分布	南美洲：哥伦比亚至圭亚那地区和特立尼达岛，南至阿根廷北部
海拔	0 ～ 3000 m
生境	雨林、次生林、种植园、水边
食物	蛙类和蜥蜴
繁殖方式	卵生，每次产卵 1 ～ 6 枚
保护等级	IUCN 未列入

成体长度
13¾ ～ 21¾ in,
偶见 27½ in
(350 ～ 550 mm,
偶见 700 mm)

312

国王红光蛇
Erythrolamprus reginae
Royal Groundsnake

(Linnaeus, 1758)

国王红光蛇 背鳞光滑，头部圆形，眼大，瞳孔圆形。背面为褐色或橄榄绿色，散布黄色和黑色小斑点。腹面为黑色和黄色或红色，呈棋盘状分布。

国王红光蛇又称普通沼泽蛇，是一种常见的南美洲蛇类，分布于哥伦比亚至阿根廷北部的广袤地区，在原始及次生雨林、种植园、农田的湿地中都有它的踪迹。国王红光蛇喜欢出没于水位较浅、岸边或水中有茂密植被的地方。它以蛙类、壁虎和裸眼蜥科的蜥蜴为食，这些猎物也喜欢栖息于水栖环境中。国王红光蛇会爬到低矮的水生植物上捕猎。国王红光蛇的一些近缘种有含抗凝血剂的唾液，是否对人类有效还不得而知。国王红光蛇的防御招式是把脖子压扁，露出鳞片之间橙色和蓝色的皮肤，恐吓敌人。但这种蛇通常不具有攻击性。种本名 "*reginae*" 的意思是 "王室的"。

相近物种

国王红光蛇曾经与另外 42 个物种一道，都属于光蛇属 *Liophis*，但最近光蛇属被归入了红光蛇属。国王红光蛇有 3 个亚种，即分布靠北的指名亚种 *Erythrolamprus reginae reginae*，亚马孙河流域和大西洋沿岸森林的 *E. r. semilineatus* 亚种，以及分布于巴西南部、巴拉圭和阿根廷北部的 *E. r. macrosoma* 亚种。国王红光蛇与军绿红光蛇 *E. miliaris* 亲缘关系较近。

实际大小

科名	食螺蛇科 Dipsadidae；异齿蛇亚科 Xenodontinae
风险因子	后沟牙，毒性轻微
地理分布	南美洲：巴西东南部
海拔	555 m
生境	长廊森林、有淤泥的河道
食物	蚯蚓
繁殖方式	胎生，产仔量未知
保护等级	IUCN 未列入

成体长度
11¾～19¾ in
(300～500 mm)

戈麦斯蛇
Gomesophis brasiliensis
Brazilian Ballsnake
(Gomes, 1918)

313

戈麦斯蛇仅分布于巴西东南的米纳斯吉拉斯州至南里奥格兰德州。它是一种陆栖至半水栖的蛇类，生活在河道附近及沿岸的长廊森林中，经常钻入淤泥里。一般认为，戈麦斯蛇仅以蚯蚓为食，所以被归入"吃黏稠物的蛇"的同功群（guild），这类蛇专门捕食蚯蚓、蛞蝓或蜗牛。尽管具后沟牙，戈麦斯蛇的防御招式是把自己卷成一个球，与球蟒（第 99 页）、两头沙蚺（第 120 页）、筒蛇属（第 73～75 页）一样。戈麦斯蛇与绝大多数异齿蛇亚科的成员不同，为胎生，可能是为了适应水栖生活。

相近物种

最初发表的时候，原作者巴西两栖爬行动物学家若昂·弗洛伦西奥·戈麦斯（João Florêncio Gomes，1886—1919）将戈麦斯蛇划入易怒蛇属 *Tachymenis*。1959 年戈麦斯蛇属被立为一个新的单型属。戈麦斯蛇与易怒蛇属（第 339 页）、锐齿蛇属（第 342 页）和绳蛇属（第 341 页）亲缘关系最近。

戈麦斯蛇的背鳞光滑而有光泽，吻端尖，头部狭窄，与颈部区分不明显，眼小，尾短。背面为浅褐色，常有宽或细的褐色纵纹，体侧为深褐色。

实际大小

科名	食螺蛇科 Dipsadidae：异齿蛇亚科 Xenodontinae
风险因子	后沟牙，毒性轻微
地理分布	南美洲：哥伦比亚至特立尼达岛，南至巴西和玻利维亚
海拔	0 ～ 2410 m
生境	流速缓慢的河流、多草的湿地、沼泽
食物	鱼类、蛙类、蜥蜴、蚯蚓
繁殖方式	卵生，每次产卵 4 ～ 20 枚
保护等级	IUCN 未列入

成体长度
23¾ ～ 31½ in,
偶见 3 ft 4 in
(600 ～ 800 mm,
偶见 1.02 m)

314

安的斯渔蛇
Helicops angulatus
Banded Keeled Watersnake
(Linnaeus, 1758)

安的斯渔蛇为小型蛇类，背鳞起强棱，尾短，头略宽，眼小，位于头侧上方，瞳孔圆形。背面为浅褐色，带有不规则的深色或偏红色横纹。横纹可能延伸至米色、灰色、橘黄色或红色的腹面。尾下鳞也起强棱。

安的斯渔蛇生活在南美洲北部水流缓慢的河流和杂草丛生的湿地与沼泽中，从哥伦比亚起，东至特立尼达岛，南至玻利维亚和巴西中部的戈亚斯州都有分布。安的斯渔蛇为夜行性半水栖蛇类，主要以鱼类和蛙类为食，偶尔也捕食生活在水边的蜥蜴。当食物缺乏时，它也会捕食大型蚯蚓。安的斯渔蛇虽然通常不具攻击性，但如果被惊扰到，它也可能会变得气势汹汹，把身体压扁作为防御。如果被人捉住，还会从泄殖腔中排出分泌物。安的斯渔蛇很容易咬人，伤口会局部发炎、肿胀、疼痛。不过通常认为安的斯渔蛇对人不具威胁性。个体较大的雌性每次最多能产 20 枚卵。

相近物种

南美洲的渔蛇属类似于北美洲的北美水蛇属（第 417～420 页），尽管两者隶属于不同的科。渔蛇属 *Helicops* 还包含另外 17 个物种，其中圭巴渔蛇（第 315 页）与安的斯渔蛇的分布高度重合。戈氏渔蛇 *H. gomesi* 与安的斯渔蛇的亲缘关系较近。

实际大小

科名	食螺蛇科 Dipsadidae；异齿蛇亚科 Xenodontinae
风险因子	后沟牙，毒性轻微
地理分布	南美洲：圭亚那地区、巴西至阿根廷北部
海拔	0～2410 m
生境	缓慢的河流、小水塘、多草的湿地和沼泽
食物	蛙类和鱼类
繁殖方式	胎生，每次产仔 7～31 条
保护等级	IUCN 未列入

成体长度
19¾～31½ in
(500～800 mm)

圭巴渔蛇
Helicops leopardinus
Spotted Watersnake
(Schlegel, 1837)

315

圭巴渔蛇生活在水流缓慢的河流、宁静的小水塘以及长满杂草的湿地与沼泽中，尤其是那些靠近岸边漂浮着水草的地方。它广泛分布于南美洲，在圭亚那地区和巴西很常见，最南分布至阿根廷的巴拉那河流域。圭巴渔蛇为夜行性半水栖蛇类，以蛙类和鱼类为食。渔蛇属的物种尽管通常不具攻击性，被捉住时也会试图咬人。伤口会局部发炎、肿胀和疼痛，但并不会危及生命。与同属的安的斯渔蛇（第 314 页）不同，圭巴渔蛇为胎生，每次产仔 7～31 条。

相近物种

渔蛇属现有 18 个物种。圭巴渔蛇的分布区与安的斯渔蛇高度重合，尤其是在巴西境内。但两种蛇的繁殖模式完全不同。

实际大小

圭巴渔蛇为小型蛇类，背鳞起强棱，尾短，头略宽，与颈部区分明显。眼小，位于头部侧上方，瞳孔圆形。背面为灰色，有四行深色斑点，部分斑点可能连成横纹。腹面前端为黑白相间，后端为红黑相间，色斑呈棋盘状分布。

科名	食螺蛇科 Dipsadidae：异齿蛇亚科 Xenodontinae
风险因子	后沟牙，有毒
地理分布	南美洲：圭亚那地区至阿根廷北部
海拔	0 ~ 100 m
生境	水流缓慢的河流、沼泽、湖泊
食物	鱼类、蛙类、小型哺乳动物、鸟类、其他爬行动物
繁殖方式	卵生，每次产卵 20 ~ 30 枚
保护等级	IUCN 未列入

成体长度
6 ft 7 in ~ 9 ft,
可能达到 10 ft
(2.0 ~ 2.7 m,
可能达到 3.0 m)

316

巨王水蛇
Hydrodynastes gigas
Giant False Water Cobra
(Duméril, Bibron & Duméril, 1854)

巨王水蛇为大型蛇类，背鳞光滑，头较宽，吻端略尖，瞳孔圆形。背面为褐色，带有连续的中间深色、边缘黑色的菱形大斑。眼后有一条黑色宽纵纹，延伸至颈部。腹面为浅黄色至灰褐色。巨王水蛇做出防御姿态时膨扁的颈部会给人留下深刻印象。

巨王水蛇又被称为拟眼镜蛇，因为当它受到威胁时，颈部也会变得膨扁，但它不会像眼镜蛇那样竖立起来。爱好者们喜欢饲养巨王水蛇，因为它体形巨大、体色花哨，又属于昼行性蛇类。被巨王水蛇咬伤后的反应因人而异，不能掉以轻心。有的人几乎没有症状，有的人则会伤口肿胀与局部疼痛。人们应该对巨王水蛇这种大型后沟牙毒蛇保持警惕。巨王水蛇分布于圭亚那地区和亚马孙河流域东部，一直到阿根廷北部，生活在低海拔的水栖环境中。它偏爱流速缓慢的河流和湿地，也出现在远离水源的地方。巨王水蛇是南美洲最大的蛇类之一，体形仅次于大型蚺。它捕食各种水栖和陆栖脊椎动物，也擅长爬树。

相近物种

曾被称为 *Cyclagras* 属的王水蛇属还有另外 2 个物种，即赫曼王水蛇 *Hydrodynastes bicinctus* 和黑王水蛇 *H. melanogigas*。前者分布于南美洲北部，后者为新近发表的物种，分布于巴西中部的托坎廷斯州。王水蛇属可能与作为单型属物种的真林蛇 *Caaeteboia amarali* 和异鳞蛇属（第 347 页）亲缘关系较近。当地人称巨王水蛇为 "Boipevaçu"。

实际大小

科名	食螺蛇科 Dipsadidae：异齿蛇亚科 Xenodontinae
风险因子	后沟牙，毒性轻微
地理分布	南美洲：巴西境内的亚马孙河流域、委内瑞拉、哥伦比亚、厄瓜多尔、秘鲁
海拔	0 ～ 250 m
生境	流速缓慢、水位较浅的河流、湿地、湖泊
食物	淡水鳝鱼，可能还有蚓螈
繁殖方式	卵生或胎生，每次产最多 7 枚卵或 7 条仔蛇
保护等级	IUCN 无危

成体长度
2 ft 7 in ~ 3 ft 3 in
(0.8 ~ 1.0 m)

马氏亚马孙水蛇
Hydrops martii
Amazonian Smooth-Scaled Watersnake
(Wagler, 1824)

317

马氏亚马孙水蛇又称珊瑚泥蛇。这种颜色鲜艳的蛇类分布于巴西亚马孙河口的帕拉州至委内瑞拉、哥伦比亚以及亚马孙河流域西侧的秘鲁和厄瓜多尔。马氏亚马孙水蛇白天和夜晚都会出来活动，喜欢待在流速缓慢的浅水中，比如牛轭湖、沼泽和大河旁的小支流。马氏亚马孙水蛇专门捕食合鳃鱼科的鳝鱼，可能也会捕食体形类似鳝鱼的蚓螈（一类没有腿的两栖动物）。对于嘴相对较小的蛇而言，这些细长的猎物都容易吞下去。马氏亚马孙水蛇似乎既有卵生又有胎生，两种繁殖模式都被报道过。它的唾液或毒液中的毒性并不明确，所以小心为好。马氏亚马孙水蛇以德国植物学家卡尔·弗里德里希·菲利普·冯·马修斯（Carl Friedrich Philipp von Martius，1794—1868）命名，他曾造访过巴西。

马氏亚马孙水蛇为小型蛇类，头部狭窄，眼小。它的斑纹极具魅力：黑色横斑或环纹的边缘为白色，又以红色为间隔。红色部分在腹面变为浅黄色。吻端有一条黑色边缘的白色横斑。颈部有黑白两色的颈斑。

相近物种

亚马孙水蛇属 *Hydrops* 还有另外 2 个物种，其中三角亚马孙水蛇 *H. triangularis* 广泛分布于南美洲北部和中部，包含 6 个亚种。凯撒亚马孙水蛇 *H. caesurus* 为最近新发表的物种，分布于巴拉圭、巴西南部和阿根廷北部。亚马孙水蛇属与背鳞光滑的拟沙蟒属（第 334 页）和背鳞起棱的渔蛇属（第 314～315 页）亲缘关系最近。

实际大小

科名	食螺蛇科 Dipsadidae：异齿蛇亚科 Xenodontinae
风险因子	无毒
地理分布	西印度群岛：海地岛（海地和多米尼加共和国）
海拔	0 ～ 1700 m
生境	干燥海岸线森林和低地仙人掌灌丛
食物	蜥蜴
繁殖方式	卵生，每次产卵 3 ～ 15 枚
保护等级	IUCN 未列入

成体长度
27½ ～ 31½ in
(700 ～ 800 mm)

318

高吻蛇
Hypsirhynchus ferox
Hispaniolan Cat-Eyed Snake

Günther, 1858

高吻蛇为小型蛇类，背鳞光滑，尾长，头部狭窄，吻端尖而略微上翘。眼小，瞳孔呈竖直椭圆形。背面为褐色或灰色，具深色的锯齿状细脊线。高吻蛇的外形与斑纹与非洲的树皮蛇（第 369 页）非常相似，然而两者并没有亲缘关系。

实际大小

高吻蛇分布于海地、多米尼加共和国以及戈纳夫岛和绍纳岛。在干旱的低地或山麓栖息地中，比如中等干度的林地和干旱的仙人掌灌丛，都有它的踪迹。高吻蛇为陆栖或树栖蛇类。尽管瞳孔像很多夜行性蛇类一样为纵置，高吻蛇在白天也非常活跃。它既会主动狩猎，也会采取守株待兔的方式，捕食陆栖和树栖的蜥蜴。幼体尤其偏爱安乐蜥，成体则多捕食体形更大的陆栖蜥蜴，比如丛林蜥（Ameiva）、肢舌蜥（Galliwasp）和卷尾鬣蜥（Curly-tailed lizard）等。高吻蛇的繁殖模式为卵生。

相近物种

高吻蛇有 3 个亚种，即分布于海地岛的指名亚种 *Hypsirhynchus ferox ferox*、戈纳夫岛的 *H. f. exedrus* 亚种和绍纳岛的 *H. f. paracrousis* 亚种。与高吻蛇亲缘关系最近的是蒂布龙高吻蛇 *H. scalaris*，后者曾被认为是高吻蛇的海地亚种。高吻蛇属包含 2～8 个物种，有的学者把海地岛和牙买加的物种另立为新属 *Antillophis*，*Ocyophis*，*Schwartzophis*。人们担心，牙买加高吻蛇 *H. ater* 和分布于海地岛的拉维加高吻蛇 *H. melanichnus* 或许已经灭绝了。

科名	食螺蛇科 Dipsadidae：异齿蛇亚科 Xenodontinae
风险因子	后沟牙，毒性轻微
地理分布	西印度群岛：海地岛（海地和多米尼加共和国）
海拔	0 ~ 1000 m
生境	干燥海岸线森林，尤其是石灰岩喀斯特地貌上的林地，咖啡种植园
食物	蛙类、蜥蜴、小型哺乳动物
繁殖方式	卵生，每次产卵最多 12 枚
保护等级	IUCN 未列入

成体长度
3 ft ~ 3 ft 3 in
(0.9 ~ 1.0 m)

多明戈蛇
Ialtris dorsalis
Hispaniolan Fanged Racer
(Günther, 1858)

319

多明戈蛇为昼行性陆栖蛇类，以蛙类、蜥蜴和小型哺乳动物为食。它在海地岛全岛都有分布，包括海地的瓦什岛、戈纳夫岛和托尔蒂岛。多明戈蛇生活在干燥的低地环境中，比如中等干度的林地，尤其是那些长在石灰岩喀斯特地貌上的林地。它也出没于咖啡种植园。尽管多明戈蛇具有后沟牙，一般认为多明戈蛇不会对人构成威胁，而且人工饲养的个体也不会试图咬人。整个海地岛和附近小岛上都没有特别危险的蛇类，然而在捉任何大蛇时都最好小心。雌性多明戈蛇营卵生。

多明戈蛇背鳞光滑，尾长，头略宽，吻端尖，眼小，瞳孔圆形。背面为灰色，带有深灰色斑纹和一条细脊线。颈部有深灰色颈斑。头后方有深灰色"W"形细纹，形成眼后纹。腹面为褐色或灰色。

相近物种

多明戈蛇属 *Ialtris* 还有另外 3 个物种，全部分布于海地岛。欺骗多明戈蛇 *I. agyrtes* 分布于多米尼加西南部，海地多明戈蛇 *I. haetianus* 分布于海地和多米尼加，帕氏多明戈蛇 *I. parishi* 仅见于托尔蒂岛。有的学者把海地多明戈蛇另立为新属 *Darlingtonia*。多明戈蛇属与高吻蛇属（第 318 页）亲缘关系较近。

实际大小

科名	食螺蛇科 Dipsadidae：异齿蛇亚科 Xenodontinae
风险因子	无毒
地理分布	中美洲和南美洲：巴拿马、哥伦比亚、委内瑞拉、圭亚那地区、巴西北部
海拔	0～900 m
生境	稀树草原、湿地、长廊森林、干燥落叶林及荆棘灌丛
食物	蛙类
繁殖方式	卵生，每次产卵 5～7 枚
保护等级	IUCN 未列入

成体长度
13¾～19¾ in,
偶见 23¾ in
(350～500 mm,
偶见 600 mm)

320

柳蛇
Lygophis lineatus
Northern Lined Groundsnake
(Linnaeus, 1758)

柳蛇属有 8 个物种，其中柳蛇的分布最靠北，从巴拿马到巴西和亚马孙河入海口，包括哥伦比亚、委内瑞拉和圭亚那地区，都有它的踪迹。柳蛇为昼行性陆栖蛇类，生活在各式各样的环境中，包括有季节性洪水的稀树草原、干燥的落叶林地、湿地、湿润的长廊森林和干燥的多刺丛林。它主要以两栖动物特别是蛙类为食。柳蛇无毒，所以对人没有威胁。它通常不具攻击性，也不会咬人。雌性每次产卵 5～7 枚。

柳蛇背鳞光滑，尾长，头部狭窄，吻端尖，眼中等偏大，瞳孔圆形。背面为浅褐色，从头部开始，正中和侧面共有三条深褐色纵纹，延伸至身后。侧面纵纹可能会逐渐模糊。腹面为白色至褐色。

相近物种

柳蛇属 *Lygophis* 的其他物种分布于巴西中部和东南部、玻利维亚、巴拉圭、乌拉圭和阿根廷，其中南柳蛇 *L. meridionalis* 分布于巴西东南部、玻利维亚、巴拉圭和阿根廷，曾经是柳蛇的一个亚种。柳蛇属一度被认为是光蛇属 *Liophis* 的同物异名，而光蛇属又被认为是红光蛇属（第 311～312 页）的同物异名，直到最近柳蛇属才被重新承认。现在认为柳蛇属是红光蛇属及异齿蛇属（第 345 页）的姊妹群。

实际大小

科名	食螺蛇科 Dipsadidae：异齿蛇亚科 Xenodontinae
风险因子	无毒
地理分布	西印度群岛：波多黎各
海拔	0 ～ 243 m
生境	雨林、海岸线森林、干燥树林、仙人掌灌丛、开阔的草场、椰树林、花园
食物	蛙类、蛙卵、蝌蚪、蜥蜴
繁殖方式	卵生，每次产卵 6 ～ 18 枚
保护等级	IUCN 无危

成体长度
5¾ ～ 19¾ in
(400 ～ 500 mm)

321

斯氏小滑蛇
Magliophis stahli
Puerto Rican Racerlet
(Stejneger, 1904)

斯氏小滑蛇分布于波多黎各除南方海岸线以外的大部分地区，而南方海岸线则被另一种小滑蛇占据着。斯氏小滑蛇是一种行踪隐秘的昼行性蛇类，生活在落叶或枯死的植被堆中。它也出没于雨林、海岸线森林等潮湿环境或者干燥的林地、仙人掌灌丛及开阔的草场中。由于体形细小，斯氏小滑蛇常常被人忽视，所以也能适应单一的人工耕种环境，比如椰树林和种植园，甚至花园。这是一种对人无害的蛇类，捕食蛙类和小型蜥蜴，比如安乐蜥和壁虎。如果有机会，斯氏小滑蛇也会取食蝌蚪和蛙卵。雌性营卵生，每次产卵最多 18 枚。斯氏小滑蛇的种本名来源于波多黎各医生和博物学家阿古斯丁·斯塔尔（Agustín Stahl，1842—1917）。

斯氏小滑蛇为小型蛇类，背鳞光滑，头部狭窄，吻部略尖，眼中等偏大，瞳孔圆形，尾较长。背面为红褐色，侧面为深棕褐色。背面与侧面之间各有一条黑色纵纹，始于吻端，贯穿眼部。唇部为灰白色至浅灰色。腹面为黄褐色、褐绿色或橘褐色，带有褐色斑点。最外侧腹鳞有单个大斑点。

相近物种

斯氏小滑蛇曾被认为是小滑蛇 *Magliophis exiguus* 的一个亚种，它与小滑蛇的 *M. e. subspadix* 亚种均生活在波多黎各岛上，不过后者分布于南方海岸线。小滑蛇的指名亚种则分布于英属和美属维尔京群岛。小滑蛇属与古巴游蛇属（第 307 页）、波多黎各蛇属（第 302 页）、海地岛蛇属、加勒比游蛇属（第 303 页）和树栖蛇属（第 298 页）亲缘关系较近。

实际大小

科名	食螺蛇科 Dipsadidae：异齿蛇亚科 Xenodontinae
风险因子	无毒，具缠绕力
地理分布	北美洲：墨西哥西部
海拔	0 ～ 1900 m
生境	热带落叶林、半落叶林、松栎林
食物	蜥蜴
繁殖方式	卵生，每次产卵最多 10 枚
保护等级	IUCN 无危

成体长度
雄性
15¾～22½ in
(400～570 mm)

雌性
19¾～28¼ in
(500～720 mm)

322

松鳞蛇
Manolepis putnami
Mexican Thin-Scaled Snake
(Jan, 1863)

松鳞蛇为小型蛇类，背鳞光滑至起弱棱，体形细长，尾较长，头部狭窄，吻端尖且带棱角，眼大，瞳孔圆形。背面为褐色至黄色，具深色宽脊线。雌性脊线中央颜色较浅，而雄性脊线中央颜色几乎为黑色。头部为浅灰色或深灰色，具黑色斑点，头顶和眼下也有黑色斑纹。雌性腹面为深色，雄性腹面的颜色则浅得多。

松鳞蛇又称脊头蛇，分布于墨西哥太平洋沿岸的纳亚里特州至恰帕斯州。它生活在热带落叶林和半落叶林以及松栎林中，为昼行性蛇类，捕食陆栖类蜥蜴，例如美洲蜥蜴和强棱蜥。松鳞蛇以绞杀的方式制服猎物。这种蛇在一年中的雨季最为活跃。与大部分蛇类不同，松鳞蛇中存在性二态及异色的现象 —— 雌性比雄性大得多，整体颜色通常也深很多，不过脊线中央的颜色却又比雄性浅一些。和大部分异齿蛇相同，松鳞蛇为卵生。松鳞蛇以美国人类学家、动物学家和博物馆馆长弗雷德里克·沃德·普特南（Frederic Ward Putnam，1839—1915）命名。

相近物种

松鳞蛇属 *Manolepis* 为单型属，与亚马孙水蛇属（第 317 页）、渔蛇属（第 314～315 页）和拟沙蟒属（第 334 页）亲缘关系最接近。

实际大小

科名	食螺蛇科 Dipsadidae；异齿蛇亚科 Xenodontinae
风险因子	后沟牙，毒性轻微，也具缠绕力
地理分布	南美洲：巴西中部和南部、巴拉圭、阿根廷北部
海拔	125 ～ 465 m
生境	干燥的查科林地、季节性洪泛潘塔纳尔湿地、向湿润海岸线森林过渡的区域
食物	蛇类、蜥蜴、小型哺乳动物、蛙类
繁殖方式	卵生，产卵量未知，可能为 7 ～ 10 枚
保护等级	IUCN 无危

双色乌蛇
Mussurana bicolor
Bicolored Mussurana
(Peracca, 1904)

成体长度
雄性
19¾ ～ 25½ in
(500 ～ 650 mm)

雌性
19¾ ～ 29½ in,
偶见 39 in
(500 ～ 750 mm,
偶见 990 mm)

323

双色乌蛇是南美洲所有乌蛇类物种（mussuranas）中体形最小的，也是唯一一种长度不及 1 m 的乌蛇。双色乌蛇为夜行性陆栖蛇类，分布于巴西中部和南部、巴拉圭和阿根廷北部，生活在干燥的查科林地和受季节性洪水影响的潘塔纳尔湿地中。它也出没于向湿润大西洋沿岸森林过渡的区域。双色乌蛇并不常见，所以鲜有人研究。它以其他蛇类为食，例如渔蛇属（第 314～315 页），也捕食其他脊椎动物如蛙类、蜥蜴和小型哺乳动物。双色乌蛇利用毒液和绞杀的双重武器来制服猎物。这种蛇通常不具攻击性，也很少咬人，但作为一种后沟牙蛇类，还是值得引起人们的警惕。

双色乌蛇为小型蛇类，背鳞光滑而有光泽。头圆而扁，眼中等偏小，瞳孔圆形。发育过程中双色乌蛇的体色会发生变化。幼体的体侧为红色，背面为深红色至褐色，腹面灰白色。成年后背面为纯黑色，唇部为白色，腹面为灰白色。个别的背面会有白色横纹。

相近物种

乌蛇属 *Mussurana* 还有另外 2 个物种，分别是山乌蛇 *M. montana* 和奎氏乌蛇 *M. quimi*，后者以两栖爬行学家乔昆姆（昆姆）·卡瓦列罗 [Joaquim (Quim) Cavalheiro] 命名。这两种乌蛇都分布于巴西东南部。乌蛇属与其他乌蛇类亲缘关系接近，包括食蛇乌蛇属（第 301 页）、克乌蛇属（第 304 页）、褐乌蛇属（第 326 页）以及异镰蛇（镰蛇属，第 308 页）。

实际大小

科名	食螺蛇科 Dipsadidae：异齿蛇亚科 Xenodontinae
风险因子	后沟牙，毒性轻微
地理分布	南美洲：哥伦比亚、委内瑞拉、巴西北部、厄瓜多尔、秘鲁、玻利维亚
海拔	200 ～ 1000 m
生境	原始雨林与次生雨林、栽培的花园
食物	蜥蜴，可能还有其他脊椎动物
繁殖方式	卵生，每次产卵最多 17 枚
保护等级	IUCN 未列入

成体长度
31½ ～ 35¾ in
(800～910 mm)

324

美丽碎花蛇
Oxyrhopus formosus
Beautiful Calico Snake
(Wied-Neuwied, 1820)

美丽碎花蛇又称黄头碎花蛇，分布于南美洲北部的哥伦比亚到秘鲁与巴西。它主要生活在原始雨林中，但也出没于次生雨林和耕作的田里。美丽碎花蛇可能为夜行性或晨昏性，属于陆栖或半树栖蛇类。目前这种蛇唯一已知的食物是裸眼蜥科的蜥蜴，但鉴于碎花蛇属其他物种的食物还包括蛙类、蛇类和啮齿类，美丽碎花蛇应该也会捕食这些小动物，而不仅仅是蜥蜴。美丽碎花蛇会把猎物紧紧缠起来，等待毒液慢慢起作用。美丽碎花蛇通常不具攻击性，对人类没有威胁。

美丽碎花蛇体形细长，背鳞光滑，头略尖，眼小，瞳孔圆形，尾长。有的个体具深灰色与红色的横纹，类似于宽纹碎花蛇（第325页），有的个体则通体橙色至红色。每片鳞片顶端为黑色。有的个体枕后有黑斑，有的没有。吻端和唇部为黄色。虹膜常为鲜艳的红色，与头部斑纹形成鲜明对比。

实际大小

相近物种

碎花蛇属 *Oxyrhopus* 的 14 个物种都颜色艳丽，分布于墨西哥至阿根廷，其中一些种类又被称为伪珊瑚蛇，因为它们会拟态同域分布的剧毒的珊瑚蛇（第457～465页）。碎花蛇属与乌蛇类构成姊妹群，后者包括食蛇乌蛇属（第301页）、克乌蛇属（第304页）、乌蛇属（第323页）、褐乌蛇属（第326页）及它们的近亲。美丽碎花蛇与拟态珊瑚蛇的巴西碎花蛇 *Oxyrhopus trigeminus* 亲缘关系最近。

科名	食螺蛇科 Dipsadidae：异齿蛇亚科 Xenodontinae
风险因子	后沟牙、毒性轻微，也具缠绕力
地理分布	北美洲、中美洲和南美洲：墨西哥东南部至巴拿马，哥伦比亚至圭亚那地区和特立尼达岛，南至阿根廷
海拔	0～2750 m
生境	低地和山麓的湿润森林及稀树草原
食物	蜥蜴、小型哺乳动物、蛙类、蛇类、鸟类
繁殖方式	卵生，每次产卵 5～15 枚
保护等级	IUCN 未列入

成体长度
雄性
36¼～44½ in
(0.92～1.13 m)

雌性
38½～47¼ in
(0.98～1.2 m)

325

宽纹碎花蛇
Oxyrhopus petolarius
Broad-Banded Calico Snake
(Linnaeus, 1758)

宽纹碎花蛇是碎花蛇属分布最广的物种，生活在墨西哥至阿根廷的低地及山麓湿润森林和稀树草原。这是一种夜行性蛇类，绝大部分时间在地面活动，尤其在暴雨之后。不过它也会爬树，有时白天也能遇见。宽纹碎花蛇以小型蜥蜴、蛙类和啮齿类为食，偶尔也捕食鸟类和蛇类，比如北方锈头蛇（第 267 页）。宽纹碎花蛇利用毒液和绞杀的双重武器来制服猎物。它同时也是一种模拟珊瑚蛇的蛇类，通过拟态更危险的珊瑚蛇（第457～465 页）来获取保护。宽纹碎花蛇不具攻击性，也不愿咬人，一般认为对人无威胁。

宽纹碎花蛇为中型蛇类，体形细长，背鳞光滑，尾长，头较长，比颈部略宽，眼小，瞳孔圆形。背面为浅灰色或深灰色，具明显的红色或橘黄色宽横纹，起始于枕部。身体前方的环纹比后方的颜色浅，甚至为白色。吻部为黑色。腹面为灰白色。

相近物种

宽纹碎花蛇包含 3 个亚种，其中指名亚种 *Oxyrhopus petolarius petolarius* 广泛分布于南美洲北部的哥伦比亚至特立尼达和多巴哥，亚马孙亚种 *O. p. digitalis* 分布于亚马孙河流域至阿根廷，北部亚种 *O. p. sebae* 分布于墨西哥和中美洲。

实际大小

科名	食螺蛇科 Dipsadidae：异齿蛇亚科 Xenodontinae
风险因子	后沟牙，毒性轻微，也具缠绕力
地理分布	南美洲：巴西南部、乌拉圭、阿根廷
海拔	无海拔数据
生境	开阔的栖息地、草原、湿地、长满粗草的砂土环境、沙丘、城郊
食物	蛇类、蜥蜴、鸟类、小型哺乳动物
繁殖方式	卵生，每次产卵 7～8 枚
保护等级	IUCN 未列入

成体长度
31½～35½ in,
偶见 4 ft 3 in
(800～900 mm,
偶见 1.3 m)

326

褐乌蛇
Paraphimophis rusticus
Brown Mussurana
(Cope, 1878)

褐乌蛇是一种生活在南方的蛇类，曾经被归在克乌蛇属内。它分布于巴西南部、乌拉圭以及阿根廷北部和中部。褐乌蛇体形不大，全长很少能超过 1 m。褐乌蛇为夜行性陆栖蛇类。与其他乌蛇类的物种不同，褐乌蛇生活在半干旱至湿润的开阔栖息地，例如草原、湿地、沙丘附近以及城市的郊外。它不具攻击性，即使被捉住也不会咬人。褐乌蛇的猎物包括小型蛇类，例如小个体的国王红光蛇（第 312 页），以及蜥蜴、小型鸟类和啮齿类。褐乌蛇把后沟牙中的毒液注射到猎物体内后，再通过绞杀的方式制服猎物。雌性在 2、3 月间产卵，每次产卵 7～8 枚。

相近物种

褐乌蛇属 *Paraphimophis* 为单型属，曾经先后被归在克乌蛇属（第 304 页）、碎花蛇属（第 324～325 页）以及拟蚺属（第 333 页）。在乌蛇类群中，褐乌蛇与潘帕斯蛇（第 331 页）亲缘关系最近。

实际大小

褐乌蛇虽为小型蛇类，但体形相对粗壮，背鳞光滑而有光泽，头窄而尖，眼大，瞳孔圆形。全身通常为均匀的褐色，与背面相比，体下侧与腹面略微发黄。

科名	食螺蛇科 Dipsadidae：异齿蛇亚科 Xenodontinae
风险因子	后沟牙，有毒：可能有出血性毒素
地理分布	南美洲：巴西东南部、玻利维亚、巴拉圭、乌拉圭、阿根廷北部
海拔	0 ～ 500 m
生境	草甸和多岩石的小山坡、沙洲、哺乳动物洞穴
食物	蚓蜥、蜥蜴、蛇类、蛞蝓、昆虫、蚯蚓
繁殖方式	卵生，每次产卵 1 ～ 8 枚
保护等级	IUCN 无危

成体长度
11¾ ～ 27½ ft
(300 ～ 700 mm)

缎带亮蛇
Phalotris lemniscatus
Argentine Black-Headed Snake
(Duméril, Bibron & Duméril, 1854)

327

缎带亮蛇又称杜氏王冠蛇，是一种陆栖或半穴居的蛇类，生活在草甸、多岩石的小山坡以及沙洲上，分布区包括巴西东南部、玻利维亚、巴拉圭、乌拉圭和阿根廷北部。缎带亮蛇习性隐秘，夜里才出来活动，白天则经常躲在地下的哺乳动物洞穴里。由于它的嘴较小，所以只能吞食细长的猎物，比如蚓蜥、瘦长的蜥蜴、小型蛇类、蚯蚓、蛞蝓和一些昆虫。缎带亮蛇虽然嘴小，它的后沟牙中毒液的毒性却非常大。曾经有一位两栖爬行动物学家被它咬中手指之间的部位，结果中毒非常严重，出现了肾衰竭和大出血，差点送命。所以面对缎带亮蛇和它那些不具攻击性的近缘种时，需要格外小心。

实际大小

相近物种

缎带亮蛇包含 4 个亚种，其中指名亚种 *Phalotris lemniscatus lemniscatus* 分布于阿根廷北部，另外 3 个亚种（*P. l. trilineatus*，*P. l. divittatus*，and *P. l. iheringi*）分布于该物种分布区的其他区域。有的学者认为它们都是独立的物种。亮蛇属 *Phalotris* 还包含另外 15 个物种，大部分都分布于南美洲南部。亮蛇属曾经被归入南美蛇属（第 310 页），后者现在只有 2 个物种。

缎带亮蛇的体形非常纤细，背鳞光滑，尾短，头部狭窄，与颈部区分不明显，眼小，瞳孔圆形。背面为褐色，脊背两侧各有一条橘黄色纵纹，腹面为黄色。头黑色，颈部有黄色的颈斑。

科名	食螺蛇科 Dipsadidae：异齿蛇亚科 Xenodontinae
风险因子	后沟牙，有毒；可能有出血性毒素
地理分布	南美洲：玻利维亚、巴拉圭、阿根廷北部
海拔	150～300 m
生境	开阔的草地、多石头的小山坡、盐田
食物	蛙类、蜥蜴、鸟类，可能还有小型哺乳动物
繁殖方式	卵生，每次产卵 4～11 枚
保护等级	IUCN 未列入

成体长度
3 ft 3 in～5 ft,
偶见 6 ft
(1.0～1.5 m,
偶见 1.8 m)

328

阿根廷栖林蛇
Philodryas baroni
Barón's Bush Racer

Berg, 1895

阿根廷栖林蛇体形较大，背鳞光滑，尾中等偏长，头部狭窄，吻端具有独特的向上翘的肉质鼻状突起。眼大，瞳孔圆形。阿根廷栖林蛇有两种色型，一种为全身绿色，腹面和唇部颜色稍浅，另一种色型背面为褐色，正中有一条深褐色脊线，体侧各有一条浅褐色纵纹，始于吻端，腹面和吻端为白色略带粉色。

阿根廷栖林蛇或许是栖林蛇属最容易辨识的物种，分布于玻利维亚、巴拉圭西北部和阿根廷北部。它生活在开阔的环境里，比如草地和多岩石的小山坡，甚至在盐田上。阿根廷栖林蛇主要在地面活动，必要时也可以成为树栖蛇类。它以蛙类、蜥蜴和鸟类为食，偶尔也捕食小型哺乳动物。与所有栖林蛇一样，阿根廷栖林蛇脾气暴躁，只要有机会就会试图咬人，并用它的后沟牙使劲咀嚼。由于同属的栖林蛇（第 330 页）已知为毒蛇，因此应该尽量避免被阿根廷栖林蛇咬到。很多人将阿根廷栖林蛇作为热门宠物饲养，却并不清楚它的毒性。阿根廷栖林蛇的种本名以曼努埃尔·巴隆·莫拉（Manuel Barón Morlat）命名，他是该物种正模标本的采集人。

相近物种

栖林蛇属 *Philodryas* 包含 23 个物种。阿根廷栖林蛇在外形上与同域分布的巴塔哥尼亚栖林蛇 *P. patagoniensis* 和三线栖林蛇 *P. trilineata* 最为接近，区别在于阿根廷栖林蛇的吻端有个多肉的鼻状突起。阿根廷栖林蛇还与分布于巴西东部和南部的内氏栖林蛇 *P. nattereri* 亲缘关系较近，但后者同样不具鼻状突起。

实际大小

科名	食螺蛇科 Dipsadidae：异齿蛇亚科 Xenodontinae
风险因子	后沟牙，剧毒：包括抗凝血素和蛋白水解酶；也具缠绕力
地理分布	南美洲：智利中部
海拔	0 ～ 1900 m
生境	干燥的小山坡、草场、农田、干燥的石墙
食物	小型哺乳动物、蛙类、鸟类、蜥蜴
繁殖方式	卵生，每次产卵 6 ～ 8 枚
保护等级	IUCN 无危

成体长度
3 ft 3 in ~ 5 ft
(1.0~1.5 m)

智利栖林蛇
Philodryas chamissonis
Chilean Long-Tailed Bush Racer
(Wiegmann, 1835)

329

智利栖林蛇为智利的特有种，仅分布于阿塔卡马沙漠和比奥比奥大区的中间地带。它生活在较为干燥的栖息地中，比如多岩石的小山坡、开阔的草场和农耕区周围的石墙中。智利栖林蛇以蜥蜴、蛙类、雏鸟和小型哺乳动物为食，包括小兔子，利用毒液和绞杀的双重武器来制服猎物。这种蛇脾气暴躁，如果被人捉住，会肆意乱咬。栖林蛇属物种能造成令人疼痛甚至有生命危险的咬伤，智利栖林蛇也不例外。被它咬中后，有人曾中毒严重，出现大面积水肿。咬伤需要 4～6 天才能康复，因此面对智利的后沟牙毒蛇时需要格外小心。

智利栖林蛇的体形较为粗壮，背鳞光滑，尾长，头略宽于颈部，眼大，瞳孔圆形。背面通常为褐色，有四条黄色纵纹，条纹边缘为黑色。唇部白色，腹部灰白色。

相近物种

智利仅有 6 种蛇类，其中 4 种属于栖林蛇属 *Philodryas*，之前它们被归到快蛇属 *Dromicus*，分别是智利栖林蛇、优雅栖林蛇 *P. elegans*、秘鲁栖林蛇 *P. tachymenoides* 和西蒙栖林蛇 *P. simonsii*。另外 2 种蛇则属于易怒蛇属（第 339 页）。智利是美洲大陆唯一没有前毒牙蝰蛇或珊瑚蛇的国家，不过智利的后沟牙毒蛇依然值得人们小心。

实际大小

科名	食螺蛇科 Dipsadidae：异齿蛇亚科 Xenodontinae
风险因子	后沟牙，有毒：包括出血性毒素、促凝血素、肌肉毒素、突触后神经毒素
地理分布	南美洲：哥伦比亚、委内瑞拉、圭亚那地区、巴西、秘鲁、玻利维亚、巴拉圭、乌拉圭、阿根廷北部
海拔	0～500 m
生境	稀树草原、退化的森林、灌木丛林地、农耕地
食物	蛙类、蜥蜴、鸟类、蛇类及小型哺乳动物
繁殖方式	卵生，每次产卵 7～8 枚
保护等级	IUCN 未列入

成体长度
29½～37½ in,
偶见 3 ft 7 in
(750～950 mm,
偶见 1.1 m)

330

栖林蛇
Philodryas olfersii
Lichtenstein's Green Racer
(Lichtenstein, 1823)

栖林蛇的体形较为细长，背鳞光滑，尾长，头略宽于颈部，眼大，瞳孔圆形。背面为草绿或黄绿色，喉部常为蓝色，腹面为浅绿色。唇部浅绿色，上方有一条细黑纹贯穿眼部。

栖林蛇又称奥氏栖林蛇，因为它是德国动物学家马丁·利希腾施泰因（Martin Lichtenstein，1780—1857）以他的同胞伊格纳茨·弗兰茨·维尔纳·玛丽亚·冯·奥尔费斯（Ignaz Franz Werner Maria von Olfers，1793—1871）命名的。栖林蛇广泛分布于安第斯山脉以东的南美洲北部和中部，为昼行性陆栖和半树栖蛇类。它生活在退化的森林、草场、灌木丛林地及农耕地中，以蛙类、蜥蜴、鸟类、其他蛇类和啮齿类为食。栖林蛇毒性较强，被咬伤的人数众多，甚至可能有一个儿童因此丧命。对待栖林蛇和它同属的物种时都应该心怀敬畏，并倍加小心。

相近物种

栖林蛇有 3 个亚种，分布于该物种分布区的东部（*Philodryas olfersii olfersii*）、北部（*P. o. herbeus*）以及西南部（*P. o. latirostris*）。栖林蛇在外形上与同域分布的绿栖林蛇 *P. viridissima* 最为接近，两者可以通过腹鳞的数量来区分。栖林蛇的腹鳞少于 205 枚，绿栖林蛇的腹鳞则多于 205 枚。

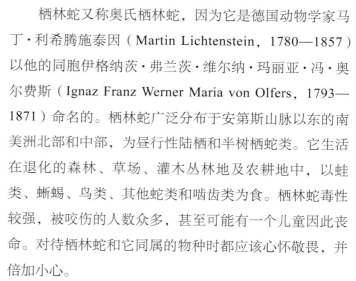

实际大小

科名	食螺蛇科 Dipsadidae；异齿蛇亚科 Xenodontinae
风险因子	后沟牙，毒性轻微；也具缠绕力
地理分布	中美洲和南美洲：巴拿马、哥伦比亚、委内瑞拉、圭亚那、苏里南、法属圭亚那，可能还包括巴西北部
海拔	0 ～ 900 m
生境	沿海的稀树草原、河边草地、干燥的林地、荆棘林地、长廊森林、落叶林
食物	蜥蜴和蛙类
繁殖方式	卵生，每次产卵 4 ～ 7 枚
保护等级	IUCN 未列入

成体长度
19¾～25½ in
(500～650 mm)

潘帕斯蛇
Phimophis guianensis
Guianan Shovel-Nosed Pampas Snake
(Troschel, 1848)

331

　　潘帕斯蛇形态特别，并不常见。它分布于巴拿马和南美洲北部，生活在较为干旱的环境中，从稀树草原到荆棘林地和干燥落叶林都有其踪迹。在圭亚那地区，潘帕斯蛇只局限于狭窄的沿海稀树草原地带，而在委内瑞拉则分布广得多，包括洛斯亚诺斯地区以及奥里诺科河流域两岸的稀树草原和长廊森林。潘帕斯蛇为夜行性陆栖和半穴居的蛇类，主要以蜥蜴为食，有时也捕食蛙类。如果被捉住，潘帕斯蛇不会主动咬人，但会排出泄殖腔腺中的物质，或排出粪便，作为防御手段。尽管潘帕斯蛇有后沟牙且具有毒性，但通常对人无威胁。

潘帕斯蛇背鳞光滑，尾较短，头部宽，吻部上翘呈铲形，眼中等偏大，瞳孔圆形。背面颜色变化较大，可能为黄色或白色，每片鳞片上有褐色、黄色或红色的杂色斑。腹面和体下侧为纯白色或米黄色。头部和颈部背面为黑色。

相近物种

　　潘帕斯蛇属 *Phimophis* 还有另外 2 个物种，分别是东部潘帕斯蛇 *P. guerini* 和条纹潘帕斯蛇 *P. vittatus*，前者分布于圭亚那地区、巴西东部和南部、巴拉圭以及阿根廷北部，后者分布于玻利维亚南部、巴拉圭和阿根廷北部。潘帕斯蛇属与近缘的褐乌蛇属（第 326 页）共同构成其他乌蛇类（食蛇乌蛇属，第 301 页；克乌蛇属，第 304 页；乌蛇属，第 323 页；拟蚺属，第 333 页）的姊妹群。

实际大小

科名	食螺蛇科 Dipsadidae：异齿蛇亚科 Xenodontinae
风险因子	无毒，具缠绕力
地理分布	太平洋岛屿：加拉帕戈斯群岛（厄瓜多尔）
海拔	0 ～ 800 m
生境	沿海和干旱的栖息地
食物	蜥蜴、小型哺乳动物、鸟类、昆虫
繁殖方式	卵生，产卵量未知
保护等级	IUCN 未列入

成体长度
雄性
19¾ ～ 24 in
(500 ～ 610 mm)

雌性
19¾ ～ 21¼ in
(500 ～ 540 mm)

332

条纹拟树栖蛇
Pseudalsophis steindachneri
Striped Galapagos Racer
(Van Denburgh, 1912)

条纹拟树栖蛇为小型蛇类，背鳞光滑，尾长，头部长而狭窄，眼大，瞳孔圆形。背面为深褐色，背侧具两条黄色至米色纵纹，始于眼后方。喉部、唇部及腹面为白色。埃岛拟树栖蛇 *Pseudalsophis hoodensis* 与条纹拟树栖蛇的斑纹很相似。

条纹拟树栖蛇分布于加拉帕戈斯群岛中的巴尔特拉岛、拉维达岛、圣克鲁斯岛以及圣地亚哥岛。它生活在沿海及内陆干旱的地区，捕食岛上的壁虎、熔岩蜥、啮齿类、雏鸟，也可能包括大型昆虫。对付脊椎动物猎物时，条纹拟树栖蛇会用绞杀的方式制服对方。尽管加拉帕戈斯群岛闻名遐迩，岛上的蛇却鲜有人研究。两栖爬行动物学家都去关注更有名的陆龟和鬣蜥了。然而在查尔斯·达尔文（Charles Darwin）造访加拉帕戈斯群岛之前，英国海盗兼博物学家威廉·丹彼尔（William Dampier，1651—1715）就已经注意到岛上生活着游蛇了。虽然人们认为拟树栖蛇为卵生，但每次产卵量依然未知。条纹拟树栖蛇的种本名来源于奥地利动物学家弗兰茨·斯特恩达切勒（Franz Steindachner，1834—1919）。

相近物种

拟树栖蛇属 *Pseudalsophis* 包含 7 个物种，只有优雅拟树栖蛇 *P. elegans* 分布在大陆上的厄瓜多尔、秘鲁和智利北部。条纹拟树栖蛇与中岛拟树栖蛇 *P. dorsalis* 同域分布。双条拟树栖蛇 *P. biserialis* 分布于圣克里斯托巴尔岛、弗雷里安纳岛及周边岛屿。埃岛拟树栖蛇 *P. hoodensis* 分布于海地岛。西部拟树栖蛇 *P. occidentalis* 和环拟树栖蛇 *P. slevini* 分布于伊莎贝拉岛、费尔南迪纳岛及周边岛屿。好几种拟树栖蛇都包含有亚种，而且这些亚种仅局限于特定的岛屿。

实际大小

科名	食螺蛇科 Dipsadidae：异齿蛇亚科 Xenodontinae
风险因子	后沟牙，毒性轻微
地理分布	南美洲：巴西北部
海拔	无海拔数据
生境	原始雨林与溪流边
食物	蛇类
繁殖方式	卵生，产卵量未知
保护等级	IUCN 未列入

成体长度
3 ft 3 in～3 ft 7 in
(1.0～1.09 m)

黑线拟蚺
Pseudoboa martinsi
Black-Striped Scarlet Snake
Zaher, Oliveira & Franco, 2008

333

尽管被称为拟蚺，拟蚺属的物种长得并不像蚺，而更接近于乌蛇。黑线拟蚺外形惊艳，直到 2008 年才被发现，分布于巴西北部的帕拉州、亚马孙州、罗赖马州及朗多尼亚州。周围邻近的国家可能也有分布。它生活在原始雨林中的河流附近。乌蛇类的物种常常捕食其他蛇类，例如一条黑线拟蚺标本的胃中就发现了蛇的残骸。关于这种蛇的自然生活史，人们几乎一无所知，只知道它为卵生，生活在落叶堆中或倒木下。黑线拟蚺不会咬人，也没什么防御措施。黑线拟蚺以巴西圣保罗大学的两栖爬行动物学家马西奥·马丁斯（Marcio Martins）命名。

黑线拟蚺的背鳞光滑而有光泽，尾长，头部稍可以与颈部区分开。眼小，瞳孔圆形。背面为鲜艳的红色，有一条黑色宽脊纹从颈部延伸至尾部。吻端为黑色，头后方及颈部有一个红色宽颈斑。腹面纯白色。幼体的斑纹与成体类似，但具白色宽颈斑。拟蚺属所有物种的幼体都有这个特征。

相近物种

拟蚺属 *Pseudoboa* 还有另外 5 个物种，其中北方拟蚺 *P. neuwiedii* 和亚马孙拟蚺 *P. coronata* 为黑头红身，分布于南美洲北部。分布于巴西东南部的塞拉纳拟蚺 *P. serrana* 和分布于巴西南部及阿根廷的哈氏拟蚺 *P. haasi* 为黑头红身，具黑色纵纹。分布于巴西东部和巴拉圭的黑拟蚺 *P. nigra* 全身黑色，带有白色花斑。与拟蚺属亲缘关系较近的有食蛇乌蛇（第 301 页）及巴西棘蛇 *Rhachidelus brazili*。

实际大小

科名	食螺蛇科 Dipsadidae：异齿蛇亚科 Xenodontinae
风险因子	无毒
地理分布	南美洲：哥伦比亚、委内瑞拉、圭亚那地区、巴西、秘鲁、玻利维亚、巴拉圭、阿根廷北部
海拔	0 ~ 410 m
生境	水流缓慢的河流、牛轭湖、湿地、运河、水塘
食物	鱼类（包括鳗鱼）和蝌蚪
繁殖方式	卵生，每次产卵最多 49 枚；也可能有胎生
保护等级	IUCN 无危

成体长度
3 ft 3 in ~ 3 ft 7 in,
偶见 5 ft
(1.0 ~ 1.1 m,
偶见 1.5 m)

334

拟沙蟒
Pseudoeryx plicatilis
South American Glossy Pondsnake
(Linnaeus, 1758)

拟沙蟒的体形较大，背鳞光滑而有光泽，尾短，头部短，眼大且稍微靠前，瞳孔圆形。背面为中褐色至深褐色，体侧各有一条深褐色纵纹，从头部延伸至身后。颈侧各有一个灰白色颈斑。唇部上方有一条黄褐色条纹，唇部下方也为黄色。腹面为浅黄色。幼体腹面为红色，带有一排排的黑色斑点。

拟沙蟒广泛分布于安第斯山脉以东的南美洲北部和中部，从哥伦比亚到阿根廷北部都有踪迹。拟沙蟒昼夜都会出来活动，生活在水流缓慢的河流、牛轭湖、水塘、运河及湿地中。它几乎只以鱼类为食，包括鳗鱼，也吃大型蝌蚪。人们一般认为拟沙蟒为卵生，且每次产卵量很多，但也有学者认为某些种群为胎生。拟沙蟒主要的防御手段是把头藏在蜷曲且膨扁的身体之下。尽管无毒，拟沙蟒被捉住时很容易咬人。这种蛇在生长发育过程中体色会发生改变。幼体体色浅而鲜艳，成体颜色深且暗淡。

相近物种

拟沙蟒包含 2 个亚种，其中指名亚种 *Pseudoeryx plicatilis plicatilis* 分布于该物种分布区的大部分区域，西南亚种 *P. p. mimeticus* 分布于亚马孙河流域的玻利维亚和巴西。拟沙蟒属 *Pseudoeryx* 近年还发现了一个新种——遗失拟沙蟒 *P. relictualis*，分布于委内瑞拉西北部。拟沙蟒属与亚马孙水蛇属（第 317 页）和渔蛇属（第 314 ~ 315 页）亲缘关系最近。外形上，拟沙蟒属与北美洲的泥蛇属（第 263 页）相似。

实际大小

科名	食螺蛇科 Dipsadidae：异齿蛇亚科 Xenodontinae
风险因子	后沟牙，毒性轻微
地理分布	南美洲：巴西东部
海拔	0～125 m
生境	塞拉多热带稀树草原林地、坎普草原、卡廷加荆棘林和灌丛
食物	蜥蜴
繁殖方式	卵生，每次产卵最多 4 枚
保护等级	IUCN 未列入

成体长度
14½ in
(370 mm)

约氏小蛇
Psomophis joberti
Jobert's Groundsnake
(Sauvage, 1884)

335

约氏小蛇是一种昼行性陆栖蛇类，生活在半干旱的塞拉多热带稀树草原林地、坎普草原以及卡廷加荆棘林和干旱灌丛中。它分布于巴西东部，从帕拉州到北里奥格兰德州，南至米纳斯吉拉斯州和圣保罗州，都有它的踪迹。尽管约氏小蛇的采集地点横跨多个州，但不少地点被不适宜其生活的湿润森林隔开，因此约氏小蛇的分布应该并不连续，比如位于亚马孙河河口的马拉若岛就是这样一个孤立的稀树草原环境。约氏小蛇以蜥蜴为食，繁殖方式为卵生，曾记录到它一次产卵 4 枚。模式标本采自马拉若岛，采集者为法国动植物学家克莱蒙-莱热-尼古拉斯·若贝尔（Clément-Léger-Nicolas Jobert，1840—1910），他曾记录了美洲印第安人如何使用毒箭。

约氏小蛇体形细长，背鳞光滑，尾长，头部比颈部略宽，眼大，瞳孔圆形。背面为褐色，有一条深褐色脊线贯穿全身，体侧具浅褐色纵纹。吻部有一条深色纵纹，经眼部延伸至口角。唇部白色。腹面为浅褐色至浅黄色。

相近物种

小蛇属 *Psomophis* 还有另外 2 个物种，分别是分布于巴西西南部、玻利维亚、巴拉圭和阿根廷北部的心灵小蛇 *P. genimaculatus*，以及分布于巴西南部、巴拉圭、乌拉圭和阿根廷北部的宽小蛇 *P. obtusus*。这两种小蛇的最后一枚上唇鳞后都有一个向下突出的黑斑，可以与约氏小蛇区分。与小蛇属亲缘关系最近的有锥吻蛇属（第 305 页）和克里姗塔蛇属（第 306 页）。

实际大小

科名	食螺蛇科 Dipsadidae：异齿蛇亚科 Xenodontinae
风险因子	后沟牙，毒性轻微
地理分布	南美洲：巴西东北部
海拔	300 ～ 600 m
生境	卡廷加林地与稀树草原
食物	蜥蜴
繁殖方式	卵生，产卵量未知
保护等级	IUCN 未列入

成体长度
19¼ ~ 19¾ in
(490 ~ 500 mm)

336

罗德里格斯蛇
Rodriguesophis iglesiasi
Iglesias' Long-Nosed Pampas Snake
(Gomes, 1915)

罗德里格斯蛇为小型蛇类，背鳞光滑，尾短，头又
长又尖，并向上翘起，眼小，瞳孔呈竖直椭圆形。
背面通常为浅粉色或橘黄色，腹面为黄色或白色。
头背面为浅粉色，其后有一块黑色的宽颈斑。

罗德里格斯蛇是这个属里分布最广的物种，在巴西
的巴伊亚州、米纳斯吉拉斯州、皮奥伊州及托坎廷斯州
都有分布。它生活在圣弗朗西斯科河附近的沙土环境中，
属于高度适应这类环境的两栖爬行动物类群中的一员。
罗德里格斯蛇的栖息地包括干旱的卡廷加林地与稀树草
原。这是一种夜行性蛇类，专门在沙质土壤中掘土。它
主要捕食同样喜欢掘土的裸眼蜥科的蜥蜴。由于其穴居
的习性，这类蛇都很难研究。罗德里格斯蛇为卵生，但
每次产卵量却不得而知。这个属的属名来源于葡萄牙两
栖爬行动物学家米格尔·特雷弗·乌尔巴诺·罗德里格斯
（Miguel Trefaut Urbano Rodrigues），他是研究圣弗朗西斯
科河流域穴居两栖爬行动物区系的专家。罗德里格斯蛇
的种本名来源于巴西动物学家弗朗西斯科·伊格莱希亚斯
（Francisco Iglesias）。罗德里格斯蛇的模式标本已经毁于
2010 年 5 月巴西布坦坦研究所的那场火灾。

相近物种

罗德里格斯蛇属 *Rodriguesophis* 还有另外 2 个物种，
分别是朱红罗德里格斯蛇 *R. chui* 与食蜥罗德里格斯蛇 *R.
scriptorcibatus*，后者的种本名 "*scriptorcibatus*" 的字
面意思为 "吃作者的蛇"，看起来令人费解。实
际上这里的 "作者" 指的是裸眼蜥科的蜥蜴
（microteiid lizards），因为当地人根据这类
蜥蜴在沙上留下的足迹，将其戏称为
"书记员或作者"。

实际大小

科名	食螺蛇科 Dipsadidae：异齿蛇亚科 Xenodontinae
风险因子	后沟牙，毒性轻微
地理分布	南美洲：哥伦比亚与厄瓜多尔境内的安第斯山脉附近
海拔	300 或 1000 ～ 1890 m
生境	湿润的山地栖息地
食物	食性偏好未知
繁殖方式	卵生，产卵量未知
保护等级	IUCN 未列入

成体长度
19¼ ～ 23¼ in
（490～590 mm）

脉蛇
Saphenophis boursieri
Bourcier's Andean Snake
(Jan, 1867)

脉蛇是脉蛇属 *Saphenophis* 中分布最广的物种，但即使这样，也很少有博物馆收藏了脉蛇的标本。它分布于哥伦比亚与厄瓜多尔南部的安第斯山脉海拔 1000～1890 m 的地方，但也曾记录于厄瓜多尔海拔 300 m 的亚马孙河流域低地。人们对脉蛇属的所有 5 个物种都知之甚少，只知道它们生活在潮湿的环境中，估计为昼行性，因为海拔较高的地方夜晚温度会偏低。脉蛇属均为卵生，但每次产卵量未知。关于它们的捕食偏好也不得而知。脉蛇属的物种都有后沟牙，不过毒性微弱，因此估计不会对人类造成威胁。脉蛇的种本名来源于厄瓜多尔曾经的法国总督朱尔·布尔西耶（Jules Bourcier，1797—1873），他也是一名蜂鸟收集者。

脉蛇体形细长，背鳞光滑，尾长，头部勉强能与颈部区分，眼大，瞳孔圆形。背面为浅褐色，具两条深褐色、边缘为黄色的纵纹，纵纹的前段可能比较模糊。唇部、喉部及腹部为白色或黄色。唇喉处有黑色碎斑，腹部散布黑色棋盘状的斑纹。

相近物种

脉蛇属的 5 个物种均分布在哥伦比亚与厄瓜多尔境内的安第斯山上，海拔最高可达 3200 m，其中 4 种仅知产于它们的模式地点。这四种脉蛇分别是分布于哥伦比亚海拔 2560 m 的安蒂奥基亚脉蛇 *Saphenophis antioquiensis*、厄瓜多尔海拔 2500 m 的阿塔瓦尔帕脉蛇 *S. atahuallpae*、哥伦比亚埃尔坦博海拔 1745 m 的斯氏脉蛇 *S. sneiderni* 以及哥伦比亚考卡河谷海拔最高至 3200 m 的三线脉蛇 *S. tristriatus*。

实际大小

科名	食螺蛇科 Dipsadidae：异齿蛇亚科 Xenodontinae
风险因子	后沟牙，毒性轻微
地理分布	中美洲和南美洲：哥斯达黎加、巴拿马、哥伦比亚、委内瑞拉、圭亚那地区、特立尼达岛、巴西、厄瓜多尔、秘鲁、玻利维亚、巴拉圭
海拔	0～190 m
生境	低海拔雨林、湿润的常绿森林、林边地带
食物	蜥蜴和大型昆虫
繁殖方式	卵生，每次产卵最多 6 枚
保护等级	IUCN 无危

成体长度
3 ft 3 in～4 ft
(1.0～1.2 m)

338

扁瘰蛇
Siphlophis compressus
Red-Headed Liana Snake
(Daudin, 1803)

扁瘰蛇又称热带扁蛇，广泛分布于哥斯达黎加至特立尼达岛与巴拉圭等地区。扁瘰蛇高度树栖，偶尔到地面活动，为夜行性或晨昏性蛇类。它生活在低海拔雨林、热带常绿森林以及森林与稀树草原交界的地方。一般认为扁瘰蛇主要以蜥蜴为食，通过毒液与绞杀的双重手段制服猎物。有报道称它也吃大型甲壳类动物。扁瘰蛇为卵生，每次产卵最多 6 枚，产于切叶蚁的巢穴中，这样或许能避免被食卵动物吃掉。一个切叶蚁的巢穴中有时会有数窝扁瘰蛇的卵。至于这种蛇的毒液作用于人类的效果如何，还不得而知。

扁瘰蛇的体形极为纤细，身体侧扁（种本名"compressus"有"压扁"的意思），所以又叫热带扁蛇。扁瘰蛇背鳞光滑，尾长，具缠绕性，头略宽，眼大，瞳孔呈竖直椭圆形。身体为红色至粉色，具等距分布的黑色横纹。头部常为红色，具橘色或黄色颈斑，其后为一块黑色宽纹。扁瘰蛇的虹膜亦为红色。

相近物种

有学者将扁瘰蛇另划为一个单型属——三横蛇属 *Tripanurgos*。在巴拿马至玻利维亚的地区，扁瘰蛇与瘰蛇 *Siphlophis cervinus* 同域分布，后者身上为黑白相间的环纹，背脊正中有一纵行红色大斑。瘰蛇属 *Siphlophis* 另外 5 个物种则仅分布于巴西的西北部、东部和东南部。瘰蛇属是乌蛇类（食蛇乌蛇属，第301 页；克乌蛇属，第 304 页；乌蛇属，第 323 页；褐乌蛇属，第 326 页）及碎花蛇属（第 324～325 页）的姊妹群。

实际大小

科名	食螺蛇科 Dipsadidae：异齿蛇亚科 Xenodontinae
风险因子	后沟牙，毒性轻微：蛋白水解酶和溶血酶；有潜在危险
地理分布	南美洲：智利和阿根廷
海拔	0 ～ 2000 m
生境	牧场、草甸、湿润森林、沿海灌丛
食物	蛙类、蟾蜍、蜥蜴
繁殖方式	胎生，每次产仔 6 ～ 12 条
保护等级	IUCN 无危

成体长度
23¾ ～ 27½ in
(600 ～ 700 mm)

智利易怒蛇
Tachymenis chilensis[1]
Chilean Short-Tailed Scrub Snake
(Schlegel, 1837)

339

智利易怒蛇又称智利瘦蛇，是智利境内分布最靠南的蛇类，最远至蒙特港和奇洛埃群岛。它生活在智利与阿根廷境内的安第斯山脉海拔高至 2000 m 的地区，偏好牧场、草甸、湿润森林及沿海灌丛等栖息地。这些地方气温凉爽，所以尽管瞳孔竖直且繁殖方式为胎生，智利易怒蛇依然为昼行性蛇类。它主要以蛙类、蟾蜍和蜥蜴为食，通过毒液杀死猎物。如果人被它咬伤，症状会较严重，包括疼痛与肿胀。因此面对易怒蛇属的物种时需要心怀敬畏。智利是美洲大陆上唯一一个没有蝰蛇或珊瑚蛇的国家。

智利易怒蛇体形细长，背鳞光滑，尾短，头部勉强可以与颈部区分，眼较小，瞳孔呈竖直椭圆形。背面为褐色，具数条浅褐色纵纹。条纹边缘黑色，延伸至身体与尾部。头部背面为褐色，具深色碎斑，头侧与唇部颜色稍浅，由眼部向周围散发出黑色条纹。

相近物种

智利的蛇类仅有 2 个属——易怒蛇属 *Tachymenis*（2 个物种）和栖林蛇属（4 个物种，第 328～330 页）。智利易怒蛇有 2 个亚种，即北部亚种 *T. chilensi coronellina* 和分布靠南的指名亚种 *T. c. chilensis*。智利的第二种易怒蛇为秘鲁易怒蛇 *T. peruviana*，仅在智利北方有分布。易怒蛇属还有另外 4 个物种，均分布于秘鲁和玻利维亚。[2]易怒蛇属与绳蛇属（第 341 页）和拟锐齿蛇 *Pseudotomodon trigonatus*[3]亲缘关系较近。

① 目前，该物种已被移入马普切蛇属 *Galvarinus*。——译者注
② 现在的易怒蛇属在全世界范围内仅包含 3 个物种。——译者注
③ 目前，拟锐齿蛇属 *Pseudotomodon* 的有效性被废除，该物种已被移入易怒蛇属。——译者注

实际大小

科名	食螺蛇科 Dipsadidae：异齿蛇亚科 Xenodontinae
风险因子	无毒
地理分布	南美洲：哥伦比亚、委内瑞拉、圭亚那地区、巴西北部、厄瓜多尔、秘鲁、玻利维亚
海拔	30 ～ 2000 m
生境	原始雨林及次生雨林、森林砍伐后的空旷地带、农田附近
食物	蜥蜴
繁殖方式	卵生，每次产卵 2 ～ 3 枚
保护等级	IUCN 未列入

成体长度
11¾ ～ 19¾ in
(300 ～ 500 mm)

340

短鼻带茎蛇
Taeniophallus brevirostris
Short-Nosed Leaf-Litter Snake
(Peters, 1863)

短鼻带茎蛇为小型蛇类，身体纤细，背鳞光滑，尾长，头窄，眼中等大小，瞳孔圆形。背面为灰褐色，具五条深褐色纵纹。有一条深色条纹贯穿眼部，将头顶与灰白色的唇部分开。唇部散布着大量黑色色斑。腹面为浅褐色至黄绿色，下颌可能为红色。

短鼻带茎蛇是众多隐蔽在南美洲北部森林地表的小型无害蛇类中的一员。它属于昼行性蛇类，躲在原始及次生雨林中的树桩基部的落叶堆中或砍伐森林后留下的倒木下，甚至出没于开垦的农田附近。与大部分小型蛇类相同，短鼻带茎蛇的自然生活史记录几乎是一片空白。短鼻带茎蛇为卵生，每次产卵量较少，以小型蜥蜴如裸眼蜥科的物种为食。由于短鼻带茎蛇的嘴并不能张得很大，所以它也可能捕食蚯蚓和其他软体无脊椎动物，甚至是更危险的猎物，比如和它体形差不多的黑头蛇属物种（第 240～241 页）就会捕食蜈蚣。

相近物种

南美洲有 9 种带茎蛇，以及许多和它们长得差不多的蛇类，容易混淆。在南美洲北部，除短鼻带茎蛇以外，还有迷雾带茎蛇 *Taeniophallus nebularis*[1]、圭亚那带茎蛇 *T. nicagus* 和枕带茎蛇 *T. occipitalis*。带茎蛇属 *Taeniophallus* 与棘花蛇属（第 309 页）亲缘关系最近。

实际大小

---

① 目前，该物种已被移入双斑蛇属 *Adelphostigma*。——译者注

科名	食螺蛇科 Dipsadidae：异齿蛇亚科 Xenodontinae
风险因子	后沟牙，毒性轻微
地理分布	南美洲：哥伦比亚、委内瑞拉、圭亚那地区、巴西北部、厄瓜多尔、秘鲁、玻利维亚、阿根廷、乌拉圭
海拔	0 ～ 500 m
生境	稀树草原、原始雨林、湿地、沿海森林、农耕区
食物	蛙类、小型蜥蜴、节肢动物
繁殖方式	胎生，产仔量未知
保护等级	IUCN 无危

成体长度
13¾ ～ 17¾ in,
偶见 23¾ in
(350 ～ 450 mm,
偶见 600 mm)

绳蛇
Thamnodynastes pallidus
Pale Mock Viper
(Linnaeus, 1758)

341

绳蛇是这个属中分布较广的物种，而同属其他物种的分布区则要狭窄得多。绳蛇属于小型蛇类，生活在多种多样的栖息地中，从稀树草原到雨林、湿地和农田，都有其踪迹。它的分布区包括哥伦比亚至玻利维亚，横跨亚马孙河流域，南至阿根廷。绳蛇为陆栖和半水栖蛇类，偶尔会上树，捕食蛙类、小型蜥蜴及节肢动物，包括甲虫幼虫。绳蛇属其他物种也以小型哺乳动物或鱼类为食，绳蛇可能同样会捕食这些猎物。绳蛇呈竖直椭圆形的瞳孔表明它主要为夜行性蛇类，但它白天也会出来活动。绳蛇为胎生。绳蛇具有微弱的毒性，但一般认为它没什么危险。

绳蛇为小型蛇类，体形细长，背鳞起棱。头部较长，比颈部宽。眼大，瞳孔呈竖直椭圆形。身体为浅褐色或浅橘黄色，具两条颜色很浅的纵纹。鳞片上有深浅不一的碎斑。

实际大小

相近物种

绳蛇属 *Thamnodynastes* 还包含另外 19 个物种[①]，这些物种的外观都很相似，其中至少有 6 种的分布区与绳蛇有重叠。但是在亚马孙河流域，只有绳蛇的中段背鳞为 17 行。绳蛇种组包括巴西北部的长尾绳蛇 *T. longicaudus* 与最近刚被发现的塞尔唐绳蛇 *T. sertanejo*。绳蛇属在外观上与亚洲的紫沙蛇属（第 397 页）相似，但两者并无亲缘关系。绳蛇属与锐齿蛇属（第 342 页）和褶蛇 *Ptychophis flavovirgatus* 亲缘关系最接近。

① 由于分类学变动，绳蛇属中的大多数物种已被移入其他多个属，现在的绳蛇属仅包含 4 个物种。——译者注

科名	食螺蛇科 Dipsadidae：异齿蛇亚科 Xenodontinae
风险因子	后沟牙，毒性轻微
地理分布	南美洲：巴西东南部和南部，阿根廷北部
海拔	0 ～ 190 m
生境	草地与森林
食物	蛞蝓
繁殖方式	胎生，每次产仔 4 ～ 26 条
保护等级	IUCN 未列入

成体长度
15¾ ～ 18 in
(400 ～ 460 mm)

342

锐齿蛇
Tomodon dorsatus
Slug-Eating Mock Viper
(Duméril, Bibron & Duméril, 1854)

锐齿蛇的体形较为粗壮，背鳞光滑，尾短，头部宽，眼中等大小，瞳孔呈竖直椭圆形。背面为浅灰色或褐色，具深色花斑或 "v" 形斑纹，背脊正中有一行灰白色圆斑。眼后有一条深色的细纵纹，延伸至口角。

锐齿蛇分布于巴西圣保罗州及南部大西洋沿岸森林至阿根廷东北部的米西奥内斯省。这种专门捕食蛞蝓的蛇类生活在草地与森林中。锐齿蛇为胎生，雌性最多能生下 26 条仔蛇。通常情况下锐齿蛇不具攻击性，但它会把身体变得膨扁，并做出威胁的动作。再加上它的斑纹非常醒目，所以很像剧毒的矛头蝮（第 560～569 页），当地人也称之为伪矛头蝮。如果被锐齿蛇咬到，伤口可能会疼痛肿胀，所以面对它时仍然需要小心。

相近物种

锐齿蛇属 *Tomodon* 的物种有时也被称为潘帕斯蛇。[1] 锐齿蛇与眼斑锐齿蛇 *T. ocellatus*[2] 同域分布。该属的第三个物种是山锐齿蛇 *T. orestes*[3]，分布于玻利维亚和阿根廷。锐齿蛇属与绳蛇属（第 341 页）亲缘关系很近。

实际大小

---

① 由于分类学变动，锐齿蛇属现在仅包含锐齿蛇这一个物种。——译者注
② 目前，该物种已被移入易怒蛇属 *Tachymenis*。——译者注
③ 目前，该物种已被移入单型属山锐齿蛇属 *Apograpon*。——译者注

科名	食螺蛇科 Dipsadidae：异齿蛇亚科 Xenodontinae
风险因子	后沟牙，毒性轻微
地理分布	南美洲：巴西东南部
海拔	0 ～ 100 m
生境	大西洋沿岸森林和次生林
食物	蜥蜴、蛙类、小型哺乳动物
繁殖方式	卵生，产卵量未知
保护等级	IUCN 无危

成体长度
35½ in
(900 mm)

棱林蛇
Tropidodryas serra
Serra Snake
(Schlegel, 1837)

棱林蛇分布于巴西东南部，从巴伊亚州至圣卡塔琳娜州，包括圣阿马鲁岛，都有其踪迹。棱林蛇仅生活在正濒临破坏的大西洋沿岸低地森林及次生林中，为昼行性蛇类，既能上树，也在地面活动。棱林蛇捕食小型蜥蜴、蛙类及小型哺乳动物。幼体会扭动它白色的尾梢模拟蠕虫，诱使猎物走进它的攻击范围。与棱林蛇并无亲缘关系的棘蛇属（第484～485页）和蝮属（第553～555页）也存在这种行为。棱林蛇为卵生，但每次产卵量未知。

棱林蛇身体修长，尾部尤其长，头部箭头形，眼小，瞳孔圆形。背面为浅灰色或褐色，背脊正中有一列边缘白色的黑方块，方块间距较远，相互之间为褐色。头顶有褐色大理石纹。有一条褐色条纹贯穿眼部。幼体尾梢为白色。

相近物种

棱林蛇属 *Tropidodryas* 的另一物种 —— 条纹棱林蛇 *T. striaticeps* 也分布于巴西东南部，体色比棱林蛇更偏深褐色。棱林蛇属与大部分异齿蛇亚科的蛇类亲缘关系较远，是异鳞蛇属（第347页）、王水蛇属（第316页）和真林蛇 *Caaeteboia amarali* 的姊妹群。

实际大小

科名	食螺蛇科 Dipsadidae：异齿蛇亚科 Xenodontinae
风险因子	后沟牙，毒性轻微
地理分布	西印度群岛：海地岛（海地及多米尼加共和国）
海拔	0～1525 m
生境	干燥森林至热带雨林
食物	蜥蜴和蛙类
繁殖方式	卵生，每次产卵最多5枚
保护等级	IUCN 未列入

成体长度
2 ft 7 in～4 ft 7 in
(0.8～1.4 m)

344

宽吻长尾蛇
Uromacer catesbyi
Hispaniolan Blunt-Nosed Vinesnake
(Schlegel, 1837)

宽吻长尾蛇体形细长，背鳞光滑，尾长而具缠绕性，头部狭窄，吻端较尖，但不如同属另外两种蛇那么尖，眼大，瞳孔圆形。成体为绿色，部分个体的体下侧有白色、淡绿色或蓝色纵纹。幼体头部绿色，身体可能为褐色或灰色。

宽吻长尾蛇是一种高度树栖的蛇类，偶尔也会到地面活动。它生活在海地岛（海地及多米尼加共和国）及附属小岛的各式栖息地中，从热带雨林至干燥林地的树上都能发现它的身影。宽吻长尾蛇白天四处搜寻小型蜥蜴和蛙类，在树冠层或树枝上悄悄跟踪猎物。西印度群岛的长尾蛇属就相当于亚洲的瘦蛇属 *Ahaetulla*、非洲的非洲藤蛇属 *Thelotornis* 以及美洲大陆的蔓蛇属 *Oxybelis*，即都是身体细长、善于伪装、昼行性、具后沟牙的树栖蛇类。这些属共同构成了趋同演化的典型例子——分布于不同区域且无亲缘关系的类群，演化出相似的外形和行为。尽管这些蛇都有毒，但通常对人不构成威胁。宽吻长尾蛇的种本名来源于英国博物学家马克·凯茨比（Mark Catesby，1683—1749），他曾在美洲四处游历。

相近物种

在海地和多米尼加共和国，宽吻长尾蛇共有8个亚种，包括一些仅分布于某些岛屿的特有亚种，例如托尔蒂岛的 *Uromacer catesbyi scandax*、戈纳夫岛的 *U. c. frondicolor*、卡耶米特群岛的 *U. c. cereolineatus* 以及瓦什岛的 *U. c. insulaevaccarum*，这些都是属于海地的岛屿。多米尼加共和国的绍纳岛也有特有亚种 *U. c. inchausteguii*。长尾蛇属 *Uromacer* 还有另外2个物种，它们的吻部都要长得多，分别是长尾蛇 *U. frenatus* 和尖吻长尾蛇 *U. oxyrhynchus*。除了绿色，这两种蛇还可能有其他颜色的个体。

实际大小

科名	食螺蛇科 Dipsadidae：异齿蛇亚科 Xenodontinae
风险因子	后沟牙，毒性轻微
地理分布	南美洲：巴西南部、巴拉圭、乌拉圭、阿根廷
海拔	无海拔数据
生境	开阔的草地、多岩石的山坡、沙土地、松树林
食物	蜥蜴、蛙类、蝌蚪、鱼类及昆虫幼虫
繁殖方式	卵生，每次产卵 3～15 枚
保护等级	IUCN 未列入

成体长度
雄性
15¾～19¾ in
（400～500 mm）

雌性
15¾～23¾ in，
偶见 37½ in
（400～600 mm，
偶见 950 mm）

345

道氏异齿蛇
Xenodon dorbignyi
D'Orbigny's Hognose Snake
(Bibron, 1854)

道氏异齿蛇通常不具攻击性，却会主动模仿剧毒的矛头蝮，如美丽矛头蝮（第 561 页）等，以达到保护自己的目的，所以也被称为伪矛头蝮。道氏异齿蛇还会把自己的头藏在蜷曲的身体之下，露出尾部下方的类似珊瑚蛇的红黑两色，吓跑捕食者。道氏异齿蛇分布于巴西南部、巴拉圭、乌拉圭，最南至阿根廷的里奥内格罗省。它主要生活在开阔的草地、多岩石的山坡上或者海滩附近，躲在倒木或岩石下。道氏异齿蛇以蜥蜴、蛙类、蝌蚪、鱼类及甲虫幼虫为食。尽管具有一定毒性，但不会对人造成威胁。道氏异齿蛇以法国博物学家及旅行家阿尔希德·德·奥比格尼（Alcide d'Orbigny，1802—1857）命名，他曾在阿根廷生活过。

道氏异齿蛇的体形较粗短，背鳞光滑，尾短，头短而宽，吻部明显上翘，眼大，瞳孔圆形。背面为浅灰色，头顶有数条深灰色 "V" 形纹，延伸至身体后变为三行大眼斑。腹面为灰白色，具黑色棋盘状斑纹，点缀着大量红色色斑。

相近物种

南美洲的 6 种异齿蛇曾经被归入南美猪鼻蛇属 *Lystrophis*，现在该属则作为异齿蛇属 *Xenodon* 的同物异名，不过有的学者依然坚持保留旧名。它们与北美洲的猪鼻蛇属（第 264 页）外形类似，但其实与红光蛇属（第 311～312 页）亲缘关系更近。马州异齿蛇 *X. matogrossensis*、丽异齿蛇 *X. pulcher*、半环异齿蛇 *X. semicinctus* 和伪装异齿蛇 *X. histricus* 都在体色上拟态珊瑚蛇，背面有红、黑、白三色的横斑或图案，而纳氏异齿蛇 *X. nattereri* 则为浅褐和深褐色。

实际大小

科名	食螺蛇科 Dipsadidae：异齿蛇亚科 Xenodontinae
风险因子	后沟牙，毒性轻微
地理分布	北美洲、中美洲和南美洲：墨西哥南部至圭亚那地区、巴西和玻利维亚
海拔	0 ～ 1900 m
生境	雨林、干燥的落叶林、常绿林、低海拔山地森林，尤其在水源附近
食物	蟾蜍和蛙类
繁殖方式	卵生，每次产卵 5 ～ 15 枚
保护等级	IUCN 未列入

成体长度
雄性
23¾ ～ 27½ in
(600 ～ 700 mm)

雌性
23¾ ～ 38¼ in
(0.6 ～ 1.0 m)

346

杖头异齿蛇
Xenodon rabdocephalus
Northern False Lancehead
(Wied-Neuwied, 1824)

杖头异齿蛇体形粗壮，形似蝮蛇，背鳞光滑，尾短，头宽，眼小，瞳孔圆形。背面斑纹为交替的不规则浅褐与深褐色横纹，横纹边缘白色，头顶有一个深褐色箭头状图案。腹面为米黄色或灰色，具大量深色斑点。

杖头异齿蛇是该属唯一分布于墨西哥和中美洲的种类，它也广泛分布于南美洲北部。杖头异齿蛇的栖息地多种多样，从热带雨林到干燥森林都有其踪迹。它生活在中低海拔的山区，常常在水源附近活动。虽然杖头异齿蛇的外形与同域分布的多种蝮蛇相似，但它的瞳孔并非像蝮蛇那样纵置，而是圆形，也不具有蝮蛇的热感应颊窝。杖头异齿蛇专门捕食蟾蜍，甚至包括体形巨大、有毒的蔗蟾蜍。蟾蜍也不愿束手待毙，它们会把自己像气球一样鼓起来，让捕食者难以下咽。不过杖头异齿蛇能轻易用长长的后沟牙刺穿猎物的体腔与肺部，给它们放气。杖头异齿蛇偶尔也捕食蛙类和蝌蚪。如果人被这种蛇咬伤，伤口会肿胀，有局部疼痛，血流不止。

相近物种

除了包括曾经被归入南美猪鼻蛇属 *Lystrophis* 的6个物种，异齿蛇属 *Xenodon* 还包括另外6种外形上拟态矛头蝮的物种，其中一些曾被归入瓦格勒蛇属 *Waglerophis*。分布于南美洲北部的种类有亚马孙异齿蛇 *X. severus*、梅氏异齿蛇 *X. merremi* 和韦氏异齿蛇 *X. werneri*。甘氏异齿蛇 *X. guentheri* 和钮氏异齿蛇 *X. neuwiedii* 的分布区则更靠南。

实际大小

科名	食螺蛇科 Dipsadidae：异齿蛇亚科 Xenodontinae
风险因子	无毒
地理分布	南美洲：哥伦比亚、圭亚那地区、巴西、厄瓜多尔、秘鲁、玻利维亚
海拔	0 ~ 1500 m
生境	原始和次生雨林
食物	蛙类的幼体
繁殖方式	卵生，每次产卵最多 4 枚
保护等级	IUCN 无危

成体长度
13¼ ~ 15¾ in
(350 ~ 400 mm)

异鳞蛇
Xenopholis scalaris
Ladder Flat-Headed Snake
(Wucherer, 1861)

异鳞蛇为陆栖或半穴居的蛇类，生活在原始和次生雨林中，尤其是小型水塘附近。异鳞蛇可能为昼行性或夜行性。它广泛分布于亚马孙河流域的北部，从哥伦比亚到圭亚那地区和巴西，南至秘鲁和玻利维亚都有其踪迹。很多生活在落叶堆中的小型蛇类都缺乏生物学资料，因为它们生性隐蔽，难以碰见，异鳞蛇也不例外。异鳞蛇无毒，以小型蛙类为食。雌性营卵生，曾有记录其一次产卵 4 枚。异鳞蛇的防御方式是将身体尽量压扁，薄如丝带。这种策略会使它看起来比实际的体形更大，以期吓跑捕食者。

异鳞蛇背鳞光滑，尾短，头部扁平，勉强能与颈部区分，眼小，瞳孔呈竖直椭圆形。背面为浅红褐色，具黑色脊线，脊线两侧各有黑色横斑，有时左右横斑合并成短的横纹，如梯子状。唇部及体侧下部为黄色，腹面为白色。

相近物种

异鳞蛇属 *Xenopholis* 还有另外 2 个物种，分别是分布于巴西东部和东南部及巴拉圭的波纹异鳞蛇 *X. undulatus*，以及分布于玻利维亚东部，可能还有巴西西南部的韦氏异鳞蛇 *X. werdingorum*。异鳞蛇属与棱林蛇属（第 343 页）和真林蛇 *Caaeteboia amarali* 亲缘关系较近。

实际大小

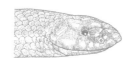

科名	屋蛇科 Lamprophiidae；食蜈蚣蛇亚科 Aparallactinae
风险因子	后沟牙，毒性轻微：毒液成分未知
地理分布	非洲南部及东部：南非、斯威士兰、莫桑比克、马拉维、津巴布韦、赞比亚、纳米比亚、安哥拉、刚果（金）南部、肯尼亚、坦桑尼亚及索马里
海拔	0～1500 m
生境	潮湿的稀树草原及低地森林
食物	穴居蛇类、蜥蜴及蚓蜥
繁殖方式	卵生，每次产卵 6 枚
保护等级	IUCN 未列入

成体长度
雄性
19¾～21¾ in
(500～550 mm)

雌性
2 ft 4 in～3 ft 7 in
(0.7～1.1 m)

348

多鳞钝渴蛇
Amblyodipsas polylepis
Common Purple-Glossed Snake
(Bocage, 1873)

多鳞钝渴蛇如同其英文俗名"紫光蛇"所表现的一样，鳞片极富光泽，为单一的紫棕色到黑色。其体形较粗壮，尾钝，头部较扁平，吻端略突出，下颌较上颌短，便于其利用吻挖掘，眼极小。

多鳞钝渴蛇广泛分布于索马里到南非夸祖鲁-纳塔尔省，西至安哥拉与纳米比亚，偏好潮湿的草原及低地森林，多数时候仅在雨后活动。该种捕食盲蛇、无足石龙子及蚓蜥等穴居爬行动物，会在吞食猎物前先通过绞杀致其死亡。多鳞钝渴蛇虽然有毒，但毒性不强，对人类并无危害。其毒液成分、储毒量及毒性均未研究，至今没有伤人记录，该种的性情可能颇为温和。遭遇威胁时，多鳞钝渴蛇常将头部埋在缠绕的身体下，并不会咬人反击，亦会抬起尾部模拟假头以迷惑敌害，将其注意力从脆弱的头部转移到尾巴。

相近物种

多鳞钝渴蛇指名亚种 *Amblyodipsas polylepis polylepis* 见于其分布区内的绝大多数区域，另有希氏亚种 *A. p. hildebrandtii* 分布于坦桑尼亚到索马里。除本种外，钝渴蛇属还包含另外 8 个物种，例如非洲西部及中部的单色钝渴蛇 *A. unicolor* 和南非的纯色钝渴蛇 *A. concolor*。多鳞钝渴蛇较易与纳塔尔蛇（第 351 页）及有毒的穴蝰（第 355～358 页）混淆。

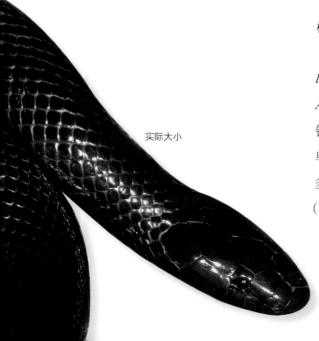

实际大小

科名	屋蛇科 Lamprophiidae：食蜈蚣蛇亚科 Aparallactinae
风险因子	后沟牙，毒性轻微：毒液成分未知
地理分布	非洲南部及东部：南非、莱索托、斯威士兰、莫桑比克中部、津巴布韦、赞比亚、博茨瓦纳东部、纳米比亚（卡普里维地带）及坦桑尼亚沿海
海拔	0～1700 m
生境	潮湿稀树草原、低地树林及白蚁巢
食物	蜈蚣
繁殖方式	卵生，每次产卵 2～4 枚
保护等级	IUCN 无危

成体长度
8～11¾ in
(200～300 mm)

开普食蜈蚣蛇
Aparallactus capensis
Cape Centipede-Eater
Smith, 1849

349

开普食蜈蚣蛇广泛分布于非洲东部及东南部，从赞比亚到南非东开普省，西至纳米比亚的卡普里维地带，但并不见于津巴布韦南部。该种栖息于潮湿的草原及低地树林，尤其常见于白蚁巢周围。开普食蜈蚣蛇完全以蜈蚣为食，猎食时会通过连续噬咬杀死蜈蚣。如果中途蜈蚣反咬，食蜈蚣蛇则会短暂放开蜈蚣后继续尝试，最终从头部将猎物吞下。被人类捉住时，该种会奋力挣扎并试图咬人，但由于嘴细小，毒牙短小，并无中毒症状得到记录。开普食蜈蚣蛇的毒素虽然未经研究，但可推断其并非剧毒蛇。

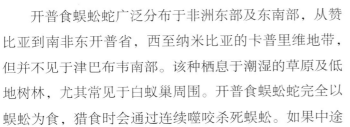

实际大小

开普食蜈蚣蛇体形细长，背鳞光滑而有光泽，头颈部区分较不明显。身体背部为黄色或红棕色，体侧颜色较淡，腹面为灰白色。该种最为明显的特征为覆盖头部并延伸至颈部的黑斑，与纯白色的唇后部形成鲜明对比。

相近物种

食蜈蚣蛇属 *Aparallactus* 在撒哈拉以南非洲共有 11 个物种，其中包括非洲西部的黑食蜈蚣蛇 *A. niger*、肯尼亚沿海的特氏食蜈蚣蛇 *A. turneri* 及坦桑尼亚的乌桑巴拉食蜈蚣蛇 *A. werneri*。开普食蜈蚣蛇包含 4 个亚种，与新月食蜈蚣蛇 *A.lunulatus* 及耿氏食蜈蚣蛇 *A.guentheri* 同域分布。

科名	屋蛇科 Lamprophiidae；食蜈蚣蛇亚科 Aparallactinae
风险因子	后沟牙，毒性轻微；毒液成分未知
地理分布	非洲东部：坦桑尼亚、赞比亚、津巴布韦及刚果（金）南部
海拔	585～1300 m
生境	沙质稀树草原及野地
食物	穴居蜥蜴及蚓蜥、小型蛇类
繁殖方式	卵生，每次产卵 6 枚
保护等级	IUCN 未列入

成体长度
15¾～19¾ in
(400～500 mm)

350

唇鼻蛇
Chilorhinophis gerardi
Gerard's Two-Headed Snake
(Boulenger, 1913)

唇鼻蛇因尾部酷似头部，亦被称作"两头蛇"。在遭遇威胁时，唇鼻蛇会将头部藏在身下而将尾抬高以迷惑敌害，仿佛拥有两个头一样。当然，唇鼻蛇头尾部的形态特征与真正的双头变异完全不同，后者是在蛇出生时就在同一个方向长有两个头（详见第 31 页）。该种习性隐秘，为夜行性穴居蛇类，仅在雨后活动于地面，以体形细长的穴居石龙子、蚓蜥及小型蛇类（包括同种）为食。生境选择上，唇鼻蛇偏好以沙为底质的稀树草原，亦见于农地。目前对唇鼻蛇的毒液成分一无所知，但因为口小，唇鼻蛇可能并不具备咬人的能力。

唇鼻蛇体形细长，尾短，头小，与颈部区分不明显。体色为金黄色，具三条明显的黑色纵纹，头部为黑色，具黄色点斑与黑色的颈斑，尾背为黑色，体侧为浅蓝色或白色，腹部为橙色，喉为白色。

相近物种

唇鼻蛇已知有 2 个亚种，指名亚种 *Chilorhinophis gerardi gerardi* 分布于津巴布韦及赞比亚东部，坦噶尼喀亚种 *C. g. tanganyikae* 分布于赞比亚北部、刚果（金）南部与坦桑尼亚。唇鼻蛇属 *Chilorhinophis* 的另一个物种为布氏唇鼻蛇 *C. butleri*，该种分布于南苏丹、坦桑尼亚与莫桑比克，莫桑比克的种群曾被视为独立种 *C. carpenteri*。

实际大小

科名	屋蛇科 Lamprophiidae；食蜈蚣蛇亚科 Aparallactinae
风险因子	后沟牙，毒性轻微：穴蝰毒素
地理分布	非洲南部：南非
海拔	0～525 m
生境	沿海树林、低地森林、河滨及花园
食物	穴居蛙类、无足蜥蜴、蛇类及小型哺乳动物
繁殖方式	卵生，每次产卵 3～10 枚
保护等级	IUCN 未列入，在南非被列为近危等级

成体长度
27½～35½ in,
偶见 3 ft 7 in
(700～900 mm,
偶见 1.1 m)

纳塔尔蛇
Macrelaps microlepidotus
Natal Blacksnake
(Günther, 1860)

351

纳塔尔蛇仅分布于南非东开普省的东伦敦到南非与莫桑比克边境的沿海地带，在东开普省的斯塔特海姆有一个隔离种群。该种一般仅见于温暖潮湿的夜间，白天则躲藏在潮湿的落叶层或土壤下。相比于食蜈蚣蛇亚科的其他成员，纳塔尔蛇捕食更多样的小型脊椎动物，从穴居的蛙类到无足石龙子和小型蛇类，亦捕食小型哺乳动物。捕猎时，该种会缠绕猎物并注入毒液致其死亡。虽然其性格较为温驯，但来自纳塔尔蛇的两起咬伤曾导致被咬者在 30 分钟内浑身无力。该种的毒液成分尚未透彻研究，但现有数据表明其毒素包含具有潜在危险性的穴蝰毒素，且纳塔尔蛇的后沟牙较大，目前没有针对其研制的抗蛇毒血清，因此与其接触时需要小心谨慎。

纳塔尔蛇体形粗壮，背鳞光滑而有光泽，尾短，头部宽而侧扁，吻端较突出，眼小。

相近物种

纳塔尔蛇属 *Macrelaps* 为仅包含一个物种的单型属，易与有毒的穴蝰（第 355 页），无害的多鳞钝渴蛇（第 348 页）及同域分布的纯色钝渴蛇 *Amblyodipsas concolor* 混淆。

实际大小

科名	屋蛇科 Lamprophiidae；食蜈蚣蛇亚科 Aparallactinae
风险因子	后沟牙，毒性轻微：毒液成分未知
地理分布	中东地区：以色列北部、约旦西北部、黎巴嫩及叙利亚西部
海拔	300～1800 m
生境	有灌木或树林覆盖的多岩山坡
食物	蜥蜴及蛇类
繁殖方式	可能为胎生，产仔量未知
保护等级	IUCN 无危

成体长度
11¾～14½ in
(300～370 mm)

352

微蛇
Micrelaps muelleri
Müller's Snake
Boettger, 1880

微蛇 体形细长，背鳞光滑，色斑变异范围大，从等宽的黑、淡黄／粉色环纹相接排列到通身覆宽大的白斑，偶有黑色不规则环纹到身体上半部分为白色，体侧下部为黑色，但不论色斑如何变异，所有微蛇的头部均为黑色。头部较扁平，眼极小。

微蛇分布于黎巴嫩、叙利亚西部、以色列及约旦西北部，栖息于有植被覆盖的多岩山坡，栖息地海拔最高可达 1800 m，但在约旦河谷也可低至海拔 0 m 以下。该种为穴居蛇类，常在干旱的天气躲避在扁平的巨石下方。微蛇主要捕食蜥蜴，尤其是同为穴居、身体呈圆柱形的石龙子与其他岩栖石龙子，亦捕食蛇类。该种通过注射毒液制服猎物。虽然毒液成分尚无深入研究，但由于体形及口裂都较小，微蛇一般并不被视作危险蛇类。一些分布于非洲东部的微蛇属物种营卵生，而微蛇则被推测为胎生蛇类。

相近物种

微蛇属 *Micrelaps* 包含 5 个物种，大概分化为中东和非洲东部的 2 个支系。微蛇与特氏微蛇 *M. tchernovi* 分布于以色列及约旦，后者在色斑上较之微蛇，是以鞍状斑取代了微蛇的环纹。在非洲东部，双色微蛇 *M. bicoloratus* 及黑头微蛇 *M. boettgeri* 分布于肯尼亚与坦桑尼亚，瓦氏微蛇 *M. vaillanti* 则见于索马里和埃塞俄比亚。

实际大小

科名	屋蛇科 Lamprophiidae；食蜈蚣蛇亚科 Aparallactinae
风险因子	后沟牙，毒性轻微：毒液成分未知
地理分布	非洲东部：肯尼亚、坦桑尼亚、赞比亚及刚果（金）
海拔	0～1700 m
生境	树木丛生的稀树草原、长廊森林、茂密的森林及林地
食物	蛇类
繁殖方式	推测为卵生，产卵量未知
保护等级	IUCN 未列入

成体长度
17¾～27½ in,
偶见 33 in
(450～700 mm,
偶见 840 mm)

克氏草地蛇
Polemon christyi
Christy's Snake-Eater
(Boulenger, 1903)

353

克氏草地蛇分布于肯尼亚到赞比亚，西至刚果
（金），栖息于茂密森林、稀树草原与林地。该种生性
隐秘，多于雨后的夜间出现在地表，平日则躲避在落叶
层或其他动物的洞穴、巢穴中。克氏草地蛇完全以蛇
类为食，捕食盲蛇、细盲蛇、非洲大头蛇（第 156 页）
等，甚至会同类相食，曾有捕杀并吞食体形相仿蛇类的
记录。虽然是其他蛇类的克星，但克氏草地蛇对人不具
攻击性，极少咬人，其毒液成分、储毒量及毒性尚未
知晓，仍须谨慎对待。由于草地蛇属的其他物种营卵
生，克氏草地蛇可能也为卵生。克氏草地蛇的种本名致
敬爱丁堡医师、军医和动物学家卡斯伯特·克里斯蒂
（Cuthbert Christy，1863—1932）。

克氏草地蛇的体形较短，尾粗短，头较颈部略宽。
体色多为反射虹彩的铜灰色或蓝黑色，腹鳞为深
灰色，边缘或为白色。幼体体背多为棕色，腹面
白色。

相近物种

草地蛇属 *Polemon* 包含 13 个物种，绝大多数分布
于非洲西部及中部，有从非洲西部的刺草地蛇 *P. acan-
thias*、几内亚草地蛇 *P. barthii* 到刚果（金）的 9 个物种。
非洲东部为草地蛇属分布区的边缘，非洲南部则完全
无分布。克氏草地蛇在形态上较易与剧毒的穴蝰（第
355～358 页）混淆。

实际大小

科名	屋蛇科 Lamprophiidae；食蜈蚣蛇亚科 Aparallactinae
风险因子	后沟牙，毒性轻微；毒液成分未知
地理分布	非洲南部：博茨瓦纳、津巴布韦、纳米比亚、安哥拉南部及南非
海拔	30～1700 m
生境	稀树草原、深冲积沙层及白蚁巢
食物	蚓蜥与穴居石龙子
繁殖方式	卵生，每次产卵 3～4 枚
保护等级	IUCN 未列入

成体长度
19¾～25½ in,
偶见 28¼ in
(500～650 mm,
偶见 720 mm)

354

双色羽吻蛇
Xenocalamus bicolor
Slender Quill-Snouted Snake
(Günther, 1868)

"羽吻蛇"得名于其扩大的吻鳞酷似 19 世纪羽毛笔与豪猪刺，这项形态特征在双色羽吻蛇身上尤其明显，其吻鳞突出形成一个尖锐的"角"。双色羽吻蛇营穴居生活，突出的吻端有助于挖掘土壤。该种栖息于稀树草原上深而疏松的冲积沙层下，会在雨后活动于地表层，亦见于倒木或白蚁巢下，捕食体形较长的爬行动物，尤其是蚓蜥，除蚓蜥外偶有捕食穴居石龙子。双色羽吻蛇分布于津巴布韦、博茨瓦纳（尤其是卡拉哈里沙漠）、纳米比亚北部及南非的林波波省。该种性情温驯，即使被人捉住也不会咬人，其毒液成分仍未知。

相近物种

双色羽吻蛇已知共有 6 个亚种，其中的一些分布极为狭窄，例如南部亚种 *Xenocalamus bicolor australis* 仅分布于南非林波波省。指名亚种 *X. b. bicolor* 分布于纳米比亚、博茨瓦纳及津巴布韦。分布于津巴布韦、莫桑比克及南非林波波省的线纹羽吻蛇 *X. lineatus* 曾被作为双色羽吻蛇的亚种看待。羽吻蛇属另外 5 个物种分布于刚果（布）、刚果（金）到莫桑比克。

实际大小

双色羽吻蛇的背鳞光滑而有光泽，存在数种色型。最常见的双色色型：体背为黑色或黑棕色，腹面为白色，体侧黑白色斑之间有一条明显的分界线。部分种群或为黄色，具棕色点斑、网纹色斑或黑化变异。

科名	屋蛇科 Lamprophiidae；穴蝰亚科 Atractaspidinae
风险因子	较直的前毒牙，有毒：穴蝰毒素，可能有细胞毒素
地理分布	非洲东部及南部：肯尼亚到南非（夸祖鲁-纳塔尔省），西至纳米比亚与安哥拉
海拔	0～1800 m
生境	低地森林、潮湿的稀树草原、草地、凡波斯硬叶灌木群落、卡鲁灌木丛、半沙漠及沙漠
食物	蜥蜴、蛇类、蛙类及小型哺乳动物
繁殖方式	卵生，每次产卵 3～7 枚
保护等级	IUCN 未列入

成体长度
11¾～19¾ in,
偶见 27½ in
(300～500 mm,
偶见 700 mm)

355

穴蝰
Atractaspis bibronii
Bibron's Stiletto Snake
Smith, 1849

穴蝰又称南方穴蝰，广泛分布于从肯尼亚到南非，向西延伸至纳米比亚与安哥拉。该种栖息于多种生境，从南非夸祖鲁-纳塔尔省的沿海潮湿森林到纳米布沙漠都能发现它们的踪影。穴蝰为穴居蛇类，一般仅在潮湿的夜晚出现在地表活动，利用毒液捕食蜥蜴、蛙类、小型蛇类、鼩鼱及鼠类。出于自我防卫目的，穴蝰有过许多咬伤案例。穴蝰属所有物种都具有较长、可活动、偏向侧面的前毒牙，使它们能够在不张嘴的情况下向侧面攻击。来自该种的咬伤会伴随剧烈的疼痛与长期的肿胀，但目前并无致死案例记录，抗蛇毒血清对该种的毒液完全无效。穴蝰的种本名来源于颇有影响力的法国动物学家加布里埃尔·比伯伦（Gabriel Bibron，1806—1848）。

穴蝰体色为富有光泽的黑色、黑棕色或紫棕色，腹面偏粉色、乳白色或白色。眼小，吻端突出，遭遇威胁时会像下图一样拱起颈部（穴蝰能够抬升身体至比下图所示更大的角度），将吻朝向地面。在此姿势下，穴蝰能够快速向两侧攻击。

相近物种

穴蝰属 *Atractaspis* 共有 23 个穴居物种，其曾用英文名"mole vipers"（意为"鼹鼠蝰蛇"）在穴蝰属被移出蝰科后已鲜有使用。在广泛的分布区内，穴蝰与其属内的数个其他物种同域分布，例如在南非的北部，穴蝰与杜氏穴蝰 *A. duerdeni* 同域分布，后者的吻端更为突出，眼更大。在南非夸祖鲁-纳塔尔省，穴蝰常与纳塔尔蛇（第 351 页）混淆。

实际大小

科名	屋蛇科 Lamprophiidae：穴蝰亚科 Atractaspidinae
风险因子	较直的前毒牙，有毒：穴蝰毒素，可能有细胞毒素
地理分布	非洲西部及中部：利比里亚到刚果（布）与刚果（金）
海拔	10～965 m
生境	雨林及油棕种植园
食物	推测为爬行动物及小型哺乳动物
繁殖方式	推测为卵生，产卵量未知
保护等级	IUCN 未列入

成体长度
11¾～19¾ in,
偶见 26¾ in
（300～500 mm,
偶见 680 mm）

356

非洲穴蝰
Atractaspis corpulenta
Corpulent Burrowing Asp
(Hallowell, 1854)

非洲穴蝰的体形粗壮而胖，吻端略突出，背鳞光滑。通身为黑色、深灰色、青铜色或深棕色，分布于非洲西部的白尾亚种尾端为白色。

非洲穴蝰呈斑块化分布于非洲西部与中部，从利比里亚到刚果（布）与刚果（金）。虽然主要为雨林物种，但非洲穴蝰亦见于油棕种植园。与其他穴居的穴蝰一样，该种一般仅在雨后的夜晚活动于地表。虽然关于非洲穴蝰生活史的了解仍然欠缺，但据推测其应与其他穴蝰类似，捕食蜥蜴、蛇类及小型哺乳动物，为卵生。来自该种的咬伤记录虽然存在，但总体数量非常少，被咬者的症状包括丧失知觉、局部疼痛与肿胀。由于其他穴蝰种类存在咬伤致死记录，与非洲穴蝰接触时仍须特别小心。

相近物种

依据地理分布，非洲穴蝰已知有 3 个亚种：分布于尼日利亚到刚果（布）与刚果（金）的指名亚种 *Atractaspis corpulenta corpulenta*，分布于刚果（金）的基伍亚种 *A. c. kivuensis* 及分布于加纳、科特迪瓦与利比里亚的白尾亚种 *A. c. leucura*。在形态上，非洲穴蝰较易与布氏穴蝰 *A. boulengeri*、达荷美穴蝰 *A. dahomeyensis* 及加蓬穴蝰 *A. irregularis* 等混淆，因为它们同域分布且体形较为相似。

实际大小

科名	屋蛇科 Lamprophiidae：穴蝰亚科 Atractaspidinae
风险因子	较直的前毒牙，有毒：穴蝰毒素，可能还有细胞毒素、促凝血素及出血性毒素
地理分布	中东地区：以色列、巴勒斯坦、约旦、西奈半岛（埃及）及沙特阿拉伯西部
海拔	305～2135 m
生境	干旱或半干旱且有茂密灌木丛的多岩山丘、干河谷，住在动物的巢穴中
食物	两栖动物、蜥蜴、蛇类及小型哺乳动物
繁殖方式	卵生，产卵量未知
保护等级	IUCN 无危，在埃及被列为易危物种

以色列穴蝰
Atractaspis engaddensis
Israeli Burrowing Asp
Haas, 1950

成体长度
19¾～23¾ in,
偶见 35 in
(500～600 mm,
偶见 890 mm)

357

　　以色列穴蝰又称恩戈地穴蝰、巴勒斯坦穴蝰，可能为穴蝰属中最为危险的物种。该种分布于以色列、巴勒斯坦、约旦、埃及西奈半岛及沙特阿拉伯红海沿岸地区，并在沙特阿拉伯中部有一个隔离种群。虽然在模式产地恩戈地等地区分布达到海拔 2135 m，但在死海的西岸，该物种仅分布于海拔 305 m。以色列穴蝰栖息于干旱的多岩山丘及干河谷，常常探索动物的巢穴以猎食蛙类、蜥蜴、蛇类及小型哺乳动物。除了雨后，以色列穴蝰鲜少活动，数起来自该种的咬伤曾在短时间里以强烈的穴蝰毒素（心脏毒素）夺去了人的生命，且目前并无针对穴蝰毒素的血清。由于穴蝰习惯向两侧攻击，徒手捕捉它们是不安全的。

以色列穴蝰体形粗壮，头钝，呈圆形，眼小，尾短。体色为通身亮黑或哑光黑，有些个体为棕色，腹面颜色较淡。

相近物种

　　在以色列、约旦及西奈半岛，以色列穴蝰较易与沙漠眼镜蛇（第 483 页）混淆。而在接近其分布南限，沙特阿拉伯位于红海沿岸的吉达地区，以色列穴蝰则与近缘种阿拉伯穴蝰 *Atractaspis andersonii* 同域分布，与后者相比，以色列穴蝰的背鳞行数更多，而这两个物种都曾被视为小鳞穴蝰（第 358 页）的亚种。

实际大小

科名	屋蛇科 Lamprophiidae：穴蝰亚科 Atractaspidinae
风险因子	较直的前毒牙，有毒：穴蝰毒素，可能有细胞毒素
地理分布	非洲西部：塞内加尔、冈比亚、毛里塔尼亚及马里
海拔	0～70 m
生境	干旱的萨赫勒半沙漠及灌丛
食物	蜥蜴、蛇类及蟾蜍
繁殖方式	推测为卵生，产卵量未知
保护等级	IUCN 无危

成体长度
11¾～19¾ in,
偶见 26½ in
(300～500 mm,
偶见 670 mm)

358

小鳞穴蝰
Atractaspis microlepidota
Small-Scaled Burrowing Asp

Günther, 1866

小鳞穴蝰曾被记录分布于撒哈拉以南非洲北部，从西海岸到东海岸，一直延伸至阿拉伯与中东，分布广泛但呈斑块化。当小鳞穴蝰原来的亚种被提升为独立种后，真正的小鳞穴蝰则仅限分布于塞内冈比亚地区、毛里塔尼亚南部及马里西南部。小鳞穴蝰偏好撒哈拉以南非洲萨赫勒地区有沙土底质的干旱生境，营穴居生活，仅在雨后的夜间在地表活动，以蟾蜍、蜥蜴及蛇类为食。小鳞穴蝰的毒液包含心脏毒素之一的穴蝰毒素，能够影响被咬者的心脏，至少有过 1 起被它咬伤后死亡的案例。用手捕捉小鳞穴蝰具有危险性，即使它的头后部被紧握住，它也能在不张嘴的情况下向侧面攻击。

实际大小

小鳞穴蝰的体形较粗壮，体色纯黑，鳞片富有光泽，头颈部区分不明显，尾短，腹面为深灰色。

相近物种

小鳞穴蝰的分类地位及种间关系仍不清晰，数个曾经的亚种现今已被提升为独立种，例如非洲东北部的马氏穴蝰 *Atractaspis magretti*、皮氏穴蝰 *A. fallax*、菲氏穴蝰 *A. phillipsi*，非洲西部的萨赫勒穴蝰 *A. micropholis*，阿拉伯半岛南部的阿拉伯穴蝰 *A. andersonii* 及以色列穴蝰（第 357 页）。

科名	屋蛇科 Lamprophiidae：穴蝰亚科 Atractaspidinae
风险因子	前毒牙，毒性轻微：毒液成分未知
地理分布	非洲南部：南非及斯威士兰
海拔	525～1535 m
生境	潮湿的稀树草原
食物	细盲蛇
繁殖方式	卵生，每次产卵 2～4 枚
保护等级	IUCN 近危

成体长度
8～12½ in
(200～320 mm)

纳塔尔非洲珊瑚蛇
Homoroselaps dorsalis
Striped Harlequin Snake
(Smith, 1949)

359

纳塔尔非洲珊瑚蛇体形娇小，栖息于南非东部及斯威士兰的潮湿高地草原，因为栖息地长期遭受不受监管的焚烧，该种已在南非被列为近危等级。纳塔尔非洲珊瑚蛇在野外罕见，常栖息于白蚁巢中或倒木下，以细盲蛇科 Leptotyphlopidae 的蛇类为食，捕食时会用毒液将猎物杀死。因为头小、口裂窄、毒液储存量低且毒牙短，该种对人类无害，但同属体形较大的非洲珊瑚蛇 *Homoroselaps lacteus* 的咬伤曾导致病患出血、头痛及淋巴管肿胀。除盲蛇下目的成员外，纳塔尔非洲珊瑚蛇为非洲体形最小的蛇类，繁殖时一次产下 2～4 枚极小的卵。

相近物种

具两枚细小前毒牙的纳塔尔非洲珊瑚蛇曾与近缘种非洲珊瑚蛇 *Homoroselaps lacteus* 共同被置于眼镜蛇科 Elapidae 的模式属 *Elaps* 内。但因为与穴蝰（第355～358 页）亲缘关系更近，非洲珊瑚蛇属近年来被归入穴蝰亚科中。

实际大小

纳塔尔非洲珊瑚蛇的体形较长，头小，与颈部区分不明显。体背为黑色，腹面为粉白色，背面与腹面迥异的颜色被体侧的一条线纹分开。一条黄色的脊纹贯穿头部、身体及尾部背面。

科名	屋蛇科 Lamprophiidae：屋蛇亚科 Lamprophiinae
风险因子	无毒，具缠绕力
地理分布	非洲南部：南非、纳米比亚、博茨瓦纳、津巴布韦、莱索托、斯威士兰、莫桑比克；可能也分布于非洲东部
海拔	0～1350 m
生境	绝大多数环境，尤其是房屋周边
食物	小型哺乳动物、鸟类、爬行动物，偶捕食蛙类
繁殖方式	卵生，每次产卵 8～18 枚
保护等级	IUCN 未列入

360

成体长度
23¾～35½ in,
偶见 5 ft
(600～900 mm,
偶见 1.5 m)

开普家蛇
Boaedon capensis
Common Housesnake
Duméril, Bibron & Duméril, 1854

开普家蛇体形细长，背鳞光滑，头较狭长，瞳孔呈竖直椭圆形。背面为黄色到粉色，或红棕色到深棕色，具或不具破碎的横斑或条纹，头两侧总是有一对白色或黄色的纵纹，从吻端穿过眼睛，沿上唇鳞延伸至口裂处。

除莱索托的高海拔地区外，开普家蛇在其分布区内几乎无处不在，是非洲南部最常见的蛇类之一。该物种分布的北限是否到达非洲东部还存在争议。开普家蛇栖息于草原、森林、半沙漠甚至沙漠中，得名"家蛇"是因为它对人类活动呈现出高度适应性，常活动于人类住所附近捕食鼠类。除鼠类外，该种亦捕食鸟类、蝙蝠、蜥蜴及蛙类。开普家蛇性情温驯，适合作为入门宠物蛇，即使有些个体在受到惊扰后会咬人反击，细小的牙齿对人类造成的伤害也大多十分轻微。开普家蛇经常被误解蛇类的人打死，但它们具有高超的捕鼠能力，如果容许它们在人类住所附近栖身，它们将是人类不可多得的捕鼠帮手。

相近物种

开普家蛇为家蛇–开普家蛇复合种（*Boaedon fuliginosus-capensis* species complex）的一员，与分布于撒哈拉以南非洲的家蛇 *B. fuliginosus* 亲缘关系很近，关于两个物种的详细区分方式尚不明确。该复合种内可能还存在其他未被描述发表的物种。家蛇属 *Boaedon* 目前包含分布于非洲的 12 个物种，以及分布于也门的阿拉伯家蛇 *B. arabicus*。家蛇属与屋蛇属（第 364 页）亲缘关系近。

实际大小

科名	屋蛇科 Lamprophiidae：屋蛇亚科 Lamprophiinae
风险因子	无毒，可能具缠绕力
地理分布	非洲西部及中部：塞拉利昂及几内亚到乌干达，南至安哥拉
海拔	0～2300 m
生境	茂密的常绿森林、雨林、干燥森林、高地草原
食物	小型哺乳动物与蜥蜴
繁殖方式	卵生，每次产卵 3～5 枚
保护等级	IUCN 未列入

成体长度
23¾ ～ 32¾ in,
偶见 4 ft
(600～830 mm,
偶见 1.2 m)

条纹凹眼斑蛇
Bothrophthalmus lineatus
Red And Black Striped Snake

Peters, 1863

361

条纹凹眼斑蛇广泛分布于大西洋海岸的非洲，从几内亚到安哥拉，东达乌干达，但在其分布区内较难在野外遇见。该种多栖息于茂密的常绿森林或雨林，但亦见于斑块化的干燥森林与高海拔草原。条纹凹眼斑蛇白天活动，主要以家鼠、纹鼠为食，亦捕食沼鼠及食虫麝鼩甚至昼行性石龙子，幼体则几乎仅以蜥蜴为食，一般通过缠绕绞杀的方式制服猎物。

条纹凹眼斑蛇背面为黑色或深灰色，具或不具三至五条红色或橘色的纵纹，头部为白色，具黑色条纹。腹面为粉色或红色，头部颜色较身体其他部分更浅，有时甚至为乳白色，头背有一条深色的"V"形斑纹。

相近物种

与条纹凹眼斑蛇有亲缘关系的物种为分布于喀麦隆、加蓬、赤道几内亚（包括比奥科岛）、刚果（布）、刚果（金）的棕凹眼斑蛇 *Bothrophthalmus brunneus*，曾有文献将棕凹眼斑蛇视作条纹凹眼斑蛇的亚种。条纹凹眼斑蛇的色斑与刺草地蛇 *Polemon acanthias* 相似。

实际大小

科名	屋蛇科 Lamprophiidae；屋蛇亚科 Lamprophiinae
风险因子	无毒，具缠绕力
地理分布	撒哈拉以南非洲：坦桑尼亚到赞比亚与南非
海拔	0～1000 m
生境	稀树草原及沿海森林
食物	蛇类、蜥蜴及小型哺乳动物
繁殖方式	卵生，每次产卵 5～13 枚
保护等级	IUCN 无危

成体长度
3 ft 3 in～4 ft,
偶见 5 ft 9 in
(1.0～1.2 m,
偶见 1.75 m)

362

开普锉蛇
Gonionotophis capensis[①]
Cape Filesnake
(Smith, 1847)

开普锉蛇的横截面几乎呈三角形，体形健壮，头宽而扁平。全身背鳞为灰色或紫棕色，起强棱，鳞间皮肤为粉色或灰色。中段背鳞双向起棱，汇聚于脊鳞，被一条明显的黄色或白色纵线纹覆盖。

实际大小

"锉蛇"得名于其粗糙起棱的鳞片，有些物种的横截面呈三角形，酷似金属工匠的锉刀。开普锉蛇体形较大，为夜行性陆栖蛇类，分布于坦桑尼亚到南非夸祖鲁-纳塔尔省及纳米比亚，偏好开阔的草原生境，亦见于沿海森林。该种主要以其他蛇类为食，凭借对部分蛇毒的免疫力，其猎物甚至包括剧毒的鼓腹嘶蝰（第 610页）。除蛇类外，亦捕食蜥蜴及鼠类。开普锉蛇性情温驯，即使被人捉住也不会轻易咬人，但有可能会将胃容物吐出，或从泄殖腔旁的臭腺流出分泌物。温驯的性格与捕食毒蛇的习性并没有给开普锉蛇带来好名声，许多非洲当地人仍对其望而生畏，视其为邪恶的象征。

相近物种

角背蛇属 *Gonionotophis* 包含分布于非洲的 15 个物种[②]，其中的大多数曾被置于锉蛇属 *Mehelya*。开普锉蛇曾经的 2 个亚种已经被提升为独立种，即埃塞俄比亚的单色锉蛇 *G. chanleri*（曾用名 *G. unicolor*），以及刚果锉蛇 *G. savorgnani*。虽然英文名都是"filesnake"，但锉蛇不应与产于澳大拉西亚地区的瘰鳞蛇（第 128～129 页）混淆，后者为瘰鳞蛇科的纯水栖蛇类，与屋蛇科没有直接亲缘关系。

① 该物种于2018年被划入新建立的锉丽蛇属 *Limaformosa*。——译者注
② 角背蛇属*Gonionotophis*于2018年被划分，现仅辖有三个物种。——译者注

科名	屋蛇科 Lamprophiidae：屋蛇亚科 Lamprophiinae
风险因子	无毒，具缠绕力
地理分布	非洲南部：斯威士兰及南非
海拔	1400～1900 m
生境	潮湿的稀树草原上的裸露岩层
食物	蜥蜴及鸟类
繁殖方式	卵生，每次产卵最多 7 枚
保护等级	IUCN 近危

成体长度
19¾～23¾ in,
偶见 35½ in
(500～600 mm,
偶见 900 mm)

斯威士兰屋蛇
Inyoka swazicus
Swazi Rock Snake
(Schaefer, 1970)

363

斯威士兰屋蛇分布于斯威士兰及南非，南非的种群见于该国东部的夸祖鲁－纳塔尔省北部、普马兰加省、林波波省。该种栖息于海拔 1400 m 以上的潮湿稀树草原，多栖息于石缝或无棱角的石板下，在生境选择上与澳大利亚的盔头蛇（第 505 页）非常类似。细长的体形使其高度适应于岩栖生活。斯威士兰屋蛇多在夜间出没，捕食岩栖壁虎与石龙子，亦会摄食小鸟。由于斯威士兰屋蛇的分布区有限，生境的选择高度特化，已被列为近危物种。

相近物种

斯威士兰屋蛇曾被置于包含 7 个物种的屋蛇属（第 364 页）。与其亲缘关系最近的物种为乌干达屋蛇 *Hormonotus modestus*，该物种栖息于雨林地表层，又称黄林蛇。

斯威士兰屋蛇体形细长，尾长，头窄，眼大而突出。体背为暗红色或棕色，腹面为白色或乳白色。

实际大小

科名	屋蛇科 Lamprophiidae：屋蛇亚科 Lamprophiinae
风险因子	无毒，具缠绕力
地理分布	非洲南部：南非及莱索托、斯威士兰
海拔	0～1700 m
生境	潮湿稀树草原、低地森林及灌木平原
食物	小型哺乳动物、蜥蜴及蛙类
繁殖方式	卵生，每次产卵 8～12 枚
保护等级	IUCN 无危

成体长度
15¾～23¾ in,
偶见 35½ in
(400～600 mm,
偶见 900 mm)

364

屋蛇
Lamprophis aurora
Aurora Housesnake
(Linnaeus, 1758)

实际大小

屋蛇仅分布于南非与斯威士兰[1]，偏好潮湿稀树草原生境，但亦见于低海拔树林、森林与南非沿海的灌木平原，尤其常见于水源周围。该种生性隐秘，常躲避于岩石下与巨大的白蚁巢中，相比于常见的开普家蛇，该种较少在野外被观测到。屋蛇在入夜后出动捕食鼠类，虽然偏好幼鼠，但屋蛇也能通过绞杀的方式制服较大的鼠。蜥蜴与蛙类亦在其食谱当中。屋蛇不具攻击性，通常不咬人。

相近物种

在与屋蛇亲缘关系很近的开普家蛇被置入家蛇属 *Boaedon* 后，屋蛇属 *Lamprophis* 现包含 7 个物种。屋蛇属大多数物种分布于非洲，但塞舌尔屋蛇 *L. geometricus*[2]仅见于塞舌尔群岛。乌干达屋蛇 *Hormonotus modestus* 及斯威士兰屋蛇（第 363 页）都曾是屋蛇属的成员，现均被划入独立属。

屋蛇是具有吸引力的物种，其背鳞光滑，头较圆。体背为棕色到橄榄绿色，体侧下半部分为较浅的黄棕色，腹面为黄色或白色。黄色或橙色的脊纹为屋蛇的典型特征，幼体有时容易与纳塔尔非洲珊瑚蛇（第 359 页）混淆。

① 屋蛇亦分布于全境被南非包围的莱索托。——译者注
② 目前，该物种已被移入家蛇属 *Boaedon*。——译者注

科名	屋蛇科 Lamprophiidae；屋蛇亚科 Lamprophiinae
风险因子	无毒，具缠绕力
地理分布	非洲中部及东部：坦噶尼喀湖［坦桑尼亚、布隆迪、刚果（金）及赞比亚］
海拔	780 m
生境	湖水与湖岸岩石
食物	鱼类，可能也捕食两栖动物
繁殖方式	卵生，每次产卵 4～8 枚
保护等级	IUCN 无危

成体长度
15¾～19¾ in，
偶见 27½ in
(400～500 mm，
偶见 700 mm)

365

双色似链蛇
Lycodonomorphus bicolor
Lake Tanganyika Watersnake
(Günther, 1893)

似链蛇属物种为分布于非洲的水栖蛇类，占据着类似于亚洲、欧洲、北美或澳大拉西亚的食鱼的水游蛇科的生态位，而水游蛇科在非洲的物种多样性则不高。双色似链蛇为坦噶尼喀湖及沿岸的特有种，也是常见种，有时在安静、没有月光的夜晚漂浮在湖面，有时在浅水区捕食慈鲷，有时还会被灯光吸引。据估测，其种群密度为每平方千米 9000～38000 条。捕食小型慈鲷时，该种会先咬住猎物并绞杀，随后从头部开始吞食。在白天，双色似链蛇常躲避于湖岸的石堆里。

双色似链蛇的体形小，头小，背鳞光滑。背面多为暗灰色或棕色，腹面为黄棕色，意为"双色"的种本名 *"bicolor"* 便源于此。许多个体的尾巴都断过，估计是由于受到淡水蟹类的攻击。

相近物种

似链蛇属 *Lycodonomorphus* 共包含 10 个物种，但分布于坦噶尼喀湖的其他水栖蛇类仅有环纹水眼镜蛇（第 466 页），与双色似链蛇形态差别较大，不易混淆。与双色似链蛇的分布区最接近的同属物种为分布于刚果盆地的勒氏似链蛇 *L. leleupi*、刚果盆地东部的腹纹似链蛇 *L. subtaeniatus* 与分布于坦桑尼亚南部的怀氏似链蛇 *L. whytii*。

实际大小

科名	屋蛇科 Lamprophiidae：屋蛇亚科 Lamprophiinae
风险因子	无毒，具缠绕力
地理分布	非洲东部及南部、埃及到南非
海拔	0～2500 m
生境	草地、稀树草原、沿海森林、凡波斯硬叶灌木群落、卡鲁灌木丛
食物	蜥蜴，有时捕食蛇类
繁殖方式	卵生，每次产卵 3～9 枚
保护等级	IUCN 未列入

成体长度
11¾～15¼ in,
偶见 25¼ in
(300～400 mm,
偶见 640 mm)

366

开普非洲狼蛇
Lycophidion capense
Cape Wolfsnake
(Smith, 1831)

开普非洲狼蛇广泛分布于非洲东部及南部的绝大多数地区，有趣的是，虽然其种本名来源于"Cape"（开普），但它在南非的开普地区和纳米布沙漠并无分布。开普非洲狼蛇体形较小，常在夜间出没于马路上，白天则躲避于岩石、石板或其他物体下。该种偏好草地、稀树草原、卡鲁灌木丛、凡波斯硬叶灌木群落等开阔、潮湿的生境，亦见于沿海森林或沙漠中的白蚁巢周围。其猎物包括石龙子及壁虎，有时亦会捕食蛇类。与亚洲的白环蛇属（第190～191页）和澳大拉西亚的甲背蛇属（第235～236页）相似，非洲狼蛇的牙齿也呈弯刀状，能够有效咬紧鳞片光滑的石龙子等猎物。开普非洲狼蛇总体上性情温驯，遭遇威胁时的防御行为是让身体变得扁平。

开普非洲狼蛇的体形小，背鳞光滑，头部略微狭长，眼小。体色为纯黑或棕色，有些个体每枚背鳞的边缘为白色，使蛇身远观似有网纹状斑。腹面为白色，或具黑色斑点。

实际大小

相近物种

开普非洲狼蛇已知有 3 个亚种，指名亚种 *Lycophidion capense capense* 分布贯穿非洲南部，东非亚种 *L. c. jacksoni* 分布于东非大裂谷及大湖地区，勒氏亚种 *L. c. loveridgei* 则见于非洲东部沿海与坦桑尼亚的桑给巴尔岛。分布于卡普里维地带及纳米比亚-安哥拉边境的多斑非洲狼蛇 *L. multimaculatum* 曾被视为开普非洲狼蛇的亚种。非洲狼蛇属 *Lycophidion* 共包含 20 个物种，其中包括坦桑尼亚奔巴岛的特有种奔巴非洲狼蛇 *L. pembanum*。

科名	屋蛇科 Lamprophiidae：屋蛇亚科 Lamprophiinae
风险因子	无毒，具缠绕力
地理分布	非洲东北部：埃塞俄比亚及厄立特里亚
海拔	1600～3300 m
生境	山地草原与林地、低地森林、高原沼泽地
食物	两栖动物，可能也捕食小型哺乳动物、鸟类或蜥蜴
繁殖方式	卵生，每次产卵最多 21 枚
保护等级	IUCN 未列入

成体长度
38 in
(965 mm)

带拟家蛇
Pseudoboodon lemniscatus
Striped Ethiopian Mountain Snake
Duméril, Bibron & Duméril, 1854

367

拟家蛇属物种的独特之处在于，第五、六枚上唇鳞各有一个较深的三角形窝，其作用尚不明确。带拟家蛇分布于海拔 1600 m 以上的埃塞俄比亚高原及邻近红海沿岸的厄立特里亚，既是最常见的，也是最长的拟家蛇属物种。该种栖息于多种生境，从海拔稍低的热带森林到山地草原、林地，甚至海拔高达 3300 m 的高原泥潭沼地均能觅得它的踪迹。带拟家蛇为夜行性蛇类，主要捕食地面的两栖动物，在人工环境下亦会摄食哺乳动物、鸟类与蜥蜴，但这些食物不包括在野生个体的食性内。

带拟家蛇体形粗壮，背鳞光滑，尾较长，头略宽于颈部。背面为黄色、橙色或棕色，背部中央与体侧下方具三条棕色或黑色的宽纵纹。体侧的深色纵纹的上下边缘镶有浅灰色细纵纹，上方的浅灰色纵纹为半枚到整枚鳞片宽，下方的则为两枚鳞片宽，且与白色的腹面相接，腹面常有两条纵向排列的深色点斑。

相近物种

拟家蛇属 *Pseudoboodon* 共有 4 个物种，均是埃塞俄比亚到厄立特里亚高海拔地带的特有种，其他 3 种为埃塞俄比亚拟家蛇 *P. boehmei*、加氏拟家蛇 *P. gascae* 与桑氏拟家蛇 *P. sandfordorum*。埃塞俄比亚拟家蛇与带拟家蛇色斑相似，均有纵纹，但另外 2 种拟家蛇则具有斑点。

实际大小

科名	屋蛇科 Lamprophiidae：花条蛇亚科 Psammophiinae
风险因子	后沟牙，毒性轻微；毒液成分未知
地理分布	非洲南部：南非、纳米比亚、博茨瓦纳到安哥拉南部
海拔	0～1100 m
生境	干涸河床、灌木林、岩石坡、沙地及其他干旱生境
食物	蜥蜴
繁殖方式	卵生，每次产卵 2～4 枚
保护等级	IUCN 未列入

成体长度
11¾～12½ in,
偶见 19¾ in
(300～320 mm,
偶见 500 mm)

368

点斑矮钩吻蛇
Dipsina multimaculata
Dwarf Beaked Snake
(Smith, 1847)

实际大小

点斑矮钩吻蛇的体形小，背鳞光滑，眼大，头短，吻鳞向下弯曲形成喙状。体色变异大，但通常为淡棕色或橙色的底色，有浅色菱形斑块在背脊上纵向连续排列，或有连续、不规则的深棕色斑点。

点斑矮钩吻蛇为非洲南部的特有种，分布区从南非开普地区北部穿过纳米比亚，向西南延伸至博茨瓦纳，可能也分布于安哥拉南部。该种栖息于干涸河床到岩石坡、沙地等干旱生境，躲避在小树林或灌木丛中伏击路过的石龙子、壁虎及小型蜥蜴科物种。体形较小的点斑矮钩吻蛇自身也是鸟类、狐獴、其他蛇类、巨蜥及大型无脊椎动物等掠食者的猎物。遭遇敌害时，该种会绕紧身体以拟态有毒的小型咝蝰（第 610～617 页）。对于体形较小的点斑矮钩吻蛇来说，因为嘴巴张不大，想用后沟牙咬到人并注射毒液几乎不可能，因此该种对人类完全无害。

相近物种

体形娇小的点斑矮钩吻蛇与分布于非洲北部及中东地区的穆维利赫马坡伦蛇（第 375 页）亲缘关系较近，在形态上易与同域分布的沙咝蝰（第 612 页）、假盾蛇（第 378 页）相混淆。

科名	屋蛇科 Lamprophiidae：花条蛇亚科 Psammophiinae
风险因子	后沟牙，毒性轻微：毒液成分未知
地理分布	撒哈拉以南非洲：南苏丹、肯尼亚、坦桑尼亚，西至多哥，南达津巴布韦及南非林波波省
海拔	0～1600 m
生境	稀树草原林地，尤其是可乐豆木树林、沿海灌木丛及半沙漠
食物	蜥蜴与蛙类
繁殖方式	卵生，每次产卵 2～8 枚
保护等级	IUCN 未列入

成体长度
9¾～13¾ in,
偶见 17 in
(250～350 mm,
偶见 430 mm)

背纹树皮蛇

Hemirhagerrhis nototaenia
Mopane Snake
(Günther, 1864)

369

背纹树皮蛇又称可乐豆木蛇，广泛分布于非洲东部，从南苏丹、肯尼亚到赞比亚、津巴布韦、莫桑比克，南抵南非林波波省，其分布亦横穿非洲中部，至非洲西部的多哥。该种的栖息地与树林，尤其是可乐豆木林联系紧密，可乐豆木是非洲稀树草原非常常见的裂叶树种。背纹树皮蛇为高度树栖的夜行性蛇类，除树林外亦活动于沿海的灌木林甚至半沙漠，娇小的身躯使得它能在遇到威胁时轻易将自己藏在树皮的缝隙中。该种的猎物主要为小型石龙子、壁虎及壁虎的卵，偶尔还会捕食蛙类。其性情极其温驯而不具攻击性，即便被人捉住也不愿咬人。

实际大小

背纹树皮蛇体形小而细长，头部狭长而扁平。绝大多数个体为灰色到棕色，脊部有明显的暗色"Z"形斑，与蝰蛇类似，亦有少部分个体通身纯色或具带纹。"Z"形斑纹能够有效帮助背纹树皮蛇融入树皮环境。

相近物种

树皮蛇属 *Hemirhagerrhis* 还包含其他 3 个物种，分别为纳米比亚特有，曾被视为背纹树皮蛇亚种且在生境选择上更偏好裸露岩层的似蝰树皮蛇 *H. viperina*，分布于非洲东北部的树皮蛇 *H. kelleri* 及希氏树皮蛇 *H. hildebrandtii*。

科名	屋蛇科 Lamprophiidae；花条蛇亚科 Psammophiinae
风险因子	后沟牙，毒性轻微；毒液成分未知
地理分布	欧洲及非洲北部：西班牙、葡萄牙、法国南部、意大利西北部、直布罗陀、摩洛哥及西撒哈拉地区
海拔	0～3000 m
生境	岩石山坡、石块散布的荒野、干旱的岩石墙、林间空隙
食物	爬行动物、哺乳动物、鸟类、大型昆虫及两栖动物
繁殖方式	卵生，每次产卵 4～12 枚
保护等级	IUCN 无危

成体长度
雄性
4 ft～4 ft 7 in,
偶见 6 ft 3 in
(1.2～1.4 m,
偶见 1.9 m)

雌性
6 ft 7 in
(2.0 m)

370

蒙彼马坡伦蛇
Malpolon monspessulanus
Western Montpellier Snake
(Hermann, 1804)

蒙彼马坡伦蛇体形大，粗壮而有力，头较窄，吻部略突出，眼大，眶上鳞略向上突出，使蛇看起来似皱眉状。本种体色多变，为橄榄色、棕色或灰色，具或不具深色斑点，有些个体体侧为蓝色，腹面为黄色到米白色。

蒙彼马坡伦蛇为西欧体形最大的蛇，分布于伊比利亚半岛、法国南部、意大利北部，跨越直布罗陀海峡延伸至摩洛哥及西撒哈拉地区，偏好岩石山坡、荒野、牧场等干旱生境，亦会以人类打造的石墙与石桩为栖息地。该种食性广泛，包括石龙子、蛇蜥、蛇类、大到兔子的哺乳动物、鸟类及鸟卵和大型昆虫。蒙彼马坡伦蛇为昼行性，非常活跃，经常快速掠过公路，也因此常在晒日光浴时成为路杀的受害者。曾有报道称来自这种后沟牙毒蛇的咬伤导致了局部肿胀、眼睑下垂、呼吸不畅、难以吞咽等症状，来自较大个体的咬伤可能会导致危险。

相近物种

蒙彼马坡伦蛇共有 2 个亚种被确认，指名亚种 *Malpolon monspessulanus monspessulanus* 分布于西班牙、葡萄牙及法国南部，近期才被描述的撒哈拉–大西洋亚种 *M. m. saharatlanticus* 分布于大西洋沿岸的摩洛哥与西撒哈拉地区。徽马坡伦蛇 *M. insignitus* 分布于从摩洛哥到埃及、意大利兰佩杜萨岛，穿过小亚细亚半岛到里海，暗色马坡伦蛇 *M. fuscus* 分布于巴尔干半岛及邻近的小亚细亚半岛，它们都曾被作为蒙彼马坡伦蛇亚种，现已被提升为独立种。穆维利赫马坡伦蛇（第 375 页）亦曾被划入马坡伦蛇属 *Malpolon*。①

实际大小

① 部分文献仍将穆维利赫马坡伦蛇视为马坡伦蛇属成员。——译者注

科名	屋蛇科 Lamprophiidae；花条蛇亚科 Psammophiinae
风险因子	后沟牙，毒性轻微：毒液成分未知
地理分布	马达加斯加：西部、北部与南部
海拔	0～600 m
生境	干燥森林、多刺稀树草原、草地及潮湿森林
食物	蜥蜴、蛇类、蛙类及小型哺乳动物
繁殖方式	据推测为卵生，产卵量未知
保护等级	IUCN 无危

成体长度
25½～29½ in,
偶见 3 ft 3 in
(650～750 mm,
偶见 1.0 m)

371

马岛仿花条蛇
Mimophis mahfalensis
Malagasy Sandsnake
(Grandidier, 1867)

除了属于热带气候的东部，马岛仿花条蛇的分布遍及马达加斯加全岛，偏好干燥森林、有多刺灌木的稀树草原与开阔草地等干旱生境，但亦见于潮湿森林。该种为昼行性蛇类，常冒着日间的高温捕食以蜥蜴为主的猎物，其食物还包括少量的哺乳动物、小型蛇类与蛙类。马岛仿花条蛇可能与花条蛇亚科的其他物种一样为卵生，但目前缺乏对其繁殖生物学的研究。由于具有后沟牙，且对其毒液成分的认识尚不清晰，人们应该对马岛仿花条蛇保持警惕态度，避免被其咬伤而导致始料未及的后果。马岛仿花条蛇的种本名 "*mahfalensis*" 来源于一个来自马达加斯加西南部的民族。

马岛仿花条蛇体形细长，头尖，色斑变异大，雌性多为通身棕色或灰色，雄性则为灰色到浅棕色，具一条暗色 "Z" 形斑，部分高海拔种群的脊部与体侧具较宽的棕色纵纹。头部有数道延伸汇入体斑的黑线纹。腹面为浅棕色，具两条略暗的纵纹。

相近物种

马岛仿花条蛇与近期描述发表的近缘种隐秘仿花条蛇 *Mimophis occultus* 为花条蛇亚科在马达加斯加岛仅有的代表，因此，相比于同样分布于马岛的溪蛇亚科 Pseudoxyrhophiinae 蛇类，仿花条蛇属与分布于非洲及地中海、同为花条蛇亚科的其他成员的亲缘关系更近。马岛仿花条蛇不易与其他蛇类混淆。部分学者认为马岛仿花条蛇包含 2 个亚种，即曾被视为不同种的指名亚种 *Mimophis mahfalensis mahfalensis* 与马达加斯加亚种 *M. m. madagascariensis*，也有一些学者不认可其亚种的有效性。

实际大小

科名	屋蛇科 Lamprophiidae：花条蛇亚科 Psammphiinae
风险因子	后沟牙，毒性轻微：毒液成分未知
地理分布	撒哈拉以南非洲：塞内加尔到南苏丹，肯尼亚与坦桑尼亚，南至安哥拉、纳米比亚、南非东部与博茨瓦纳
海拔	0～1500 m
生境	潮湿稀树草原、低地森林、沼泽
食物	蜥蜴、蛇类、蛙类、小型哺乳动物及鸟类
繁殖方式	卵生，每次产卵 10～30 枚
保护等级	IUCN 未列入

成体长度
2 ft 7 in～3 ft 3 in,
偶见 6 ft
(0.8～1.0 m,
偶见 1.8 m)

372

莫桑比克花条蛇
Psammophis mossambicus
Olive Grass Snake
Peters, 1882

莫桑比克花条蛇体形粗壮，尾长，眼较大，眶上鳞略倾斜，使蛇看起来似皱眉状。背面为橄榄棕色，背鳞边缘为黑色，在部分个体背部形成细纵纹。腹面为白色或黄色。唇部、颈部、喉部为白色，具深色点斑。

实际大小

花条蛇属物种虽被称为沙蛇，但该属的一些物种却不喜欢干旱、沙质的环境。因为飞快的移动速度，花条蛇又被称为鞭蛇。莫桑比克花条蛇栖息于稀树草原、低地森林与沼泽地，营昼行性生活，天性机敏，以蜥蜴、蛙类、小型哺乳动物、鸟类及蛇类为食，甚至能捕食其他毒蛇。移动时，花条蛇属物种会抬升身体前三分之一。包括花条蛇属在内，花条蛇亚科的所有成员，不论性别、年纪，都会利用鼻腺分泌物涂抹身体，据推测，这种行为应能帮助蛇适应干燥炎热的天气，但是否如此，还缺乏深入研究。莫桑比克花条蛇较为神经质，如果被惊扰到会咬人，虽然其毒性不强，但其咬伤能导致局部肿胀、疼痛与恶心。

相近物种

花条蛇属 *Psammophis* 共有 23 个物种，包括几种体形大、与莫桑比克花条蛇亲缘关系近并容易与之混淆的物种，例如非洲西部的菲氏花条蛇 *P. phillipsii* 和西部花条蛇 *P. occidentalis*，纳米比亚与安哥拉的豹纹花条蛇 *P. leopardinus*，博茨瓦纳、南非东北部、东部与斯威士兰的短吻花条蛇 *P. brevirostris*。上述物种中的许多在过去曾被视为嘶花条蛇 *P. sibilans* 的亚种或同物异名，但嘶花条蛇现在的分布仅限于非洲东北部。

科名	屋蛇科 Lamprophiidae：花条蛇亚科 Psammophiinae
风险因子	后沟牙，毒性轻微：毒液成分未知
地理分布	非洲北部与亚洲：摩洛哥南部至毛里塔尼亚、东达埃及、苏丹、厄立特里亚、索马里、阿拉伯、伊朗、巴基斯坦及印度西北部
海拔	0～2400 m
生境	多岩或沙质半沙漠与沙漠，植被茂盛的干旱稀树草原
食物	蜥蜴、蛙类、蛇类、小型哺乳动物与鸟类
繁殖方式	卵生，每次产卵 5～6 枚
保护等级	IUCN 未列入

成体长度
2 ft 7 in～3 ft 7 in,
偶见 5 ft
(0.8～1.1 m,
偶见 1.5 m)

373

舒氏花条蛇
Psammophis schokari
Afro-Asian Sand Racer
(Forskål, 1775)

舒氏花条蛇体形细长，适应干旱生境，是花条蛇属分布最广泛的物种之一，最初依据也门的标本发表。其分布横跨非洲北部与亚洲，从毛里塔尼亚、摩洛哥到索马里及厄立特里亚，在亚洲见于以色列到约旦、阿联酋、阿曼、巴基斯坦及印度西北部，为阿拉伯半岛唯一的花条蛇属物种。该种性情机敏，营昼行性生活，以蜥蜴为食，偏好树丛茂密的干旱沙漠或半沙漠生境，有时甚至会攀上低矮的树丛捕食熟睡中的小型雀形目鸟类，也捕食小型哺乳动物与小型蛇类。舒氏花条蛇行动迅速，会在烈日炎炎的正午于阴凉处活动。其毒性较轻微，咬伤对人类无致命危险，但仍可能导致局部疼痛。

舒氏花条蛇体形细长，尾长，头较窄，眼大，体色及斑纹在其广泛的分布区内变异很大。绝大多数个体背面为橄榄棕色或黄棕色，腹面为白色或黄色，背面有三条由连续斑点形成的纵纹，眼前后纵贯一条深色纵纹，将棕色头背与白色唇部、喉部分开。

相近物种

舒氏花条蛇与其他几种体形细长的花条蛇属 *Psammophis* 物种亲缘关系较近，例如分布于阿尔及利亚到以色列的埃及花条蛇 *P. aegyptius*、非洲东北部的斑点花条蛇 *P. punctulatus*、非洲西部的秀丽花条蛇 *P. elegans* 及非洲西部与中部的饰斑花条蛇 *P. praeornatus*。饰斑花条蛇曾被置于 *Dromophis* 属，该属近来被视为花条蛇属的异名。

实际大小

科名	屋蛇科 Lamprophiidae：花条蛇亚科 Psammophiinae
风险因子	后沟牙，毒性轻微；毒液成分未知
地理分布	非洲东部及南部：坦桑尼亚、赞比亚、安哥拉、纳米比亚北部、博茨瓦纳、津巴布韦及南非东北部
海拔	35～2200 m
生境	稀树草原及卡鲁灌木丛
食物	蜥蜴、蛙类、小型哺乳动物及鸟类
繁殖方式	卵生，每次产卵 5～18 枚
保护等级	IUCN 无危

成体长度
23¾～25½ in,
偶见 36½ in
(600～650 mm,
偶见 930 mm)

374

条纹非洲沙蛇
Psammophylax tritaeniatus
Striped Skaapsteker
(Günther, 1868)

条纹非洲沙蛇体形细长，尾长，头窄而突出，眼大。身体灰色到浅棕色的底色上具三条明显的深棕色纵纹，体侧的纵纹较宽，延伸过眼一直到达吻端，背部纵纹则较窄，延伸至头部后逐渐褪去。腹面为白色，腹中线处具一条淡绿色或黄色纵纹。

实际大小

非洲沙蛇属物种是常见蛇类，在其分布区内很容易被找到。在南非语中，非洲沙蛇的俗名 "skaapsteker" 意为 "噬羊者"。关于俗名来源，传说为牧羊人在巡视其羊群时发现了一只死于毒蛇咬伤的羊，虽然凶手大概率为毒性强烈的眼镜蛇或蝰蛇，但牧羊人四下查看后却只发现了毒性轻微、体形娇小的非洲沙蛇，因此非洲沙蛇就背负了 "骂名"，成了蛇类中 "背黑锅" 的典范。条纹非洲沙蛇广泛分布于非洲东部及南部，从坦桑尼亚到纳米比亚及南非东北部，栖息于草原生境，成体以小型哺乳动物、蜥蜴、鸟类为食，幼体则捕食蜥蜴及蛙类。该种性情温驯，即使被人捉住通常也不愿咬人，因而对人类完全无害，当然，对羊也无害。

相近物种

在非洲沙蛇属物种中，菱斑非洲沙蛇 *Psammophylax rhombeatus* 分布于南非东开普省、莱索托与斯威士兰，在南非林波波省与条纹非洲沙蛇同域分布；尖吻非洲沙蛇 *P. acutus*[1] 分布于赞比亚、安哥拉、坦桑尼亚与布隆迪，形态与条纹非洲沙蛇十分相似；另有三种非洲沙蛇分布横跨非洲中部及东部，灰腹非洲沙蛇 *P. variabilis* 的分布仅延伸至非洲南部纳米比亚的卡普里维地带。

———
[1] 目前，该物种已被移入布兰奇蛇属 *Kladirostratus*。——译者注

科名	屋蛇科 Lamprophiidae；花条蛇亚科 Psammphiinae
风险因子	后沟牙，有毒：毒液成分未知
地理分布	非洲北部及中东地区：西撒哈拉地区到厄立特里亚、以色列、约旦、阿拉伯及伊朗西部
海拔	0～1885 m
生境	干旱的多岩山丘、河谷、砾石堆、沿海沙丘及草木丛生的平原
食物	小型哺乳动物、鸟类、蜥蜴、蛇类及大型昆虫
繁殖方式	卵生，每次产卵 4～18 枚
保护等级	IUCN 未列入

成体长度
27¾～31½ in,
偶见 6 ft 3 in
(700～800 mm,
偶见 1.9 m)

穆维利赫马坡伦蛇
Rhagerhis moilensis
Moila Snake
(Reuss, 1834)

375

穆维利赫马坡伦蛇的种本名得名于其模式产地——位于阿拉伯红海沿岸的穆维利赫地区，其分布于从非洲的西撒哈拉地区到厄立特里亚，直至除内陆以外的阿拉伯半岛，亦见于约旦、以色列与伊朗西部。该种偏好多岩河谷及砾石堆生境，尤其是灌木、树林遍布的区域，有时也出没于沙质环境。穆维利赫马坡伦蛇捕食沙鼠等小型哺乳动物以及蜥蜴、蛇类和鸟类，幼体则捕食大型昆虫。其向下弯曲的铲状吻有助于挖掘藏在地下的猎物。遭遇威胁时，该种会抬升身体前段，使颈部变扁平，与眼镜蛇的行为类似，还会试图通过最大程度地展示颈部的眼斑赶走敌害。如警告无效，穆维利赫马坡伦蛇会张口攻击，其毒性可能较强。

穆维利赫马坡伦蛇体形细长，肌肉发达，头短，吻端向下弯曲，眼大。色斑与沙漠色调类似，浅黄底色上具数道不规则的棕色斑点。全身仅有的深色斑为颈部的一对棕黑色斑点，与白色的唇鳞对比鲜明。这些斑点可能是在扩张颈部皮层时有助于恐吓敌害的假眼点。

相近物种

穆维利赫马坡伦蛇曾与蒙彼马坡伦蛇（第 370 页）一并被划入马坡伦蛇属 *Malpolon* 中。[1]在形态上，穆维利赫马坡伦蛇与冠纹裂鼻蛇（第 192 页）或拟滑蛇（第 193 页）相似。

实际大小

[1] 目前，穆维利赫马坡伦蛇又被划回到马坡伦蛇属 *Malpolon*。——译者注

科名	屋蛇科 Lamprophiidae；花条蛇亚科 Psammophiinae
风险因子	后沟牙，毒性轻微：毒液成分未知
地理分布	非洲东南部及东部：南苏丹、埃塞俄比亚、肯尼亚、坦桑尼亚、赞比亚、博茨瓦纳北部、莫桑比克、津巴布韦及南非东北部
海拔	400～1600 m
生境	稀树草原及草地
食物	小型哺乳动物、蜥蜴、蛇类、蛙类、鸟类与昆虫
繁殖方式	卵生，每次产卵 4～18 枚
保护等级	IUCN 未列入

成体长度
3 ft 3 in～4 ft,
偶见 5 ft 2 in
(1.0～1.2 m,
偶见 1.6 m)

376

钩吻蛇
Rhamphiophis rostratus
Rufous Beaked Snake

Peters, 1854

钩吻蛇的体形较大，身体粗壮有力，头短，吻鳞大并向下突出。体色变异大，背面或为黄色、红色、棕色或橙色，鳞片边缘多为黑色，使体色整体呈网纹状。一条深棕色纵纹从吻端贯穿眼的前后再到枕部。腹面为白色到黄色，幼体腹面或具斑点。

钩吻蛇分布于南苏丹、埃塞俄比亚直至南非东北部，栖息于草原与草地生境，白天和夜晚都会活动，但因为隐秘的习性而较少被人类发现。该种会用许多时间去寻找猎物的巢穴，包括裸鼹鼠和其他啮齿类、蜥蜴、蛙类、蛇类或鸟类，幼体也捕食昆虫。钩吻蛇具有扩大并向下突出的吻鳞，便于挖掘猎物的洞穴。这种体形较大的蛇类也是攀爬好手。在被敌害逼入死角，无法逃跑之际，该种会发出嘶嘶声，抬起并扩张身体前段，如被捉住，虽会剧烈地抽搐和扭动身体，但很少咬人。由于其体形较大且毒液成分未经研究，徒手捕捉钩吻蛇时应小心谨慎。

相近物种

钩吻蛇目前是独立种，但此前长期被视为分布在非洲西部到乌干达的尖吻钩吻蛇 *Rhamphiophis oxyrhynchus* 的亚种。钩吻蛇属的第三个物种红点钩吻蛇 *R. rubropunctatus* 分布于非洲东北部的索马里、埃塞俄比亚、南苏丹、肯尼亚及坦桑尼亚北部。

实际大小

科名	屋蛇科 Lamprophiidae：楔吻蛇亚科 Prosymninae
风险因子	无毒
地理分布	非洲南部：南非、莱索托及博茨瓦纳
海拔	0～1800 m
生境	稀树草原、湿润或干旱的草地、卡鲁灌木丛、凡波斯硬叶灌木群落
食物	爬行动物的卵
繁殖方式	卵生，每次产卵 3～5 枚
保护等级	IUCN 未列入

成体长度
9¾～14 in
(250～360 mm)

脊斑楔吻蛇
Prosymna sundevalli
Sundevall's Shovel-Snout
(Smith, 1849)

377

脊斑楔吻蛇分布于非洲南部，从南非开普地区到莱索托与南非林波波省，有一个位于博茨瓦纳南部的隔离种群。该种见于凡波斯硬叶灌木群落、稀树草原、草地、灌木丛等多样的生境，常休憩于废弃的白蚁巢或巨石下。脊斑楔吻蛇完全以爬行动物的卵为食，它会先用牙齿将卵切开，再整个吞下去。该种营穴居生活，尾端具一枚刺，或许能在它穿过动物的巢穴或土壤时提供助力。遭遇威胁时，脊斑楔吻蛇会迅速地反复将身体蜷紧和放松，这种行为可能是一种反捕行为。脊斑楔吻蛇的种本名来源于曾在非洲东部工作的瑞典动物学家卡尔·雅各布·桑德瓦尔（Carl Jakob Sundevall，1801—1875）。

相近物种

楔吻蛇属 *Prosymna* 与任何其他蛇类属均无较近的亲缘关系，绝大多数学者将其划入单独的亚科——楔吻蛇亚科 Prosymninae 中，有的学者甚至将其提升至科级地位。楔吻蛇属包含分布于撒哈拉以南非洲的 16 个物种，在脊斑楔吻蛇的分布区内有同属的其他 3 个物种：双带楔吻蛇 *P. bivittata*、斯氏楔吻蛇 *P. stuhlmanni* 及曾被视为脊斑楔吻蛇亚种的线纹楔吻蛇 *P. lineata*。

实际大小

脊斑楔吻蛇的体形小而粗壮，背鳞光滑，尾短，尾端具一枚小刺，头窄，吻鳞扩大，略微向上弯曲，呈铲状。背面色斑包含红色或棕色底色上的几行黑色斑点，腹面为白色到黄色。头部为深棕色，但背鳞及扩大的吻鳞则为红色或黄色。

科名	屋蛇科 Lamprophiidae；假盾蛇亚科 Pseudaspidinae
风险因子	无毒，缠绕力强
地理分布	非洲南部及东部：肯尼亚南部到南非开普地区
海拔	0～2600 m
生境	稀树草原、草地、灌木树林、凡波斯硬叶灌木群落、卡鲁灌木丛及沙漠
食物	小型哺乳动物、蜥蜴，有时捕食鸟及鸟卵
繁殖方式	胎生，每次产仔 18～50 条
保护等级	IUCN 未列入

成体长度
3 ft 3 in～4 ft 3 in,
偶见 6～7 ft
(1.0～1.3 m,
偶见1.8～2.1 m)

378

假盾蛇
Pseudaspis cana
Mole Snake
(Linnaeus, 1758)

假盾蛇的体形粗壮，肌肉发达，颈部较粗，头较窄，吻端突出，眼小。成体或为浅棕色或深棕色、橙色、红棕色甚至黑色，幼体则具多变的色斑，棕或红底色上具黑色横斑、散点斑或"Z"形脊斑。绝大多数个体成年后不具幼体的色斑，少部分个体仍具隐约的痕迹。

假盾蛇广泛分布于肯尼亚南部到刚果（金），西至安哥拉，南达南非开普地区，为非洲除蟒蛇外体形最大的蛇类。虽然体形大且数量众多，但由于其隐秘的穴居生活与长期在洞穴系统中捕食哺乳动物的习性，假盾蛇并不易在野外被遇到。该种的幼体会捕食蜥蜴，但成体则依靠缠绕绞杀的方式捕食鼠类、鼹鼠及其他栖息于地下的哺乳动物，亦会捕食鸟类及整个吞下鸟卵。由于强大的捕鼠能力，假盾蛇的存在对农业有利，但由于形态易与眼镜蛇混淆，它们仍常常被打死。如被人捉住，该种会立刻凶猛地咬人反击，造成很深的伤口，但人工饲养后性情温驯。

相近物种

假盾蛇的幼体易与许多体形小、具色斑的蛇类混淆，例如东非食卵蛇（第 157 页）与点斑矮钩吻蛇（第 368 页）。成体则常与宽环眼镜蛇（第 467 页）混淆。作为假盾蛇亚科仅有的两个物种之一，假盾蛇与似蟒食螺蛇（第 379 页）亲缘关系最近。

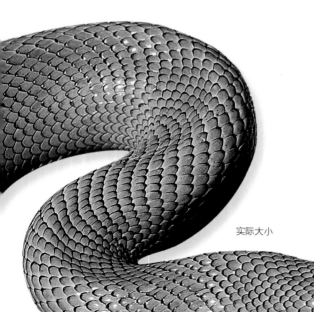

实际大小

科名	屋蛇科 Lamprophiidae：假盾蛇亚科 Pseudaspidinae
风险因子	无毒，具缠绕力
地理分布	非洲南部：安哥拉西南部及纳米比亚西部
海拔	0～870 m
生境	多岩沙漠
食物	蜥蜴、小型哺乳动物、鸟类
繁殖方式	推测为卵生，产卵量未知
保护等级	IUCN 未列入

成体长度
17¾～24½ in,
偶见 31½ in
（450～620 mm,
偶见 800 mm）

似蟒食螺蛇
Pythonodipsas carinata
Western Keeled Snake
Günther, 1868

379

关于似蟒食螺蛇扩大的后牙究竟是无沟的腭骨齿，还是普通齿，尚存争议。该种虽拟态有毒蝰蛇，本身却并无毒性。似蟒食螺蛇为陆栖的夜行性蛇类，以石龙子、壁虎等小型蜥蜴为食，亦捕食小型哺乳动物或鸟类，会通过缠绕的方式杀死猎物。刚被捕获的似蟒食螺蛇会频繁试图咬人，但其对人造成的伤害往往很低，并在不久后就变得安静。该种栖息于纳米布沙漠及安哥拉南部相似的低海拔沙漠。由于隐秘的习性，关于似蟒食螺蛇生活史的研究十分有限，虽被认为是卵生蛇类，但也尚未确定。

似蟒食螺蛇的体形小，细长，背鳞起弱棱或光滑，尾长，头较宽而扁平，眼大而突出，瞳孔呈竖直椭圆形。体色可能为黄色、红色、棕色或灰色，背脊具连续的深色斑块，也可能相连形成"Z"形，其色斑易与沙漠生境融为一体。

相近物种

似蟒食螺蛇可能被误认为沙喜蝰（第612页）。与其亲缘关系最近的物种为分布广泛、体形更大的假盾蛇（第378页），两者为假盾蛇亚科仅有的物种。

实际大小

科名	屋蛇科 Lamprophiidae；溪蛇亚科 Pseudoxyrhophiinae
风险因子	后沟牙，毒性或较轻微
地理分布	印度洋：马达加斯加东北部、北部及西部
海拔	400～650 m
生境	雨林及干旱森林的溪流
食物	食性偏好未知
繁殖方式	卵生，每次产卵最多 5 枚
保护等级	IUCN 无危

成体长度
17½ in
(447 mm)

380

马加蛇
Alluaudina bellyi
Belly's Keeled Snake

Mocquard, 1894

马加蛇背鳞完全起棱，头部较颈部略宽，眼中等大小，瞳孔为圆形，头侧的许多鳞片缩小为粒鳞。成体背面为黑色或棕色，体侧下半部分为黄色，有时具红点，腹面为白色。幼体具许多斑点，颈部或有领斑。

　　稀有的马加蛇见于马达加斯加北部与东北部的林间溪流附近，为夜行性陆栖蛇类。遭遇威胁时，该种的泄殖腔会释出刺鼻的臭味以自卫，除此之外，马加蛇还会翻转部分身体以展示腹部，这或许是蛇类的一种装死行为。马加蛇拥有具沟槽的后沟牙，但其毒液含量尚不明确。该种由法国两栖动物学家弗朗索瓦·莫卡尔（François Mocquard，1834—1917）命名，其属名及种本名分别来源于博物学家查尔斯·阿洛（Charles Alluaud，1861—1949）及其友人 M. 贝利（M. Belly），两人曾一同采集马加蛇的正模标本。关于马加蛇的生活史仍所知甚少，其营卵生，但食性偏好仍未知。

相近物种

　　马加蛇属的另一物种为更加稀有的莫氏马加蛇 *Alluaudina mocquardi*，莫氏马加蛇仅有 2 号采集自安卡拉那山石灰岩洞穴的标本，并被 IUCN 列为濒危物种。除马岛懒蛇（第 386 页）外，马加蛇为马达加斯加岛游蛇总科中仅有的背鳞完全起棱的类群。

实际大小

科名	屋蛇科 Lamprophiidae；溪蛇亚科 Pseudoxyrhophiinae
风险因子	后沟牙，毒性轻微；毒液成分未知
地理分布	非洲南部：南非南部和东部、斯威士兰及津巴布韦
海拔	0～2590 m
生境	草地、山地森林、凡波斯硬叶灌木群落中的河岸环境
食物	蛙类、蜥蜴及小型哺乳动物
繁殖方式	胎生，每次产仔 4～12 条
保护等级	IUCN 无危

成体长度
15¾～21¾ in，
偶见 24¾ in
（400～550 mm，
偶见 630 mm）

381

大鼻蛇
Amplorhinus multimaculatus
Many-Spotted Snake

Smith, 1847

　　大鼻蛇呈斑块化分布，从南非开普地区向北、向东延伸至夸祖鲁-纳塔尔省、斯威士兰及普马兰加省，亦有一个隔离种群分布于津巴布韦，在该国伊尼扬加尼山顶（海拔 2590 m）附近常见。大鼻蛇因偏好河岸芦苇丛生境，也被称为开普苇蛇，但它也栖息于草地、沿海凡波斯硬叶灌木群落及山地森林。该种为昼行性半水栖蛇类，主要以蛙类和蜥蜴为食，亦捕食小型哺乳动物。大鼻蛇为胎生，通常一次产下 4 至 8 条幼体，但也有产下多达 12 条幼体的记录。虽为后沟牙毒蛇，但大鼻蛇对人不构成威胁，不过它会在无预警情况下咬人，造成局部疼痛与长时间出血。

大鼻蛇体形较小，背鳞光滑，尾长，头呈圆形，眼大。绝大多数个体为棕色，具一对较宽的背侧纵纹与多排暗色点斑，分布于南非夸祖鲁-纳塔尔省的个体通身为鲜绿色，具黑色点斑。腹面为绿色或青色。

相近物种

　　大鼻蛇属 *Amplorhinus* 为单型属，大鼻蛇在形态上与菱斑非洲沙蛇 *Psammophylax rhombeatus* 相似，绿色色型的大鼻蛇则易于非洲东部的绿夜蝰 *Causus resimus* 混淆。

实际大小

科名	屋蛇科 Lamprophiidae；溪蛇亚科 Pseudoxyrhophiinae
风险因子	后沟牙，毒性轻微；毒液成分未知
地理分布	印度洋：马达加斯加东部
海拔	600～1400 m
生境	雨林及沼泽地
食物	食性偏好未知
繁殖方式	未知
保护等级	IUCN 无危

成体长度
14 in
(353 mm)

382

布氏马加岛蛇

Compsophis boulengeri

Boulenger's Malagasy Forest Snake

(Perraca, 1892)

布氏马加岛蛇体形较小，背鳞光滑，尾短，头小而圆。背面为棕色，具深浅斑点，腹面为亮红色。颈部的两条浅色斑点颇似裂开的颈斑，唇鳞的后段具浅色点斑。

布氏马加岛蛇为分布于马达加斯加潮湿东海岸的小型林栖蛇类之一，为昼行性陆栖蛇类，常见于雨林及沼泽地生境。马加岛蛇属 *Compsophis* 的其他物种的生境多为流速很快的雨林溪流附近，因此，布氏马加岛蛇可能也沿溪活动。关于布氏马加岛蛇的生物学与生活史，人们所知甚少，与其同属的腹带马加岛蛇 *C. infralineatus* 营树栖，以蛙类及小型哺乳动物为食，同样为树栖的贪吃马加岛蛇 *C. laphystius* 以蛙类及蛙卵为食，但布氏马加岛蛇的食性却尚不清楚。布氏马加岛蛇的种本名致敬出生于比利时、供职于英国自然博物馆的乔治·布朗吉（George A. Boulenger，1858—1937），他于 19 世纪末到 20 世纪初为两栖爬行动物学研究做出了杰出贡献。

相近物种

马加岛蛇属共有 7 个物种，并被分为 2 个亚属 *Compsophis*（*Compsophis*）与 *Compsophis*（*Geodipsas*），指名亚属 *Compsophis* 包含 4 种体形小巧的昼行性陆栖蛇类，*Geodipsas* 亚属则包括 3 个体形较大，营夜行性，且树栖性更强的种类。布氏马加岛蛇隶属于 *Geodipsas* 亚属，似与白腹马加岛蛇 *C. albiventris* 亲缘关系最近。

实际大小

科名	屋蛇科 Lamprophiidae；溪蛇亚科 Pseudoxyrhophiinae
风险因子	后沟牙，毒性轻微；毒液成分未知
地理分布	印度洋：索科特拉岛（也门）
海拔	10～870 m
生境	多岩山地，灌木丛茂密的林地，椰枣林附近的石墙
食物	蜥蜴
繁殖方式	未知
保护等级	IUCN 无危

成体长度
17¾ in
(450 mm)

索科特拉蛇
Ditypophis vivax
Socotra Night Snake

Günther, 1881

　　索科特拉蛇是也门所属的索科特拉岛的特有种，该岛位于也门与索马里之间。该种已记录于该岛海拔10～870 m 的 29 个分布点，但并不分布于邻近的阿卜杜勒库里岛、代尔塞岛与萨姆哈岛。索科特拉蛇为夜行性，眼大似猫，常以蝰蛇般的姿态埋伏在多岩山区生境。其猎物可能为陆栖壁虎，例如夜行性的锯尾虎属 *Pristurus* 物种，以及数种昼行性石龙子。索科特拉蛇亦见于灌木丛及椰枣林附近的干燥石墙。虽然具备后沟牙，但索科特拉蛇体形小，对人类无威胁。

索科特拉蛇的体形小，背鳞光滑，尾短，头部呈三角形，眼较大，瞳孔呈竖直椭圆形。体色为红色、灰色或棕色，背部具不规则模糊点斑，或数道更大、更明显的点斑，在背部合并为短横纹。唇鳞或为乳白色，有一条黑色线纹穿过眼睛延伸至口角处，瞳孔为橙色。

相近物种

　　除了本种，索科特拉岛仅有另外 5 种蛇类分布，均为该岛特有种，分别为索科特拉干盲蛇 *Xerotyphlops socotranus*，3 种多鳞盲蛇 *Myriopholis* 及唯一可能与索科特拉蛇混淆的索科特拉婉蛇（第 179 页），二者的不同之处在于索科特拉蛇的瞳孔为竖直状。相比于索科特拉婉蛇与邻近的也门、索马里的蛇类，索科特拉蛇与马达加斯加岛的蛇类的亲缘关系更近。

实际大小

科名	屋蛇科 Lamprophiidae：溪蛇亚科 Pseudoxyrhophiinae
风险因子	无毒
地理分布	非洲南部及东部：南非南部及东部、斯威士兰、莱索托、北达埃塞俄比亚，可能分布于肯尼亚、坦桑尼亚
海拔	0～3250 m
生境	草原、沿海凡波斯硬叶灌木群落、低地森林
食物	蛞蝓及蜗牛
繁殖方式	胎生，每次产仔 6～12 条
保护等级	IUCN 无危

成体长度
11¾～13¾ in,
偶见 17 in
（300～350,
偶见 430 mm）

384

食蛞蝓蛇
Duberria lutrix
Common Slug-Eater
(Linnaeus, 1758)

实际大小

食蛞蝓蛇体形小而纤细，背鳞光滑，头小而窄，呈圆形。体背多为红色到深棕色，体侧为浅棕色或灰色，腹面为乳白色。一些个体脊部具明显的细纵纹。

食蛞蝓蛇分布于非洲南部，为非洲游蛇总科中体形最小的物种之一，为昼行性，常见于草原、草地、洼地森林及沿海凡波斯硬叶灌木群落，会躲避于多种遮蔽物之下，以栖息于相似潮湿沙质微生境的蛞蝓与蜗牛为食。食蛞蝓蛇能利用软体动物爬行留下的黏液追踪猎物。身为猎捕蜗牛、蛞蝓的能手，它们应是受欢迎的"园丁之友"。该种的嘴极小，性情温驯，不会咬人。在遭遇威胁时，会蜷紧身体，将头部藏在里面，有时会从泄殖腔释出臭味，以驱逐捕食者。

相近物种

食蛞蝓蛇已知有数个亚种，包括南非的指名亚种 *Duberria lutrix lutrix*。原津巴布韦亚种已被提升为独立物种，即津巴布韦食蛞蝓蛇 *D. rhodesiana*，该种具 1 枚眶后鳞，而南非的食蛞蝓蛇具 2 枚。分布于坦桑尼亚、肯尼亚、乌干达与埃塞俄比亚的食蛞蝓蛇其他亚种，也有类似的被提升为独立种的可能。食蛞蝓蛇属还有另外两个物种：分布于赞比亚、马拉维及坦桑尼亚的希雷食蛞蝓蛇 *D. shirana*，分布于南非、莫桑比克的点斑食蛞蝓蛇 *D. variegata*。

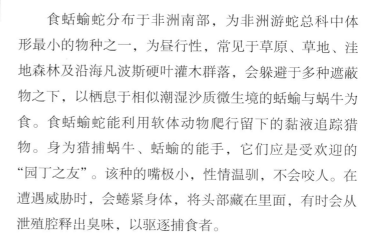

科名	屋蛇科 Lamprophiidae；溪蛇亚科 Pseudoxyrhophiinae
风险因子	后沟牙，毒性轻微；毒液成分未知
地理分布	印度洋：马达加斯加西部及西北部、科摩罗群岛
海拔	20～700 m
生境	干燥森林
食物	蛙类、避役及小型哺乳动物
繁殖方式	卵生，每次产卵最多 5 枚
保护等级	IUCN 无危

成体长度
5 ft 7 in
(1.7 m)

朱红马岛藤蛇
Ithycyphus miniatus
Cinnabar Vinesnake
(Schlegel, 1837)

385

朱红马岛藤蛇曾被称为小夜蛇，但该种可并不"小"，其全长可达 1.7 m，为马岛藤蛇属体形最大的物种，营昼行性生活的它也与"夜"搭不上边。其种本名"*miniatus*"意为"朱红色"，并非指"小"，且马岛藤蛇属物种为体形细长的树栖蛇类，因此"朱红马岛藤蛇"自然成为形容该种更贴切的名称。在马达加斯加语中，朱红马岛藤蛇被称作"Fandrefiala"，意为"树栖蛇"。该种栖息于马达加斯加岛北部与西部的干燥森林中，部分学者认为它还分布于科摩罗群岛。朱红马岛藤蛇以蛙类为食，人工饲养的个体亦会进食避役与鼠类。制服猎物时，马岛藤蛇会利用其后沟牙分泌的毒液。该种有一起咬伤人的记录，虽然在该案例中被咬伤者仅有轻微的症状，但较大个体有可能造成更严重的咬伤，因此应对朱红马岛藤蛇加以警惕。

朱红马岛藤蛇体形大而细长，尾长，头长，具一条明显的吻棱（从眼延伸至鼻孔前的棱状突起）。身体前段为灰色或棕色，至后段变为红棕色，头部颜色存在性二态，雌性头部呈与体色相似的灰色或棕色，雄性则为红色。

相近物种

马岛藤蛇属 *Ithycyphus* 还有 4 个其他物种，并均为马达加斯加岛特有种，包括分布于马达加斯加北部与东北部的佩氏马岛藤蛇 *I. perineti*、古氏马岛藤蛇 *I. goudoti*、布氏马岛藤蛇 *I. blanci* 与分布于马达加斯加南部的奥氏马岛藤蛇 *I. oursi*。

实际大小

科名	屋蛇科 Lamprophiidae；溪蛇亚科 Pseudoxyrhophiinae
风险因子	后沟牙，毒性轻微；毒液成分未知
地理分布	印度洋：马达加斯加
海拔	0～540 m
生境	低地潮湿、干燥森林
食物	蜥蜴及蛙类
繁殖方式	卵生，每次产卵最多 5 枚
保护等级	IUCN 无危

成体长度
3 ft 3 in
(1.0 m)

386

马岛懒蛇
Langaha madagascariensis
Malagasy Leafnose Snake

Bonnaterre, 1790

马岛懒蛇的体形极为细长，尾长，头长而窄。该种存在性二态与性二色型，雄性背面为棕色，腹面为黄色，背、腹颜色多由体侧白色纵线纹分开，瞳孔为橙色。雄性的吻端肉质隆起呈逐渐变细的刺状，靠近末端向下弯曲（如上方手绘图所示）。雌性通身为灰棕色或棕色，瞳孔为棕色，吻端肉质突起较宽而侧扁，末端似鸡冠花状。

　　如果除去懒蛇属长相古怪的另外两个物种，马岛懒蛇可以算是全世界长相最古怪的蛇类之一。马岛懒蛇广泛分布于马达加斯加岛，见于低地潮湿、干旱的森林生境，体形细长，营昼行性树栖生活。该种在形态上酷似美洲的蔓蛇属（第 205～206 页）与亚洲的瘦蛇属（第130～131 页）物种，但与蔓蛇、瘦蛇的不同之处在于马岛懒蛇较窄的吻端具一块肉质的大隆起，该隆起具有性二态，其作用则尚未知晓。虽然体形细长，但马岛懒蛇能制服并吞下包括盾尾蜥、避役在内的大型蜥蜴，偶尔也会捕食壁虎和蛙类。虽然有毒素与后沟牙，但马岛懒蛇被认为对人类不构成威胁。

相近物种

　　除马岛懒蛇外，懒蛇属还有两个物种，这两个物种的肉质隆起不仅存在于吻端，还见于睚上。目前对于这些物种的了解还很少。阿氏懒蛇 *Langaha alluaudi* 分布于马达加斯加西部与南部，拟阿氏懒蛇 *L. pseudoallu-audi* 则见于马岛南部、西部与北部，两个物种的分布点均靠近海岸。

实际大小

科名	屋蛇科 Lamprophiidae；溪蛇亚科 Pseudoxyrhophiinae
风险因子	后沟牙，毒性轻微：毒液成分未知
地理分布	马达加斯加：马达加斯加岛、贝岛、科摩罗群岛
海拔	10～1200 m
生境	绝大多数低海拔生境，包括人工环境
食物	蜥蜴、蛙类、蛇类、小型哺乳动物、鸟类、爬行动物的卵
繁殖方式	卵生，每次产卵 10～13 枚
保护等级	IUCN 无危

成体长度
3 ft 3 in～5 ft
(1.0～1.5 m)

马岛滑猪鼻蛇
Leioheterodon madagascariensis
Malagasy Giant Hognose Snake
(Duméril, Bibron & Duméril, 1854)

387

除马岛地蚺（第 124 页）与马岛蚺（第 125 页）外，马岛滑猪鼻蛇为马达加斯加岛体形最大的本土蛇类，该种广泛分布于马达加斯加全岛与马达加斯加北部的贝岛，并被人为引入科摩罗群岛的大科摩罗岛。马岛滑猪鼻蛇是一种常见的昼行性陆栖蛇类，尤其易见于人类居住地附近，其食性广泛，包括蛙类、蜥蜴、小型哺乳动物、其他蛇类及鸟类。向上突出并起棱的吻鳞是很好的掘土工具，有助于马岛滑猪鼻蛇挖出并吞食整窝鬣蜥卵。马岛滑猪鼻蛇遭遇威胁时会咬人，来自同属近缘种淡色滑猪鼻蛇 *Leioheterodon modestus* 的咬伤会导致疼痛、肿胀，马岛滑猪鼻蛇可能与之类似。

马岛滑猪鼻蛇体形较大而粗壮，头大，吻端向上翻起，似猪鼻，眼大，瞳孔为圆形。背面为黑色，部分个体身体后段更偏棕色，具黑色斑点，身体后段或具明显的交叉斑。腹面为黄色到乳白色，具黑点，黑点有时延伸至具黑色鳞间皮肤的体侧、颈部与上唇鳞。

相近物种

除本种外，滑猪鼻蛇属 *Leioheterodon* 还包含两个体形更小的物种，分别为分布广泛、适应干旱生境的淡色滑猪鼻蛇 *L. modestus* 与马达加斯加南部的斑点滑猪鼻蛇 *L. geayi*。

实际大小

科名	屋蛇科 Lamprophiidae；溪蛇亚科 Pseudoxyrhophiinae
风险因子	后沟牙，毒性轻微；毒液成分未知
地理分布	印度洋：马达加斯加东北部
海拔	0～1010 m
生境	原始与次生雨林
食物	蜥蜴
繁殖方式	未知
保护等级	IUCN 近危

成体长度
16½ in
(416 mm)

帕氏马加岛滑蛇
Liophidium pattoni
Patton's Spotted Groundsnake
(Vieites, Ratsoavina, Randrianiaina, Nagy, Glaw & Vences, 2010)

帕氏马加岛滑蛇仅记录于马达加斯加东北部的几个较小的保护区，为昼行性陆栖蛇类，其正模标本的胃容物包含一条在雨林中数量很多的昼行性石龙子。与马加岛滑蛇属 *Liophidium* 的许多近亲类似，该种的生活史鲜为人知，许多生态学记录伴有随机因素，可靠性并不高，其繁殖方式仍不为人知。马加岛滑蛇属蛇类具后沟牙，毒性轻微，性情温和，极少咬人，且毒素对人不具危险性。由于狭窄的分布及易受威胁的雨林生境，帕氏马加岛滑蛇被 IUCN 列为近危种。其种本名致敬哺乳动物学家、马达加斯加岛资深博物学家吉姆·帕顿（Jim Patton）。

相近物种

马加岛滑蛇属包含 10 个物种，其中 9 种分布于马达加斯加，领斑马加岛滑蛇 *L. torquatum* 的分布延伸至贝岛，威氏马加岛滑蛇 *L. vaillanti* 亦见于马斯克林群岛的留尼汪岛，马约特马加岛滑蛇 *L. mayottensis* 则仅分布于科摩罗群岛中隶属法国管辖的马约特地区，并不见于马达加斯加岛。其他马加岛滑蛇均不易与帕氏马加岛滑蛇混淆。

实际大小

帕氏马加岛滑蛇的体形小，背鳞光滑，头呈圆形，与颈部区分不明显，眼小，瞳孔呈圆形。体色鲜艳，黑色的底色上具四条红色斑点形成的纵纹，最外侧的纵纹为"Z"形斑纹，红色斑点在向体后与尾部延伸过程中逐渐变为蓝色。腹面为黄色，每枚腹鳞边缘均有弯曲的黑色斑纹，尾下鳞则为粉色。头背为黑色，两侧为黄色，一条黑色条纹沿着上唇鳞，过眼延伸至吻端。

科名	屋蛇科 Lamprophiidae；溪蛇亚科 Pseudoxyrhophiinae
风险因子	无毒
地理分布	印度洋：马达加斯加东部
海拔	235～1000 m
生境	山地雨林
食物	蛙类、蛙卵、鱼类
繁殖方式	卵生，产卵量未知
保护等级	IUCN 无危

成体长度
29½ in
(749 mm)

柔马岛滑鳞蛇
Liopholidophis rhadinaea
Pink-Bellied Groundsnake
Cadle, 1996

柔马岛滑鳞蛇栖息于马达加斯加岛东部山坡地区的中高海拔雨林中，为昼行性陆栖蛇类，通常在小路上被遇见，它常保持静止不动，或将身体贴近地面以避免被发现。马岛滑鳞蛇属 *Liopholidophis* 物种以蛙类及蜥蜴为食，柔马岛滑鳞蛇则以蛙类及蛙卵为食，可能也捕食鱼类。马岛滑鳞蛇属物种在尾长与体长上存在明显的性二态，雄性的尾长要远长于雌性，而体长则略长于雌性，尾下鳞与腹鳞的数量也与之相对应。马达加斯加岛分布的其他溪蛇亚科蛇类则与之不同。

实际大小

柔马岛滑鳞蛇体形细长，头部与颈部略有区分，眼中等大小，瞳孔呈圆形。体色为棕色，背面较侧面颜色更深，具一对浅棕色背侧面纵纹。头背为棕色，上下唇为白色，头后具 3 个黄棕色颈斑，腹面为鲜粉色。

相近物种

马岛滑鳞蛇属包含 8 个物种，全部为马达加斯加东部及中部雨林的特有种。柔马岛滑鳞蛇与新近描述发表的两个小型种类——巴氏马岛滑鳞蛇 *L. baderi* 及少鳞马岛滑鳞蛇 *L. oligolepis* 亲缘关系最近。

科名	屋蛇科 Lamprophiidae；溪蛇亚科 Pseudoxyrhophiinae
风险因子	后沟牙，毒性轻微；毒液成分未知
地理分布	印度洋：马达加斯加西部
海拔	125～380 m
生境	石灰岩构成的喀斯特裸露岩层上的干燥森林
食物	可能为蜥蜴
繁殖方式	胎生，每次产仔 2 条
保护等级	IUCN 易危

成体长度
18～27¾ in
(460～705 mm)

390

柠檬科摩罗蛇
Lycodryas citrinus
Lemon Treesnake
(Domergue, 1995)

柠檬科摩罗蛇的体形极为纤细，身体侧扁，尾长，头呈圆形，较颈部略宽，眼大而突出，虹膜为黑色，瞳孔呈竖直椭圆形。色斑艳丽，背面为亮黄色与黑斑相间，头背具黑色帽状斑。幼体为浅棕色。

色斑艳丽的柠檬科摩罗蛇仅见于马达加斯加西部的数个零散分布点，包括两个保护区，其生境因农业与养牛业而破坏严重，种群数量也因宠物贸易的捕捉而锐减。柠檬科摩罗蛇栖息于干燥森林中由石灰岩构成的喀斯特裸露岩层中。关于科摩罗蛇属 *Lycodryas* 物种的生活史，所知还很匮乏，很多都是推测。目前仅知柠檬科摩罗蛇为胎生，雌性一次产下两条幼体。柠檬科摩罗蛇的食性虽尚不明确，但由于科摩罗蛇属的其他物种以小型避役或壁虎为食，可推测其亦主要以蜥蜴为食。该种具后沟牙，毒性轻微，毒液成分与储毒量则仍属未知。

相近物种

柠檬科摩罗蛇曾被置于纤蛇属 *Stenophis*，该属目前被拆分为科摩罗蛇属、马岛林蛇属 *Phisalixella* 与拟纤蛇属 *Parastenophis*。科摩罗蛇属包含 10 个物种，其他 9 个物种在形态上均与柠檬科摩罗蛇差异很大。绝大多数科摩罗蛇为马达加斯加特有种，有 2 种分布于科摩罗群岛，分别为昂儒昂岛及马约特岛的斑点科摩罗蛇 *L. maculatus* 与大科摩罗岛及莫埃利岛的椰子科摩罗蛇 *L. cococola*，后者种本名中的 "coco" 意为 "椰子"，而 "-cola" 则是 "栖息于" 的意思，体现该种栖息于椰树林中。

实际大小

科名	屋蛇科 Lamprophiidae；溪蛇亚科 Pseudoxyrhophiinae
风险因子	后沟牙，毒性轻微：毒液成分未知
地理分布	印度洋：马达加斯加
海拔	20～700 m
生境	绝大多数生境，偏好近水环境
食物	蛙类、蜥蜴、蛇类、鸟类及鸟卵、小型哺乳动物
繁殖方式	卵生，每次产卵 2～6 枚
保护等级	IUCN 无危

成体长度
3 ft 6 in
(1.06 m)

马加林蛇
Madagascarophis colubrinus
Common Malagasy Catsnake
Schlegel, 1837

马加林蛇是一种常见的夜行性蛇类，食性广泛，包括蛙类、壁虎、避役、石龙子、其他蛇类、小型哺乳动物、鸟类及鸟卵。部分个体尾尖呈白色，可能用于引诱蛙类、蜥蜴进入伏击范围。该种广泛分布于马达加斯加全岛，但可能未分布于马加林蛇属 *Madagascarophis* 另外两个物种栖息的干旱的西南部。马加林蛇栖息于绝大多数低海拔生境，在池塘与水道周边极为常见，营陆栖与树栖生活，日间会躲藏在树洞里、岩石下甚至建筑物中。如被惊扰，马加林蛇会咬人反击，其咬伤会造成轻微中毒。

马加林蛇体形较大，身体侧扁，尾长，头宽，眼突出，瞳孔呈竖直椭圆形。该种有两个主要的色型，即棕色型与黄色型，或为通身纯色，或具深色斑纹或斑点。部分个体的深色斑点合并为棋盘状斑纹。唇部多为白色或黄色。

相近物种

分布遍及马达加斯加全岛的马加林蛇共有 5 个亚种，马加林蛇属还有另外 3 个独立物种，分别为分布于马达加斯加南部的南方马加林蛇 *M. meridionalis*、眼斑马加林蛇 *M. ocellatus* 以及马达加斯加北部的福氏马加林蛇 *M. fuchsi*。马加林蛇在形态上与亚洲及澳大利亚的林蛇（第 144～146 页）、非洲的毒树蛇（第 247 页）、欧洲及非洲的猫眼蛇（第 243～244 页）高度相似。

实际大小

科名	屋蛇科 Lamprophiidae：溪蛇亚科 Pseudoxyrhophiinae
风险因子	无毒
地理分布	印度洋：马达加斯加东北部及北部、贝岛
海拔	20～800 m
生境	雨林
食物	蜗牛或蜥蜴
繁殖方式	卵生，每次产卵最多 10 枚
保护等级	IUCN 无危

成体长度
27½ in
(700 mm)

392

马岛钝头蛇
Micropisthodon ochraceus
Malagasy Blunt-Headed Snake

Mocquard, 1894

马岛钝头蛇体形纤细，背鳞光滑，尾长，头短而粗，嘴短，眼大，瞳孔呈圆形。背面为棕色，具连续的深棕色横斑与"V"形斑，颈部具一条大而明显的"V"形斑。鳞间皮肤为白色，当蛇扩张身体时可见。腹面为棕色，具黑斑。

马岛钝头蛇是另一种鲜为人知的马达加斯加岛蛇类。它栖息于雨林生境，分布于马达加斯加东北部、北部及面积颇小的贝岛。马岛钝头蛇兼具陆栖性与树栖性，一条个体曾在离地 30 m 高的树上被发现。关于其食物具体为蜗牛还是蜥蜴，目前尚无定论。该种具有细长的体形、短钝的头部、硕大的眼睛与短嘴，与南美洲的食螺蛇（第 273～274 页）、钝蛇（第 290～291 页），东南亚的钝头蛇（第 547 页）等专食陆贝的蛇类较为形似，而马达加斯加岛并无其他食陆贝的蛇类分布，马岛钝头蛇可能填补了生态位的空缺。虽然与具后沟牙的几个属亲缘关系较近，但马岛钝头蛇应该并不具后沟牙与毒素。

相近物种

马岛钝头蛇属 *Micropisthodon* 为单型属，被认为与懒蛇属（第 386 页）、马岛藤蛇属（第 385 页）亲缘关系最近。

实际大小

科名	屋蛇科 Lamprophiidae；溪蛇亚科 Pseudoxyrhophiinae
风险因子	后沟牙，毒性轻微：毒液成分未知
地理分布	印度洋：马达加斯加东部及贝岛
海拔	20～1000 m
生境	雨林，靠近溪流
食物	小型哺乳动物，可能也捕食蜥蜴、蛙类
繁殖方式	未知
保护等级	IUCN 无危

成体长度
39 in
(995 mm)

393

三带溪蛇
Pseudoxyrhopus tritaeniatus
Malagasy Black-Striped Groundsnake
Mocquard, 1894

三带溪蛇栖息于马达加斯加东部坡地雨林生境，为夜行性陆栖蛇类，亦见于贝岛。稀有的三带溪蛇仅有少数标本记录，虽然同属的其他物种多为半穴居蛇类，三带溪蛇的栖息地却常靠近雨林溪流。关于该种的生活史及生物学资料还很匮乏。有一号标本被发现进食了一只鼠，其他个体则被记录到捕食石龙子、石龙子卵及避役卵，亦可能捕食蛙类。许多标本的尾都断了，这或许是遭到来自马岛猬、灵猫等肉食性哺乳动物的攻击。三带溪蛇的繁殖方式仍不明确。

相近物种

三带溪蛇为溪蛇亚科 Pseudoxyrhophiinae 的模式属——溪蛇属 *Pseudoxyrhopus* 的一员，该属为马达加斯加地区所特有，共有 11 个物种。三带溪蛇具有鲜艳而独特的斑纹，不易与同属物种混淆。

实际大小

三带溪蛇体形较大，背鳞光滑，头颈部分较不明显，眼小，瞳孔呈圆形，尾长。背面为黑色，多具三条红色纵纹。头部为红色，大多数头背鳞片上具黑色斑。

科名	屋蛇科 Lamprophiidae：溪蛇亚科 Pseudoxyrhophiinae
风险因子	无毒
地理分布	印度洋：马达加斯加
海拔	0～1565 m
生境	开阔生境，包括农业种植区与水稻田
食物	蛙类
繁殖方式	卵生，每次产卵 6～13 枚
保护等级	IUCN 无危

成体长度
雄性
30 in
(765 mm)

雌性
32½ in
(828 mm)

394

侧条马岛带蛇
Thamnosophis lateralis
Malagasy Gartersnake
(Duméril, Bibron & Duméril, 1854)

侧条马岛带蛇的身体略侧扁，头颈部区分明显，眼大，瞳孔呈圆形。身体前段的体侧纵纹为白色，至身体后段则呈黄色，背面主体为黑色。背面如棋盘般排列着纯黑色鳞片及具细碎蓝斑的黑色鳞片。腹面为白色。

作为马达加斯加岛最常见的蛇类之一，侧条马岛带蛇的分布遍及全岛。它为昼行性，偏好开阔的平原生境而非树冠密布的热带雨林，甚至在受人类活动影响较大的农业种植区、水稻田等生境亦很常见。可以说马达加斯加哪里有水，哪里就有侧条马岛带蛇。虽具备高超的游泳能力，但侧条马岛带蛇鲜见于水中，更多活动于近水处，其专食蛙类而非鱼类的食性也与这种生活史特征相符。该种即使在白天最热的时候也会晒太阳，遭遇威胁时会逃入水中或呈现示威姿势恐吓敌害。由于不具毒性，侧条马岛带蛇对人类完全无害。在马达加斯加当地语言中，侧条马岛带蛇被称为"Bibilava"，含义单纯为"蛇"。

相近物种

马岛带蛇属 *Thamnosophis* 包含 6 个曾被划入 *Liopholidophis* 属与 *Bibilava* 属的马达加斯加地区特有种。侧条马岛带蛇在形态上与北美洲的束带蛇属（第 427～432 页）极为相似，马岛带蛇从某种程度上填充了与束带蛇类似的生态位。

实际大小

科名	屋蛇科 Lamprophiidae：亚科地位未定
风险因子	后沟牙，毒性轻微：毒液成分未知
地理分布	非洲中部：喀麦隆、赤道几内亚、加蓬、刚果（布）、刚果（金）、中非共和国及乌干达
海拔	1000～2200 m
生境	山地雨林
食物	蛙类
繁殖方式	卵生，产卵量未知
保护等级	IUCN 未列入

成体长度
9¾～13¾ in，
偶见 17¼ in
（250～350 mm，
偶见 440 mm）

平头布赫马蛇
Buhoma depressiceps
Pale-Headed Forest Snake
(Werner, 1897)

395

虽然英文名"pale-headed forest snake"中有"白头"（pale-headed）的意思，但平头布赫马蛇的头背不一定是白色。该种为昼行性蛇类，可能营陆栖，栖息于喀麦隆到乌干达的山地雨林，除一号标本在夜间被发现熟睡于草丛中外，其余均为白天采集自落叶层、地面碎屑或洞穴中。该种及布赫马蛇属 *Buhoma* 另外 2 个物种的食性记录仅为蛙类，但其食性可能也包括陆栖蜥蜴与无脊椎动物。如被人捉住，平头布赫马蛇会通过泄殖腔分泌刺鼻的分泌物。布赫马蛇属的蛇类均具后沟牙与轻微毒素，但因其较小的体形与温驯的性格，它们对人类几乎没有危害。在屋蛇科中，布赫马蛇属的亚科地位仍未确定。

平头布赫马蛇体形较小，背鳞光滑，尾短，头短，眼小。身体总体为棕色，具或不具连续、规则的黑色纵线纹。头部为浅色或深色，常具一条黄色或白色领斑，这条领斑是本种区别于另外两种布赫马蛇的重要特征。

相近物种

平头布赫马蛇曾被归入土蛇属 *Geophis*，目前共有 2 个亚种，指名亚种 *Buhoma depressiceps depressiceps* 分布于该种分布区的西部，马氏亚种 *B. d. marlieri* 则见于分布区的东部。布赫马蛇属包含隔离分布于坦桑尼亚数个山脉的另外 2 个物种，即乌卢古鲁布赫马蛇 *B. procterae* 与乌桑巴拉布赫马蛇 *B. vauerocegae*，前者被 IUCN 列为易危物种。

实际大小

科名	屋蛇科 Lamprophiidae：亚科地位未定
风险因子	后沟牙，毒性轻微：毒液成分未知
地理分布	非洲南部：南非（夸祖鲁-纳塔尔省）、莱索托东部
海拔	1870～2865 m
生境	高海拔山区草地的溪流
食物	蛙类
繁殖方式	卵生，每次产卵最多 6 枚
保护等级	IUCN 数据缺乏

成体长度
11¾～19¾ in
(300～500 mm)

396

黄斑山蛇
Montaspis gilvomaculata
Cream-Spotted Mountain Snake
Bourquin, 1991

黄斑山蛇体形较小，体色纯黑，富有光泽，背鳞光滑。头部纯黑色，唇部乳白色，每枚唇鳞的边缘具黑色素，酷似钢琴琴键。喉部为乳白色，鳞片边缘具棕色。腹面为棕色，具小白点。

　　黄斑山蛇最早于 1980 年在南非大教堂峰森林保护区被发现，并于 1991 年被正式描述发表。鲜为人知的黄斑山蛇仅有数号标本记录于莱索托东部的德拉肯斯山脉与南非夸祖鲁-纳塔尔省，分布非常狭窄，在生境选择上偏好高海拔山区草地的近水环境。该种以蛙类为食，主要使用缠绕绞杀的方式捕猎，这或许是因为其毒性轻微。黄斑山蛇被 IUCN 记录为"数据缺乏"，而由于狭窄的分布区，其野外种群可能已经受到威胁。如被人捉住，该种并不会试图咬人，但很可能频繁抽动并通过泄殖腔分泌刺激性气味。种本名"*gilvomaculata*"指"黄色的斑"。

相近物种

　　黄斑山蛇在亚科级的分类地位还不明确，因此不易指定与其亲缘关系最近的物种。本种与非洲大头蛇（第 156 页）具些许相似性。

实际大小

科名	屋蛇科 Lamprophiidae：亚科地位未定
风险因子	无毒或仅具微毒
地理分布	南亚及东南亚地区：尼泊尔、印度北部到中国南部、泰国、越南、菲律宾、马来西亚及印度尼西亚（苏门答腊岛、爪哇岛、加里曼丹岛、苏拉威西岛、小巽他群岛）
海拔	0～2000 m
生境	低地，低至中海拔山地常绿森林及雨林，亦见于覆盖植被的多岩山坡及溪流周边
食物	蜥蜴，蛙类，小型蛇类，爬行动物的卵
繁殖方式	胎生，每次产仔3～10条
保护等级	IUCN 无危

成体长度
30¼ in
(770 mm)

397

紫沙蛇
Psammodynastes pulverulentus
Common Mock Viper
(Boie, 1827)

紫沙蛇在屋蛇科中的亚科级分类地位仍不明确，有待进一步研究。该种分布极其广泛，北达尼泊尔至中国南部，南抵菲律宾、加里曼丹岛、苏门答腊岛、爪哇岛、苏拉威西岛及小巽他群岛，在生境选择上偏好森林覆盖的山丘与山坡，亦见于沿河生境。紫沙蛇在形态上酷似小型蝰蛇，口中较大的后沟牙亦与毒牙相似。在制服石龙子等蜥蜴、蛙类或小型蛇类等猎物时，紫沙蛇会利用后沟牙注射毒液。紫沙蛇对人类无威胁，虽然紫沙蛇会咬人，但迄今为止的咬伤记录中无一出现中毒症状。

紫沙蛇体形较短，头部有棱角，似蝰蛇状，瞳孔呈竖直椭圆形。与许多蝰蛇不同的是紫沙蛇通身背鳞光滑。该种体色变异大，或为棕色、红色、黄色甚至浅灰色，具或不具黑色斑纹或条纹。雄性体色较雌性为浅，但这一差别从广泛的分布区域来看未必有效。头部多具四条延伸至颈部的纵纹。腹面为灰色、粉色或棕色，具黑色斑点或条纹。

相近物种

紫沙蛇共有2个亚种，指名亚种 *Psammodynastes pulverulentus pulverulentus* 见于其分布区内的绝大多数地区，分布于中国台湾的种群则被作为单独的帕氏亚种 *P. p. papenfussi*。紫沙蛇属的另一个物种为与紫沙蛇同域分布于马来半岛、苏门答腊岛及加里曼丹岛的图画紫沙蛇 *P. pictus*，图画紫沙蛇的分布区较紫沙蛇小许多。

实际大小

科名	水游蛇科 Natricidae
风险因子	无毒
地理分布	南亚地区：巴基斯坦、印度、尼泊尔、斯里兰卡、孟加拉国、不丹、中国南部
海拔	0～2000 m
生境	稻田、花园、草地、农地、溪流及池塘
食物	蛙类、蟾蜍、蝌蚪、昆虫、蝎子、鱼类、蜥蜴及小型哺乳动物
繁殖方式	卵生，每次产卵 5～15 枚
保护等级	IUCN 未列入，CITES 附录 III（印度）

成体长度
15¾～31½ in
(400～800 mm)

398

草腹链蛇
Amphiesma stolatum
Buff-Striped Keelback
(Linnaeus, 1758)

草腹链蛇通身背鳞起棱，眼大。色斑较为复杂，为橄榄绿色至棕色，具连续的黑色横斑，每条横斑两侧各有一条白色或黄色点，使蛇体中部具两条浅黄色或黄色纵线纹，一直延伸至尾部。腹面为白色，每枚腹鳞两侧各有一条小黑斑，上下唇与喉部为黄色。

实际大小

　　草腹链蛇是南亚最常见的昼行性蛇类之一，栖息于湿地、花园、草地、农业种植区及稻田生境，常出没于海平面至海拔 2000 m 之间的人类活动区域附近。身为游泳健将的草腹链蛇常在浅水中的芦苇与水草之间捕猎，主要以两栖动物为食，成体捕食蛙类、蟾蜍，幼体则捕食蝌蚪。除两栖动物外，该种可能也捕食昆虫、蝎子、鱼类、蜥蜴及鼠类。草腹链蛇常活跃于清晨或夜间，会在温度极高的白天或夜间躲避于白蚁巢或其他动物的巢穴之中。该种性情温驯，极少咬人，遭遇威胁时多会使身体变得扁平，展示颈部皮肤鲜艳的颜色，如不奏效则会通过假死迷惑敌害。

相近物种

　　腹链蛇属 *Amphiesma* 曾包含 44 个物种，但在近期的一次根据分子生物学证据开展的分类修订中，原先腹链蛇属的物种被划入东亚腹链蛇属 *Hebius*（41 个物种，第 404～405 页）和喜山腹链蛇属 *Herpetoreas*（2 个物种，第 407 页），原腹链蛇属仅剩草腹链蛇一个物种[1]。草腹链蛇与渔游蛇属（第 439 页）、滇西蛇属（第 400 页）、颈槽蛇属（第 423～424 页）亲缘关系较近。

---

① 由于山地腹链蛇（第 404 页）被移入腹链蛇属，腹链蛇属目前已有 2 个物种。——译者注

科名	水游蛇科 Natricidae
风险因子	无毒
地理分布	南亚地区：斯里兰卡
海拔	750～2100 m
生境	潮湿低地、山地森林、雨林、茶叶种植园
食物	蚯蚓
繁殖方式	卵生，每次产卵 4～12 枚
保护等级	IUCN 未列入

成体长度
15 in
(380 mm)

疣吻盾尾蛇
Aspidura trachyprocta
Common Roughside
Cope, 1860

盾尾蛇属为斯里兰卡特有属，该属所有物种体形都较小，为昼行性穴居蛇类，以蚯蚓为食。英文俗名"roughside"（侧面粗糙）得名于雄性体侧、泄殖腔部位与尾背刺状起棱的鳞片。盾尾蛇属物种栖息于斯里兰卡西南部及中南部的潮湿低地与山地森林、雨林中，亦见于种植园及花园，在较为干旱的斯里兰卡东部与北部则无分布。疣吻盾尾蛇见于海拔750～2100 m，该属的其他一些物种则局限在高海拔地区。在栖息地内，疣吻盾尾蛇常聚成小群躲藏在落叶堆下，算是常见蛇类之一。该种终年可繁殖，产卵于朽木之下。性情温驯，不具攻击性，也从不会试图咬人。

实际大小

疣吻盾尾蛇的体形小，呈筒状，头窄而突出，尾短，雄性身体后段及尾部鳞片呈刺状。体色为橙色至深棕色，具两条深色纵纹及数行黑色点斑。腹面为黄色或黄黑相间。

相近物种

盾尾蛇属 *Aspidura* 还有其他 6 个物种，分别为盾尾蛇 *A. brachyorrhos*、锡兰盾尾蛇 *A. ceylonensis*、科氏盾尾蛇 *A. copei*、德拉尼亚加拉盾尾蛇 *A. deraniyagalae*、巴兰哥达盾尾蛇 *A. drummondhayi* 及甘氏盾尾蛇 *A. guntheri*。疣吻盾尾蛇的长度仅次于科氏盾尾蛇，后者长度为 635 mm，而甘氏盾尾蛇的体形最小，仅 160 mm。

科名	水游蛇科 Natricidae
风险因子	无毒
地理分布	南亚地区：印度、斯里兰卡、尼泊尔
海拔	75～1680 m
生境	淡水池塘、溪流、河流、水稻田及半海水溪流
食物	蛙类、蝌蚪、鱼类、节肢动物及昆虫幼虫
繁殖方式	卵生，每次产卵 10～30 枚
保护等级	IUCM 无危

成体长度
17¾～19¾ in,
偶见 3 ft 3 in
(450～500 mm,
偶见 1.0 m)

400

绿滇西蛇
Atretium schistosum
Olive Keelback
(Daudin, 1803)

绿滇西蛇不连续地分布于尼泊尔、印度半岛及斯里兰卡，是一种常见的水栖蛇类。该种亦见于潮汐性半海水溪流与水稻田中，以同样营水栖的蛙类、蝌蚪、鱼类、螃蟹为食，甚至有报道显示其捕食孑孓。绿滇西蛇为昼行性蛇类，善于游泳及攀爬，常常藏身于软泥之下或河道中的螃蟹洞穴里。与其他亚洲水游蛇相似，绿滇西蛇为卵生，每次产卵最多 30 枚。虽然其他一些游蛇经常咬人，但绿滇西蛇性情相对温驯，不具攻击性，其防御行为多为扩张颈部。

相近物种

与绿滇西蛇亲缘关系最近的蛇类为分布于中国云南省、可能分布于缅甸的滇西蛇 *Atretium yunnanensis*。[1]

实际大小

绿滇西蛇体形粗壮，头呈圆形，背鳞起棱。背面通常为均匀的橄榄绿色至橄榄棕色，部分个体具两列黑色斑点。腹面及上唇鳞为暗黄色、橙色或白色。体侧通常具一条醒目的红色纵线。

[1] 滇西蛇已于2021年移入渔游蛇属 *Fowlea*，学名为 *Fowlea yunnanensis*，中文名仍保留为滇西蛇。——译者注

科名	水游蛇科 Natricidae
风险因子	后沟牙，毒性轻微
地理分布	南亚地区：斯里兰卡
海拔	915～1220 m
生境	雨林、潮湿的低海拔山地森林
食物	蛙类及直翅目昆虫
繁殖方式	卵生，每次产卵最多 7 枚
保护等级	IUCN 近危

成体长度
17¾～19¾ in
（450～500 mm）

401

锡兰檞头蛇
Balanophis ceylonensis
Blossom Krait
(Günther, 1858)

锡兰檞头蛇为斯里兰卡特有种，其英文俗名"blossom krait"得名于僧伽罗语中的"Mal Karawala"，意为"花环蛇"。斯里兰卡有包括印度环蛇（第 444 页）在内的两种真正的环蛇分布，但英文名为"花环蛇"的锡兰檞头蛇却并非眼镜蛇科的环蛇，而为水游蛇科的成员。锡兰檞头蛇与颈槽蛇属（第 423～424 页）亲缘关系较近。来自锡兰檞头蛇的一起咬伤记录表明，其咬伤导致了头痛、畏光、昏厥、视物模糊、呕吐及流血症状。目前并无针对其毒素的血清。该种栖息于斯里兰卡潮湿南部的林间落叶层下，捕食蛙类，有时亦吃直翅目昆虫。遭遇威胁时，锡兰檞头蛇会抬升身体并展示颈部红斑，只要不被捉住，它就不会咬人。

锡兰檞头蛇的鳞片起强棱，头大，眼呈球状，头背的橙棕色一直延伸至灰棕色身体的前半部分，体背具黑色横斑，横斑间缀有鲜黄色眼状点斑，或为其英文俗名中"花"（blossom）的来源。

相近物种

檞头蛇属为单型属①，但与颈槽蛇属（第 423～424 页）亲缘关系较近，来自颈槽蛇属的红脖颈槽蛇 *Rhabdophis subminiatus* 及虎斑颈槽蛇（第 424 页）的咬伤曾导致严重的症状。

① 目前，檞头蛇属已被作为颈槽蛇属的同物异名。——译者注

实际大小

科名	水游蛇科 Natricidae
风险因子	后沟牙，毒性轻微
地理分布	北美洲：美国五大湖区南部（伊利诺伊州、印第安纳州、密歇根州、俄亥俄州、宾夕法尼亚州、密苏里州与肯塔基州）
海拔	90～670 m
生境	沼泽地、河道、溪流、牧场及林地
食物	蚯蚓、鳌虾及鱼类，可能也捕食蛭类
繁殖方式	胎生，每次产仔 7～15 条
保护等级	IUCN 无危

成体长度
雄性
13 in
(330 mm)

雌性
24½ in
(625 mm)

402

枝条蛇
Clonophis kirtlandii
Kirtland's Snake
(Kennicott, 1856)

枝条蛇体形较小，分布于美国五大湖区南部的伊利诺伊州、印第安纳州、密歇根州南部、俄亥俄州及宾夕法尼亚州，少量种群延伸至密苏里州与肯塔基州，其种本名源自博物学家加雷德·波特·柯特兰（Jared Potter Kirtland，1793—1877）。虽然营水栖生活，且常见于沼泽、溪流与河道生境，但枝条蛇也栖息于潮湿的树林与开阔的牧场。该种主要捕食蚯蚓，捕猎时常摆出"Z"形姿势，其他猎物种类包括鳌虾与小鱼，饲养在人工环境下的个体还被报道过捕食水蛭。枝条蛇的雌性体形大于雄性。绝大多数旧大陆水游蛇都为卵生，而北美洲的种类却为胎生，雌性枝条蛇一次能够产下最多 15 条幼仔。枝条蛇对人完全无害。

枝条蛇的体形较粗壮，头小，为黑色，尾较长，背鳞起棱。色斑包括连续、成对排列于身体两侧的黑色大点斑，底色为灰色到棕色，脊部（至少身体前段）具一条红棕色纵纹。腹面为橙色到红色，腹鳞与背鳞交界处具连续的黑色小点斑。

相近物种

枝条蛇属 *Clonophis* 为单型属，与之亲缘关系最近的类群可能是其他小型北美洲水游蛇，例如斯氏蛇（第426页）、汩蛇（第411页）、女王蛇（第422页）、弗吉尼亚蛇（第438页）与棱鳞哈氏蛇（第403页）。

实际大小

科名	水游蛇科 Natricidae
风险因子	后沟牙，毒性轻微
地理分布	北美洲：美国东南部，从弗吉尼亚州到佛罗里达州北部，西至得克萨斯州，北达密苏里州
海拔	0～350 m
生境	沼泽地、湿地树林、林地边缘及城市
食物	蚯蚓，可能也进食软体动物、等足目动物、昆虫及小型两栖动物
繁殖方式	胎生，每次产仔 2～13 条
保护等级	IUCN 无危

成体长度
11¾～13¾ in
(300～350 mm)

棱鳞哈氏蛇
Haldea striatula
Rough Earthsnake
(Linnaeus, 1766)

403

　　棱鳞哈氏蛇广泛分布于美国东部及东南部，但其分布被宽阔的密西西比河谷阻隔，不见于密西西比河谷地区。当史前的密西西比河谷仍是一条很长的咸水湾时，该种可能曾栖居于该区域。棱鳞哈氏蛇栖息于沼泽地及树林生境，在落叶层与枯木下捕食，亦可见于城市环境，例如房屋附近的废弃物下。该种几乎仅以蚯蚓为食，善于找到蚯蚓的洞穴，也可能捕食软体动物、等足目动物、昆虫及小型蛙类，但仅有蚯蚓被发现于博物馆标本的胃容物中。

相近物种

　　棱鳞哈氏蛇曾与弗吉尼亚蛇（第 438 页）同为弗吉尼亚蛇属 *Virginia*[①]。哈氏蛇属 *Haldea* 为单型属，可能与包括斯氏蛇（第 426 页）、枝条蛇（第 402 页）、汹蛇（第 411 页）与女王蛇（第 422 页）在内的北美洲其他小型水游蛇亲缘关系较近。

棱鳞哈氏蛇的体形小，背鳞起棱，头较突出，体色为红棕色到深棕色，幼体及部分成体的头后方具一条白斑。

实际大小

① 目前，棱鳞哈氏蛇已被移入弗吉尼亚蛇属。——译者注

科名	水游蛇科 Natricidae
风险因子	无毒
地理分布	南亚地区：印度南部
海拔	500～2100 m
生境	雨林溪流
食物	蛙类及蟾蜍
繁殖方式	卵生，产卵量未知
保护等级	IUCN 无危

成体长度
22¾ in
(580 mm)

404

山地腹链蛇
*Hebius monticola*①
Hill Keelback
(Jerdon, 1853)

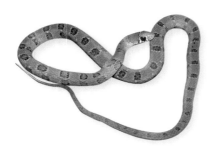

山地腹链蛇的体形小，眼大，背鳞起棱。背面为红棕色或橄榄色，腹面为白色，绝大多数个体具三条纵向排列的深棕色大斑点串，少数个体不具。眼后有一条明显的独特的白色或黄色线纹横跨头部。幼体多具斑纹。

　　由于模式产地位于印度喀拉拉邦的瓦亚纳德附近，山地腹链蛇亦被称为瓦亚纳德腹链蛇。该种为印度西南部西高止山脉特有种，营半水栖生活，栖息于茂密的山地雨林中，偶见于雨林溪流附近甚至步道上，不过它们较少被遇见，甚至可算是一种稀有蛇类。山地腹链蛇为昼行性蛇类，主要以蛙类为食，亦被报道捕食蟾蜍，与其他亚洲水游蛇一样营卵生，但产卵量尚不明确。

相近物种

　　绝大多数曾隶属于腹链蛇属 *Amphiesma* 的物种目前都被置于东亚腹链蛇属 *Hebius*。东亚腹链蛇属目前辖有42 个物种，从印度南部的山地腹链蛇，到分布于俄罗斯阿穆尔州、朝鲜半岛及日本的东亚腹链蛇 *H. vibakari*，再到印度尼西亚东部的苏拉威西腹链蛇 *H. celebicum*。山地腹链蛇与同样分布于印度西高止山脉的贝氏腹链蛇 *H. beddomei* 最为相似。

实际大小

---

① 目前，山地腹链蛇已被移入腹链蛇属 *Amphiesma*。——译者注

科名	水游蛇科 Natricidae
风险因子	无毒
地理分布	东亚地区：中国南部、越南北部
海拔	500～1500 m
生境	山地森林、多草山谷、溪流边的草地
食物	蚯蚓、蛞蝓及蝌蚪
繁殖方式	卵生，每次产卵最多 5 枚
保护等级	IUCN 无危

成体长度
14～27½ in
(360～700 mm)

棕黑腹链蛇
Hebius sauteri
Kosempo Keelback
(Boulenger, 1909)

405

棕黑腹链蛇又称梭德氏腹链蛇，种本名源自曾在中国台湾生活多年的德国博物学家汉斯·梭德（Hans Sauter，1871—1943），英文俗名"Kosempo keelback"则得名于其模式产地——中国台湾高雄市甲仙区。棕黑腹链蛇不仅分布于中国台湾，亦见于中国大陆南部，包括海南及香港，分布区延伸至越南北部。棕黑腹链蛇虽然分布广泛，但不太常见。该种体形较小，栖息于低海拔山地森林、多草山谷及溪流边的草地生境，以蚯蚓、蛞蝓及蝌蚪为食。由于体形较小，棕黑腹链蛇产卵量较少，每次产卵最多 5 枚。该种性情温驯，不具攻击性，即使被人捉住也不会咬人，对人类完全无害。

棕黑腹链蛇体形较小，细长，背鳞起棱，头较颈部略粗，尾较长。体色为橄榄色至灰色，具一条较不明显的红色纵纹，纵纹具连续的、中心为橙色的黑点与延长的黑色斑点。上下唇为黑色，具白斑，喉部为白色，腹面为暗黄色至棕褐色。

相近物种

棕黑腹链蛇所在的东亚腹链蛇属 *Hebius* 包含了 42 个曾被置于腹链蛇属 *Amphiesma* 的物种，其中有一些种类与棕黑腹链蛇存在分布重叠，例如中国大陆南部的坡普腹链蛇 *H. popei* 及中国台湾的台北腹链蛇 *H. miyajimae*。

实际大小

科名	水游蛇科 Natricidae
风险因子	无毒
地理分布	非洲中部：刚果（金）西部
海拔	185～450 m
生境	河滨森林及沼泽森林
食物	未知，可能为鱼类与蛙类
繁殖方式	未知
保护等级	IUCN 未列入

成体长度
雄性
22¾ in
(580 mm)

雌性
25½ in
(650 mm)

406

沾蛇
Helophis schoutedeni
Schouteden's Sun Snake
(Witte, 1922)

沾蛇体形粗壮，呈圆筒状，尾短，头短而宽，与颈部略有区分，眼小，瞳孔呈圆形。背面为黑色，具至少 80 条不规则深红色或橙色横斑，腹面为黑色，头背与头腹面均为黑色，每枚鳞片中具些许红色。

沾蛇是非洲最不为人知的蛇类之一，在过去一个世纪里仅有约 30 号标本记录于刚果（金）西部的刚果河流域。该种为水栖蛇类，鼻孔位于头背面，便于在水面呼吸，除此之外其生活史仍然未知。一条短暂饲养在人工环境下的沾蛇偏好把全身浸泡在水中，证明了该种高度的水栖性。沾蛇的食性未知，但应包含鱼类与蛙类，繁殖方式亦不为人知。这表明关于蛇类的生活史尚有大量内容有待深入研究。沾蛇的种本名致敬对刚果格外感兴趣的动物学家亨利·舒特登（Henri Schouteden，1881—1972）。

相近物种

作为单型属沾蛇属 *Helophis* 的唯一物种，沾蛇仍是一种习性鲜为人知的蛇类，但它可能与分布于非洲中部的滑非洲水蛇 *Hydraethiops laevis*、黑腹非洲水蛇 *H. melanogaster* 亲缘关系最近。但这只是依据形态学的推测，还没有分子数据，因为沾蛇目前尚无 DNA 样品用于研究。

实际大小

科名	水游蛇科 Natricidae
风险因子	无毒
地理分布	南亚及中亚地区：印度、巴基斯坦、尼泊尔、中国西藏、不丹及孟加拉国
海拔	1250～3657 m
生境	山地森林、种植区及溪流
食物	蛙类、蟾蜍、蝌蚪、鱼类、爬行动物及小型哺乳动物
繁殖方式	卵生，每次产卵 5～15 枚
保护等级	IUCN 未列入

成体长度
27½～37 in,
偶见 4 ft
(700～940 mm,
偶见 1.2 m)

平头腹链蛇
Herpetoreas platyceps
Himalayan Keelback
(Blyth, 1854)

407

平头腹链蛇最高海拔纪录为 3657 m，可能是水游蛇科栖息海拔最高的物种，分布于南亚次大陆的各国与中国的西藏。与绝大多数水游蛇科成员的低海拔生境不同，平头腹链蛇不会出现在海拔 1250 m 以下的生境，远高于其他水游蛇活动的海拔。该种多在刚入夜时活动，食性较广，但猎物在高海拔的密度偏低。除蛙类、蟾蜍及蝌蚪外，它还会捕食鱼类、石龙子、其他蛇类和小型哺乳动物，甚至蛇卵。在生境选择方面，平头腹链蛇偏好流过山地森林的小溪，亦见于农业种植区及花园。遭遇威胁时，平头腹链蛇多会利用身体抽打敌害或张嘴恐吓，但极少咬人，对人类无害。

平头腹链蛇体形细长，头较宽，背鳞起棱。体色通常为棕色至灰色，体侧具黑白斑点，一条黑色带纹从吻端延伸过眼一直达到口角处，部分个体颈部或白色的唇部具一条边缘为黑色的白色领斑。有一些个体的斑纹颜色更深。腹面为白色或浅黄色。

相近物种

平头腹链蛇曾被置于腹链蛇属 *Amphiesma* 内，现行分类将其归入喜山腹链蛇属 *Herpetoreas*，该属还包含其他两种高海拔物种，即分布于喜马拉雅山脉东部海拔 1220～3600 m 处的锡金腹链蛇 *H. sieboldii* 及新近描述发表的分布于中国西藏海拔 1890 m 处的察隅腹链蛇 *H. burbrinki*。[①]

实际大小

---

① 截至2023年10月，喜山腹链蛇属已知有7个物种，包括近期依据西藏墨脱县标本发表的墨脱腹链蛇 *Herpetoreas tpser* Ren, Jiang, Huang, David and Li, 2022。——译者注

科名	水游蛇科 Natricidae
风险因子	后沟牙，毒性轻微
地理分布	菲律宾：班乃
海拔	450～1510 m
生境	低地龙脑香森林、山麓森林及中高海拔遍生苔藓的森林
食物	未知
繁殖方式	未知，推测为卵生
保护等级	IUCN 濒危

成体长度
11½～14 in
(290～359 mm)

408

德氏全盾蛇
Hologerrhum dermali
Dermal's Cylindrical Snake
Brown, Leviton, Ferner & Sison 2001

德氏全盾蛇的体形小，背鳞光滑，背面为棕色，腹面为黄白色。头颈部区分不太明显，眼突出。一条白色纵纹从唇部延伸至颈部，一条深棕色纵纹从头背向后延伸。身体前段的背面有连续的黑色短横斑，到身体中段逐渐消失。喉部呈棕色，具边缘为黑色的白色斑点。腹部中央有一条黑色纵纹，纵纹两边具黑色点斑。

德氏全盾蛇仅知 5 号采自菲律宾中部班乃岛上西班乃山脉的标本，是一种非常稀有的蛇类。在一次为期 3 年、在西班乃山脉进行的调查中，仅采集到德氏全盾蛇的 1 号标本。该种生性隐秘，栖息于低地龙脑香森林、山麓森林及中高海拔遍生苔藓的森林生境，喜好活动于溪流附近。德氏全盾蛇为昼行性蛇类，食性却完全不为人知，繁殖方式也尚不明确，推测为卵生。由于分布狭窄，德氏全盾蛇被 IUCN 列为濒危物种。德氏全盾蛇的种本名致敬的是曾在菲律宾深入工作的美国两栖爬行动物学家罗纳德·"德马尔"·科龙比（Ronald "Dermal" Crombie）。

相近物种

全盾蛇属 *Hologerrhum* 包含另一个物种，即分布于菲律宾吕宋岛及波利略群岛的全盾蛇 *H. philippinum*。习性隐秘的全盾蛇属极有可能还存在更多尚未被描述发表的新种。与全盾蛇属亲缘关系最近的类群尚不明确，但在游蛇科中地位未定的菲岛蛇属 *Cyclocorus* 具备一些与全盾蛇相似的特征。

实际大小

科名	水游蛇科 Natricidae
风险因子	无毒
地理分布	东南亚地区：加里曼丹岛（马来西亚的沙巴州、砂拉越州，文莱国，印度尼西亚的加里曼丹地区）
海拔	150～600 m
生境	靠近溪流、河流的低地及低海拔山地原始雨林
食物	食性喜好未知
繁殖方式	可能为卵生，但产卵量未知
保护等级	IUCN 无危

成体长度
20 in
(530 mm)

婆蛇
Hydrablabes periops
Borneo Dwarf Watersnake
(Günther, 1872)

409

婆蛇亦被称作黄点水蛇或橄榄小眼蛇，为加里曼丹岛的特有种，分布于马来西亚的沙巴州及砂拉越州，印度尼西亚的加里曼丹地区及文莱国。婆蛇属的属名"*Hydrablabes*"可拆解为词根"*Hydra*"，意为"水"，及"*-ablabes*"，意为"无害"，表示其温驯的性格。这种水游蛇具高度水栖性，活动于低地及低海拔原始森林的河流与溪流附近。婆蛇虽然比较常见，但对其野外研究还缺乏，博物馆标本的代表性也不足，这导致婆蛇的食性与繁殖方式至今不明。

相近物种

婆蛇属 *Hydrablabes* 包括另一个物种，即与婆蛇体形相似、分布于加里曼丹岛东北部的马来西亚沙巴州的单前额鳞婆蛇 *H. praefrontalis*。单前额鳞婆蛇在野外的记录极少，对其的研究甚至还不如婆蛇。部分学者将单前额鳞婆蛇视为婆蛇的同物异名。在形态上，单前额鳞婆蛇仅具 1 枚前额鳞，婆蛇则具 2 枚。

实际大小

婆蛇体形纤细，头较小，尾较短，鳞片起强棱。眼周具一圈小鳞，因此得名，其种本名"*periops*"可拆解为意为"圆形"的"*peri*"及意为"眼"的"*-ops*"。通身为灰色或棕色，少数个体具棕色的体侧条纹或脊纹，或体侧的点斑，腹面为灰白色到黄色。

科名	水游蛇科 Natricidae
风险因子	后沟牙，毒性轻微
地理分布	非洲南部：刚果（金）、赞比亚、安哥拉、津巴布韦、博茨瓦纳及纳米比亚
海拔	950～1690 m
生境	流速缓慢的河流、湖泊、湿地及沼泽
食物	鱼类，包括刺鳅
繁殖方式	卵生，每次产卵最多 5 枚
保护等级	IUCN 未列入

成体长度
雄性
18¼ in
(465 mm)

雌性
22¾ in,
偶见 24½ in
(580 mm,
偶见 625 mm)

410

班韦乌卢泽蛇
Limnophis bangweolicus
Bangweulu Watersnake
(Mertens, 1936)

班韦乌卢泽蛇体形粗壮，背鳞光滑，头部较窄，略突出，眼较大。背面为纯黑色，或主体为棕色，体侧具一条浅棕色、边缘白色的较宽纵纹。纵纹下的鳞片边缘为黑色，形成连续的黑色纵纹。身体前段可能也具一条从上唇鳞开始延伸的白色条纹。腹面为黄色或红色，颌下及尾下鳞片边缘为黑色。

班韦乌卢泽蛇头部较窄、吻部略突出的特征可能是因专食鱼类做出的适应，这便于它在水下的石缝中搜寻以刺鳅为主的鱼类。该种的种本名来源于赞比亚的班韦乌卢湖。它栖息于奥卡万戈与赞比西两大河流系统的沼泽地、湖泊生境，分布区包含博茨瓦纳、津巴布韦、赞比亚、刚果（金）南部，西至安哥拉与纳米比亚。关于班韦乌卢泽蛇繁殖生物学的唯一记载，是一条雌性个体的腹中怀有 5 枚卵。

相近物种

与班韦乌卢泽蛇亲缘关系最近的物种为同属的泽蛇 *Limnophis bicolor*，后者亦分布于奥卡万戈与赞比西河流系统。班韦乌卢泽蛇曾被视为泽蛇的亚种 *L. bicolor bangweolicus*，但两个物种为同域分布。泽蛇属 *Limnophis* 可通过单枚三角形鼻间鳞与非洲游蛇属 *Natriciteres* 相区分。

实际大小

科名	水游蛇科 Natricidae
风险因子	无毒
地理分布	北美洲：美国（佛罗里达半岛与佐治亚州南部）
海拔	0～75 m
生境	淡水沼泽、池塘、溪流，有时亦见于半海水水域
食物	鳌虾、虾、蜻蜓若虫及两栖动物
繁殖方式	胎生，每次产仔 4～12 条
保护等级	IUCN 无危

成体长度
19¾～23¾ in，
偶见 27½ in
（500～600 mm，
偶见 700 mm）

泅蛇
Liodytes alleni
Striped Crayfish Snake
(Garman, 1874)

411

泅蛇偏好泥底质的静止或流速较慢的水体，栖息于湖泊、沼泽、泥沼及流速缓慢的溪流中，常躲避在泥质河岸中，或水草、凤眼蓝等沿岸、漂浮植被下。在沿海生境，该种甚至会进入半海水水域。体形较小的泅蛇分布于除佛罗里达狭地外的美国佛罗里达半岛，亦见于佐治亚州南部，其独特的头骨体现了其对捕食鳌虾等硬壳猎物的适应。除主要食物鳌虾外，成体亦以淡水虾为食。幼体捕食蜻蜓若虫、蛙类、蝌蚪及鳗螈。种本名源自美国哺乳动物学家、鸟类学家及博物馆馆长乔尔·阿萨夫·艾伦（Joel Asaph Allen，1838—1921）。

泅蛇的体色富有光泽，背鳞光滑或起弱棱，头部瘦长。体背为橄榄色到棕色，脊部与体侧具三道黑色纵宽条纹，一条暗黄色宽条纹沿体侧下半部分延伸。暗黄色宽条纹与腹部的黄色或粉色（偶有黑色斑点）的底色相接。

相近物种

泅蛇直至近期才从包含女王蛇（第 422 页）、格氏女王蛇 *Regina grahamii*、光滑女王蛇 *R. rigida* 的女王蛇属 *Regina* 中被分出。一项对北美洲小型水游蛇的分类厘定使曾被废除有效性的泅蛇属重新恢复地位。泅蛇属 *Liodytes* 的另一物种为黑泅蛇 *L. pygaea*，该物种的曾用名为 *Seminatrix pygaea*。

实际大小

科名	水游蛇科 Natricidae
风险因子	无毒
地理分布	印度洋：塞舌尔
海拔	0～915 m
生境	湿润及干燥热带森林、次生林
食物	蜥蜴
繁殖方式	卵生，产卵量未知
保护等级	IUCN 濒危

成体长度
2 ft 5 in～3 ft 3 in
(0.75～1.0 m)

412

塞舌尔狼颌蛇
Lycognathophis seychellensis
Seychelles Wolfsnake
(Schlegel, 1837)

塞舌尔狼颌蛇的体形小，背鳞光滑，头略尖，与颈部区分略明显，眼中等大小，瞳孔呈竖直椭圆形。背部为棕色或黄色，背侧具或不具被黑色横斑横向连接的白色点斑。腹面为黄色，具黑色斑点，鳞片的外缘具一排黑点。本种最具特色的形态特征为沿唇排布的波浪状白色条纹，有深棕色或黑色条纹位于其上方。

狼颌蛇的属名"*Lycognathophis*"意为"具狼颌的蛇"，但其隶属于水游蛇科，与属名同样含"狼"意象的链蛇（第190～191页）与非洲狼蛇（第366页）亲缘关系较远。一位学者曾建议将塞舌尔狼颌蛇的英文俗名变更为"塞舌尔崖蛇"（Seychelles Cliffsnake），但这项建议并未受广泛认可。塞舌尔狼颌蛇为塞舌尔群岛的特有种，分布于马埃岛、锡卢埃特岛、普拉兰岛、阿里德岛、拉迪格岛及弗里吉特岛，栖息于潮湿及干燥的热带森林中。虽然亦栖息于次生林中，但该种尚无法适应种植园生境。塞舌尔狼颌蛇以壁虎与石龙子为食，营卵生但产卵量不明。由于狭窄的分布区，该种被 IUCN 列为濒危物种。

相近物种

狼颌蛇属 *Lycognathophis* 为单型属，在塞舌尔群岛不具近亲。近期的分子生物学研究显示，与狼颌蛇属亲缘关系最近的类群可能是分布于非洲西部的非洲水游蛇 *Afronatrix anoscopus*。塞舌尔群岛的其他蛇类为外来引入的钩盲蛇（第57页）及特有种塞舌尔屋蛇 *Lamprophis geometricus*[1]。岛上没有对人类有威胁的蛇类。

实际大小

---

① 目前，该物种已被移入家蛇属*Boaedon*。——译者注

科名	水游蛇科 Natricidae
风险因子	可能为后沟牙，毒性轻微
地理分布	东南亚地区：泰国南部、马来半岛、新加坡、苏门答腊岛、爪哇岛及加里曼丹岛
海拔	150～1330 m
生境	原始及次生雨林、湿地生境，常活动于溪流周围
食物	蛙类、蟾蜍及蝌蚪
繁殖方式	卵生，每次产卵最多 25 枚
保护等级	IUCN 无危

成体长度
23¾～29½ in
(600～750 mm)

黑红颈棱蛇
Macropisthodon rhodomelas
Blue-Necked Keelback
(Boie, 1827)

413

黑红颈棱蛇的色斑格外引人注目，尤其是在它像眼镜蛇一样抬起身体前段并使颈部变得膨扁时。颈斑蛇（第 440 页）与斜鳞蛇（第 441 页）等一些亚洲蛇类也会使用类似的模仿眼镜蛇的御敌策略。黑红颈棱蛇虽然不具攻击性，但具备扩大的后沟牙，与其齿列相似的颈槽蛇（第 423～424 页）已被证实储备有可能对人构成危险的毒素，因此应谨慎与颈棱蛇接触。该种栖息于毗邻溪流、河流的雨林及湿地生境，分布于泰国南部到苏门答腊岛、爪哇岛及加里曼丹岛，成体以蛙类、蟾蜍为食，幼体则捕食蝌蚪及小蛙。黑红颈棱蛇在其分布区内的许多地区都算是常见蛇类。

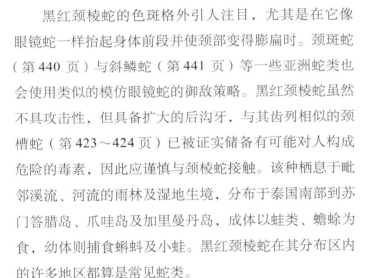

黑红颈棱蛇体形纤细，背鳞起棱，头较宽，眼大。背部色斑颇具特色，底色为红棕色，脊部具一条较宽的黑色条纹，该条纹在颈部形成"人"形斑。腹面为粉色，每枚腹鳞皆具黑色斑点。喉部的浅蓝色一直延伸至黑色"人"形斑处。本种的色斑在遭遇威胁时尤其明显。

相近物种

颈棱蛇属 *Macropisthodon*[①]还包括另外 2 个物种，即分布于印度、斯里兰卡及缅甸的黄绿颈棱蛇 *M. plumbicolor* 与除爪哇岛外与黑红颈棱蛇分布一致的黄头颈棱蛇 *M. flaviceps*。

[①] 目前，颈棱蛇属*Macropisthodon*已被作为颈槽蛇属*Rhabdophis*的同物异名。颈棱蛇属此前所辖物种中，颈棱蛇被建立为单型属——伪蝮蛇属*Pseudagkistrodon*，中文名仍保持为颈棱蛇（*P. rudis*），其余物种则被移入颈槽蛇属。——译者注

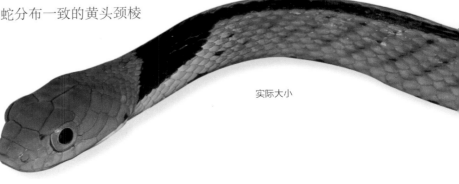

实际大小

科名	水游蛇科 Natricidae
风险因子	无毒
地理分布	非洲西部及中部：几内亚比绍到中非共和国，南至刚果（布）及刚果（金）
海拔	0～800 m
生境	雨林、湿润的低海拔山地森林
食物	小蛙、蝌蚪及无脊椎动物
繁殖方式	卵生，产卵量未知
保护等级	IUCN 近危

成体长度
11¾～19¾ in
(300～500 mm)

414

棕非洲游蛇
Natriciteres fuliginoides
Collared Forest Marshsnake
(Günther, 1858)

棕非洲游蛇广泛分布于几内亚比绍到中非共和国、加蓬、刚果（布）及刚果（金），营昼行性生活，栖息于雨林和低海拔山地森林中，常活动于水源附近。这种小体形的水游蛇主要捕食小蛙、蝌蚪及活动于森林地表落叶层中的无脊椎动物。遭遇威胁时，棕非洲游蛇会采取类似小型蜥蜴的防御策略，即自行断尾，通过断掉后仍在地面扭动的尾巴吸引敌害的注意力，趁机逃生，断尾处的血管会自动止血以避免失血过多。棕非洲游蛇与石龙子、壁虎等具备自切后再生尾能力的蜥蜴不同，其自切后尾无法再生，因此该种的御敌策略被称为"拟自切"。

棕非洲游蛇的体形较小，细长。体色为单一的橄榄棕色，常具暗斑，以颈部为甚。蛇身具黑色及黄色斑点，头部为橄榄棕色，上下唇鳞黑白相间。腹面为白色。

相近物种

非洲游蛇属 *Natriciteres* 有另外 5 个物种，双眶后鳞非洲游蛇 *N. bipostocularis* 分布于安哥拉及赞比亚，森林非洲游蛇 *N. sylvatica* 分布于坦桑尼亚至莫桑比克，杂色非洲游蛇 *N. variegata* 见于几内亚到莫桑比克，橄榄非洲游蛇 *N. olivacea* 见于除非洲南部外几乎整个撒哈拉以南非洲，奔巴非洲游蛇 *N. pembana* 分布最为狭窄，为坦桑尼亚奔巴岛的特有种。

实际大小

科名	游蛇科 Natricidae
风险因子	无毒
地理分布	欧洲：苏格兰南部、德国西部、意大利（包括西西里岛、撒丁岛）、法国南部及科西嘉岛
海拔	0～2500 m
生境	河边草地、溪流、河流、湖泊、沼泽、潮湿树林及河道
食物	蛙类、鱼类、小型哺乳动物，有时捕食蚯蚓
繁殖方式	卵生，每次产卵 5～25 枚，最高纪录 64 枚
保护等级	IUCN 低危 / 无危

成体长度
雄性
19⅔ in～27½ in
(500～700 mm)

雌性
3 ft 3 in～4 ft,
英国最长纪录 6 ft
(1.0～1.2 m,
英国最长纪录 1.8 m)

条纹水游蛇
Natrix helvetica
Western Grass Snake
(Lacépède, 1789)

415

条纹水游蛇分布于不列颠群岛，广泛分布于英格兰、威尔士，一直延伸至苏格兰南部。在欧洲大陆上，该种见于法国（包括科西嘉岛）、低地国家①、德国西部、意大利（包括西西里岛、撒丁岛）。条纹水游蛇栖息于包括河流、湖泊、沼泽、人造河道、水库、花园池塘在内的湿地生境，以及潮湿树林、铁路堤与葡萄园。虽然主要以蛙类为食，但该种亦捕食鱼类，部分种群会捕食小型哺乳动物，幼体则捕食蚯蚓。雌性条纹水游蛇能达到近 2 m 长，雄性则小得多。虽然遭遇威胁时会发出嘶嘶声吓阻敌害，但该种对人类完全无害。在吓阻无效时，条纹水游蛇会通过假死迷惑敌害，同时从泄殖腔腺体分泌出刺鼻的气味。繁殖期的雌性会将卵产在肥料堆等区域。

条纹水游蛇的体色差异大，可为绿色到暗橄榄色，甚至棕色，具黑色斑纹，部分个体甚至因黑化变异而通身为黑色。腹面为灰白色，具黑色斑点。在欧洲多国的语言中，条纹水游蛇又称环纹蛇，这来源于许多个体所具有的黄黑相间并有叶形裂纹的颈斑，该特征在高龄个体中会渐趋模糊。

相近物种

近期的分类变动将原水游蛇 *Natrix natrix* 的数个亚种提升为独立种，故水游蛇属现包含 4 个物种，除本种外，另外 3 种为分布于德国、斯堪的纳维亚半岛到俄罗斯的水游蛇 *N. natrix*，分布于伊比利亚半岛及非洲西北部的伊比利亚水游蛇 *N. astreptophora* 及分布于高加索山脉的棋斑水游蛇 *N. tessellata*。②条纹水游蛇包含 5 个亚种，指名亚种 *N. helvetica helvetica* 见于其分布区内的绝大多数区域，意大利亚种 *N. h. lanzai* 见于意大利，西西里亚种 *N. h. sicula* 见于意大利南部及西西里岛，科西嘉亚种 *N. h. corsica* 与撒丁岛亚种 *N. h. cetti* 分别为两岛的特有亚种。

实际大小

---

① 指荷兰、比利时、卢森堡。——译者注
② 水游蛇属现包含 5 个物种，此处漏列了似蝰水游蛇（第 416 页）。——译者注

科名	水游蛇科 Natricidae
风险因子	无毒
地理分布	欧洲西南部：西班牙、葡萄牙、法国、意大利北部、巴利阿里群岛、科西嘉岛及撒丁岛
海拔	0～2600 m
生境	流速缓慢的小溪、山地溪流、湖泊、池塘、沼泽、河道、渔场及牲畜饮水池
食物	鱼类、蝌蚪，有时捕食蛙类、蟾蜍、蝾螈及无脊椎动物
繁殖方式	卵生，每次产卵 3～16 枚
保护等级	IUCN 无危

成体长度
23¾～31½ in，
偶见 3 ft 3 in
（600～800 mm，
偶见 1.0 m）

416

似蝰水游蛇
Natrix maura
Viperine Watersnake
(Linnaeus, 1758)

由于在形态与行为上酷似翘鼻蝰（第 642 页）、毒蝰（第 639 页）等蝰蛇，**似蝰水游蛇**的名字非常形象。其体色为橄榄色到棕色，大多具有断开的黑色"Z"形斑纹，头顶可能还具有"V"形斑。部分个体体侧具连续的、中心为白色的黑点，另一部分个体则具明显的纵纹。

实际大小

似蝰水游蛇紧张时会发出较大的嘶嘶声，并做好攻击的架势以虚张声势，其斑纹与姿势虽然拟态剧毒的蝰蛇，但它本身不具毒素。该种广泛分布于伊比利亚半岛，一直到法国及意大利北部，亦见于巴利阿里群岛、科西嘉岛及撒丁岛。在其分布区的南部（伊比利亚半岛），似蝰水游蛇经常被观测到在山间清泉与牲畜饮水槽中捕食，而在法国，该种则多出没于沼泽、湖泊、人工河道等低地生境。似蝰水游蛇较之于同属近缘种的体形小了很多，偏好捕食小鱼、蝌蚪，或更大更强壮的蛙类及蟾蜍。在其分布区内，似蝰水游蛇算是一种比较常见的蛇类。

相近物种

似蝰水游蛇在西班牙及葡萄牙与伊比利亚水游蛇 *Natrix astreptophora*，在法国与条纹水游蛇指名亚种 *N. helvetica helvetica*，在科西嘉岛及撒丁岛分别与条纹水游蛇科西嘉亚种 *N. h. corsica* 及撒丁岛亚种 *N. h. cetti* 同域分布。似蝰水游蛇与分布于意大利到乌克兰的棋斑水游蛇 *N. tessellata* 亲缘关系较近。似蝰水游蛇、棋斑水游蛇及条纹水游蛇三个物种可能在意大利西北部同域分布。

科名	水游蛇科 Natricidae
风险因子	无毒
地理分布	北美洲及西印度群岛：美国佛罗里达半岛海岸、墨西哥湾、古巴北海岸
海拔	0～25 m
生境	沿海咸水沼泽、红树林沼泽、河口及沿海淡水生境
食物	内湾海水鱼、鳌虾及虾
繁殖方式	胎生，每次产仔 1～24 条
保护等级	IUCN 无危，区域性受威胁

克氏美洲水蛇
Nerodia clarkii
Saltmarsh Snake
(Baird & Girard, 1853)

成体长度
15～29½ in,
偶见 3 ft 3 in
(380～750 mm,
偶见 1.0 m)

417

克氏美洲水蛇分布于从佛罗里达州大西洋沿岸到墨西哥湾及古巴北海岸的北美洲沿海地带，栖息于咸水沼泽、红树林沼泽及河口生境，为北美洲最适宜海洋环境的蛇类。该种以鲻鱼、鳉鱼及其他鱼类为食，亦捕食鳌虾和虾，因此不得不适应高盐分环境。为避免高盐度对身体机能造成影响，不具盐腺的克氏美洲水蛇依靠饮用聚集的雨水维持水分，也可生活在沿海淡水生境中。虽然该种并未被 IUCN 列为濒危物种，但分布于大西洋沿岸的种群受威胁较重，因此当地的种群已受美国佛罗里达州及联邦的法律保护。克氏美洲水蛇的种本名源自勘测员兼博物学家约翰·亨利·克拉克上尉（Lieutenant John Henry Clark，1830—1885）。

克氏美洲水蛇的体色差异大，指名亚种为灰色，具四道黑色纵纹，腹面为红色或黑色，腹中央具一列黄点。带纹亚种的四条纵纹多变为点斑或横斑。扁尾亚种的体色最为多变，部分个体为灰色，具深色横斑，另一部分个体通身为红色或橙色。一窝中的幼体常兼具两种色型。

相近物种

克氏美洲水蛇曾被视为条纹美洲水蛇 *Nerodia fasciata* 的亚种。克氏美洲水蛇现包含 3 个亚种：带纹亚种 *N. clarkii taeniata* 分布于佛罗里达海岸，扁尾亚种 *N. c. compressicauda* 分布于佛罗里达半岛及古巴，指名亚种 *N. c. clarkii* 分布于佛罗里达狭地至得克萨斯州。

实际大小

科名	水游蛇科 Natricidae
风险因子	无毒
地理分布	北美洲：美国（从伊利诺伊州到路易斯安那州的密西西比河流域，西至得克萨斯州，东至佛罗里达州）
海拔	0～150 m
生境	流速缓慢的河流、浅水湖泊、林间池塘、河口、沼泽、洪泛林地、河道、半海水水域
食物	鱼类、两栖动物、鳌虾
繁殖方式	胎生，每次产仔 7～37 条
保护等级	IUCN 无危

成体长度
2 ft 4 in～3 ft 3 in,
偶见 4 ft
(0.7～1.0 m,
偶见 1.27 m)

418

多鳞美洲水蛇
Nerodia cyclopion
Mississippi Green Watersnake
(Duméril, Bibron & Duméril, 1854)

多鳞美洲水蛇体形粗壮，头较窄而尖，背鳞起棱。其体色为较深的橄榄绿，皮肤上具较为模糊、融入体色的黑色素。腹面前半部分为黄色，后半部分为灰色并具黄色半月状斑。

多鳞美洲水蛇分布于伊利诺伊州到路易斯安那州的密西西比河谷，向东、西分别延伸至佛罗里达狭地与得克萨斯州海岸，是美洲水蛇属中体形较大的物种之一。该种偏好静水水域、流速缓慢的河流、静水的湖泊与池塘、洪泛林地、沼泽及河口生境，亦见于河道等人工环境，甚至可能进入沿海的半海水水域。多鳞美洲水蛇主要以鱼类为食，捕食多种鱼类，其食性的一小部分还包含鳌虾、蛙类、鳗螈与其他水栖蝾螈。虽然不具毒性，但该种体形粗壮，遭遇威胁时会咬人反击，造成大量流血。

相近物种

与多鳞美洲水蛇亲缘关系最近的物种为曾被视为其亚种，现提升至独立种地位的佛罗里达美洲水蛇 *Nerodia floridana*。多鳞美洲水蛇在形态上亦可能与剧毒的食鱼蝮（第554页）混淆。

实际大小

科名	水游蛇科 Natricidae
风险因子	无毒
地理分布	北美洲：美国（布拉索斯河流域、得克萨斯州中部）
海拔	250～550 m
生境	流速湍急的河流及溪流的岩质河岸
食物	鱼类、蛙类、蝾螈、螯虾
繁殖方式	胎生，每次产仔 4～24 条
保护等级	IUCN 近危

成体长度
23¾～35½ in
(600～900 mm)

419

哈氏美洲水蛇
Nerodia harteri
Brazos River Watersnake
(Trapido, 1941)

哈氏美洲水蛇为美国得克萨斯州中部布拉索斯河流域的特有种，由于分布区狭窄，易受栖息地破坏造成的威胁。该种偏好流速湍急的河流及溪流的岩质河岸，以鱼类、蛙类、蝾螈与螯虾为食。哈氏美洲水蛇被 IUCN 列为近危物种，其主要原因在于该种位于布拉索斯河流域狭窄的分布区内兴建了水坝，栖息地发生洪涝，可能导致其无法适应，对其生存造成负面影响。目前来看，哈氏美洲水蛇已经适应了水坝建设对栖息地造成的影响，但未来对其狭窄分布区域的保护仍不可轻忽。种本名源自采集哈氏美洲水蛇正模标本的美国两栖爬行动物学家菲利普·哈特（Philip Harter，逝世于 1971 年）。

哈氏美洲水蛇体形较小，背部为橄榄绿色或棕色，具由体侧上半部分数行斑点汇集而成的暗色"Z"形斑纹。一条纵向排列的黑色斑点见于体侧中段。喉部及颌部为灰白色，腹面为粉色到橙棕色。

相近物种

除哈氏美洲水蛇外，在得克萨斯州受威胁的小型美洲水蛇还包括曾被视为哈氏美洲水蛇亚种、栖息地与食性偏好均与前者相似的少斑美洲水蛇 *Nerodia paucimaculata*，后者仅分布于康乔河-科罗拉多河流域。少斑美洲水蛇与哈氏美洲水蛇同样受到狭窄栖息地内兴建水坝、水库的威胁，亦展示出了对开发后生境的适应性，然而这两个物种未来的生存前景仍亟需关注。

实际大小

科名	水游蛇科 Natricidae
风险因子	无毒
地理分布	北美洲：美国中部（艾奥瓦州、伊利诺伊州至得克萨斯州）、墨西哥东部（塔毛利帕斯州到塔巴斯科州）
海拔	0～2235 m
生境	湖泊、池塘、流速缓慢的河流、林间沼泽、河口
食物	鱼类及蛙类
繁殖方式	胎生，每次产仔 8～35 条，偶尔仅产 2 条
保护等级	IUCN 无危

成体长度
2 ft 7 in～3 ft 7 in，
偶见 5 ft 9 in
(0.8～1.1 m，
偶见 1.75 m)

420

菱斑美洲水蛇
Nerodia rhombifer
Diamond-Backed Watersnake
(Hallowell, 1852)

菱斑美洲水蛇体形粗壮，背鳞起强棱，尾长，头宽。体色多为橄榄棕色，背部及身体两侧共具三行连续的黑色横斑，这些横斑有时在边缘汇集，形成连续的背部斑纹。

菱斑美洲水蛇体形较大，常因形态酷似剧毒的响尾蛇（第 572～581 页）与食鱼蝮（第 554 页）而被人故意打死。虽然体形大的个体能够咬人并导致大量失血，但菱斑美洲水蛇不具毒素，对人类无害。该种栖息于流速缓慢或静水的河流、湖泊、林间沼泽及河口生境，主要以鱼类为食，能够捕食多种鱼类。除了鱼类外，蛙类也是它最为青睐的猎物。菱斑美洲水蛇分布于美国中部的艾奥瓦州、伊利诺伊州、密西西比州、路易斯安那州、得克萨斯州，一直延伸至墨西哥湾海岸的塔巴斯科州。与欧亚大陆水游蛇的不同之处在于菱斑美洲水蛇为胎生，大体形的雌性菱斑美洲水蛇一次能够产下大量幼体。

相近物种

菱斑美洲水蛇在形态上与分布于美国东南部的斑点美洲水蛇 *Nerodia taxispilota* 相似，较小的个体易与同域分布的条纹美洲水蛇 *N. fasciata* 及北部美洲水蛇 *N. sipedon* 混淆。菱斑美洲水蛇包含 3 个亚种，指名亚种 *N. rhombifer rhombifer* 分布于美国，布氏亚种 *N. r. blanchardi* 分布于墨西哥塔毛利帕斯州及韦拉克鲁斯州北部，塔巴斯科亚种 *N. r. werleri* 分布于韦拉克鲁斯州南部及塔巴斯科州。

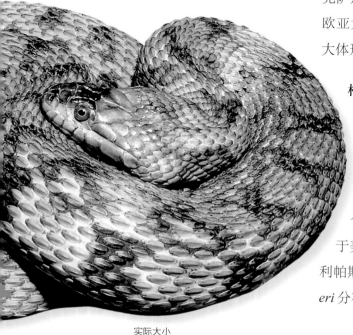

实际大小

科名	水游蛇科 Natricidae
风险因子	无毒
地理分布	东南亚及东亚地区：中国南部、越南北部
海拔	170～1200 m
生境	多岩、森林覆盖的山区溪流及池塘
食物	淡水虾、蝌蚪及鱼类
繁殖方式	卵生，每次产卵 2～5 枚
保护等级	IUCN 无危

成体长度
15¾～19¾ in
(400～500 mm)

侧条后棱蛇
Opisthotropis lateralis
Mau Son Mountain-Stream Snake
Boulenger, 1903

421

侧条后棱蛇是一种体形较小的夜行性蛇类，栖息于山地森林中流速湍急的岩质溪流、多岩石的水凼。该种广泛分布于中国南部的广西到贵州，亦见于中国香港及越南北部。侧条后棱蛇的英文名 "Mau Son Mountain-Stream Snake" 得名于模式产地越南北部地区的牡山。该种从未被报道过分布于海拔 170 m 以下或开阔生境。它主要以淡水虾为食，亦捕食蝌蚪及小鱼。雌性繁殖期能在水源周围的石头上产下 2～5 枚卵，但无法在水中产卵。

侧条后棱蛇的体色为单一的深棕色到灰棕色，腹面为浅黄色，身体两侧各具一条深棕色侧条将体色划分为上下两种颜色。头较窄，与身体同色，上下唇鳞为黄色，眶后具一条暗棕色纹，或与体侧纵纹汇合。

相近物种

后棱蛇属 *Opisthotropis* 包含 22 个物种，分布于中国南部、越南、老挝、泰国、加里曼丹岛、苏门答腊岛、菲律宾及琉球群岛。许多物种直到近期才被描述发表，例如分布于越南北部三岛山，可能与侧条后棱蛇同域分布的三岛后棱蛇 *O. tamdaoensis*。

实际大小

科名	水游蛇科 Natricidae
风险因子	无毒
地理分布	北美洲：加拿大东部及美国，从五大湖区南部到墨西哥湾
海拔	0～760 m
生境	溪流及沼泽（底质多为岩石）
食物	鳌虾、鱼类、两栖动物、昆虫若虫
繁殖方式	胎生，每次产仔 4～39 条
保护等级	IUCN 无危

成体长度
14～23¼ in,
偶见 35½ in
(355～590 mm,
偶见 900 mm)

422

女王蛇
Regina septemvittata
Queen Snake
(Say, 1825)

女王蛇偏好清澈、未受污染、安静且底质为岩石的溪流、沼泽生境，活动于植被下或开阔水域。该种广泛分布于加拿大安大略省西南及美国威斯康星州的五大湖区南部到纽约州、密苏里州、亚拉巴马州与佛罗里达狭地，西部的种群还分布于密苏里州及阿肯色州。女王蛇几乎仅以鳌虾为食，偶有捕食小鱼、蛙类、昆虫若虫的记录。俗名"女王蛇"来源于意为"女王"的拉丁属名"*Regina*"。

女王蛇体形细长，背鳞起棱，体背为橄榄绿色到棕色，体侧下半部分具三条黑色纵纹及一条明显的黄色宽纵纹。腹面为黄色，具四条明显的棕色纵纹。头部为绿色，与体背相同，喉部及唇部为黄色。种本名"septemvittata"中的"septem"指"七"，"-vittata"则指"条纹"。

相近物种

女王蛇属 *Regina* 曾包含 4 个以鳌虾为食的物种，但其中的 2 种已被移至泅蛇属（第 411 页），女王蛇属仅存本种及格氏女王蛇 *R. grahamii*。女王蛇属与泅蛇属、斯氏蛇属（第 426 页）、枝条蛇（第 402 页）、哈氏蛇属（第 403 页）及弗吉尼亚蛇（第 438 页）亲缘关系较近。

实际大小

科名	水游蛇科 Natricidae
风险因子	后沟牙，有毒：可能有促凝血素、抗凝血素、出血性毒素①
地理分布	东南亚地区：中国南部、缅甸、泰国、老挝、越南、柬埔寨
海拔	400～2410 m
生境	雨林及季雨林，尤其靠近河流
食物	蛙类及鱼类
繁殖方式	卵生，产卵量未知
保护等级	IUCN 未列入

成体长度
37½ in
(950 mm)

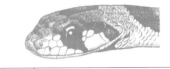

黑纹颈槽蛇
Rhabdophis nigrocinctus
Black-Ringed Keelback
(Blyth, 1856)

423

颈槽蛇属 *Rhabdophis* 包含了水游蛇科中具较大后沟牙、达氏腺的 22 个物种，分布于亚洲。由于来自颈槽蛇属物种的咬伤曾有导致严重症状甚至致人死亡的记录，该属被视为水游蛇科最危险的类群之一。虽然目前尚未有来自被黑纹颈槽蛇咬伤的报道，但鉴于该种与几个已被证明具备危险毒液的同属物种亲缘关系较近，面对黑纹颈槽蛇时仍应保持警惕。黑纹颈槽蛇体色鲜艳，栖息于雨林与季雨林中，广泛分布于东南亚大陆上的中国南部到泰国、柬埔寨，常见于森林边缘的河流及未受破坏的高地生境。该种白天和夜晚都会活动，以鱼类、蛙类为食，通过用牙咬的方式很快制服猎物。该种营卵生，但产卵量尚不明确。

黑纹颈槽蛇的体色鲜艳，身体前段为鲜绿色，后段则为橄榄绿色，背部具中间断开的连续的黑色环斑，头背为橄榄色到铜色，两侧为粉色，两组明显的黑色条纹从眼延伸至唇，从眼后延伸至口角处，还有一对黑色条纹向颈侧延伸。眼大，背鳞起强棱。

相近物种

包括红脖颈槽蛇 *Rhabdophis subminiatus* 在内的多种颈槽蛇与黑纹颈槽蛇同域分布，来自红脖颈槽蛇的咬伤有严重症状记录，但暂无致死案例。

① 虎斑颈槽蛇、红脖颈槽蛇等颈槽蛇属物种咬伤导致中毒的案例，其毒液主要来自这些物种的达氏腺。达氏腺中的毒液通过伤口流入，而非直接由毒牙注入。其上颌末端扩大的牙也与后沟牙不同。——译者注

实际大小

科名	水游蛇科 Natricidae
风险因子	后沟牙，有毒：促凝血素，可能也有抗凝血素及出血性毒素[1]
地理分布	东南亚及东亚地区：俄罗斯东部、中国、韩国、日本
海拔	0～2200 m
生境	稻田、溪流、森林或灌木丛生的山间
食物	蟾蜍、蛙类、鱼类、蝌蚪、其他蛇类，可能捕食甲虫
繁殖方式	卵生，每次产卵 9～27 枚
保护等级	IUCN 未列入

成体长度
2 ft～3 ft 7 in,
偶见 5 ft 7 in
(0.6～1.1 m,
偶见 1.7 m)

424

虎斑颈槽蛇
Rhabdophis tigrinus
Tiger Keelback
(Boie, 1826)

虎斑颈槽蛇的体背为绿色或橄榄棕色，颈部的红色色斑一直延伸至体侧形成侧纹。数行黑色斑点组成不规则斑纹，通身排列。颈部具一对紧接黄色或红色的黑色半月形斑，作用或为在遭遇威胁时向敌害展示以表明自己有毒。腹面为白色。

虎斑颈槽蛇又称日本颈槽蛇，在日本当地被称为山楝蛇（Yamakagashi）。该种的毒液成分包含促凝血素，可能也含抗凝血素与出血性毒素，影响血管内的凝血效果，导致血液无法凝结，甚至脑出血，对人类而言危险性很高。已有至少 1 例来自虎斑颈槽蛇咬伤的致死记录。虎斑颈槽蛇还能通过捕食有毒蟾蜍将蟾毒素（蟾蜍耳后腺分泌的毒素）储存在自身的颈腺中，这或许是一种御敌策略。虽具强烈的毒性，但虎斑颈槽蛇并不具攻击性，且因为极少咬人，长期被视为无毒蛇类。遭遇威胁时，该种会抬升身体前段并扩张颈部，展示鲜艳的红色，以警告敌害。虎斑颈槽蛇栖息于包括稻田、山间森林等多种生境，算是常见蛇类。

相近物种

颈槽蛇属 *Rhabdophis* 还有分布横跨东亚与东南亚的另外 20 余个物种。虎斑颈槽蛇可下分为 3 个亚种，指名亚种 *R. tigrinus tigrinus* 分布于日本，侧条亚种 *R. t. lateralis* 分布于亚洲大陆，台湾亚种 *R. t. formosanus* 则为中国台湾特有亚种。分布于东南亚的红脖颈槽蛇 *R. subminiatus* 与虎斑颈槽蛇亲缘关系很近。

① 虎斑颈槽蛇、红脖颈槽蛇等颈槽蛇属物种咬伤导致中毒的案例，其毒液主要来自这些物种的达氏腺。达氏腺中的毒液通过伤口流入，而非直接由毒牙注入。其上颌末端扩大的牙也与后沟牙不同。——译者注

实际大小

科名	水游蛇科 Natricidae
风险因子	无毒
地理分布	东亚：中国东部及东南部
海拔	300～2000 m
生境	水稻田及山间溪流
食物	小鱼、蛙类及蝌蚪
繁殖方式	胎生，每次产仔 9～13 条
保护等级	IUCN 未列入

成体长度
19¾～31½ in
(500～800 mm)

赤链华游蛇
*Sinonatrix annularis*①
Ringed Keelback
(Hallowell, 1899)

425

赤链华游蛇广泛分布于包括海南岛及台湾岛的中国东部及东南部，北抵毗邻上海的宁波山区，西至长江河谷，栖息于山间溪流及水稻田生境。该种虽然为旧大陆水游蛇中唯一的胎生物种，但早期文献亦记录部分个体为卵生。赤链华游蛇体形较小，营水栖，以鳅类等栖息在流速湍急溪流中的小型鱼类为食，亦捕食蛙类。与其他一些有毒的亚洲水游蛇类不同，赤链华游蛇对人类完全无害。

赤链华游蛇体形粗壮，头较大，眼小。背面为橄榄色，体侧为红色，腹面为红色或白色，具连续的黑色宽横斑，有的横斑边缘带有黄色鳞片，横斑横贯腹部并延伸至体侧，最后在背部相接。唇部为黄色或白色，唇鳞边缘为黑色。

相近物种

华游蛇属 *Sinonatrix* 还包含另外 3 个物种：乌华游蛇 *S. percarinata*、环纹华游蛇 *S. aequifasciata* 及云南华游蛇 *S. yunnanensis*。除赤链华游蛇外，其他 3 种华游蛇与大多数亚洲水游蛇类一样为卵生。②

实际大小

---

① 依据近期已发表的研究，华游蛇属*Sinonatrix*被作为环游蛇属*Trimerodytes*的次异名。为保持中文名的稳定性，原来被称为"华游蛇"的物种的中文名保持不变。详见文献Ren JL et al., 2019。——译者注

② 华游蛇属已被改订为环游蛇属*Trimerodytes*，该属目前包含7个物种，除本书提及的4个物种外，还有景东华游蛇*T. yapingi*、横纹环游蛇*T. balteatus*、老挝环游蛇*T. praemaxillaris*。——译者注

科名	水游蛇科 Natricidae
风险因子	无毒
地理分布	北美洲和中美洲：加拿大东南部、美国东部、墨西哥东部、危地马拉、洪都拉斯
海拔	0～2035 m
生境	几乎所有陆地及半湿地生境，包括沼泽到城市，尤其是林地
食物	蚯蚓、蛞蝓、昆虫、小型蛙类、蝌蚪
繁殖方式	胎生，每次产仔 3～31 条，偶有 40 条
保护等级	IUCN 无危

成体长度
8～15¾ in,
偶见 20½ in
(200～400 mm,
偶见 520 mm)

426

斯氏蛇
Storeria dekayi
Dekay's Brownsnake
(Holbrook, 1839)

实际大小

斯氏蛇为小型蛇类，全身灰色或褐色，背面有四行深褐色斑点或两条细纵纹。部分个体颈部有一个白色颈斑。

斯氏蛇个头不大，分布广泛，从加拿大的魁北克省和安大略省、整个美国东部和中部，一直到墨西哥东部都有它的踪迹，另外还有一个孤立的种群分布于墨西哥南部至洪都拉斯。斯氏蛇几乎生活在其分布区内的任何陆地及半湿地生境中，包括沼泽到城市，尤其是林地。虽然它喜欢待在低海拔的小水塘附近，但也会出没于山地云雾森林。无论是倒木还是城市垃圾，地面上任何覆盖物下面都可能藏着斯氏蛇。斯氏蛇以同样躲在这些覆盖物下的蚯蚓、蛞蝓为食，但也会捕食软体昆虫、小型蛙类和蝌蚪。雌性营胎生，一年可能繁殖不止一胎。

相近物种

斯氏蛇包含有 7 个亚种，分别是指名亚种 *Storeria dekayi dekayi*、中部亚种 *S. d. wrightorum*、西部亚种 *S. d. texana*、墨西哥湾的湿地亚种 *S. d. limnetes*、墨西哥的塔州亚种 *S. d. temporalineata* 和韦州亚种 *S. d. anomala*，以及分布于墨西哥恰帕斯州至洪都拉斯的热带亚种 *S. d. tropica*。佛罗里达斯氏蛇 *S. victa* 曾经也是斯氏蛇的一个亚种。斯氏蛇属 *Storeria* 还有另外 3 个物种，分别是红腹斯氏蛇 *S. occipitomaculata*、墨西哥斯氏蛇 *S. storerioides* 和黄腹斯氏蛇 *S. hidalgoensis*。

科名	水游蛇科 Natricidae
风险因子	无毒
地理分布	北美洲：加拿大和美国的五大湖地区
海拔	150～460 m
生境	湿地、五大湖沿岸平原、开阔的草地、空闲的城市用地、废弃的工业场所
食物	蚯蚓、水蛭、小型蛙类、蟾蜍、蝾螈
繁殖方式	胎生，每次产仔 8～11 条
保护等级	IUCN 无危，局部地区濒危

成体长度
15～20 in,
偶见 27 in
(380～510 mm,
偶见 690 mm)

巴氏带蛇
Thamnophis butleri
Butler's Gartersnake
(Cope, 1889)

427

巴氏带蛇体形细小，以印第安纳博物学家阿莫斯·威廉·巴特勒（Amos William Butler，1860—1937）命名。它分布于五大湖附近，包括安大略省东南部、密歇根州、俄亥俄州和印第安纳州，还有一个孤立的种群位于威斯康星州。巴氏带蛇生活在湿地、开阔的草地、牧场以及湖边地带，但也出没于城市环境中，比如躲在工业场所或空闲城市用地的木板下。它主要以蚯蚓为食，也会捕食水蛭，甚至小型蛙类、蟾蜍和蝾螈偶尔也会成为它的猎物。巴氏带蛇与束带蛇东部亚种 *Thamnophis sirtalis sirtalis* 以及带蛇北部亚种 *T. sauritus septentrionalis* 同域分布。尽管其保护等级被 IUCN 列为无危，安大略省和印第安纳州都将巴氏带蛇列为濒危物种。

巴氏带蛇为小型蛇类，身体纤细，头小。体色为褐色至黑色，背面有三条黄色纵纹，脊线与体侧条纹之间还有两行黑色斑点。

相近物种

短头带蛇 *Thamnophis brachystoma* 体形比巴氏带蛇略小，也以蚯蚓为食，分布区在巴氏带蛇的东面，包括纽约州和宾夕法尼亚州的阿勒格尼高地。

实际大小

科名	水游蛇科 Natricidae
风险因子	无毒
地理分布	北美洲：美国西部、加拿大西南部、墨西哥西北部
海拔	0 ～ 3660 m
生境	湿地、草地、高山湖泊、溪流、温泉、半沙漠环境、沿海灌丛
食物	鱼类、蛞蝓、水蛭、蚯蚓、蛙类、蝾螈、蜥蜴、小型哺乳动物和鸟类
繁殖方式	胎生，每次产仔 4 ～ 27 条
保护等级	IUCN 无危

成体长度
15¼ ～ 35½ in,
偶见 3 ft 7 in
(400 ～ 900 mm,
偶见 1.1 m)

428

秀丽带蛇
Thamnophis elegans
Western Terrestrial Gartersnake
(Baird & Girard, 1853)

秀丽带蛇广泛分布于美国西部和加拿大西南部，墨西哥西北部也有少量种群。它是带蛇属中偏陆栖的种类，因此又叫西部陆栖带蛇。该种适应了干旱的半沙漠生境以及海拔最高至 3660 m 的高山低温环境。秀丽带蛇的栖息地还包括低海拔湿地至高山湖泊和沿海灌丛。生活在不同环境中的种群也有不同的捕食偏好。比如云游亚种 *Thamnophis elegans vagrans* 的某些种群就以吃鱼为生，而其他种群则更多捕食两栖动物。沿海亚种 *T. e. terrestris* 的某些种群偏好蛞蝓，对两栖动物则完全不感兴趣。秀丽带蛇的其他食物还包括水蛭、小型哺乳动物和小型鸟类。雌性产仔较多，一胎最多能产仔 27 条。

秀丽带蛇的斑纹差异较大，从黑色到深灰色、橄榄绿色、浅灰色都有，甚至有的体侧为红色。体色较浅的个体背面能看到两排黑色斑点。背面有三条黄色纵纹。沿海亚种的体色变化尤其大，有黑色、褐色甚至红色的色型，让人误以为是不同物种。

相近物种

秀丽带蛇在整个美国西部和加拿大西南部共有 5 个亚种，分别是指名亚种 *Thamnophis elegans elegans*、亚利桑那亚种 *T. e. arizonae*、大盆地亚种 *T. e. vascotanneri*、沿海亚种 *T. e. terrestris* 和云游亚种 *T. e. vagrans*。在墨西哥的下加利福尼亚州北部，还生活着一个分布狭窄的休氏亚种 *T. e. hueyi*。生活在墨西哥西北部的墨西哥云游带蛇 *T. errans* 曾经也是秀丽带蛇的一个亚种。

实际大小

科名	水游蛇科 Natricidae
风险因子	无毒
地理分布	北美洲：美国西部（加利福尼亚州北部和中部）
海拔	0～122 m
生境	湿地、湖泊、水塘、稻田
食物	鱼类和蛙类
繁殖方式	胎生，每次产仔最多 24 条
保护等级	IUCN 易危

成体长度
2 ft 7 in～4 ft,
偶见 5 ft 4 in
(0.8～1.2 m,
偶见 1.62 m)

巨带蛇
Thamnophis gigas
Giant Gartersnake
Fitch, 1940

巨带蛇是带蛇属体形最大的种类，曾经被认为是水带蛇 *Thamnophis couchii* 的一个亚种。巨带蛇仅分布于加利福尼亚州北部和中部的萨克拉门托县和圣华金县，生活在湿地、水塘、泥沼和湖泊中，但很少出现在大的河流里。目前 IUCN 将巨带蛇的保护等级评为易危。由于栖息地被改造和破坏，这种蛇已经从大部分历史分布区中消失了，在有的地方甚至不得不适应稻田生活。巨带蛇主要以鱼类和蛙类为食。随着本土鱼类和蛙类的消失，巨带蛇转而捕食入侵鱼类，比如鲤鱼。

巨带蛇有两种不同的色型。条纹色型生活在萨克拉门托河谷，全身黑色，有三条黄色纵纹。斑点色型生活在圣华金河谷，全身橄榄绿色，脊线为浅黄绿色，体侧各有一列黑色斑点。

相近物种

巨带蛇与水带蛇 *Thamnophis couchii*、黑带蛇指名亚种 *T. atratus atratus* 和黑带蛇俄勒冈亚种 *T. a. hydrophilus* 亲缘关系较近，这些蛇都分布在加利福尼亚州北部。

实际大小

科名	水游蛇科 Natricidae
风险因子	无毒
地理分布	北美洲和中美洲：美国中部、墨西哥西部至哥斯达黎加
海拔	0 ～ 2438 m
生境	水塘、湖泊、沼泽、湿地、小溪、沙漠中的泉水
食物	蛙类、蟾蜍，偶尔也吃鱼类和蜥蜴
繁殖方式	胎生，每次产仔 8 ～ 12 条
保护等级	IUCN 无危

成体长度
19¾ ～ 29½ in,
偶见 4 ft
(500 ～ 750 mm,
偶见 1.23 m)

430

近东带蛇
Thamnophis proximus
Western Ribbonsnake
(Say, 1823)

近东带蛇体形细长，全色橄榄绿至黑色，覆盖有多排黑色斑点，有三条鲜黄色纵纹，中西部的红纹亚种则不是这样，其脊线为深红色。

近东带蛇比大部分同属物种体形更纤细，也更偏向于捕食两栖动物，以蛙类和蟾蜍为主，其他带蛇则多以鱼类为食。近东带蛇也被记录到偶尔会捕食鱼类或石龙子等蜥蜴。近东带蛇分布极广，从五大湖区南部一直到墨西哥中西部、西部和尤卡坦半岛都有其踪迹，在墨西哥南部至哥斯达黎加还有许多孤立的小种群。近东带蛇为水栖蛇类，大多藏在灌丛茂密的地方以躲避捕食者。它甚至出没于沙漠中的水道附近，只要有足够的植被遮挡。长满芦苇、茅草的湿地与沼泽也是这种蛇理想的栖息地。由于体形细长，雌性每胎产仔相对较少，一般为8～12 条。

相近物种

虽然近东带蛇的分布广阔，但却呈斑块化，目前仅知 6 个亚种，包括北方的指名亚种 *Thamnophis proximus proximus*、中西部的红纹亚种 *T. p. rubrilineatus*、墨西哥湾亚种 *T. p. orarius* 和得克萨斯州及墨西哥北部的沙漠亚种 *T. p. diabolicus*。零星分布于墨西哥南部和中美洲的种群大多为热带亚种 *T. p. rutiloris*，但恰帕斯州的一个山地种群则为高山亚种 *T. p. alpinus*。与近东带蛇相近的东部带蛇 *T. saurita* 分布于美国和加拿大东部，有 4 个亚种。

实际大小

科名	水游蛇科 Natricidae
风险因子	无毒
地理分布	北美洲：美国西南部（亚利桑那州、新墨西哥州）
海拔	700 ～ 2430 m
生境	多岩石的林地中的湖泊、溪流附近
食物	鱼类、蝾螈幼体、蛙类、蝌蚪
繁殖方式	胎生，每次产仔 8 ～ 17 条
保护等级	IUCN 无危

成体长度
18～34 in,
偶见 37½ in
(460～860 mm,
偶见 950 mm)

红斑带蛇
Thamnophis rufipunctatus
Narrow-Headed Gartersnake
(Cope, 1875)

431

红斑带蛇的外形与美洲水蛇（第 417～420 页）相似，而不像其他带蛇，因为它的背面没有带蛇属典型的黄色纵纹。但由于美洲水蛇的最西分布不及亚利桑那州，所以两者不会发生混淆。红斑带蛇是带蛇属内最偏水栖的种类之一，或许正是它填充了水蛇空缺的生态位。红斑带蛇最喜欢生活在周围是林地与岩石的湖泊中，以及流速较快、底部为岩石的溪流里。人们多在水里碰到红斑带蛇，不过它也会躲在岸边的巨石下，或在水面上方的枝条上晒太阳。与其水栖生活相对应，红斑带蛇主要以小鱼为食，也会捕食虎纹钝口螈的幼体、小型蛙类及蝌蚪。

相近物种

与红斑带蛇亲缘关系最近的可能是单唇鳞带蛇 *Thamnophis unilabialis*，后者曾经是红斑带蛇的一个亚种，现在独立为种，分布于墨西哥的奇瓦瓦州和科阿韦拉州。同样分布于墨西哥、背面无纵纹的种类还有西岸带蛇 *T. valida*、黑颈带蛇 *T. nigronuchalis*、黑腹带蛇 *T. melanogaster*、塔州带蛇 *T. mendax* 以及萨氏带蛇 *T. sumichrasti*。

实际大小

红斑带蛇体形纤细，头部狭长，吻端略尖。体色更接近于美洲水蛇而非其他带蛇。背面为褐色或灰色，有五至六行深褐色斑点，无黄色纵纹。

科名	水游蛇科 Natricidae
风险因子	无毒
地理分布	北美洲：加拿大、美国、墨西哥北部
海拔	0 ～ 2540 m
生境	湖泊、水塘、河流、林地中的沼泽、长沼、湿地、林地、北美大草原、草地
食物	两栖动物、鱼类、无脊椎动物、蚯蚓、小型哺乳动物、鸟类
繁殖方式	胎生，每次产仔 7 ～ 36 条
保护等级	IUCN 无危

成体长度
17¾ ～ 26 in,
雌性少数能达到 4 ft 3 in
(450 ～ 660 mm,
雌性少数能达到 1.3 m)

432

束带蛇
Thamnophis sirtalis
Common Gartersnake
(Linnaeus, 1758)

束带蛇的体色与斑纹变异极大，从全身橄榄绿色具浅黄绿色纵纹和黑色侧斑，到全身黑色具三条亮黄色纵纹和红色小侧斑，都有可能。某些西部的亚种体色艳丽，以红色为主，有的在黄色纵纹之间散布着红色斑点，也有的在白色脊线及浅蓝色体侧纵纹之间形成额外的红色纵纹。

实际大小

束带蛇是带蛇属分布最广的物种，也是美洲大陆分布最靠北的蛇类，从加拿大最东边的新斯科舍省到最西边的不列颠哥伦比亚省都有其踪迹。束带蛇还分布于美国西北部、东部及中部大部分地区，在墨西哥中西部和北部也有零星种群。束带蛇出没于水栖与陆栖环境中，其中西部的种群比东部的种群更偏水栖。它的食性也很广泛，从蛙类、蝌蚪、蚯蚓到鱼类，偶尔还包括啮齿类动物和鸟类。束带蛇极其常见。在加拿大曼尼托巴省，到了交配季节，成千上万条束带蛇红边亚种 *Thamnophis sirtalis parietalis* 会组成地毯状的蛇坑（第 26 页），为自然界的一个奇观。

相近物种

束带蛇有 11 个亚种，包括分布最广的东部的指名亚种 *Thamnophis sirtalis sirtalis*、中西部的红边亚种 *T. s. parietalis*、最靠东北端的沿海亚种 *T. s. pallidulus* 以及西北部的河谷亚种 *T. s. fitchi*。另一些分布狭窄的亚种包括佛罗里达狭地的蓝带亚种 *T. s. similis*、得州亚种 *T. s. annectens*、普吉特海湾亚种 *T. s. pickeringii*、新墨西哥亚种 *T. s. dorsalis* 以及芝加哥亚种 *T. s. semifasciatus*。某些西部的亚种体色非常漂亮，比如红斑亚种 *T. s. concinnus* 和加州红边亚种 *T. s. infernalis*。

科名	水游蛇科 Natricidae
风险因子	无毒
地理分布	南亚地区：巴基斯坦北部、印度、尼泊尔
海拔	920 ~ 2590 m
生境	有落叶林的多岩石的小山坡或山地、稻田、牛粪堆
食物	蚯蚓，可能还包括软体昆虫或其幼虫
繁殖方式	卵生，每次产卵 3 ~ 6 枚
保护等级	IUCN 未列入

成体长度
17¾ ~ 26 in,
雌性少数能达到 4 ft 3 in
(450 ~ 660 mm,
雌性少数能达到 1.3 m)

红点坭蛇
Trachischium fuscum
Darjeeling Worm-Eating Snake
(Blyth, 1854)

433

红点坭蛇是一种生活在喜马拉雅山脉的蛇类，分布区从巴基斯坦及印度控制的克什米尔地区，穿过整个尼泊尔，至大吉岭、阿萨姆邦和印度东北部。红点坭蛇的主要栖息地在多岩石的小山坡及山地上的落叶林中，但有时也出没于人类活动的区域，比如稻田和牛粪堆，因为这些地方聚集了大量的蚯蚓。目前认为，红点坭蛇及其近缘种都仅以蚯蚓为食，但不排除它们也会捕食软体昆虫或其幼虫。红点坭蛇夜晚出来活动，白天则躲在石头下面。所有分布于喜马拉雅的坭蛇种类都不具攻击性，即使被捉住也不会咬人。

相近物种

坭蛇属 *Trachischium* 还有另外 4 个物种，分别是耿氏坭蛇 *T. guentheri*、喜山坭蛇 *T. laeve*、山坭蛇 *T. monticola* 和小头坭蛇 *T. tenuiceps*。红点坭蛇又叫黑腹坭蛇。

红点坭蛇为小型蛇类，身体圆柱形，头小，与颈部区分不明显。绝大部分背鳞光滑，雄性身体后部鳞片可能会起棱。尾末端形成短刺。背面深褐色至黑色，有时具黑色细纵纹。腹面多为黑色，所以又称黑腹坭蛇。

实际大小

科名	水游蛇科 Natricidae
风险因子	无毒
地理分布	北美洲：美国（南达科他州和明尼苏达州至得克萨斯州和新墨西哥州）
海拔	0 ～ 2015 m
生境	北美大草原、草地、林地、小溪、水塘、公园和花园、墓地、荒废的土地
食物	蚯蚓和昆虫幼虫
繁殖方式	胎生，每次产仔 2 ～ 17 条
保护等级	IUCN 无危

成体长度
8¾ ～ 15 in,
偶见 21½ in
(224 ～ 380 mm,
偶见 544 mm)

434

线蛇
Tropidoclonion lineatum
Lined Snake
(Hallowell, 1856)

实际大小

线蛇体形细小，背面为橄榄褐色，具三条纵纹，其中侧面纵纹可能为橘黄色或黄色，脊线可能为白色。线蛇可以通过其白色腹面的两排黑色半月形斑与其他蛇类区分。

线蛇为小型蛇类，分布于美国南达科他州和明尼苏达州，南至得克萨斯州靠近墨西哥湾的地区，往东最远至伊利诺伊州，往西至新墨西哥州。线蛇曾是北美大草原动物群落中的一员，并且依然生活在草地、林地以及小溪旁，但它也适应了与人类共存的生活，出没于公园、花园、墓地和荒废的土地。只要地面有遮盖物，无论是朽木还是城市垃圾，其下都能成为线蛇的栖息场所。线蛇为夜行性蛇类，几乎完全以蚯蚓为食，下雨天蚯蚓爬到地面上时就成为它的盛宴。线蛇偶尔也捕食昆虫幼虫。线蛇属物种都不具攻击性，即使被捉住也不会咬人。

相近物种

容易与线蛇相混淆的可能只有带蛇属物种的幼体，比如平原带蛇 *Thamnophis radix*。有的学者认为线蛇有 4 个亚种，分别是北方的指名亚种 *Tropidoclonion lineatum lineatum*、中部亚种 *T. l. annectens*、得州亚种 *T. l. texanum* 以及新墨西哥亚种 *T. l. mertensi*。

科名	水游蛇科 Natricidae
风险因子	无毒
地理分布	美拉尼西亚：除西部以外的新几内亚全岛、阿鲁群岛（印度尼西亚）
海拔	0～1300 m
生境	雨林河流
食物	蛙类及蛙卵、鱼类
繁殖方式	卵生，每次产卵 2～8 枚
保护等级	IUCN 未列入

成体长度
3 ft～3 ft 7 in
(0.9～1.1 m)

斑棱背蛇
Tropidonophis doriae
Barred Keelback
(Boulenger, 1897)

435

斑棱背蛇可能是新几内亚岛分布的 11 种棱背蛇中体形最大者，新几内亚岛的其他棱背蛇的背鳞行数均为 15 行，仅斑棱背蛇为 17 行，这也使得斑棱背蛇相较于新几内亚岛的其他棱背蛇体形更为粗壮。该种栖息在雨林河流附近，常活动于巴布亚新几内亚中央省的林间溪流，在弗莱河流域的南部则较罕见。在位于中央省的布朗河流域，斑棱背蛇以鱼类、蛙类与蛙卵为食。斑棱背蛇与棱背蛇（第 436 页）、多鳞棱背蛇（第 437 页）、彩棱背蛇 *T. picturatus* 同域分布，这就提出了一个有趣的问题——同为昼行性的 4 个物种如何分配生态位并避免种间竞争。

斑棱背蛇为新几内亚棱背蛇中体形最为粗壮、色斑变异最大的物种。体色为棕色、粉色、橙色或黄色，通身纯色，具浅斑或深色斑纹，斑纹为棕色到橙色。数个截然不同的色型甚至可能在野外同一流域的短距离内出现。

相近物种

棱背蛇属背鳞行数为 17 行的其他物种为：分布于新几内亚岛以东、新不列颠岛的达氏棱背蛇 *T. dahlii* 与俾斯麦棱背蛇 *T. hypomelas*。斑棱背蛇不易与新几内亚岛其他棱背蛇混淆。

实际大小

科名	水游蛇科 Natricidae
风险因子	无毒
地理分布	澳大拉西亚：澳大利亚北部（阿纳姆地到新南威尔士州）及新几内亚岛南部（弗莱河流域及中央省）
海拔	0～1500 m
生境	较浅的林间溪流、平原溪流、沼泽及湿地
食物	鱼类、蛙类及蝌蚪
繁殖方式	卵生，每次产卵 3～18 枚
保护等级	IUCN 无危

成体长度
31½～36½ in
(800～930 mm)

436

棱背蛇
Tropidonophis mairii
Common Keelback
(Gray, 1841)

棱背蛇是棱背蛇属 *Tropidonophis* 在澳大利亚的唯一一个物种，分布于北领地阿纳姆地到新南威尔士州北部。在新几内亚岛，该种分布于弗莱河流域及首都莫尔斯比港周边。棱背蛇栖息于多种不同的水域，例如林间溪流、平原溪流、洪泛草原及沼泽，以鱼类、蛙类及蝌蚪为食。受惊时，棱背蛇会潜入水中，游向水底，或者暂时躲避在淡水鳌虾挖掘的水下洞穴中。被人类捕获时，澳大利亚的个体会断尾逃生，然而新几内亚的个体是否会采取断尾策略目前还未知。由于对蟾蜍毒素（蟾蜍耳后腺内储存的毒素）免疫，棱背蛇成为澳大利亚极少数能够捕食外来入侵物种蔗蟾蜍的爬行动物，这种免疫能力来源于其会捕食蟾蜍的亚洲祖先。

棱背蛇的体形相对壮硕，头较圆，眼大，通身多呈橄榄棕色至灰色，亦有个体头颈部呈灰色，身体为浅棕色，缀有黑色与白色斑点。腹面完全为白色。

相近物种

　　棱背蛇现包含 2 个亚种，指名亚种 *Tropidonophis mairii mairii* 分布于澳大利亚北部到新几内亚岛南部，弗莱河亚种 *T. m. plumbea* 分布于巴布亚新几内亚的西部省，并向西延伸越过巴布亚新几内亚与印度尼西亚的边境。在澳大利亚，棱背蛇常常会与剧毒的澳东蛇（第 534 页）混淆。

实际大小

科名	水游蛇科 Natricidae
风险因子	无毒
生境	新几内亚岛：新几内亚全岛
海拔	15～1440 m
生境	较浅的林间溪流、稀树草原溪流、森林及种植园
食物	蛙类及鱼类
繁殖方式	卵生，每次产卵 2～7 枚
保护等级	IUCN 无危

成体长度
31½～37½ in
(800～950 mm)

多鳞棱背蛇
Tropidonophis multiscutellatus
Long-Tailed Keelback
(Brongersma, 1948)

437

多鳞棱背蛇广泛分布于新几内亚全岛，从东南部的巴布亚半岛南端到西北部的多贝拉伊半岛，也包括中部山脉的北部和南部以及新几内亚岛西部的小岛屿。拥有广阔分布区的多鳞棱背蛇或许是一个复合种，但这个说法只有分子生物学的结果能够佐证。该种生性敏感，行动速度快，主要于白天在溪流、河岸边捕猎蛙类为食。多鳞棱背蛇也捕食鱼类，但相比于澳大利亚-巴布亚地区的其他棱背蛇种类，多鳞棱背蛇的水栖性并不高，在林间、种植园的步道以及油棕种植园的碎屑中有时也能找到其踪迹。

多鳞棱背蛇的体形纤细，头狭长，眼大，尾长。通身多为规则的浅棕色、深棕色或红棕色，但一些个体的颈部和身体的前半部分会呈浅绿色。体背的横斑较淡，头部与身体同色，背鳞边缘或呈黑色。腹面完全为白色。

相近物种

体形细长的多鳞棱背蛇有时会与同属的东部棱背蛇 *Tropidonophis aenigmaticus*、山棱背蛇 *T. statisticus* 以及有毒的拟盾蛇（第 490 页）混淆。棱背蛇属 *Tropidonophis* 包含 19 个物种，分布于新几内亚岛、印度尼西亚东部、菲律宾及澳大利亚。

实际大小

科名	水游蛇科 Natricidae
风险因子	无毒
地理分布	北美洲：美国东部及南部（新泽西州、特拉华州到艾奥瓦州、佛罗里达州、得克萨斯州）
海拔	0～885 m
生境	林地与具树荫的开阔区域，有时见于市郊
食物	蚯蚓，有时捕食蛞蝓与昆虫幼虫
繁殖方式	胎生，每次产仔 2～18 条
保护等级	IUCN 无危

成体长度
7～13 in,
偶见 15 in
(180～330 mm,
偶见 380 mm)

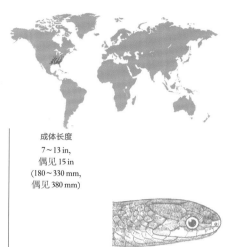

438

弗吉尼亚蛇
Virginia valeriae
Smooth Earthsnake
Baird & Girard, 1853

弗吉尼亚蛇被平鳞，头较窄，略突出，略宽于颈部。体色为土橙色到红棕色或橄榄色，背部颜色较深，体侧下半部分颜色则较浅，部分个体具较淡的脊部纵纹。

弗吉尼亚蛇主要栖息于林地，有时也见于林地边缘的开阔草甸，甚至能适应市郊生境，如同躲在森林地表层一样躲在垃圾堆下。该种不具攻击性，几乎完全以蚯蚓为食，偶有报道称其捕食蛞蝓与昆虫幼虫。弗吉尼亚蛇在美国东部广泛分布，从东北部的新泽西州、特拉华州，到南部的佛罗里达州，西部的艾奥瓦州、得克萨斯州，奇怪的是该种并不见于密西西比河谷。弗吉尼亚蛇同其他美洲水游蛇一样营胎生，同欧亚大陆的卵生水游蛇截然相反。

相近物种

现已被划分至哈氏蛇属的棱鳞哈氏蛇（第 403 页）曾为弗吉尼亚蛇属 *Virginia* 物种。弗吉尼亚蛇现有 3 个亚种，分别为指名亚种 *V. valeriae valeriae*，阿巴拉契亚山脉的 *V. v. pulchra* 亚种与西部亚种 *V. v. elegans*。

实际大小

科名	水游蛇科 Natricidae
风险因子	无毒
地理分布	南亚及东南亚地区：阿富汗到斯里兰卡、中国、缅甸、泰国与老挝
海拔	500～2100 m
生境	池塘、湖泊、水稻田、沼泽、低地及低海拔山地河流
食物	鱼类、蛙类
繁殖方式	卵生，每次产卵 4～100 枚
保护等级	IUCN 未列入

成体长度
2 ft～3 ft 3 in,
偶见 5 ft 9 in
(0.6～1.0 m,
偶见 1.75 m)

渔游蛇
Xenochrophis piscator[1]
Checkered Keelback
(Schneider, 1799)

渔游蛇又称橄榄游蛇，广泛分布于阿富汗到斯里兰卡、中国南部、老挝与泰国，较为常见，偏好河流、水稻田等近水生境。渔游蛇的种本名"*piscator*"意为"捕鱼者"，体现了渔游蛇捕食鱼类、蛙类的食性。渔游蛇在日间及夜间均会捕食。其体形庞大，如果被人抓住会迅速咬人，虽然因为不具毒素而危险性不大，但来自渔游蛇的咬伤可能导致疼痛与大量流血。体形大的雌性成体一次能产卵 100 枚。

渔游蛇体态粗壮，是体形最大的亚洲水游蛇之一，身体粗壮，头大，但大的成蛇的头部常不如身体宽。橄榄色到棕色的体色上多具数道由黑色方斑组成的棋盘状斑。眼与口角间多具一道黑色条纹。腹面为白色或淡黄色。

相近物种

异色蛇属 *Xenochrophis* 包含 13 个物种[2]，与渔游蛇亲缘关系最近者为曾被视为其亚种，分布于印度及东南亚的黄斑渔游蛇 *X. flavipunctatus*[3]与分布于喜马拉雅南麓巴基斯坦到缅甸的圣约翰渔游蛇 *X. sanctijohannis*[4]。渔游蛇属的其他物种包括数个岛屿特有种，例如斯里兰卡特有的糙鳞渔游蛇 *X. asperrimus*[5]，安达曼群岛的安达曼渔游蛇 *X. tytleri*[6]及爪哇岛的黑带渔游蛇 *X. melanzostus*[7]。

---

① 目前，该物种已被移入渔游蛇属*Fowlea*。——译者注
② 经过分类学变动，该属目前仅含5个物种。——译者注
③④⑤⑦ 目前这几个物种都被移入渔游蛇属*Fowlea*。——译者注
⑥ 目前，该物种被作为渔游蛇*Fowlea piscator*的同物异名。——译者注

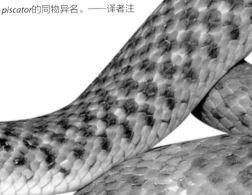

实际大小

科名	斜鳞蛇科 Pseudoxenodontidae
风险因子	后沟牙，毒性轻微[1]
地理分布	东南亚地区：中国南部、缅甸东部、泰国西北部、越南，可能分布于老挝
海拔	600～1620 m
生境	山麓森林
食物	蚯蚓
繁殖方式	卵生，每次产卵 5～11 枚
保护等级	IUCN 无危

440

成体长度
雄性
22 in
(560 mm)

雌性
20¾ in
(525 mm)

缅甸颈斑蛇
Plagiopholis nuchalis
Common Mock Cobra
(Boulenger, 1893)

缅甸颈斑蛇背部为暗棕色到红棕色，具连续的黑色斑点及浅色横斑，不同个体间色斑差异较大。颈部多具一道深棕色"人"形斑，当颈部膨扁时尤为明显。白色的腹面具横向排列的黑色斑点，在缅甸颈斑蛇抬升身体前半部分拟态眼镜蛇时非常明显。

缅甸颈斑蛇虽然又称阿萨姆山蛇，但并不见于印度阿萨姆邦，其分布区包括中国南部及邻近的缅甸、泰国、越南，在老挝可能也有分布。缅甸颈斑蛇体形较小，御敌策略为拟态膨扁颈部时的眼镜蛇。虽然具后沟牙和轻微的毒素[2]，但缅甸颈斑蛇对人类并无威胁。该种栖息在山麓森林中，营陆栖或半穴居生活，以蚯蚓为食。颈斑蛇属为斜鳞蛇科仅有的两个属之一，与近缘的斜鳞蛇属相比，颈斑蛇的中段背鳞行数较少（15 行），肛鳞单枚，体形较小。缅甸颈斑蛇可能是颈斑蛇属体形最大的物种。

相近物种

除缅甸颈斑蛇外，颈斑蛇属 *Plagiopholis* 还包含分布区和生境选择相近的另外 3 个物种，分别为颈斑蛇 *P. blakewayi*、德氏颈斑蛇 *P. delacouri* 与福建颈斑蛇 *P. styani*。

实际大小

---

[1] [2] 斜鳞蛇科物种上颌末端的牙扩大（尤其是斜鳞蛇属物种），但与后沟牙不同，且该科物种是否有毒尚待证实。目前一般认为斜鳞蛇科物种是无毒蛇。——译者注

科名	斜鳞蛇科 Pseudoxenodontidae
风险因子	后沟牙，毒性轻微[1]
地理分布	东南亚地区：印度东北部、尼泊尔、中国、缅甸、泰国、越南、老挝、马来西亚西部
海拔	500～3300 m
生境	常绿森林、山地与山麓森林
食物	蛙类、蜥蜴
繁殖方式	卵生，每次产卵 6～10 枚
保护等级	IUCN 无危

成体长度
3 ft 3 in ～ 4 ft 7 in
(1.0～1.4 m)

大眼斜鳞蛇
Pseudoxenodon macrops
Large-Eyed Mock Cobra
(Blyth, 1855)

441

大眼斜鳞蛇又称大眼山蛇或竹蛇，分布于印度东北部到中国，栖息在海拔可达 3300 m 的常绿森林与山地森林，为斜鳞蛇科栖息海拔最高的物种。斜鳞蛇科体形较小的颈斑蛇属物种以蚯蚓为食，但体形较大、全长可达 1 m 以上的斜鳞蛇属物种能够捕食蛙类及蜥蜴。与颈斑蛇相比，斜鳞蛇具更多的背鳞行数（17～19 行），肛鳞二分。大眼斜鳞蛇具后沟牙，体形较大，其毒素对人类是否有危险尚属未知，人们应尽量避免被大个体咬伤[2]。

大眼斜鳞蛇为棕色、红色或黄色，具较暗的横斑与斑点，颈部具一道暗色"人"形斑。腹面为白色，具断开的横斑与斑点。该种身体上的斑纹使其拟态眼镜蛇的御敌策略效果更好。如种本名"*macrops*"（大眼）所描述的，大眼斜鳞蛇的双眼很大。

相近物种

大眼斜鳞蛇的指名亚种 *Pseudoxenodon macrops macrops* 见于其分布区内的绝大多数区域，分布于中国南部与北部的种群分别为福建亚种 *P. m. fukienensis* 与中华亚种 *P. m. sinensis*。斜鳞蛇属还有其他 6 个物种，分别为东南亚大陆的横纹斜鳞蛇 *P. bambusicola*、崇安斜鳞蛇 *P. karlschmidti*、苏门答腊岛斜鳞蛇 *P. jacobsonii*、爪哇岛的无斑斜鳞蛇 *P. inornatus*、加里曼丹岛砂拉越州的巴兰斜鳞蛇 *P. baramensis* 及中国南部的纹尾斜鳞蛇 *P. stejnegeri*。

实际大小

---

[1] [2] 斜鳞蛇科物种上颌末端的牙扩大（尤其是斜鳞蛇属物种），但与后沟牙不同，且该科物种是否有毒尚待证实。目前一般认为斜鳞蛇科物种是无毒蛇。——译者注

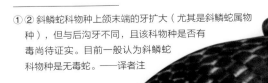

科名	眼镜蛇科 Elapidae：眼镜蛇亚科 Elapinae
风险因子	剧毒：突触前神经毒素，其余成分未知
地理分布	非洲南部：安哥拉南部、纳米比亚、南非南部与东部（纳马夸兰及开普地区）
海拔	0～1415 m
生境	半干旱灌木林地及沙漠边缘
食物	小型哺乳动物、蜥蜴与爬行动物卵
繁殖方式	卵生，每次产卵 3～11 枚
保护等级	IUCN 未列入

成体长度
23¾～31½ in
(600～800 mm)

442

盾鼻蛇
Aspidelaps lubricus
African Coralsnake
(Laurenti, 1768)

盾鼻蛇色斑可为通身具黑色与橙粉色斑纹，腹面呈黄色到白色，喉部有黑色斑纹，但其色斑受不同地域种群影响变异较大。受到威胁时，该种会像眼镜蛇属物种一样抬升身体并膨扁颈部，只是盾鼻蛇的颈部膨扁时较眼镜蛇属物种要小许多。

实际大小

　　盾鼻蛇又称珊瑚眼镜蛇，因体色艳丽而十分引人注目，尤其是分布于南非到纳米比亚南部的指名亚种，通身具鲜艳斑纹。当然，其分布区内的不同地域种群间存在着较大的色斑变异，如西部的种群斑纹较淡，体色主要为暗淡的黄色，分布于安哥拉的种群头部为黑色，通身则是棕灰色。盾鼻蛇体形较小，受到威胁时会像眼镜蛇属物种一样抬升身体前段并膨扁颈部，其毒性虽比眼镜蛇属物种弱，但仍可能在孩童身上造成严重后果，且有致死记录。该种分布于半干旱的灌木丛，常在凉爽的夜晚活动，捕食鼠类与蜥蜴。

相近物种

　　盾鼻蛇已知有 3 个亚种，分别为指名亚种 *Aspidelaps lubricus lubricus*，西部亚种 *A. l. infuscatus* 与安哥拉亚种 *A. l. cowlesi*。与其亲缘关系最近的物种为分布于非洲南部的小盾鼻蛇（第 443 页）。

科名	眼镜蛇科 Elapidae：眼镜蛇亚科 Elapinae
风险因子	剧毒：突触前神经毒素，其余成分未知
地理分布	非洲南部：纳米比亚、博茨瓦纳、津巴布韦、赞比亚、莫桑比克及南非东北部
海拔	0～1670 m
生境	草原、沙丘与石滩
食物	蛙类、蜥蜴、小型哺乳动物、爬行动物卵及蛇类
繁殖方式	卵生，每次产卵 4～11 枚
保护等级	IUCN 未列入

成体长度
23¾ ～ 29½ in
(600～750 mm)

小盾鼻蛇
Aspidelaps scutatus
Shieldnose Snake

Smith, 1849

443

　　小盾鼻蛇体形肥硕且较短，栖息于非洲南部的沙丘与草原生境。该种白天躲避在洞穴中或倒木下，入夜后活动，除捕食栖息于水潭旁的蛙类外，也捕食小型哺乳动物、蜥蜴，偶尔还捕食其他蛇类。小盾鼻蛇善于挖掘，能利用突出的吻鳞掘开松软的泥土、沙地，或在倒木下方捕食。遭遇威胁时，该种会拟态眼镜蛇属物种，抬升身体前段并发出嘶嘶的警告声。关于小盾鼻蛇的毒液研究甚少，已知的咬伤案例一般仅导致轻微症状，但由于来自该种的咬伤曾导致数名儿童死亡，我们仍须重视小盾鼻蛇的毒素。

相近物种

　　小盾鼻蛇与盾鼻蛇（第 442 页）为同属近缘种。小盾鼻蛇包含 3 个亚种：指名亚种 *Aspidelaps scutatus scutatus* 分布于小盾鼻蛇分布区内的大部分地区，莫桑比克亚种 *A. s. fulafula* 分布于莫桑比克南部，中介亚种 *A. s. intermedius* 则分布于指名亚种及莫桑比克亚种位于南非东北部的交界处。

小盾鼻蛇的体形较肥硕，为棕色、橙色或粉色，每枚鳞片边缘有黑斑，颈部与喉部具黑色斑。头短，呈圆形，为黑色或棕色，吻鳞特化，大而呈盾状，故得名"盾鼻蛇"。尾部的鳞片多起强棱。

实际大小

科名	眼镜蛇科 Elapidae：眼镜蛇亚科 Elapinae
风险因子	剧毒：突触前及突触后神经毒素
地理分布	南亚地区：巴基斯坦、印度、尼泊尔、孟加拉国及斯里兰卡
海拔	0～1700 m
生境	低海拔山地开阔生境及林地，尤其是水稻种植区与村庄
食物	蛇类，包括其他种类的环蛇
繁殖方式	卵生，每次产卵 8～12 枚
保护等级	IUCN 无危

成体长度
3 ft 3 in～5 ft 9 in
(1.0～1.75 m)

444

印度环蛇
Bungarus caeruleus
Common Krait
(Schneider, 1801)

印度环蛇的体色为通身黑色，环绕宽窄不一的白色碎环斑，或通体灰色到黑色。腹面为白色。相比于绝大多数拟态印度环蛇的无毒蛇，印度环蛇无颊鳞，背部有扩大的脊鳞。

环蛇属物种都身怀剧毒，已知的 14 种环蛇中，有一半种类每年都在整个亚洲大量致人死亡。在白天，生性隐秘、较少活动的印度环蛇常将头部埋藏在蜷曲的身体间，夜幕降临后，它则变为有致命危险的"化身博士"。印度环蛇栖息于多样的生境当中，尤其偏爱在稻田等人类活动区捕食其他蛇类。它常在夜间进入人类的房屋捕食，有时会咬伤熟睡的人类，许多不幸的受害者甚至会在睡梦中死去，因而被称为"南亚四大毒蛇"之一。印度环蛇不喜攀爬，因此使用蚊帐及避免睡在地上能够有效规避其咬伤。

相近物种

印度环蛇在形态上与安达曼环蛇 *Bungarus andamanensis*、锡兰环蛇 *B. ceylonicus*、黑环蛇 *B. niger* 与信德环蛇 *B. sindanus* 最为接近，而一些无毒蛇类则以相似的色斑拟态环蛇保护自己，如特拉凡科链蛇 *Lycodon travancoricus* 与佐氏链蛇 *L. zawi*。

实际大小

科名	眼镜蛇科 Elapidae：眼镜蛇亚科 Elapinae
风险因子	剧毒：突触前及突触后神经毒素
地理分布	南亚及东南亚地区：印度、尼泊尔、中国到马来西亚、苏门答腊岛、爪哇岛与加里曼丹岛
海拔	0～2500 m
生境	沿海低地与低海拔山地森林、沼泽地和种植区
食物	蛇类、蜥蜴、小型哺乳动物、蛙类及鱼类，包括鳗鱼
繁殖方式	卵生，每次产卵 3～12 枚
保护等级	IUCN 无危

成体长度
5～7 ft 5 in
(1.5～2.25 m)

金环蛇
Bungarus fasciatus
Banded Krait
(Schneider, 1801)

445

扩大的脊鳞是环蛇属许多物种都具有的形态特征，而这项特征在金环蛇身上最为突出，脊鳞扩大形成的嵴状使金环蛇身体横截面呈三角形。虽然体形很大且拥有危险的毒性，但金环蛇相较于近缘种印度环蛇（第444页）与马来环蛇 *Bungarus candidus* 少有伤人案例。与其他环蛇类似，金环蛇主要捕食蛇类和鳗鱼等体形较长的猎物，亦捕食蛙类、蜥蜴和其他鱼类，有时还会捕食小型哺乳动物。该种白天躲藏在哺乳动物的洞穴或白蚁巢中，入夜后外出捕食。虽然相较于其他环蛇性情温驯，但金环蛇毒性很强，仍有咬伤致死案例。

金环蛇通体覆黄色或乳白色与黑色组成的宽环纹，身体横截面呈三角形，背鳞显著扩大。头宽而扁，尾尖较钝，尾下鳞单行。

相近物种

金环蛇黄黑相间的色斑使其不易与其他环蛇种类混淆，与体色相似的黄环林蛇（第145页）相比，金环蛇身体横截面呈三角形，而黄环林蛇身体呈圆柱形，且黄环林蛇尾长，具缠绕性，尾下鳞成对。

实际大小

科名	眼镜蛇科 Elapidae：眼镜蛇亚科 Elapinae
风险因子	剧毒：突触前及突触后神经毒素
地理分布	东南亚地区：缅甸、泰国、柬埔寨、越南、马来西亚、印度尼西亚（苏门答腊岛、爪哇岛与加里曼丹岛）
海拔	550～1550 m
生境	低海拔地区与低海拔山地雨林
食物	蛇类及蜥蜴
繁殖方式	卵生，产卵量未知
保护等级	IUCN 无危

成体长度
3 ft 3 in～6 ft 7 in
(1.0～2.0 m)

446

红头环蛇
Bungarus flaviceps
Red-Headed Krait
Reinhardt, 1843

红头环蛇的身体横截面呈三角形，色斑艳丽。头部为红色或黄色，身体前段为蓝黑色，三条白色纵纹明显或不明显，身体后段与尾部呈鲜艳的珊瑚红色。基纳巴卢山亚种的尾部具黑白环纹。

　　红头环蛇的种本名"*flaviceps*"意为"黄头"，故其又被称为黄头环蛇。该种分布于东南亚大陆地区的种群头部多为红色，而分布于加里曼丹岛的种群头部则多为黄色，因此两个俗称皆有可取之处。虽然身怀剧毒，但相比于其余环蛇种类，红头环蛇的咬人记录少之又少，其在野外的习性也鲜为人知。红头环蛇栖息于低海拔地区与低海拔山地雨林生境，尤其偏好近水环境。它白天躲藏在落叶层下或倒木下，入夜后则可能捕食蛇类及石龙子等体形细长的蜥蜴。红头环蛇应与其他环蛇一样营卵生，但其在野外的产卵量尚不明确。

相近物种

　　虽与环蛇属的其他种类差异显著，红头环蛇却与同域分布的蓝长腺丽纹蛇（第448页）形态接近。红头环蛇包含2个亚种：指名亚种 *Bungarus flaviceps flaviceps* 的尾部无斑，呈红色，而基纳巴卢山亚种 *B. f. baluensis* 红色的尾部有连续的黑白环纹，分布于加里曼丹岛的马来西亚沙巴州。

实际大小

科名	眼镜蛇科 Elapidae：眼镜蛇亚科 Elapinae
风险因子	剧毒：突触前及突触后神经毒素
地理分布	东南亚地区：中国东南部及南部、缅甸、越南与老挝
海拔	0～1500 m
生境	低洼湿地，包括水稻种植区
食物	蛇类、蜥蜴、小型哺乳动物、蛙类及鳗鱼
繁殖方式	卵生，每次产卵 3～12 枚
保护等级	IUCN 无危

成体长度
3 ft 3 in～4 ft 5 in
(1.0～1.35 m)

银环蛇
Bungarus multicinctus
Many-Banded Krait
Blyth, 1861

447

银环蛇是极度危险的蛇类，2001 年美国两栖爬行动物学家乔·斯洛文斯基（Joseph Slowinski）将一条银环蛇幼体误认为是无毒的白环蛇（第 190～191 页），因被其咬伤而不幸逝世。[①]白环蛇是拟态这种致命毒蛇的蛇类之一。银环蛇广泛分布于中国南部、东南部到越南、老挝与缅甸。银环蛇主要以蛇类及其他脊椎动物为食。因常见于水稻种植区等农业区甚至建筑物附近，银环蛇的存在被视为其分布区内居民安全的严重隐患。

银环蛇体色为蓝黑色到棕色，身体到尾部有连续而规则的白斑，其色斑为许多无毒的白环蛇属 *Lycodon* 物种所拟态。

相近物种

与银环蛇形态接近的蛇类包括分布于缅甸[②]，曾被作为银环蛇亚种的云南环蛇 *Bungarus wanghaotingi*，该种可能是咬伤并致斯洛文斯基先生死亡的环蛇种类[③]。今年在越南红河地区发现的新物种斯氏环蛇 *B. slowinskii* 的种本名即致敬了两栖爬行动物学界陨落的巨星斯洛文斯基先生。

实际大小

① 导致斯洛文斯基先生被咬伤而逝世的环蛇属物种，已于 2021 年发表为新种——素贞环蛇 *Bungarus suzhenae*。——译者注
② 及中国云南。——译者注
③ 咬伤斯洛文斯基先生的为素贞环蛇，而非云南环蛇。——译者注

科名	眼镜蛇科 Elapidae；眼镜蛇亚科 Elapinae
风险因子	剧毒：毒液成分未知
地理分布	东南亚地区：泰国南部、马来西亚、苏门答腊岛、加里曼丹岛及爪哇岛
海拔	0～1375 m
生境	低海拔地区及低海拔山地雨林，亦见于种植地边缘
食物	小型蛇类
繁殖方式	卵生，每次产卵 1～3 枚
保护等级	IUCN 无危

成体长度
3 ft 3 in～6 ft
(1.0～1.85 m)

448

蓝长腺丽纹蛇
Calliophis bivirgata
Blue Long-Glanded Coralsnake
(Boie, 1827)

蓝长腺丽纹蛇体形细长，体背为蓝色或蓝黑色，具连续的白色或浅蓝色纵纹。头部、整个尾部与腹面为鲜艳的珊瑚红色。

　　蓝长腺丽纹蛇的毒腺极长，占头体长的三分之一，能向猎物与敌害注射大量成分不明的毒液，因此，人们应视其为极其危险的蛇类。该种分布于东南亚的低海拔地区与低海拔山地雨林，亦可能出现在种植地附近，为半穴居性，以其他小型蛇类为食。遭遇威胁时，蓝长腺丽纹蛇会将头部埋在蜷曲的身体下，并抬起红色的尾部作为诱饵吸引敌害注意，使脆弱的头部不致暴露在危险下。若用手捕捉该种，很容易导致咬伤。来自蓝长腺丽纹蛇的咬伤有致死记录，死者在被咬伤后的 2 小时内即告死亡。

相近物种

　　蓝长腺丽纹蛇依据纵纹的存在与否分为 3 个亚种：黄头亚种 *Calliophis bivirgata flaviceps* 分布于东南亚大陆与苏门答腊岛，四带亚种 *C. b. tetrataenia* 分布于加里曼丹岛，指名亚种 *C. b. bivirgata* 则分布于爪哇岛。虽常与色斑相似的红头环蛇（第 446 页）混淆，但与蓝长腺丽纹蛇亲缘关系最近的物种为同属的长腺丽纹蛇（第 449 页），这两个物种曾被置于长腺蛇属 *Maticora* 内。两种丽纹蛇亦与新近描述发表于菲律宾的迪纳加特丽纹蛇 *C. salitan* 亲缘关系很近。

实际大小

科名	眼镜蛇科 Elapidae：眼镜蛇亚科 Elapinae
风险因子	有毒：毒液成分未知
地理分布	东南亚地区：泰国南部、马来西亚、苏门答腊岛、加里曼丹岛与菲律宾
海拔	0～1525 m
生境	低海拔地区及低海拔山地雨林，亦见于公园与花园
食物	小型蛇类
繁殖方式	卵生，每次产卵 1～3 枚
保护等级	IUCN 未列入

成体长度
23¾～28 in
(600～710 mm)

长腺丽纹蛇
Calliophis intestinalis
Striped Long-Glanded Coralsnake
(Laurenti, 1768)

449

长腺丽纹蛇体形小，生性隐秘，常隐藏于落叶层或倒木下，在泥土中挖洞。虽然主要栖息于低海拔地区与低海拔山地雨林，但该种亦见于城市公园与花园中。长腺丽纹蛇以其广泛分布区内相同生境中的其他小型蛇类为食。长腺丽纹蛇不具攻击性，当暴露在敌害面前时会抬起尾部以展示红色的腹部，将敌害的注意力从脆弱的头部转移走，亦可能将身体翻转，暴露腹部棋盘状的斑纹。虽然口小，但长腺丽纹蛇有着相当于头体长三分之一的极长毒腺，值得人们注意，来自该种的咬伤曾导致严重的症状。

长腺丽纹蛇体形细长，头圆，与颈部区分不明显，尾短。背面为棕色，具或不具一条橙色或红色脊纹，腹面除红色的尾部外为黑白相间。

相近物种

本种已知有 6 个亚种，指名亚种 *Calliophis intestinalis intestinalis* 分布于苏门答腊岛及爪哇岛，线纹亚种 *C. i. lineata* 分布于东南亚大陆与苏门答腊岛，加里曼丹亚种 *C. i. thepassi* 见于加里曼丹岛，双线亚种 *C. i. bilineata* 分布于巴拉望岛，菲律宾亚种 *C. i. philippina* 分布于菲律宾，苏禄群岛亚种 *C. i, suluensis* 则见于苏禄群岛。

实际大小

科名	眼镜蛇科 Elapidae：眼镜蛇亚科 Elapinae
风险因子	剧毒：突触前神经毒素
地理分布	非洲东部及东南部：肯尼亚、坦桑尼亚、津巴布韦及莫桑比克
海拔	0～1700 m
生境	沿海林地、灌木丛及山地丛林
食物	鸟类、蜥蜴、蝙蝠及其他小型哺乳动物
繁殖方式	卵生，每次产卵最多 10 枚
保护等级	IUCN 未列入

成体长度
4 ft 3 in～6 ft 7 in
(1.3～2.0 m)

450

东部绿曼巴蛇
Dendroaspis intermedius[①]
Eastern Green Mamba
(Günther, 1865)

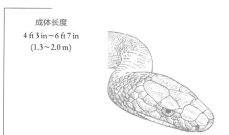

东部绿曼巴蛇体色为鲜艳的绿色，有些个体背鳞边缘为黄色，腹面为黄绿色，瞳孔或为橙色或绿色。

[①] 目前，该物种已被作为白唇曼巴蛇 *Dendroaspis angusticeps* 的同物异名。——译者注

东部绿曼巴蛇分布点零散，栖息于肯尼亚到莫桑比克的沿海灌木林与林地，直至近期才从白唇曼巴蛇 *Dendroaspis angusticeps* 中被分出，经厘定后白唇曼巴蛇仅分布于南非的夸祖鲁–纳塔尔省。昼行性的东部绿曼巴蛇生性敏感，依靠伪装躲避敌害，受到威胁时多会主动逃走，但当无路可逃时，东部绿曼巴蛇会奋起反击。其毒液含有毒性极强的突触前神经毒素（第 34 页），来自该种的咬伤有少数几起致死记录。被东部绿曼巴蛇咬伤后，被咬部位多会迅速肿胀，这在眼镜蛇科蛇类中并不多见。东部绿曼巴蛇以鸟类及其雏鸟为食，亦捕食蝙蝠到鼠类等小型哺乳动物，幼体还会捕食避役。在未受干扰的生境内，该种可能会比较常见，有时甚至有多达 5 条个体栖息于同一棵树上。

相近物种

除本种外，另有 3 种体色为绿色的曼巴蛇，即分布于南非夸祖鲁–纳塔尔省的白唇曼巴蛇 *Dendroaspis angusticeps*，分布于塞内加尔到贝宁的绿曼巴蛇 *D. viridis* 和分布于几内亚、苏丹、肯尼亚，南至安哥拉与赞比亚的简氏曼巴蛇 *D. jamesoni*。绿色的曼巴蛇常与无毒的灌栖蛇（第 211～212 页）相混淆，后者常因酷似剧毒的曼巴蛇而遭人打死。

实际大小

科名	眼镜蛇科 Elapidae：眼镜蛇亚科 Elapinae
风险因子	剧毒：强烈的突触前神经毒素
地理分布	非洲东部及南部：厄立特里亚与埃塞俄比亚到安哥拉、纳米比亚与南非、非洲西部的隔离种群记录于塞内加尔、冈比亚与布基纳法索
海拔	1830 m
生境	沿海林地、稀树草原林地与河滨森林
食物	小型哺乳动物，有时也捕食鸟类及其他蛇类
繁殖方式	卵生，每次产卵 6～17 枚
保护等级	IUCN 无危

成体长度
9 ft～11 ft 6 in
(2.7～3.5 m)

黑曼巴蛇
Dendroaspis polylepis
Black Mamba
Günther, 1864

451

　　虽为非洲最令人生畏的蛇类之一，生性敏感的黑曼巴蛇在大多数情况下都会躲在树间，避免与人类接触。然而，如果黑曼巴蛇感受到了威胁，就会奋力自卫，能够在很短的时间内数次咬向敌害。其毒液含有强烈的突触前神经毒素，被咬伤者如未及时注射抗蛇毒血清，会在短时间内呼吸衰竭甚至死亡。在野外，黑曼巴蛇的毒素主要用来对付鼠类、松鼠、蹄兔及象鼩。黑曼巴蛇栖息于撒哈拉以南非洲开阔的林地生境，但并不会进入雨林，其偏好的生境包括覆盖植被、猎物充沛的裸露岩层。黑曼巴蛇为昼行性蛇类，但在炎热的天气下会趋向晨昏活动。虽然主要营树栖生活，该种也会在地面度过很长时间。快速移动时的黑曼巴蛇多会抬升身体前段，呈直线状迅速前进，当然，速度超过骏马的传闻实际上是被夸大了。

黑曼巴蛇并非通身黑色，其体色更趋近于铜色或棕色。当黑曼巴蛇受威胁警告敌害而大张开嘴时，口腔内的黑色清晰可见，亦会伴随着扩张颈部，如警告无效则会迅速咬向敌害。本种体形细长，尾长，头呈棺状。

相近物种

　　曼巴蛇属 *Dendroaspis* 有其他 4 个物种，但在形态上均与黑曼巴蛇相差甚远。在野外，黑曼巴蛇常与黄喉猛蛇 *Thrasops flavigularis*、非洲树蛇（第 160 页）混淆。分布于非洲东北部的黑曼巴蛇有时被作为亚种 *D. polylepis antinorii* 看待。

实际大小

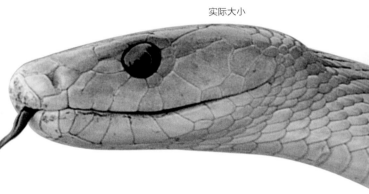

科名	眼镜蛇科 Elapidae：眼镜蛇亚科 Elapinae
风险因子	有毒：毒液成分未知
地理分布	非洲东部及东南部：坦桑尼亚、布隆迪、刚果（金）东部、博茨瓦纳及南非
海拔	0～1500 m
生境	湿润的稀树草原
食物	蛇类、蜥蜴、蛙类及小型哺乳动物
繁殖方式	卵生，每次产卵 4～8 枚
保护等级	IUCN 未列入

成体长度
19¾～27½ in
(500～700 mm)

452

布氏非洲带蛇
Elapsoidea boulengeri
Zambesi Gartersnake

Boettger, 1895

布氏非洲带蛇的体形粗壮，鳞片富有光泽，尾短。色斑变异大，从体背黑色、腹面白色到通身覆黑白环纹，其斑纹在幼体时尤其明显，宽的灰白色斑纹与黑色斑纹交替出现。

布氏非洲带蛇行动缓慢，栖息于湿润的草原生境，以包括同类在内的小型蛇类与石龙子等背鳞光滑的蜥蜴为食，亦捕食蛙类、壁虎和小型哺乳动物。该种在白天会躲藏在其他动物的洞穴中或倒木下，在入夜后，尤其是雨后的夜间外出活动。布氏非洲带蛇分布于坦桑尼亚南部到南非林波波省及夸祖鲁-纳塔尔省，并见于海拔较高的地区（1500 m）。该种受到威胁时，尤其是被抓起时，常见的防御姿势为连续膨胀与压缩身体，发出很大的嘶嘶声并突然间抖动头部。总体上讲，布氏非洲带蛇多数情况下并不主动咬人，仅在被骚扰时被动防卫。虽然毒液成分尚不明确，但有记录的咬伤仅导致了局部疼痛与肿胀，有趣的是还伴随着鼻塞症状。

相近物种

本种与分布更靠西的半环非洲带蛇 *Elapsoidea semiannulata* 亲缘关系很近，但亦会与分布于非洲南部的桑氏非洲带蛇 *E. sundevalli* 混淆。

实际大小

科名	眼镜蛇科 Elapidae：眼镜蛇亚科 Elapinae
风险因子	有毒：毒液成分未知
地理分布	非洲东部：坦桑尼亚东北部（乌桑巴拉山与乌卢古鲁山）
海拔	300～1900 m
生境	山地常绿森林
食物	蚓螈
繁殖方式	卵生，每次产卵 2～5 枚
保护等级	IUCN 濒危

成体长度
15¾～23¾ in
（400～600 mm）

黑非洲带蛇
Elapsoidea nigra
Usambara Gartersnake

Günther, 1888

453

由于在野外仅分布于坦桑尼亚东北部的乌桑巴拉山与乌卢古鲁山，黑非洲带蛇亦称乌桑巴拉非洲带蛇，它可能也分布于坦桑尼亚的乌德宗瓦山或肯尼亚的塔伊塔山。黑非洲带蛇习性隐秘，栖息于落叶层与倒木下，其刺状的尾尖能起到锚定作用，将身体向前推进。该种主要捕食蚓螈，尚无记录佐证其是否也捕食蚓蜥、无足石龙子或小型蛇类等其他筒状动物。黑非洲带蛇为夜行性，尤以雨后为甚，阴天时亦会在昼间活动。该种总体上性情温驯，但被人捉住后会咬人还击，其毒液成分目前尚未确定。

黑非洲带蛇的体形小，头与尾短，背鳞光滑而有光泽。成体或为通身灰色，或具连续的白色边缘的黑斑与浅灰色的间隙。幼体体色更为鲜艳，头部为浅橙色，身体前段浅灰色部分在幼体时为浅橙色。

相近物种

黑非洲带蛇易与其他有斑纹的非洲带蛇混淆，例如布氏非洲带蛇（第 452 页），平带非洲带蛇 *Elapsoidea laticincta* 与东部非洲带蛇 *E. loveridgei*，但上述物种中仅有东部非洲带蛇的分布区接近黑非洲带蛇。

实际大小

科名	眼镜蛇科 Elapidae：眼镜蛇亚科 Elapinae
风险因子	剧毒：细胞毒素，可能有神经毒素与出血性毒素
地理分布	非洲南部：南非与津巴布韦
海拔	0～2500 m
生境	低地与高地草原
食物	蟾蜍与小型哺乳动物
繁殖方式	胎生，每次产仔 20～30 条
保护等级	IUCN 无危

成体长度
2 ft 7 in～3 ft 9 in
(0.8～1.15 m)

454

唾蛇
Hemachatus haemachatus
Rinkhals
(Bonnaterre, 1790)

唾蛇通身为黑色，具浅黄色或灰色横斑，一些栖息于高海拔地区的个体通常为通身单一的灰色、棕色或黑色。该种喉部有几条黑色宽斑，在颈部膨扁时可见，这也是其南非语名"rinkhals"（意为"环颈蛇"）的来源。

唾蛇是眼镜蛇科中能够射毒的蛇类，与真正的眼镜蛇属物种（第 466～479 页）的不同之处在于背鳞起棱，且为胎生。该种栖息于南非的草原，甚至见于海拔 2500 m 的高度，另有一个隔离种群位于莫桑比克与津巴布韦的边境。唾蛇为夜行性陆栖蛇类，在阴天与潮湿的天气里亦会在昼间出没去捕食其主要的食物蟾蜍。受到威胁时，唾蛇会膨扁颈部并将毒液射向敌害的眼部，其毒液会导致疼痛与短暂的失明，唾蛇则趁机逃生。如其他防御手段无效，唾蛇最后的自保方式是如猪鼻蛇（第 264 页）与条纹水游蛇（第 415 页）一样装死。

相近物种

唾蛇易与其亲缘关系最近的类群眼镜蛇属（第 466～479 页）混淆，但唾蛇的背鳞起强棱。

实际大小

科名	眼镜蛇科 Elapidae：眼镜蛇亚科 Elapinae
风险因子	有毒：毒液成分未知
地理分布	东南亚地区：菲律宾
海拔	0 ～ 800 m
生境	低海拔与中低海拔山地雨林
食物	小型蛇类
繁殖方式	可能为卵生，产卵量未知
保护等级	IUCN 无危

成体长度
15¾ ~ 21¾ in
(400 ~ 550 mm)

半环蛇
Hemibungarus calligaster
Philippine Barred Coralsnake
(Wiegmann, 1834)

455

半环蛇分布于菲律宾中部与北部，栖息于中低海拔雨林中，在海拔较低的地区更常见。该种生活在落叶层与倒木下，捕食其他蛇类，是否捕食其他动物尚不为人知。半环蛇可能与眼镜蛇科其他蛇类一样为卵生，其产卵量未知。受到威胁时，半环蛇会展示其红色的尾部腹面，使敌害的注意从脆弱的头部转移到尾部。一例来自该种的咬伤导致了剧痛、肿胀、起泡、发热及呕吐，但被咬者最终在未接受治疗的情况下成功康复。

相近物种

半环蛇已知有 3 个亚种，指名亚种 *Hemibungarus calligaster calligaster* 分布于吕宋岛，麦氏亚种 *H. c. mcclungi* 分布于波利略群岛，双斑亚种 *H. c. gemianulis* 分布于内格罗斯岛、马斯巴特市、宿务市与班乃岛。半环蛇与非洲带蛇（第 452～453 页）的关系可能近于其与其他亚洲眼镜蛇科蛇类的关系。

半环蛇的体背为棕色，有黑色宽斑，边缘为白色。腹面为淡红色与黑色相间，同背斑排列相似，黑斑的中间有白色间隔。头顶为黑色，吻部颜色较淡，颈部有一条白色或红色斑。

实际大小

科名	眼镜蛇科 Elapidae：眼镜蛇亚科 Elapinae
风险因子	剧毒：突触后神经毒素，可能还包括肌肉毒素
地理分布	北美洲：美国西南部（亚利桑那州、新墨西哥州）、墨西哥西北部（索诺拉州、锡那罗亚州）
海拔	0～1800 m
生境	沙漠、荆棘灌丛、热带干旱森林，包括干涸河床在内的具沙质土壤的多岩地区
食物	小型蛇类
繁殖方式	卵生，每次产卵 2～6 枚
保护等级	IUCN 无危

成体长度
11¾～15¾ in,
偶见 22 in
(300～400 mm,
偶见 560 mm)

456

拟珊瑚蛇
Micruroides euryxanthus
Sonoran Coralsnake
(Kennicott, 1860)

拟珊瑚蛇体形较小，具斑纹，吻为黑色，头背具一道白斑。身体斑纹呈固定的红-白-黑-白-红规律排列。当地一首著名的顺口溜即描述"红接黄（或白），杀人强；红接黑，无所谓"。这首顺口溜并无法准确应用于所有剧毒珊瑚蛇与无毒蛇的区分，但适用于拟珊瑚蛇。

拟珊瑚蛇为美洲珊瑚蛇中体形最小的成员之一，也是分布于美国西南部与墨西哥西北部的唯一一种珊瑚蛇，其分布区内沙蛇属（第148页）、铲鼻蛇属（第149页）、王蛇属（第182～187页）及疣唇蛇属（第225页）的一些无毒蛇类通过在色斑拟态拟珊瑚蛇而保护自己。与其他珊瑚蛇不同的是，拟珊瑚蛇偏好干涸河床等毗邻裸露岩层的沙质生境。该种捕食多种小型蛇类。它性情温驯，不具攻击性，体形与口裂都很小。来自拟珊瑚蛇的咬伤案例记载有局部疼痛与轻微症状。遭遇侵扰时，该种会通过翻转尾部发出被称为"泄殖腔爆声"（cloacal popping）的奇怪声音，这种行为具体的机理尚不明晰，推测为通过排出肠道内的空气而发声。

相近物种

拟珊瑚蛇因鳞式不同于珊瑚蛇属 *Micrurus* 物种而被置于单独的拟珊瑚蛇属 *Micruroides*，种下细分为 3 个亚种，指名亚种 *M. euryxanthus euryxanthus* 分布于美国亚利桑那州到墨西哥索诺拉州与蒂布龙岛，*M. e. australis* 亚种见于索诺拉州南部，*M. e. neglectus* 亚种则见于锡那罗亚州。

实际大小

科名	眼镜蛇科 Elapidae；眼镜蛇亚科 Elapinae
风险因子	剧毒：突触后神经毒素，可能还包括肌肉毒素
地理分布	南美洲：巴西东部和南部、乌拉圭、巴拉圭、阿根廷北部
海拔	0～600 m
生境	热带及亚热带落叶林、常绿林
食物	蚓蜥、蚓螈、蜥蜴及其他蛇类
繁殖方式	卵生，每次产卵 4～10 枚
保护等级	IUCN 未列入

成体长度
23¾～33½ in,
偶见 38½ in
(600～850 mm,
偶见 980 mm)

美丽珊瑚蛇
Micrurus corallinus
Painted Coralsnake
(Merrem, 1820)

457

美丽珊瑚蛇分布于南美洲大西洋沿岸，包括巴西的北里奥格兰德州至乌拉圭和阿根廷北部，以及一些巴西小岛如圣塞巴斯蒂昂岛、阿尔卡特拉济斯岛、维多利亚岛。它生活在低地及低海拔山区的各种森林环境中。与其他珊瑚蛇一样，美丽珊瑚蛇也以体形细长的脊椎动物为食，尤其偏爱蚓蜥和蚓螈，但也会捕食生活在落叶堆中的蜥蜴和其他蛇类，甚至是同类。它非常善于寻找那些穴居的猎物，并将其从土中拽出来。据说美丽珊瑚蛇在与人类相遇时会表现得神经质，鉴于其体形较大，足以咬到人，所以是非常危险的蛇类。

美丽珊瑚蛇身体上的黑色环纹为单个一组，两侧镶有白边，黑色环纹之间为较宽的红色部分。头前端为黑色，颈部有白色斑纹，延伸至唇部。尾部为黑白相间的环纹，没有红色。

相近物种

有另外 3 种珊瑚蛇与美丽珊瑚蛇同域分布，分别是贝伦珊瑚蛇（第 460 页）、巴西珊瑚蛇 *Micrurus decoratus* 和阿根廷珊瑚蛇 *M. frontalis*，但它们都不易与美丽珊瑚蛇混淆，因为美丽珊瑚蛇身体上的红色部分之间只有单个黑色环纹，而前 3 种珊瑚蛇的黑色环纹为三个一组，相互被白色环纹隔开。

实际大小

科名	眼镜蛇科 Elapidae；眼镜蛇亚科 Elapinae
风险因子	剧毒：突触后神经毒素，可能还包括肌肉毒素
地理分布	北美洲：美国东南部（佛罗里达州至南、北卡罗来纳州，路易斯安那州，得克萨斯州东部）
海拔	0 ~ 400 m
生境	灌丛、沼泽高地橡树林、低洼树林、松树林
食物	小型蛇类、蜥蜴、蚓蜥
繁殖方式	卵生，每次产卵 1 ~ 13 枚
保护等级	IUCN 无危

成体长度
23¾ ~ 31½ in,
偶见 4 ft
（600 ~ 800 mm,
偶见 1.2 m）

458

金黄珊瑚蛇
Micrurus fulvius
Eastern Coralsnake
(Linnaeus, 1766)

金黄珊瑚蛇的体形较为细小，吻部黑色，头部后方为黄色宽横纹。身体上环纹的顺序依次为黑色、黄色、红色、黄色、黑色、黄色、红色，正如顺口溜中说的，"红接黄，杀人强"，表明它是危险的毒蛇。

金黄珊瑚蛇是美国唯一特有的珊瑚蛇，分布于整个佛罗里达半岛，北至南、北卡罗来纳州，往西最远至路易斯安那州，可能还包括得克萨斯州最东边。它生活在大沼泽中的干燥高地和美国东南部的干燥林地中，是一种行迹隐秘的夜行性蛇类，偶尔能在雨后见到。金黄珊瑚蛇以体形细长的脊椎动物为食，比如小型蛇类，甚至同类，以及分布于佛罗里达的蚓蜥和小型蜥蜴。尽管大部分金黄珊瑚蛇的个头不大，但它们足以用迅猛的速度咬伤人，有人因此丧命。在抗蛇毒血清研发出来之前，人被咬后死亡率高达 20%。据称，美国内战中邦联的第一个人员阵亡就是由金黄珊瑚蛇造成的。

相近物种

金黄珊瑚蛇的近缘种是柔美珊瑚蛇 *Micrurus tener*，后者曾是金黄珊瑚蛇的一个亚种。在金黄珊瑚蛇的分布区内，可能与之混淆的只有无毒的猩红王蛇 *Lampropeltis elapsoides* 和腥红蛇（第 147 页）。

实际大小

科名	眼镜蛇科 Elapidae；眼镜蛇亚科 Elapinae
风险因子	剧毒：突触后神经毒素，可能还包括肌肉毒素
地理分布	南美洲：亚马孙河流域，包括圭亚那地区、巴西、委内瑞拉、哥伦比亚、厄瓜多尔、秘鲁、玻利维亚
海拔	0 ~ 1200 m
生境	低地及低海拔山区的原始雨林及长廊森林
食物	有爪纲动物、蚓蜥、小型蛇类
繁殖方式	卵生，每次产卵 1 ~ 8 枚
保护等级	IUCN 未列入

成体长度
19¾ ~ 23¾ in，
偶见 35½ in
(500 ~ 600 mm，
偶见 900 mm)

459

亨氏珊瑚蛇
Micrurus hemprichii
Hemprich's Coralsnake
(Jan, 1858)

亨氏珊瑚蛇又称食蚯蚓珊瑚蛇，但这个名字并不准确，亨氏珊瑚蛇的主要食物并非虫子或蚯蚓，而是生活在朽木中的有爪动物（Onychophora）。这是一类具管状足的无脊椎动物，与节肢动物是近亲。虽然亨氏珊瑚蛇专以有爪动物为食，但它也会捕食体形细长的脊椎动物，比如蚓蜥和小型蛇类。亨氏珊瑚蛇广泛分布于亚马孙河流域，从法属圭亚那到玻利维亚都有其踪迹。它生活在低地及低海拔山区的热带雨林和河岸森林中，出没于湿润的落叶堆中或倒木下。一旦被发现，亨氏珊瑚蛇会急速扭动着潜入土中或落叶下。亨氏珊瑚蛇以德国博物学家威廉·弗里德里希·亨普里奇（Wilhelm Friedrich Hemprich，1796—1825）命名。

相近物种

亨氏珊瑚蛇包含 3 个亚种，分别是分布于亚马孙河中下游的指名亚种 *Micrurus hemprichii hemprichii*、亚马孙河上游的奥氏亚种 *M. h. ortonii*、朗多尼亚州的朗州亚种 *M. h. rondonianus*。亨氏珊瑚蛇与其他珊瑚蛇长得都不像，它的黑色环纹很宽，具橘黄色环纹，肛鳞完整。

亨氏珊瑚蛇的吻端及头顶为黑色，颈背有橘黄色横纹，向下延伸至唇部。身体上的黑色环纹极宽，每三个一组，之间以白色细环纹相隔。每组黑色环纹之间部分为橘黄色，因此并非所有的珊瑚蛇都是一定是黑、红、黄三色。

实际大小

科名	眼镜蛇科 Elapidae；眼镜蛇亚科 Elapinae
风险因子	剧毒：突触后神经毒素，可能还包括肌肉毒素
地理分布	南美洲：整个亚马孙河流域，包括特立尼达岛、圭亚那地区、巴西、委内瑞拉、哥伦比亚、厄瓜多尔、秘鲁、玻利维亚、巴拉圭、阿根廷
海拔	0 ~ 455 m
生境	低地及低海拔山区雨林、稀树草原、冲积平原、多岩石的栖息地、农耕区
食物	生活在沼泽中的鳝鱼和电鳗目鱼类、小型蛇类、蚓蜥、体形细长的蜥蜴、蚓螈
繁殖方式	卵生，每次产卵 3 ~ 8 枚
保护等级	IUCN 未列入

成体长度
19¾ ~ 35½ in,
偶见 4 ft 7 in
(500 ~ 900 mm,
偶见 1.4 m)

460

贝伦珊瑚蛇
Micrurus lemniscatus
South American Coralsnake
(Linnaeus, 1758)

贝伦珊瑚蛇头部为黑色，吻部有一个白色横斑。身体具三个一组的宽黑色环纹，相互为白色环纹隔开，每组黑色环纹之间又被较窄的红色部分隔开。贝伦珊瑚蛇身体上黑色与红色相接，会让人误以为是拟态珊瑚蛇的无毒蛇，但它其实有剧毒。所以之前提到的顺口溜（第 456 页）仅适用于美国的种类，到了南美洲就不适用了。

贝伦珊瑚蛇分布于亚马孙河河口的特立尼达岛、马拉若岛至源头的秘鲁、厄瓜多尔、玻利维亚，但不包括巴西境内的亚马孙河上游。贝伦珊瑚蛇还分布于巴西境内的大西洋沿岸和巴拉圭。它很可能是美洲大陆上分布最广的珊瑚蛇。贝伦珊瑚蛇的食性同样很广泛，从生活在沼泽中的鳝鱼和电鳗目鱼类到小型蛇类，落叶堆中的蜥蜴、蚓蜥和蚓螈，甚至连同类都不会放过。它的栖息地类型也很丰富，包括低地雨林、多岩石的环境、开阔的稀树草原及受人类干扰的农耕区。被贝伦珊瑚蛇咬伤的人不多，症状也相对轻微。不过作为一种珊瑚蛇，人们依然不能小觑它的威胁。

相近物种

贝伦珊瑚蛇分布很广但不连续，存在多个亚种：指名亚种 *Micrurus lemniscatus lemniscatus* 分布于巴西东部和圭亚那地区，北部亚种 *M. l. diutius* 分布于委内瑞拉、特立尼达岛和圭亚那地区，海氏亚种 *M. l. helleri* 分布于亚马孙河上游，还有玻利维亚亚种 *M. l. frontifasciatus*，以及分布于巴西大西洋沿岸森林、阿根廷和巴拉圭的卡氏亚种 *M. l. carvalhoi*。贝伦珊瑚蛇与其他不少珊瑚蛇外形类似，它们的黑色环纹都是三个一组。还有一些毒性轻微的模拟珊瑚蛇的蛇类，如橡树红光蛇（第 311 页），也有类似的斑纹。

实际大小

科名	眼镜蛇科 Elapidae：眼镜蛇亚科 Elapinae
风险因子	剧毒：突触后神经毒素，可能还包括肌肉毒素
地理分布	北美洲和中美洲：墨西哥南部、危地马拉、萨尔瓦多、洪都拉斯、尼加拉瓜、哥斯达黎加、巴拿马，至哥伦比亚西北部
海拔	0～1600 m
生境	低地和中低海拔山区雨林、低地干燥森林
食物	蛇类、蜥蜴、爬行动物卵、蚓蜥
繁殖方式	卵生，每次产卵 5～15 枚，偶有 23 枚
保护等级	IUCN 无危，CITES 附录 Ⅲ（洪都拉斯）

成体长度
23¾～29½ in,
偶见 3 ft 7 in
(600～750 mm,
偶见 1.1 m)

461

黑纹珊瑚蛇
Micrurus nigrocinctus
Central American Coralsnake
(Girard, 1854)

黑纹珊瑚蛇是中美洲分布最广的珊瑚蛇，有 6 个亚种，分布于墨西哥南部至哥伦比亚西北部，还包括加勒比地区隶属于尼加拉瓜的大马伊斯岛，及太平洋上隶属于巴拿马的科伊瓦岛。这种体形较大的珊瑚蛇生活在低地和山区的雨林或干燥森林中，食性广泛，包括蛇类、蜥蜴、蚓蜥，甚至其他爬行动物的卵。人被它咬伤后足以致命。尽管 IUCN 认为黑纹珊瑚蛇尚没有受到威胁，但洪都拉斯将其放在 CITES 附录 Ⅲ 中，以控制交易。

黑纹珊瑚蛇的黑色环纹为单个一组，两侧镶有白色或黄色细环纹，红色间隔部分很宽。头部为黑色，头顶正中有一条白色横斑。除上面这些特征外，这种蛇的斑纹变异很大，有的个体甚至没有黄色或白色环纹。

相近物种

黑纹珊瑚蛇有 3 个大陆亚种以及 2 个岛屿亚种，后两者分别是大马岛亚种 *Micrurus nigrocinctus babaspul* 和科岛亚种 *M. n. coibensis*。有几种拟态的无毒蛇长得像黑纹珊瑚蛇，包括异色伪珊瑚蛇（第 285 页）和多环奶蛇 *Lampropeltis polyzona*。还有几种珊瑚蛇也与黑纹珊瑚蛇同域分布，但与之亲缘关系最近的是分布于洪都拉斯靠加勒比海一侧的海湾群岛省的罗阿坦岛珊瑚蛇（第 463 页）。它曾被认为是黑纹珊瑚蛇的一个亚种，现在已濒临灭绝。

实际大小

科名	眼镜蛇科 Elapidae：眼镜蛇亚科 Elapinae
风险因子	剧毒：突触后神经毒素，可能还包括肌肉毒素
地理分布	南美洲：委内瑞拉东部、圭亚那、苏里南、法属圭亚那、巴西东北部
海拔	0 ～ 500 m
生境	地势低洼的热带雨林、低海拔山地湿润森林、长廊森林、森林与稀树草原交界地带
食物	小型裸眼蜥
繁殖方式	卵生，产卵量未知
保护等级	IUCN 未列入

成体长度
21¾～23¾ in,
偶见 35¾ in
(550～600 mm,
偶见 910 mm)

南美珊瑚蛇
Micrurus psyches
Carib Coralsnake
(Daudin, 1803)

462

南美珊瑚蛇的黑色环纹为单个一组，与略宽的红色环纹之间为一条宽度只有单枚鳞片的白环相隔。背面的红色部分有大量黑色素，几乎成了黑色，不过在腹面依然明显。并非所有珊瑚蛇都有鲜艳的红色环纹。

乍看之下，南美珊瑚蛇长得并不像典型的珊瑚蛇，因为它身上的红色环纹颜色非常深，不过它也展示了珊瑚蛇属约 80 个物种间斑纹多样性的一面。南美珊瑚蛇分布于委内瑞拉东部，包括整个圭亚那地区，至巴西的阿马帕州。它生活在低地和低海拔山地雨林、长廊森林中，以及稀树草原边缘。这种蛇唯一有记录的猎物是体细腿短、生活在落叶堆中的裸眼蜥科中的小型种类——巴克蜥属。人们对南美珊瑚蛇知之甚少，甚至连每次产卵量都不知道。有一些分布于南美洲北部的孤立珊瑚蛇种群，曾被认为是南美珊瑚蛇的不同亚种，然而现在它们都独立成为有效物种。

相近物种

南美洲还有一些珊瑚蛇的外观与南美珊瑚蛇类似，包括分布于哥伦比亚的麦氏珊瑚蛇 *Micrurus medemi* 以及分布于秘鲁的珍珠珊瑚蛇 *M. margaritiferus*。分布于哥伦比亚的哥伦比亚珊瑚蛇 *M. mipartitus* 与其也有几分相似，不过它虽然为黑白环纹相间，但头尾为明显的红色。

实际大小

科名	眼镜蛇科 Elapidae：眼镜蛇亚科 Elapinae
风险因子	剧毒：可能有突触后神经毒素和肌肉毒素
地理分布	中美洲：罗阿坦岛（属于洪都拉斯的海湾群岛）
海拔	0～20 m
生境	地势低洼的热带潮湿森林以及受生态干扰的地方
食物	健肢蜥和小型蛇类
繁殖方式	推测为卵生，无其他记录
保护等级	IUCN 濒危

成体长度
23¾～29½ in,
偶见 3 ft 7 in
（600～750 mm,
偶见 1.1 m）

罗阿坦岛珊瑚蛇
Micrurus ruatanus
Roatán Coralsnake
(Günther, 1895)

463

罗阿坦岛珊瑚蛇仅生活在洪都拉斯海湾群岛中的罗阿坦岛，离大陆约 64 km，是岛上的特有种。由于栖息地被破坏和被改造，该蛇已经被 IUCN 列为濒危物种。罗阿坦岛面积相对较小，只有 156 km²，最高点海拔 335 m。罗阿坦岛珊瑚蛇出没于海平面及海拔 20 m 之间的区域，这种地方常受到较大的生态干扰。罗阿坦岛珊瑚蛇营半穴居生活，昼夜均会出来活动，以昼行性的健肢蜥和小型蛇类为食。当地人相信毒蛇需要通过捕食蟾蜍来获取毒素，而罗阿坦岛没有蟾蜍，所以认为罗阿坦岛珊瑚蛇为无毒蛇。但传闻说有人曾因为被这种蛇咬伤而死。

罗阿坦岛珊瑚蛇通常为黑红相间，无白色或黄色环纹。头部为亮红色，吻端为黑色。

相近物种

与罗阿坦岛珊瑚蛇亲缘关系最近的是广泛分布于中美洲大陆的黑纹珊瑚蛇（第 461 页），罗阿坦岛珊瑚蛇曾被认为是黑纹珊瑚蛇的一个亚种。其他岛屿特有种还包括黑纹珊瑚蛇大马岛亚种 *Micrurus nigrocinctus babaspul* 和科岛亚种 *M. n. coibensis*。在罗阿坦岛，没有其他蛇类会与罗阿坦岛珊瑚蛇混淆。

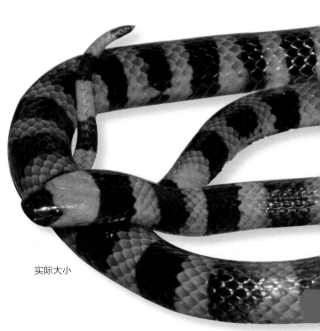

实际大小

科名	眼镜蛇科 Elapidae；眼镜蛇亚科 Elapinae
风险因子	剧毒：突触后神经毒素，可能还包括肌肉毒素
地理分布	南美洲：亚马孙河流域，包括巴西、委内瑞拉、哥伦比亚、厄瓜多尔、秘鲁、玻利维亚、巴拉圭
海拔	50 ～ 1200 m
生境	原始雨林、次生林、长廊森林、稀树草原
食物	蜥蜴、蛇类（包括蝮蛇）、蚓螈
繁殖方式	卵生，每次产卵 6 ～ 12 枚
保护等级	IUCN 未列入

成体长度
2 ft 7 in～3 ft 7 in,
偶见 4 ft 7 in
(0.8～1.1 m,
偶见 1.4 m)

464

珊瑚蛇
Micrurus spixii
Amazonian Coralsnake
Wagler, 1824

珊瑚蛇的头部为灰红相间，染有大量黑色。身体为珊瑚蛇属典型的三色型，但在其他种类中较窄的白色环纹在珊瑚蛇中却较宽，且每片鳞片的顶端为黑色。红色环纹的鳞片顶端也可能为黑色。

珊瑚蛇又称斯氏珊瑚蛇，以纪念德国博物学家约翰·巴特斯特·冯·斯比克斯（Johann Baptist von Spix，1781—1826）。该种广泛分布于亚马孙河流域，除了委内瑞拉境内的内格罗河的分水岭、巴西东北部和圭亚那地区以外。珊瑚蛇生活在原始雨林与次生林中，也出没于人工种植的花园或房屋附近。据称它经常待在切叶蚁的巢穴附近，具体原因却不明确。珊瑚蛇捕食各种蜥蜴和蛇类，甚至包括危险的矛头蝮（第560～569页）。在亚马孙河流域上游地区，珊瑚蛇也捕食蚓螈。尽管被认为不具攻击性，而且没有人类被它咬伤的报道，但珊瑚蛇体形较大，威胁依然不容小觑。

相近物种

珊瑚蛇包含 4 个亚种，分别分布于亚马孙河下游（*Micrurus spixii martiusi*），亚马孙河中游，南至巴拉圭（*M. s. spixii*），亚马孙河上游（*M. s. obscurus*），以及玻利维亚中部（*M. s. princeps*）。珊瑚蛇在外形上与带纹珊瑚蛇 *M. isozonus* 类似，但后者的分布区在北面的哥伦比亚与委内瑞拉境内的奥里诺科河分水岭。

实际大小

科名	眼镜蛇科 Elapidae：眼镜蛇亚科 Elapinae
风险因子	剧毒：突触后神经毒素，可能还包括肌肉毒素
地理分布	南美洲：委内瑞拉境内的奥里诺科河上游、亚马孙河流域，包括委内瑞拉、哥伦比亚、圭亚那地区、巴西、厄瓜多尔、秘鲁、玻利维亚
海拔	30 ~ 575 m
生境	低地和低海拔山区雨林，特别是在水源附近
食物	生活在沼泽中的鳝鱼、电鳗目鱼类、鲇鱼及其他硬骨鱼类
繁殖方式	卵生，每次产卵 5 ~ 13 枚
保护等级	IUCN 未列入

成体长度
2 ft 7 in ~ 3 ft 3 in,
偶见 4 ft
(0.8 ~ 1.0 m,
偶见 1.2 m)

465

苏里南珊瑚蛇
Micrurus surinamensis
Aquatic Coralsnake
(Cuvier, 1817)

苏里南珊瑚蛇广泛分布于亚马孙河流域，为体形最大的珊瑚蛇之一，同时也是属内最偏水栖的种类。它生活在低地和低海拔山区雨林里，生境中遍布小溪与河流。苏里南珊瑚蛇善于游泳，可以在水下待很长时间。位置相对靠近头顶的鼻孔和眼睛也表明了其水栖的生活习性。苏里南珊瑚蛇主要以鱼类为食，包括沼泽鳝鱼、电鳗目鱼类、鲇鱼和其他硬骨鱼类。苏里南珊瑚蛇很难与其他珊瑚蛇混淆，它也是唯一一种仅第四枚上唇鳞接触到眼睛的种类。一些毒性轻微的水栖蛇类，比如亚马孙水蛇属（第 317 页）、渔蛇属（第 314~315 页）及王水蛇属（第 316 页），会拟态苏里南珊瑚蛇以保护自己。

苏里南珊瑚蛇的特征为其红色的头部，且头部鳞片镶有黑边。身体上的黑色环纹为三个一组，相互之间被白色环纹隔开，每组黑色环纹之间为红色。红色部分的鳞片边缘亦为黑色。

相近物种

苏里南珊瑚蛇有 2 个亚种，即分布广泛于亚马孙河流域和圭亚那地区的指名亚种 *Micrurus surinamensis surinamensis* 和仅分布于奥里诺科河与内格罗河上游的纳氏亚种 *M. s. nattereri*。

实际大小

科名	眼镜蛇科 Elapidae：眼镜蛇亚科 Elapinae
风险因子	剧毒：突触后神经毒素
地理分布	非洲中部及东部：喀麦隆、加蓬到卢旺达、坦桑尼亚及赞比亚
海拔	0～1065 m
生境	湖泊及河流、林地边缘或多岩的河岸
食物	鱼类，可能也捕食两栖动物
繁殖方式	卵生，每次产卵 22～24 枚
保护等级	IUCN 无危

成体长度
4 ft 7 in～7 ft 3 in,
偶见 9 ft
(1.4～2.2 m,
偶见 2.7 m)

466

环纹水眼镜蛇
Naja annulata
Banded Water Cobra
Peters, 1876

环纹水眼镜蛇体色呈淡棕色、橙色或红棕色，身体覆连续的较粗的黑色环纹，向体侧扩大延伸，环绕身体颜色相对较淡的其他区域。当环纹水眼镜蛇抬升身体、膨扁颈部时，喉部环纹尤其明显。分布于坦噶尼喀湖的斯氏亚种环纹仅限于颈部及身体前段。

作为不折不扣的水栖蛇类，环纹水眼镜蛇在水中生活的时间远多于陆地。它游姿优雅，能够快速下潜至 25 m 水深处，并保持潜水状态长达 20 分钟。环纹水眼镜蛇仅以鱼类为食，但不排除捕食两栖动物的可能。该种昼夜都会活动，常休憩于多岩河岸巨石下的石洞中，伴着清晨的第一缕阳光外出捕食，夜间则潜下水，在石缝间捕食熟睡中的鱼。虽然总体上看，环纹水眼镜蛇并不处于濒危的境地，但仅分布于坦噶尼喀湖的斯氏亚种 *Naja annulata stormsi* 却常为当地渔民大量架设的刺网所困而溺水身亡，生存处境可能因此受威胁。来自该种的咬伤记录较罕见。

相近物种

在很长时间里，环纹水眼镜蛇曾被置于 *Boulengerina* 属[1]下。该种与仅分布于刚果河河口、人类所知甚少的刚果水眼镜蛇 *Naja christyi* 和黑白眼镜蛇（第 470 页）亲缘关系较近。

实际大小

————————
[1] 该属已废弃。——译者注

科名	眼镜蛇科 Elapidae：眼镜蛇亚科 Elapinae
风险因子	剧毒：突触后神经毒素、细胞毒素，可能有心脏毒素
地理分布	非洲南部：赞比亚南部、津巴布韦、博茨瓦纳东部、莫桑比克南部、南非西北部及斯威士兰
海拔	0～1375 m
生境	稀树草原、灌木丛、低矮树丛
食物	小型哺乳动物、蛇类、蟾蜍及鸟卵
繁殖方式	卵生，每次产卵 8～33 枚
保护等级	IUCN 未列入

成体长度
雄性
7 ft
(2.1 m)

雌性
6 ft 3 in
(1.9 m)

467

宽环眼镜蛇
Naja annulifera
Snouted Cobra

Peters, 1854

宽环眼镜蛇栖息于非洲东南部从赞比亚南部到南非夸祖鲁-纳塔尔省的干旱草原生境。该种白天在白蚁巢穴内休憩，入夜后活动，捕食蟾蜍、包括有毒的鼓腹咝蝰（第 610 页）在内的蛇类和小型哺乳动物，有时还会进入鸡舍偷蛋。遭遇敌害时，宽环眼镜蛇会膨扁颈部，发出较大的嘶声。如警告不奏效，不具射毒能力的宽环眼镜蛇多会逃跑、假死或咬向敌害。同其他眼镜蛇一样，来自该种的咬伤如不注射血清加以救治，将导致严重的后果，例如数小时内由于呼吸麻痹导致死亡。

相近物种

安哥拉眼镜蛇 *Naja anchietae* 曾被视为本种的亚种，而本种同安哥拉眼镜蛇亦曾共同被视作分布于非洲东北部的埃及眼镜蛇（第 469 页）的亚种。在形态上，头部及颈部形状的显著差异使得宽环眼镜蛇与埃及眼镜蛇相去甚远。

宽环眼镜蛇有三种表现型：通身棕色，体色淡棕覆有深棕斑点，全身被较宽的浅棕色、紫棕色斑纹。该种有一枚较大的吻鳞，显出较突出的吻端，但突出程度不如亲缘关系较近的安哥拉眼镜蛇。

实际大小

科名	眼镜蛇科 Elapidae：眼镜蛇亚科 Elapinae
风险因子	剧毒：突触后神经毒素
地理分布	阿拉伯半岛：阿曼东南部、也门及沙特阿拉伯东南部
海拔	1000～2400 m
生境	高海拔干涸河道及溪流，尤其在季风性地区
食物	蟾蜍、蛇类、蜥蜴、鱼类及小型哺乳动物
繁殖方式	卵生，每次产卵 8～20 枚
保护等级	IUCN 无危

468

成体长度
4～5 ft,
偶见 6 ft 3 in
(1.2～1.5 m,
偶见 1.9 m)

阿拉伯眼镜蛇
Naja arabica
Arabian Cobra
Scortecci, 1932

阿拉伯眼镜蛇或为黄色、棕色、红色或乌黑色，当其抬升身体、膨扁颈部时，颈背无任何斑纹。

阿拉伯眼镜蛇是阿拉伯半岛唯一一种真正的眼镜蛇，亦是眼镜蛇属非洲支系成员在西亚的代表种。该种主要栖息于远离低海拔沙漠的高海拔近水或季风性地区，虽为昼行性，但却会躲避太过强烈的日光。阿拉伯眼镜蛇虽对蟾蜍情有独钟，但亦会捕食其他蛇类、蜥蜴、鸟类、小型哺乳动物甚至鱼类。来自该种的咬伤虽记录较少，但常会导致神经肌肉麻痹或死亡等严重后果。与近缘种埃及眼镜蛇（第 469 页）相似，阿拉伯眼镜蛇亦不具备射毒能力。

相近物种

阿拉伯眼镜蛇曾被认为是分布于非洲东北部的埃及眼镜蛇（第 469 页）的亚种，它在形态上常与扁头蛇（第 216～218 页）相混淆。扁头蛇的体形、色斑与生活习性与阿拉伯眼镜蛇相似，但却无法达到眼镜蛇的长度。

实际大小

科名	眼镜蛇科 Elapidae：眼镜蛇亚科 Elapinae
风险因子	剧毒：突触后神经毒素、细胞毒素，可能有心脏毒素
地理分布	非洲北部及东部：从西撒哈拉地区到撒哈拉沙漠北部的埃及，从塞内加尔到索马里、肯尼亚及撒哈拉沙漠南部的坦桑尼亚
海拔	0～2000 m
生境	干旱稀树草原、林地及半沙漠
食物	小型哺乳动物、鸟类与鸟卵、蟾蜍及蛇类
繁殖方式	卵生，每次产卵 8～20 枚
保护等级	IUCN 未列入

成体长度
4 ft 3 in～6 ft,
偶见 8 ft 2 in
(1.3～1.8 m,
偶见 2.5 m)

埃及眼镜蛇
Naja haje
Egyptian Cobra
(Linnaeus, 1758)

469

埃及眼镜蛇可能曾被埃及艳后用于自杀，也曾作为法老的头饰，但它并非埃及的特有种。该种的分布格局围绕但并不进入撒哈拉沙漠，因此呈斑块化分布，从西撒哈拉地区、摩洛哥与安哥拉沿海岸分布至突尼斯与埃及，从塞内加尔到喀麦隆的萨赫勒地区，及南苏丹、乌干达、厄立特里亚、埃塞俄比亚、索马里、肯尼亚与坦桑尼亚。埃及眼镜蛇栖息于干旱草原、林地及半沙漠生境，但从不进入雨林。食物包括多样的脊椎动物，从其他蛇类与蟾蜍到哺乳动物、鸟类及鸟卵。该种为陆栖蛇类，白天和夜晚都活动。在遭遇威胁时，埃及眼镜蛇并不会射毒，多会抬升身体，膨扁颈部并发出嘶嘶警告，警告无效后则会咬向敌害。来自埃及眼镜蛇的咬伤会导致呼吸麻痹而造成死亡。

埃及眼镜蛇的体色多呈浅棕色，背部常有深棕色或黑色斑点，颈部膨扁时较窄，喉部有一条较宽的黑斑。摩洛哥的种群多为纯黑色。

相近物种

埃及眼镜蛇曾被视为分布于整个非洲的广布种，但它的大多数亚种目前已被提升为独立种，这其中包括阿拉伯眼镜蛇（第 468 页）、宽环眼镜蛇（第 467 页）、分布于非洲西南部的安哥拉眼镜蛇 *Naja anchietae* 及新近描述的塞内加尔眼镜蛇 *N. senegalensis*。塞内加尔眼镜蛇分布于非洲西部雨林与撒哈拉沙漠之间的萨赫勒地区，因此又称萨赫勒眼镜蛇。埃及眼镜蛇位于摩洛哥的种群曾被视为独立的亚种 *N. haje legionis*，但该亚种地位现已无效。

实际大小

科名	眼镜蛇科 Elapidae；眼镜蛇亚科 Elapinae
风险因子	剧毒：突触后神经毒素、细胞毒素，可能有心脏毒素
地理分布	非洲中部：加纳到刚果（金）东部，南至安哥拉
海拔	0～2700 m
生境	热带及亚热带雨林、长廊森林、沿海灌木丛、干旱林地及油棕种植园
食物	小型哺乳动物、鸟类、蛇类、两栖动物及鱼类
繁殖方式	卵生，每次产卵 15～26 枚
保护等级	IUCN 未列入

成体长度
雄性
7 ft 3 in
(2.2 m)

雌性
5 ft 2 in
(1.6 m)

470

黑白眼镜蛇
Naja melanoleuca
Central African Forest Cobra
Hallowell, 1857

黑白眼镜蛇是一种不具射毒能力的树栖眼镜蛇，栖息于雨林、干旱林地及油棕种植园等生境。该种攀爬能力强，但亦会在地面活动。色斑变异极大且为复合种的黑白眼镜蛇曾被认为分布于撒哈拉以南非洲的大部分地区，但最近确认该种的分布仅限于非洲中部，从加纳到刚果（金）东部，南至安哥拉。黑白眼镜蛇以鼠类、象駒、鸟类、蛇类、蟾蜍及鱼类为食。它生性机警，会主动避免与人类接触，因此来自黑白眼镜蛇的咬伤案例极少。虽如此，少量的咬伤仍产生过致死案例。

黑白眼镜蛇位于非洲中部及西部的种群通身亮黑色，腹部浅黄色，喉部有黑斑，黑白色的唇部便是学名的来源。分布偏南及偏东的种群头部及身体前段呈不具光泽的棕色，身体后段及尾部则为不具光泽的黑色。

相近物种

与黑白眼镜蛇亲缘关系最近的物种可能是非洲中部的环纹水眼镜蛇（第 466 页）。最近被描述的分布于几内亚湾的圣多美岛眼镜蛇 *Naja peroescobari* 也是一个近缘物种。

实际大小

科名	眼镜蛇科 Elapidae：眼镜蛇亚科 Elapinae
风险因子	剧毒：突触后神经毒素、细胞毒素，可能有心脏毒素
地理分布	非洲东南部：坦桑尼亚到南非，西至纳米比亚东北部
海拔	0～1800 m
生境	稀树草原、林地、沿海森林、半沙漠及高海拔地区（津巴布韦的种群）
食物	蟾蜍、蛇类、蜥蜴及小型哺乳动物
繁殖方式	卵生，每次产卵 10～22 枚
保护等级	IUCN 未列入

成体长度
2 ft 7 in～4 ft 3 in,
偶见 5 ft
(0.8～1.3 m,
偶见 1.5 m)

471

莫桑比克眼镜蛇
Naja mossambica
Mozambique Spitting Cobra
Peters, 1854

作为毒蛇咬伤案例的常见"肇事者"，莫桑比克眼镜蛇的毒液虽很少导致人类死亡，但其所含的较强细胞毒素却会导致人体组织的坏死及凋亡、四肢畸形和很长的恢复期。莫桑比克眼镜蛇偏好低海拔及沿海草原、林地及半沙漠，常藏身于白蚁丘之中，白天及夜晚均会活动，以蟾蜍和其他脊椎动物为食。该种演化出了远距离防卫的能力，即将毒液推射向远达 2 m 的敌害眼中，毒液能导致敌害剧烈的疼痛及暂时性失明，莫桑比克眼镜蛇则趁隙逃离。射毒行为能在短时间内连续进行。在祖鲁族的语言中，该种被称为"M'fezi"。

莫桑比克眼镜蛇的体形较小，背部绿棕色鳞片的缝隙中夹有黑色，远观略似网状，腹部呈白色、淡黄色或粉色，有明显黑斑，颈部膨扁时喉部有一条宽黑斑。

相近物种

在非洲，与莫桑比克眼镜蛇类似、拥有射毒能力的眼镜蛇还有分布于非洲西南部的黑带眼镜蛇（第 474 页），非洲西部及中部的黑颈眼镜蛇 *Naja nigricollis*，近期描述的、分布于非洲东北部的亚氏眼镜蛇 *N. ashei* 及西非眼镜蛇 *N. katiensis*。

实际大小

科名	眼镜蛇科 Elapidae：眼镜蛇亚科 Elapinae
风险因子	剧毒：毒液成分未知
地理分布	非洲中部：喀麦隆南部、赤道几内亚、加蓬、刚果（布）及刚果（金）
海拔	300～800 m
生境	热带森林及稀树草原林地
食物	未知，可能为蛇类及两栖动物
繁殖方式	未知，可能为卵生，产卵量未知
保护等级	IUCN 无危

成体长度
19¾～31½ in
(500～800 mm)

472

多斑眼镜蛇
Naja multifasciata
Burrowing Cobra
(Werner, 1902)

多斑眼镜蛇栖息于喀麦隆、加蓬到刚果（金）的热带森林及稀树草原林地，是人类了解最少的非洲蛇类之一，为陆栖或半穴居蛇类。该种的繁殖方式虽无科学记录，但可能与大多数眼镜蛇科物种一样为卵生。多斑眼镜蛇的食性还不为人所知，虽然推测它以两栖动物或小型蛇类为食，但至今未被证实。目前尚无关于该种毒性的数据报导，亦无咬人案例发生。多斑眼镜蛇难以在野外遇见，关于它的自然习性亟待研究。

多斑眼镜蛇的体形小，体色呈淡绿色，每枚鳞片边缘为黑色，远观似网状。头呈黄色，头背有一个帽状黑斑，向下延伸过眼至上唇，颈背亦有一条黑斑。

相近物种

多斑眼镜蛇过去曾被置于单型属——异眼镜蛇属 *Paranaja* 中，且有 3 个地位存疑的亚种。虽然现在被置于眼镜蛇属 *Naja*，但该种的形态与其他眼镜蛇显著不同，反而与非洲带蛇属（第 452～453 页）物种相似。

实际大小

科名	眼镜蛇科 Elapidae；眼镜蛇亚科 Elapinae
风险因子	剧毒：突触后神经毒素、细胞毒素，可能有心脏毒素
地理分布	南亚地区：印度（除东北部外）、巴基斯坦、尼泊尔、孟加拉国、不丹及斯里兰卡
海拔	0～2000 m
生境	林地、开阔的乡间，尤其是稻田
食物	小型哺乳动物、两栖动物、蛇类及鸟类
繁殖方式	卵生，每次产卵 12～30 枚
保护等级	IUCN 未列入，CITES 附录 II

成体长度
3 ft～3 ft 3 in,
偶见 7 ft 3 in
(0.9～1.0 m,
偶见 2.2 m)

印度眼镜蛇
Naja naja
Indian Cobra
(Linnaeus, 1758)

473

印度眼镜蛇膨扁颈部时展示的眼镜状颈斑，是"眼镜蛇"这一俗称的来源。在斯里兰卡的佛教徒心目中，眼镜状颈斑是佛陀的两根手指留下的印记，是眼镜蛇为佛陀遮蔽风雨后佛陀留下的。而在颈斑仅有单环的孟加拉眼镜蛇 *Naja kaouthia* 自然分布的泰国，这道斑则被视作佛陀的拇指留下的印记。尽管受到印度教及佛教徒的敬仰，印度眼镜蛇仍是其分布区内每年数以千计蛇类咬伤致死案例的主要"肇事者"，并被视作"南亚四大毒蛇"之一。当然，在威胁人类生命的同时，印度眼镜蛇也在通过捕食有效遏制稻田内鼠类的数量，减少了粮食的破坏与疾病的传播。它们的存在，也拯救着无数的生命。印度眼镜蛇的生境选择及食性都非常多样，它也是南亚数量最多的蛇类之一。

相近物种

与印度眼镜蛇亲缘关系最近的物种可能是亚洲其他不具射毒能力的眼镜蛇种类，即外里海眼镜蛇（第 476 页）、孟加拉眼镜蛇 *N. kaouthia*、安达曼眼镜蛇 *N. sagittifera* 及舟山眼镜蛇 *N. atra*。在过去，所有分布于亚洲的眼镜蛇属物种均被视为印度眼镜蛇的亚种。

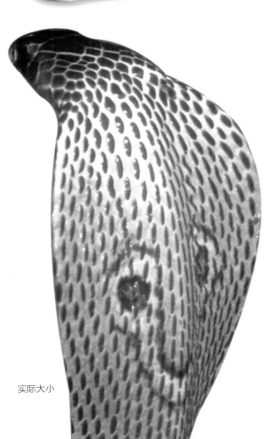

印度眼镜蛇不同地域种群间形态差异较大，印度的个体多为棕色，颈部有标志性的眼镜状斑，斯里兰卡的个体多通身覆斑纹，尼泊尔及巴基斯坦的个体多通身黑色，仅可见淡色的颈斑。

实际大小

科名	眼镜蛇科 Elapidae；眼镜蛇亚科 Elapinae
风险因子	剧毒：突触后神经毒素、细胞毒素，可能有心脏毒素
地理分布	非洲西南部：安哥拉、纳米比亚及南非西北部
海拔	0～1630 m
生境	干旱的多岩生境及半沙漠
食物	蟾蜍、蜥蜴及小型哺乳动物
繁殖方式	卵生，产卵量未知
保护等级	IUCN 未列入

成体长度
2 ft 7 in～4 ft 3 in,
偶见 6 ft
(0.8～1.3 m,
偶见 1.8 m)

474

黑带眼镜蛇
Naja nigricincta
Zebra Spitting Cobra
Bogert, 1940

黑带眼镜蛇通身覆黑白条纹，头部、颈部、颈背及喉部为全黑色，其分布区南部的伍氏亚种通身黑色。该种膨扁的颈部非常宽大。

黑带眼镜蛇又称西部条纹射毒眼镜蛇，体形较小，包含 2 个亚种，其分布区域南部的亚种体形（1.8 m）相较北部的亚种体形（1.5 m）略大。该种栖息于半沙漠地带，尤喜好裸露岩层生境。2 个亚种都在白天活动，捕食蟾蜍、蜥蜴及小型哺乳动物。虽然多数个体体形较小，但黑带眼镜蛇能储存大量足以导致人类死亡的毒液。多数情况下，来自该种的咬伤会导致组织坏死，且即使伤者及时注射了抗蛇毒血清，仍须经历较长的恢复期及植皮。遭遇威胁时，黑带眼镜蛇先会膨扁颈部，警告敌害，如警告被忽视，则会向敌害的眼睛射毒，并趁隙逃走。

相近物种

与黑带眼镜蛇亲缘关系最近的物种为分布于非洲西部、中部，曾被作为莫桑比克眼镜蛇（第 471 页）亚种的黑颈眼镜蛇 *Naja nigricollis*，及分布于非洲东北部的亚氏眼镜蛇 *N. ashei*。黑带眼镜蛇目前包含 2 个亚种，分布于纳米比亚及安哥拉南部的指名亚种 *N. nigricincta nigricincta* 与分布于纳米比亚南部、纳马夸兰地区和南非的伍氏亚种 *N. n. woodi*。

实际大小

科名	眼镜蛇科 Elapidae；眼镜蛇亚科 Elapinae
风险因子	剧毒：突触后神经毒素、细胞毒素，可能有心脏毒素
地理分布	非洲南部：南非东部、南部及中部，莱索托，纳米比亚南部及博茨瓦纳
海拔	0～2500 m
生境	干旱草原、沙漠、半沙漠、多岩山丘、河床及沿海凡波斯硬叶灌木群落
食物	小型哺乳动物、蛇类、蜥蜴、两栖动物及织布鸟
繁殖方式	卵生，每次产卵 8～20 枚
保护等级	IUCN 未列入

金黄眼镜蛇
Naja nivea
Cape Cobra
(Linnaeus, 1758)

成体长度
雄性
5 ft 7 in
(1.7 m)

雌性
4 ft 7 in
(1.4 m)

475

金黄眼镜蛇分布于南非的开普地区到纳马夸兰、博茨瓦纳及莱索托，跨越非洲西南部的大片干旱开阔区域。虽名为"金黄"，但并非所有个体都为金黄色。该种亦栖息于沿海凡波斯硬叶灌木群落生境。虽为陆栖物种，但金黄眼镜蛇也是爬树的好手，有过爬进树上织布鸟巢穴并取食鸟卵及雏鸟的记录。除织布鸟外，它也捕食小型哺乳动物、蛇类、蜥蜴、蛙类及蟾蜍。金黄眼镜蛇拥有非洲的眼镜蛇类之中最强的毒性之一，在开普地区的一些地方，它们是导致羊与其他家畜死亡的一个因素。虽然金黄眼镜蛇鲜有咬人记录，但被其咬伤后如不及时接受血清救治，很容易发生悲剧。

金黄眼镜蛇体色变异较大，可为亮黄色、橙色、棕色或偏红色，身体多具黑斑。一些个体身上的黑斑很多，几乎遮盖了体色较淡的部分。体色纯黑的个体亦不在少数，尤其是在海拔较高的地区。

相近物种

金黄眼镜蛇与非洲的其余眼镜蛇种类并无很近的亲缘关系，也难与其他物种混淆。在其分布区内栖息的黑带眼镜蛇（第 474 页）与唾蛇（第 454 页）都拥有射毒能力，金黄眼镜蛇则不具有射毒能力。

实际大小

科名	眼镜蛇科 Elapidae；眼镜蛇亚科 Elapinae
风险因子	剧毒：突触后神经毒素、细胞毒素，可能有心脏毒素
地理分布	西亚地区：土库曼斯坦、乌兹别克斯坦、塔吉克斯坦、吉尔吉斯斯坦、伊朗北部、阿富汗、巴基斯坦北部及印度东北部
海拔	245～2100 m
生境	干旱山丘、山区及多岩峡谷
食物	两栖动物、蜥蜴、蛇类、鸟类及小型哺乳动物
繁殖方式	卵生，产卵量未知
保护等级	IUCN 数据缺乏，CITES 附录 II

476

成体长度
3 ft 3 in～5 ft,
偶见 5 ft 7 in
(1～1.5 m,
偶见 1.7 m)

外里海眼镜蛇
Naja oxiana
Transcaspian Cobra
(Eichwald, 1831)

外里海眼镜蛇体色较单一，亦被称为黑眼镜蛇，虽与其近缘种印度眼镜蛇（第 473 页）的黑化个体相似，但后者位于巴基斯坦的个体的黑色比外里海眼镜蛇深很多。外里海眼镜蛇分布于里海东部的国家，从土库曼斯坦及伊朗北部，贯穿阿富汗及巴基斯坦北部到印度西北部（克什米尔地区）。虽然伤人记录寥寥，但该种的毒性应参照印度眼镜蛇对待，因此具有危险性。外里海眼镜蛇栖息于干旱崎岖的山坡、山地及峡谷，以多种脊椎动物为食。

外里海眼镜蛇的体色多为灰色或棕色，体背常有浅斑。与亚洲的其他近缘种不同，该种颈背膨扁时无斑，但颈部则有暗灰色宽斑显现。

相近物种

与外里海眼镜蛇亲缘关系最近的物种可能是南亚的印度眼镜蛇 *Naja naja*，两种眼镜蛇或在印度西北部及巴基斯坦同域分布。

实际大小

科名	眼镜蛇科 Elapidae：眼镜蛇亚科 Elapinae
风险因子	剧毒：突触后神经毒素及细胞毒素
地理分布	非洲东北部：索马里、吉布提、埃塞俄比亚、肯尼亚及坦桑尼亚北部
海拔	0～1500 m
生境	稀树草原、半沙漠及沙漠
食物	两栖动物、小型哺乳动物、鸟类及爬行动物
繁殖方式	卵生，每次产卵 6～15 枚
保护等级	IUCN 未列入

成体长度
3 ft～3 ft 3 in,
偶见 5 ft
(0.9～1.0 m,
偶见 1.5 m)

477

红射毒眼镜蛇
Naja pallida
Red Spitting Cobra
Boulenger, 1896

红射毒眼镜蛇是眼镜蛇家族中体形较小的成员之一，分布于非洲东北角，从索马里到吉布提，向南贯穿埃塞俄比亚东部、肯尼亚至坦桑尼亚北部。该种栖息于草原生境，亦见于沙漠及半沙漠。红射毒眼镜蛇多活动于夜间，以蟾蜍、蛙类、小型哺乳动物、鸟类及爬行动物为食。虽然是陆栖种，但该种也擅长爬树，一只个体曾被发现在棘刺树上捕食大灰攀蛙。在白天，红射毒眼镜蛇躲避在枯枝堆或倒木下，遭遇威胁时会与其他具备射毒能力的眼镜蛇一样通过射毒进行防卫。该种的毒性相比非洲的其他眼镜蛇种类较弱，且罕有伤人记录。

红射毒眼镜蛇通身呈橙红色或粉红色，亦有个体呈红棕色，喉部有一条宽黑带斑。

相近物种

与红射毒眼镜蛇亲缘关系最近的物种为零散分布于厄立特里亚、埃及、苏丹、南苏丹、乍得及尼日尔的努比亚眼镜蛇 *Naja nubiae*。相比红射毒眼镜蛇，努比亚眼镜蛇喉部有不止一条黑带。

实际大小

科名	眼镜蛇科 Elapidae：眼镜蛇亚科 Elapinae
风险因子	剧毒：突触后神经毒素、细胞毒素，可能有心脏毒素
地理分布	东南亚地区：菲律宾东南部（棉兰老岛、薄荷岛、莱特岛及萨马岛）
海拔	0～1000 m
生境	低地草原、种植区、低海拔山地雨林
食物	蛇类、蜥蜴、两栖动物及小型哺乳动物
繁殖方式	卵生，每次产卵最多 8 枚
保护等级	IUCN 无危，CITES 附录 II

成体长度
31½～36½ in,
偶见 4 ft 7 in
(800～930 mm,
偶见 1.4 m)

478

萨马眼镜蛇
Naja samarensis
Southeastern Philippine Cobra

Peters, 1861

萨马眼镜蛇又称米沙鄢眼镜蛇，常见于棉兰老岛、薄荷岛、莱特岛及萨马岛，栖息于中低海拔的雨林及开阔草原，包括稻田，因此会与人类接触。该种以蛇类、蜥蜴、蛙类、蟾蜍及小型哺乳动物为食，有时会被成群的鼠类吸引至人类聚居地。虽然生性敏感，但许多野外观察表明萨马眼镜蛇相比于近缘种菲律宾眼镜蛇较少射毒。萨马眼镜蛇为剧毒蛇类，其毒液曾被记录在数小时内杀死成年的猪。

相近物种

与萨马眼镜蛇亲缘关系最近的物种为分布于吕宋岛、民都洛岛、马斯巴特岛及卡坦端内斯岛的菲律宾眼镜蛇 *Naja philippinensis*。与分布更北、体色为棕色的近缘种菲律宾眼镜蛇相比，萨马眼镜蛇体色黄黑相间，中段背鳞 17～19 行，菲律宾眼镜蛇则为 21～23 行。

萨马眼镜蛇的体色乌黑，有虹彩光泽，鳞片间夹黄色，使通身呈网状斑纹。喉部及颈下为黄色，腹面则呈板岩灰或黑色。

实际大小

科名	眼镜蛇科 Elapidae：眼镜蛇亚科 Elapinae
风险因子	剧毒：突触后神经毒素、细胞毒素，可能有心脏毒素
地理分布	东南亚地区：爪哇岛、巴厘岛及小巽他群岛
海拔	0～700 m
生境	季风林、热带干旱森林、草原及水稻种植区
食物	小型哺乳动物、蛇类、蜥蜴、蛙类及蟾蜍
繁殖方式	卵生，每次产卵 6～25 枚
保护等级	IUCN 无危，CITES 附录 II

成体长度
3 ft～3 ft 3 in,
偶见 5 ft
(0.9～1.0 m,
偶见 1.55 m)

印尼射毒眼镜蛇
Naja sputatrix
Indonesian Spitting Cobra
Boie, 1827

479

印尼射毒眼镜蛇分布于爪哇岛、巴厘岛，贯穿小巽他群岛的班达岛弧，从龙目岛至阿洛岛。种本名"*sputatrix*"含义为"射毒者"。该种栖息于低海拔季风林、热带干旱森林、草原及水稻种植区，以鼠类、蛙类、蟾蜍、蛇类及蜥蜴为食。印尼射毒眼镜蛇能快速抬升身体，向敌害射出毒液，在敌害因疼痛与短暂失明而丧失进犯能力时迅速逃离。虽然该种咬伤的致死案例较少，但仍须视为对人危险性极大的蛇类。印尼射毒眼镜蛇虽被 IUCN 列为无危，但由于数以千计的亚洲眼镜蛇属物种常被捕捉以供皮张贸易，该种被列入 CITES 附录 II 以监控皮张贸易。

相近物种

东南亚具备射毒能力的眼镜蛇属物种除本种外还包括分布于苏门答腊岛、加里曼丹岛及马来西亚的苏门答腊岛眼镜蛇 *Naja sumatrana*，泰国、柬埔寨及越南的暹罗眼镜蛇 *N. siamensis*，及缅甸的缅甸眼镜蛇 *N. mandalayensis*。印尼射毒眼镜蛇是这些"东南亚射毒眼镜蛇"中分布最南者。

印尼射毒眼镜蛇的体色为淡棕色、红棕色或深棕色，颈部膨扁时无明显斑纹。

实际大小

科名	眼镜蛇科 Elapidae：眼镜蛇亚科 Elapinae
风险因子	剧毒：突触后神经毒素及心脏毒素
地理分布	亚洲：印度东北部及西南部到中国南部、东南亚及菲律宾、马来西亚与印度尼西亚，一直延伸至苏拉威西岛
海拔	0～2180 m
生境	原始雨林、种植园及红树林沼泽地
食物	蛇类、巨蜥及哺乳动物
繁殖方式	卵生，每次产卵 20～50 枚
保护等级	IUCN 易危，CITES 附录 II

成体长度
雄性
16 ft 5 in
(5.0 m)

雌性
10 ft
(3.0 m)

480

眼镜王蛇
Ophiophagus hannah
King Cobra
(Cantor, 1836)

眼镜王蛇抬升身体前三分之一、膨扁颈部时颇具气势。该种体色或为黑色、棕色，一些地区的种群具浅色斑纹，颈部膨扁时较窄，通常具有"人"形斑。膨扁时较窄的颈部及头背的一对枕鳞为眼镜王蛇区别于眼镜蛇属（第 466～479 页）物种的最显著特征。

眼镜王蛇为全世界有毒蛇类中体形最大者，较大的雄性成体能长达 5 m，主要栖息于原始雨林，亦见于种植园及红树林沼泽地。主要以蛇类为食的眼镜王蛇的属名 "Ophiphagus" 即意为 "食蛇者"，其在野外常捕食的蛇种包括渔游蛇（第 439 页）、滑鼠蛇（第 221 页）与网纹蟒（第 90 页）。除蛇类外，偶尔也捕食巨蜥与哺乳动物。雌性眼镜王蛇具备蛇类中仅有的筑巢孵卵习性，眼镜王蛇母亲会通过盘绕将树叶聚集在一起筑巢，并会在孵化期守候在巢旁保护，甚至还会为保护巢穴而与亚洲象对抗，咬伤大象并致其死亡。相比于眼镜蛇属（第 466～479 页）物种，眼镜王蛇的毒性并不强，其致命之处在于单次可达 10 ml 的巨大注毒量。

相近物种

眼镜王蛇被划入单型属——眼镜王蛇属 *Ophiophagus* 中，与眼镜蛇属的物种亲缘关系并不近。一项近期的研究指出眼镜王蛇可能与非洲的曼巴蛇亲缘关系较近。眼镜王蛇的分布广泛，形态变异较大，可能会在未来被划分为多个物种。

实际大小

科名	眼镜蛇科 Elapidae：眼镜蛇亚科 Elapinae
风险因子	剧毒：可能含神经毒素
地理分布	非洲西部：塞拉利昂、利比里亚、科特迪瓦、加纳和多哥，可能还包括尼日利亚
海拔	未知
生境	原始雨林、河岸森林和稀树草原林地
食物	两栖动物，可能也捕食小型树栖哺乳动物
繁殖方式	卵生，产卵量未知
保护等级	IUCN 未列入

成体长度
5 ft 2 in～7 ft 3 in
(1.6～2.2 m)

黑树眼镜蛇
Pseudohaje nigra
Black Tree Cobra
(Güther, 1858)

481

黑树眼镜蛇栖息于树冠层，鲜为人知，也很罕见，分布记录仅见于从塞拉利昂到多哥的地区，尼日利亚的记录存疑。它栖息在各种森林环境，但主要是原始雨林和河岸森林，也栖息于孤立的山林和稀树草原林地。黑树眼镜蛇主要以两栖动物为食，也可能捕食小型树栖哺乳动物。关于它的毒液人们几乎一无所知，但它被认为含有一种非常强大的神经毒素，类似于它的近缘种戈氏树眼镜蛇 *Pseudohaje goldii*。树眼镜蛇可能是非洲最毒的眼镜蛇，而且没有抗蛇毒血清。

相近物种

与黑树眼镜蛇亲缘关系最近的是戈氏树眼镜蛇 *Pseudohaje goldii*，它也分布于非洲西部，但这两个物种只在加纳同域分布。黑树眼镜蛇可能会与同为亮黑色的猛蛇 *Thrasops*、雄性布氏毒树蛇（第 247 页）、黑白眼镜蛇（第 470 页）相混淆。

黑树眼镜蛇的头很短，眼睛很大，背鳞光滑。背面为有光泽的黑色，腹面黄色，头侧的上唇鳞边缘为黑色。

实际大小

科名	眼镜蛇科 Elapidae：眼镜蛇亚科 Elapinae
风险因子	有毒：毒液成分未知，可能为神经毒素
地理分布	亚洲：印度、尼泊尔、孟加拉国、缅甸、泰国、越南、老挝、中国、琉球群岛
海拔	45～2500 m
生境	低地及低海拔山区雨林、常绿林
食物	蛇类及蜥蜴
繁殖方式	卵生，每次产卵 6～14 枚
保护等级	IUCN 无危

482

成体长度
27½～33 in
(700～840 mm)

中华珊瑚蛇
Sinomicrurus macclellandi
MacClelland's Coralsnake
(Reinhardt, 1844)

中华珊瑚蛇体形细长，呈红色或红棕色，体背斑纹为较窄的黑斑夹杂更窄的黄斑或白斑。头背有一条白色斑纹，吻端黑色，具一条黑色颈斑。

中华珊瑚蛇是华珊瑚蛇属内分布最广的物种，在亚洲的大部分地区，从印度到琉球群岛的低海拔地区及低海拔山区雨林都能觅得它的踪迹。该种栖息于落叶及土层中，为半穴居蛇类，在夜间活动，捕食小型蛇类及蜥蜴，尤其是小型石龙子。虽然中华珊瑚蛇总体上性情温驯，头部也比较小，但其毒性及潜在攻击性仍未经科学研究确认。已有数例来自中华珊瑚蛇的咬伤致死记录，包括瑞士两栖爬行动物学家汉斯·施纳伦贝格（Hans Schnurrenberger，1925—1964）曾被一条 300 mm 长的中华珊瑚蛇咬伤后没有引起重视，于 8 小时后死亡。

相近物种

中华珊瑚蛇共 4 个亚种，指名亚种的分布从中国大陆延伸至孟加拉国与老挝、越南；脊纹亚种 *S. m. univirgatus* 分布于印度及尼泊尔；台湾亚种 *S. m. swinhoei* 为中国台湾特有；琉球亚种 *S. m. iwasakii* 仅分布于琉球群岛南部。[①]中华珊瑚蛇在越南、老挝[②]与形态极为相近的福建华珊瑚蛇 *S. kelloggi* 同域分布；在中国台湾与羽岛氏华珊瑚蛇 *S. hatori* 及台湾华珊瑚蛇 *S. sauteri* 同域分布；在琉球群岛与日本华珊瑚蛇 *S. japonicus* 同域分布；在中国海南则与新近描述发表的海南华珊瑚蛇 *S. houi*[③]同域分布。

[①] 根据近期发表的研究，华珊瑚蛇属 Sinomicrurus 的种级分类变动较大，例如，原被作为中华珊瑚蛇的同物异名的环纹华珊瑚蛇 S. annularis 恢复为有效种；原中华珊瑚蛇台湾亚种和琉球亚种均被提升为独立种，即为斯氏珊瑚蛇 S. swinhoei 和琉球珊瑚蛇 S. iwasakii。——译者注

[②] 越南、老挝及中国南部原记录的中华珊瑚蛇应改订为环纹华珊瑚蛇。——译者注

[③] 海南华珊瑚蛇已被作为福建华珊瑚蛇的同物异名。——译者注

实际大小

科名	眼镜蛇科 Elapidae：眼镜蛇亚科 Elapinae
风险因子	剧毒：突触后神经毒素
地理分布	中东地区：埃及东北部、以色列、约旦及沙特阿拉伯西北部
海拔	500～1200 m
生境	沙漠及半沙漠、干旱丘陵、碎石滩、灌木丛与种植园区
食物	蜥蜴、小型哺乳动物及蟾蜍
繁殖方式	卵生，产卵量未知
保护等级	IUCN 无危

沙漠眼镜蛇
Walterinnesia aegyptia
Sinai Desert Blacksnake

Lataste, 1887

成体长度
3 ft～3 ft 3 in,
偶见 4 ft 7 in
(0.9～1.0 m,
偶见 1.4 m)

483

沙漠眼镜蛇分布于以色列到埃及西奈半岛与沙特阿拉伯西北部，栖息于沙漠或半沙漠、干谷、碎石滩及多岩丘陵，亦见于种植园区。虽然已被科学命名逾 130 年，但由于其夜行性与穴居的习性，对于沙漠眼镜蛇野生状态下生活史的研究仍十分匮乏。该种捕食包括刺尾蜥在内的蜥蜴、小型哺乳动物及蟾蜍。虽俗名中有"眼镜蛇"，但沙漠眼镜蛇却无法同眼镜蛇属的物种一样膨扁颈部。受到威胁时，该种在发出嘶嘶声警告无效后多将吻部朝向地面，以便侧向攻击来犯之敌。来自沙漠眼镜蛇的咬伤有致人死亡的记录。

沙漠眼镜蛇通身亮黑色到棕黑色，无斑。头部较长，吻鳞较大，利于挖掘。

相近物种

沙漠眼镜蛇属 *Walterinnesia* 分布往东，从伊拉克、伊朗到沙特阿拉伯中部的种群被作为独立种——莫氏沙漠眼镜蛇 *W. morgani*。在分布区内，沙漠眼镜蛇常与以色列穴蝰（第 357 页）混淆。

实际大小

科名	眼镜蛇科 Elapidae：海蛇亚科 Hydrophiinae
风险因子	剧毒：突触前及突触后神经毒素、肌肉毒素、抗凝血素
地理分布	印澳板块：新几内亚岛、澳大利亚（北部的托雷斯海峡群岛）、印度尼西亚东部（塞兰岛、马鲁古群岛）
海拔	0～2000 m
生境	低海拔及山地热带雨林、白茅草原、花园、季雨林、西谷椰沼泽、咖啡种植园
食物	蜥蜴、小型哺乳动物及蛙类
繁殖方式	胎生，每次产仔 8～15 条
保护等级	IUCN 无危

成体长度
11¾～19¾ in,
偶见 23¼ in
(300～500 mm,
偶见 590 mm)

484

平鳞棘蛇
Acanthophis laevis
Smooth-Scaled Death Adder
Macleay, 1877

澳洲界没有蝰科蛇类的自然分布，因此与蝰科蛇类相似的拥有短粗身体、守株待兔捕食习性、竖直瞳孔、夜行性、胎生且会用特化尾尖吸引猎物的棘蛇填补了蝰蛇空缺的生态位，这是趋同演化的典型案例。平鳞棘蛇是新几内亚岛和印度尼西亚东部分布最广的有毒蛇类，几乎栖息于其分布区内的任何生境，包括花园和高海拔咖啡种植园。该种昼伏夜出，会利用伪装伏击猎物，多以蜥蜴、小型哺乳动物为食，也可能捕食蛙类。在白天，平鳞棘蛇在杂物下或步道旁休憩，不慎踩中它的人会被咬伤。幸运的是，抗蛇毒血清可以有效治疗平鳞棘蛇毒液造成的伤害。平鳞棘蛇体形不大，传闻中超过 1 m 长的棘蛇几乎都是新几内亚地蚺（第 114 页）的误认。

平鳞棘蛇的体色变异大，可能为灰色、橄榄色、棕色或红色，体背有暗纹，尾尖呈黄色，似针，可用于诱惑猎物，唇鳞黑白相间。身体粗短、肥硕，与蝰蛇相似，头呈三角形，眶上鳞明显突出而呈角状，瞳孔竖直。

相近物种

平鳞棘蛇在形态上趋近于同样拥有光滑鳞片、分布于澳大利亚的普通棘蛇 *Acanthophis antarcticus*。而新几内亚岛分布的另一种棘蛇则是可与平鳞棘蛇轻易区分的糙鳞棘蛇 *A. rugosus*，分布于南部的弗莱河流域。

实际大小

科名	眼镜蛇科 Elapidae：海蛇亚科 Hydrophiinae
风险因子	剧毒：突触前及突触后神经毒素、抗凝血素
地理分布	澳大利亚：澳大利亚西部及中部
海拔	0～895 m
生境	沙漠、鬣刺沙原、金合欢树灌丛、沙脊、石板、裸露岩层
食物	蜥蜴及小型哺乳动物
繁殖方式	胎生，每次产仔 10～13 条
保护等级	IUCN 未列入，在南澳大利亚州被列为易危种

成体长度
15¾～23¾ in,
偶见 29½ in
(400～600 mm,
偶见 750 mm)

沙漠棘蛇
Acanthophis pyrrhus
Desert Death Adder
Boulenger, 1898

485

沙漠棘蛇栖息于澳大利亚西部和中部的干旱环境中，与偏好潮湿生境、分布于新几内亚岛和印度尼西亚东部的平鳞棘蛇（第 484 页）、澳大利亚东部的普通棘蛇 *Acanthophis antarcticus* 不同。对于沙漠棘蛇这样的适应沙漠环境的蛇类来说，起棱的背鳞在皮肤上形成小沟，有助于收集早晨的露水，为蛇提供来之不易的饮水。沙漠棘蛇栖息于从沙漠到裸露岩层、鬣刺沙原的多种环境，高度适应于沙漠生活，可以有效地隐藏在生境中，难觅其踪。沙漠棘蛇采取守株待兔的方式，夜间匍匐在沙漠里的公路和步道旁，伺机捕食蜥蜴及小型哺乳动物。遭遇威胁时，它会扩张身体，将身体盘绕，头部隐于下方，发出嘶嘶的警告声。如上述手段无法奏效，沙漠棘蛇能够以极快的速度咬向来犯者。

沙漠棘蛇的背鳞起强棱，体形粗短，尾细，头呈三角形。体背覆红色或橙色斑，这样的体色有效帮助沙漠棘蛇在沙漠生境中隐藏伪装，与环境融为一体。

相近物种

沙漠棘蛇的近缘种包括皮尔巴拉棘蛇 *Acanthophis wellsi* 及近期才被科学描述的金伯利棘蛇 *A. cryptamydros*。这 3 种棘蛇间可通过中段背鳞行数和前额鳞形态进行区分。

实际大小

科名	眼镜蛇科 Elapidae：海蛇亚科 Hydrophiinae
风险因子	剧毒：突触后神经毒素，可能具肌肉毒素与肾毒素、心脏毒素
地理分布	帝汶海：西澳大利亚州（阿什莫尔与希伯尼亚礁，或分布于西澳大利亚州海岸）
海拔	海平面至海平面以下 10 m
生境	浅珊瑚礁滩与珊瑚砂
食物	鱼类（鳗类）
繁殖方式	胎生，产仔量未知
保护等级	IUCN 极危

成体长度
19¾～23¾ in
(500～600 mm)

486

帝汶剑尾海蛇
Aipysurus apraefrontalis
Short-Nosed Seasnake

Smith, 1926

帝汶剑尾海蛇呈深棕色或紫棕色，有乳白色或橄榄棕色斑纹，一些个体的斑纹很模糊。头短小突出，眼小。同其他海蛇一样，该种的尾呈桨状。

帝汶剑尾海蛇被认为是西澳大利亚州北部帝汶海的阿什莫尔和希伯尼亚礁的特有种，也可能分布于西澳大利亚州海岸合适的浅珊瑚礁滩中。2000 年之后，栖息于西澳大利亚州珊瑚礁的海蛇种群数量呈现出断崖式下降，从平均一天记录到 9 个物种、至少 40 条个体，下降到平均一天仅记录 2 个物种、不足 7 条个体。显而易见的种群数量下降，增加了该海域特有海蛇种类灭绝的风险，因此 IUCN 已将包括帝汶剑尾海蛇在内的数个物种列为极危等级。帝汶剑尾海蛇的生物学资料至今几乎是一无所知，仅有的资料显示，该种为胎生，一条个体的胃容物包含鳗鱼。

相近物种

与帝汶剑尾海蛇亲缘关系最近的 2 种海蛇为也分布于阿什莫尔与希伯尼亚礁的阿希莫剑尾海蛇 *Aipysurus foliosquama*、苏拉威西剑尾海蛇 *A. fuscus*。与帝汶剑尾海蛇一样，上述两种海蛇也因为种群数量的断崖式下降而被 IUCN 分别列为极危与濒危等级。

实际大小

科名	眼镜蛇科 Elapidae：海蛇亚科 Hydrophiinae
风险因子	剧毒：突触后神经毒素，可能具肌肉毒素与肾毒素、心脏毒素
地理分布	帝汶海、阿拉弗拉海及珊瑚海：澳大利亚、新几内亚岛及新喀里多尼亚
海拔	海平面至海平面以下 80 m
生境	浅珊瑚礁滩，珊瑚峙及底藻层
食物	鱼类（海鳗、虾虎鱼、鲻鱼、鹦哥鱼及刺尾鱼）
繁殖方式	胎生，每次产仔 2 条
保护等级	IUCN 无危

成体长度
2 ft 7 in～3 ft 3 in,
偶见 5 ft
(0.8～1.0 m,
偶见 1.5 m)

杜氏剑尾海蛇
Aipysurus duboisii
Reef Shallows Seasnake
Bavay, 1869

　　杜氏剑尾海蛇的体形小、毒牙短且毒液储毒量小，但它却是世界上毒性最强的蛇类之一，其毒性甚至能比肩东部拟眼镜蛇（第 529 页）和细鳞太攀蛇（第 521 页）。杜氏剑尾海蛇分布于澳大利亚西部的帝汶海到澳大利亚东部珊瑚海的新喀里多尼亚，栖息于浅滩珊瑚平台和珊瑚礁上层，可以下潜至 50～80 m 的深度，亦见于底藻层，鳞片上生长的海藻能够起到伪装作用。杜氏剑尾海蛇是广食性捕食者，通过伪装来守株待兔或在珊瑚礁间主动搜寻捕食鱼类。

杜氏剑尾海蛇的体色变异大，既可能呈暗棕色、棕黑色带白斑，也可能为黄棕色带暗斑。鳞片上生长的海藻可能会导致色斑变淡。

相近物种

　　在西澳大利亚州的阿什莫尔与希伯尼亚礁，杜氏剑尾海蛇与同属的帝汶剑尾海蛇（第 486 页）、阿希莫剑尾海蛇与苏拉威西剑尾海蛇同域分布。

实际大小

科名	眼镜蛇科 Elapidae：海蛇亚科 Hydrophiinae
风险因子	剧毒：突触后神经毒素，可能具肌肉毒素与肾毒素、心脏毒素
地理分布	帝汶海、阿拉弗拉海及珊瑚海：印度尼西亚东部、东帝汶、澳大利亚北部与东部、新几内亚岛及新喀里多尼亚
海拔	海平面至海平面以下 50 m
生境	珊瑚礁与珊瑚峭
食物	鱼类（笛鲷、鲇鱼、刺尾鱼、天竺鲷、雀鲷、石斑鱼、拟金眼鲷、鹦哥鱼及鲉）和虾类
繁殖方式	胎生，每次产仔 2～5 条
保护等级	IUCN 无危

成体长度
2 ft 7 in～4 ft,
偶见 6 ft 7 in
(0.8～1.2 m,
偶见 2.0 m)

488

剑尾海蛇
Aipysurus laevis
Olive Seasnake

Lacépède, 1804

剑尾海蛇的体形大而粗壮，体色变异大，从深棕色到紫棕色皆有可能。或有橄榄棕色斑延向体侧不断变淡。腹面及体侧下方为乳白色或黄色。

剑尾海蛇属 *Aipysurus* 的 9 个物种也被称为筒状海蛇，而剑尾海蛇是属内体形最大的一员。剑尾海蛇广泛分布于帝汶海和珊瑚海之间，栖息于深至水下 50 m 的珊瑚浅滩与珊瑚礁（成堆的珊瑚）之间。该种食性广泛，以多种鱼类为食，其中还包括剧毒的毒鲉，也捕食虾类等节肢动物。剑尾海蛇具有"地域保守性"，会在很长时间里于单处珊瑚礁附近活动。它亦会对潜水爱好者产生好奇，甚至会近距离靠近观察潜水者。虽然剑尾海蛇性情温驯，不具攻击性，且绝大多数情况下不会咬人，但粗暴地触摸仍有被咬伤的风险。剑尾海蛇不仅毒性很强，而且是极少数能咬穿潜水服的海蛇种类之一，其咬伤的后果很严重。

相近物种

与剑尾海蛇亲缘关系最近的物种可能是先前被视作其亚种的鲨湾剑尾海蛇 *Aipysurus pooleorum*，分布于澳大利亚西南部。

实际大小

科名	眼镜蛇科 Elapidae：海蛇亚科 Hydrophiinae
风险因子	有毒：突触后神经毒素，可能具肌肉毒素，但常无毒液储备
地理分布	阿拉弗拉海及珊瑚海：澳大利亚北部及新几内亚岛南部
海拔	海平面至海平面以下 50 m
生境	深水、河口、红树林淤泥上的浑浊入海口
食物	底栖虾虎鱼的卵
繁殖方式	胎生，每次产仔少于 4 条
保护等级	IUCN 无危

成体长度
19¼～36 in
(490～915 mm)

马赛克剑尾海蛇
Aipysurus mosaicus
Mosaic Seasnake

Sanders, Rasmussen, Elmberg, Mumpuni, Guinea, Blias, Lee & Fry, 2012

489

　　与剑尾海蛇属 *Aipysurus* 其他物种偏好清澈水域、栖息于珊瑚礁和珊瑚砂周围不同，马赛克剑尾海蛇和其近缘种厄氏剑尾海蛇 *A. eydouxii* 栖息于离岸的浑浊水域与河口处，以及红树林泥滩上。马赛克剑尾海蛇在食性上亦与厄氏剑尾海蛇相似，均以底栖的虾虎鱼的卵为食。两种海蛇都不太需要用到毒液，因此在演化上都存在毒腺萎缩与毒牙变小的现象。马赛克剑尾海蛇夜间常在入海口的离岸水域休憩，白天则会游到更深的水域。

马赛克剑尾海蛇的背面呈橙红色或乳白色，有不规则排列的深棕色横斑，头呈棕色。背鳞呈六角形，边缘黑色，使其斑纹呈马赛克状。

相近物种

　　马赛克剑尾海蛇于近年被分类学家从分布广泛的近缘种厄氏剑尾海蛇偏南的种群中分出，厄氏剑尾海蛇是剑尾海蛇属下唯一分布于东南亚海域的种类。

实际大小

科名	眼镜蛇科 Elapidae：海蛇亚科 Hydrophiinae
风险因子	有毒：毒液成分未知
地理分布	新几内亚地区：新爱尔兰岛、新不列颠岛、新几内亚岛及其卫星岛、塞兰岛
海拔	0～1000 m
生境	低地及山地雨林、种植园和花园
食物	蜥蜴
繁殖方式	卵生，每次产卵 3～5 枚
保护等级	IUCN 无危

成体长度
23¾～28½ in
(600～725 mm)

490

拟盾蛇
Aspidomorphus muelleri
Müller's Crowned Snake
(Schlegel, 1837)

拟盾蛇的色斑变异大，大多数个体呈淡或深棕色，唇部白色，有白色颈斑，喉部为黑色。该种的英文名称中"crowned"得名于颈部虫形的冠状斑。一些个体不具任何斑纹。

拟盾蛇是新几内亚地区特有的拟盾蛇属 *Aspidomorphus* 中分布最广泛的物种，从俾斯麦群岛的新爱尔兰岛与新不列颠岛，跨越新几内亚岛至巴布亚新几内亚的米尔恩湾省，以及印尼属新几内亚的实珍群岛、拉贾安帕特群岛，最西至塞兰岛。这种小型的眼镜蛇科毒蛇较为常见，常被发现于雨林、种植园和花园的朽木下，以石龙子为食。拟盾蛇体形较小，性情易紧张，容易咬人。虽然该种的咬伤仅导致身体局部的疼痛或恶心，但同其他小型眼镜蛇科毒蛇一样，接触拟盾蛇时应时刻小心。拟盾蛇的种本名来源于曾在荷属东印度采集的德国博物学家萨洛蒙·穆勒（Salomon Müller，1804—1864）。

相近物种

与拟盾蛇亲缘关系较近的纹颈拟盾蛇 *Aspidomorphus lineaticollis* 分布于巴布亚新几内亚北部、塞皮克河以东到米尔恩湾省诸岛，施氏拟盾蛇 *A. schlegelii* 分布于新几内亚岛西北部及塞皮克河以西的巴布亚新几内亚。这两个物种的尾部均短于拟盾蛇。

实际大小

科名	眼镜蛇科 Elapidae：海蛇亚科 Hydrophiinae
风险因子	剧毒：突触后神经毒素、细胞毒素，可能具肌肉毒素与抗凝血素
地理分布	澳大利亚：维多利亚州、塔斯马尼亚岛、巴斯海峡岛屿
海拔	0～2125 m
生境	潮湿环境、沼泽、林地、沿海平原与丛草草原
食物	蜥蜴与蛙类
繁殖方式	胎生，每次产仔最多 15 条
保护等级	IUCN 未列入

成体长度
4 ft～5 ft 7 in,
偶见 6 ft
(1.2～1.7 m,
偶见 1.8 m)

澳铜蛇
Austrelaps superbus
Lowlands Copperhead
(Günther, 1858)

491

澳铜蛇虽与分布于美洲的铜头蝮（第 553 页）英文俗名相似，但却没有亲缘关系。该种分布于维多利亚州南部、塔斯马尼亚岛及巴斯海峡岛屿，巴斯海峡西端的金岛拥有体形最大的种群。塔斯马尼亚岛仅有包括澳铜蛇在内的 3 种蛇类分布，这 3 种蛇类的两个共同点是：都是眼镜蛇科的毒蛇且都为胎生。胎生的繁殖方式体现了这 3 种蛇类对寒冷气候的适应。澳铜蛇体形粗壮，栖息于沼泽地、林地中潮湿之处、沿海平原与丛草草原。在塔斯马尼亚岛，该种常与虎蛇（第 519 页）同域分布。澳铜蛇白天和夜晚都会活动，以蜥蜴及蛙类为食。来自该种的伤人案例很少，但由于毒性较强，大多伤情较为严重。

澳铜蛇体形粗壮，肌肉发达，有强壮的颈部肌肉与突出的吻端。体色为淡棕色或红棕色、巧克力色，腹面呈白色或浅棕色。

相近物种

澳铜蛇属 *Austrelaps* 的另外 2 个物种也分布于澳大利亚南部，拉氏澳铜蛇 *A. ramsayi* 亦分布于新南威尔士州，被 IUCN 列为易危种的侏澳铜蛇 *A. labialis* 仅分布于南澳大利亚州极南部及袋鼠岛。

实际大小

科名	眼镜蛇科 Elapidae：海蛇亚科 Hydrophiinae
风险因子	有毒：毒液成分未知
地理分布	澳大利亚：西澳大利亚州及南澳大利亚州
海拔	0～805 m
生境	干旱及潮湿栖息地、丛草草原、灌木丛、沿海平原及沙丘
食物	爬行动物的卵
繁殖方式	卵生，每次产卵 3 枚
保护等级	IUCN 未列入

成体长度
11¾～13¾ in,
偶见 15¾ in
(300～350 mm,
偶见 400 mm)

492

半环澳珊瑚蛇
Brachyurophis semifasciatus
Southern Shovel-Nosed Snake

Günther, 1863

半环澳珊瑚蛇通身背鳞光滑，吻突出，呈铲状，能有效适应穴居生活。头背有黑色帽状斑，身体呈橙红色，具规则排列的深棕色斑纹，向下延伸至体侧一半处。

半环澳珊瑚蛇为夜行性的半穴居蛇类，吻端呈楔状，体现了对掘土的适应性。该种得名于体背斑纹仅延伸至体侧一半的部位。半环澳珊瑚蛇栖息于沿海沙丘到内陆的干旱和潮湿草原、灌丛生境，白天藏身于倒木或树桩下。澳珊瑚蛇属 *Brachyurophis* 内的一些物种以石龙子为食，但半环澳珊瑚蛇仅取食爬行动物的卵。该种口腔后部有特化的刃状齿，能够撕裂较软的卵壳。虽然隶属于眼镜蛇科，但该种性情非常温驯。澳珊瑚蛇亦是眼镜蛇科蛇类在澳大利亚为占据不同生态位而发生辐射演化的实例之一。在世界上的其他地区，与半环澳珊瑚蛇相似的生态位多被游蛇科蛇类占据，例如亚洲的小头蛇属（第 198～200 页）。

相近物种

澳珊瑚蛇属 *Brachyurophis* 包含 8 个物种，分布几乎遍及澳大利亚除东南部的大部分地区。一些物种具有斑纹，如半纹澳珊瑚蛇和与其亲缘关系较近的坎氏澳珊瑚蛇 *B. campbellis*、罗氏澳珊瑚蛇 *B. roperi*。但同属的无斑澳珊瑚蛇 *B. incinctus* 和莫氏澳珊瑚蛇 *B. morrisi* 则除颈背斑外，全身无斑。

实际大小

科名	眼镜蛇科 Elapidae：海蛇亚科 Hydrophiinae
风险因子	有毒：毒液成分未知
地理分布	澳大利亚：昆士兰州东北部
海拔	0～855 m
生境	雨林与桉树林
食物	蜥蜴
繁殖方式	卵生，每次产卵最多 5 枚
保护等级	IUCN 未列入

成体长度
11¾～17¾ in
(300～450 mm)

丘氏森冠蛇
Cacophis churchilli
Northern Dwarf Crowned Snake
Wells & Wellington, 1985

493

丘氏森冠蛇是该属体形最小、分布最狭窄的物种之一，仅分布于从莫斯曼到汤斯维尔的昆士兰州东北部热带、亚热带地区，向内陆延伸至阿瑟顿高原与蓝水区域，亦见于林德曼岛和磁岛。该种体形小，在雨林和桉树林的地表层落叶堆捕食石龙子。夜行性的丘氏森冠蛇习性隐秘，遭遇威胁时会抬升身体，奋力反抗，但极少咬人，即便做出进攻动作，也多是闭着嘴的虚张声势。由于该种的毒液成分仍未经科学研究，人们应尽量避免被其咬伤。

丘氏森冠蛇的体形小，背鳞光滑，背面呈蓝灰色到棕色，腹面为浅灰色，颈部有一条窄斑，呈乳白色、浅灰色或黄色。

相近物种

森冠蛇属 *Cacophis* 的其他物种分布于澳大利亚东部沿海，从昆士兰州东南部到新南威尔士州，包括哈氏森冠蛇 *C. harriettae*、克氏森冠蛇 *C. krefftii* 和体形最大、能达到 750 mm 的细鳞森冠蛇 *C. squamulosus*。虽然与新几内亚岛的拟盾蛇（第 490 页）拥有共同的英文俗名（crowned snake），森冠蛇与拟盾蛇的亲缘关系却并不近。

实际大小

科名	眼镜蛇科 Elapidae：海蛇亚科 Hydrophiinae
风险因子	有毒：毒液成分未知
地理分布	澳大利亚：昆士兰州（托雷斯海峡的威尔士亲王岛）
海拔	海平面
生境	开阔桉树林、白千层树林地
食物	未知，可能为蜥蜴
繁殖方式	胎生，产仔量未知
保护等级	IUCN 未列入

成体长度
15¼ in
(400 mm)

494

粉红小眼蛇
Cryptophis incredibilis
Pink Snake
(Wells & Wellington, 1985)

粉红小眼蛇的体形小，通身为珊瑚粉色，不具其他斑纹，眼小，向外突出，呈黑色，在鲜亮的体色下尤显突出。

粉红小眼蛇分布区极度狭窄，仅分布于昆士兰州托雷斯海峡南部的威尔士亲王岛，是澳大利亚最鲜为人知的蛇类之一。如果未来能针对托雷斯海峡南部其余岛屿的合适生境进行普查，或许能发现其他种群。粉红小眼蛇被认为栖息于开阔的桉树林和白千层树林地的沙质环境，少数个体亦被发现于林地与海滩间的废弃物中。该种可能与同属其他物种一样为夜行性，胎生，捕食小型石龙子。粉红小眼蛇是小眼蛇属 *Cryptophis* 内体形最小的物种。

相近物种

小眼蛇属 *Cryptophis* 的伯氏小眼蛇 *C. boschmai* 和黑带小眼蛇（第 495 页）分布区均与粉红小眼蛇的分布重叠，但目前尚不知晓以上两种是否与粉红小眼蛇存在同域分布。

实际大小

科名	眼镜蛇科 Elapidae：海蛇亚科 Hydrophiinae
风险因子	有毒：肌肉毒素
地理分布	澳大利亚-巴布亚地区：澳大利亚（昆士兰州）和巴布亚新几内亚（西部省）
海拔	0～855 m
生境	硬叶森林、林地、稀树草原林地及花园
食物	蜥蜴
繁殖方式	胎生，每次产仔 4～9 条
保护等级	IUCN 未列入

成体长度
11¾～22 in，
偶见 24¼ in
(300～560 mm，
偶见 615 mm)

黑带小眼蛇
Cryptophis nigrostriatus
Black-Striped Snake
(Krefft, 1864)

495

黑带小眼蛇分布于澳大利亚的昆士兰州及巴布亚新几内亚弗莱河流域以南的西部省，相比于巴布亚新几内亚的种群，该种在昆士兰州的种群数量更大。在昆士兰州，黑带小眼蛇栖息于硬叶森林与其他林地，但巴布亚新几内亚的个体亦被观察到生活在稀树草原林地，与白蚁巢穴相依共存，甚至还栖息于被清理过植被的花园中。该物种生活隐秘，营夜行性半穴居生活，但也有一些个体在白天被发现。黑带小眼蛇几乎仅以栖息地内数量充足的石龙子为食。值得注意的是，虽然该种习性温驯，不具攻击性，极少咬人，但来自与之体形相似的同属近缘种黑小眼蛇 *Cryptophis nigrescens* 的咬伤曾有过一起导致肾衰竭而致死的记录。

黑带小眼蛇体形细长，背鳞光滑，眼小且突出。体色呈红色，头背具黑色帽状斑，脊部有向后延伸至尾部的黑纵纹。腹面呈乳白色。

相近物种

在一些分类系统中，小眼蛇属的属名"*Cryptophis*"被"*Rhinoplocephalus*"代替。小眼蛇属包含 5 个物种，大多数物种分布于澳大利亚东部，有 2 种分布于新几内亚岛南部。小眼蛇属的物种还有伯氏小眼蛇 *C. boschmai* 和分布于西澳大利亚州金伯利地区到北领地阿纳姆地的灰头小眼蛇 *C. pallidiceps*。

实际大小

科名	眼镜蛇科 Elapidae；海蛇亚科 Hydrophiinae
风险因子	有毒：毒液成分未知
地理分布	澳大利亚：澳大利亚南部，北达约克角半岛南部，也分布于西澳大利亚州的皮尔巴拉地区
海拔	0～1095 m
生境	沿海平原及林地、桉树林、丛草草原、干燥林地与干旱灌丛
食物	蜥蜴
繁殖方式	卵生，每次产卵 5～20 枚
保护等级	IUCN 未列入，维多利亚州的种群被列为 "近危"

成体长度
2 ft 7 in～3 ft 3 in
(0.8～1.0 m)

496

澳蛇
Demansia psammophis
Yellow-Faced Whipsnake
(Schlegel, 1837)

澳蛇的体色变异受地域分布影响，铜头亚种体色较亮丽，头呈棕色，颊呈黄色，眼大，下有黑点斑，体色从绿色到橄榄色，鳞片边缘呈黑色，尾呈红棕色。指名亚种体色多为橄榄色到灰色，背部常有两条向后延伸的棕色纵纹。

澳蛇分布广泛，从澳大利亚的西海岸到东海岸，跨越了大半澳大利亚内陆，北达西澳大利亚州的皮尔巴拉地区及昆士兰州的约克角半岛东南，但分布区域呈斑块化。该种的生境多样性高，从桉树林到沿海平原，从草原到林地、灌丛。澳蛇为昼行性，移动速度很快，常常被发现在正午快速穿越林间，捕食包括石龙子和鬣蜥在内的小型蜥蜴。该种位于澳大利亚东海岸的种群有集群产卵的习性，一处产卵点可能有数百枚蛇卵。虽然总体种群数量较大的澳蛇并未被列入 IUCN 名录，但维多利亚州的种群却因为分布狭窄、数量少而被当地政府列为近危等级。

相近物种

澳蛇分布于澳大利亚东部和西部的种群被视为 2 个不同的亚种，即东部的指名亚种 *Demansia psammophis psammophis* 和西部的铜头亚种 *D. p. cupreiceps*[1]。分布于西澳大利亚州西南部的网纹澳蛇 *D. reticulata* 曾被视为澳蛇的亚种。

实际大小

---

① 原澳蛇铜头亚种 *D. p. cupreiceps* 已被厘定为网纹澳蛇的亚种 *D. reticulata cupreiceps*。——译者注

科名	眼镜蛇科 Elapidae：海蛇亚科 Hydrophiinae
风险因子	有毒：毒液含有微量凝血剂，其他成分未知
地理分布	澳大利亚-巴布亚地区：澳大利亚（西澳大利亚州、北领地[1]）、新几内亚岛南部
海拔	0～510 m
生境	热带稀树草原及草原林地
食物	蜥蜴及蛙类
繁殖方式	卵生，每次产卵 4～13 枚，偶有 20 枚
保护等级	IUCN 未列入

成体长度
2 ft 7 in～3 ft 3 in,
偶见 4 ft
(0.8～1.0 m,
偶见 1.2 m)

黑澳蛇

Demansia vestigiata
Lesser Black Whipsnake
(De Vis, 1884)

497

黑澳蛇是一种天性机警的昼行性蛇类，以包括石龙子和鬃蜥在内的蜥蜴为食，亦会捕食蛙类。该种分布于新几内亚岛南部的热带稀树草原及草原林地和澳大利亚北部，从金伯利到阿纳姆地[2]。黑澳蛇是少数能在白天最热的时候活动的蛇类，它会抬升起身体前段，用大眼探索可能存在的猎物和敌害。该种移动速度奇快，能在眨眼的工夫里穿越马路。黑澳蛇在多数情况下会采取快速逃逸的方式躲避人类，而非咬人，但如果被捉住，它绝不会吝啬自己的毒液。虽然毒液成分可能为微量凝血剂，而非神经毒素，但来自该种的咬伤会导致身体局部的剧烈疼痛，且至少有 1 例致死记录。

黑澳蛇体形细长，体色呈黑色或橄榄棕色，鳞片周围为黑色，使身体呈网纹状，尾细长，红棕色，呈鞭状。腹面前半段呈白色，后半段则为灰色。头狭长，眼大。

相近物种

黑澳蛇是澳蛇属 *Demansia* 的 14 个物种中唯一分布于新几内亚岛的，其近缘种巴布亚澳蛇 *D. papuensis* 虽以"巴布亚"命名，却仅分布于澳大利亚。

实际大小

---

① 以及昆士兰州。——译者注
② 亦分布于澳大利亚东海岸的昆士兰州，分布向南延伸至州府布里斯班西部的伊普斯威奇市。——译者注

科名	眼镜蛇科 Elapidae；海蛇亚科 Hydrophiinae
风险因子	有毒：毒液成分未知
地理分布	澳大利亚：南澳大利亚州东南部、新南威尔士州、维多利亚州南部及塔斯马尼亚岛
海拔	0～2125 m
生境	丛草草丛及生苔的湿地
食物	石龙子、石龙子卵、蛙类及小型哺乳动物
繁殖方式	胎生，每次产仔 2～10 条
保护等级	IUCN 未列入

成体长度
15¾～17¾ in
(400～450 mm)

498

德氏蛇
Drysdalia coronoides
White-Lipped Snake
(Günther, 1858)

德氏蛇的体形小，体背呈棕色到黑色，腹部呈乳白色到黄色或粉色。头两侧具黑色带纹，黑色带纹下有明显的白色带纹，为该种英文俗名"白唇蛇"的来源。

　　适应寒冷环境的德氏蛇是塔斯马尼亚岛仅有的 3 种蛇类之一，也分布于澳大利亚大陆东南角。胎生的习性保证了该种的受精卵能在高纬度地区存活，体现了德氏蛇对寒冷环境的高度适应。昼行性亦对德氏蛇的生存有重要作用，因为澳大利亚南部的夜晚极度寒冷，无法维持爬行动物活动所需的温度。德氏蛇体形很小，能够通过日光浴快速提升体温，遇到敌害时也能迅速逃生。该种主要以昼行性的石龙子为食，亦捕食石龙子的卵、蛙类，少数情况下也会吃小型哺乳动物。德氏蛇栖息于丛草草原和生有苔藓的湿地，喜爱躲避在倒木下或丛草里。毒液成分未知，会导致疼痛。

相近物种

　　德氏蛇属 *Drysdalia* 内还有另外 2 个物种，即分布于澳大利亚南部海岸的马斯特德氏蛇 *D. mastersii* 和分布于新南威尔士州东南的红腹德氏蛇 *D. rhodogaster*。

实际大小

科名	眼镜蛇科 Elapidae；海蛇亚科 Hydrophiinae
风险因子	有毒：可能有神经毒素，其他毒液成分未知
地理分布	澳大利亚：西澳大利亚州南部、南澳大利亚州、新南威尔士州及维多利亚州
海拔	0～640 m
生境	平原、油桉林地、鬣刺草原
食物	蜥蜴、蛙类、鸟类、小型哺乳动物及昆虫
繁殖方式	胎生，每次产仔 3～14 条
保护等级	IUCN 近危，在维多利亚州被列为"易危"，在新南威尔士州则列为"濒危"

成体长度
15¾～23¾ in，
偶见 28 in
(400～600 mm，
偶见 710 mm)

499

短锯鳞蛇
Echiopsis curta
Bardick
(Schlegel, 1837)

短锯鳞蛇的英文俗名"Bardick"（巴迪克）来源于澳大利亚原住民的传统语言。该种为胎生，以适应寒冷的生存环境。在澳大利亚南部的西澳大利亚州到新南威尔士州有 3 个隔离种群。短锯鳞蛇栖息于平原、油桉林地和鬣刺草原，以及半干旱的桉树林与季节性降雨草原混生的生境。短锯鳞蛇主要为夜行性，偶为昼行性，平时多躲避在倒木下，以多种脊椎动物和无脊椎动物为食。该种很少主动出击捕食猎物，多会隐蔽埋伏，守株待兔。在很多生物学习性上，短锯鳞蛇与棘蛇（第484～485 页）非常相近。人类对短锯鳞蛇的毒液成分的认知仍十分有限，该种可能含神经毒素，并有可能对人类构成威胁。短锯鳞蛇生存所面临的主要压力来自森林火灾及草原栖息地被破坏。

短锯鳞蛇的体形短小粗壮，是种本名"*curta*"的来源。体色呈均一红棕色或灰棕色，体侧偶见白色斑点，瞳孔呈竖直椭圆形。

相近物种

与短锯鳞蛇亲缘关系最近的物种可能是分布于西澳大利亚州中南部的黑头拟盔头蛇（第 525 页），非常稀有。

实际大小

科名	眼镜蛇科 Elapidae：海蛇亚科 Hydrophiinae
风险因子	有毒：突触后神经毒素，可能还包括肌肉毒素，但常无毒液储备
地理分布	帝汶海及珊瑚海、阿什莫尔与希伯尼亚礁（西澳大利亚州）、昆士兰州东部及新喀里多尼亚
海拔	海平面至海平面以下 25 m
生境	浅而清澈的珊瑚礁
食物	珊瑚栖和底栖鱼类的卵
繁殖方式	胎生，每次产仔 2～5 条
保护等级	IUCN 无危

成体长度
28～35¾ in
(715～910 mm)

500

龟头海蛇
Emydocephalus annulatus
Southern Turtle-Headed Seasnake

Krefft, 1869

龟头海蛇存在两性异色和异形现象，雌性呈黄色，或有不规则黑色或棕色环纹，雄性则通身呈黑色。雄性的吻端有一个刺，用于在交配时摩挲雌性的背部（第 27 页），与蟒蚺雄性后肢残迹的功能相似。第二枚上唇鳞显著扩大，以刮下珊瑚上的鱼卵。

实际大小

龟头海蛇得名于扩大的第二枚上唇鳞与海龟尖锐的吻部相似，特化的上唇鳞被龟头海蛇用于从珊瑚上刮下虾虎鱼、鳚鱼、双锯鱼与雀鲷等珊瑚栖鱼类的卵。该种为昼行性，分布于西澳大利亚州的阿什莫尔与希伯尼亚礁和邻近的帝汶海礁、昆士兰州东部到珊瑚海的新喀里多尼亚。在分布区内，龟头海蛇比较常见，在繁殖期常观察到雄性追逐雌性以完成交配。虽然是毒蛇，但龟头海蛇以鱼卵为食，致使无用的毒腺萎缩，毒液储备减少、毒性下降，毒牙也慢慢退化。龟头海蛇习性极度温驯，不具攻击性。

相近物种

龟头海蛇与剑尾海蛇（第 486～489 页）亲缘关系较近，同属还有另外 2 个物种，即饭岛龟头海蛇 *Emydocephalus ijimae* 和施氏龟头海蛇 *E. szczerbaki*。[1]

---

① Nankivell et al. 2020 发表了龟头海蛇属第 4 个物种海岸龟头海蛇 *E. orarius*。——译者注

科名	眼镜蛇科 Elapidae：海蛇亚科 Hydrophiinae
风险因子	有毒：突触后神经毒素，可能还包括肌肉毒素
地理分布	帝汶海：西澳大利亚州
海拔	海平面
生境	红树林沼泽及泥潭
食物	弹涂鱼及其他虾虎鱼
繁殖方式	胎生，产仔量未知
保护等级	IUCN 近危

成体长度
19¾～26 in
(500～660 mm)

杆尾海蛇
Ephalophis greyae
Northwestern Mangrove Seasnake
Smith, 1931

501

　　杆尾海蛇是陆栖性最强的海蛇之一，栖息于泥滩和红树林沼泽中，在泥滩上或洞穴中捕食弹涂鱼和其他虾虎鱼。不同于其他种类的海蛇，杆尾海蛇保留着与陆栖蛇类相似的较宽腹鳞，能有效帮助它在泥滩上爬行。该种体形较小，仅分布于西澳大利亚州的鲨鱼湾到金湾，是鲜为人知的物种。虽然与其他海蛇一样为胎生，但它一次产下幼体的数量仍未被确认。该种最初被马尔科姆·史密斯（Malcolm Smith）描述发表时所用种本名为"greyi"，然而，一些学者根据拉丁文的阴阳性将其修订为"greyae"，因为杆尾海蛇种本名所致敬的该物种采集人碧翠丝·格蕾（Beatrice Grey）是一名女性。

杆尾海蛇体形较小，体背呈乳白色到浅灰色，有不规则深灰斑点，组成"Z"形斑纹和尾部斑纹。

相近物种

　　栖息于红树林生境的其他海蛇包括分布于澳大利亚北部海岸的达尔文海蛇（第506页）和莫氏拟海蛇（第523页）。

实际大小

科名	眼镜蛇科 Elapidae：海蛇亚科 Hydrophiinae
风险因子	有毒：可能为神经毒素与促凝血素，其他成分未知
地理分布	澳大利亚：西澳大利亚州的北部与中部、北领地及南澳大利亚北部至昆士兰州约克角半岛
海拔	0～1015 m
生境	热带林地、稀树草原、洪泛区、半沙漠及沙原
食物	蜥蜴
繁殖方式	卵生，每次产卵 1～6 枚
保护等级	IUCN 未列入

成体长度
23½～27½ in
(650～700 mm)

502

饰纹澳伊蛇
Furina ornata
Moon Snake
(Gray, 1842)

饰纹澳伊蛇的体背呈红棕色，鳞片边缘常有黑斑，远观呈网状。头与身体前端呈深棕色，颈部具一条较宽的橙色或黄色斑。该种体背鳞光滑，外观富于光泽。眼小而黑，呈珠状。雄性相较雌性体形略小，体色更为鲜艳。

　　饰纹澳伊蛇又称橙颈蛇，是澳伊蛇属 *Furina* 分布最广的物种，见于澳大利亚的西部、中部与北部，栖息于包括热带林地、稀树草原、沙原到半沙漠的多种生境中。该种有时会穿越马路，当遭遇威胁时会抬升身体前段，但并不会像眼镜蛇属（第 466～479 页）或伊澳蛇（第 526～527 页）一样扩张身体使之变得扁平，也不会如拟眼镜蛇（第 528～529 页）一般摆出 "S" 形姿势恐吓敌人，而通常是闭着嘴向敌害做出警告性进攻，不轻易使用毒液。虽然受威胁时会做出恐吓动作，但该种性情温驯，几乎不会咬人。夜行性的饰纹澳伊蛇会在夜间捕食熟睡中的昼行性石龙子。

相近物种

　　饰纹澳伊蛇与巴氏澳伊蛇 *Furina barnardi*、冠澳伊蛇 *F. diadema* 及邓氏澳伊蛇 *F. dunmalli* 亲缘关系最近。

实际大小

科名	眼镜蛇科 Elapidae：海蛇亚科 Hydrophiinae
风险因子	有毒：可能为神经毒素与促凝血素，其他成分未知
地理分布	澳大利亚-巴布亚地区：新几内亚岛南部、印度尼西亚阿鲁群岛及澳大利亚昆士兰州的约克角半岛
海拔	0～80 m，可能达到 500 m
生境	季风森林、雨林、稀树草原林地、花园、种植园甚至城市中
食物	蜥蜴
繁殖方式	卵生，每次产卵最多 6 枚
保护等级	IUCN 未列入

暗色澳伊蛇
Furina tristis
Brown-Headed Snake
(Günther, 1858)

成体长度
27½～31½ in,
偶见 3 ft 3 in
(700～800 mm,
偶见 1.0 m)

503

暗色澳伊蛇又称灰颈蛇，在澳大利亚仅分布于约克角半岛北部，数量很少，但在新几内亚岛南部的低海拔地区却有着较大种群。在新几内亚岛，该种栖息于从雨林到稀树草原林地、花园及椰子种植园等多种生境，平日躲避于废弃物或倒木下。暗色澳伊蛇的体形较小，因此也能栖息于包括巴布亚新几内亚首都莫尔斯比港在内的大城市，以生境内数量巨大的石龙子和壁虎为食。虽然该种通常对人类不构成威胁，但有 1 例咬伤记录显示其毒液会导致腹痛、头疼、呼吸窘迫、恶心和腹泻等症状。对于所有体形较小的眼镜蛇科毒蛇，人类都应保持适当的敬畏，尽量避免上手触摸。

暗色澳伊蛇体形细长，背鳞光滑，头狭长且呈圆形，眼小，呈珠状。体色可能为有光泽的黑、灰或棕色，无斑或鳞片边缘为浅色，远观似网纹。头部多呈深棕色，有一条较宽的黄色或灰色颈斑，有的个体没有这项特征。

相近物种

暗色澳伊蛇曾被置于 *Glyphodon* 属[1]，目前则与 4 种分布于澳大利亚的蛇类共同被置于澳伊蛇属 *Furina*，其余 4 种蛇类为巴氏澳伊蛇 *F. barnardi*、冠澳伊蛇 *F. diadema*、邓氏澳伊蛇 *F. dunmalli* 及饰纹澳伊蛇（第 502 页）。

实际大小

① 澳伊蛇属旧名。——译者注

科名	眼镜蛇科 Elapidae：海蛇亚科 Hydrophiinae
风险因子	有毒：促凝血素，其他成分未知
地理分布	澳大利亚：新南威尔士州及昆士兰州沿海
海拔	0～1320 m
生境	沼泽与溪流、裸露岩层、沿海平原、热带雨林及干燥硬叶森林
食物	蜥蜴及蛙类
繁殖方式	胎生，每次产仔 4～20 条
保护等级	IUCN 未列入

成体长度
23¾～27½ in
(600～700 mm)

504

黑腹半盾蛇
Hemiaspis signata
Black-Bellied Swamp Snake

(Jan, 1859)

黑腹半盾蛇分布于澳大利亚东海岸的多种生境中，从近海滩的林地、淡水沼泽、溪流、平原，到干燥或潮湿的森林都能寻得它的踪迹。该种的分布区主要为新南威尔士州到昆士兰州的海岸线，2 个隔离种群孤悬在昆士兰州东北部沿海及弗雷泽岛。黑腹半盾蛇为昼行性蛇类，以石龙子及蛙类为食，但在炎热的天气亦会转变为晨昏性或夜行性。咬伤案例会导致疼痛，但该种通常不会对人类构成威胁。即便如此，人们面对包括本种在内的小型眼镜蛇科毒蛇时仍须保持谨慎。

相近物种

半盾蛇属 *Hemiaspis* 的另一个物种为分布于昆士兰州南部和新南威尔士州中部林地的黑颈半盾蛇 *H. damelii*，身体呈灰色，颈部有一条黑斑。

黑腹半盾蛇体背呈均一的棕色、橄榄色甚至黑色，体侧下部颜色稍淡，头两侧均有一条明显的乳白色或黄色纵纹，腹面多为黑色。分布于昆士兰北部的隔离种群体背偏红色，腹面则呈乳白色或粉色。

实际大小

科名	眼镜蛇科 Elapidae：海蛇亚科 Hydrophiinae
风险因子	剧毒：促凝血素，可能具神经毒素及肌肉毒素
地理分布	澳大利亚：新南威尔士州沿海的蓝山地区
海拔	0～740 m
生境	霍克斯伯里河的裸露砂岩层
食物	壁虎
繁殖方式	胎生，每次产仔 8～20 条
保护等级	IUCN 易危，CITES 附录 II，新南威尔士州列为"濒危"

成体长度
19¾～21¾ in,
偶见 35½ in
(500～550 mm,
偶见 900 mm)

盔头蛇
Hoplocephalus bungaroides
Broad-Headed Snake
(Schlegel, 1837)

505

盔头蛇是新南威尔士州最知名的蛇类之一，仅分布于悉尼至瑙拉之间蓝山山脉的霍克斯伯里河的裸露砂岩层。该种对生境的选择极为专一，仅栖息于被侵蚀砂岩的石板间，而且只能是纯岩石的环境，连岩石下有土壤也不行，因此，盔头蛇多出没于裸露砂岩区域的边缘。因为狭窄的分布区和严格的生境需求，盔头蛇的生存受到由于悉尼园艺需求而进行的非法采石的巨大威胁。盔头蛇主要以当地的壁虎种类 *Amalosia lesueurii* 为食，但亦会捕食其他种类的壁虎和石龙子。该种是剧毒蛇类，毒液含有能造成凝血障碍的成分，会导致被咬者大量出血，与拟眼镜蛇（第 528～529 页）相似。

盔头蛇的体形较瘦长，背覆明显的黄色斑纹及黑色点斑与鞍形斑，腹部呈米白色，腹鳞间缝隙呈黑色。该种遭遇威胁时会抬升身体前段，做出"S"形姿势，使头部变得扁平，以向攻击者宣示其危险性。在此姿势下，盔头蛇能迅速做出距离较远的攻击。

相近物种

盔头蛇属 *Hoplocephalus* 内还有另外 2 个物种灰盔头蛇 *H. bitorquatus* 及黄环盔头蛇 *H. stephensii*，分布于新南威尔士州沿海及昆士兰州，是澳大利亚眼镜蛇科大家庭中仅有的树栖种。

实际大小

科名	眼镜蛇科 Elapidae：海蛇亚科 Hydrophiinae
风险因子	有毒：突触后神经毒素，可能还包括肌肉毒素
地理分布	帝汶海及阿拉弗拉海：北领地及昆士兰州（澳大利亚）、新几内亚岛南部
海拔	海平面
生境	红树林沼泽及泥滩
食物	弹涂鱼和其他种类的虾虎鱼
繁殖方式	可能为胎生，产仔量未知
保护等级	IUCN 未列入

成体长度
17～17½ in
(435～445 mm)

506

达尔文海蛇
Hydrelaps darwiniensis
Port Darwin Seasnake
Boulenger, 1896

达尔文海蛇的体形小，体背呈白色到黄色，覆有包围整个体背或从中裂开形成交错"Y"形的黑色环纹。

　　达尔文海蛇体形小，栖息于潮间带，分布于澳大利亚北部和新几内亚岛南部，新几内亚岛的种群数量较稀少。达尔文海蛇与包括食蟹蛇（第 541 页）、香蛇（第 544 页）在内的数种水游蛇科后沟牙毒蛇同域分布。该种在红树林泥滩上的洞里捕食虾虎鱼和弹涂鱼。与杆尾海蛇（第 501 页）和莫氏拟海蛇（第 523 页）等其他潮间带海蛇种类不同，达尔文海蛇多在退潮时裸露的泥滩捕食，而其他这些物种偏好沿着泥滩上的小溪，在水边或水中捕食。当泥滩完全干涸时，达尔文海蛇会躲入洞穴等待下一次涨潮。该种具神经毒素，但对人类无太大威胁。

相近物种

　　达尔文海蛇与莫氏拟海蛇（第 523 页）亲缘关系较近，其与莫氏拟海蛇构成的支系同海蛇属（第 507～513 页）构成姊妹群。

实际大小

科名	眼镜蛇科 Elapidae；海蛇亚科 Hydrophiinae
风险因子	剧毒：突触后神经毒素，可能还包括肌肉毒素
地理分布	帝汶海及阿拉弗拉海：包括托雷斯海峡在内的澳大利亚北部及新几内亚岛南部
海拔	海平面至海平面以下 80 m
生境	入海口、潮汐河、泥沙底质的河口及清澈的珊瑚礁水域
食物	体形细长的鱼类，包括鳗鱼
繁殖方式	胎生，每次产仔最多 23 条
保护等级	IUCN 无危

成体长度
5 ft 2 in～6 ft 3 in，
偶见 7 ft
(1.6～1.9 m，
偶见 2.1 m)

507

印澳海蛇
Hydrophis elegans
Elegant Seasnake
(Gray, 1842)

印澳海蛇是其分布区内体形最大的海蛇种类之一，分布于澳大利亚北部与新几内亚岛南部的帝汶海及阿拉弗拉海。印澳海蛇栖息于浑浊的入海口、潮汐河中，常见于富含泥沙底质的水域，偶尔见于珊瑚礁附近。虽然喜好在海水表层活动，但该种也常常被深水拖网误捕。印澳海蛇在白天与夜晚都会活动，并不是严格的昼行性或夜行性蛇类。它主要以细长的底栖鱼类为食，例如鳗鱼，这与它较小的头部和无法张得太大的嘴有着必然联系。该种是剧毒蛇类，毒液可轻易致人死亡。

相近物种

根据近期的系统发育研究，与印澳海蛇亲缘关系最近的蛇类为同属的棘鳞海蛇（第 512 页）和大海蛇 *Hydrophis major*。目前，海蛇属 *Hydrophis* 包括了 63 种海蛇中的 44 种。

印澳海蛇体形较大，头小，身体前段较细，后半部分则宽许多，尾呈桨状。该种头部呈灰或黑色，体色为黄色或灰色，身体前段有黑色环纹，后半部分和尾部则有椭圆鞍形斑及竖直排列的点斑，幼体相比于成体体色更鲜艳。为保证在海平面的呼吸，印澳海蛇的鼻孔较大，位于头背。

实际大小

科名	眼镜蛇科 Elapidae；海蛇亚科 Hydrophiinae
风险因子	剧毒：突触后神经毒素，可能还包括肌肉毒素
地理分布	印度洋及太平洋（从缅甸到中国、日本、菲律宾、印度尼西亚、澳大利亚、新几内亚岛及新喀里多尼亚）
海拔	海平面至海平面以下 15 m
生境	富含泥底质的入海口及河口、沙底质的离岸清澈水域
食物	鱼类
繁殖方式	胎生，每次产仔 1～15 条
保护等级	IUCN 无危

成体长度
2 ft 7 in～3 ft,
偶见 4 ft 3 in
（0.8～0.9 m，
偶见 1.3 m）

508

平颏海蛇
Hydrophis hardwickii
Hardwicke's Spine-Bellied Seasnake
(Gray, 1834)

平颏海蛇由于雄性的腹鳞呈刺状，亦被称为刺腹海蛇。该种体形粗壮，头大，尾呈海蛇典型的桨状。体色呈浅灰色到米白色，体背有橄榄灰色的鞍形深色斑，向身体两侧逐渐变细并消失。

平颏海蛇常见于浑浊且多泥的入海口及河口，常在夜晚漂浮在水面。它也生存在清澈的水域中，只是不在珊瑚礁周边活动。该种广泛分布于缅甸到中国、日本、菲律宾及印度尼西亚，向南分布至澳大利亚和新喀里多尼亚。平颏海蛇捕食多种鱼类，是广食性捕食者。值得注意的是，平颏海蛇的攻击性较强，有时会在些许警告后便下口咬人。由于毒液储毒量大、性情难以捉摸且毒性强，并已有 3 起致死案例发生，平颏海蛇被视为对人类危险性较大的蛇类之一。在自然环境中，平颏海蛇鲜有天敌，大型鲨鱼可能是唯一能对该种构成威胁的动物，但就连大名鼎鼎的居氏鼬鲨在多数情况下也不会选择冒险捕食它。

相近物种

直到近期，平颏海蛇才从原先的平颏海蛇属 *Lapemis* 被划入海蛇属 *Hydrophis*。基于一项系统发育研究，海蛇属经历过一次快速的适应性辐射演化，很多形态上相去甚远的物种实际上却有着较近的亲缘关系。因此，包括平颏海蛇属 *Lapemis* 在内的 12 个属已被作为海蛇属的同物异名。平颏海蛇曾被作为印度洋平颏海蛇 *H. curtus* 的亚种对待，但目前已被提升为独立种。

实际大小

科名	眼镜蛇科 Elapidae：海蛇亚科 Hydrophiinae
风险因子	剧毒：突触后神经毒素，可能还包括肌肉毒素
地理分布	太平洋：澳大利亚及新喀里多尼亚、泰国到中国
海拔	海平面至海平面以下 60 m
生境	珊瑚礁、珊瑚砂、海草床及浑浊的入海口
食物	鱼类和虾类
繁殖方式	胎生，每次产仔 4～10 条
保护等级	IUCN 无危

成体长度
3 ft 3 in～4 ft
(1.0～1.2 m)

棘眦海蛇
Hydrophis peronii
Spiny-Headed Seasnake
(Duméril, 1853)

509

棘眦海蛇主要分布于澳大利亚到新喀里多尼亚，在泰国和中国之间亦有分布，该种的种本名致敬正模标本的采集人——法国博物学家弗朗索瓦·佩伦（François Péron，1775—1810），亦被称作佩氏海蛇。棘眦海蛇特化的刺状（起棱）鳞被使其极易识别。该种主要栖息于珊瑚礁与珊瑚砂和海藻组成的底藻层，有时会用海藻和藤壶遮盖身体，形成伪装，它亦生活在浑浊的入海口水域。成体捕食小型鱼类，尤其是虾虎鱼，幼体则以虾为食。无齿鲹曾被观测到与该种"和平共游"，两种之间可能有共生关系。在自然界，居氏鼬鲨与低鳍真鲨会捕食棘眦海蛇。虽然棘眦海蛇生性敏感，极少做出攻击动作，且并无来自该种的咬伤记录发生，但它的剧毒仍有能力造成人类死亡，须谨慎对待。

棘眦海蛇的背鳞起强棱，头部鳞片尤其是眶上鳞呈刺状，极易从形态上区分。该种体色呈淡黄色到灰色，背部有橄榄灰色的规则宽斑。

相近物种

棘眦海蛇曾被置于一个单型属 *Acalyptophis*，近期被并入海蛇属 *Hydrophis* 内（详见平颏海蛇，第508页）。该种与分布于澳大利亚、新几内亚岛与印度尼西亚东部的眼斑海蛇 *H. ocellatus* 亲缘关系最近，后者栖息于珊瑚礁和入海口，也进入潮汐河水系。

实际大小

科名	眼镜蛇科 Elapidae：海蛇亚科 Hydrophiinae
风险因子	剧毒：突触后神经毒素，可能还包括肌肉毒素
地理分布	印度洋及太平洋：南非到南北美洲
海拔	海平面至海平面以下 20 m
生境	开阔海域，尤其是潮水碰撞的区域
食物	海洋中上层活动的小型鱼类
繁殖方式	胎生，每次产仔 2～6 条
保护等级	IUCN 无危

成体长度
2 ft 7 in～3 ft
(0.8～0.9 m)

510

长吻海蛇
Hydrophis platura
Pelagic Seasnake
(Linnaeus, 1766)

长吻海蛇的身体呈分明的黑色与黄色，少数个体全身均为黄色。头部极狭长，腹鳞极小，能够帮助该种如丝带般延展身体，以便游泳。鳞片排列紧密，有效防止寄生虫爬附。以上特征虽有效保障了长吻海蛇在水中迅速行动，却也导致其在陆地上几乎失去一切活动能力。当一些个体不幸被潮水推上海岸，无法迅速返回水中时，鲜艳的警戒色会警告试图捕食它们的动物：不要靠近，性命攸关。

长吻海蛇又称黑黄海蛇，是最适应海洋环境且自然分布最为广泛的蛇类。其分布区从太平洋东海岸的加利福尼亚州到厄瓜多尔，跨越整片太平洋，从太平洋西海岸的日本、朝鲜半岛到新西兰，亦跨越印度洋，分布于波斯湾及南非，沿非洲海岸至纳米比亚。上述分布区域的边缘地带有许多个体来源于随洋流漂流，而非繁殖种群。当向外流的河水与洋流相遇时，数千条长吻海蛇会聚集在一起，在海水表面形成一个巨大的漂浮筏状物体，许多生活在海水中上层的鱼类会被"海蛇筏"吸引，从而成为海蛇易得的美餐。该种口腔内有盐腺，会通过舌头的活动排出盐分。长吻海蛇的咬伤有过致死记录。

相近物种

近期被划入 *Hydrophis* 属的长吻海蛇曾长期被置于单型属 *Pelamis* 下。据报道，与长吻海蛇亲缘关系最近的物种为平颏海蛇（第508页）与印度洋平颏海蛇 *H. curtus*。

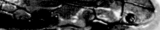

实际大小

科名	眼镜蛇科 Elapidae：海蛇亚科 Hydrophiinae
风险因子	剧毒：毒液成分未知，可能为突触后神经毒素或肌肉毒素
地理分布	东南亚地区：印度尼西亚西加里曼丹省的西宝河（卡普阿斯河支流）
海拔	海平面
生境	淡水河流
食物	食物不明，可能包括鱼类
繁殖方式	胎生，每次产仔 7 条
保护等级	IUCN 数据缺乏

成体长度
19¾~29 in
(500~735 mm)

511

西宝海蛇
Hydrophis SIBAUENSIS
Sibau River Seasnake
(Rasmussen, Auliya & Böhme, 2001)

西宝海蛇仅分布于印度尼西亚西加里曼丹省卡普阿斯盆地的西宝河流域。虽然是海蛇家族的一员，西宝海蛇的分布水域却能深入内陆接近 1000 km。该种于 2001 年被科学家描述发表，置于 *Chitulia* 属，该属目前被视为海蛇属 *Hydrophis* 的一个亚属。关于西宝海蛇的自然史研究甚少，就连其捕食偏好都尚不明晰。据估计，该种可能与同属近缘种相似，以鱼类为食。与其他海蛇一样，西宝海蛇为胎生蛇类，唯一的记录显示，该种一次产下了 7 条幼体。

西宝海蛇的体形较小而纤细，背鳞起棱，尾呈桨状，头部狭长，较颈部略粗，眼小。体色呈灰棕色，背部有橘色横纹。

相近物种

海蛇属 *Hydrophis* 共有 46 个物种，除本种和仅分布于菲律宾吕宋岛一个湖泊的淡水海蛇 *H. semperi* 外，均为海生种类。除此以外，分布于所罗门群岛的伦内尔岛泰加诺湖的伦内尔扁尾海蛇 *Laticauda crockeri* 也生活在淡水中。与西宝海蛇亲缘关系最近的种类为广布于东南亚地区的槟榔海蛇 *H. torquatus*。

实际大小

科名	眼镜蛇科 Elapidae：海蛇亚科 Hydrophiinae
风险因子	剧毒：突触后神经毒素，可能还包括肌肉毒素
地理分布	印度洋及太平洋：阿拉伯半岛到澳大利亚北部
海拔	海平面至海平面以下 22 m
生境	浑浊的入海口、珊瑚礁及大陆架外缘
食物	鱼类
繁殖方式	胎生，每次产仔 1～14 条
保护等级	IUCN 无危

成体长度
4 ft～5 ft 2 in
(1.2～1.6 m)

512

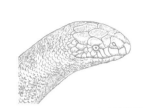

棘鳞海蛇
Hydrophis stokesii
Stokes' Seasnake
(Gray, 1846)

棘鳞海蛇的体形大，身体粗壮，头大。体色为灰色至黄色，带有深色宽圆斑，间隙中有横纹或斑点，也有无斑的个体。

体形庞大的棘鳞海蛇是海蛇家族中比较危险的物种之一，因为它有着硕大的头颅和长达 6.7 mm 的毒牙。该种亦是极少数能够咬穿 5 mm 厚潜水服的海蛇种类。棘鳞海蛇生性较凶猛，又有着巨大的储毒量，虽然数个伤人案例皆未导致死亡，但潜水爱好者仍须多加提防。棘鳞海蛇栖息于浑浊的入海口、珊瑚礁及大陆架外缘具泥沙底质的环境，分布于阿拉伯半岛沿岸到南亚、东南亚以及澳大利亚北部。作为广食性的捕食者，棘鳞海蛇硕大的头部能帮助其吞食一些皮肤较厚、其他海蛇无法进食的鱼类，例如䲅鱼。棘鳞海蛇的种本名来源于曾探索澳大利亚海域的英国皇家海军上将约翰·洛特·斯托克斯（John Lort Stokes，1811—1885）。

相近物种

棘鳞海蛇在于近期被划入海蛇属（详见平颏海蛇，第 508 页）前一直被置于单型属棘鳞海蛇属 *Astrotia* 内。

与该种亲缘关系最近的物种为印澳海蛇（第507 页）。

实际大小

科名	眼镜蛇科 Elapidae：海蛇亚科 Hydrophiinae
风险因子	剧毒：突触后神经毒素，可能还包括肌肉毒素
地理分布	阿拉弗拉海及珊瑚海：澳大利亚北部与新几内亚岛
海拔	海平面至海平面以下 5 m，有时可达海平面以下 30 m
生境	泥底质的入海口及河口、沙底质的离岸清澈水域
食物	鱼类
繁殖方式	卵生，每次产卵 3～34 枚
保护等级	IUCN 无危

成体长度
27～31 in
(690～790 mm)

茨氏裂颏海蛇
Hydrophis zweifeli
Southern Beaked Seasnake
(Kharin, 1985)

513

茨氏裂颏海蛇为夜行性，栖息于浑浊的泥底质入海口与河口，其生存的红树林泥底质环境形似"棉花糖"的世界，故该种终生都难以接触到水下坚硬的结构。正因为如此，虽然茨氏裂颏海蛇身怀剧毒，对人类威胁很大，且为适应力强的广食性捕食者，但它在遭遇人类捕获时极易受伤。哪怕手法轻柔，该种在被捉上岸后仍会在很短时间内形成头部浮肿。茨氏裂颏海蛇常被用于抗蛇毒血清的研制，但由于身体非常脆弱，不易在人工条件下饲养，很难提取毒液。茨氏裂颏海蛇偏好的猎物尚不知晓，但其近缘种裂颏海蛇 *Hydrophis schistosus* 会捕食多种入海口鱼类，例如鳗鲡、鲇鱼及河豚。

茨氏裂颏海蛇的体形较纤细，身体后段略宽。背面为浅灰色到乳白色，带有 45～55 条深灰色到中灰色或橄榄色的规则横纹，横纹不会延伸至腹部，因此该种的腹面呈纯白色。该种俗名"喙海蛇"来源于吻鳞前方向下突出的部分。另一项鉴别特征为喉部下方的颏鳞狭长且呈匕首状。

相近物种

茨氏裂颏海蛇曾被作为广泛分布于印度-澳大利亚海域的裂颏海蛇 "*Enhydrina*" *schistosa* 的南部种群对待。该种最初依据采集自巴布亚新几内亚的塞皮克河流域的标本发表，而近期的分子生物学研究表明，茨氏裂颏海蛇的种名应包含原裂颏海蛇位于澳大利亚-巴布亚地区的所有种群，真正的裂颏海蛇的分布则被局限在亚洲。原 *Enhydrina* 属则已被划入海蛇属（详见平颏海蛇，第 508 页）。

实际大小

科名	眼镜蛇科 Elapidae；海蛇亚科 Hydrophiinae[1]
风险因子	有毒：可能为突触后神经毒素或肌肉毒素
地理分布	印度洋与太平洋：孟加拉国到日本，南至澳大利亚北部，东到新喀里多尼亚、所罗门群岛、新西兰与萨摩亚
海拔	海平面至海平面以下 45 m
生境	珊瑚礁、多岩小型岛屿、红树林根系
食物	鱼类，包括鳗鱼
繁殖方式	卵生，每次产卵 4～10 枚
保护等级	IUCN 无危

成体长度
3 ft 3 in～4 ft 7 in,
偶见 5 ft 5 in,
(1.0～1.4 m,
偶见 1.65 m)

514

蓝灰扁尾海蛇
Laticauda colubrina
Colubrine Sea Krait
(Schneider, 1799)

蓝灰扁尾海蛇的身体和尾部背面均有明显且规则的蓝灰色和黑色或铜色横纹。头顶呈黑色，眶后有两条黑色纵纹。由于上唇呈黄色，该种亦被称作黄唇扁尾海蛇。

扁尾海蛇在一些关键特征上不同于典型的海蛇，宽而相互重叠的腹鳞能支持扁尾海蛇如同陆栖蛇类般自如地在陆地上活动，甚至能够攀爬树木和悬崖。扁尾海蛇亦是卵生蛇类，需要上岸产卵，也不具宽大而呈桨状的尾部。由于身体上的斑纹，扁尾海蛇常被误认作真正的海蛇。蓝灰扁尾海蛇广泛分布于印度洋及太平洋，从孟加拉国到萨摩亚均有记录，但该种偏好在离岸不远的水域活动。偶有随洋流漂流的个体被发现于日本及新西兰。该种主要以鳗鲡为食，尤其是拟态扁尾海蛇的斑马裸海鳝 *Gymnomuraena zebra*，亦会捕食其他鱼类。扁尾海蛇不具攻击性，即使被人捉住都极少咬人。

相近物种

扁尾海蛇属 *Laticauda* 共有 8 个物种，虽然英文俗名中含有 "krait"[2]，但它们与真正的环蛇并无较近的亲缘关系。蓝灰扁尾海蛇与分布于新几内亚岛南部的巴布亚扁尾海蛇 *L. guineai*、体形小且分布于瓦努阿图的侏扁尾海蛇 *L. frontalis* 及新喀里多尼亚扁尾海蛇（第515 页）亲缘关系较近。蓝灰扁尾海蛇在其分布区内的大部分区域与扁尾海蛇 *L. laticaudata* 同域分布，后者则与前文介绍过的仅分布于所罗门群岛泰加诺湖的伦内尔扁尾海蛇 *L. crockeri* 亲缘关系较近。

实际大小

① 部分类系统将其置于扁尾海蛇亚科 Laticaudinae。——译者注
② 环蛇属 *Bungarus* 物种的英文统称。——译者注

科名	眼镜蛇科 Elapidae：海蛇亚科 Hydrophiinae
风险因子	有毒：可能为突触后神经毒素或肌肉毒素
地理分布	珊瑚海：新喀里多尼亚
海拔	海平面至海平面以下 5 m，有时到海平面以下 30 m
生境	珊瑚礁、潟湖、多岩小型岛屿及小型沙岛
食物	鳗鱼
繁殖方式	卵生，每次产卵 4～19 枚
保护等级	IUCN 无危

成体长度
3 ft 3 in～4 ft 3 in
(1.0～1.3 m)

新喀里多尼亚扁尾海蛇
Laticauda saintgironsi
New Caledonian Sea Krait

Cogger & Heatwole, 2005

515

新喀里多尼亚扁尾海蛇是法国海外领地、位于澳大利亚以东 1616 km 的新喀里多尼亚地区的特有种，分布于格朗特尔岛、松树岛及洛亚蒂群岛周边。在一年的特定时间，该种会成群聚集在小岛上，常可以在一座岛上找到 30～60 条个体。新喀里多尼亚扁尾海蛇可以攀爬峭壁，并沿陆路移动。在与扁尾海蛇 *Laticauda laticaudata* 同域分布的区域，该种的数量能超过扁尾海蛇 10 倍。同其他种类的扁尾海蛇一样，新喀里多尼亚扁尾海蛇习性温驯，以鳗鱼为食，相较雄性体形更大的雌性会前往离岸更远处捕食。该种的种本名致敬了法国两栖爬行动物学家赫伯特·圣·日龙（Hubert Saint Girons，1926—2000）。

新喀里多尼亚扁尾海蛇的背面具有排列规则、较宽的黑色与金色横纹，显得格外吸引人。该种头顶具黑色帽状斑，一条穿过眼睛的黑色纵纹与帽状斑相接。

相近物种

新喀里多尼亚扁尾海蛇与蓝灰扁尾海蛇（第 514 页）、瓦努阿图的侏扁尾海蛇 *L. frontalis* 及分布于新几内亚岛南部的巴布亚扁尾海蛇 *L. guineai* 亲缘关系较近。

实际大小

科名	眼镜蛇科 Elapidae；海蛇亚科 Hydrophiinae
风险因子	有毒：毒液成分未知
地理分布	美拉尼西亚：所罗门群岛
海拔	0～700 m
生境	雨林及杂草丛生的溪流
食物	蜥蜴与蛇类
繁殖方式	卵生，每次产卵最多 9 枚
保护等级	IUCN 未列入

成体长度
雄性
2～3 ft
(0.6～0.9 m)

雌性
2 ft 7 in～4 ft 3 in
(0.8～1.3 m)

516

洛氏蛇
Loveridgelaps elapoides
Solomons Small-Eyed Snake
(Boulenger, 1890)

洛氏蛇体色艳丽，在野外的生态学资料至今还很匮乏。该种分布于所罗门群岛，在布干维尔岛却无踪迹。洛氏蛇生性温驯，对人不具攻击性且仅有寥寥数起咬伤致死案例，但仍使当地人恐惧。在近期有两起来自该种咬伤致死记录的马莱塔岛，洛氏蛇被称作 "baekwai tolo"，意为 "丛林之鲨"，然而此外号的得名原因尚不知晓。夜行性的洛氏蛇习性隐秘，为半穴居性，在野外不易遇见。该种主要以栖息于森林地表的蜥蜴（如石龙子科的蜓蜥属 *Sphenomorphus*）及盲蛇（盲蛇科 Typhlopidae 与腺盲蛇科 Gerrhopilidae）为食，亦捕食体形稍大的所罗门珊瑚蛇（第530页）。

洛氏蛇分布于多个岛屿，栖息于不同岛屿的种群形态上多样性较高，但从总体上看，该种体背具黑色与黄色或橙色构成的斑纹，腹面呈白色。头部呈白色或黑白相间。

相近物种

洛氏蛇过去曾被划入现在仅包含小伊蛇（第518页）一个物种的小伊蛇属 *Micropechis*，现行分类系统将其置于单型属洛氏蛇属 *Loveridgelaps* 内，属名来源于英国两栖爬行动物学家亚瑟·洛夫里奇（Arthur Loveridge，1891—1980）。在其分布区内，并无与该种形态接近的其他物种。洛氏蛇可能与所罗门珊瑚蛇（第530页）亲缘关系最近。

实际大小

科名	眼镜蛇科 Elapidae；海蛇亚科 Hydrophiinae
风险因子	有毒：突触后神经毒素，可能还包括肌肉毒素
地理分布	印度洋及太平洋：波斯湾至中国南海、新几内亚岛及澳大利亚北部
海拔	海平面以下 1～30 m
生境	浑浊的深水湾区及泥底质的湾区
食物	鳗鱼
繁殖方式	胎生，每次产仔 1～6 条
保护等级	IUCN 无危

成体长度
3 ft～3 ft 3 in
(0.9～1.0 m)

小头海蛇
Microcephalophis gracilis
Graceful Small-Headed Seasnake
(Shaw, 1802)

517

小头海蛇在澳大利亚-巴布亚海域为罕见物种，但在波斯湾到南中国海的亚洲水域则较常见。该种栖息于泥底质的深水湾区内，常在水底游动，捕食以东方粗犁鳗 *Lamnostoma orientalis* 为主的蛇鳗科鱼类，极小的头部与颈部有助于它进入海床上的鳗鱼巢穴探测猎物。小头海蛇的毒液成分目前尚不明晰，但由于小头海蛇属 *Microcephalophis* 与包括许多剧毒物种的海蛇属（第507～513 页）亲缘关系最近，所以人们仍应该对它们的毒液心怀警惕。如同其他典型的海蛇一样，小头海蛇也为胎生。

小头海蛇的形态非常特殊，身体的后段极粗，甚至较桨状的尾部都更为宽大，相比身体的前段更是宽出 4～5 倍。头部与颈部较细长，与身体相比，头部更显得细小。身体背面为浅灰色，带有连续、模糊的灰色横纹，在身体前段尤为明显。横纹在延伸至体侧后逐渐变淡。头部呈黑色，腹面呈白色。

相近物种

与小头海蛇亲缘关系最近的物种为分布于南亚海域的同属近缘种槟榔小头海蛇 *Microcephalophis cantoris*，一些分类学家亦将小头海蛇属视为海蛇属（第507～513 页）的异名看待。

实际大小

科名	眼镜蛇科 Elapidae：海蛇亚科 Hydrophiinae
风险因子	剧毒：突触后神经毒素、肌肉毒素、抗凝血素，可能有出血性毒素
地理分布	新几内亚岛：巴布亚新几内亚、印度尼西亚属新几内亚岛西部及周边卫星岛屿群（阿鲁群岛、卡尔卡尔岛、马纳姆岛、卫古岛及巴坦塔岛）
海拔	0～1700 m
生境	沼泽地、雨林、种植园及杂草丛生的溪流
食物	蛇类、蜥蜴、小型哺乳动物及鳗鱼
繁殖方式	卵生，每次产卵 4～6 枚
保护等级	IUCN 未列入

成体长度
5 ft～7 ft 7 in
(1.5～2.3 m)

518

小伊蛇
Micropechis ikaheka
New Guinea Small-Eyed Snake
(Lesson, 1829)

小伊蛇黄色或白色的背部带有规则的棕色或红色宽横纹，头部呈灰色。产于新几内亚岛西部多贝拉伊半岛的个体通体多呈黄色，无斑，巴塔纳岛及卫古岛的种群则通体呈黑色。

小伊蛇是新几内亚岛的特有种，栖息于包括淡水沼泽、溪流及热带雨林在内的潮湿生境中，为半穴居的夜行性蛇类。该种亦常见于椰子和油棕种植园中，在椰糠和油棕叶下生活。对于种植园的工作人员来说，攻击前极少做出预警的小伊蛇严重威胁着他们的安全。目前尚无针对小伊蛇咬伤的抗蛇毒血清，且已有多起来自小伊蛇咬伤的致死记录。该种食性广泛，捕食石龙子等蜥蜴，鼠类、袋狸等小型哺乳动物和包括新几内亚地蚺（第 114 页）在内的其他蛇类，亦有同类相食的记录。最不可思议的是小伊蛇竟也捕食淡水鳗鱼。

相近物种

与其他大型新几内亚岛毒蛇不同的是，小伊蛇并无分布于澳大利亚的近缘种存在。洛氏蛇（第 516 页）在被划入目前的属之前一直被视作小伊蛇的姊妹种看待。

实际大小

科名	眼镜蛇科 Elapidae：海蛇亚科 Hydrophiinae
风险因子	剧毒：突触前及突触后神经毒素、肌肉毒素、促凝血素
地理分布	澳大利亚：澳大利亚大陆东南部及西南部、塔斯马尼亚岛与离岸岛屿
海拔	0～1470 m
生境	雨林、硬叶森林、沿海沙丘、沼泽地、平原、洪泛草原及岛屿
食物	小型哺乳动物、蛙类、蜥蜴、蛇类及鸟类
繁殖方式	胎生，每次产仔 17～23 条，偶有多于 100 条
保护等级	IUCN 无危

成体长度
3～5 ft,
偶见 6 ft 7 in
(0.9～1.5 m,
偶见 2.0 m)

虎蛇
Notechis scutatus
Tigersnake
(Peters, 1861)

519

当来自欧洲的殖民者最初到达神秘的澳大利亚大陆时，来自虎蛇的咬伤曾夺去了许多人的生命。时至今日，抗蛇毒血清已显著降低了虎蛇咬伤的致死率。虎蛇能够适应寒冷的环境，为胎生，偏好潮湿森林、沿海沙丘、沼泽及洪泛平原等生境。该种分布于澳大利亚大陆的西南部与东南部、塔斯马尼亚全岛、巴斯海峡岛屿及位于阿德莱德南部的斯宾塞湾。分布于澳大利亚大陆的虎蛇以小型哺乳动物、蛙类、蜥蜴及蛇类为食，同类相食的现象较少发生。相比之下，岛屿种群的猎物种类略显匮乏。在位于巴斯海峡的查普尔山岛，虎蛇成体几乎仅以短尾鹱的幼鸟为食，尤其是在长达 6 周的繁殖期内，虎蛇会大量进食以储存足够能量，直到第二年才会重新变得活跃，幼体则捕食石龙子。

虎蛇背鳞光滑，头大且呈球状。体色变异大，呈棕色、黄色、灰色，为纯色或具宽斑，一些特定地域的种群有特殊的色斑。岛屿种群的虎蛇多为纯黑色，该性状有助于虎蛇迅速提升体温，以适应寒冷的环境。

相近物种

虎蛇曾被分为 2 个独立的物种，即分布于澳大利亚大陆东南部的虎蛇 *Notechis scutatus*，与包含 5 个亚种的黑虎蛇 *N. ater*：南澳大利亚州的指名亚种 *N. a. ater*、西澳大利亚州的西部亚种 *N. a. occidentalis*、袋鼠岛亚种 *N. a. niger*、塔斯马尼亚亚种 *N. a. humphreysi* 及查普尔山岛亚种 *N. a. serventyi*。目前，以上 2 个物种被合并为虎蛇一个物种，包含分布于东部的指名亚种 *N. s. scutatus* 与西部的西部亚种 *N. s. occidentalis*。部分学者认为此前黑虎蛇 *N. ater* 所含的其他一些亚种可作为虎蛇 *N. scutatus* 的亚种。

实际大小

科名	眼镜蛇科 Elapidae：海蛇亚科 Hydrophiinae
风险因子	有毒：毒液成分未知
地理分布	斐济：维提岛
海拔	10～150 m
生境	有白蚁丘的低地雨林、山药园
食物	蚯蚓，可能捕食身体较软的昆虫
繁殖方式	卵生，每次产卵 2～3 枚
保护等级	IUCN 濒危

成体长度
4～9¾ in,
偶见 12½ in
(100～250 mm,
偶见 320 mm)

520

斐济蛇
Ogmodon vitianus
Fiji Snake

Peters, 1864

　　斐济蛇又称 "Bola" 和意为 "山蕨之蛇" 的土著语 "*Gata ni Balabala*"。它体形小，习性隐秘，为半穴居，可能专食蚯蚓。该种为斐济主岛维提岛南部极小区域的特有种，栖息于低地雨林及山药园中。栖息地的破坏与半野化家猪对斐济蛇幼体的捕食，是其生存所面临的最大威胁。虽然具毒性，但体形细小的斐济蛇对人类毫无威胁，甚至还被印在了斐济的邮票上。除该种以外，斐济仅有引入的钩盲蛇（第 57 页）和拜氏蚺 *Candoia bibroni* 两种陆栖蛇类。

斐济蛇的体形小，尾短，背鳞光滑。体色呈灰、棕或黑色，颈部有一条领状斑纹，这项特征在成体身上可能不明显。

相近物种

　　与斐济蛇的分布地距离最近的陆栖眼镜蛇科物种分布于距离斐济 2000 km 的所罗门群岛，而与该种生活习性相似的异无义蛇 *Parapistocalamus hedigeri* 则生活在距离斐济 2700 km 的布干维尔岛。斐济蛇的习性亦与新几内亚岛的毒伊蛇（第 533 页）相近。

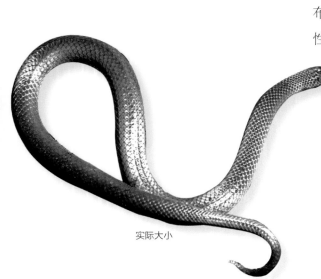

实际大小

科名	眼镜蛇科 Elapidae；海蛇亚科 Hydrophiinae
风险因子	剧毒：突触前及突触后神经毒素、肌肉毒素、促凝血素
地理分布	澳大利亚：澳大利亚中东部
海拔	0～130 m
生境	黑土河流域的洪泛平原、红土平原
食物	哺乳动物
繁殖方式	卵生，每次产卵 12～20 枚
保护等级	IUCN 未列入

成体长度
5 ft～6 ft 7 in,
偶见 8 ft 2 in
(1.5～2.0 m,
偶见 2.5 m)

521

细鳞太攀蛇
Oxyuranus microlepidotus
Inland Taipan
(McCoy, 1879)

　　细鳞太攀蛇又称猛蛇，但这个名称对虽身怀剧毒却性情温和的它有失公允。该物种分布于澳大利亚内陆昆士兰州、北领地、新南威尔士州及南澳大利亚州交界处，多栖息于黑土生境、河滨洪泛平原及沙漠石滩中，常在旱季形成的巨大的岩缝中捕食鼠类。细鳞太攀蛇生性隐秘，会主动避免与人类接触，因此观测记录寥寥，咬伤记录更少。虽然单就毒液论，细鳞太攀蛇是全世界毒性最强的蛇类，但目前尚未有来自该种的致死记录。

细鳞太攀蛇体形较大，体色呈棕色，每枚鳞片的边缘均呈黑色，头背鳞片具黑斑，少数个体整个头颈部都呈黑色。当该种做出受到威胁的警戒姿势时，会展现黄色的腹部。头部较近缘种太攀蛇（第 522 页）更圆。

相近物种

　　除该种外，太攀蛇属 *Oxyuranus* 还包含另外 2 个物种，即分布于澳大利亚北部及新几内亚岛南部的太攀蛇（第 522 页）和近期被描述发表的，分布于西澳大利亚州、南澳大利亚州与北领地交界处的异颞鳞太攀蛇 *O. temporalis*。

实际大小

科名	眼镜蛇科 Elapidae：海蛇亚科 Hydrophiinae
风险因子	剧毒：突触前及突触后神经毒素、肌肉毒素、促凝血素
地理分布	澳大利亚-巴布亚地区：澳大利亚东部及北部沿海、新几内亚岛南部
海拔	0～800 m
生境	稀树草原林地、白茅草地、油棕种植园、甘蔗田及城市区
食物	哺乳动物
繁殖方式	卵生，每次产卵 5～22 枚
保护等级	IUCN 未列入

成体长度
6 ft 7 in～8 ft 2 in,
可能达到 10 ft
(2.0～2.5 m,
可能达到 3.0 m)

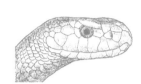

522

太攀蛇
Oxyuranus scutellatus
Coastal Taipan
(Peters, 1867)

太攀蛇的体形大而瘦长，头部呈棺形，眼大，略突出的眶上鳞使得该种呈"皱起眉头"的怒容。分布于澳大利亚的种群头部呈浅棕色，背面呈棕色，体侧下部颜色变浅，幼体头部颜色可能偏黄。分布于巴布亚新几内亚西部省的种群亦多呈棕色，而中央省的种群则呈铜色或黑色，背部有一条较宽的橙色纵纹。

太攀蛇栖息于澳大利亚北部与新几内亚岛南部的热带稀树草原及稀树草原林地，是澳大利亚-巴布亚地区体形最大的毒蛇。它高度适应了巴布亚新几内亚的油棕种植园与澳大利亚昆士兰州的甘蔗田生境，对当地工人的安全构成了不小的威胁。太攀蛇以袋狸与鼠类为食，剧烈的神经毒素配合快速的进攻，使得它通常能在短时间内置猎物于死地。虽然太攀蛇曾是澳大利亚人心中的梦魇，但澳大利亚近年仅有少数来自该种的咬伤记录。然而，在医疗技术欠发达的巴布亚新几内亚，太攀蛇咬伤依然是医学上最难对付的难题，许多人因无法得到有效救治而死亡。巴布亚新几内亚的首都莫尔斯比港是太攀蛇的理想生境之一，当地有不少咬伤记录甚至发生在城市地区。太攀蛇咬伤致死大多死于呼吸麻痹，但如采取传统的"扩创疗法"，被咬伤者则可能因失血过多而死。

相近物种

太攀蛇包含 2 个亚种，即分布于澳大利亚的指名亚种 *Oxyuranus scutellatus scutellatus* 和分布于新几内亚岛南部的巴布亚亚种 *O. s. canni*[1]。学界对于 2 个亚种是否应提升为独立种仍有争论。

实际大小

① 巴布亚亚种亦分布于隶属昆士兰州的托雷斯海峡部分岛屿。——译者注

科名	眼镜蛇科 Elapidae：海蛇亚科 Hydrophiinae
风险因子	有毒：突触后神经毒素，可能有肌肉毒素
地理分布	阿拉弗拉海：澳大利亚北领地、印度尼西亚阿鲁群岛，可能也分布于新几内亚岛海域
海拔	海平面
生境	入海口、泥滩及红树林沼泽
食物	未知，推测为虾虎鱼如弹涂鱼
繁殖方式	胎生，每次产仔 3 条
保护等级	IUCN 数据缺乏

成体长度
11¾～19¾ in
（300～500 mm）

莫氏拟海蛇
Parahydrophis mertoni
Arafura Smooth Seasnake
(Roux, 1910)

523

关于数量较稀少且偏好红树林及泥滩生境的莫氏拟海蛇，学界仍所知甚少。在澳大利亚，该种分布于从达尔文市到卡奔塔利亚湾的阿纳姆地海岸，模式产地则在印度尼西亚的阿鲁群岛，因此莫氏拟海蛇在新几内亚岛西部海域可能也有分布。莫氏拟海蛇的食性偏好目前尚不知晓，但其他栖息于潮间带的海蛇种类多以弹涂鱼等虾虎鱼、虾和蟹等为食，推测莫氏拟海蛇可能也捕食弹涂鱼。目前唯一一例繁殖记录是一条雌性产下了 3 条幼体。莫氏拟海蛇的种本名来源于曾到访过阿鲁群岛的动物学家雨果·莫顿（Hugo Merton，1879—1939）。

相近物种

与莫氏拟海蛇亲缘关系较近的物种为同样栖息于离岸的杆尾海蛇（第 501 页）与达尔文海蛇（第 506 页）。

莫氏拟海蛇的身体呈圆柱形，背鳞光滑，尾扁平，鳞片重叠排列。体色呈蓝灰色或棕色，有黑色斑纹，斑纹中心的颜色通常与背部颜色相同。该种的腹鳞较宽，有利于在泥滩上移动。

实际大小

科名	眼镜蛇科 Elapidae：海蛇亚科 Hydrophiinae
风险因子	有毒：毒液成分未知
地理分布	澳大利亚：澳大利亚南部，大澳大利亚湾至新南威尔士州及维多利亚州附近
海拔	0～1095 m
生境	干燥油桉林地、金合欢树灌丛、灌木丛
食物	蜥蜴
繁殖方式	胎生，每次产仔 3 条
保护等级	IUCN 未列入

成体长度
15¾ in
(400 mm)

524

眼镜澳网蛇
Parasuta spectabilis
Spectacled Hooded Snake
(Krefft, 1869)

眼镜澳网蛇的头背呈棕色，体背颜色相对较浅，每枚鳞片的边缘呈黑色，远观全身似网状。英文俗名"兜帽蛇"来源于头上的黑斑。一条白色带纹穿过鼻孔，上下唇呈白色，腹面亦为白色。

眼镜澳网蛇又称油桉黑头蛇和林肯港蛇，栖息于澳大利亚南部从大澳大利亚湾到维多利亚州和新南威尔士州的干燥林地、油桉林等干燥生境。该种为夜行性，日间躲避在倒木、岩石或洞穴中，夜里则捕食壁虎、石龙子等小型蜥蜴。受到威胁时，眼镜澳网蛇多会扩张身体，撞向敌人。它的毒液成分尚不明晰，也没有咬伤记录存在。但由于来自澳网蛇属其他物种的咬伤会导致不适，人们仍应对这些小型眼镜蛇科毒蛇保持警惕。

相近物种

眼镜澳网蛇共有 3 个亚种：分布于东部的指名亚种 *Parasuta spectabilis spectabilis*、分布于纳拉伯平原的 *P. s. nullabor* 及分布于西部，命名致敬西澳大利亚州两栖爬行动物学家布莱恩·布什（Brian Bush）的布氏亚种 *P. s. bushi*。除该种外，拟澳网蛇属 *Parasuta*[1] 还包含另外 5 个物种，即道氏澳网蛇 *P. dwyeri*、与眼镜澳网蛇同域分布的黑头澳网蛇 *P. nigriceps*、澳大利亚中部的僧澳网蛇 *P. monachus*、澳大利亚西南部的古氏澳网蛇 *P. gouldii* 和分布于维多利亚州的鞭澳网蛇 *P. flagellum*。

实际大小

---

① 目前，拟澳网蛇属已被作为澳网蛇属 *Suta* 的同物异名。——译者注

科名	眼镜蛇科 Elapidae：海蛇亚科 Hydrophiinae
风险因子	有毒：可能有神经毒素，其他毒液成分未知
地理分布	澳大利亚：西澳大利亚州南部的克罗宁湖与厄连诺拉峰
海拔	270～440 m
生境	半干旱桉树林中的季节性湖泊、油桉林、灌木丛及裸露岩层
食物	蜥蜴
繁殖方式	推测为胎生，产仔量未知
保护等级	IUCN 易危种

成体长度
19¾～23¾ in
(500～600 mm)

黑头拟盔头蛇
Paroplocephalus atriceps
Lake Cronin Snake
(Storr, 1980)

525

黑头拟盔头蛇是澳大利亚眼镜蛇科大家族中分布最狭窄的物种之一，最初被认为仅分布于临时性的小型淡水湖克罗宁湖周围，之后又在克罗宁湖以东 145 km 处、西澳大利亚州金矿区的厄连诺拉峰发现一个种群。该种的生境包括半干旱的桉树林、油桉林、灌木丛及裸露花岗岩层。黑头拟盔头蛇兼具陆栖与树栖性，白天及夜晚皆活动。推测该种也为胎生，与一些分布于澳大利亚南部、适应寒冷气候的其他眼镜蛇科毒蛇相似。来自该种的咬伤曾导致严重的症状，具有潜在危险性。然而，黑头拟盔头蛇极为罕见，仅有不到 10 号标本记录，平日很少与人类接触。

黑头拟盔头蛇的体形较小，背鳞光滑，身体及尾部呈棕色，头颈部为黑色，眼呈黄色，瞳孔竖直。上下唇有白色带纹，与黑色的头部形成明显对比。

相近物种

黑头拟盔头蛇曾被置于与其形态接近的短锯鳞蛇（第499页）所在的锯鳞蛇属 *Echiopsis*，但研究表明，黑头拟盔头蛇与包括盔头蛇（第505页）的盔头蛇属 *Hoplocephalus* 亲缘关系最近。光滑的鳞片将黑头拟盔头蛇与形态相似但背鳞起强棱的澳东蛇（第534页）和棱背蛇（第436页）区分开来。

实际大小

科名	眼镜蛇科 Elapidae：海蛇亚科 Hydrophiinae
风险因子	剧毒：肌肉毒素及促凝血素，可能有神经毒素
地理分布	澳大利亚：除极南部和东南角外，广泛分布于澳大利亚大陆
海拔	0～995 m
生境	干旱与湿润的林地、季风森林、雨林、草原、半沙漠及沙漠
食物	小型哺乳动物、蜥蜴及蛇类
繁殖方式	卵生，每次产卵 4～19 枚
保护等级	IUCN 未列入

526

成体长度
3～5 ft,
偶见 6 ft 7 in
(0.9～1.5 m,
偶见 2.0 m)

棕伊澳蛇
Pseudechis australis
King Brownsnake
(Gray, 1842)

棕伊澳蛇的体形大而粗壮，呈棕色，体背斑纹多样性较高，从黄棕色到红棕色。体侧及腹面偏白色，头宽，呈圆形。

在英文中，"Brownsnake"（棕蛇）指拟眼镜蛇属（第 528～529 页）的物种，"Blacksnake"（黑蛇）则指伊澳蛇属 *Pseudechis* 的物种。棕伊澳蛇的英文名虽为"Brownsnake"，但实为伊澳蛇属 *Pseudechis* 的一员。棕伊澳蛇因为多栖息于密布金合欢树（相思树）的稀树草原林地，而有"相思树蛇"的俗名。当然，分布广泛的该种亦栖息于澳大利亚从雨林到沙漠几乎所有的生境中。棕伊澳蛇的分布几乎遍及澳大利亚全境，只有大陆的极南部和东南角的维多利亚州除外。该种主要以小型哺乳动物为食，亦捕食包括蛇类在内的爬行动物，甚至有同类相食的记录。遭遇威胁时，棕伊澳蛇会抬升身体前段、扩张颈部以警告来犯者，这些动作与眼镜蛇（第 466～479 页）相似，但后者的警戒姿势却更负盛名。棕伊澳蛇的咬伤极易导致人类死亡。

相近物种

棕伊澳蛇与许多曾被作为其亚种的其他伊澳蛇属蛇类亲缘关系较近，如分布于新几内亚岛的罗氏伊澳蛇 *Pseudechis rossignolii*、西澳大利亚州金伯利的西部侏伊澳蛇 *P. weigeli*、昆士兰州伊萨山地区的东部侏伊澳蛇 *P. pailsei*。

实际大小

科名	眼镜蛇科 Elapidae：海蛇亚科 Hydrophiinae
风险因子	剧毒：突触后神经毒素、促凝血素、肌肉毒素及溶血性毒素
地理分布	澳大利亚：昆士兰州东部、新南威尔士州、维多利亚州和南澳大利亚州东南部
海拔	0～800 m
生境	海拔较低的潮湿生境如潟湖、沼泽及洪泛草原
食物	蛙类、小型哺乳动物、蜥蜴及鸟类
繁殖方式	胎生，每次产仔 5～18 条，可能最多可达 40 条
保护等级	IUCN 未列入

成体长度
5 ft～6 ft 7 in
(1.5～2.0 m)

红腹伊澳蛇

Pseudechis porphyriacus
Red-Bellied Blacksnake

(Shaw, 1794)

527

红腹伊澳蛇栖息于从东海岸、昆士兰州东南部、新南威尔士州东部、维多利亚州一直延伸到南澳大利亚州东南部的低海拔潮湿生境，如沼泽和潟湖。该种是伊澳蛇属中唯一的胎生物种，胎生与红腹伊澳蛇较靠南的分布有关。雌性一次产仔 5～18 条，甚至有可能达到 40 条。红腹伊澳蛇为昼行性蛇类，主要以蛙类为食，亦捕食小型哺乳动物、蜥蜴及鸟类。一些地区的红腹伊澳蛇由于捕食外来入侵物种——有毒的蔗蟾蜍，导致该蛇类物种种群数量急剧下滑。该种性情温驯，不具攻击性，但受到威胁时仍会通过扩张颈部恐吓敌害。红腹伊澳蛇的毒性相比同属其他物种较弱，其咬伤是否能致人死亡还不确定，因为大多数咬伤的症状都比较轻微，但仍存在致命的风险。

红腹伊澳蛇的体形较粗壮，头部宽大，背鳞光滑而有光泽，眼小。背面呈深黑色，腹部呈鲜红色。

相近物种

伊澳蛇属 *Pseudechis* 有 9 个物种，几乎都为澳大利亚特有种，仅有 2 种分布于新几内亚岛：巴布亚伊澳蛇 *P. papuanus* 和罗氏伊澳蛇 *P. rossignolii*。虽然伊澳蛇属物种普遍被统称为黑蛇（blacksnake），但包括棕伊澳蛇（第 526 页）在内的几个物种则为棕色。斑点伊澳蛇 *P. guttatus* 亦与红腹伊澳蛇同域分布。

实际大小

科名	眼镜蛇科 Elapidae：海蛇亚科 Hydrophiinae
风险因子	剧毒：突触前及突触后神经毒素、促凝血素
地理分布	澳大利亚：澳大利亚西部及中部，除北端与南端之外
海拔	0～390 m
生境	硬叶森林、干旱灌木林、草原、沙丘、沙质与多石的沙漠及半沙漠
食物	小型哺乳动物、蜥蜴、蛇类及鸟类
繁殖方式	卵生，每次产卵最多 12 枚
保护等级	IUCN 未列入

成体长度
3 ft 3 in～4 ft,
偶见 6 ft 7 in
(1.0～1.2 m,
偶见 2.0 m)

528

孟氏拟眼镜蛇
Pseudonaja mengdeni
Gwardar
Wells & Wellington, 1985

孟氏拟眼镜蛇体色变异大，可能为橙色、红色、棕色甚至纯黑色，体色较淡的个体鳞片边缘呈黑色，背斑多样性强。头部通常为黑色，延伸至颈部与身体前段。一些个体呈单色，另一些则有黄黑相间的宽纹。腹面可能呈黄色、乳白色、灰色或橘色。通过色斑鉴定拟眼镜蛇属物种存在很强的误导性，因为许多物种的色斑非常相似。

孟氏拟眼镜蛇又称西部拟眼镜蛇，该物种与北领地分布的种群都曾被作为颈斑拟眼镜蛇 *Pseudonaja nuchalis* 的同物异名。目前学界将分布于澳大利亚西部、中部的种群划入该种，颈斑拟眼镜蛇 *P. nuchalis* 则得名"北部拟眼镜蛇"。孟氏拟眼镜蛇栖息于从林地到草原、沙漠的干旱生境，以小型哺乳动物，蜥蜴、其他蛇类和陆栖鸟类为食。拟眼镜蛇属物种遭遇威胁后的警戒姿势多为抬升身体前段，使身体呈"S"形，如警告无效则会向前发起进攻。孟氏拟眼镜蛇毒性极强，在其分布区内有过许多致死记录。

相近物种

在其广泛的分布区内，孟氏拟眼镜蛇与体形较小的暗斑拟眼镜蛇 *Pseudonaja modesta* 分布重叠较多，向东与东部拟眼镜蛇（第 529 页）、斑点拟眼镜蛇 *P. guttata*、英氏拟眼镜蛇 *P. ingrami* 及盾吻拟眼镜蛇 *P. aspidorhyncha* 同域分布，向北与北部拟眼镜蛇 *P. nuchalis* 同域分布，向南则与类颈斑拟眼镜蛇 *P. affinis*、下点斑拟眼镜蛇 *P. inframacula* 同域分布。

实际大小

科名	眼镜蛇科 Elapidae：海蛇亚科 Hydrophiinae
风险因子	剧毒：突触前及突触后神经毒素、肌肉毒素、促凝血素
地理分布	澳大利亚-巴布亚：澳大利亚东部与中部、新几内亚岛南部
海拔	0～1235 m
生境	稀树草原林地、硬叶森林、沿海平原、草原、公园及油棕种植园
食物	小型哺乳动物、蜥蜴及蛇类
繁殖方式	卵生，每次产卵 10～35 枚
保护等级	IUCN 未列入

成体长度
3 ft 3 in～5 ft,
偶见 6 ft 7 in
(1.0～1.5 m,
偶见 2.0 m)

东部拟眼镜蛇
Pseudonaja textilis
Eastern Brownsnake
(Duméril, Bibron & Duméril, 1854)

529

东部拟眼镜蛇移动速度快、攻击速度快，且非常常见，是澳大利亚东部咬伤人类导致死亡最多的蛇类。该种分布于除约克角半岛之外的几乎整个澳大利亚东部和新几内亚岛南部，栖息于草原、林地等多种干燥–半干燥生境，新几内亚岛的种群亦栖息于油棕种植园。早期观点认为东部拟眼镜蛇是因人类活动于第二次世界大战期间被引入新几内亚岛的，但后续研究证明新几内亚岛存在着自然分布种群。该种以小型哺乳动物、蜥蜴及蛇类，甚至包括体形更小的同种为食。对于人类来说，东部拟眼镜蛇的咬伤极度危险，被咬者常因为脑出血而死亡。

东部拟眼镜蛇的体色多为深棕色或浅棕色，但分布于巴布亚半岛的个体则为黑色。幼体呈浅棕色到黄色。头部有一条黑色的兜帽状斑，颈部具较粗的黑色颈斑，身体和尾部则有一连串黑色斑纹。

相近物种

拟眼镜蛇属 *Pseudonaja* 的物种几乎遍布澳大利亚全境。东部拟眼镜蛇分布广泛，与孟氏拟眼镜蛇（第 528 页）、暗斑拟眼镜蛇 *P. modesta*、英氏拟眼镜蛇 *P. ingrami*、斑点拟眼镜蛇 *P. guttata* 及盾吻拟眼镜蛇 *P. aspidorhyncha* 都存在分布重叠。涉及同产地、不同种类的拟眼镜蛇鉴定时，多采取鳞被特征而非色斑特征的鉴别方式，其原因在于拟眼镜蛇属物种的体色变异很大。

实际大小

科名	眼镜蛇科 Elapidae：海蛇亚科 Hydrophiinae
风险因子	有毒；毒液成分未知
地理分布	美拉尼西亚：所罗门群岛及巴布亚新几内亚的布卡岛
海拔	0～700 m
生境	雨林及杂草丛生的溪流
食物	蜥蜴、蛙类及蛇类
繁殖方式	卵生，每次产卵 3～7 枚
保护等级	IUCN 无危

成体长度
雄性
2 ft～2 ft 5 in
(0.6～0.75 m)

雌性
2 ft 7 in～4 ft
(0.8～1.18 m)

530

所罗门珊瑚蛇
Salomonelaps par
Solomons Coralsnake
(Boulenger, 1884)

所罗门珊瑚蛇至少有从纯灰色、棕色、红色、橙色到具斑纹或网纹等五种不同的色型。双色的个体身体前段体色较浅，后半部分则较深，头部颜色亦较浅，与身体形成对比。复杂的色斑变异使得分布于不同岛屿的所罗门珊瑚蛇种群在过去曾被视为不同物种。

所罗门珊瑚蛇广泛分布于整个所罗门群岛，有趣的是，虽然在巴布亚新几内亚的布干维尔岛没有分布，但该种却生活在布干维尔岛以北的布卡岛，而布干维尔岛上唯一的眼镜蛇科毒蛇则是异无义蛇 *Parapistocalamus hedigeri*。所罗门珊瑚蛇栖息于雨林中，在杂草丛生的溪流附近极为常见。该种主要以石龙子和蛙类为食，亦会捕食鬣蜥科蜥蜴、壁虎与盲蛇科 Typhlopidae 和腺盲蛇科 Gerrhopilidae 的盲蛇。遭遇敌害时，所罗门珊瑚蛇会使身体变得扁平并发出嘶嘶声。对于该种的毒液成分人们仍所知甚少，但来自该种的咬伤已有数起致人重伤或死亡。

相近物种

在所罗门珊瑚蛇的分布区内，仅有洛氏蛇（第516页）一种陆栖眼镜蛇科蛇类与其同域分布，洛氏蛇有时还会捕食所罗门珊瑚蛇。

实际大小

科名	眼镜蛇科 Elapidae：海蛇亚科 Hydrophiinae
风险因子	有毒：毒液成分未知
地理分布	澳大利亚：西澳大利亚州南部及南澳大利亚州
海拔	0～810 m
生境	沿海平原、沙丘、鬣刺草原、半沙漠及沙漠
食物	蜥蜴
繁殖方式	卵生，每次产卵 1～8 枚
保护等级	IUCN 未列入

成体长度
11¾ in
(300 mm)

澳沙蛇
Simoselaps bertholdi
Southern Desert Banded Snake
(Jan, 1859)

531

澳沙蛇栖息于西澳大利亚州南部与南澳大利亚州从沿海沙丘到丛生草类草原及沙漠的多种生境。由于吻部宽且呈铲状，该种善于掘地和在沙中快速穿行，暴露在隐蔽处之外时亦能快速通过钻沙逃遁。澳沙蛇主要以石龙子为食，尤其是包含了接近 100 个物种的 *Lerista* 属。性情温驯的澳沙蛇对人不具攻击性，即使被捉住一般也不会咬人。在世界上的其他地区，与该种生态位接近、吻部呈铲状的沙栖蛇类都为无毒蛇，然而澳大利亚这片神秘的大陆上却由眼镜蛇科蛇类占据着这种生态位。

澳沙蛇背鳞光滑，头部尖，尾短而尖。头部与颈部呈灰白色，有黑色斑点，身体及尾部有粗且明显的橙黑宽横纹。

相近物种

澳沙蛇属的其他物种包括头部呈亮黑色的北部澳沙蛇 *Simoselaps anomalus* 与斑纹美丽的沿海澳沙蛇 *S. littoralis*。该属与同样分布于西澳大利亚州的新珊瑚蛇属 *Neelaps* 亲缘关系最为接近。

实际大小

科名	眼镜蛇科 Elapidae：海蛇亚科 Hydrophiinae
风险因子	有毒：毒液成分未知
地理分布	澳大利亚：澳大利亚北部及中部
海拔	0～760 m
生境	干旱与半干旱林地、灌木丛、草原及沙漠
食物	蜥蜴与蛇类
繁殖方式	胎生，每次产仔 2～5 条
保护等级	IUCN 未列入

成体长度
19¾～20¾ in
(500～525 mm)

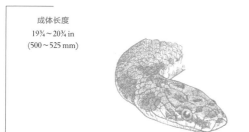

532

点斑澳网蛇
Suta punctata
Little Spotted Snake
(Boulenger, 1896)

点斑澳网蛇背鳞光滑而富有光泽，背面呈橄榄棕色，鳞片具黑色点斑，腹面则呈白色。头部呈橙棕色，有数个延伸至颈部的大而不规则的黑色点斑。

　　点斑澳网蛇分布于澳大利亚北部从西澳大利亚州金伯利到昆士兰州伊萨山的广袤地区，亦在西澳大利亚州皮尔巴拉有一个隔离种群。在广泛的分布区内，该种栖息于干旱与半干旱的生境中，包含桉树林、鬣刺草原及沙漠。点斑澳网蛇主要以小型石龙子和鬣蜥科蜥蜴为食，亦捕食澳盲蛇属 *Anilios* 蛇类。虽然同属的澳网蛇 *Suta suta* 毒性较强，会对人类造成一定威胁，但点斑澳网蛇的毒液却不会给人类带来严重后果。即便如此，来自该种的咬伤仍会导致剧烈的疼痛，应尽量避免被其咬伤。点斑澳网蛇为胎生，一次产下 2～5 条幼体。

相近物种

　　澳网蛇属 *Suta* 包含另外 3 个物种[1]：分布于澳大利亚东部及中部的澳网蛇 *S. suta*，西澳大利亚州南部的斑澳网蛇 *S. fasciata* 及西澳大利亚州北部、奥德河流域的奥德澳网蛇 *S. ordensis*。

实际大小

---

① 因拟澳网蛇属 *Parasuta* 被并入该属，目前该属已包含 11 个物种。——译者注

科名	眼镜蛇科 Elapidae：海蛇亚科 Hydrophiinae
风险因子	有毒：神经毒素，可能有出血性毒素
地理分布	新几内亚岛：伍德拉克岛（巴布亚新几内亚米尔恩湾省）
海拔	0～80 m
生境	雨林及杂草丛生的溪流
食物	蚯蚓
繁殖方式	可能为卵生，产卵量未知
保护等级	IUCN 未列入

成体长度
27½～31½ in
(700～800 mm)

毒伊蛇
Toxicocalamus longissimus
Woodlark Island Snake
(Boulenger, 1896)

533

毒伊蛇是毒伊蛇属 *Toxicocalamus* 中被命名发表的第一个物种，该属目前包含至少 15 个物种，是新几内亚岛的特有属，该属的多样性仍待进一步探究。该种为昼行性蛇类，栖息于雨林地表的落叶层中，以地下的蚯蚓为食。毒伊蛇仅分布于巴布亚新几内亚米尔恩湾省的伍德拉克岛。在毒伊蛇属的 15 个物种中，许多岛屿特有种的生存都受到采矿业的威胁。毒伊蛇亦是该属唯一有过毒液成分研究的物种，毒液中含有某种强烈的神经毒素与出血性毒素。毒液成分被称为三指毒素：I 型磷脂酶 A2 及蛇毒金属蛋白酶。强烈的毒性对以蚯蚓为食的毒伊蛇有何意义？其毒液对人类有何效果？这些问题都还没有答案。

实际大小

毒伊蛇体形细长，头呈圆形，尾长。体色呈棕黄色，每片鳞片中心的黑斑使该种远观时身体上显现一条纵向排列的带纹。头部斑纹较淡，前额鳞与眶前鳞合并为一枚。头部鳞被是毒伊蛇属鉴定的重要特征。

相近物种

毒伊蛇属 *Toxicocalamus* 包含普氏毒伊蛇 *T. preussi angusticinctus* 和大毒伊蛇 *T. grandis* 等物种。大部分种类的体长都不超过 1 m，然而近期描述发表的恩氏毒伊蛇 *T. ernstmayri* 长度能达到 1.2 m。长毒伊蛇 *T. longissimus*、米西马岛毒伊蛇 *T. misimae*、明氏毒伊蛇 *T. mintoni*、罗塞尔岛毒伊蛇 *T. holopelturus* 及黑毒伊蛇 *T. nigrescens* 为米尔恩湾岛屿特有种。

科名	眼镜蛇科 Elapidae：海蛇亚科 Hydrophiinae
风险因子	剧毒：突触前及突触后神经毒素、肌肉毒素、促凝血素
地理分布	澳大利亚：澳大利亚东海岸（新南威尔士州及昆士兰州）
海拔	0～1395 m
生境	沿海雨林溪流
食物	蛙类、小型哺乳动物、鸟类及蜥蜴
繁殖方式	胎生，每次产仔 5～18 条
保护等级	IUCN 未列入

成体长度
2 ft 5 in～3 ft 3 in
(0.75～1.0 m)

534

澳东蛇
Tropidechis carinatus
Rough-Scaled Snake
(Krefft, 1863)

澳东蛇的背鳞起强棱，头较宽，眼大，瞳孔呈圆形。体色多为棕色，体背有较淡的暗色斑纹，腹部呈黄色或白色。一些个体的颈部有淡黑色与橙色构成的颈斑。

澳东蛇是眼镜蛇科的剧毒蛇，却常被误认为形态相似的无毒的棱背蛇，错误的识别已导致数人丧命。澳东蛇主要以蛙类为食，亦捕食小型哺乳动物、蜥蜴及鸟类。该种具剧烈的神经毒素，其咬伤能够轻易导致人类死亡。澳东蛇栖息于澳大利亚东海岸从新南威尔士州北部到昆士兰州南部的雨林溪流周边环境，昆士兰州北部约克角半岛地区①亦有一个隔离种群。该种在天气寒冷时为昼行性，天气温暖时则转变为夜行性。一次能产下多达 18 条幼体，但多数情况下为 5～9 条。

相近物种

澳东蛇的背鳞起棱，这一特征虽非在眼镜蛇科中独有，但也比较罕见。该种与分布区和栖息地重合较大的无毒物种棱背蛇（第 436 页）在形态上非常接近，错误的识别极易导致悲剧发生。澳东蛇与虎蛇（第 519 页）亲缘关系最近。

实际大小

① 澳东蛇位于昆士兰州北部的隔离种群的分布区距离约克角半岛仍有一段距离。——译者注

科名	眼镜蛇科 Elapidae：海蛇亚科 Hydrophiinae
风险因子	有毒：毒液成分未知
地理分布	澳大利亚：澳大利亚东部及东北部
海拔	0～1325 m
生境	湿润的沿海森林、干燥林地、油桉林、草原、半沙漠及沙丘
食物	盲蛇
繁殖方式	卵生，每次产卵 8～13 枚
保护等级	IUCN 未列入

成体长度
2 ft～2 ft 7 in,
偶见 3 ft 3 in
(0.6～0.8 m,
偶见 1.0 m)

535

澳蠕蛇

Vermicella annulata
Eastern Bandy-Bandy

(Gray, 1841)

澳蠕蛇的英文俗名 "bandy-bandy" 来源于身体上黑白相间的横纹。该种分布于澳大利亚东部及东南部，栖息于从湿润沿海森林到干燥林地、油桉林、草地及沙漠的多种生境中。澳蠕蛇可能仅以广泛分布于澳大利亚且多样性较高的澳盲蛇属 *Anilios* 蛇类为食。虽然具有毒性，但该种不具攻击性，几乎不主动咬人。遭遇威胁时，澳蠕蛇习惯抬升身体，使身体呈环状，并撞击敌害。这样连续的运动与澳蠕蛇黑白相间的体色巧妙结合，或有可能通过暂时迷惑敌害为澳蠕蛇争取钻入落叶下逃生的时间。

澳蠕蛇背鳞光滑，体色黑白相间，头呈圆形，尾短。身体上黑色斑宽度相等。该种受威胁时主要的防御姿势为抬升身体，并不断改变运动方向。

相近物种

除本种外，澳蠕蛇属 *Vermicella* 还有其他 5 个物种：分布于澳大利亚西北部的中介澳蠕蛇 *V. intermedia*，澳大利亚北部的多斑澳蠕蛇 *V. multifasciata*，皮尔巴拉的斯氏澳蠕蛇 *V. snelli* 与虫形澳蠕蛇 *V. vermiformis*，及近期才被描述、分布于昆士兰州约克角半岛的纹尾澳蠕蛇 *V. parscauda*。除本种分布广泛外，澳蠕蛇属其他物种大多仅分布于狭窄的范围内。分布狭窄的纹尾澳蠕蛇的生存正受到采矿业的巨大影响。

实际大小

科名	水蛇科 Homalopsidae
风险因子	后沟牙，毒性轻微，可能对人类无害
地理分布	东南亚地区：缅甸南部、泰国、马来半岛、新加坡
海拔	海平面
生境	河口、泥滩，可能分布于红树林
食物	鱼类
繁殖方式	胎生，每次产仔 1～10 条
保护等级	IUCN 无危

成体长度
31½ in
(800 mm)

536

棱腹蛇
Bitia hydroides
Keel-Bellied Watersnake

Gray, 1842

棱腹蛇的背鳞行数较多而光滑，不互相重叠，鳞间皮肤清晰可见。腹鳞两侧具一对通身延伸的纵向棱，与豹斑蛇属（第 207～210 页）等树栖蛇类类似。当然，营海栖的棱腹蛇特化腹鳞的作用必然不同于树栖蛇类。

该种眼小，位于头背侧，鼻孔呈瓣状，位于头背，唇鳞紧密相接，防止海水进入，这是水蛇科物种的典型特征。与许多其他水蛇类似，棱腹蛇为后沟牙毒蛇，完全以鱼类为食，尤偏好虾虎鱼。棱腹蛇的毒素对人类的作用尚不明确。

相近物种

棱腹蛇与格氏蛇（第 542 页）、食蟹蛇（第 541 页）、坎氏蛇（第 538 页）亲缘关系最近，但其独特的鳞被在水蛇科中独树一帜。

实际大小

棱腹蛇体侧下方为白色，背部具深灰色与黄色横纹。背鳞较小，行数较多，鳞间皮肤清晰可见。腹鳞两侧具强棱。

科名	水蛇科 Homalopsidae
风险因子	无毒
地理分布	东南亚地区：马鲁古（印度尼西亚）
海拔	0～845 m
生境	雨林、次生林、花园、种植园
食物	蚯蚓
繁殖方式	胎生，每次产仔最多 5 条
保护等级	IUCN 数据缺乏

成体长度
19～21 in
(480～535 mm)

塞兰短尾水蛇
Brachyorrhos albus
Seram Short-Tailed Snake
(Linnaeus, 1758)

537

与水蛇科大多数物种不同，塞兰短尾水蛇不营水栖，不具毒素与毒牙。它栖息在次生林、种植园、花园、原始雨林甚至人类住所附近，为陆栖与半穴居的昼行性蛇类，有时甚至会爬树，可能仅以蚯蚓为食。该种分布于印度尼西亚东部马鲁古省的塞兰岛及邻近的安汶岛、哈鲁库岛、劳特岛及萨帕鲁阿岛。马鲁古省北部、奥比岛附近的比萨岛上分布的种群亦被订为塞兰短尾水蛇。

塞兰短尾水蛇体形呈圆筒状，背鳞光滑而具有光泽，头明显突出，尾短，末端明显细于身体。该种体色为单一的淡粉灰色或暗灰色，腹面为纯白色，尾下鳞边缘具棕色。

相近物种

短尾水蛇属 *Brachyorrhos* 的另外 3 个物种为腹带短尾水蛇 *B. gastrotaenius*、哈马黑拉短尾水蛇 *B. wallacei* 与德那第短尾水蛇 *B. raffrayi*。阿鲁群岛与莫罗泰岛种群的分类地位尚待研究。同样不具毒素与毒牙的苇水蛇属 *Calamophis* 包含分布于新几内亚岛西部及鸟头湾的 4 个物种，与短尾水蛇亲缘关系较近。

实际大小

科名	水蛇科 Homalopsidae
风险因子	后沟牙，毒性轻微，可能对人类无害
地理分布	东南亚地区：缅甸南部、泰国、马来半岛、新加坡、安达曼群岛，可能分布于加里曼丹岛、苏门答腊岛与帝汶岛
海拔	海平面
生境	河口、潮汐溪流、泥滩、红树林沼泽，偶尔进入淡水
食物	甲壳动物（虾）
繁殖方式	未知，推测为胎生
保护等级	IUCN 无危

成体长度
3 ft 7 in ~ 4 ft 3 in
(1.1 ~ 1.3 m)

538

坎氏蛇
Cantoria violacea
Cantor's Mangrove Snake
Girard, 1858

坎氏蛇的体色呈黑棕色或紫棕色，可能是意为"紫色"的种本名"*violacea*"的来源，头和身体背面具连续、较窄的黄色或白色横斑，腹面为灰色到黄色。

　　坎氏蛇的分布从印属安达曼群岛延伸至马来半岛与新加坡海岸。来自加里曼丹岛、苏门答腊岛与帝汶岛的记录则未经证实。该种栖息在河口、泥滩、红树林沼泽生境，有时进入淡水，日间躲藏在海蛄虾的洞穴中，入夜后则捕食枪虾。据推测，枪虾通过钳发出的剧烈响声与闪光及化学分泌物可能会吸引坎氏蛇前来捕食。坎氏蛇的毒素仍需研究，当地民间传说曾有坎氏蛇咬伤的致死案例。属名 *Cantoria* 来源于曾在英国东印度公司供职的丹麦医师、博物学家西奥多·坎特（Theodore Cantor，1809—1860）。

相近物种

　　坎氏蛇与格氏蛇（第 542 页）、食蟹蛇（第 541 页）及棱腹蛇（第 536 页）亲缘关系较近。坎氏蛇属目前为单型属，极度稀有的环纹水蛇 *Djokoiskandarus annulatus* 曾隶属于坎氏蛇属。

实际大小

科名	水蛇科 Homalopsidae
风险因子	后沟牙，毒性轻微，对人类无害
地理分布	东南亚地区：越南南部、马来半岛到菲律宾、印度尼西亚及东帝汶
海拔	海平面
生境	河口、泥滩、红树林、沿海水稻田
食物	鱼类，可能还有甲壳类动物、蛙类和蝌蚪
繁殖方式	卵胎生，产仔量未知
保护等级	IUCN 未列入

施氏波加丹蛇
Cerberus schneiderii
Schneider's Bockadam
(Schlegel, 1837)

成体长度
雄性
3 ft 3 in
(1.0 m)

雌性
4 ft
(1.25 m)

波加丹蛇英文俗名"Bockadam"的来源尚不明确，但因属名*Cerberus*指代希腊神话中的多头犬刻耳柏洛斯，波加丹蛇又名"狗头水蛇"。施氏波加丹蛇栖息在沿海地区的红树林沼泽、河口泥滩等生境，偶尔进入沿海水稻田中的淡水生境，甚至会在大雨过后活动于路面上。该种背鳞起棱，粗糙的身体与狭长的头部颇引人注目。双眼位于头背侧，使其可以将身体潜入水中，仅露出眼睛与瓣状鼻孔。施氏波加丹蛇主要以虾虎鱼与合齿鱼为食，偶尔捕食甲壳类，栖息在水稻田的个体还有可能在无鱼可吃的情况下捕食蛙类与蝌蚪。种本名来源于德国两栖爬行动物学家约翰·戈特洛布·施耐德（Johann Gottlob Schneider，1750—1822）。

施氏波加丹蛇体色为浅棕色或深棕色，具不规则黑色横斑与粗糙起棱的背鳞。头部狭长，眼小，位于头背侧，鼻孔呈瓣状。

相近物种

波加丹蛇属*Cerberus*曾经仅包含一个物种，即喙波加丹蛇*C. rynchops*，修订后其仅分布于南亚海岸。分布于东南亚与印度–马来群岛的种群现被修订为施氏波加丹蛇*C. schneiderii*，澳大利亚北部与新几内亚岛南部的种群为澳洲波加丹蛇*C. australis*。另外两个狭域分布的物种分别为帕劳群岛的邓氏波加丹蛇*C. dunsoni*与菲律宾吕宋岛内陆湖布希湖的细鳞波加丹蛇*C. microlepis*，后者被IUCN列为濒危物种。

实际大小

科名	水蛇科 Homalopsidae
风险因子	后沟牙，毒性轻微，对人类无害
地理分布	东南亚地区：泰国南部、柬埔寨与越南
海拔	0～25 m
生境	低地池塘、流速缓慢的水域
食物	鱼类
繁殖方式	胎生，每次产仔 9～13 条
保护等级	IUCN 无危

成体长度
30¼ in
(770 mm)

540

钓鱼蛇
Erpeton tentaculatum
Tentacled Snake
Lacépède, 1800

钓鱼蛇因其古怪的形态特征而被视为地球上最为奇特的蛇类之一，其背鳞起弱棱，每枚腹鳞具两道棱，最不同寻常的是其吻部两端具一对突出的肉质触须。钓鱼蛇栖息在泰国南部、柬埔寨与越南流速缓慢及静止的水域，在捕食小鱼时，该种会用具缠绕性的尾将自身固定在水下植被中静止不动，通过身形、色斑与身上的藻类进行伪装，当鱼靠近时才会迅速出击将其咬住并吞下。钓鱼蛇的触须或许起着侦测游鱼发出的声波、定位猎物的作用，但具体机制尚不清楚。

相近物种

钓鱼蛇虽然是水蛇科的一员，但与水蛇科现存其他物种并不具特别近的亲缘关系，一项分子生物学研究显示钓鱼蛇可能与亦见于泰国的腹斑水蛇 *Subsessor bocourti* 亲缘关系较近。

实际大小

钓鱼蛇体形纤细，为棕色或灰色，背鳞与腹鳞均起棱，最明显的特征为吻端一对突出的触须。

科名	水蛇科 Homalopsidae
风险因子	后沟牙，毒性较弱，可能对人类无害
地理分布	亚洲及澳大拉西亚：印度到新几内亚岛与澳大利亚北部
海拔	海平面
生境	河口、泥滩及红树林沼泽
食物	甲壳类动物（螃蟹和海蛄虾），还有鱼
繁殖方式	胎生，每次产仔 6～15 条
保护等级	IUCN 无危

成体长度
28 in
(710 mm)

食蟹蛇
Fordonia leucobalia
Crab-Eating Mangrove Snake
(Schlegel, 1837)

541

食蟹蛇由于腹部无斑且呈白色，又被称为白腹水蛇。作为水游蛇科分布最广的物种，该种的分布从孟加拉国的苏达班湿地、印度西孟加拉邦穿越印度–马来群岛一直延伸至新几内亚岛及澳大利亚北部。食蟹蛇在其分布区内较为常见，白天常躲藏在海蛄虾挖掘的泥洞中，随傍晚的潮水活动。该种主要以脱壳后的蟹类为食，吞食螃蟹时，食蟹蛇会利用口腔前端的牙齿咬紧、咀嚼，后沟牙则配合拆解蟹的剩余部分，将全蟹送入腹中。该种亦捕食小型海蛄虾及小鱼，其毒性被认为对人类无害。

食蟹蛇的体色变异较大，可能为通身深灰色、棕色、橙色、黄色或白色，亦可能具黑色、白色或黄色点斑。该种背鳞光滑，头呈圆形，眼小。

相近物种

与食蟹蛇亲缘关系最近的物种为格氏蛇（第 542 页）、坎氏蛇（第 538 页）及棱腹蛇（第 536 页）。该种在其分布区内常与波加丹蛇属（第 539 页）的一个物种同域分布，但波加丹蛇背鳞起棱，易与背鳞光滑的食蟹蛇区分。

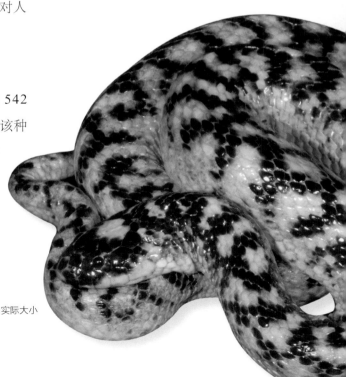

实际大小

科名	水蛇科 Homalopsidae
风险因子	后沟牙，毒性轻微，可能对人类无害
地理分布	亚洲：印度及斯里兰卡、缅甸到柬埔寨、苏门答腊岛到菲律宾
海拔	海平面
生境	红树林沼泽、河口、泥滩，偶见于岩质海岸
食物	甲壳动物（螃蟹）
繁殖方式	未知，可能为胎生
保护等级	IUCN 无危

成体长度
20½～22¾ in
(520～580 mm)

542

格氏蛇
Gerarda prevostiana
Gerard's Watersnake
(Eydoux & Gervais, 1837)

格氏蛇广泛分布于南亚与东南亚，从印度西部到菲律宾，南抵苏门答腊岛，栖息在红树林沼泽、潮汐河口、泥滩与岩质海岸，白天躲藏在海蛄虾的洞穴中，入夜后则在泥潭中捕食螃蟹，目前尚不明确其是否亦捕食鱼类。格氏蛇采取与体形更大的食蟹蛇（第541页）相似的策略，会在进食前先将螃蟹肢解。该种的毒素与繁殖策略均无研究，一条雌性被报道"怀卵5枚"可能显示其营卵生或卵胎生（胎生的一种形式）。属名 *Gerarda* 来源于曾在19世纪供职于英国博物馆的动物标本师爱德华·格拉德（Edward Gerard）。

相近物种

格氏蛇与食蟹蛇（第541页）、坎氏蛇（第538页）与棱腹蛇（第536页）亲缘关系较近。

格氏蛇背部为灰色或棕色，每枚鳞片边缘为黑色，腹部为淡黄色、乳白色或黄灰色，部分个体具一条从带灰色斑的黄色唇部延伸至尾的纵纹。背鳞光滑而有光泽。

实际大小

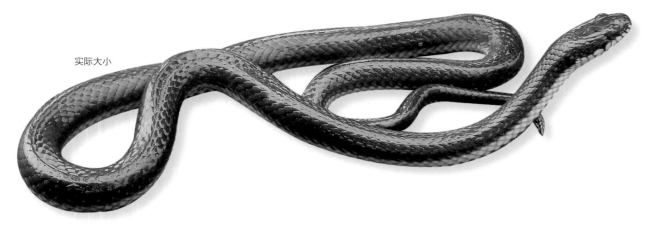

科名	水蛇科 Homalopsidae
风险因子	后沟牙，毒性轻微，对人类无害
地理分布	东南亚地区：泰国、柬埔寨、越南、马来半岛
海拔	0～10 m
生境	水浅的湿地、水库、灌溉水道、池塘
食物	鱼类
繁殖方式	胎生，每次产仔 13～33 条
保护等级	IUCN 未列入

成体长度
雄性
3 ft 5 in
(1.05 m)

雌性
4 ft 6 in
(1.38 m)

543

考氏水蛇
Homalopsis mereljcoxi
Cox's Masked Watersnake
Murphy, Voris, Murthy, Traub & Cumberbatch, 2012

考氏水蛇的眼部前后贯通一条黑色纵纹，酷似强盗戴的面具。此前，在该物种分布区内的大多数种群都被划为颊纹水蛇 *Homalopsis buccata*。近期的分类厘定将分布于泰国与柬埔寨的背部斑纹更深、背鳞行数更多的种群划为独立种考氏水蛇。考氏水蛇亦是全世界体形最大的水蛇科物种，雌性全长可达 1.3 m 以上。该种栖息在天然湿地、人造灌溉水道、池塘与水库等淡水生境，捕食淡水鱼。为供给皮草贸易，每年都有大量的考氏水蛇被采集，这种采集活动可能已对考氏水蛇的野外种群造成了危害。种本名来源于研究泰国两栖爬行动物区系的美国两栖爬行动物学家梅雷尔·"杰克"·考克斯（Merel "Jack" Cox）。

考氏水蛇体色为淡棕色，具明显的、边缘为黑色的暗棕色横纹，横纹宽中间的间隔。头背为淡棕色，具一条穿过眼的深棕色宽纵纹及一条深棕色"V"形斑。腹面为白色或黄色。

相近物种

水蛇属 *Homalopsis* 还包含其他 4 个物种，分别为：分布于印度东北部的哈氏水蛇 *H. hardwickii*，缅甸的半带水蛇 *H. semizonata*，老挝及柬埔寨的黑腹水蛇 *H. nigroventralis*，以及马来半岛、苏门答腊岛、加里曼丹岛及爪哇岛的颊纹水蛇 *H. buccata*。

实际大小

科名	水蛇科 Homalopsidae
风险因子	后沟牙，毒性轻微，对人类无害
地理分布	澳大拉西亚：澳大利亚北部及新几内亚岛南部
海拔	海平面
生境	河口、泥滩、红树林沼泽
食物	鱼类，可能捕食蟹类
繁殖方式	胎生，每次产仔 6～8 条
保护等级	IUCN 无危

成体长度
17 in
(436 mm)

544

香蛇
Myron richardsonii
Richardson's Mangrove Snake
Gray, 1849

香蛇有时因为体色被称作"灰水蛇"（Gray snake），有时因为命名人 Gray 被称作"格氏水蛇"（Gray's snake），两个英文俗名相似，十分有趣。该种分布于金伯利到约克角半岛的澳大利亚北海岸，跨越托雷斯海峡，亦分布于巴布亚新几内亚南部。香蛇体形较小，与同域分布的食蟹蛇（第541页）相比更为罕见。该种与食蟹蛇类似，栖息于红树林沼泽、泥滩和潮汐河口。它以鱼类为食，常捕食底栖性的虾虎鱼，部分研究人员指出，香蛇亦会捕食蟹类，这可能使它与分布更广、体形更大的食蟹蛇形成潜在竞争。

相近物种

香蛇属 *Myron* 曾经仅有 1 个物种，而目前已包含 3 个物种，原香蛇位于印度尼西亚阿鲁群岛的种群现被订为康氏香蛇 *M. karnsi*，西澳大利亚州布鲁姆的种群则被订为瑞氏香蛇 *M. resetari*。

实际大小

香蛇为多态性种类，有不止一个色型。通常的色型为白色或深灰色体色，背覆网状暗灰色斑纹，腹部呈白色，少数个体如本书图例呈鲜艳的橘黄色，背部有深灰色点斑。通身背鳞光滑，头部较狭长，眼的位置在头的背侧面。

科名	水蛇科 Homalopsidae
风险因子	后沟牙，毒性轻微，对人类无害
地理分布	澳大拉西亚：澳大利亚北部及新几内亚岛南部
海拔	0～280 m
生境	淡水沼泽、潟湖、溪流及排水沟
食物	鱼类、蛙类及蝌蚪
繁殖方式	胎生，每次产仔 12～15 条
保护等级	IUCN 无危

成体长度
28～29 in
(710～740 mm)

多鳞水蛇
Pseudoferania polylepis
Fly River Smooth Watersnake
(Fischer, 1886)

545

水蛇科的大多数物种都栖息于沿海的海水环境中，而多鳞水蛇却生活在从沼泽到潟湖、溪流的多种淡水生境中，甚至是村庄周围用于防洪的排水沟中。该种主要以小型淡水鱼类为食，亦捕食蛙类及蝌蚪。多鳞水蛇的毒液能迅速制服蛙类。虽然此前有人类被其咬伤的记录，却无任何症状被记录下来，该种也因此被认为不对人类构成威胁。在巴布亚新几内亚的西部省，当地村庄的居民甚至还会捕捉多鳞水蛇作为食物。

多鳞水蛇的体色呈橄榄绿色到棕色，部分个体全身接近黑色，腹部呈黄色到橙色。头侧或显一条橘黄色带纹，幼体身体多具带纹，但很多个体身体背通身呈单色。背鳞光滑而有光泽，眼较小，位于狭长的头部的背侧面。

相近物种

多鳞水蛇最初被置于物种众多的水蛇属 *Enhydris* 中，后续对该属的分类学研究将多鳞水蛇置于单型属多鳞水蛇属 *Pseudoferania* 中。大多数学者将得名于澳大利亚博物学家约翰·威廉·麦克莱（John William Macleay，1820—1891）的麦氏水蛇 *P. macleayi* 视为多鳞水蛇的同物异名。麦氏水蛇采集自新几内亚岛南部，与多鳞水蛇的区别在于多鳞水蛇的鼻间鳞与颊鳞相切，麦氏水蛇则不相切。

实际大小

科名	钝头蛇科 Pareatidae
风险因子	无毒
地理分布	东南亚地区：马来半岛
海拔	1184～2050 m
生境	山地热带雨林、云雾森林及苔藓森林
食物	蛞蝓，可能也食蜗牛
繁殖方式	可能为卵生
保护等级	IUCN 未列入

546

成体长度
19¾～28¾ in
(500～729 mm)

黑森林弱钝头蛇
Asthenodipsas lasgalenensis
Mirkwood Forest Slug-Snake

Loredo, Wood, Quah, Anuar, Greer, Ahmad & Grismer, 2013

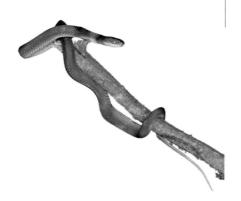

黑森林弱钝头蛇身体侧扁，体形纤细，头宽而钝，瞳孔呈竖直椭圆形，背鳞光滑。成体通身为棕色，幼体为橙色到灰色，具菱形斑纹与一道较淡的脊纹。上下唇为白色，边缘为黑色，头部为棕色到黑色，眼为暗红色或亮橙色。

黑森林弱钝头蛇栖息于高海拔云雾森林与苔藓森林，种本名 "lasgalenensis" 来源于其生境酷似 J. R. R. 托尔金（J. R. R. Tolkien）小说《魔戒》系列"辛达林语"的黑森林（Mirkwood）及绿叶森林（Eryn Lasgalen）。该种为全世界食蛞蝓或蜗牛的蛇类在亚洲的代表，为钝头蛇科的一员，夜间会在低矮的热带植被上捕食蛞蝓，可能也食蜗牛。不同于其他能捕食大体形猎物的蛇类，钝头蛇科物种的下颌没有颌沟（能使嘴巴扩张的松弛的皮肤褶），因此它们的嘴巴不能扩张得很大。黑森林弱钝头蛇可能与近亲马来亚弱钝头蛇 *Asthenodipsas malaccanus* 一样营卵生。

相近物种

黑森林弱钝头蛇与山弱钝头蛇 *Asthenodipsas vertebralis* 同域分布，同属近亲还包括马来亚弱钝头蛇 *A. malaccanus*、南洋弱钝头蛇 *A. laevis* 与苏门答腊岛弱钝头蛇 *A. tropidonotus*。近缘种单楯蛇 *Aplopeltura boa* 广泛分布于东南亚。

实际大小

科名	钝头蛇科 Pareatidae
风险因子	无毒
地理分布[①]	东南亚地区：缅甸、泰国、越南、老挝、柬埔寨、马来西亚及印度尼西亚
海拔	550～1780 m
生境	低地及山麓森林
食物	蛞蝓及蜗牛
繁殖方式	卵生，每次产卵 3～8 枚
保护等级	IUCN 无危

成体长度
19¾～23¾ in
(500～600 mm)

棱鳞钝头蛇
Pareas carinatus
Keeled Slug-Snake
(Boie, 1828)

547

棱鳞钝头蛇的背鳞中有 2 行轻微棱，而其他大多数钝头蛇的背鳞则光滑无棱。该种的分布广泛，从缅甸一直延伸至印度尼西亚的巴厘岛，偏好中低海拔的低地或山麓森林环境，偶见于其他生境。虽然英文俗名为"食蛞蝓蛇"，但棱鳞钝头蛇除蛞蝓外亦食蜗牛，捕食蜗牛时会先将其壳咬紧，再利用牙齿将肉强行从壳中拉出。在全世界范围内，食蛞蝓、蜗牛的蛇类除亚洲的钝头蛇、单楯蛇、弱钝头蛇（第 546 页）外，还有南美洲的食螺蛇（第 273～274 页）、钝蛇（第 290～291 页）、茅形蛇（第 292 页）及非洲的食蛞蝓蛇（第 384 页）。

棱鳞钝头蛇身体侧扁，尾具缠绕性，头钝，呈圆形，眼前向，较大，瞳孔为竖直椭圆形。体色多为淡棕色、红色或黄色，背脊中央具明显的淡棕色横纹。

相近物种

棱鳞钝头蛇具 2 个亚种，指名亚种见于其分布区内的绝大多数区域，而无斑亚种 *Pareas carinatus unicolor* 则分布于柬埔寨。钝头蛇属 *Pareas* 包含另外 14 个物种，分布于印度、中国、琉球群岛到加里曼丹岛，部分物种与棱鳞钝头蛇同域分布。

实际大小

① 依据近期发表的研究成果，中南半岛地区（包括中国云南）原记录的棱鳞钝头蛇应改订为新恢复有效性的物种贝氏钝头蛇 *Pareas berdmorei*。详见Poyarkov et al., 2022。——译者注

科名	闪皮蛇科 Xenodermatidae
风险因子	无毒
地理分布	东亚地区：中国台湾中部、琉球群岛南部
海拔	2000 m 以下
生境	凉爽、湿润的雨林落叶层
食物	蚯蚓
繁殖方式	卵生，产卵量未知
保护等级	IUCN 无危

成体长度
33½ in
(853 mm)

548

台湾脊蛇
Achalinus formosanus
Taiwan Odd-Scaled Snake
Boulenger, 1908

台湾脊蛇背部为棕色，具一条黑色纵条纹，背鳞起强棱，完全融入皮肤。腹面为黄色，头较狭长，长度是宽度的两倍以上，鳞片具有虹彩光泽。

闪皮蛇科成员的鳞片完全融入皮肤，不同于大多数蛇类的鳞片仅有前缘融入皮肤。脊蛇属 *Achalinus* 物种多为中小体形，性情隐秘，营半穴居生活，躲藏在腐烂的倒木下或较深的落叶层下捕食蚯蚓，大雨过后可能会出现在地表层，有时还会穿越路面。脊蛇高度依赖凉爽、湿润的雨林生境，如从自然环境中被移走，便会很快因脱水而死亡。台湾脊蛇分布于台湾岛及琉球群岛南部。

相近物种

台湾脊蛇具 2 个亚种，指名亚种 *Achalinus formosanus formosanus* 分布于中国台湾，另一亚种 *A. f. chigirai* 见于琉球群岛南部的西表岛与石垣岛。台湾脊蛇与同为台湾岛分布的阿里山脊蛇 *A. niger*、琉球群岛中部的魏氏脊蛇 *A. werneri*、日本本岛的黑脊蛇 *A. spinalis*[1] 最为相似。脊蛇属共有 9 个物种。

实际大小

---
① 黑脊蛇亦见于中国与越南北部。——译者注

科名	闪皮蛇科 Xenodermatidae
风险因子	无毒
地理分布	东南亚地区：老挝北部[1]
海拔	360～890 m
生境	喀斯特地貌中的常绿森林
食物	未知
繁殖方式	未知
保护等级	IUCN 未列入

成体长度
11¼～14 in
(285～353 mm)

老挝拟须唇蛇
Parafimbrios lao
Laotian Bearded Snake
Teynié, David, Lottier, Le, Vidal & Nguyen, 2015

549

拟须唇蛇属 *Parafimbrios* 描述于 2015 年，仅有采集自老挝北部喀斯特地貌下常绿森林的 2 例标本记录。老挝拟须唇蛇与须唇蛇属 *Fimbrios* 物种相似，下唇具由小鳞片构成的须状结构，但其须状特化鳞片无法在图画与照片中体现。除此以外，老挝拟须唇蛇的特别之处还在于其体侧下半部分与腹鳞相接处的背鳞为双行，一行较大，另一行较小，这一特征除本种外仅见于爪哇岛闪皮蛇（第 551 页）。老挝拟须唇蛇的生活史完全未知，根据近亲须唇蛇的资料推测，老挝拟须唇蛇可能为陆栖或半水栖性，栖息在凉爽、潮湿、近溪流的森林落叶层，可能与须唇蛇 *F. klossi* 一样以鱼类、两栖动物、蚯蚓为食。

老挝拟须唇蛇体形小，背鳞起棱，完全融入皮肤，头部呈圆形。体色为灰色，腹面颜色较淡，颈部具或不具较粗的白斑。下唇具由小鳞片构成的须状结构。

相近物种

老挝拟须唇蛇与分布于越南南部、老挝、柬埔寨的须唇蛇 *Fimbrios klossi* 及史氏须唇蛇 *F. smithi* 相似。须唇蛇属的属名 "*Fimbrios*" 意为 "有丝的"，得名于须唇蛇下颌特化为须状的唇鳞。拟须唇蛇属的属名 "*Parafimbrios*" 则意为 "类似须唇蛇"。最近，拟须唇蛇属的第二个物种——越南拟须唇蛇 *P. vietnamensis* 被描述发表于越南。

实际大小

---

① 亦见于中国云南南部、泰国和越南。——译者注

科名	闪皮蛇科 Xenodermatidae
风险因子	无毒
地理分布	东南亚地区：马来西亚属加里曼丹岛区域（沙巴州和砂拉越州），也可能分布于印度尼西亚属加里曼丹岛区域的加里曼丹省
海拔	800～1800 m
生境	近溪流的山麓与山地雨林
食物	未知
繁殖方式	未知
保护等级	IUCN 无危

成体长度
29½ in
(750 mm)

550

婆罗史氏蛇
Stoliczkia borneensis[1]
Borneo Stream Snake
(Boulenger, 1899)

婆罗史氏蛇仅分布于马来西亚沙巴州的基纳巴卢山、特鲁斯马迪山、克罗克山与砂拉越州的毛律山。该种眼前方具数枚小鳞，颇为独特。背鳞起强棱，棱上具小节。婆罗史氏蛇鲜为人知，栖息于山地与山麓雨林，为夜行性树栖蛇类，其食性与繁殖方式完全未知。史氏蛇属 *Stoliczkia* 得名于曾在亚洲开展研究的捷克两栖爬行动物学家费迪南德·史托里奇卡（Ferdinand Stoliczka，1838—1874）。

相近物种

史氏蛇属 *Stoliczkia* 的另一物种为分布于印度东北部阿萨姆邦与梅加拉亚邦的卡西史氏蛇 *S. khasiensis*，后者的眼前方没有小鳞。

婆罗史氏蛇的体形极为细长，身体侧扁，头部呈球状，远宽于身体，背鳞起强棱，眼突出，鼻孔较宽，尾长占全长的近 30%。体色为红棕色或蓝黑色，具黑色棋盘状斑纹，腹面为棕色，无斑。

实际大小

---

①近期，以该物种为模式种建立了单型属——拟闪皮蛇属 *Paraxenodermus*。——译者注

科名	闪皮蛇科 Xenodermatidae
风险因子	无毒
地理分布	东南亚地区：缅甸、泰国、马来西亚、印度尼西亚、爪哇岛、苏门答腊岛与加里曼丹岛
海拔	500～1100 m
生境	低地雨林与农业用地
食物	蛙类
繁殖方式	卵生，每次产卵 2～5 枚
保护等级	IUCN 无危

成体长度
23¾～25½ in
(600～650 mm)

爪哇岛闪皮蛇
Xenodermus javanicus
Dragon Snake
Reinhardt, 1836

551

爪哇岛闪皮蛇通身被细小的粒鳞，背部具 5 行扩大、起棱的背鳞，其中，背中央具 3 行，身体两侧各具 1 行。这些扩大的棱鳞与传说中的龙有相似之处，这或许是爪哇岛闪皮蛇俗名"龙蛇"的来源。当然，"爪哇岛棱背蛇"或许是与该种形态特征更为贴切的俗称。虽然广泛分布于缅甸到加里曼丹岛与爪哇岛，但爪哇岛闪皮蛇因其夜行、半穴居习性与隐秘的生活史而较难在野外遇见。该种白天会躲藏在倒木下，入夜后在靠近溪流的雨林落叶层捕食蛙类。爪哇岛闪皮蛇偶见于被变更为农业用地的生境，雌性一次能产卵 2～5 枚。

爪哇岛闪皮蛇体形纤细，背鳞排列不同寻常，背中央具 3 行、两侧具 2 行扩大起棱背鳞，其余背鳞为细小的粒鳞。头部除鼻鳞外，皆被粒鳞。背面为暗灰色，腹面为灰白色。

相近物种

闪皮蛇属 *Xenodermus* 为闪皮蛇科的模式属，闪皮蛇科物种的鳞片融入皮肤，具 18 个物种，隶属于 6 个属，本书涵盖了其中的 4 个属，仅未收录包含 3 个物种的木蛇属 *Xylophis* 与包含 2 个物种的须唇蛇属 *Fimbrios*。爪哇岛闪皮蛇在形态上与婆罗史氏蛇（第 550 页）最为接近，但后者不具高于其余鳞片的起棱背鳞。

实际大小

科名	蝰科 Viperidae；白头蝰亚科 Azemiopinae
风险因子	有毒：神经毒素与抗凝血素
地理分布	中南亚地区：中国南部（云南）、缅甸北部、越南
海拔	600～2000 m
生境	喀斯特地貌下的云雾森林、竹林与蕨林
食物	小型哺乳动物（鼠类及鼩鼱）
繁殖方式	卵生，每次产卵最多 5 枚
保护等级	IUCN 无危

成体长度
2 ft 4 in～3 ft 3 in
(0.7～1.0 m)

552

黑头蝰
Azemiops feae
Fea's Viper

Boulenger, 1888

黑头蝰为深灰色，体背具鲜艳的橙色横斑，头部为白色，头背具一条黑色的箭头状宽斑。近缘种白头蝰头背亦为白色，但具一对橙色条纹。瞳孔呈竖直椭圆形，为典型的蝰科蛇类特征。

白头蝰亚科仅具白头蝰属 *Azemiops* 一个属，被视为蝰科最为原始的类群，与起源于中南亚的蝰科始祖较为接近。由于黑头蝰不具颊窝、背鳞光滑、头背具大鳞，而多数亚洲蝰蛇背鳞起棱、头背具粒鳞，黑头蝰最早竟被视为眼镜蛇科的成员。除形态特征以外，黑头蝰与大多数眼镜蛇科成员一样为卵生，不同于绝大多数蝰蛇为胎生。该种主要捕食栖息在喀斯特地貌森林小溪边的鼩鼱，在生境选择上依赖高湿度及低温的环境，无法在热或干旱的条件下生存，因此其生存受森林砍伐的影响较深。虽然有毒，但来自黑头蝰的咬伤案例仅导致轻微的症状。

相近物种

黑头蝰在长达 125 年的时间里曾被视为单一物种，近期则被拆分为 2 个物种。分布于西部的种群因头背较宽的箭头状斑被称为黑头蝰，东部的种群头背为白色，具一对橙色的条纹，故被描述为独立物种白头蝰 *Azemiops kharini*，种本名致敬俄罗斯两栖爬行动物学家、鱼类学家弗拉基米尔·哈林（Vladimir Kharin，1957—2013）。

实际大小

科名	蝰科 Viperidae；蝮亚科 Crotalinae
风险因子	有毒：促凝血素和溶血性毒素
地理分布	北美洲：美国东南部和东部至墨西哥东北部，不包括佛罗里达半岛
海拔	0～500 m，极少情况至 1500 m
生境	干燥的落叶松栎林或针叶林，尤其是多岩石的山坡上，常靠近水源
食物	小型哺乳动物、鸟类、蜥蜴、其他蛇类
繁殖方式	胎生，每次产仔 2～18 条
保护等级	IUCN 无危

成体长度
3 ft 3 in～4 ft 3 in
(1.0～1.3 m)

铜头蝮
Agkistrodon contortrix
Copperhead
(Linnaeus, 1766)

553

铜头蝮得名于其与众不同的紫铜色或红色头部。它常见于美国东部多岩石、多乔木的山坡，有时与木纹响尾蛇（第 577 页）共享一片栖息地。铜头蝮偏爱有永久或半永久水源的区域。这种蛇在墨西哥东北部的数量很少，也不分布于佛罗里达半岛。铜头蝮通过用尾部猛烈敲击地上的落叶来警告入侵者，如果被捉住，它还会释放腥辣的气味。尽管它的猎物以小型哺乳动物为主，包括小鼠、松鼠至幼年的负鼠，铜头蝮也会捕食鸟类、蜥蜴和其他蛇类。人类被铜头蝮咬伤的案例相对较多，虽然极少致死，但也曾有人丧命。被咬伤后，人会感到局部疼痛肿胀、恶心、头疼、晕眩及浑身乏力。

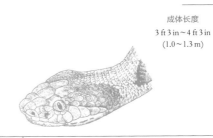

铜头蝮的背面为浅棕黄色，具一列橘黄色或棕色的哑铃状色斑。各个亚种之间的区别在于哑铃状色斑的宽度及色斑是否具黑边。

相近物种

分布于澳大利亚的澳铜蛇属（第 491 页）虽然英文名中也有"铜头蝮"（Copperhead）一词，但它属于眼镜蛇科，与美洲的铜头蝮没有亲缘关系。铜头蝮包含了 5 个亚种，分布于美国东部和东南部，分别是指名亚种 *Agkistrodon contortrix contortrix*、宽纹亚种 *A. c. laticinctus*、北部亚种 *A. c. mokasen*[1]、棕腹亚种 *A. c. phaeogaster* 及彩腹亚种 *A. c. pictigaster*[2]。与铜头蝮亲缘关系最近的是食鱼蝮（第 554 页）。

实际大小

---

① 该亚种现已被提升为独立种，为宽纹铜头蝮 *A. laticinctus*。——译者注
② 该亚种现已被作为宽纹铜头蝮 *A. laticinctus* 的亚种。——译者注

科名	蝰科 Viperidae；蝮亚科 Crotalinae
风险因子	剧毒：促凝血素、溶血性毒素、肌肉毒素
地理分布	北美洲：美国东南部、东部和中部，包括佛罗里达半岛
海拔	0 ～ 700 m
生境	流速缓慢的河流及其支道、湖泊、沼泽
食物	鱼类、蛙类、小型哺乳动物、爬行动物、鸟类及鸟卵
繁殖方式	胎生，每次产仔 4 ～ 11 条
保护等级	IUCN 无危

成体长度
3 ft 3 in～5 ft
(1.0～1.5 m)

554

食鱼蝮
Agkistrodon piscivorus
Cottonmouth
(Lacépède, 1789)

食鱼蝮通常为浅灰色或褐色，背面有深灰色或褐色马鞍形斑纹。成体的斑纹可能较为模糊，导致整体呈均一的深色。棉白色的口腔很容易暴露它的身份。具毒牙、热感应颊窝以及竖直的椭圆形瞳孔，可以将食鱼蝮与无毒的水蛇区分开来。

食鱼蝮又称棉口蝮，因为它在自卫时会张开大口，其口腔内部为白色。美洲原住民称食鱼蝮为 "Water Moccasin"（水噬鱼蛇），以区分亲缘关系较近的 "Highland Moccasin"（高地噬鱼蛇）——铜头蝮（第 553 页）。与大部分蝮蛇不同，食鱼蝮为水栖蛇类，生活在各种水体中，从流速缓慢的河流到红树林沼泽都有其踪迹，偶尔也出没于草地和林地中。食鱼蝮的猎物包罗万象，包括各种鱼类、两栖动物、其他爬行动物、小型哺乳动物、鸟类及鸟卵，甚至这些动物的尸体，不过它主要还是在夜晚捕食鱼类和蛙类。人被咬伤后可能会丧命，可能因组织坏死而截肢。

相近物种

食鱼蝮包括 3 个亚种，分别是东部的指名亚种 *Agkistrodon piscivorus piscivorus*、西部亚种 *A. p. leucostoma* 和佛罗里达亚种 *A. p. conanti*[1]。这 3 个亚种都容易与美洲水蛇属（第 417～420 页）相混淆，比如其中的环纹美洲水蛇 *Nerodia fasciata* 或菱斑美洲水蛇（第 420 页）。

实际大小

[1] 该亚种最近已经提升为独立种。——译者注

科名	蝰科 Viperidae；蝮亚科 Crotalinae
风险因子	剧毒：促凝血素、出血性毒素、肌肉毒素
地理分布	北美洲：墨西哥西北部（塔毛利帕斯州、圣路易斯波托西州、新莱昂州、伊达尔戈州、韦拉克鲁斯州）
海拔	0 ～ 600 m
生境	豆科灌丛草原、荆棘森林、热带落叶林
食物	小型哺乳动物、蛙类、蜥蜴
繁殖方式	胎生，每次产仔 3 ～ 10 条
保护等级	IUCN 无危

成体长度
23¾ ～ 35½ in,
偶见 3 ft 3 in
（600 ～ 900 mm,
偶见 1.0 m）

泰勒蝮
Agkistrodon taylori
Ornate Cantil
Burger & Robertson, 1951

泰勒蝮又称饰纹蝮，分布于墨西哥西北部，与墨西哥蝮 *Agkistrodon bilineatus* 各亚种的分布区相隔甚远。它生活在原始森林、荆棘森林以及多岩石的喀斯特山坡上，也会出没于豆科灌丛草原。它多在晨昏时出来活动，阴天时也很活跃。墨西哥蝮的这个类群整体毒性比它的北美洲亲戚更强，比如铜头蝮（第 553 页）及食鱼蝮（第 554 页）。人如果被其咬伤，很容易丧命。幼体的尾梢为黄色，能诱使猎物进入攻击范围。这种手段被称为"尾部引诱"，常见于捕食两栖动物的蛇类。幼体的食物为蛙类和蜥蜴，成体则捕食小型哺乳动物。

泰勒蝮的幼体斑纹鲜艳，具浅灰色和深灰色马鞍形斑纹，体侧有黄色斑点，头部有五条明显的纵纹。随着年龄增长，马鞍形斑纹逐渐变得模糊，颜色几乎变成黑色，但体侧的黄斑和头部纵纹得以保留。泰勒蝮与墨西哥蝮外形差异较大，后者几乎全身褐色。

相近物种

泰勒蝮曾经是墨西哥蝮 *Agkistrodon bilineatus* 的一个亚种。墨西哥蝮分布于墨西哥西海岸至萨尔瓦多。还有另外 2 个亚种最近也提升为种，即分布于洪都拉斯西岸至哥斯达黎加的霍氏蝮 *A. howardgloydi* 及尤卡坦半岛的墨西哥和伯利兹的尤卡坦蝮 *A. russeolus*。

实际大小

科名	蝰科 Viperidae：蝮亚科 Crotalinae
风险因子	有毒：促凝血素、抗凝血素，可能还有出血性毒素
地理分布	北美洲和中美洲：墨西哥南部至巴拿马
海拔	40 ~ 1600 m
生境	热带森林、河畔植被、松栎林、云雾森林、稀树草原中的林地
食物	小型哺乳动物、蜥蜴、直翅目昆虫
繁殖方式	胎生，每次产仔 13 ~ 36 条
保护等级	IUCN 未列入

成体长度
19¾ ~ 35½ in
(500 ~ 900 mm)

556

石板蝮[1]
Atropoides mexicanus
Central American Jumping Pitviper
(Duméril, Bibron & Duméril, 1854)

石板蝮体形粗短，头部宽。斑纹变化较多，通常以褐色或灰色为底色，背脊正中有一列菱形色斑，体侧有与之对应的斑点。石板蝮属中，色斑及头部的鳞被（scalation）是重要的分类依据。

尽管石板蝮的种本名为 "*mexicanus*"（墨西哥的），这种蛇其实主要分布于墨西哥以南至巴拿马的地区。它是该属中分布最广的种类，生活在森林边缘、溪流两岸、山区松栎林以及云雾森林。石板蝮体形粗短，当它做防御姿态时，会把身体盘成一圈，头位于正中，张着大嘴，随时可能向前发动攻击，甚至把整个身子弹射出去，所以又有人称它为"会跳的蝮蛇"，不过这种蛇能跃起的距离常常被夸大。石板蝮的食物包括蚱蜢、蜥蜴和鼠类。它的毒液不如其他蝮蛇那么强，这也许是石板蝮在攻击后会咬住猎物不放的原因。

相近物种

在墨西哥南部至萨尔瓦多的区域还分布着另外 3 个石板蝮类物种，分别是跳跃石板蝮 *Atropoides nummifer*[1]、西部石板蝮 *A. occiduus*[2] 和奥尔梅克石板蝮 *A. olmec*[3]。新近发现的暴虐石板蝮 *A. indomitus*[4] 仅分布于洪都拉斯的一小片山区，被 IUCN 列为濒危物种。在哥斯达黎加和巴拿马，石板蝮与拉帕尔马跳蝮 *A. picadoi*[5] 同域分布。

① *Atropoides mexicanus* 已经于 2019 年从跳蝮属 *Atropoides* 中被移出，另立新属——石板蝮属 *Metlapilcoatlus*，改为 *M. mexicanus*。——译者注
② 现为 *M. nummifer*。——译者注
③ 现为 *M. occiduus*。——译者注
④ 现为 *M. olmec*。——译者注
⑤ 现为 *M. indomitus*。——译者注
⑥ 目前，跳蝮属 *Atropoides* 只剩下这一个物种。——译者注

实际大小

科名	蝰科 Viperidae；蝮亚科 Crotalinae
风险因子	有毒：促凝血素，可能还有出血性毒素
地理分布	中美洲：哥斯达黎加中部和巴拿马
海拔	1000 ～ 3000 m 以上
生境	山地及云雾森林
食物	蜥蜴、树蛙、鸟类、小型哺乳动物
繁殖方式	胎生，每次产仔 4 ～ 8 条
保护等级	IUCN 未列入

成体长度
19¾～31½ in
(500～800 mm)

黑绿棕榈蝮
Bothriechis nigroviridis
Black-Speckled Palm-pitviper
Peters, 1859

557

中美洲的棕榈蝮属 *Bothriechis*、东南亚的竹叶青属（第 598～602 页）及非洲的树蝰属（第 605～609 页）占据了相同的生态位，均为树栖毒蛇，捕食同样生活在树上的脊椎动物，包括蜥蜴、树蛙到鸟类和啮齿类动物，并且其中不少蛇类都生活在山地环境里。黑绿棕榈蝮同样为山地蛇类，生活在海拔 1000～3000 m 的云雾森林和湿润森林中。尽管它在这类环境中较为常见，但一旦环境遭到破坏或被开垦为耕地，黑绿棕榈蝮很快就消失了，因为它对湿度、温度及光照的变化非常敏感。人被其咬伤后，伤口会剧烈疼痛，会感到头晕及呼吸困难。目前尚未有致死的案例，但不能排除这种可能性。

相近物种

棕榈蝮属 *Bothriechis* 还有另外 10 个物种，其中有 3 种与黑绿棕榈蝮同域分布，即哥斯达黎加棕榈蝮 *B. lateralis*、睫角棕榈蝮（第 558 页）及最近发表的塔拉曼卡棕榈蝮 *B. nubestris*。哥斯达黎加棕榈蝮全身为绿色，具黄色和黑色短横纹，睫角棕榈蝮具明显的"睫毛"，所以这两种蛇很容易与黑绿棕榈蝮区分。然而区分塔拉曼卡棕榈蝮与黑绿棕榈蝮则需要近距离的比较。棕榈蝮属其他物种则分布于墨西哥南部至洪都拉斯。

黑绿棕榈蝮通常全身翠绿色，少数个体为黄绿色，所有鳞片上均渲染了黑色色素，尤其是背面。鳞片之间的皮肤也为黑色。黑绿棕榈蝮体形细长但有力，尾部长而具缠绕性，便于攀爬及在高空捕食时固定身体。

实际大小

科名	蝰科 Viperidae；蝮亚科 Crotalinae
风险因子	有毒：促凝血素，可能还有出血性毒素
地理分布	北美洲、中美洲和南美洲：墨西哥南部至南美洲北部
海拔	0 ～ 2500 m，偶尔至 2600 m
生境	低地原始及次生雨林
食物	蜥蜴、树蛙、鸟类、小型哺乳动物
繁殖方式	胎生，每次产仔 2 ～ 20 条
保护等级	IUCN 未列入

558

成体长度
19¾ ～ 25½ in，
偶见 31½ in
(500 ～ 650 mm，
偶见 800 mm)

睫角棕榈蝮
Bothriechis schlegelii
Eyelash Palm-pitviper
(Berthold, 1846)

睫角棕榈蝮是拉丁美洲最为人所知、照片最多且体色最多变的毒蛇。从墨西哥南部的恰帕斯州至哥伦比亚与厄瓜多尔，包括委内瑞拉和秘鲁边境，都能见到它的踪迹。睫角棕榈蝮是棕榈蝮属中分布最广的物种。睫角棕榈蝮名称中的"睫角"源于它眼睛上方一丛类似睫毛的角状突起。睫角棕榈蝮经常出没于低地森林和小溪边，尤其是晚上，捕食小型树栖脊椎动物。它的猎物包括蜥蜴（比如安乐蜥）、树蛙以及小型哺乳动物如蝙蝠和小鼠，甚至是睡梦中的鸟类。有报道称睫角棕榈蝮偶尔还会同类相食。经常有人被这种蛇咬伤，数人因此而丧命。

睫角棕榈蝮由于眼睛上有睫毛状突起，一眼就能被认出来。在它辽阔的分布区内，存在着多种色斑形态，有的个体黄绿斑驳，类似地衣，有的整体绿色或褐色，具深色斑点，有的全身锈红色，还有一种分布于哥斯达黎加的被称为"oropel"的金黄色形态。

相近物种

棕榈蝮属 *Bothriechis* 包含 11 个物种，所有物种的分布区都与睫角棕榈蝮重叠，但只有斑点棕榈蝮 *B. supraciliaris* 的外形与睫角棕榈蝮非常相似。斑点棕榈蝮分布于哥斯达黎加西南部与巴拿马交界的一小块区域，眼睛上也长着肉质的睫毛状突起。但是斑点棕榈蝮的色斑位于体侧，而睫角棕榈蝮的色斑横跨脊背。

实际大小

科名	蝰科 Viperidae：蝮亚科 Crotalinae
风险因子	有毒：促凝血素，可能还有出血性毒素
地理分布	南美洲：亚马孙河上游，包括巴西、哥伦比亚、厄瓜多尔、秘鲁、玻利维亚
海拔	800 ~ 1000 m
生境	低地热带雨林
食物	蜥蜴和小型哺乳动物
繁殖方式	胎生，每次产仔 3 ~ 13 条
保护等级	IUCN 未列入

成体长度
雄性
13¾ ~ 21 in
(350 ~ 530 mm)

雌性
19¾ ~ 31¾ in
(500 ~ 803 mm)

559

猪鼻蟾头蝮
Bothrocophias hyoprora
Amazonian Toad-Headed Pitviper
(Amaral, 1935)

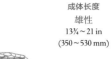

　　蟾头蝮属 *Bothrocophias* 包含了 6 种体形粗短的陆栖蝮蛇，分布于南美洲西北部的亚马孙河上游和安第斯山麓，其中几种均生活在海拔 2000 m 的地方。不过猪鼻蟾头蝮是一种低地蛇类，它也是属内分布最广的物种，整个亚马孙河源头，包括哥伦比亚至玻利维亚，东至亚马孙河流域地区都有其踪迹。它是一种守株待兔型的猎手，捕食陆栖蜥蜴和啮齿类动物。猪鼻蟾头蝮具有雌雄二态性，即雌性体形比雄性大得多。成人被其咬伤后会失去意识，出现水肿和大出血。至少有一名儿童因被其咬伤而丧生。

猪鼻蟾头蝮长着一个微微上翘的吻端。它是一种体形粗短的陆栖蝮蛇，背面深褐色与浅褐色的横斑交错。当它趴在落叶堆中的时候，这种色斑能打破身体的轮廓，利于伪装。

相近物种

　　猪鼻蟾头蝮曾被认为与分布于中美洲与南美洲太平洋沿岸的大鼻猪鼻蝮（第 593 页）亲缘关系较近，并被错误地放入猪鼻蝮属。这两种蛇都有标志性的向上翘起的吻端，很有可能是趋同演化的结果。在其他方面，猪鼻蟾头蝮的外形与小眼蟾头蝮 *Bothrocophias microph-thalmus* 相近，但后者分布于猪鼻蟾头蝮分布范围以西的安第斯山麓。

实际大小

科名	蝰科 Viperidae：蝮亚科 Crotalinae
风险因子	剧毒：促凝血素，可能还有出血性毒素、肌肉毒素、肾毒素
地理分布	南美洲：仅分布于巴西圣保罗以西 35 km 的阿尔卡特拉济斯岛
海拔	3～266 m
生境	大西洋沿岸森林
食物	蜈蚣和蜥蜴
繁殖方式	胎生，每次产仔 1～2 条
保护等级	IUCN 极危

成体长度
15¾～19¾ in
(400～500 mm)

560

阿岛矛头蝮
Bothrops alcatraz
Alcatrazes Lancehead
Marques, Martins & Sazima, 2002

阿岛矛头蝮是一种体形细小的岛屿物种，背面浅褐色，具有不规则的深褐色横纹，使它能很好地隐藏于落叶堆中。由于阿岛矛头蝮的体形比大陆的其他矛头蝮属物种小，就显得眼睛很大。阿岛矛头蝮实际上就是一个岛屿侏儒化的例子。

阿岛矛头蝮仅分布于巴西圣保罗海岸以西 35 km 的阿尔卡特拉济斯岛（Alcatrazes Island，面积 1.35 km²）。这个岛的名称容易与美国加利福尼亚州的阿尔卡特拉斯岛（Alcatraz Island）相混淆（"alcatraz"的意思是军舰鸟）。生活在大陆上的矛头蝮属物种主要以小型哺乳动物为食，而巴西的阿尔卡特拉济斯岛上却没有任何哺乳动物，于是阿岛矛头蝮体形变得迷你，转而以捕食蜈蚣为生，偶尔也吃蜥蜴。它是为数不多的在成体阶段依然捕食外温动物（冷血动物）的矛头蝮种类之一。阿岛矛头蝮的体形、猎物以及毒液组成均停留在幼体阶段。由于雌性体形小，每胎产仔的数量也很少，再加上阿尔卡特拉济斯岛一直被巴西海军作为炮兵练习的靶场，故而阿岛矛头蝮成为 IUCN 极危的物种。

相近物种

阿岛矛头蝮的外形与生活在大陆的美洲矛头蝮（第 568 页）最为相似，但在生态位上则更像附近的大凯马达岛上的海岛矛头蝮（第 567 页）。这两种蛇与阿岛矛头蝮的亲缘关系最近。

实际大小

科名	蝰科 Viperidae：蝮亚科 Crotalinae
风险因子	剧毒：促凝血素，可能还有出血性毒素和细胞毒素
地理分布	南美洲南部：巴西南部、乌拉圭、巴拉圭、阿根廷北部
海拔	0 ～ 700 m
生境	森林、甘蔗种植园、沼泽、草地
食物	小型哺乳动物（啮齿类和豚鼠）
繁殖方式	胎生，每次产仔 3 ～ 26 条
保护等级	IUCN 未列入

成体长度
5 ft 2 in～6 ft 7 in
(1.6～2.0 m)

美丽矛头蝮
Bothrops alternatus
Urutu

Duméril, Bibron & Duméril, 1854

美丽矛头蝮体形粗壮，头部像其他同属物种一样，宽似矛头。在巴西，人们常称之为 "Urutu"。它分布于巴西南部、乌拉圭、巴拉圭和阿根廷北部的低地环境中，尤其是靠近水源的地方，比如湿地、沼泽或河边草地。美丽矛头蝮是一种大型毒蛇，以啮齿类和豚鼠科的动物为食，比如豚鼠。它是具有重要医学意义的物种，因为它常被甘蔗地等种植园中大量的啮齿动物吸引而来，往往会对农业工人形成威胁。人被其咬伤后很少会有生命危险，但可能出现组织坏死以致截肢。

美丽矛头蝮是矛头蝮属中斑纹最特殊的种类之一，体形粗壮，头大。背面斑纹明显，如同一排老式电话。头顶和侧面还有一些边缘为浅色的深色斑纹。

相近物种

美丽矛头蝮至少与其他十多种矛头蝮同域分布，但由于其斑纹特殊，很容易与大部分物种区分开来。个别矛头蝮种类身上有与其类似的斑纹，尤其是柯蒂拉矛头蝮 *Bothrops cotiara*、丰氏矛头蝮 *B. fonsecai*、巴西矛头蝮 *B. jararacussu* 以及莫氏矛头蝮 *B. moojeni*，但都没有美丽矛头蝮那么色彩分明。

实际大小

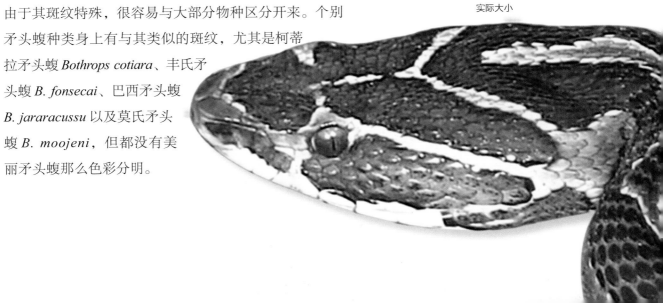

科名	蝰科 Viperidae：蝮亚科 Crotalinae
风险因子	剧毒：促凝血素，可能还有细胞毒素
地理分布	南美洲南部：阿根廷
海拔	0 ~ 2000 m
生境	多沙的草地、沿海沙丘、盐田、潘帕斯草原
食物	蜥蜴，偶尔捕食蛙类
繁殖方式	胎生，产仔量未知
保护等级	IUCN 未列入

562

成体长度
2 ft 5 in ~ 3 ft 3 in
(0.75 ~ 1.0 m)

阿根廷矛头蝮
Bothrops ammodytoides
Patagonian Lancehead

Leybold, 1873

阿根廷矛头蝮的体形略微粗壮，体色较浅。背面底色是如沙土般的灰褐色，具若隐若现的斑点或色斑，整体颜色非常适合融入多沙的草场环境。它最明显的特征就是略微上翘的吻端。

阿根廷矛头蝮是世界上分布最靠南的蛇类，生活在阿根廷辽阔的区域里，从沿海沙丘到海拔 2000 m 的安第斯山麓，从北部的萨尔塔省到位于巴塔哥尼亚上潘帕斯草原中的圣克鲁斯省，最远至南纬 48 度，都有它的踪迹。这些草地环境中有大量的蜥蜴，因此阿根廷矛头蝮主要以蜥蜴为食，尤其是平咽蜥属 *Liolaemus* 的物种，但偶尔也捕食蛙类。这种蛇的吻端微微上翘，很容易辨认，而且在其大部分分布区内，阿根廷矛头蝮是唯一一种蝮蛇。尽管体形不大，阿根廷矛头蝮被认为足以致人死亡。

相近物种

在南美洲唯一可能与阿根廷矛头蝮相混淆的蝮蛇是分布于巴西东南部的圣保罗矛头蝮 *Bothrops itapetiningae*。后者体形也不大，吻部同样上翘。但这两种蝮蛇的分布区相距甚远。

实际大小

科名	蝰科 Viperidae；蝮亚科 Crotalinae
风险因子	剧毒：促凝血素、出血性毒素、肌肉毒素、细胞毒素
地理分布	北美洲、中美洲和南美洲：墨西哥南部至厄瓜多尔、秘鲁北部、委内瑞拉、特立尼达岛
海拔	0～1500 m，偶尔至 2600 m
生境	各种生境，包括农耕区
食物	哺乳动物、鸟类、蜥蜴、蛙类、蜈蚣
繁殖方式	胎生，每次产仔 20～90 条
保护等级	IUCN 未列入

成体长度
6 ft～8 ft 2 in
(1.8～2.5 m)

三色矛头蝮
Bothrops asper
Terciopelo
(Garman, 1883)

563

三色矛头蝮分布于墨西哥东南部、整个中美洲至哥伦比亚、厄瓜多尔、秘鲁北部、委内瑞拉和特立尼达岛。它生活的环境多种多样，从原始雨林到退化的种植园，从低地到高山，无论干燥还是湿润的森林，都有其踪迹。在环境适宜、猎物充足的地方，三色矛头蝮会大量聚集。幼体的猎物为蜈蚣和蜥蜴，成体则转而捕食哺乳动物和鸟类等，曾有同类相食的记录。在大部分被毒蛇咬伤与致死的案例中，三色矛头蝮都是罪魁祸首。它非常具有攻击性，会主动扑向来犯者，令人恐惧。这种蛇最长可达 2.5 m，是体形最大的矛头蝮之一。其体形相对较细，头部却大而可怕。传言甚至说有长达 3 m 的个体。

三色矛头蝮的体色变异很大，底色可能为灰色、橄榄绿色、褐色甚至偏粉色，具深色和浅色的色斑。有的个体几乎没有任何色斑。有的个体唇部为黄色，所以当地人又叫它"barba amarilla"，意思是"黄胡子"。

相近物种

三色矛头蝮常常和南美洲北部的矛头蝮（第 564页）相混淆，它曾是后者的一个亚种。三色矛头蝮也可能与委内瑞拉矛头蝮 *Bothrops venezuelensis* 混淆，两者在加勒比海沿岸同域分布。某些生活在委内瑞拉和特立尼达岛的种群，人们还搞不清楚它们到底是哪种矛头蝮。有的地方称三色矛头蝮为"fer-de-lance"（法语中"矛头"的意思），但这并不准确，该俗名应该指的是马提尼克矛头蝮 *B. lanceolatus*。

实际大小

科名	蝰科 Viperidae：蝮亚科 Crotalinae
风险因子	剧毒：促凝血素、出血性毒素、肌肉毒素，可能还有肾毒素、细胞毒素
地理分布	南美洲：亚马孙河流域及圭亚那地区
海拔	0～1200 m，偶尔至 1500 m
生境	低地热带雨林、长廊森林、次生林、农耕区
食物	哺乳动物、鸟类、蛙类、蜥蜴
繁殖方式	胎生，每次产仔 8～43 条
保护等级	IUCN 未列入

成体长度
2 ft 5 in～4 ft
(0.75～1.25 m)

564

矛头蝮
Bothrops atrox
Common Lancehead
(Linnaeus, 1758)

矛头蝮的分布区域从委内瑞拉和圭亚那地区，贯穿整个亚马孙河流域，直至安第斯山麓。在其整个分布区域内，矛头蝮应该算得上是最危险的毒蛇，造成了许多严重的蛇伤。它在各种环境中都如鱼得水，从原始热带雨林及河岸长廊森林到退化的次生林和耕地，都有其踪迹。尽管矛头蝮每次产仔量比不上它的大个头亲戚、曾经的亚种——三色矛头蝮（第 563 页），但一条怀孕的雌性还是能很快让一块刚刚清理出来的灌木丛里遍布它具有伪装色的仔蛇。成年的矛头蝮喜欢守株待兔，捕食恒温动物（温血动物），其中大部分是啮齿类。幼体则会利用黄色尾梢，主动诱使蛙类和蜥蜴进入其攻击范围。与沉重的成体相比，幼体更偏树栖。

相近物种

矛头蝮与同属的多个物种同域分布，它们体色相近，包括布氏矛头蝮 *Bothrops brazili*、莫氏矛头蝮 *B. moojeni* 以及美洲矛头蝮（第 568 页）。虽然有时也被叫作 "fer-de-lance"，但这个俗名应该只指马提尼克矛头蝮 *B. lanceolatus*。

实际大小

矛头蝮背面的斑纹由不同深度的褐色组成，变化较大，但通常为深色斑与浅色斜短纹交错，其他矛头蝮中也有类似的斑纹。眼后有一条深色条纹。

科名	蝰科 Viperidae；蝮亚科 Crotalinae
风险因子	剧毒：促凝血素、细胞毒素，可能还有肌肉毒素、出血性毒素
地理分布	南美洲：亚马孙河流域、圭亚那地区、巴西大西洋沿岸
海拔	0 ~ 1000 m
生境	低地热带森林
食物	蛙类、蜥蜴、鸟类及小型哺乳动物
繁殖方式	胎生，每次产仔 4 ~ 16 条
保护等级	IUCN 未列入

成体长度
2 ft 4 in ~ 3 ft 3 in
(0.7 ~ 1.0 m)

双线矛头蝮
Bothrops bilineatus
Two-Striped Forest-pitviper
(Wied-Neuwied, 1821)

565

双线矛头蝮是南美洲的 6 种树栖矛头蝮之一，在 20 世纪它们曾集体被划入一个单独的属——*Bothriopsis* 属。这些物种是矛头蝮属中最偏树栖的种类。尽管双线矛头蝮看起来不具攻击性，但它被认为是亚马孙河流域第二危险的毒蛇，仅次于矛头蝮（第 564 页）。即使体形较小的个体也曾致人死亡，而且它的伪装色和树栖习性导致它造成的伤口多在人体的上半部分。双线矛头蝮生活在低地热带森林中，常常靠近水源或树林被砍伐后的边缘地带。它的主要猎物为蛙类和鸟类，但也捕食蜥蜴和啮齿类动物。双线矛头蝮的成体和幼体都会利用尾梢来诱捕猎物。

双线矛头蝮非常漂亮。它体形细长，尾长而具缠绕性。全身为翠绿色，有的个体背面具小黑点、黑斑或褐色短横纹，有的个体则没有。还有的个体唇部为黄色且鳞片之间的缝隙为黑色。这种树栖蛇类很容易隐藏于亚马孙丛林中。

相近物种

双线矛头蝮是其分布区内唯一一种绿色的矛头蝮，不会与同属物种混淆，却可能被误认为其他树栖蛇类，比如大眼蛇属（第 188 页）。双线矛头蝮包含了 2 个亚种，其中指名亚种 *Bothrops bilineatus bilineatus* 分布于亚马孙河下游、圭亚那地区以及大西洋沿岸森林，绿背亚种 *B. b. smaragdinus* 分布于亚马孙河上游森林。

实际大小

科名	蝰科 Viperidae：蝮亚科 Crotalinae
风险因子	剧毒：促凝血素，可能还有肌肉毒素、细胞毒素、出血性毒素
地理分布	西印度群岛：圣卢西亚岛（小安的列斯群岛）
海拔	0～200 m
生境	低地热带雨林、多岩石的溪床、沿海平原、种植园
食物	小型哺乳动物
繁殖方式	胎生，每次产仔最多 37 条
保护等级	IUCN 未列入

成体长度
3 ft 3 in～6 ft 7 in
(1.0～2.0 m)

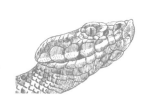

566

圣卢西亚矛头蝮
Bothrops caribbaeus
St. Lucia Lancehead
(Garman, 1887)

圣卢西亚矛头蝮体色变异较大。大部分个体为灰色，背面具梯形色斑，眼后有一条黑纹。其他个体可能为褐色或偏红色或黄色。雄性的体色通常比雌性深。

圣卢西亚矛头蝮是加勒比海地区仅有的两种岛屿特有矛头蝮之一，分布于圣卢西亚岛（面积 616 km²）海拔 200 m 以下的大部分地区，只有岛屿南部三分之一及北部极度干旱区域除外。它为陆栖及半树栖蛇类，生活在低地雨林，以及可可或椰子种植园中，白天躲藏在壳堆下，晚上出来捕食鼠类。圣卢西亚矛头蝮及其马提尼克岛上的近缘种（见下文）的毒液与其他南美洲矛头蝮的不同，能引起动脉血栓，致人迅速死亡。人们曾经试图消灭圣卢西亚矛头蝮，但讽刺的是这一举措反倒把它唯一的天敌——圣卢西亚克乌蛇 *Clelia errabunda* 给消灭了。

相近物种

小安的列斯群岛仅有的第二种矛头蝮——马提尼克矛头蝮 *Bothrops lanceolatus*，是圣卢西亚矛头蝮的近缘种，分布于邻近的马提尼克岛。只有这种矛头蝮才应该被称为 "fer-de-lance"。在圣卢西亚岛，除圣卢西亚矛头蝮外，只有另一种大型蛇类，即圣卢西亚蚺 *Boa orophias*，它仅生活在该岛上，对人无害。

实际大小

科名	蝰科 Viperidae：蝮亚科 Crotalinae
风险因子	剧毒：促凝血素，可能还会出血性毒素、肌肉毒素、细胞毒素
地理分布	南美洲：大凯马达岛（巴西圣保罗州）
海拔	0 ～ 200 m
生境	多岩石的灌丛森林
食物	主要为雀形目的鸟类，偶尔也捕食爬行动物或蜈蚣
繁殖方式	胎生，每次产仔 2 ～ 10 条
保护等级	IUCN 极危

成体长度
2 ft 4 in～4 ft
(0.7～1.2 m)

海岛矛头蝮
Bothrops insularis
Golden Lancehead
(Amaral, 1821)

567

海岛矛头蝮可能是美洲毒性最强的蛇类，仅分布于距巴西大陆 35 km 的大凯马达岛。它分布的区域只占该岛的极小部分。它生活在地面及树上，由于岛上没有哺乳动物，所以主要捕食雀形目的鸟类。海岛矛头蝮具有长长的毒牙，足以刺穿猎物的羽毛，毒性是美洲大陆毒蛇的3～5倍，能迅速制服猎物。有记录表明，它还会捕食岛上仅有的另一种蛇类——白颊食螺蛇 *Dipsas albifrons* 以及蜈蚣。海岛矛头蝮有 3 种"性别"：雄性，雌性，偏雌性的双性（雌性，但具有无功能的雄性生殖器）。据报道，雄性更愿意与这种双性蛇交配，而非与纯正的雌性。大凯马达岛上一共只有大约 5000 条海岛矛头蝮。

海岛矛头蝮可能为橘黄色、金黄色或者浅褐色，具浅色横纹。这种斑纹或许能让它隐藏于落在森林地面的橘黄色果实之间，以捕食来觅食的鸟类。

相近物种

海岛矛头蝮与大陆的美洲矛头蝮（第 568 页）以及同样是岛屿物种的阿岛矛头蝮（第 560 页）亲缘关系最近。

实际大小

科名	蝰科 Viperidae；蝮亚科 Crotalinae
风险因子	剧毒：促凝血素、出血性毒素，可能还有肌肉毒素、细胞毒素
地理分布	南美洲：巴西东南部
海拔	0～1000 m
生境	热带落叶林、稀树草原、开阔的农耕区
食物	小型哺乳动物、鸟类、蜥蜴、蛙类、蜈蚣
繁殖方式	胎生，每次产仔 18～22 条
保护等级	IUCN 无危

成体长度
3 ft 3 in～5 ft 2 in
(1.0～1.6 m)

568

美洲矛头蝮
Bothrops jararaca
Jararaca
(Wied-Neuwied, 1824)

美洲矛头蝮是具有重要医学意义的物种，分布于巴西东北部的巴伊亚州至东南部的南里奥格兰德州。它造成很多人被咬伤并失去生命。更糟糕的是由于美洲矛头蝮偏好人为改造过的环境，导致许多贫穷而四处奔波的工人很容易碰上这种蛇。有的人即使保住了性命，也可能因毒液中的细胞毒素而截肢或留下其他残疾。美洲矛头蝮体形较细，生活在林地中的落叶堆中，很容易被忽略。成体主要以小型哺乳动物为食，也常捕食鸟类和蜥蜴。幼体则喜欢蛙类、鸟类和蜈蚣。英文名 "Jararaca" 源于巴西土著的图皮语，意思是 "大蛇"。

美洲矛头蝮的斑纹变异非常大，底色可能为浅灰色至深褐色，具或宽或窄的马鞍形色斑。部分个体的色斑在脊背正中相接，或左右交替排列。眼后通常有一条黑色条纹。

相近物种

美洲矛头蝮的近缘种是生活在岛屿上的 2 种矛头蝮，即阿岛矛头蝮（第 560 页）与海岛矛头蝮（第 567 页）。它与体形更大的巴西矛头蝮 *Bothrops jararacussu* 也有几分相似，在美洲矛头蝮分布区的南端，两者出现同域分布，该地区还生活着矛头蝮（第 564 页）以及矛头蝮属其他物种。

实际大小

科名	蝰科 Viperidae；蝮亚科 Crotalinae
风险因子	剧毒：促凝血素、肌肉毒素，可能还有细胞毒素
地理分布	南美洲：整个亚马孙河流域，从圭亚那地区至亚马孙河上游
海拔	0～2000 m
生境	低地原始及次生雨林，尤其是林边地带和树冠层
食物	树蛙、蜥蜴、小型哺乳动物、蜈蚣
繁殖方式	胎生，每次产仔 7～17 条
保护等级	IUCN 未列入

成体长度
3 ft 3 in～5 ft
(1.0～1.5 m)

斑点矛头蝮
Bothrops taeniatus
Speckled Forest-pitviper
Wagler, 1824

569

在 20 世纪，斑点矛头蝮及南美洲其他几种体形细长、尾具缠绕性的树栖矛头蝮曾短暂地被划入 *Bothriopsis* 属，现在该属已经废除。斑点矛头蝮的分布非常有趣，与近缘种双线矛头蝮（第 565 页）的东（圭亚那地区至亚马孙河下游）、西（亚马孙河上游）分布区均有重叠，并且这两侧在亚马孙河以南由一条走廊相互连接起来。这两种蛇似乎都避开了亚马孙河流域中部地区。有人曾被斑点矛头蝮咬伤，不过尚无死亡记录。但鉴于双线矛头蝮毒性猛烈，斑点矛头蝮也应该被归为非常危险的蛇类。它生活在低地雨林中，尤其是森林边缘地带或树冠层，或者是开阔的次生林中，夜晚出来活动，捕食树蛙、睡眠中的蜥蜴、小型啮齿类动物、负鼠及蜈蚣。

斑点矛头蝮体形细长，身上的褐色和绿色斑点形成伪装。在砍伐后的林边地带，它会藏在长满地衣的树枝或悬挂的藤条之间，完美地融入背景环境。

相近物种

有人认为斑点矛头蝮包含了 2 个亚种——分布广泛的指名亚种 *Bothrops taeniatus taeniatus* 与仅分布于委内瑞拉一隅的地衣亚种 *B. t. lichenosus*，后者仅有 1 号标本。斑点矛头蝮的外形与安第斯山范围内其他具伪装色的树栖矛头蝮类似，如印加矛头蝮 *B. chloromelas* 和花矛头蝮 *B. pulcher*。斑点矛头蝮还可能与矛头蝮（第 564 页）的幼体相混淆，因为后者同样在树上生活。

实际大小

科名	蝰科 Viperidae；蝮亚科 Crotalinae
风险因子	剧毒：促凝血素与出血性毒素，以及间接细胞溶解
地理分布	东南亚地区：泰国、越南、柬埔寨、马来半岛北部、印度尼西亚（爪哇岛）
海拔	0 ～ 1500 m
生境	干燥的低地及丘陵生境
食物	小型哺乳动物、鸟类、蜥蜴、两栖动物
繁殖方式	卵生，每次产卵 10 ～ 35 枚
保护等级	IUCN 未列入

成体长度
3 ft 3 in ～ 4 ft 9 in
(1.0～1.45 m)

570

红口蝮
Calloselasma rhodostoma
Malayan Pitviper
(Kuhl, 1824)

红口蝮的体侧为灰褐色，背部有深浅交替的褐色横纹。眼后具一条深色纵纹，与白色的唇部形成鲜明对比。头部宽，吻端尖。

红口蝮是具有重要医学意义的物种，又称马来蝮，但这个名称并不恰当，因为它分布于泰国、越南、柬埔寨以及马来西亚西北部的吉打州与玻璃市州，还有一个孑遗种群（从之前的分布区中残存下来的种群）在印度尼西亚的爪哇岛。红口蝮的栖息地为干燥的丘陵林地，不包括热带雨林。在末次冰期时代，海平面低于现在的水平，干燥森林也更为广阔，因此红口蝮曾连续分布于泰国至印度尼西亚的地区，但现在它则从中间的热带雨林中消失了。红口蝮与大部分蝮蛇不同，它的背鳞光滑且为卵生。红口蝮常常大量聚集在咖啡和橡胶种植园里，导致工人被咬伤。伤者会因脑出血而死亡，幸存者也面临截肢，成为残障人士。尽管如此，红口蝮也能帮助人。人们从其毒液中开发出一种药物，可以预防心脏手术后的血液凝集。

相近物种

可能只有无毒的紫沙蛇（第 397 页）会与幼年的红口蝮相混淆。有学者把柬埔寨和越南南部的种群命名为安南亚种 *Calloselasma rhodostoma annamensis*。

实际大小

科名	蝰科 Viperidae：蝮亚科 Crotalinae
风险因子	有毒：促凝血素、肌肉毒素，可能还有出血性毒素
地理分布	北美洲和中美洲：墨西哥南部至巴拿马
海拔	1400～3490 m
生境	低海拔与高海拔山地森林、云雾森林、草甸
食物	小型哺乳动物、直翅目昆虫、蜥蜴
繁殖方式	胎生，每次产仔 2～12 条
保护等级	IUCN 未列入

成体长度
19¾～32¼ in
(500～820 mm)

葛氏山蝮
Cerrophidion godmani
Godman's Montane Pitviper
(Günther, 1863)

571

葛氏山蝮是山蝮属 5 个物种中分布最广的物种，它们都长得又粗又短。葛氏山蝮零星分布于墨西哥南部的瓦哈卡州至巴拿马西部的较高海拔地区，生活在各种环境中，包括干燥或湿润的山林、云雾森林以及开阔的草甸。它也是中美洲分布最广的高山蝮蛇。它粗短的体形是为了适应凉爽的高山环境以及猎物个头不大且难以碰到的情况。葛氏山蝮以小型哺乳动物、蜥蜴与蚱蜢为食，属于常见蛇类，常缓慢地爬过路面，或盘踞在小路旁。人被咬伤后，伤口会肿胀、剧痛，并会恶心反胃，但尚无死亡案例。

葛氏山蝮体形粗短，头宽，背面有三列深褐色或黑色斑，部分色斑可能在背中左右相连，形成锯齿形斑纹。

相近物种

在山蝮属 *Cerrophidion* 中，葛氏山蝮的分布区内还生活着索西山蝮 *C. tzotzilorum*、洪都拉斯山蝮 *C. wilsoni* 以及哥斯达黎加山蝮 *C. sasai*。葛氏山蝮的分布区还与另外 4 种体形粗短的蝮蛇属重叠，即石板蝮属（第 556 页）、云蝮属（第 590 页）、睫角蝮属（第 591 页）和猪鼻蝮属（第 593 页）。

实际大小

科名	蝰科 Viperidae；蝮亚科 Crotalinae
风险因子	剧毒：促凝血素、抗凝血素、肌肉毒素、出血性毒素
地理分布	北美洲：美国东南部（佛罗里达州至南、北卡罗来纳州与路易斯安那州）
海拔	0 ～ 500 m
生境	沿海的沼泽高地及沙丘、低地草原与林地、山地松树林
食物	小型哺乳动物、鸟类
繁殖方式	胎生，每次产仔 7 ～ 29 条
保护等级	IUCN 无危

成体长度
5 ft～8 ft 2 in
(1.5～2.5 m)

东部菱斑响尾蛇
Crotalus adamanteus
Eastern Diamondback Rattlesnake
Palisot de Beauvois, 1799

实际大小

东部菱斑响尾蛇是体形最大的响尾蛇，历史上曾有长度约 2.5 m 的个体纪录。它生活在美国东南部沿海地区，有记载称它是游泳高手，穿梭于离岸的海岛之间。但这种蛇也出没于山地松树林与沼泽中的草地。为了逃避捕食者或野火，东部菱斑响尾蛇会躲进九带犰狳或沙龟挖掘的洞穴，雌性也在洞穴中生产仔蛇。由于东部菱斑响尾蛇体形巨大，它足以捕食棉尾兔、野猫和幼年火鸡。体形如此之大的响尾蛇也能轻松致人死亡，以至于在它曾经的分布区内，许多种群被人为消灭了。

相近物种

东部菱斑响尾蛇与西部菱斑响尾蛇（第 573 页）的区别在于其尾部没有黑白相间的环纹，与木纹响尾蛇（第 577 页）的区别在于其显眼的、镶白边的眼后纹。在东部菱斑响尾蛇的分布区，只有这一种大型响尾蛇。

东部菱斑响尾蛇通常为浅褐色或灰色，背面具一列显眼的、镶白边或黄边的菱形色斑，体侧也有小一点的深色斑。眼后有一条黑色宽纹，同样镶有白边或黄边，以至于它的头部非常与众不同。尾部颜色较暗淡，常为黄褐色。

科名	蝰科 Viperidae：蝮亚科 Crotalinae
风险因子	剧毒：促凝血素、出血性毒素
地理分布	北美洲：美国西南部及墨西哥北部
海拔	0 ~ 1500 m，偶尔至 2400 m
生境	低地冲积平原、多岩石峡谷、山麓林地、长有仙人掌的半荒漠地带
食物	小型哺乳动物、鸟类、蜥蜴
繁殖方式	胎生，每次产仔 6 ~ 19 条
保护等级	IUCN 无危

成体长度
4~6 ft
(1.2~1.8 m)

西部菱斑响尾蛇
Crotalus atrox
Western Diamondback Rattlesnake
Baird & Girard, 1853

573

西部菱斑响尾蛇经常出现于美国西部电影中，并由此遭到迫害。人们打着保护牲口的旗号，举行大型而残忍的"响尾蛇清除活动"，导致它在大部分低陆栖息中绝迹或者变得罕见，尤其是在得克萨斯州和俄克拉何马州等地。西部菱斑响尾蛇生活在多种环境中，从半荒漠地带至多岩石的旱谷、干燥的山麓林地、大草原甚至是农田都有其踪迹。它的猎物种类繁多，包括各种小型哺乳动物，大至野兔，以及鸟类和蜥蜴，其幼体主要以蜥蜴为食。西部菱斑响尾蛇在其分布区内造成了很多后果严重的咬伤。

西部菱斑响尾蛇可能为灰色、褐色、偏红色或偏黄色，背面有菱形大斑，大斑之间为白色细"V"形纹。具深色眼后纹，但不是很明显。尾部有醒目的黑白环纹，类似浣熊（racoon）的尾巴，所以俚语中又称它为"coon-tail rattler"。

相近物种

西部菱斑响尾蛇与另外几种响尾蛇同域分布，值得注意的有黑尾响尾蛇 *Crotalus molossus*、小盾响尾蛇 *C. scutulatus* 以及一些分布于墨西哥边境的小型山地响尾蛇。西部菱斑响尾蛇与东部菱斑响尾蛇（第 572 页）和红菱斑响尾蛇 *C. ruber* 为近缘种。西部菱斑响尾蛇黑白相间的尾部可以将其与上述各种响尾蛇区分开来，只有小盾响尾蛇除外，后者尾部也有黑白交替的环纹，但要窄一些。

实际大小

科名	蝰科 Viperidae；蝮亚科 Crotalinae
风险因子	有毒：毒液成分未知
地理分布	北美洲：圣卡塔利娜岛（墨西哥加利福尼亚湾）
海拔	0～470 m
生境	多岩石的旱谷、仙人掌或荆棘灌丛
食物	鸟类、小型哺乳动物、蜥蜴
繁殖方式	胎生，每次产仔 2～5 条
保护等级	IUCN 极危

成体长度
19¾～27½ in
(500～700 mm)

574

卡塔利那响尾蛇
Crotalus catalinensis
Santa Catalina Island Rattlesnake
Cliff, 1954

卡塔利那响尾蛇是一种生活在岛屿上沙漠环境中的蛇类，浑身颜色偏灰暗，呈灰白色或浅黄褐色，背面具淡淡的马鞍形斑纹。虽然它尾部没有响环，无法发声，但依然会竖起尾巴，警告来犯者。

卡塔利那响尾蛇仅分布于加利福尼亚湾的圣卡塔利娜岛，全岛面积只有 39 km²。它最显著的特征是尾部永远不会长出响环（rattle），所以又被称为无响环响尾蛇。尽管岛上有蜥蜴与鼠类，但这种纤细灵活的响尾蛇却选择在夜间出没于旱谷中的荆棘丛，主动搜寻睡梦中的鸟类，因此响环就成为缺点，会惊醒歇息的小鸟，暴露响尾蛇的行踪。圣卡塔利娜岛不适宜人类生存，但上面生活着一群野猫。野猫体形过大，卡塔利那响尾蛇无法将其作为猎物，野猫反而威胁着响尾蛇的生存。

相近物种

一般认为，与卡塔利那响尾蛇亲缘关系最近的是女神响尾蛇 *Crotalus enyo* 与红菱斑响尾蛇 *C. ruber*。其他响尾蛇种类的某些岛屿种群中也有无响环的个体，尤其是黑尾响尾蛇的圣埃斯特万岛亚种 *C. molossus estebanensis*（第578页）。

实际大小

科名	蝰科 Viperidae；蝮亚科 Crotalinae
风险因子	有毒；毒液成分未知
地理分布	北美洲：美国西南部、墨西哥西北部
海拔	0 ～ 1200 m，偶尔至 1800 m
生境	沙漠、荒漠、半沙漠地带、灌丛、干燥的林地
食物	小型哺乳动物、蜥蜴，偶尔也捕食鸟类或其他蛇类
繁殖方式	胎生，每次产仔 5 ～ 18 条
保护等级	IUCN 无危

成体长度
19¾ in～31½ in
(500～800 mm)

角响尾蛇
Crotalus cerastes
Sidewinder Rattlesnake

Hallowell, 1854

575

任何看过美国沙漠动物纪录片的人，都可能记得角响尾蛇在流沙上快速侧向移动前行的样子，以及它留下的一道"J"形爬痕。它是最适宜在沙漠生活的响尾蛇。角响尾蛇体形不大，生活在美国西南部与墨西哥西北部的沙漠中。它为夜行性蛇类，藏在沙子下面，伏击小鼠、更格卢鼠和蜥蜴，有时还捕食鸟类和其他蛇类。由于体形较细，角响尾蛇也会爬进荆棘丛中。尽管大部分人被这种蛇咬伤后不会出现致命的症状，但还是有死亡案例。

角响尾蛇的体色灰淡，类似沙漠的颜色，背面有深浅交替的色斑。它最显著的特征是眼睛上方的角状突起。当角响尾蛇躲在沙子下面，只露出眼睛时，角状突起也许能防止流沙盖住眼睛。

相近物种

角响尾蛇包含了 3 个亚种，分别是指名亚种 *Crotalus cerastes cerastes*、索诺拉亚种 *C. c. cercobombus* 和科罗拉多亚种 *C. c. lateropens*。侧行式的移动方式也存在于其他无直接亲缘关系的沙漠蝰蛇中，比如侏咝蝰（第 616 页）、角蝰属（第 620～621 页）以及钝鼻蝰（第 629 页）。角响尾蛇的近缘种是女神响尾蛇 *C. enyo*。

实际大小

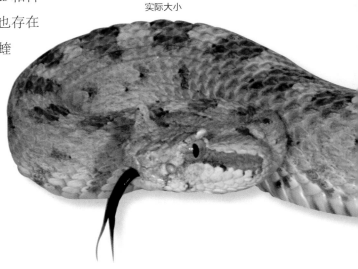

科名	蝰科 Viperidae；蝮亚科 Crotalinae
风险因子	剧毒：毒液成分差异大，包括促凝血素、肌肉毒素，可能有突触前神经毒素
地理分布	南美洲：委内瑞拉至阿根廷北部，以及阿鲁巴岛和委内瑞拉沿海的一些岛屿
海拔	0～1000 m，偶尔至 1695 m
生境	沿海平原、稀树草原、林边地带、干燥的林地、半沙漠地带、干旱的岛屿
食物	小型哺乳动物、鸟类、蜥蜴
繁殖方式	胎生，每次产仔 2～20 条
保护等级	IUCN 无危

成体长度
3 ft 3 in～6 ft
(1.0～1.8 m)

576

南美响尾蛇
Crotalus durissus
Neotropical Rattlesnake

Linnaeus, 1758

南美响尾蛇是唯一分布于南美洲的响尾蛇，分布于除智利与厄瓜多尔以外的所有大陆国家以及加勒比海南部岛屿，包括玛格丽塔岛、滨海群岛和阿鲁巴岛。大陆的种群生活在季节性洪泛草原或干燥的林地中，但不包括雨林。其体形较大，堪比北美洲的东部菱斑响尾蛇（第572页）和西部菱斑响尾蛇（第573页）。在拉丁美洲，被毒蛇严重咬伤的人中，有9%是由响尾蛇造成的。由于不同种群之间的毒液成分差异很大，比如有的是剧毒的神经毒素，有的主要是血液毒素，致使在治疗蛇伤和生产、分发抗蛇毒血清时困难重重，而且并非所有种群都有相对应的血清。

相近物种

南美响尾蛇目前包含了8个亚种，分别是指名亚种 *Crotalus durissus durissus*、委内瑞拉亚种 *C. d. cumanensis*、马拉若岛亚种 *C. d. marajoensis*、罗赖马亚种 *C. d. ruruima*、恐怖亚种 *C. d. terrificus*、鲁普努尼亚种 *C. d. trigonicus*、阿鲁巴亚种 *C. d. unicolor* 以及乌拉科亚亚种 *C. d. vegrandis*。最后两个亚种曾被认为是独立物种。

实际大小

南美响尾蛇体色变异很大，通常为灰色或褐色，背面具一列明显的菱形色斑。背面还有两条明显的粗纵纹，从头后方延伸至身后。乌拉科亚亚种具不规则的碎斑纹。阿鲁巴亚种的体形小于其他亚种，体色更加灰暗，色斑也更暗淡，以匹配岛上的沙漠环境。

科名	蝰科 Viperidae；蝮亚科 Crotalinae
风险因子	剧毒：促凝血素、肌肉毒素、出血性毒素
地理分布	北美洲：美国东部和东南部，佛罗里达半岛除外，加拿大种群已经灭绝
海拔	0 ～ 2000 m
生境	山地落叶林，尤其是多岩石的山麓
食物	小型哺乳动物和鸟类
繁殖方式	胎生，每次产仔 4 ～ 14 条
保护等级	IUCN 无危，局部地区濒危并受保护

木纹响尾蛇
Crotalus horridus
Timber Rattlesnake

Linnaeus, 1758

成体长度
23¾ ～ 31½ in
(600 ～ 800 mm)

577

木纹响尾蛇分布于美国东部大部分地区，也是欧洲殖民者遇到的第一种响尾蛇属的蛇类，在独立战争中被称为反抗英国的象征。今天这种蛇正面临巨大的威胁——其巢穴被摧毁，当地种群被消灭。1941 年，加拿大最后一条木纹响尾蛇在尼亚加拉瀑布附近被杀死。如今美国许多州都将木纹响尾蛇列为保护动物，然而私下的猎杀依然在继续。木纹响尾蛇以小型哺乳动物和鸟类为食。作为守株待兔的伏击者，它可以在同一个地方等上数天。木纹响尾蛇也是属内最偏树栖的种类。人被咬伤后，后果非常严重，有很多人因此丧命。不同地域的个体之间的毒液成分差别很大。

木纹响尾蛇体色变异较大。北方的种群通常为深褐色和黑色，背面斑纹模糊不清。南方的种群可能为粉灰色或黄色，背面具显眼的"V"形斑纹和一条褐色粗脊线。斑纹明显的个体还会有一条宽的眼后纹。

相近物种

木纹响尾蛇与东部菱斑响尾蛇（第 572 页）、北美侏响尾蛇（第 597 页）以及侏响尾蛇 *Sistrurus miliarius* 同域分布。木纹响尾蛇的竹丛亚种 *Crotalus horridus atricaudatus* 已经被废除。

实际大小

科名	蝰科 Viperidae：蝮亚科 Crotalinae
风险因子	剧毒：出血性毒素，可能还有促凝血素
地理分布	北美洲：美国南部和墨西哥
海拔	1700～2500 m
生境	落叶松栎林、山地沙漠、稀树草原林地、山坡上的石堆，甚至废弃的矿场
食物	小型哺乳动物，偶尔捕食爬行动物和鸟类
繁殖方式	胎生，每次产仔 3～16 条
保护等级	IUCN 无危

成体长度
3 ft 3 in～4 ft 3 in
(1.0～1.3 m)

578

黑尾响尾蛇
Crotalus molossus
Black-Tailed Rattlesnake
Baird & Girard, 1853

黑尾响尾蛇的体色变异较大，从褐色到灰色或黄色都有可能，背面斑纹可能延伸成细环纹。头部的黑条纹穿过眼睛。尾部为深黑色至深灰色，在体色发黄的个体中与身体形成鲜明对比。

黑尾响尾蛇的分布较广，主要在美国与墨西哥交界的边境线以南，生活在多种环境中，从干燥的林地到山地沙漠和多岩石的山坡都有其踪迹，并且常常与其他种类的响尾蛇同域分布。它的猎物种类繁多，但主要以啮齿类动物为主，偶尔也捕食鸟类和蜥蜴。黑尾响尾蛇能够轻松爬上低矮的灌丛。现在人们已经了解到，这种蛇可以与西部菱斑响尾蛇（第 573 页）杂交。尽管因为其体形较大，黑尾响尾蛇应被当作剧毒的蛇类，但人被咬伤后症状相对较轻，注射抗蛇毒血清便能康复。

相近物种

黑尾响尾蛇有 4 个亚种，分别是分布于美国南部和墨西哥北部的指名亚种 *Crotalus molossus molossus*、墨西哥中部的墨西哥亚种 *C. m. nigrescens*、墨西哥南部的瓦哈卡亚种 *C. m. oaxacus* 以及加利福尼亚湾的圣埃斯特万岛亚种 *C. m. estebanensis*。最近，分布于得克萨斯州与奇瓦瓦州附近的种群被另立为独立的物种——饰纹响尾蛇 *C. ornatus*。与黑尾响尾蛇亲缘关系较近的有西海岸响尾蛇 *C. basiliscus* 和墨西哥东北部的托托纳克响尾蛇 *C. totonacus*。

实际大小

科名	蝰科 Viperidae；蝮亚科 Crotalinae
风险因子	有毒：毒液成分未知
地理分布	北美洲：墨西哥中部高原
海拔	1450 ～ 2740 m
生境	高原草地、松栎林、多岩石的山坡、熔岩地貌
食物	小型哺乳动物、鸟类、蛙类、蜥蜴
繁殖方式	胎生，每次产仔 4 ～ 14 条
保护等级	IUCN 无危

成体长度
2 ft 4 in～3 ft 3 in
(0.7～1.0 m)

多斑响尾蛇
Crotalus polystictus
Mexican Lance-Headed Rattlesnake
(Cope, 1865)

579

多斑响尾蛇是一种高海拔蛇类，生活在墨西哥中部高原上，最高海拔至 2740 m。由于它的头部较长，又被称为墨西哥矛头响尾蛇。鉴于它生活在高海拔地区，多斑响尾蛇可能白天夜晚都会出来活动，具体由环境温度决定。多斑响尾蛇常见于草长石多之处，因为这些地方有很多哺乳动物的洞穴，让它可以避开猛禽等捕食者。多斑响尾蛇以小型哺乳动物为食，偶尔也捕食鸟类、蜥蜴和蛙类，它的栖息地正遭受农业开发的威胁。目前只有一个被多斑响尾蛇咬伤的案例，症状包括伤口局部肿胀和组织坏死，但伤者在注射抗蛇毒血清后得以康复。

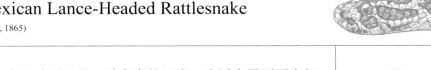

多斑响尾蛇的体侧为浅灰至中灰，背面为褐色，具数列不规则的深灰色至黑色大斑，背正中的大斑尤为明显，这也是其种本名的来历，"*poly*"的意思是"众多的"，"*-stictus*"的意思是"带斑点的"。它头部的斑纹也与众不同，底色为浅灰色至白色，具多条深色纵纹。

相近物种

多斑响尾蛇的外形与其他带斑点的响尾蛇类似，比如同域分布的阿尔瓦雷斯响尾蛇 *Crotalus triseriatus*，或分布于北边西马德雷山脉的挛斑响尾蛇 *C. pricei*。分子数据表明，多斑响尾蛇与角响尾蛇（第 575 页）、女神响尾蛇 *C. enyo* 同属一个类群，尽管外形上它们并不相似。

实际大小

科名	蝰科 Viperidae；蝮亚科 Crotalinae
风险因子	剧毒：毒液成分差异很大，有突触前神经毒素、出血性毒素、细胞毒素，可能还有肌肉毒素
地理分布	北美洲：美国南部和西南部、墨西哥
海拔	0 ～ 2500 m
生境	半干旱草原、沙漠、开阔的灌木丛林地
食物	小型哺乳动物，偶尔也捕食爬行动物或鸟类
繁殖方式	胎生，每次产仔 2 ～ 17 条
保护等级	IUCN 无危

成体长度
3 ft 3 in～4 ft 7 in
(1.0～1.4 m)

580

小盾响尾蛇
Crotalus scutulatus
Mohave Rattlesnake
(Kennicott, 1861)

小盾响尾蛇的体色变异较大，个体可能为浅灰色、浅黄褐色、浅褐色甚至浅灰绿色，背面具一列规则的深色宽马鞍形斑纹，眼后有深色纵纹。尾部具黑白相间的环纹，其中黑环比白环窄。

实际大小

　　小盾响尾蛇是北美洲最危险的响尾蛇之一，不同地域的个体之间的毒液成分和毒性差异非常大。两条蛇可能看起来一模一样，但毒液完全不同。比如亚利桑那州的小盾响尾蛇就有 2 种毒液，其中 A 类毒液含有致命的突触前神经毒素，又被称为莫哈维毒素，能使人因呼吸衰竭而死亡，而 B 类毒液则含有出血性和细胞毒素，而不含神经毒素。A 类毒液的毒性超过 B 类毒液 10 倍，亚利桑那州的大部分小盾响尾蛇都具有 A 类毒液。这种差异给抗蛇毒血清的生产与蛇伤的治疗带来巨大的麻烦。小盾响尾蛇主要以哺乳动物为食，小到鼠类，大到兔子，有时也捕食鸟类和蜥蜴。

相近物种

　　小盾响尾蛇的指名亚种 *Crotalus scutulatus scutulatus* 占据了该种大部分的分布区，墨西哥南部的种群则为另一个亚种 *C. s. salvini*。小盾响尾蛇与其他几种响尾蛇同域分布，并与其中的草原响尾蛇 *C. viridis* 和西部响尾蛇南太平洋亚种 *C. oreganus helleri*[1]杂交。小盾响尾蛇还可能与西部菱斑响尾蛇（第 573 页）相混淆，因为两者的尾部都有黑白相间的环纹，但西部菱斑响尾蛇的黑环更明显。

① 该亚种已被提升为种。——译者注

科名	蝰科 Viperidae：蝮亚科 Crotalinae
风险因子	有毒：出血性毒素，可能还有促凝血素
地理分布	北美洲：墨西哥北部，美国南部与墨西哥交界的地区
海拔	1500～2300 m，偶尔至 2800 m
生境	落叶松栎林、多岩石峡谷中的灌木橡树林地
食物	小型哺乳动物、蜥蜴、鸟类
繁殖方式	胎生，每次产仔 2～9 条
保护等级	IUCN 无危，局部地区濒危并受保护

棱鼻响尾蛇
Crotalus willardi
Ridge-Nosed Rattlesnake
Meek, 1905

成体长度
雄性
21¾～26½ in
(550～670 mm)

雌性
17¾～19¾ in
(450～500 mm)

581

棱鼻响尾蛇是美国最受保护的爬行动物之一，仅分布于亚利桑那州、新墨西哥州与墨西哥交界的山脉中，这些山脉又被称为"空中岛屿"。棱鼻响尾蛇生活在海拔 1500 m 以上遍布树木与岩石的环境中，以小鼠、蜥蜴和小鸟为食。这种响尾蛇体形偏小，雄性比雌性略长一些。棱鼻响尾蛇的一个显著特征是其头部有五条鲜明的白色纵纹，分别位于眼睛下方、唇部和下颌。有种说法称，同样生活在这片山区的阿帕奇族脸上的战纹，就源自棱鼻响尾蛇头上的斑纹，不过这种说法不一定可信。被这种蛇咬伤后，目前仅有轻微中毒的案例。

棱鼻响尾蛇的各个亚种之间体色与斑纹差异极大，从体色浅灰、几乎没有头部纵纹（*C. w. obscurus*）到沙土色或红褐色、头部条纹清晰（*C. w. willardi*），都有可能。

相近物种

在响尾蛇属中，棱鼻响尾蛇不容易与其他物种相混淆。棱鼻响尾蛇包含了 5 个亚种，其中指名亚种 *Crotalus willardi willardi* 仅分布于亚利桑那州靠近奇瓦瓦州的美国境内，新墨西哥亚种 *C. w. obscurus* 仅分布于新墨西哥州靠近科阿韦拉州的美国境内，而西奇瓦瓦亚种 *C. w. silus*、泥斗山亚种 *C. w. amabilis* 与南部亚种 *C. w. meridionalis* 则分布于墨西哥的西马德雷山脉。有的学者认为这些亚种应该被提升为种。

实际大小

科名	蝰科 Viperidae：蝮亚科 Crotalinae
风险因子	剧毒：促凝血素，可能还有抗凝血素、出血性毒素
地理分布	东亚地区：中国南部、越南北部
海拔	100～1500 m
生境	树木繁茂的山脉和山麓、多岩石的山谷、林地和溪流沿岸
食物	小型哺乳动物、蜥蜴、鸟类、两栖动物
繁殖方式	卵生，每次产卵 15～26 枚
保护等级	IUCN 未列入

成体长度
3 ft 3 in～5 ft
(1.0～1.5 m)

582

尖吻蝮
Deinagkistrodon acutus
Chinese Copperhead
(Günther, 1888)

尖吻蝮头部巨大，呈长矛状，吻端为一个向上翻起的肉质突起。身体斑纹由连续而规则的三角形斑组成，左右两侧的三角形斑在背中央交叉，相互交错。背面的底色和斑纹颜色为浅棕色叠加粉棕色，或深黑棕色叠加黄棕色。眼后有一条较细的深色纵纹。

尖吻蝮也被称为五步蛇和百步蛇，是形容被该蛇咬伤的受害者能够行走的距离。"五步蛇"俗名令人闻风丧胆，其实，虽然尖吻蝮是一种剧毒蛇，其咬伤能够致命，但并不会那么快就把一个人杀死。相反，尖吻蝮受到人类的影响，被大量采集当作食物和传统药物。尖吻蝮不算常见，与红口蝮（第570页）一样为卵生。尖吻蝮的猎物包括小型哺乳动物、鸟类、蜥蜴和蛙类。它栖息于中国南部、越南最北部的多岩石和树木繁茂的山坡上。

相近物种

尖吻蝮与其范围内的其他蛇类都不相似，但从外形上看，它类似于红口蝮（第570页）。分子研究表明，尖吻蝮可能与基纳巴卢蝮（第583页）或韦氏铠甲蝮（第603页）的亲缘关系更为接近。

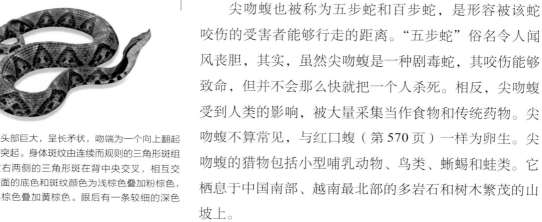

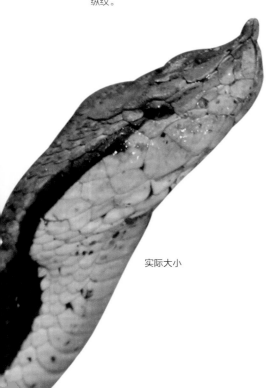

实际大小

科名	蝰科 Viperidae；蝮亚科 Crotalinae
风险因子	有毒：促凝血素，可能还有抗凝血素、出血性毒素
地理分布	东南亚地区：基纳巴卢山（沙巴州，马来西亚所属加里曼丹岛区域）
海拔	915 ~ 1550 m
生境	山麓森林
食物	未知
繁殖方式	卵生，产卵量未知
保护等级	IUCN 未列入

成体长度
25½ in
(650 mm)

基纳巴卢蝮

Garthius chaseni
Mount Kinabalu Pitviper
(Smith, 1931)

583

人们对基纳巴卢蝮的认知仅来源于寥寥数条标本，其中绝大部分采自基纳巴卢山，只有一条分布于克罗克山脉。由于其稀有性，这种蝮蛇的自然生活史几乎是一个谜。它曾经一度被归入烙铁头蛇属 *Ovophis*，该属的学名源于它们卵生的繁殖模式。人们也不清楚基纳巴卢蝮的食性偏好，只能猜测是陆栖蜥蜴和小型哺乳动物。基纳巴卢蝮的属名是致敬英国两栖爬行动物学家加斯·莱昂·安德伍德（Garth Leon Underwood，1919—2002），而种本名则来自英国动物学家、新加坡国家博物院院长弗雷德里克·纳特·查森（Frederick Nutter Chasen，1896—1942）。

基纳巴卢蝮身形粗壮，生活在山地雨林中。体色与林下的落叶层融为一体，具不规则的浅褐色与深褐色马鞍形或条状斑纹，偶见黑色圆斑。头部为深褐色，眼后有一条黑色条纹，条纹下缘颜色较浅。

相近物种

基纳巴卢蝮曾被归入身形粗壮、在亚洲山区地面生活的烙铁头蛇属 *Ovophis*，该属距离加里曼丹岛最近的物种是南洋烙铁头蛇 *O. convictus*，分布于东南亚，包括马来半岛与苏门答腊岛。然而分子研究表明，基纳巴卢蝮其实与中国的尖吻蝮（第582页）亲缘关系更近。

实际大小

科名	蝰科 Viperidae：蝮亚科 Crotalinae
风险因子	有毒：促凝血素，可能还有抗凝血素、出血性毒素
地理分布	亚洲：中国、蒙古国与俄罗斯至阿富汗、伊朗、乌兹别克斯坦、哈萨克斯坦与阿塞拜疆
海拔	低于 3000 m
生境	山地森林、高山草甸、草原和半沙漠地带
食物	小型哺乳动物、鸟类，偶尔也捕食蜥蜴
繁殖方式	胎生，每次产仔 2 ~ 12 条
保护等级	IUCN 未列入，在某些地区受到保护

成体长度
23¾ ~ 27 in
(600 ~ 690 mm)

584

西伯利亚蝮
Gloydius halys
Halys Pitviper
(Pallas, 1776)

西伯利亚蝮体色多变，从灰褐色个体到鲜艳的橘红色个体，都能见到。大部分个体背部具不规则、深浅不一的横纹。眼后常有一条边缘浅色、中心深色的条纹。

实际大小

西伯利亚蝮是欧洲唯一的一种蝮蛇，向西分布最远至欧洲东部，包括里海以北的哈萨克斯坦与里海以南的阿塞拜疆，向东经过伊朗和阿富汗，最东至蒙古国。蒙古国当地人称其为"Mogoi"。在其分布区内，西伯利亚蝮为常见种，但通常独来独往，很少聚群。它主要以小型啮齿类动物为食，偶尔也捕食鸟类和蜥蜴。西伯利亚蝮的毒性不强，人被咬伤后尚无死亡记录，但还是小心为妙。该属的属名致敬美国两栖爬行动物学家霍华德·凯·格洛伊德（Howard Kay Gloyd，1902—1978），以纪念他对广义蝮属 *Agkistrodon* 的终身研究。种本名"halys"的含义为"如同一根链条"，以形容这种蝮蛇身上的斑纹。

相近物种

西伯利亚蝮至少包含 5 个亚种，分别是指名亚种 *Gloydius halys halys*、阿富汗亚种 *G. h. boehmei*、卡拉干达亚种 *G. h. caraganus*[1]、高加索亚种 *G. h. caucasicus*[2]以及蒙古亚种 *G. h. mogoi*，它们主要通过头部鳞片的数量与排列方式加以区分。与西伯利亚蝮亲缘关系较近的有日本蝮 *G. blomhoffii*、中介蝮（第 585 页）和乌苏里蝮 *G. ussuriensis*。

①② 目前，这两个亚种都已被提升为独立种。——译者注

科名	蝰科 Viperidae；蝮亚科 Crotalinae
风险因子	有毒：可能为促凝血素，可能还有肌肉毒素、神经毒素、出血性毒素以及肾毒素
地理分布	东亚地区：俄罗斯远东地区、中国东北以及朝鲜半岛
海拔	0 ～ 1300 m
生境	阔叶落叶林、针叶林、多岩石的山坡
食物	蜥蜴，可能包括小型哺乳动物和两栖类
繁殖方式	胎生，产仔量未知
保护等级	IUCN 未列入

成体长度
23¾ ～ 27½ in
(600 ～ 700 mm)

中介蝮
Gloydius intermedius
Amur Pitviper

(Strauch, 1868)

585

中介蝮分布于黑龙江流域，包括俄罗斯远东地区、中国东北和朝鲜半岛，海拔最高至 1300 m，在落叶林与针叶林中都能见到它的身影，尤其是散落碎石的山坡上。中介蝮生活的地区常有极端恶劣的天气，因此这种蛇会周期性地冬眠。它的繁殖模式为胎生，以避免蛇卵在极寒温度下夭折。与同属的其他物种类似，中介蝮的雌性每两年才繁殖一次，因为它需要足够长时间的进食才能恢复到繁殖前的身体状况。该属物种有致人死亡的案例，所以其危险性丝毫不亚于其他种类的毒蛇。

中介蝮体形较为粗壮，头部为典型的蝮蛇模样，身体底色较浅，具不规则的深色至中褐色宽纹，体侧下方与腹面为灰色。眼后具深色条纹，将背面的深色斑纹与米色唇部隔开。

相近物种

与中介蝮亲缘关系较近的有日本蝮 *Gloydius blom-hoffi*、岩栖蝮 *G. saxatilis* [1]、蛇岛蝮（第 586 页）以及乌苏里蝮 *G. ussuriensis*。亚洲蝮属 *Gloydius* 的很多种类具有相似的外观，需要仔细查看标本才能区分。

实际大小

① 2016 年岩栖蝮被认定为中介蝮的同物异名。——译者注

科名	蝰科 Viperidae：蝮亚科 Crotalinae
风险因子	剧毒：可能为促凝血素、肌肉毒素、神经毒素、肾毒素、出血性毒素
地理分布	东亚地区：中国辽宁省
海拔	0 ～ 215 m
生境	岩石礁、多刺灌木林
食物	迁徙的鸟类
繁殖方式	胎生，每次产仔 1 ～ 8 条
保护等级	IUCN 易危

成体长度
雄性
35¼ in
(895 mm)

雌性
39 in
(990 mm)

586

蛇岛蝮
Gloydius shedaoensis
Shedao Island Pitviper
(Zhao, 1979)

蛇岛蝮体色偏灰，具深灰色或深褐色横纹，延伸至头部。眼后有深色条纹。

蛇岛蝮是蛇岛的特有种，曾被认为仅分布于这座距离辽宁省辽东半岛 13 km、大小只有 0.73 km² 的小岛上，不过最近它的一个亚种在大陆上被发现。蛇岛蝮是蛇岛上唯一的爬行动物，其种群密度高达平均每平方米就有一条蛇，密度甚至高于巴西小岛上的海岛矛头蝮（第567 页）。蛇岛蝮擅长爬树，以每年春秋两季过境的迁徙鸟类为食，也会在岩石礁上寻找猎物。被它咬伤的小鸟往往一分钟以内就会毙命。蛇岛蝮主要捕食雀形目的鸟类，偶尔也会捕捉雀鹰。

相近物种

蛇岛蝮千山亚种 *Gloydius shedaoensis qianshanensis* 于 1999 年在辽宁省的陆地上被发现。与蛇岛蝮亲缘关系较近的有日本蝮 *G. blomhoffi*、中介蝮（第585 页）、岩栖蝮 *G. saxatilis*[①]、高原蝮 *G. strauchi* 和乌苏里蝮 *G. ussuriensis*。

实际大小

① 2016 年岩栖蝮被认定为中介蝮的同物异名。——译者注

科名	蝰科 Viperidae：蝮亚科 Crotalinae
风险因子	剧毒：可能为促凝血素，可能还有抗凝血素、出血性毒素、肾毒素
地理分布	南亚地区：印度南部与斯里兰卡
海拔	印度 300～600 m，斯里兰卡 0～1525 m
生境	干湿落叶林、常绿林、多岩石的水道、种植园、农耕区
食物	蜥蜴、小型哺乳动物、两栖动物
繁殖方式	胎生，每次产仔 4～18 条
保护等级	IUCN 未列入

成体长度
11¼～14¼ in,
偶见 19¾ in
(285～375 mm,
偶见 500 mm)

瘤鼻蝮
Hypnale hypnale
Indian Hump-Nosed Pitviper
(Merrem, 1820)

587

瘤鼻蝮分布于印度南部的西高止山至斯里兰卡，北方干旱地区则不见其踪影。它身形粗短，头部呈三角形，鼻尖微微上翘。瘤鼻蝮基本属于夜行性陆栖蛇类，在分布区内十分常见。它常躲在倒木的缝隙下或落叶层中，伏击壁虎、石龙子、鼠类和蛙类，甚至会晃动尾梢，把猎物吸引到攻击范围内。作为一种小型蛇类，瘤鼻蝮隐秘的习性和与环境相似的斑纹，使它常常被人忽视。尽管在印度的毒蛇中排不上号，瘤鼻蝮在斯里兰卡却是四种最危险的毒蛇之一，被咬伤者会因肾衰竭而死。被瘤鼻蝮咬伤后，没有抗蛇毒血清可用。

瘤鼻蝮背面颜色可能为浅褐色、橘红色或红褐色。头两侧各有一条明显的白色细条纹，条纹上方颜色较浅，下方为深褐色。微微上翘的鼻尖是该属的特征，也是它们名字的来源。

相近物种

斯里兰卡有 2 种与瘤鼻蝮亲缘关系接近的蛇类，分别是斯里兰卡瘤鼻蝮 *Hypnale nepa* 与飒拉瘤鼻蝮 *H. zara*。华氏瘤鼻蝮 *H. walli* 现在被认为是斯里兰卡瘤鼻蝮的同物异名。在斯里兰卡，这 3 种瘤鼻蝮会出现在同一区域，但仅瘤鼻蝮亦分布在印度南部。

实际大小

科名	蝰科 Viperidae：蝮亚科 Crotalinae
风险因子	剧毒：促凝血素、出血性毒素，可能还有抗凝血素和肌肉毒素
地理分布	中美洲：哥斯达黎加东南部，包括奥萨半岛
海拔	1000 ～ 1600 m
生境	年降水量在 2500 ～ 4500 mm 之间的热带低地森林及低海拔山林
食物	哺乳动物（啮齿类动物和负鼠）
繁殖方式	卵生，每次产卵 9 ～ 16 枚
保护等级	IUCN 未列入

成体长度
6 ft 7 in～8 ft
(2.0～2.4 m)

588

黑头巨蝮
Lachesis melanocephala
Black-Headed Bushmaster

Solórzano & Cerdas, 1986

黑头巨蝮的身体为黄色或棕褐色，背面正中具一列菱形黑斑。它最显著的特征是头顶全黑，并与黑色的眼后纹连为一体。

巨蝮属 *Lachesis* 物种是美洲大陆体形最大的一类蝮蛇，堪比非洲的加蓬咝蝰（第 613 页）与犀角咝蝰 *Bitis rhinoceros*。巨蝮属物种的毒牙也是所有美洲毒蛇中最长的，达到 50～60 mm，同样只有这两种咝蝰才能够匹敌。巨蝮属物种还是美洲大陆上仅有的卵生蝮蛇类群。黑头巨蝮喜欢守株待兔，可以原地一动不动待上数个星期，伏击路过的小型至中型哺乳动物，比如啮齿类动物和负鼠。黑头巨蝮的皮肤粗糙，每片鳞片都起强棱，位于背面中线前半部分的鳞片更是形成隆起的背脊。它的头部偏圆，不像其他蝮蛇那样呈三角形。巨蝮属的学名"*Lachesis*"是希腊神话中三个命运女神之一，负责测量生命之线的长度。

相近物种

同属的中美巨蝮 *Lachesis stenophrys* 分布于哥斯达黎加与巴拿马靠大西洋一侧，而乔科巨蝮 *L. acrochorda* 则分布于巴拿马至哥伦比亚。

实际大小

科名	蝰科 Viperidae：蝮亚科 Crotalinae
风险因子	剧毒：促凝血素、出血性毒素，可能还有抗凝血素和肌肉毒素
地理分布	南美洲：亚马孙河流域、圭亚那地区、特立尼达岛、巴西大西洋沿岸
海拔	0～1000 m，偶尔至 1800 m
生境	年降水量在 2000～4000 mm 之间的热带低地森林和低海拔山林，河流沿岸的干燥森林，偶尔出现于次生林中
食物	哺乳动物（啮齿类动物和负鼠），可能还包括鸟类、蜥蜴或蛙类
繁殖方式	卵生，每次产卵 6～20 枚
保护等级	IUCN 未列入

成体长度
6 ft 7 in～11 ft 10 in
(2.0～3.6 m)

巨蝮
Lachesis muta
South American Bushmaster
(Linnaeus, 1766)

589

巨蝮广泛分布于亚马孙河流域，从亚马孙河的出海口至厄瓜多尔、秘鲁和玻利维亚的源头，包括整个圭亚那地区和特立尼达岛，都有其踪迹，其中生活在巴西大西洋沿岸的种群被认为是一个濒危的单独亚种。在亚马孙河流域，人们非常惧怕巨蝮，都说它会发出尖锐的咝咝声，人如果没能留意到这种声音，就踏入了鬼门关。被巨蝮咬伤的后果非常严重，如果不能及时注射抗蛇毒血清，伤者很可能会丧命。巨蝮的活跃程度与降雨息息相关，它会一直躲在哺乳动物挖掘的洞穴里，直到开始下雨，才出洞捕食。猎物以啮齿类动物为主，从鼠类到豪猪都是它的美餐，还包括负鼠。幼体也会捕食蛙类和蜥蜴。巨蝮的学名"*muta*"的意思是"哑的"，指它尾端长有奇怪的尖刺，类似响尾蛇，却不会发声，因此它从前又被称为哑响尾蛇。

巨蝮身体为橙色至棕褐色，甚至偏红色，背面具一列菱形大黑斑，并延伸出横纹至体侧。背鳞起棱，背面中线的鳞片隆起形成背脊。眼后有一条明显的黑色眼后纹。

相近物种

巨蝮有 2 个亚种，分别是指名亚种 *Lachesis muta muta* 和极度濒危的大西洋沿岸亚种 *L. m. rhombeata*。南美洲还生活着另一种巨蝮——乔科巨蝮 *L. acrochorda*，分布于哥伦比亚和巴拿马的乔科地区。

实际大小

科名	蝰科 Viperidae：蝮亚科 Crotalinae
风险因子	有毒：可能有促凝血素和出血性毒素
地理分布	北美洲：墨西哥南部（普埃布拉州和瓦哈卡州）
海拔	1600 ～ 2400 m
生境	干燥落叶林、山区干旱灌丛、高海拔半沙漠地带
食物	小型哺乳动物、蜥蜴
繁殖方式	胎生，每次产仔 5 ～ 8 条
保护等级	IUCN 濒危

成体长度
14¾ ～ 22¾ in
（375～580 mm）

590

黑尾云蝮
Mixcoatlus melanurus
Black-Tailed Horned Pitviper
(Müller, 1923)

实际大小

黑尾云蝮生活在高海拔的干旱环境中，但是牲口放牧、农田开垦以及其他农业活动已经严重破坏了它的栖息地。鉴于黑尾云蝮的整个分布区只有不到 6000 km²，它或许已经濒临灭绝。黑尾云蝮为陆栖蛇类，根据研究人员的报道，在半干旱沙漠环境中的龙舌兰或仙人掌下以及干燥林地的倒木下最容易发现这种蛇。由于夜晚温度低，黑尾云蝮需要通过晒太阳提升体温，因此它在早晨最为活跃。黑尾云蝮以啮齿类动物和蜥蜴为食，比如美洲蜥蜴。

相近物种

黑尾云蝮曾经被划入睫角蝮属 *Ophryacus*，并且容易与波动睫角蝮（第 591 页）相混淆。这两种蛇可以通过尾下鳞来区分，黑尾云蝮的尾下鳞为单行，而波动睫角蝮的尾下鳞为双行。云蝮属 *Mixcoatlus* 还包含另外 2 个物种，它们的眼睛上方都没有角，分别是巴氏云蝮 *M. barbouri* 与布氏云蝮 *M. browni*，均分布于墨西哥南部的格雷罗州。

黑尾云蝮可能为灰色或褐色，背面有颜色略深的色斑，有的色斑会相互融合，形成锯齿形的图案。尾部为独特的黑色，尾梢变为弯曲的粗刺。它的两只眼睛上方各长有一支粗角，角不向后弯曲。

科名	蝰科 Viperidae；蝮亚科 Crotalinae
风险因子	有毒：可能有促凝血素和出血性毒素
地理分布	北美洲：墨西哥南部的西马德雷山脉南端
海拔	1800～2800 m
生境	松栎林地与云雾森林
食物	小型哺乳动物和蜥蜴
繁殖方式	胎生，每次产仔 3～13 条
保护等级	IUCN 易危

成体长度
21¾～27½ in
(550～700 mm)

波动睫角蝮
Ophryacus undulatus
Mexican Horned Pitviper

(Jan, 1859)

591

波动睫角蝮分布于墨西哥南部的韦拉克鲁斯州、普埃布拉州、瓦哈卡州和格雷罗州，生活在海拔较高的松栎林或云雾森林中。它既在地面活动，也会爬树，虽然其尾部不具缠绕性，但它仍然能爬到 4 m 高的地方。它的猎物包括小型哺乳动物如田鼠等，或者陆栖及树栖的蜥蜴，如侧褶蜥和安乐蜥。为了避开寒冷的夜晚，波动睫角蝮在白天出来活动，常见于靠近山溪的地方或低矮稀疏的灌丛中。目前尚没有关于人类被这些小型山区蝮蛇咬伤的记录。

波动睫角蝮为灰色或褐色，背面具不规则的深色色斑，有的色斑会相互融合，形成锯齿状图案。眼睛上方各有一支弯角，幼体的角则更偏楔形。

相近物种

目前睫角蝮属 *Ophryacus* 包含了 3 个物种，另外 2 种分别是分布于韦拉克鲁斯州与瓦哈卡州北部的翡翠睫角蝮 *O. smaragdinus* 和瓦哈卡州南部的粗角睫角蝮 *O. sphenophrys*。黑尾云蝮（第 590 页）曾被划入睫角蝮属。

实际大小

科名	蝰科 Viperidae；蝮亚科 Crotalinae
风险因子	有毒：促凝血素，可能还有抗凝血素和出血性毒素
地理分布	南亚地区：中国南部、印度北部、尼泊尔、孟加拉国和缅甸
海拔	700～1200 m
生境	山地常绿森林，包括针叶林
食物	蛙类、小型哺乳动物、蜥蜴、鸟类及鸟卵
繁殖方式	卵生，每次产卵 5～18 枚
保护等级	IUCN 无危

成体长度
3 ft 3 in～4 ft
(1.0～1.2 m)

592

山烙铁头蛇
Ovophis monticola
Western Mountain Pitviper
(Günther, 1864)

山烙铁头蛇体形短粗，头部宽而呈三角形，眼小，背鳞光滑，尾短。背面灰棕色底色上交替出现深棕色和浅棕色方形斑块，眼后纹为铜棕色。

亚洲的山烙铁头蛇复合种是复杂的蛇类类群，它们看起来较为相似，只有通过分子技术才能明确区分，尤其是同域分布的不同物种。山烙铁头蛇分布于印度北部、尼泊尔、中国南部（云南）[1]以及孟加拉国和缅甸的常绿森林中。山烙铁头蛇为陆栖的夜行性蛇类，捕食蛙类和啮齿类动物，也捕食蜥蜴、鸟类及鸟卵。山烙铁头蛇为卵生，雌性会护卵，这对于蝮亚科蛇类来说很不寻常，但也不是唯一的。如果受到打扰，山烙铁头蛇会盘起来，使身体变得更扁，并反复扑咬敌害。对于山烙铁头蛇咬伤后的影响还所知甚少，曾有一例老年妇女的致死记录。

相近物种

山烙铁头蛇曾经的一些亚种已被提升为独立种，包括台湾烙铁头蛇 *O. makazayazaya*、分布于越南和中国海南的越南烙铁头蛇 *O. tonkinensis* 以及分布于东南亚的南洋烙铁头蛇 *O. convictus*。琉球群岛的冲绳烙铁头蛇 *O. okinavensis* 则不是山烙铁头蛇复合种的成员。

实际大小

① 近期的研究成果显示，山烙铁头蛇在中国仅分布于西藏。——译者注

科名	蝰科 Viperidae；蝮亚科 Crotalinae
风险因子	有毒：可能有促凝血素和出血性毒素
地理分布	北美洲、中美洲和南美洲：墨西哥南部至厄瓜多尔
海拔	0～1000 m，偶尔至 1800 m
生境	热带雨林和低海拔山区湿润森林、干旱地区的河边森林
食物	蜥蜴、小型哺乳动物、鸟类或蛙类
繁殖方式	胎生，每次产仔 2～15 条
保护等级	IUCN 无危

成体长度
15¼～25½ in
(400～650 mm)

大鼻猪鼻蝮
Porthidium nasutum
Rainforest Hognosed Pitviper
(Bocourt, 1868)

593

大鼻猪鼻蝮生活在墨西哥南部至厄瓜多尔的低地与低海拔山区湿润森林中，也出没于干旱地区河流附近的森林里，但不包括其他猪鼻蝮偏好的干燥森林。这种蝮蛇昼夜都会出来活动，常利用自身的保护色，隐藏在森林地表有阳光直射的落叶堆中，以提高身体温度。它的主要猎物为蜥蜴，偶尔也捕食小鼠、鸟类和蛙类，曾有同类相食与吃蚯蚓的记录。通常认为大鼻猪鼻蝮对人类不构成威胁，虽然有人类被咬伤的案例，但无人丧命。

大鼻猪鼻蝮体形细长，身体为褐色或灰蓝色，背面具深浅交替的色斑，个别还有黑斑，背正中有一条橙色至红色的脊线。吻部尖，强烈上翘。

相近物种

猪鼻蝮属 *Porthidium* 目前还包含了另外 8 个物种，它们的分布区均与大鼻猪鼻蝮有重叠。该属所有物种的吻端都有不同程度的上翘。大鼻猪鼻蝮可能与下列这些猪鼻蝮混淆：分布于墨西哥南部瓦哈卡州的邓氏猪鼻蝮 *P. dunni* 或者火山猪鼻蝮 *P. volcanicum*，中美洲的细猪鼻蝮 *P. ophryomegas*，以及南美洲北部和巴拿马的图尔巴科猪鼻蝮 *P. lansbergii*。

实际大小

科名	蝰科 Viperidae；蝮亚科 Crotalinae
风险因子	剧毒：出血性毒素、细胞毒素，可能还有促凝血素和肌肉毒素
地理分布	东亚地区：琉球群岛、冲绳、奄美群岛
海拔	0～600 m
生境	从山地森林、甘蔗田到人类居住区的绝大多数生境
食物	小型哺乳动物、鸟类、爬行动物、蛙类
繁殖方式	卵生，每次产卵 5～15 枚
保护等级	IUCN 未列入

成体长度
6 ft 7 in～8 ft,
偶见 10 ft,
(2.0～2.4 m,
偶见 3.0 m)

594

黄绿原矛头蝮
Protobothrops flavoviridis
Okinawa Habu
(Hallowell, 1861)

黄绿原矛头蝮体形较细长，头大，呈三角形，似矛状。背面底色为浅黄色到浅棕色，具深棕色网纹状斑，体侧下方为浅黄色。眼后具一条深色的眶后条纹。

黄绿原矛头蝮是全世界三种"问题蛇类"之一，另外两种分别是被人为引入关岛的棕林蛇（第 146 页）与被人为引入美国佛罗里达州的缅甸蟒（第 95 页）。但其中黄绿原矛头蝮是唯一一种在原产地也造成了危害的蛇类。黄绿原矛头蝮分布于琉球群岛、冲绳、奄美群岛及周边岛屿，其中很多岛屿都有人类大量定居。黄绿原矛头蝮在其分布区内能适应广泛的生境，从山地森林到甘蔗田都能发现其踪迹，它甚至还会进入房屋内，因此当地居民会在门窗前设置有黏性的陷阱，防止黄绿原矛头蝮进屋。来自该种的咬伤案例很常见，在抗蛇毒血清研制与控制黄绿原矛头蝮及其啮齿类猎物数量的政策出台之前，咬伤案例的致死率达 15%～24%，幸存者也由于组织损伤、坏死而落下残疾。时至今日，由该种咬伤导致的死亡已很少见。

实际大小

相近物种

部分学者将黄绿原矛头蝮分布于奄美群岛的种群视为独立亚种 *Protobothrops flavoviridis tinkhami*。原矛头蝮属 *Protobothrops* 包含 14 个物种，其中的绝大多数物种分布于亚洲大陆，宝岛原矛头蝮 *P. tokarensis* 及与原矛头蝮亲缘关系较远的冲绳烙铁头蛇 *Ovophis okinavensis* 亦见于琉球群岛。

科名	蝰科 Viperidae：蝮亚科 Crotalinae
风险因子	剧毒：促凝血素，可能还有抗凝血素、肌肉毒素、出血性毒素
地理分布	东亚地区：中国（湖南与广东境内的莽山地区）
海拔	800～1300 m
生境	亚热带山地森林
食物	小型哺乳动物、鸟类
繁殖方式	卵生，每次产卵 13～21 枚
保护等级	IUCN 濒危，CITES 附录 II

成体长度
4 ft 7 in～5 ft 7 in
(1.4～1.7 m)

莽山原矛头蝮
Protobothrops mangshanensis
Mangshan Pitviper
(Zhao in Zhao & Chen, 1990)

595

莽山原矛头蝮曾被置于莽山烙铁头蛇属 *Ermia*，但由于该名称已被一个蝗虫的属名先占用，因此将其改订为 "*Zhaoermia*"。依据分子生物学研究成果，莽山原矛头蝮现为原矛头蝮属 *Protobothrops* 的成员。体形巨大的莽山原矛头蝮于 1990 年才被科学描述。这看似不可思议，其实是由于它仅分布于湖南莽山及周边的狭窄范围。不幸的是，在被描述发表仅仅数十年后，该种就因为狭窄的分布区（小于 300 km²）、较少的种群数量、宠物贸易导致的盗猎与走私、栖息地被破坏及人为变更等因素被 IUCN 列为濒危物种。莽山原矛头蝮营树栖或陆栖生活，有时会休憩于地衣覆盖的树干上，据说也栖息于花岗岩洞穴中。未经证实的传言称莽山原矛头蝮能够射毒，实际上不大可能。

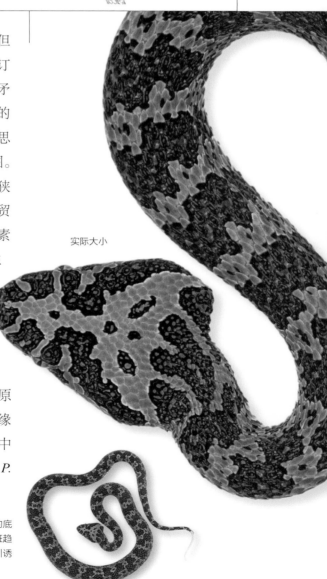

实际大小

相近物种

虽然莽山原矛头蝮现在被置于包含 14 个物种的原矛头蝮属 *Protobothrops* 中，但它与同属其他物种的亲缘关系可能并不近。在形态上，莽山原矛头蝮与分布于中国南部、缅甸、印度东北部及尼泊尔的菜花原矛头蝮 *P. jerdonii* 最为接近。

莽山原矛头蝮的美丽色斑极具特色，是全世界蛇类中最惊艳的种类之一。身体的底色为橄榄色，覆有延伸至头背的不规则亮绿色斑纹，头部较宽而钝。该种的色斑趋近于山地森林生境中覆盖地衣的树干，形成良好的伪装。尾尖为白色，可能是引诱猎物的策略。

科名	蝰科 Viperidae；蝮亚科 Crotalinae
风险因子	有毒：出血性毒素，可能还有抗凝血素
地理分布	东南亚地区：越南及老挝
海拔	200～600 m
生境	喀斯特地貌中的热带半常绿森林
食物	未知
繁殖方式	卵生，每次产卵 3～4 枚
保护等级	IUCN 濒危

成体长度
3 ft 3 in～4 ft 3 in
(1.0～1.3 m)

596

三棘原矛头蝮
Protobothrops sieversorum
Three Horned-Scaled Pitviper
(Ziegler, Herrmann, David, Orlov & Pauwels, 2000)

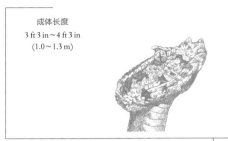

三棘原矛头蝮的体色为灰棕色，背部具连续、交错排列的深浅棕色方块状斑纹，这些斑纹有时聚合为锯齿形。体形细长，眼上具三枚明显的角状特化眶上鳞。

三棘原矛头蝮最早被置于单型属三棘原矛头蝮属 *Triceratolepidophis* 中，该属名表现了其具有三枚角状特化眶上鳞。依据分子生物学研究，该种后被移入物种较多的原矛头蝮属 *Protobothrops*。三棘原矛头蝮体形细长，营树栖，仅栖息于越南、老挝边境长山山脉的喀斯特地貌下的热带半常绿森林。其生境饱受非法伐木、刀耕火种的破坏，本身的种群亦受到非法宠物贸易的威胁，生存状况与莽山原矛头蝮（第 595 页）类似。虽然人工繁殖的个体被记录到以鼠为食，但野生环境下三棘原矛头蝮的食性尚不为人知。

相近物种

虽然现在被包含在原矛头蝮属 *Protobothrops*，三棘原矛头蝮与同属物种可能并不具较近的亲缘关系。然而，该种与体形细长、体色为灰棕色、眶上亦具角状特化鳞片的角原矛头蝮 *P. cornutus* 非常相似，后者分布于越南及中国南部。

实际大小

科名	蝰科 Viperidae；蝮亚科 Crotalinae
风险因子	有毒：促凝血素及出血性毒素
地理分布	北美洲：加拿大、美国及墨西哥
海拔	0～1500 m
生境	东北部的种群栖息于低洼草地、草甸、沼泽地，南部的种群栖息于草原及沙漠中的草地
食物	小型哺乳动物、蜥蜴、蛇类、蛙类及蜈蚣
繁殖方式	胎生，每次产仔 5～20 条
保护等级	IUCN 无危

成体长度
19¾～37½ in
(500～950 mm)

北美侏响尾蛇
Sistrurus catenatus
Massasauga
(Rafinesque, 1818)

597

北美侏响尾蛇又称沼泽响尾蛇，其水栖性较强，是美洲蝮蛇中除食鱼蝮（第554页）外的唯一一种水栖蝮蛇。虽然北美侏响尾蛇广布于加拿大五大湖区到墨西哥格兰德河，但美国的种群却呈斑块化分布。该种的栖息地多为开阔的草地、草甸、沼泽或干旱地区的永久水域，食性则随不同区域的种群有所不同。分布于西部的成体主要捕食鼠类，幼体则捕食蜥蜴，北部的种群全年龄段都主要以蛙类为食，偶以其他蛇类及蜈蚣为食。来自北美侏响尾蛇的咬伤相对常见，但致死案例却非常罕见，近缘种侏响尾蛇 *Sistrurus miliarius* 则具备咬伤致人死亡的能力。

北美侏响尾蛇的体色为灰色到橄榄棕色，背部具深灰色或棕色斑纹，体侧具连续的较小的斑点。眼后有一条下缘为白色的暗色眶后条纹。

相近物种

北美侏响尾蛇共有 3 个亚种，指名亚种 *Sisrurus catenatus catenatus* 见于其分布区的东北部，爱氏亚种 *S. c. edwardsii* 见于南部，部分文献将分布于西部的亚种视为独立物种三斑侏响尾蛇 *S. tergeminus*。与北美侏响尾蛇亲缘关系最近的物种为侏响尾蛇 *S. miliarius*。

实际大小

科名	蝰科 Viperidae：蝮亚科 Crotalinae
风险因子	有毒：促凝血素，可能还有出血性毒素
地理分布	东南亚地区：印度尼西亚（爪哇岛东部、巴厘岛、小巽他群岛、龙目岛到帝汶岛与韦塔岛）
海拔	0～1200 m
生境	热带潮湿与干燥森林、低海拔山地森林、洪泛草地、水稻田及沿海灌木林
食物	小型哺乳动物、蛙类、鸟类及蜥蜴
繁殖方式	胎生，每次产仔最多 17 条
保护等级	IUCN 无危

成体长度
雄性
23¾ in
(600 mm)

雌性
32 in
(810 mm)

598

岛屿竹叶青蛇
Trimeresurus insularis
Lesser Sundas Pitviper
Kramer, 1977

岛屿竹叶青蛇共有 3 种色型，最常见的色型身体为绿色，唇部为黄绿色，见于其分布区内的大部分区域。科莫多岛的部分个体为青色或蓝色，韦塔岛及帝汶岛的部分个体则为鲜黄色。在帝汶岛上，鲜黄色型的个体会与绿色型个体共同出现。

竹叶青蛇属 *Trimeresurus* 于 20 世纪末经历了一次重大分类变动，被拆分为 8 个属，如今的分类系统则将曾被拆出的 8 个属又合并为竹叶青蛇属的亚属。虽然岛屿竹叶青蛇敏捷的习性与具缠绕性的尾部显示其具备高度树栖性，但该种实则常活动于地面与接近地面处捕食蛙类，或趴在小池塘与被较浅的洪水淹没的草地、林地上方伏击猎物。岛屿竹叶青蛇主要以小型哺乳动物、鸟类为食，偶尔亦捕食蜥蜴。体形大的个体具备咬伤致人死亡的能力，有数起来自岛屿竹叶青蛇的致死案例发生在其种群密度很大的帝汶岛。

相近物种

东南亚分布有竹叶青蛇属 *Trimeresurus* 的许多绿色的物种，但岛屿竹叶青蛇与分布于东南亚大陆、苏门答腊岛南部与爪哇岛西部的白唇竹叶青蛇 *T. albolabris* 亲缘关系最近，该种还曾被视为白唇竹叶青蛇的亚种。另一个曾被视为白唇竹叶青蛇亚种的物种则是北方竹叶青蛇 *T. septentrionalis*。这些物种目前与紫棕竹叶青蛇（第 602 页）共同被置于竹叶青蛇属的模式亚属——竹叶青蛇亚属 *Trimeresurus*（*Trimeresurus*）下。

实际大小

科名	蝰科 Viperidae；蝮亚科 Crotalinae
风险因子	有毒：可能有肌肉毒素，其他成分未知
地理分布	东南亚地区：菲律宾（巴丹群岛）
海拔	0～1000 m
生境	位于台风形成的火山坡上的季节性热带雨林
食物	小型哺乳动物
繁殖方式	卵生，产卵量未知
保护等级	IUCN 数据缺乏

成体长度
27½～34 in
(700～865 mm)

巴丹竹叶青蛇
Trimeresurus mcgregori
Batan Pitviper
Taylor, 1919

599

巴丹竹叶青蛇为菲律宾最北部群岛——巴丹群岛的特有种。巴丹岛面积仅有 35 km²，该岛的种群栖息于火山坡上的茂密森林中。该种亦被称为麦氏竹叶青蛇，种本名致敬出生于澳大利亚的美国籍鸟类学家理查德·克里滕登·麦克格雷格（Richard Crittenden McGregor，1871—1936）。麦克格雷格曾采集到巴丹竹叶青蛇的正模标本，并在采集的过程中被咬伤，被咬后他的手臂曾肿胀数天，但痛感较轻微。关于巴丹竹叶青蛇生活史的资料非常有限，其被报道与 *Parias* 亚属的其他物种一样营卵生。

巴丹竹叶青蛇共有两种色型，第一种色型通身呈鲜黄色，背部或具暗灰色斑点、斑纹，第二种色型则通身为浅灰色或白色。巴丹岛当地的居民称，黄色型的巴丹竹叶青蛇营树栖，白色型则营陆栖。

相近物种

巴丹竹叶青蛇曾被视为黄斑竹叶青蛇 *Trimeresurus flavomaculatus* 的亚种，其与黄斑竹叶青蛇曾共同被置于 *Parias* 属，该属现在被视为竹叶青蛇属的亚属。相近物种包含分布于印度尼西亚的哈氏竹叶青蛇 *T. hageni*，加里曼丹岛的马氏竹叶青蛇 *T. malcolmi*，苏门答腊岛的苏门答腊岛竹叶青蛇 *T. sumatranus* 及分布于巴拉望岛的稀有物种舒氏竹叶青蛇 *T. schultzei*。

实际大小

科名	蝰科 Viperidae：蝮亚科 Crotalinae
风险因子	有毒：毒液成分未知
地理分布	东南亚地区：尼泊尔、不丹、印度东北部、孟加拉国、缅甸、泰国东北部、老挝北部及越南①
海拔	600～2000 m
生境	山地及山麓热带森林、茶树种植园、溪边植被、竹林
食物	鸟类、蛙类、蜥蜴、小型哺乳动物
繁殖方式	胎生，每次产仔7～15条
保护等级	IUCN 未列入

成体长度
2 ft 4 in～3 ft 5 in
(0.7～1.05 m)

600

坡普竹叶青蛇
Trimeresurus popeiorum
Pope's Bamboo Pitviper

Smith, 1937

坡普竹叶青蛇体形细长，体色为亮绿色或青色，腹面为淡绿色。虹膜为红色，眶后具一条延伸至口角处的红色条纹。体侧下半部分具一对明显的白色及红色纵纹，一直延伸至红棕色、具缠绕性的尾部。

坡普竹叶青蛇的种本名致敬杰出的美国两栖爬行动物学家克里福德·希尔豪斯·坡普（Clifford Hillhouse Pope，1899—1974）。该物种可能是竹叶青蛇属最有名的物种之一，许多其他物种常因形态相似而被缺乏经验的人误订为坡普竹叶青蛇。该种先前曾被认为拥有广泛的分布，但在数个前亚种被提升至独立物种地位后，其实际的分布区"缩水"了很多。坡普竹叶青蛇栖息于山麓、山地森林与竹林的茂密植被中，常见于灌木、树林及溪边的低矮植被上，在夜间出没捕食鸟类、蜥蜴、蛙类与小型哺乳动物。该种常在茶树种植园与人类相遇。它虽然身怀毒素，但体形较小，与分布区内的其他竹叶青蛇属物种相比，对人也不显攻击性。

相近物种

与坡普竹叶青蛇亲缘关系最近的物种为泰国竹叶青蛇 *Trimeresurus fucatus*、分布于马来半岛的云雾竹叶青蛇 *T. nebularis*、分布于刁曼岛的刁曼竹叶青蛇 *T. buniana*、分布于苏门答腊岛的多巴竹叶青蛇 *T. toba* 及加里曼丹岛的沙巴竹叶青蛇 *T. sabahi*。上述物种均为坡普蝮亚属 *Trimeresurus*（*Popeia*）的成员。

① 亦见于中国云南。——译者注

实际大小

科名	蝰科 Viperidae：蝮亚科 Crotalinae
风险因子	有毒：毒液成分未知
地理分布	东南亚地区：印度尼西亚（爪哇岛、苏门答腊岛、纳土纳群岛及明打威群岛）
海拔	500～1600 m
生境	低海拔山地森林、低地雨林、竹林、茶园及咖啡种植园
食物	小型哺乳动物、蛙类、鸟类及蜥蜴
繁殖方式	胎生，每次产仔 7～33 条
保护等级	IUCN 无危

扁鼻竹叶青蛇
Trimeresurus puniceus
Javanese Flat-Nosed Palm-pitviper
(Boie, 1827)

成体长度
21¾～28¼ in，
偶见 36¼ in
(550～720 mm，
偶见 920 mm)

601

扁鼻竹叶青蛇体形较小，体色便于隐蔽，栖息于低海拔山地森林与种植园的植被与落叶层中。由于伪装过于隐蔽或种群密度偏低，该种极少被发现。该种的雄性主要营陆栖，雌性更偏树栖。当然，扁鼻竹叶青蛇不论雌雄皆具灵活的攀爬能力。因此，偶见于茶树、咖啡种植园的种群对种植园工人构成明显的安全隐患。来自该种的咬伤被报道伴有强烈的疼痛与持续的肿胀，一起来自小个体扁鼻竹叶青蛇的咬伤案例导致了严重的症状。虽然目前并无来自该种咬伤致死的案例记录，但仍需格外注意。扁鼻竹叶青蛇主要以鼠类为食，亦捕食蜥蜴、鸟类、蛙类等小型脊椎动物，捕食行为多发生于夜间。

扁鼻竹叶青蛇的体色为灰色、棕色或黄棕色，具连续、不规则的深浅斑点或鞍形斑，鞍形斑本身或由深浅斑点组成。雄性的斑纹与体色对比强烈，雌性则较不明显。头部明显呈扁平状。

相近物种

与扁鼻竹叶青蛇亲缘关系最近的物种为分布于苏门答腊岛的安达拉斯竹叶青蛇 *Trimeresurus andalasensis*、加里曼丹岛的加里曼丹岛竹叶青蛇 *T. borneensis*、明打威群岛西比路岛的布氏竹叶青蛇 *T. brongersmai*、越南的长山竹叶青蛇 *T. truongsonensis* 及马来半岛的威罗竹叶青蛇 *T. wiroti*。上述物种均属于 *Craspedocephalus* 亚属。

实际大小

科名	蝰科 Viperidae：蝮亚科 Crotalinae
风险因子	有毒：促凝血素，可能还有抗凝血素、出血性毒素、心脏毒素
地理分布	东南亚地区：缅甸、泰国、马来半岛、新加坡及印度尼西亚苏门答腊岛
海拔	海平面
生境	红树林沼泽及沿海森林
食物	小型哺乳动物、蛙类及蜥蜴
繁殖方式	胎生，每次产仔 7～15 条
保护等级	IUCN 未列入

成体长度
2 ft 4 in～3 ft 6 in
(0.7～1.07 m)

602

紫棕竹叶青蛇
Trimeresurus purpureomaculatus
Mangrove Pitviper
(Gray, 1832)

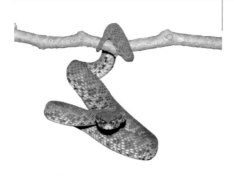

紫棕竹叶青蛇的体色变异大，可为绿色，具斑点，或棕色，具一枚背鳞宽的白色横斑，或亮橙色，具略深的背部斑纹，或深灰色，不具任何斑纹。绝大多数个体腹面为白色，多具黄色、绿色或棕色斑点。头部较大而粗壮，呈钝圆形，尾长，具缠绕性。

实际大小

　　紫棕竹叶青蛇又称海岸竹叶青蛇或月光竹叶青蛇，栖息于缅甸伊洛瓦底三角洲、马来半岛、新加坡、苏门答腊岛西部沿海的沼泽森林与红树林沼泽。该种营高度树栖，善于攀爬，雄性体形较雌性更瘦长。紫棕竹叶青蛇体形较大，引人注目，因具备从树枝上发动远距离袭击的能力而闻名，其咬伤可能导致严重的后果，还有1 例儿童被咬致死的案例。该种主要以小型哺乳动物、蛙类和蜥蜴为食，多在夜间捕猎。

相近物种

　　紫棕竹叶青蛇与曾被视为其亚种的安达曼竹叶青蛇 *Trimeresurus andersoni* 亲缘关系较近，近缘种还包含分布于东南亚大陆的白唇竹叶青蛇 *T. albolabris*，以及北方竹叶青蛇 *T. septentrionalis*、岛屿竹叶青蛇（第 598 页）。上述物种均隶属于竹叶青蛇属的模式亚属竹叶青蛇亚属 *Trimeresurus*（*Trimeresurus*），该亚属还包含鸿山竹叶青蛇 *T. honsonensis*、坎布里竹叶青蛇 *T. kanburiensis*、大眼竹叶青蛇 *T. macrops* 及美丽竹叶青蛇 *T. venustus*。

科名	蝰科 Viperidae；蝮亚科 Crotalinae
风险因子	有毒：促凝血素，可能还有抗凝血素、出血性毒素、细胞毒素
地理分布	东南亚地区：泰国半岛、马来半岛、印度尼西亚苏门答腊岛及其周边岛屿
海拔	0～1200 m
生境	低地热带森林、沿海森林及红树林
食物	鸟类、小型哺乳动物、蜥蜴及蛙类
繁殖方式	胎生，每次产仔 15～41 条
保护等级	IUCN 无危

成体长度
雄性
20½ in
(520 mm)
雌性
36¼ in
(920 mm)

韦氏铠甲蝮
Tropidolaemus wagleri
Wagler's Temple Pitviper
(Boie, 1827)

603

在马来西亚的槟城蛇庙旁，韦氏铠甲蝮成群爬在树枝上，悠然地盘踞在香火附近的景象闻名遐迩。韦氏铠甲蝮生性喜静，常常连攻击速度都很慢。雌性体色鲜艳，头较大，吻端略突出。该种以鸟类及小型哺乳动物为食，幼体与体形较小的雄性亦会捕食蛙类与蜥蜴。韦氏铠甲蝮营高度树栖，多栖息于低地热带森林，亦可能进入红树林，但极少下到地面。体形较大的雌性能够一次产下多于 40 条幼体。

相近物种

韦氏铠甲蝮曾被视为广布种，目前的分布区则被局限在马来半岛及苏门答腊岛。铠甲蝮属 *Tropidolaemus* 的其余物种为分布于菲律宾南部的菲律宾铠甲蝮 *T. philippensis*、菲律宾北部及加里曼丹岛的半环铠甲蝮 *T. subannulatus*、印度尼西亚苏拉威西岛的宽斑铠甲蝮 *T. laticinctus*，以及马都拉烙铁头蛇 *T. huttoni*，该物种仅知 2 号于 20 世纪 40 年代采自印度南部西高止山脉的幼体标本。

实际大小

韦氏铠甲蝮具性二态及性二色型。雄性与幼体体形较小，为绿色，具一条贯眼红条纹，身体具黄色斑纹。雌性体形更加粗壮，更长，身体上半部分为黑色，具黄色斑纹及黄色唇部，腹面为浅黄色至白色。

科名	蝰科 Viperidae：蝰亚科 Viperinae
风险因子	有毒：毒液成分未知
地理分布	非洲东部：坦桑尼亚（乌德宗瓦山及尤金嘎山）
海拔	1700～1900 m
生境	山地森林、竹林、茶园
食物	蚯蚓、蛞蝓，可能也捕食蛙类
繁殖方式	可能为卵生，每次产卵最多 10 枚
保护等级	IUCN 易危

成体长度
13¾～14 in
(350～360 mm)

604

坦噶树蝰
Atheris barbouri
Udzungwa Mountain Viper
Loveridge, 1930

坦噶树蝰又称乌德宗瓦树蝰、食虫树蝰或巴伯树蝰，在分类上曾被置入单型属 *Adenorhinus*。作为非洲最鲜为人知的毒蛇之一，该种仅分布于坦桑尼亚乌德宗瓦山与尤金嘎山之间，栖息于海拔 1800 m 左右的茂密森林中，极易受生境破坏的影响。坦噶树蝰营陆栖生活，活动于落叶层，偶尔也为半穴居。该种或许是全世界唯一一种主要以蚯蚓、蛞蝓为食的蝰科蛇类，亦有报道称其捕食蛙类。坦噶树蝰多活动于雨后的日间，雌性营卵生。该种的毒液成分完全不为人知，但该种亦没有伤人记录。

坦噶树蝰的背鳞粗糙而起棱，头短，亦被起棱的粗鳞。体背为浅棕色，背部及体侧具数列深棕色斑点，头部无斑。

相近物种

坦噶树蝰在形态上不易与其他树蝰种类混淆，可能与同域分布的乌桑巴拉树蝰（第 605 页）亲缘关系最近。

实际大小

科名	蝰科 Viperidae；蝰亚科 Viperinae
风险因子	有毒：促凝血素，可能还有出血性毒素
地理分布	非洲东部：坦桑尼亚（乌桑巴拉山、乌德宗瓦山及乌卢古鲁山）
海拔	700～2000 m
生境	低海拔山地森林、林地
食物	蛙类，可能也捕食小型哺乳动物及蜥蜴
繁殖方式	胎生，产仔量未知
保护等级	IUCN 易危

成体长度
15¾～21¾ in
(400～550 mm)

乌桑巴拉树蝰
Atheris ceratophora
Usambara Forest Bushviper
Werner, 1896

605

乌桑巴拉树蝰的分布区局限于坦桑尼亚乌桑巴拉山、乌德宗瓦山及乌卢古鲁山共同组成的东部弧形山脉。该种栖息于低海拔山地森林的表层或距地面 1 m 高的地方。该种的另一俗称"角树蝰"得名于眼上 3 枚特化的角状眶上鳞，乌桑巴拉树蝰也是非洲树栖蝰蛇中唯一一种具特化角状眶上鳞的物种。乌桑巴拉树蝰为夜行性，可能也在晨昏活动，以小型非洲树蛙为食，亦可能捕食小型哺乳动物与蜥蜴。雌性营胎生，但单次产下的幼体数尚无记录。来自该种的咬伤曾导致剧烈疼痛与组织严重坏死，目前尚无针对树蝰的抗蛇毒血清问世。

乌桑巴拉树蝰的体色变异大，为均一的黄色、棕色、橄榄色或黑色，或具深色"Z"形斑。区分本种与其他树蝰最明显的特征为眼上特化为角状的眶上鳞。

相近物种

与乌桑巴拉树蝰亲缘关系最近的物种为神秘的坦噶树蝰（第 604 页）。非洲的 18 种树蝰在生态位上接近美洲的棕榈蝮属（第 557～558 页）与亚洲的竹叶青蛇属（第 598～602 页）。乌桑巴拉树蝰与睫角棕榈蝮（第 558 页）在形态上十分相似。

实际大小

科名	蝰科 Viperidae；蝰亚科 Viperinae
风险因子	有毒：促凝血素，可能会有出血性毒素
地理分布	非洲西部：塞内加尔、冈比亚到科特迪瓦与加纳
海拔	0～600 m
生境	低地热带森林、茂密的丛林
食物	小型哺乳动物
繁殖方式	胎生，每次产仔 6～9 条
保护等级	IUCN 无危

成体长度
19¾～27½ in
(500～700 mm)

606

几内亚树蝰
Atheris chlorechis
Western Bushviper
(Pel, 1852)

几内亚树蝰多为深绿色或浅绿色，部分个体具较浅的黄色斑点，腹面为淡绿色到蓝色，喉为白色，尾端为黄色。虹膜颜色与头部其他部分相同。虽然成体为绿色，新生的幼体却为棕褐色，在出生后 24 小时内开始向绿色转变。

实际大小

绝大多数树蝰出没于非洲的中部及东部的雨林与山区，仅有包括几内亚树蝰在内的两个物种分布于非洲西部。几内亚树蝰来自尼日利亚及加蓬的分布记录可能为错误鉴定。该种主要栖息于低地热带雨林中，时常攀爬到距离地面 2 m 处，其攀爬能力得益于长而具缠绕性的尾巴。目前尚不清楚几内亚树蝰是否会捕食哺乳动物以外的鸟类、蜥蜴、蛙类等动物。几内亚树蝰是一种体形相对较大的树蝰，其咬伤可能导致严重的后果，且目前并无针对树蝰的抗蛇毒血清。

相近物种

几内亚树蝰在形态上近似于树蝰（第 609 页），与后者相比，几内亚树蝰的鳞片更光滑，不如树蝰粗糙，头部及吻端尤为明显。几内亚树蝰可能在科特迪瓦与鳞片为棕色、更粗糙的毛树蝰 *Atheris hirsuta* 同域分布。几内亚树蝰在形态上与分布于东南亚的竹叶青蛇（第 598～602 页）及分布于热带美洲的棕榈蝮（第 557～558 页）趋同。

科名	蝰科 Viperidae；蝰亚科 Viperinae
风险因子	有毒：促凝血素，可能有出血性毒素
地理分布	非洲中部与东部：刚果（金）、乌干达、卢旺达、肯尼亚及坦桑尼亚
海拔	900～2400 m
生境	雨林、荆棘林、河岸的莎草与芦苇丛
食物	蜥蜴和蛙类，可能还有小型哺乳动物、幼鸟和蜗牛
繁殖方式	胎生，每次产仔 2～12 条
保护等级	IUCN 未列入

成体长度
23¾～27½ in
(600～700 mm)

基伍树蝰
Atheris hispida
Rough-Scaled Bushviper
Laurent, 1955

607

基伍树蝰呈极度斑块化分布，栖息于维多利亚湖沿岸国家的低海拔山地雨林生境，分布向西延伸至刚果（金）。该种头部和背部鳞片强烈起棱而粗糙，并且鳞尖向外伸出呈刺状，就像冷杉球果，因而又得名"刺树蝰"。基伍树蝰为高度树栖性，行动敏捷，善于攀爬，有时会盘绕在距离地面2～3 m高处，或攀在河流沿岸植被的枝叶或芦苇丛上。该种会在夜间爬到地面捕食蜥蜴及蛙类，正模标本的胃容物还包含一只蜗牛，雏鸟与小型哺乳动物亦可能成为基伍树蝰的猎物。目前尚无应对树蝰毒素的血清产出。

基伍树蝰的背鳞极为粗糙，向外弯曲形成刺状，眼大，头较短，尾长，具缠绕性。具两性异色，雄性多为黄绿色，雌性则为橄榄棕色，雌雄个体头部及身体均具不规则的"V"形斑。

相近物种

基伍树蝰在形态上易与分布于非洲西部科特迪瓦的毛树蝰 *Atheris hirsuta* 混淆，但两者的分布区未重叠。在非洲东部，该种与同域分布的树蝰（第609页）极为相似，基伍树蝰的鳞片较树蝰更为粗糙，且生境更干旱。

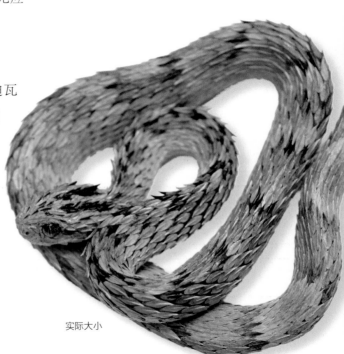

实际大小

科名	蝰科 Viperidae：蝰亚科 Viperinae
风险因子	有毒：促凝血素，可能有出血性毒素
地理分布	非洲东部：乌干达、卢旺达、布隆迪、坦桑尼亚及刚果（金）
海拔	1000～2800 m
生境	莎草丛、沼泽芦苇丛、象草平原、山地森林
食物	蜥蜴、小型哺乳动物、蛙类
繁殖方式	胎生，每次产仔 4～13 条
保护等级	IUCN 未列入

成体长度
27½～29½ in
(700～750 mm)

608

非洲树蝰
Atheris nitschei
Great Lakes Bushviper

Tornier, 1902

非洲树蝰色斑艳丽，体色鲜绿，头体具深黑色斑纹，腹面为白色或黄绿色。幼体为棕色，于 3～4 个月大时变为成体的体色。

　　非洲树蝰又称莎草树蝰、大湖树蝰，分布于东非大裂谷地区，经过艾伯特湖、爱德华湖、基伍湖、维多利亚湖西岸与坦噶尼喀湖北岸的 5 个国家，栖息于中高海拔地区。非洲树蝰为高度树栖性，夜间活动于距离地面 3 m 处的莎草丛、芦苇丛、高象草植被或小树上，白天则以晒太阳为主。该种以小型陆栖哺乳动物为食，亦捕食蛙类与蜥蜴，甚至能在高处的植被上制服猎役，其尾部可能起着引诱猎物的作用。非洲树蝰是树蝰家族中体形较大的一种，由于目前并无针对树蝰毒素的血清，来自非洲树蝰的咬伤可能存在巨大安全隐患。

相近物种

　　分布于坦噶尼喀湖东岸、南岸与坦桑尼亚到马拉维湖的伦圭树蝰 *Atheris rungweensis* 曾被视为非洲树蝰的南部亚种。广布种树蝰（第 609 页）的绿色个体可能与非洲树蝰在后者分布区的北部混淆，然而树蝰并不具黑色斑纹。

实际大小

科名	蝰科 Viperidae：蝰亚科 Viperinae
风险因子	有毒：促凝血素，可能有出血性毒素
地理分布	非洲西部、中部及东部：加纳到安哥拉、乌干达与肯尼亚
海拔	700～1700 m
生境	热带雨林、林间空地、芦苇丛
食物	小型哺乳动物、蜥蜴、蛙类及其他蛇类
繁殖方式	胎生，每次产仔 7～9 条
保护等级	IUCN 未列入

成体长度
19¾～31½ in
(500～800 mm)

树蝰
Atheris squamigera
Variable Bushviper

Hallowell, 1854

609

树蝰为树蝰属 *Atheris* 体形最大、分布最广泛的物种之一，见于非洲西部、中部与东部，从西部的加纳与多哥到东部的乌干达、肯尼亚与南部的安哥拉，栖息于热带雨林与芦苇丛生境。该种体形细长，行动灵活，为树栖性，甚至会爬到距离地面 6 m 高处，主要以小型鼠类、蜥蜴、蛙类及其他蛇类为食。来自树蝰的咬伤曾导致一名成年人中毒身亡。由于目前还没有针对树蝰咬伤的血清，救治被咬者时曾采用非洲当地的多价血清与输血的治疗方法，均未奏效。在经历 6 天的肿胀、无法凝血与高血压症状后，被咬者不幸身亡，足见树蝰的危险性。

成年**树蝰**的体色为黄色到灰色或红色，并不一定为绿色。其鳞片的顶端多为黄色，使蛇身具备不规则斑纹。幼体出生时为黄绿色，3～4 个月大时转为成体色斑。虹膜多与身体颜色存在显著差异。

相近物种

树蝰与基伍树蝰（第 607 页）同域分布，因基伍树蝰具明显更为粗糙的鳞片而易于区分。曾被视为树蝰亚种与色型的异鳞树蝰 *Atheris anisolepis* 与布氏树蝰 *A. broadleyi* 现已被提升为独立物种。分布广泛的树蝰在未来可能还会有新物种拆分出来。

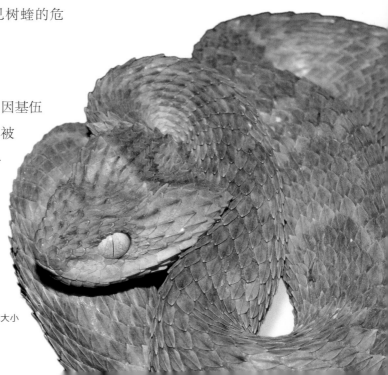

实际大小

科名	蝰科 Viperidae；蝰亚科 Viperinae
风险因子	有毒：出血性毒素、细胞毒素，可能还有促凝血素、抗凝血素、肾毒素
地理分布	非洲：塞内加尔到索马里，南达南非，亦见于摩洛哥南部与阿拉伯半岛西南部、也门
海拔	0～3500 m
生境	稀树草原、干燥林地、干旱灌丛，除热带雨林、沙漠与高山外的几乎所有生境
食物	哺乳动物、鸟类、蜥蜴、蛇类、蛙类甚至陆龟
繁殖方式	胎生，每次产仔 20～60 条，偶有 156 条
保护等级	IUCN 未列入

成体长度
3 ft～6 ft 3 in
(0.9～1.9 m)

610

鼓腹咝蝰
Bitis arietans
Puff Adder

Merrem, 1820

　　鼓腹咝蝰是非洲体形最大、辨识度最高、分布最广泛的蛇类之一，广泛分布于撒哈拉以南非洲，从塞内加尔到索马里，南至南非开普地区，甚至还有分布于摩洛哥南部与阿拉伯半岛西南部的种群，能适应除热带雨林、沙漠及高山外的几乎所有生境。该种的食性广泛，其中最特殊的莫过于曾捕食了一只幼年的豹纹陆龟。雌性一次能产下大量幼体，最高纪录为 156 条。成年鼓腹咝蝰由于体形笨重，会采取毛虫似的爬行方式，运用肋间肌间的活动沿直线运动。幼体可能营树栖，成体能够游泳。来自该种的咬伤曾导致人类死亡，但大部分案例中，咬伤多导致被咬者因组织坏死而截肢。

相近物种

　　鼓腹咝蝰分布于索马里的种群被视为索马里亚种 *Bitis arietans somalica*。分子生物学研究显示鼓腹咝蝰可能为包含数个隐存种的复合种。

实际大小

鼓腹咝蝰体形庞大，壮硕，头宽，呈圆形。体色多变，为浅黄色到暗黄色、棕色与红色，具有连续的、明显向后排列的"V"形深色斑。

科名	蝰科 Viperidae；蝰亚科 Viperinae
风险因子	剧毒：神经毒素，可能还有肌肉毒素、促凝血素、抗凝血素、出血性毒素、肾毒素、细胞毒素
地理分布	非洲南部：南非、莱索托、斯威士兰、津巴布韦及莫桑比克
海拔	0～3000 m
生境	山坡多草的裸露岩层、山地凡波斯硬叶灌木群落
食物	蜥蜴、小型哺乳动物与两栖动物
繁殖方式	胎生，每次产仔 5～16 条
保护等级	IUCN 无危

成体长度
19¾～23¾ in
(500～600 mm)

山咝蝰
Bitis atropos
Berg Adder
(Linnaeus, 1758)

611

山咝蝰呈斑块化分布，从好望角的海平面高度一直到德拉肯斯山脉与莱邦博山脉海拔 3000 m 处都有发现，其余种群则见于津巴布韦与莫桑比克的边境。大多数种群都栖息于海拔较高的山上，偏好多岩草地、凡波斯硬叶灌木群落生境。该种的幼体捕食蜥蜴，成体的食性偏好则转为小型哺乳动物，亦捕食两栖动物。山咝蝰具有神经毒素，这在非洲蝰科蛇类中颇不寻常。因为没有针对山咝蝰的血清，来自该种的咬伤可能导致严重后果。

山咝蝰的背面底色为棕色到深灰色，具有四列较小的三角形深棕色或灰色斑点，其中两列位于背部，身体两侧各一列。背部斑纹延伸至头部，似箭头形，或被延伸至身体后、呈一对背侧条纹的白色线纹包围。

相近物种

山咝蝰包含 2 个亚种，指名亚种 *Bitis atropos atropos* 见于其分布区域的大多数地区，纯色亚种 *B. a. unicolor* 则分布于南非东北部。纯色亚种因隔离的分布可能需重新评估分类地位，分布于津巴布韦的种群也可能为独立物种。山咝蝰的色斑与包括菱斑非洲沙蛇 *Psammophylax rhombeatus*、食卵蛇 *Dasypeltis scabra* 在内的无毒蛇相似，后两者与山咝蝰色斑的相似可能是拟态的体现。

实际大小

科名	蝰科 Viperidae：蝰亚科 Viperinae
风险因子	有毒：突触前神经毒素、肌肉毒素
地理分布	非洲西南部：纳米比亚、博茨瓦纳与南非西部
海拔	300～1600 m
生境	干旱半沙漠、沿海沙丘植被、裸露岩层
食物	蜥蜴、小型哺乳动物、蛙类
繁殖方式	胎生，每次产仔 5～20 条
保护等级	IUCN 未列入

成体长度
11¾～20¼ in
(300～515 mm)

612

沙咝蝰
Bitis caudalis
Horned Adder
(Smith, 1839)

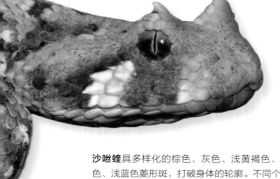

沙咝蝰具多样化的棕色、灰色、浅黄褐色、乳白色、浅蓝色菱形斑，打破身体的轮廓。不同个体间存在色斑变异，雄性体色相较雌性更为鲜艳。虹膜呈灰色或棕色，与眼周鳞片的底色相关。

　　沙咝蝰体形小，广泛分布于纳米比亚、博茨瓦纳到南非的干旱沙漠与多岩生境。该种隐蔽的浅色斑纹可帮助其不露痕迹地隐藏在地面上。双眼上方弯曲的角状特化眶上鳞或许能在明亮的阳光下遮挡眼睛或防止沙子吹进眼睛，使其能够长时间静止不动伏击猎物。沙咝蝰主要以蜥蜴为食，也捕食蛙类与鼠类。该种具突触前神经毒素，可能是为了针对蜥蜴，毒液亦包含能够抑制神经肌肉功能的肌肉毒素。来自沙咝蝰的咬伤案例大多仅伴随轻微症状，并无致死记录。

相近物种

　　沙咝蝰与施氏咝蝰 *Bitis schneideri*、侏咝蝰（第 616 页）的亲缘关系最近，形态上亦与分布于纳米比亚到南非沿海的角咝蝰 *B. cornuta* 相似。角咝蝰并非每一个体都具角，而且它的角为大小不一的一簇，明显不同于沙咝蝰的单枚角。

实际大小

科名	蝰科 Viperidae；蝰亚科 Viperinae
风险因子	剧毒：促凝血素、溶血性毒素，可能还有抗凝血素、心脏毒素、细胞毒素
地理分布	非洲中部与东南部：尼日利亚到乌干达，南达赞比亚、坦桑尼亚、莫桑比克及南非
海拔	0～1500 m
生境	原始及次生森林间空地
食物	哺乳动物（鼠类及羚羊）、鸟类
繁殖方式	胎生，每次产仔 6～45 条
保护等级	IUCN 未列入，在南非当地受到保护

成体长度
3 ft 3 in～5 ft
(1.0～1.5 m)

加蓬咝蝰
Bitis gabonica
East African Gaboon Viper
Duméril, Bibron & Duméril, 1854

613

加蓬咝蝰是非洲体形最大的蝰科蛇类之一，仅有犀角咝蝰 *Bitis rhinoceros* 与鼓腹咝蝰（第 610 页）可能超过其体形。除此之外，加蓬咝蝰的毒牙超过 50 mm 长，可能是全世界已知毒牙最长的蛇类。它善于伪装，能静止不动地埋伏在斑驳的落叶层里，当猎物路过时就用毒牙和毒液发起致命一击。加蓬咝蝰以垄鼠、非洲巨鼠、小型羚羊及鸟类为食，其栖息地包括尼日利亚与非洲中部热带森林间的空地与种植园。该种在坦桑尼亚沿海、莫桑比克及南非存在隔离种群，并受到南非当地法律保护。该种鲜少咬人，目前并无咬伤致人死亡的案例记录，但如果不慎被咬而未及时处理，很有可能导致死亡。

加蓬咝蝰的体色令人震撼，由柔和的棕色、灰色、粉色、紫色、乳白色构成的斑纹酷似波斯地毯。头宽，头部色斑酷似叶子，甚至有一条黑色线纹模拟叶脉，眼呈淡乳白色或灰色。奇异的体色能帮助其隐藏于落叶层中。

相近物种

与分布于几内亚到加纳的犀角咝蝰 *Bitis rhinoceros* 相比，加蓬咝蝰双眼下方各具一条泪状暗斑，并不具犀角咝蝰种本名 *rhinoceros* 所指的角状吻突。尼日利亚西部多哥谷地的稀树草原–林地镶嵌生态系统使加蓬咝蝰与犀角咝蝰具有生态隔离。

实际大小

科名	蝰科 Viperidae：蝰亚科 Viperinae
风险因子	剧毒：毒液成分未知，可能为出血性毒素
地理分布	非洲西部及中部：加纳到安哥拉、乌干达及肯尼亚西部
海拔	0～2500 m
生境	热带雨林、河滨森林、林地、草原、沼泽与种植园
食物	小型哺乳动物、蛙类及鱼类
繁殖方式	胎生，每次产仔 15～40 条
保护等级	IUCN 未列入

成体长度
19¾～31½ in
(500～800 mm)

614

犀咝蝰
Bitis nasicornis
River Jack
(Shaw, 1802)

实际大小

犀咝蝰的另一个英文俗名 "Rhinoceros Viper"（犀角蝰）易与犀角咝蝰 *Bitis rhinoceros* 的学名混淆。犀咝蝰习性隐秘，几何形的色斑可有效帮助其融入热带雨林与沿河森林地表的落叶层。该种在非洲中部与西部的两片分布区域被多哥谷地干旱的稀树草原-林地镶嵌生态系统分隔开来，这道生态系统亦是隔离加蓬咝蝰与犀角咝蝰的地理因素。犀咝蝰亦见于草原、沼泽与种植园生境，主要以鼠类为食，亦有捕食蛙类及鱼类的记录。人类对犀咝蝰的毒素所知甚少，也很少有来自该种的咬伤记录，但有 1 例发生在人工环境下的犀咝蝰咬伤致死案例。

相近物种

犀咝蝰在形态上与犀角咝蝰 *Bitis rhinoceros* 及加蓬咝蝰（第 613 页）相似，犀角咝蝰吻端亦具角状突起，犀咝蝰在野外甚至还存在与犀角咝蝰、加蓬咝蝰杂交的记录。

犀咝蝰的色斑包含粉色、蓝色、棕色与黑色元素的复杂排列，头部为箭头形斑纹，体背为交错的几何形斑纹，体侧具三角形斑。吻端具一对明显的大型角状突起。

科名	蝰科 Viperidae：蝰亚科 Viperinae
风险因子	有毒：毒液成分未知
地理分布	非洲东部：埃塞俄比亚高原
海拔	2000～3000 m
生境	山区草地、咖啡种植园
食物	可能为小型哺乳动物
繁殖方式	胎生，每次产仔最多 16 条
风险因子	IUCN 未列入

成体长度
29½ in
(750 mm)

小眼咝蝰
Bitis parviocula
Ethiopian Mountain Viper

Böhme, 1976

615

罕见的小眼咝蝰仅分布于埃塞俄比亚高原的高海拔地区，三个主要分布点均有高海拔草地，但该种亦出没于咖啡种植园，因此其实际分布区是否比已知的大还有待进一步研究。小眼咝蝰的生活史几乎完全不为人所知，根据人工环境下个体的食性推测，其在自然环境下可能以鼠等小型哺乳动物为食。该种营胎生，在人工环境下一次可以产下至多 16 条幼体。由于目前尚无来自小眼咝蝰咬伤的案例记录，其毒液成分仍然不明。不幸的是，非法宠物贸易导致的过量采集已对小眼咝蝰的种群数量造成了极大破坏，这对野外种群的繁衍而言是严重的隐患。

小眼咝蝰的体色为棕色到橄榄色，背面具被黑色环斑包围的黄色叉状斑，体侧下部具小的黄黑斑纹。头部具一条黄色"V"形斑，将棕色头背与两颊的棕色素分隔开来。唇眼之间具一条白色条纹。

相近物种

小眼咝蝰与同样体形较大的加蓬咝蝰（第 613 页），犀角咝蝰 *Bitis rhinoceros* 及犀咝蝰（第 614 页）共同被置于 *Macrocerastes* 亚属。埃塞俄比亚的另一种大型咝蝰为 2016 年才描述发表的哈伦那咝蝰 *B. harenna*，也被订为 *Macrocerastes* 亚属的一员。

实际大小

科名	蝰科 Viperidae：蝰亚科 Viperinae
风险因子	有毒：毒液成分未知
地理分布	非洲西南部：纳米比亚到安哥拉南部
海拔	接近海平面高度
生境	纳米布沙漠与沿海沙丘
食物	蜥蜴
繁殖方式	胎生，每次产仔 3～10 条
保护等级	IUCN 无危

成体长度
8～9¾ in,
偶见 12¾ in
(200～250 mm,
偶见 325 mm)

616

侏咝蝰
Bitis peringueyi
Namib Sidewinding Adder
(Boulenger, 1888)

实际大小

侏咝蝰又称佩氏咝蝰，它高度适应沙漠生活，栖息于纳米布沙漠及纳米比亚至安哥拉南部沿海的沙丘生境。该种在松软流沙上游走的方式为侧向移动前进，与分布于美国的角响尾蛇（第 575 页）、中东的阿拉伯角蝰（第 620 页）及巴基斯坦、阿富汗、伊朗的钝鼻蝰（第 629 页）相似。侏咝蝰能够将身体完全隐入沙下，仅露出头背的眼睛。由于纳米布沙漠降雨稀少，侏咝蝰获取水分的主要途径为捕食沙栖蜥蜴等猎物，除此之外该种还能通过舔食鳞片上由水雾凝结的水珠来补充水分。来自侏咝蝰的咬伤记录较少，咬伤的症状也颇为轻微。

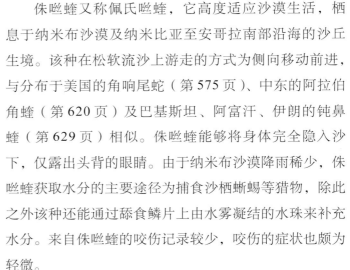

相近物种

虽然与沙咝蝰（第 612 页）亲缘关系最近，但侏咝蝰在形态上与包括施氏咝蝰 *Bitis schneideri* 与纳米比亚咝蝰 *B. xeropaga* 在内的数种分布于非洲西南部的沙栖咝蝰更为相似，这些小型咝蝰均受非法宠物贸易的威胁。

侏咝蝰的保护色斑纹带有柔和的沙色、粉色、黄色、红色和棕色，但它的尾尖为黑色，可以用来引诱猎物进入攻击范围。它的眼睛位于头背面，适合生活在松软的沙地上。

科名	蝰科 Viperidae；蝰亚科 Viperinae
风险因子	有毒：毒液成分未知
地理分布	非洲东部：肯尼亚
海拔	高于 1500 m
生境	山区草地、灌木林、峡谷林地
食物	小型哺乳动物、蜥蜴
繁殖方式	胎生，每次产仔 7～12 条
保护等级	IUCN 未列入

成体长度
15¾～19¾ in
(400～500 mm)

肯尼亚咝蝰
Bitis worthingtoni
Kenyan Horned Viper
Parker, 1932

617

肯尼亚咝蝰仅分布于东非大裂谷位于肯尼亚中南部海拔 1500 m 以上的一小部分地区，分布区内寒冷的气候可能驱使肯尼亚咝蝰更偏向于日间活动，但一些文献则认为该种实为夜行性蛇类。肯尼亚咝蝰与其他一些分布于寒冷地区的蛇类一样，会在尤为寒冷的冬季蛰伏。该种的栖息地包括岩石峭壁边的高海拔草地、灌木林，亦见于金合欢树生长的峡谷，以蜥蜴与小型哺乳动物为食。虽然平日行动缓慢，但肯尼亚咝蝰在遭遇侵扰时会愤怒地反击。目前肯尼亚咝蝰的毒液成分完全不明，亦无伤人案例报道。

肯尼亚咝蝰的体色为灰色，背部排列的黑色三角形斑纹呈蝴蝶形，紧邻体侧有连续的黑色方斑。背侧具一对浅色条纹，将背部斑纹分为三部分。最为显著的鉴别特征为眼上突出的特化角状眶上鳞。

相近物种

肯尼亚咝蝰被置于单独的肯尼亚咝蝰亚属 *Bitis*（*Keniabitis*），不易与任何同属近缘种及其他分布于非洲东部的蛇类相混淆。

实际大小

科名	蝰科 Viperidae；蝰亚科 Viperinae
风险因子	有毒：毒液成分未知
地理分布	非洲东南部：坦桑尼亚至南非夸祖鲁-纳塔尔省
海拔	0～1800 m
生境	河滨草地、沿海灌丛、干旱稀树草原
食物	蛙类及蟾蜍、小型哺乳动物
繁殖方式	卵生，每次产卵 3～9 枚
保护等级	IUCN 未列入

成体长度
11¾～19¾ in
(300～500 mm)

618

德氏夜蝰
Causus defilippii
Snouted Night Adder
(Jan, 1863)

德氏夜蝰的俗称"吻夜蝰"来源于其在夜蝰属中独有的明显向上翘起的吻端。体色多为灰色或棕色，体背具连续、交替排列的浅棕色或深棕色宽菱斑。头背具明显的黑色"V"形斑，眶后具黑色条纹。

德氏夜蝰瞳孔呈圆形，背鳞光滑，抚摸起来如丝绒般光滑，与背鳞起棱、瞳孔呈竖直椭圆形的大多数蝰蛇不同。虽名为"夜蝰"，德氏夜蝰在白天也会活动，尤其是在大雨过后。该种营陆栖，偶尔为半树栖，常见于河滨、湖滨的草地，亦栖息于干旱的沙漠与沿海灌木林。德氏夜蝰主要的食物为蛙类与蟾蜍，但即使是体形很小的夜蝰也具备制服小型哺乳动物的能力。遭遇威胁时，该种会通过鼓气扩大身体表面积并发出强烈的嘶嘶声，如警告无效则会抬起身体前段，发动猛烈的攻击。来自德氏夜蝰的咬伤会导致强烈的疼痛、肿胀与发热，目前也没有针对夜蝰毒素的血清。

相近物种

德氏夜蝰形态上易与头背同样具明显"V"形斑纹的食卵蛇 *Dasypeltis scabra* 相混淆，向上翘起的吻端可以将德氏夜蝰与同域分布的近缘种菱斑夜蝰 *Causus rhombeatus* 区别开来。

实际大小

科名	蝰科 Viperidae；蝰亚科 Viperinae
风险因子	有毒：毒液成分未知
地理分布	非洲西部及中部：塞内加尔至埃塞俄比亚，南达安哥拉北部
海拔	0～700 m
生境	热带森林、稀树草原及半沙漠
食物	蛙类、蟾蜍及小型哺乳动物
繁殖方式	卵生，每次产卵 6～20 枚
保护等级	IUCN 未列入

成体长度
11¾～27½ in
(300～700 mm)

斑夜蝰

Causus maculatus
West African Night Adder
(Hallowell, 1842)

619

斑夜蝰栖息于塞内加尔至埃塞俄比亚，南达安哥拉北部的热带森林、潮湿草原、干旱半沙漠等多样生境，还有 1 号标本采自沙漠国家毛里塔尼亚的南部。不同于背鳞起棱、具竖直椭圆形瞳孔的绝大多数其他蝰蛇，斑夜蝰的背鳞光滑如丝绒，瞳孔呈圆形。虽然主要营陆栖，该种同样具备攀爬能力，常在日间活动于人类居住区附近，以捕食蛙类、蟾蜍及小型哺乳动物。敌害靠近时，斑夜蝰发出的嘶嘶警告声往往会暴露其藏身处，如无法吓退敌害，该种会鼓气并快速扑咬。来自斑夜蝰的咬伤会伴随包括疼痛、肿胀与发热在内的多种轻微症状，并无致死记录，目前亦无针对该种的血清。

斑夜蝰体形壮硕，多为棕色、灰色或绿色。头背有一条明显的"V"形斑，背部具连续的暗色菱斑，但与相似种菱斑夜蝰 *Causus rhombeatus* 不同的是，斑夜蝰菱斑的边缘不为白色。

相近物种

斑夜蝰形态上与非洲东部的菱斑夜蝰 *Causus rhombeatus* 相似，两者在斑夜蝰分布区的东部有重叠分布。斑夜蝰亦与李氏夜蝰 *C. lichtensteinii* 有重叠分布，但后者因绿色的体色与瘦长的体形易于区分。

实际大小

科名	蝰科 Viperidae：蝰亚科 Viperinae
风险因子	有毒：促凝血素、细胞毒素，可能有出血性毒素
地理分布	阿拉伯及中东地区：沙特阿拉伯、巴林、卡塔尔、阿联酋、阿曼、也门、以色列、约旦、伊拉克及伊朗
海拔	0～1500 m
生境	沙漠及有植被覆盖或多石的半沙漠
食物	蜥蜴、小型哺乳动物、鸟类
繁殖方式	卵生，每次产卵 4～20 枚
保护等级	IUCN 无危

成体长度
17¾～33 in
(450～840 mm)

620

阿拉伯角蝰
Cerastes gasperettii
Arabian Horned Viper
Leviton & Anderson, 1967

阿拉伯角蝰的大多数个体并不具角状特化眶上鳞，其身体为沙黄色或粉色，与沙漠颜色接近，背部具深棕色不规则斑纹及一条棕色眶后条纹。

实际大小

阿拉伯角蝰的部分个体具角状特化眶上鳞，另一部分个体则不具（见左上图例），不具角的个体相对更多。该种分布于阿拉伯半岛、伊拉克及伊朗，在约旦的阿拉伯谷地及以色列存在隔离种群，其栖息地包含沙漠与多石的半沙漠。阿拉伯角蝰在白天一般躲藏在沙面下，入夜后捕食蜥蜴等小型动物，其侧向移动掠过的沙面会留下"J"形痕迹，伏击猎物时则能完全藏身于沙面以下。如遭遇威胁，阿拉伯角蝰会如锯鳞蝰（第624～628页）一样通过摩擦起强棱的背鳞发出响声恐吓，如警告无效则会咬向敌害。该种的咬伤能导致疼痛、肿胀、恶心与组织坏死，甚至可能致命。种本名来源于对阿拉伯地区非常熟悉的美国两栖爬行动物学家约翰·加斯佩雷蒂（John Gasperetti，1920—2001）。

相近物种

阿拉伯角蝰在形态上与分布于非洲北部的角蝰 *Cerastes cerastes* 较接近，角蝰的一个亚种 *C. c. hoofieni* 亦分布于阿拉伯半岛西南部。在分布区内的其他地区，阿拉伯角蝰仅可能与相对稀有的波斯拟角蝰（第636页）相混淆。阿拉伯角蝰的一个亚种 *C. gasperettii mendelssonhni* 分布于以色列及约旦。

科名	蝰科 Viperidae；蝰亚科 Viperinae
风险因子	有毒：促凝血素、细胞毒素，可能有出血性毒素
地理分布	非洲北部：西撒哈拉地区、毛里塔尼亚到埃及西奈半岛与以色列
海拔	接近海平面高度
生境	沙漠与沙丘
食物	小型哺乳动物及蜥蜴
繁殖方式	尚不确定，一条雌性产下的 8 枚卵于数小时内孵化
保护等级	IUCN 无危

成体长度
9¾～21 in
(250～530 mm)

埃及角蝰
Cerastes vipera
Sahara Sand Viper
(Linnaeus, 1758)

621

虽然埃及角蝰广泛分布于除苏丹外非洲北部的每个国家，但人类对于埃及角蝰仍所知甚少。该种栖息于沙漠中，常将身体隐于沙面下，仅露出位于头背的双眼，并利用黑色的尾尖引诱伏击尤马蜥等蜥蜴及小型哺乳动物。遭遇侵扰时，埃及角蝰会将身体蜷曲成同心圆状，摩擦鳞片以发出刺耳的声音恐吓敌害，该策略与近缘种锯鳞蝰（第 624～628 页）非常相似。埃及角蝰本身体形较小，但来自其大体形近缘种的咬伤会导致疼痛、肿胀、呕吐与组织坏死。

埃及角蝰的体色较淡，与沙漠生境色调相似，具黄色、乳白色、粉色斑纹，尾呈黑色，可用于引诱猎物。双眼在头背侧。

相近物种

埃及角蝰与体形较大的同属近缘种角蝰 *Cerastes cerastes* 栖息于完全不同的生境中，后者见于多岩沙漠与沙漠绿洲。埃及角蝰眶上不具角状突起，角蝰与阿拉伯角蝰（第 620 页）的部分个体则具有。近期描述发表的突尼斯角蝰 *C. boehmei* 具成簇的特化眶上鳞。

实际大小

科名	蝰科 Viperidae；蝰亚科 Viperinae
风险因子	剧毒：促凝血素、肌肉毒素、出血性毒素，可能有神经毒素
地理分布	中东地区：叙利亚、以色列、巴勒斯坦、约旦及黎巴嫩
海拔	20～1600 m
生境	冬青栎树林、岩石坡、种植的花园、田野及橄榄林
食物	小型哺乳动物、蜥蜴、鸟类
繁殖方式	卵生，每次产卵 5～25 枚
保护等级	IUCN 无危

622

成体长度
4～5 ft
(1.2～1.5 m)

巴勒斯坦圆斑蝰
Daboia palaestinae
Palestine Viper
(Werner, 1938)

巴勒斯坦圆斑蝰的体色为灰色、橄榄色、红色或黄色，背部具连续的深棕色菱形斑纹，与底色组成"Z"形斑。体侧具连续的棕色斑点，头背部具一条深色"V"形斑纹，具黑色眶后、眶下条纹。

巴勒斯坦圆斑蝰体形巨大，最长可达 1.5 m，其活动节律随季节的不同而不同，冬季更偏昼行性，夏季则偏夜行性。虽然主要营陆栖，该种会在白天最热的时候爬进灌丛或爬上小树躲避高温。成年巴勒斯坦圆斑蝰以鼠和鸟类为食，亦捕食避役，幼体则捕食蜥蜴。该种主要活动于冬青栎树林中，亦见于岩石坡，也能在橄榄种植园或花园等人为改造的环境里生存。由于巴勒斯坦圆斑蝰的体形较大，加之其近缘种的毒性都较强，针对其咬伤的急救应当被高度重视。

相近物种

圆斑蝰属 *Daboia* 还包含另外 4 个物种，分别为分布于南亚与东南亚的圆斑蝰（第 623 页）、泰国圆斑蝰 *D. siamensis*，分布于突尼斯与利比亚的沙漠圆斑蝰 *D. deserti*[1] 及摩洛哥、阿尔及利亚与突尼斯的毛里塔尼亚圆斑蝰 *D. mauritanica*。

实际大小

---

① 目前，沙漠圆斑蝰已被作为毛里塔尼亚圆斑蝰的同物异名。——译者注

科名	蝰科 Viperidae；蝰亚科 Viperinae
风险因子	剧毒：突触前神经毒素、促凝血素、肌肉毒素（斯里兰卡种群）、出血性毒素，可能有肾毒素、细胞毒素
地理分布	南亚地区：印度、巴基斯坦、尼泊尔、孟加拉国及斯里兰卡
海拔	0～2755 m
生境	林地、森林边缘、灌木林、花园、水稻种植区与草地
食物	小型哺乳动物及蜥蜴
繁殖方式	胎生，每次产仔 20～40 条
保护等级	IUCN 未列入，CITES 附录 Ⅲ（印度）

成体长度
4～5 ft 2 in
(1.2～1.6 m)

圆斑蝰
Daboia russelii
South Asian Russell's Viper
(Shaw & Nodder, 1797)

623

圆斑蝰的种本名来源于曾在东印度公司供职、研究印度蛇类及蛇伤的苏格兰医师帕特里克·拉塞尔（Patrick Russell，1726—1805）。圆斑蝰是全世界最危险的蝰科蛇类之一，栖息于从海平面高度到海拔 2800 m 左右的绝大多数生境，而且种群密度一般较大。成体以鼠类为食，幼体亦食蜥蜴。该种在水稻种植区尤其常见，常有下田收获粮食的农民被咬伤。遭遇威胁时，圆斑蝰会发出缓慢但响亮的嘶嘶声，鼓气膨胀身体，从远距离快速发动攻击，被其咬伤后由脑出血或肾衰竭导致死亡的案例不在少数。该种的毒液成分在不同地区的种群中存在变异，这也影响了对蛇伤患者的救治。

圆斑蝰美丽的斑纹令人震撼，体色为橙色或浅棕色到红棕色，具三列明显的暗红棕色菱形斑纹，每一枚菱斑边缘均为黑色，背中部的菱斑列常融合起来组成"Z"形斑纹。

相近物种

圆斑蝰的姊妹种泰国圆斑蝰 *Daboia siamensis* 呈斑块化分布于东南亚及东亚，包括缅甸、泰国，包括中国南部与印度尼西亚（弗洛勒斯岛及科莫多岛）。泰国圆斑蝰曾被视为圆斑蝰的亚种。

实际大小

科名	蝰科 Viperidae：蝰亚科 Viperinae
风险因子	剧毒：促凝血素、出血性毒素，可能有抗凝血素、肾毒素、细胞毒素
地理分布	南亚、西亚与阿拉伯地区：印度、斯里兰卡到阿富汗、里海诸国、伊朗，也分布于卡塔尔、阿联酋、阿曼
海拔	0～2000 m
生境	包括多岩峡谷、山丘、砾石平原、灌木林、破旧建筑物在内的几乎所有生境
食物	小型哺乳动物、蜥蜴、蛙类、小型蛇类，包括蝎子在内的无脊椎动物
繁殖方式	卵生或胎生，每次产卵或产仔 2～23 枚／条
保护等级	IUCN 未列入

成体长度
19¾～31½ in
(500～800 mm)

624

锯鳞蝰
Echis carinatus
Common Saw-Scale Viper
(Schneider, 1801)

锯鳞蝰为棕色，具不规则菱形斑纹，双眼为亮橙色。该种的招牌防御姿势为蜷曲身体成同心圆状，向后移动以摩擦锯状鳞片，最后一边注视敌害一边逃遁。

虽然体形小，锯鳞蝰却是全世界最危险的蛇类之一。它营夜行性生活，通常具有较高的种群密度，时常咬伤在其栖息地内赤足行走的人类，大约20%的被咬者都会因为脑出血而不幸死亡。锯鳞蝰分布广泛，"锯鳞"之称来源于其遭遇威胁时会通过摩擦斜向排列的起棱鳞片发出响声，以警告来犯者。这种行为不仅见于锯鳞蝰属 *Echis* 的所有物种，也是数种分布于非洲–阿拉伯地区蝰科类群的御敌策略。锯鳞蝰主要以鼠和蜥蜴为食，一些种群还专食蝎子，该种的毒液成分与食性密切相关。部分地区的种群为卵生，另一部分则为胎生。

相近物种

锯鳞蝰分布于印度的种群为指名亚种 *Echis carinatus carinatus*，虽然部分学者将斯里兰卡种群视为单独亚种 *E. c. sinhaleyus*，但大多数学者仍将斯里兰卡种群划入指名亚种中。中亚巴基斯坦到乌兹别克斯坦的种群为多鳞亚种 *E. c. multisquamatus*，巴基斯坦阿斯托拉岛种群为阿斯托拉亚种 *E. c. astolae*，另一个分布广泛的亚种为巴基斯坦、伊朗、卡塔尔、阿联酋与阿曼的索氏亚种 *E. c. sochureki*。

实际大小

科名	蝰科 Viperidae；蝰亚科 Viperinae
风险因子	剧毒：促凝血素、出血性毒素，可能有抗凝血素、肾毒素、细胞毒素
地理分布	阿拉伯及中东地区：埃及东部、以色列、约旦、沙特阿拉伯西部、也门与阿曼南部的佐法尔地区
海拔	0～2600 m
生境	邻近农业种植区的干旱多岩生境
食物	小型哺乳动物、蜥蜴、蟾蜍、鸟类，包括蝎子在内的无脊椎动物
繁殖方式	卵生，每次产卵 6～10 枚
保护等级	IUCN 未列入

成体长度
19¾～31½ in
(500～800 mm)

彩锯鳞蝰
Echis coloratus
Painted Carpet Viper
Günther, 1878

625

彩锯鳞蝰分布于埃及、以色列，顺着红海沿岸向南延伸至沙特阿拉伯、也门与阿曼南部的佐法尔地区，偏好多岩而非沙质生境，并常出没于邻近人类农业种植区、灌溉区的地方。该种食性广泛，食谱包括鼠类、蜥蜴、蟾蜍与蝎子等大型无脊椎动物。更有人观察到彩锯鳞蝰爬上池塘上方低矮的植被，头朝下伺机捕食前来饮水的鸟类，施氏巨蝰（第631页）亦有相似的行为。彩锯鳞蝰身怀剧毒，来自该种的咬伤会导致严重的症状。

相近物种

与彩锯鳞蝰亲缘关系最近的物种为分布于阿曼北部穆桑代姆省与阿联酋的阿曼锯鳞蝰（第627页）。分布于死海地区的彩锯鳞蝰种群由于眼较大而被视为独立亚种 *Echis coloratus terraesanctae*。

彩锯鳞蝰与头部呈三角形的同属近缘种锯鳞蝰（第624页）相比，头部呈球状。其体色为黄色到棕色，或体侧呈浅灰色、体背深棕色，背部斑纹包括一列与体侧同色、边缘为黑色的纵方斑或菱斑。

实际大小

科名	蝰科 Viperidae：蝰亚科 Viperinae
风险因子	剧毒：促凝血素、出血性毒素，可能有抗凝血素、肾毒素、细胞毒素
地理分布	非洲西部：塞内加尔、几内亚比绍到乍得，南至多哥与贝宁的海岸
海拔	0～1000 m
生境	干旱稀树草原、草地与干燥树林
食物	小型哺乳动物、蜥蜴、鸟类、两栖动物、无脊椎动物
繁殖方式	卵生，每次产卵 6～20 枚
保护等级	IUCN 未列入

成体长度
15¾～23¾ in
(400～600 mm)

626

眼斑锯鳞蝰
Echis ocellatus
West African Carpet Viper
Stemmler, 1970

眼斑锯鳞蝰体形粗壮，头短，呈圆形，背部浅棕底色上具三列不规则深棕色到黑色斑点，体侧的黑点使体背中线的白色斑点尤为明显，成为本种的鉴别特征。

眼斑锯鳞蝰被视为非洲最危险的蛇类。这是由于眼斑锯鳞蝰广泛分布于包括尼日利亚在内的非洲人口密度最大的区域，而且被它咬伤的后果或许比被大名鼎鼎的曼巴蛇、眼镜蛇咬伤更为严重。如被该种咬伤且未接受治疗，将会极其危险，极易因脑出血而死亡。虽然偏好干旱的草原，但眼斑锯鳞蝰亦会进入林地。在一些眼斑锯鳞蝰种群密度较高的区域，其对进入林中采集柴火的当地人构成了极大的威胁。该种的食性泛化，捕食很多小型脊椎动物与大型无脊椎动物。

相近物种

白腹锯鳞蝰 *Echis leucogaster* 因腹面纯白无斑得名，分布于毛里塔尼亚与尼日尔之间干旱的萨赫勒地区、摩洛哥及西撒哈拉地区，位于眼斑锯鳞蝰分布区域以北。体形更小的马里锯鳞蝰 *E. jogeri* 为马里中部的特有种。近期描述发表的罗曼锯鳞蝰 *E. romani* 则分布于乍得及邻近国家，与眼斑锯鳞蝰亲缘关系很近。

实际大小

科名	蝰科 Viperidae；蝰亚科 Viperinae
风险因子	剧毒：促凝血素、出血性毒素，可能有抗凝血素、肾毒素、细胞毒素
地理分布	阿拉伯半岛：阿曼北部与阿联酋
海拔	0～900 m
生境	多岩河谷、有灌溉的花园
食物	小型哺乳动物、蜥蜴、鸟类及蟾蜍
繁殖方式	卵生，每次产卵 6～10 枚
保护等级	IUCN 无危

成体长度
19¾～27½ in
(500～700 mm)

阿曼锯鳞蝰
Echis omanensis
Oman Carpet Viper

Babocsay, 2004

627

阿曼锯鳞蝰为阿拉伯半岛特有种，仅分布于阿曼北部及阿联酋东部，栖息于多岩河谷、山丘与灌溉过的花园，不见于沙质生境。在阿曼北部的穆桑代姆省，该种栖息于海拔 900 m 处的生境。阿曼锯鳞蝰偏好埋伏于小池塘附近捕食小型鼠类、蜥蜴，可能也捕食鸟类与蟾蜍。与锯鳞蝰属其他物种一样，身怀剧毒的阿曼锯鳞蝰会在摩擦鳞片发出响声警告敌害无效后发动攻击。如未注射血清，来自该种的咬伤会导致包括死亡在内的严重后果。

阿曼锯鳞蝰体形细长，头部呈球状，体色为浅灰色到棕褐色，背部具窄或宽的黑斑与连续的边缘为黑色的斑点，或与体侧淡底色相同的斑纹。该种亦具一道黑色眶后条纹。

相近物种

阿曼锯鳞蝰在近年被描述发表以前，一直被视为彩锯鳞蝰（第 625 页）分布区北部的种群。阿曼锯鳞蝰与彩锯鳞蝰形态相似，亲缘关系也很近，两者的分布区被广阔的沙漠隔开。锯鳞蝰索氏亚种（第 624 页）栖息于毗邻阿曼锯鳞蝰生境的砾石平原，但这两个物种不易混淆。

实际大小

科名	蝰科 Viperidae：蝰亚科 Viperinae
风险因子	剧毒：促凝血素、出血性毒素，可能有抗凝血素、肾毒素、细胞毒素
地理分布	非洲北部及东北部、阿拉伯地区：阿尔及利亚到埃及，南达肯尼亚、沙特阿拉伯西部到也门
海拔	0～1700 m
生境	干旱稀树草原、沙漠及半沙漠
食物	小型哺乳动物、蜥蜴与大型无脊椎动物
繁殖方式	卵生，每次产卵 4～6 枚
保护等级	IUCN 无危

成体长度
19¾～23¾ in
(500～600 mm)

628

埃及锯鳞蝰
Echis pyramidum
Northeast African Carpet Viper
(Geoffroy Saint-Hilaire, 1827)

埃及锯鳞蝰的体色多为灰色到灰棕色，背部颜色较深，具纵向排列的白色斑点，斑点间为黑色，体侧黑色斑点上具白色倒 "V" 形斑。

实际大小

埃及锯鳞蝰的分布极为斑块化，包括从埃及到苏丹的红海南部海岸与非洲之角、索马里、沙特阿拉伯与也门的海岸。隔离种群见于埃及、埃塞俄比亚、肯尼亚、阿尔及利亚和利比亚。不同种群捕食的猎物也有所不同，包括鼠类、蜥蜴，甚至蝎子、避日蛛与蜈蚣。埃及锯鳞蝰在部分地区种群密度很高，例如肯尼亚 6500 km² 的范围内曾在 4 个月间采集到 7000 条个体。无齿、无毒的东非食卵蛇（第 157 页）通过拟态埃及锯鳞蝰的色斑与防御姿势来保护自己。

相近物种

埃及锯鳞蝰有多个亚种，包括肯尼亚东北部的阿氏亚种 *Echis pyramidum aliaborri*、肯尼亚西北部与埃塞俄比亚的利氏亚种 *E. p. leakeyi*、埃及到阿尔及利亚的亮色亚种 *E. p. lucidus*，以及分布于红海沿岸的指名亚种 *E. p. pyramidum*。同域分布的其他种类包括索马里锯鳞蝰 *E. hughesi*、科氏锯鳞蝰 *E. khosatzkii* 与仅分布于红海诺克拉岛的大头锯鳞蝰 *E. megalocephalus*，白腹锯鳞蝰 *E. leucogaster* 也是这个种组中的一员。

科名	蝰科 Viperidae；蝰亚科 Viperinae
风险因子	剧毒：促凝血素，可能有神经毒素
地理分布	西亚地区：巴基斯坦、阿富汗及伊朗
海拔	760～1310 m
生境	沙漠，尤其是沙漠中的沙丘
食物	小型哺乳动物、蜥蜴与鸟类
繁殖方式	卵生，每次产卵最多 12 枚
保护等级	IUCN 未列入

成体长度
23¾～27½ in
(600～700 mm)

钝鼻蝰
Eristicophis macmahoni
MacMahon's Viper

Alcock & Finn, 1897

钝鼻蝰具备与角响尾蛇（第 575 页）、角蝰（第 620～621 页）和侏咝蝰（第 616 页）类似的侧向移动掠过沙面的能力。该种较为罕见，仅分布于俾路支斯坦沙漠位于巴基斯坦、阿富汗、伊朗三国交界的地区，栖息于沙丘中。钝鼻蝰通过伏击捕食鼠类、蜥蜴与小型鸟类。虽然是陆栖蛇类，钝鼻蝰尾部具缠绕性，能够爬上低矮的灌木。该种的头较长，鼻孔大而呈瓣状，鼻鳞扩大排列，以防止扬尘进入体内，小而无缝的唇部也能有效防止沙子进入口中。虽然极少有钝鼻蝰的咬伤案例，但其毒性应与锯鳞蝰（第 624～628 页）一样剧烈。目前已有致死记录。

钝鼻蝰的体色为淡沙棕色，背侧零散排列较小的黑色与白色斑点，背部则具不规则深棕色斑点。具白棕相间的眶后条纹，扩大的鼻孔与鼻鳞在头部非常明显。

相近物种

与钝鼻蝰亲缘关系最近的物种可能为拟角蝰（第 636～637 页），后者与钝鼻蝰相似，也拥有适应沙漠扬尘环境的形态特征。

实际大小

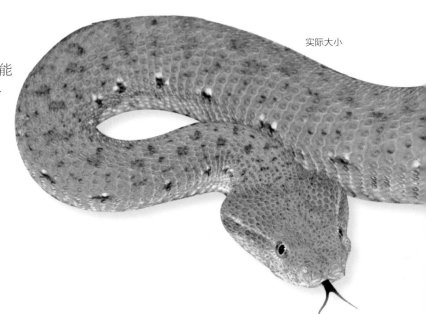

科名	蝰科 Viperidae；蝰亚科 Viperinae
风险因子	剧毒：促凝血素，可能有出血性毒素、肌肉毒素、细胞毒素
地理分布	中东、中亚、非洲北部：塞浦路斯、以色列、土耳其到印度与塔吉克斯坦，也分布于突尼斯
海拔	0～2500 m
生境	覆盖植被的多岩山地、峡谷
食物	小型哺乳动物、蜥蜴、鸟类及鸟卵
繁殖方式	卵生或胎生，每次产卵或产仔最多 35 枚/条
保护等级	IUCN 未列入

成体长度
5 ft～6 ft 7 in
(1.5～2.0 m)

630

巨蝰
Macrovipera lebetina
Levant Viper
(Linnaeus, 1758)

巨蝰体形粗壮，头大而钝，体色为单一的沙黄色或灰色，斑纹仅有背部交错排列的棋盘状黑色方斑。

巨蝰又称钝鼻蝰[1]，是体形较大且危险的蛇类，栖息于植被覆盖的多岩山地与峡谷，亦见于受人类活动影响的生境，因此与人类和家畜接触的可能性较大。在其广泛的分布区内，巨蝰造成了很多严重的蛇伤案例，其毒性甚至能杀死骆驼。该种以鼠类、蜥蜴、鸟类与鸟卵为食，不同亚种也在卵生与胎生的繁殖方式上有所不同。虽然总体上营夜行性或晨昏活动，但巨蝰也会在阴天的白天活动。尽管身形笨重、营陆栖，巨蝰还是能爬上较矮的树丛。分布于塞浦路斯与高加索地区的种群为该种在欧洲仅存的种群。

相近物种

曾被视为与巨蝰亲缘关系较近的物种大多数都被移入圆斑蝰属 *Daboia*，目前，巨蝰属 *Macrovipera* 还包含曾被视为巨蝰亚种的施氏巨蝰（第 631 页），近期还有分布于伊朗克尔曼的新物种拉氏巨蝰 *M. razi* 被描述发表。巨蝰包含 5 个亚种，指名亚种仅分布于塞浦路斯，*M. lebetina obtusa* 分布于以色列到阿富汗，*M. l. cernovi* 见于阿富汗北部到克什米尔地区，*M. l. turanica* 见于乌兹别克斯坦及中亚，*M. l. transmediterranea* 则分布于阿尔及利亚。

实际大小

[1] 此处"钝鼻蝰"为英文俗称直译，应避免与钝鼻蝰 *Eristicophis macmahoni*（第 629 页）混淆。——译者注

科名	蝰科 Viperidae：蝰亚科 Viperinae
风险因子	剧毒：促凝血素，可能有出血性毒素、肌肉毒素、细胞毒素
地理分布	欧洲：希腊（基克拉泽斯群岛）
海拔	0～748 m
生境	植被覆盖的多岩小山、多岩草地、干燥石墙
食物	鸟类及蜥蜴
繁殖方式	卵生，每次产卵最多 10 枚
保护等级	IUCN 濒危

成体长度
19¾ ~ 27½ in,
偶见 3 ft 3 in
(500 ~ 700 mm,
偶见 1.0 m)

施氏巨蝰
Macrovipera schweizeri
Milos Viper
(Werner, 1935)

631

施氏巨蝰又称基克拉泽斯巨蝰，为希腊基克拉泽斯群岛中四座小岛（基莫罗斯岛、波利艾戈斯岛、锡夫诺斯岛、米洛斯岛）的特有种，其中最大的岛屿米洛斯岛仅有 160 km²。该种栖息的生境包括多岩的草地与干燥石墙。该种冬天为昼行性，夏天则为夜行性，在每年迁徙的雀形目鸟类到来之时最为活跃，时常爬到近水的低矮树丛上守株待兔，伺机捕食前来饮水的小鸟。幼体则以蜥蜴为食。由于猎物数量存在季节性差异，雌性施氏巨蝰在一次产下 10 枚卵后要到两年之后才能再次进入繁殖状态。采矿、大火、路杀以及非法宠物贸易导致的盗猎使身为欧洲最稀有蝰蛇的施氏巨蝰生存状况饱受威胁。种本名来源于两栖爬行动物学家、蝰科蛇类研究权威汉斯·施魏策尔（Hans Schweizer，1891—1975）。

施氏巨蝰与巨蝰（第 630 页）形态接近，但体形较小。该种体色或为橙色、红色、黄褐色或灰色，背部具模糊的暗色方斑。体形粗壮，头部较钝。

相近物种

施氏巨蝰唯一的近缘种为在邻近的塞浦路斯存在分布的巨蝰（第 630 页），施氏巨蝰还曾被视为后者的亚种。分布于锡夫诺斯岛的种群有时被视为亚种 *Macrovipera schweizeri siphnensis*。

实际大小

科名	蝰科 Viperidae；蝰亚科 Viperinae
风险因子	有毒：促凝血素、出血性毒素
地理分布	非洲东部：肯尼亚（肯尼亚山及阿伯德尔山脉）
海拔	2700～3800 m
生境	开阔山地泥炭沼地
食物	蜥蜴、蛙类、小型哺乳动物
繁殖方式	胎生，每次产仔 1～3 条
保护等级	IUCN 未列入

成体长度
11¾～13¾ in
(300～350 mm)

632

肯尼亚山树蝰
Montatheris hindii
Kenya Mountain Viper
(Boulenger, 1910)

肯尼亚山树蝰体色为棕色，具一对由深棕色或黑色三角形斑纹组成的背部斑纹，在背中部互相接触或接近接触，体侧具连续的相似但不完全一样的斑纹。通身具一对明显的黄色条纹，将背部与体侧斑纹分隔。

肯尼亚山树蝰是全世界体形最小的蝰蛇之一，其分布区非常狭窄，仅见于肯尼亚的肯尼亚山及邻近的阿伯德尔山脉海拔 2700～3800 m 之间。该种营树栖，栖息于泥炭沼地生境，平日藏身于草丛中以躲避寒冷、雨水及猛禽的捕食，一般只有晒太阳时会露出身体。肯尼亚山树蝰的食物包括石龙子、避役、蛙类及鼠类，雌性一次能产下 3 条幼体。肯尼亚山树蝰分布区的全部面积加起来可能仅有几个足球场那么大，也没有获得任何国际性的保护措施。虽然因其分布区位于两个国家公园内，肯尼亚山树蝰受到一些当地政策的保护，但该种的踪影已经有数年时间未在野外被见到。

相近物种

肯尼亚山树蝰此前被划入包含诸多树栖物种的树蝰属 *Atheris*，同样被划出树蝰属的陆栖物种还有原树蝰（第 635 页）。

实际大小

科名	蝰科 Viperidae；蝰亚科 Viperinae
风险因子	剧毒：促凝血素、出血性毒素，可能有神经毒素
地理分布	西亚：土耳其、亚美尼亚、阿塞拜疆及伊朗
海拔	1100～2700 m
生境	北向山坡、杜松林、草原
食物	小型哺乳动物、蜥蜴、鸟类及昆虫
繁殖方式	胎生，每次产仔 3～11 条
保护等级	IUCN 近危

成体长度
雄性
2 ft 7 in～3 ft 3 in
(0.8～1.0 m)

雌性
2 ft～2 ft 4 in
(0.6～0.7 m)

633

南高加索山蝰
Montivipera raddei
Armenian Mountain Viper
(Boettger, 1890)

南高加索山蝰为高加索山脉南部的特有种，分布于土耳其东北部、伊朗西北部、亚美尼亚与阿塞拜疆，栖息于多岩、森林覆盖的山坡、草地、山地草原、杜松林及作物种植区。该种春夏两季营昼行性或晨昏活动，严寒的冬季到来时则会冬眠。南高加索山蝰不论幼体还是成体均会在春天捕食昆虫，入夏后则主要以鼠类、蜥蜴为食，也包括鸟类。相比于其他蝰蛇，该种的雌性体形远小于雄性。南高加索山蝰的分布狭窄，还受到栖息地环境被人为改造和非法宠物贸易引发的盗猎的影响。该种身怀剧毒，具备咬伤致人死亡的危险性。

南高加索山蝰的体色为浅灰或深灰，背部斑纹包括连续、纵向排列、边缘为黑色的橙色大斑点，或聚合在一起形成不规则"Z"形斑纹。眼后具一条黑色眶后条纹。

相近物种

与南高加索山蝰亲缘关系最近的物种为伊朗地区分布的其他山蝰，例如白角山蝰 *Montivipera albicornuta* 与拉氏山蝰 *M. latifii*。南高加索山蝰共有 2 个亚种，指名亚种 *M. raddei raddei* 见于其分布区的北部，*M. r. kurdistanica* 则分布于南部。

实际大小

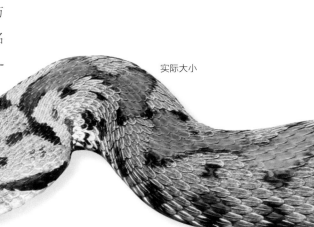

科名	蝰科 Viperidae；蝰亚科 Viperinae
风险因子	剧毒：可能有促凝血素、出血性毒素、神经毒素
地理分布	西亚及欧洲东南部：土耳其、希腊（色雷斯）
海拔	0～2700 m
生境	植被覆盖的多岩山坡与峡谷
食物	小型哺乳动物、蜥蜴、鸟类与无脊椎动物
繁殖方式	胎生，每次产仔 2～10 条
保护等级	IUCN 未列入

成体长度
雄性
2 ft 7 in～3 ft 3 in
(0.8～1.0 m)

雌性
3 ft～4 ft 3 in
(0.9～1.3 m)

634

黄山蝰
Montivipera xanthina
Ottoman Viper
(Gray, 1849)

黄山蝰的分布区从土耳其跨越伊斯坦布尔海峡，延伸至希腊色雷斯与爱琴海上的许多岛屿。黄山蝰为山蝰属 *Montivipera* 唯一分布于欧洲的物种，亦是欧洲体形最大的有毒蛇类，雌性体长常常超过 1 m。该种栖息于多岩并覆盖植被的山坡与草地，尤其是靠近水源、植被茂密的生境，甚至能适应受人类活动影响的栖息地，部分分布点的种群密度较高。黄山蝰成体以鼠类、蜥蜴与鸟类为食，幼体捕食蜥蜴、蝗虫与蜈蚣。来自体形较大个体的咬伤可能导致人类死亡。

黄山蝰与体形较大的蝰属蛇类相似，背部为浅棕色或浅灰色，具由明显深棕色或灰色点斑组成的斑纹，常聚合成为 "Z" 形斑纹。头枕部具两枚三角形斑点，眼后具一条眶后条纹。

相近物种

除体形最大的黄山蝰外，山蝰属 *Montivipera* 还包含分布于西亚的另外 8 个物种：博尔卡尔山蝰 *M. bulgardaghica* 与白带山蝰 *M. albizona* 分布于土耳其；瓦氏山蝰 *M. wagneri* 见于土耳其与伊朗的边境地带；黎巴嫩山蝰 *M. bornmuelleri* 见于黎巴嫩、以色列及叙利亚；南高加索山蝰（第 633 页）分布于高加索山脉；白角山蝰 *M. albicornuta*、古兰山蝰 *M. kuhrangica* 与拉氏山蝰 *M. latifii* 见于伊朗。

实际大小

科名	蝰科 Viperidae：蝰亚科 Viperinae
风险因子	剧毒：促凝血素，可能有出血性毒素
地理分布	非洲东部：坦桑尼亚南部、马拉维南部、莫桑比克北部
海拔	0～800 m
生境	低洼洪泛平原、草甸与沿海低地
食物	蛙类及蟾蜍，偶尔亦食小型哺乳动物
繁殖方式	胎生，每次产仔 3～16 条
保护等级	IUCN 未列入

成体长度
雄性
19¾～21¾ in
(500～550 mm)

雌性
19¾～23¾ in
(500～600 mm)

635

原树蝰

Proatheris superciliaris
Floodplain Viper

(Peters, 1855)

　　原树蝰又称低地沼泽蝰，呈斑块化分布于马拉维湖位于坦桑尼亚与马拉维的两岸及莫桑比克海岸，栖息于洪泛平原与低洼草地环境。该种于晨昏活动，主要以蛙类与蟾蜍为食，偶尔亦捕食小型哺乳动物。遭遇威胁时，原树蝰会摩擦鳞片并发出响亮的嘶嘶声，摆出与锯鳞蝰（第624～628页）相似的防御姿势，如警告无效则会迅速发动攻击。来自原树蝰的咬伤被报道伴有剧烈的疼痛，虽然尚无致死案例，但该种可能具有咬伤致人死亡的潜力，且目前并无针对原树蝰毒素的血清。

原树蝰体形粗壮，头呈圆形，背鳞起强棱。体色为蓝灰色，背部具连续的黑色椭圆形斑点，部分斑点会融合为"Z"形斑纹，体侧亦具数列黑色斑点，由白色斑纹与背部斑点隔开，斑点的中间或具更小的黄棕色斑点。头部具明显的黑白相间的斜"V"形斑纹。

相近物种

　　原树蝰曾被置于以树栖物种为主的树蝰属（第604～609页），另一个被移出树蝰属的物种为肯尼亚山树蝰（第632页）。

实际大小

科名	蝰科 Viperidae；蝰亚科 Viperinae
风险因子	剧毒：可能有神经毒素，其余成分未知
地理分布	西亚及阿拉伯：伊朗、阿富汗、巴基斯坦、土耳其、阿曼、阿联酋
海拔	335～2200 m
生境	岩漠、半沙漠
食物	小型哺乳动物、蜥蜴、鸟类、无脊椎动物
繁殖方式	卵生，每次产卵 10～21 枚
保护等级	IUCN 未列入

成体长度
2 ft 4 in～3 ft 3 in
(0.7～1.0 m)

636

波斯拟角蝰
Pseudocerastes persicus
Persian False Horned Viper

(Duméril, Bibron & Duméril, 1854)

波斯拟角蝰的体色为浅灰棕色，背部具相邻零散排列的棕色斑点。眼上方的角状突起实为一丛高耸的特化眶上鳞，并非真正的骨质角。

与角蝰属（第 620～621 页）物种具单枚角状眶上鳞不同，拟角蝰属物种的角状峭是由一簇向上突出的眶上鳞所形成。波斯拟角蝰分布于伊朗、阿富汗及巴基斯坦，在伊朗与土耳其交界的扎格罗斯山脉和阿曼与阿联酋的穆桑代姆半岛各有一个稀有的隔离种群，这两个独立种群是否具有种级或亚种级地位仍待研究。该种栖息于包括多岩沙漠与半沙漠的生境，于夜间活动，捕食鼠类与包括壁虎与鬣蜥在内的蜥蜴，偶尔捕食鸟类和大型无脊椎动物。该种的咬伤可能导致严重的症状。

相近物种

拟角蝰属 *Pseudocerastes* 其余 2 个物种为分布于阿拉伯半岛北部的菲氏拟角蝰 *P. fieldi* 与伊朗西部的蛛尾拟角蝰（第 637 页）。与拟角蝰亲缘关系最近的物种为钝鼻蝰（第 629 页），钝鼻蝰隶属于单型属，分布于阿富汗、巴基斯坦与伊朗三国边境。

实际大小

科名	蝰科 Viperidae：蝰亚科 Viperinae
风险因子	有毒：毒液成分未知
地理分布	西亚地区：伊朗西部
海拔	200～300 m
生境	植被茂盛的多岩山坡、峡谷
食物	鸟类，可能也食小型哺乳动物
繁殖方式	卵生，产卵量未知
保护等级	IUCN 未列入

成体长度
23¾～31½ in
(600～800 mm)

637

蛛尾拟角蝰
Pseudocerastes urarachnoides
Iranian Spider-Tailed Viper

Bostanchi, Anderson, Kami & Papenfuss, 2006

蛛尾拟角蝰仅有来自伊朗西部扎格罗斯山脉的少数标本记录，它不仅是全世界最奇特的蛇类之一，也是近年来最令人惊叹的两栖爬行动物新物种之一。该种得名于尾末端酷似蜘蛛，其种本名"*urarachnoides*"即可拆解为意为"尾"的"*ura*"、意为"蜘蛛"的"*arachno*"及表示"相似"的"*oides*"。该种尾端的突出部分酷似蜘蛛的足，球形的尾端主体则类似蜘蛛的身体，这种特化的尾部可在伏击猎物时充当诱饵。该种主要捕食鸟类及鸲鳍。相较拟角蝰属的其他物种，蛛尾拟角蝰的背鳞起棱更强，起强棱的鳞片也使其身体轮廓与近缘种迥异。

相近物种

蛛尾拟角蝰与波斯拟角蝰（第636页）和菲氏拟角蝰 *Pseudocerastes fieldi* 亲缘关系较近，拟角蝰属 *Pseudocerastes* 则与钝鼻蝰属 *Eristicophis* 亲缘关系很近。

蛛尾拟角蝰的体色浅灰，背部具连续的灰棕色斑点。头体鳞片极为粗糙，使其身体轮廓被打破。该种最为突出的特征为蜘蛛状的尾末端。

实际大小

科名	蝰科 Viperidae；蝰亚科 Viperinae
风险因子	剧毒：突触前神经毒素，可能有促凝血素与出血性毒素
地理分布	欧洲东南部：希腊、巴尔干半岛，土耳其位于欧洲的部分到意大利北部及奥地利
海拔	0～2500 m
生境	开阔的多岩山坡、砾石山坡、干燥石墙、葡萄园
食物	小型哺乳动物、鸟类、蜥蜴
繁殖方式	胎生，每次产仔 3～18 条
保护等级	IUCN 无危

成体长度
雄性
31½～35½ in
(800～900 mm)

雌性
23¾～27½ in
(600～700 mm)

638

沙蝰
Vipera ammodytes
Nose-Horned Viper
(Linnaeus, 1758)

沙蝰具性二态，雄性为灰色，具黑色或深灰色"Z"形斑纹，雌性为浅黄色到棕色，具深棕色"Z"形斑纹。头背的"V"形斑纹在一些个体身上很深，另一些个体则较不明显。部分个体背部的"Z"形斑纹很宽，酷似波浪状条纹。

沙蝰又称欧洲沙蝰，分布于从奥地利到土耳其的欧洲东南部，其最显著的特征为吻端的肉质角状隆起。指名亚种的隆起指向前方，另外 2 个亚种则仰向上方。除沙蝰外，这项特征仅见于分布于伊比利亚半岛的翘鼻蝰（第 642 页）。沙蝰的生境包括多岩山坡、葡萄园等作物种植区与干燥石墙。该种在入夏后亦可能进入林地。其食物包括鼠类、陆栖鸟类及蜥蜴。来自该种的咬伤可能导致严重的后果，使该种成为欧洲最危险的蝰蛇之一。来自沙蝰咬伤的致死案例不在少数。

相近物种

沙蝰与毒蝰（第 639 页）、翘鼻蝰（第 642 页）与山地蝰（第 643 页）共同隶属于蝰亚属 *Vipera*（*Vipera*）。分布于土耳其东北部的相似种南高加索蝰 *V. transcaucasiana* 曾被视为沙蝰的亚种。沙蝰目前有 3 个亚种：指名亚种 *V. ammodytes ammodytes* 分布于巴尔干半岛、奥地利及意大利；南部亚种 *V. a. meridionalis* 分布于保加利亚与罗马尼亚；蒙氏亚种 *V. a. montandoni* 则见于希腊、阿尔巴尼亚与土耳其位于欧洲的部分。

实际大小

科名	蝰科 Viperidae：蝰亚科 Viperinae
风险因子	有毒：可能有促凝血素、出血性毒素、神经毒素
地理分布	欧洲西部：法国、意大利、瑞士及西班牙东北部
海拔	0～2930 m
生境	林地、高地草甸、花园及沿海生境
食物	小型哺乳动物、蜥蜴及鸟类
繁殖方式	胎生，每次产仔 2～12 条
保护等级	IUCN 无危

成体长度
雄性
27½～33½ in
(700～850 mm)

雌性
23¾～27½ in
(600～700 mm)

毒蝰
Vipera aspis
Asp Viper
(Linnaeus, 1758)

毒蝰体形相对较小，头部较钝，略微向上突出，栖息于从林地、开阔草甸到阿尔卑斯山脉与比利牛斯山脉高达海拔 3000 m 左右的多种生境。该种主要以鼠类、蜥蜴为食，亦食小鸟。与大量个体集群越冬的极北蝰（第 640 页）不同的是，毒蝰会单独进入冬眠。毒蝰的分布区与极北蝰、塞氏蝰（第 644 页）、翘鼻蝰（第 642 页）重合，但这些物种占据着不同的生态位。虽然体形较小，但来自毒蝰的咬伤有导致严重症状的记录。

毒蝰存在性二态，雄性体色为灰色，具暗灰色到黑色的斑纹，雌性为棕色，具深棕色斑纹。指名亚种部分分布于山区的种群的雌性存在黑化变异。许多个体背部具深色"Z"形斑纹，另外一些个体的"Z"形斑纹则退为较窄的横斑，头背具或不具一条"V"形斑。

相近物种

毒蝰与沙蝰（第 638 页）、翘鼻蝰（第 642 页）、山地蝰（第 643 页）共同隶属于蝰亚属 Vipera（*Vipera*）。毒蝰包含 5 个亚种：指名亚种 *V. aspis aspis* 分布于法国中部与南部，黑色亚种 *V. a. atra* 分布于阿尔卑斯山瑞士段，弗氏亚种 *V. a. francisciredi* 见于意大利北部，修氏亚种 *V. a. hugyi* 见于意大利南部与西西里岛，津氏亚种 *V. a. zinnikeri* 则分布于法国西南部与比利牛斯山脉。无毒的似蝰水游蛇（第 416 页）在形态上酷似毒蝰。

实际大小

科名	蝰科 Viperidae：蝰亚科 Viperinae
风险因子	有毒：可能有促凝血素、出血性毒素、神经毒素
地理分布	欧洲、中亚与东亚地区：苏格兰到斯堪的纳维亚，东达俄罗斯萨哈林岛（库页岛）
海拔	0～3000 m
生境	荒原、林地、农耕区、沿海峭壁
食物	小型哺乳动物、蜥蜴，偶尔捕食鸟类
繁殖方式	胎生，每次产仔 3～20 条
保护等级	IUCN 未列入

640

成体长度
雄性
19¾～23¾ in
(500～600 mm)

雌性
19¾～31½ in,
(500～800 mm)，
斯堪的纳维亚的个体
偶有 3 ft 3 in (1.0 m)

极北蝰
Vipera berus
Northern Adder
(Linnaeus, 1758)

极北蝰是全世界分布最广泛的陆栖蛇类，见于英伦三岛的英格兰、威尔士、苏格兰及一些苏格兰岛屿，但在马恩岛与爱尔兰没有分布。在欧洲大陆上，极北蝰的分布从法国北部一直延伸至斯堪的纳维亚半岛与北极圈以北 200 km 处的俄罗斯西伯利亚的科拉半岛。该种亦见于哈萨克斯坦与蒙古国，东达俄罗斯萨哈林岛（库页岛）。分布区横跨了从苏格兰到萨哈林岛（库页岛）的 7715 km 之遥。极北蝰的生境包括荒原、林地与种植地等。成体以田鼠及家鼠为食，幼体则捕食蜥蜴科的蜥蜴、蛇蜥，偶尔亦捕食鸟类。来自该种的咬伤记录虽然多见，但致死案例却不多。以英国为例，整个 20 世纪仅有 12 起致死记录，最近一起发生于 1975 年。

相近物种

极北蝰与塞氏蝰（第 644 页）、高加索蝰（第 641 页）共同隶属于黑蝰亚属 *Vipera*（*Pelias*）。极北蝰广阔分布区内的绝大多数区域可见的亚种为指名亚种，波斯尼亚亚种 *Vipera berus bosniensis* 分布于巴尔干半岛，库页岛亚种 *V. b. sachalinensis* 见于俄罗斯远东与萨哈林岛（库页岛）。极北蝰在形态上易与无毒的似蝰水游蛇（第 416 页）相混淆。

极北蝰具性二态，雄性体色浅灰，具黑色"Z"形斑纹，雌性为棕色，具深棕色"Z"形斑纹。两性皆具头背"V"形斑，部分雌性，尤其是栖息于高海拔地区的个体具黑化变异，通身无斑，这或许是因为黑色能够吸收更多热量，使蛇通过晒日光浴迅速令身体温暖。

实际大小

科名	蝰科 Viperidae；蝰亚科 Viperinae
风险因子	有毒：毒液成分未知
地理分布	欧洲东部与小亚细亚半岛：格鲁吉亚、亚美尼亚、土耳其东北部
海拔	440～2400 m
生境	林地、森林覆盖的山坡、近水草甸
食物	小型哺乳动物、蜥蜴、无脊椎动物
繁殖方式	胎生，每次产仔 3～5 条
保护等级	IUCN 易危

成体长度
19¾～27½ in
(500～700 mm)

高加索蝰
Vipera kaznakovi
Caucasian Viper

Nikolsky, 1909

641

高加索蝰种组包括一些分布于黑海与里海之间的高加索地区高海拔山区、相互亲缘关系很近的蝰属物种。代表种高加索蝰则分布于黑海东岸的格鲁吉亚与亚美尼亚，南至土耳其东北部，栖息于森林覆盖的山坡、草甸等生境。成体以鼠类和蜥蜴为食，幼体则捕食无脊椎动物。该种的分布区狭窄，致危因素包含宠物贸易引发的过量采集，以及旅游业与农业发展造成的栖息地遭破坏。高加索蝰种组的其他物种均被 IUCN 列为濒危或极危等级。高加索蝰的种本名来源于俄罗斯博物学家、高加索博物馆的前馆长亚历山大·卡兹纳科夫（Aleksandr Kaznakov）。

高加索蝰体色艳丽，成体底色为橙色、红色或粉色，头体具纯黑色"Z"形斑纹，部分个体黑斑完全融入身体底色，橙色则变为与周围黑斑对比明显的点斑。幼体的体色偏红，色斑或更为明显。

相近物种

高加索蝰与欧亚大陆的极北蝰（第 640 页）、伊比利亚半岛的塞氏蝰（第 644 页）同为黑蝰亚属 *Vipera*（*Pelias*）成员。其他与高加索蝰亲缘关系较近的物种为体形较小，隔离分布于高加索地区的达氏蝰 *Vipera darevskii*、丁氏蝰 *V. dinniki*、华丽蝰 *V. magnifica*、奥氏蝰 *V. orlovi*、黑海蝰 *V. pontica* 与乌克兰的尼氏蝰 *V. nikolskii*。

实际大小

科名	蝰科 Viperidae：蝰亚科 Viperinae
风险因子	有毒：可能有促凝血素、出血性毒素、神经毒素
地理分布	欧洲西南部与非洲西北部：西班牙、葡萄牙、摩洛哥、阿尔及利亚，可能分布于突尼斯
海拔	0～2780 m
生境	植被覆盖的干旱多岩山坡、砾石山坡、西班牙栓皮栎林、树篱、干燥石墙、沿海沙丘
食物	小型哺乳动物、蜥蜴、鸟类
繁殖方式	胎生，每次产仔 3～15 条
保护等级	IUCN 易危

成体长度
19¾～27½ in
(500～700 mm)

642

翘鼻蝰
Vipera latastei
Lataste's Viper

Bosca, 1878

翘鼻蝰的体色为灰色、棕色或红色，背部具明显的"Z"形斑纹，斑纹边缘为黑色，体侧具斑点，部分个体体侧的斑点较不明显。吻端的肉质隆起为该种的鉴别特征之一。

翘鼻蝰又称拉氏蝰，其体形较小，吻端具肉质突起，与分布于欧洲东南部的沙蝰（第 638 页）相似。翘鼻蝰分布于伊比利亚半岛与非洲西北部，偏好多岩石生境，栖息于有植被覆盖、多岩石的山坡与西班牙栓皮栎林，亦见于干燥石墙，甚至是沿海沙丘。由于栖息地生境改变（例如原生植被被改种为针叶植物）、人类肆意残害、非法宠物贸易与路杀等因素，翘鼻蝰的生存饱受威胁。来自该种的咬伤可能导致严重后果。种本名来源于法国两栖爬行动物学家维塔尔-费尔南德·拉塔斯特（Vital-Fernand Lataste，1847—1934）。

相近物种

翘鼻蝰与沙蝰（第 638 页）、毒蝰（第 639 页）及曾被视为其亚种的近缘种山地蝰（第 643 页）同为蝰亚属 Vipera（Vipera）成员。翘鼻蝰包含 2 个亚种，指名亚种栖息于西班牙与葡萄牙绝大多数地区，加的斯亚种 *Vipera latastei gaditana* 则见于伊比利亚半岛西南部、摩洛哥阿特拉斯山脉、阿尔及利亚，在突尼斯可能也有分布。

实际大小

科名	蝰科 Viperidae：蝰亚科 Viperinae
风险因子	有毒：毒液成分未知
地理分布	非洲西北部：摩洛哥大阿特拉斯山
海拔	1200～1300 m，可能达 4000 m
生境	覆盖大戟属植物的高山生境
食物	蜥蜴及昆虫
繁殖方式	胎生，每次产仔 2～3 条
保护等级	IUCN 近危

成体长度
11¾～13¾ in
(300～350 mm)

山地蝰
Vipera monticola
Dwarf Atlas Mountain Viper
Saint Girons, 1953

643

山地蝰为蝰属体形最小的物种之一，成体全长仅为 350 mm，栖息于摩洛哥大阿特拉斯山海拔 1200 m 以上，覆盖着茂密大戟属植物与丛草的生境，以蜥蜴及昆虫为食。该种的分布海拔可达 4000 m，营昼行性生活，在冬季则会冬眠。山地蝰的分布区总面积不到 20000 km²，以获取柴火为目的的伐木活动对其生存造成严重威胁。山地蝰的种群恢复速度很慢，这是由于雌性产仔量少，一次仅产 2～3 条幼体，而且繁殖周期还受高海拔气候影响而变得不规律。目前并无来自该种咬伤的案例。

相近物种

山地蝰为蝰亚属 *Vipea*（*Vipera*）成员，曾被视为近缘种翘鼻蝰（第 642 页）的亚种，与亦分布于阿特拉斯山脉的翘鼻蝰加的斯亚种 *Vipera latastei gaditana* 亲缘关系尤其近。

山地蝰的体色为灰色到灰棕色，具蝰蛇典型的黑色"Z"形斑纹，部分个体的"Z"形斑纹较窄，更像是由背部纵纹连接起来的横斑。山地蝰曾被作为翘鼻蝰（第 642 页）的一个亚种，它们的吻端具有相似的肉质角状隆起。

实际大小

科名	蝰科 Viperidae：蝰亚科 Viperinae
风险因子	有毒：可能有促凝血素、出血性毒素、神经毒素
地理分布	欧洲西南部：西班牙北部与葡萄牙
海拔	0～1900 m
生境	林地、植被覆盖的多岩山坡、农业种植区的石墙与树篱
食物	小型哺乳动物、蜥蜴及鸟类
繁殖方式	胎生，每次产仔 2～10 条
保护等级	IUCN 无危

成体长度
19¾～23¾ in
(500～600 mm)

644

塞氏蝰
Vipera seoanei
Seoane's Viper
Lataste, 1879

与其他偏好开阔或多岩生境的同属近缘种不同，塞氏蝰多栖息于林地、树篱、草甸附近的石墙等具有茂密植被覆盖的生境，尤其是低海拔生境。塞氏蝰成体主要捕食田鼠及其他鼠类等小型哺乳动物，偶尔捕食陆栖鸟类或蜥蜴。幼体则主要以蛇蜥等蜥蜴为食。该种很大一部分种群，尤其是雌性，都存在黑化变异，这或许是因为黑色相比于一般个体的"Z"形色斑能帮助怀孕雌性在晒日光浴时更快地提升体温。种本名致敬加利西亚博物学爱好者维克托·赛奥亚内（Viktor Seoane，1832—1900）。

塞氏蝰大多数个体体色呈棕色或灰色，具有颜色较深的"Z"形斑纹，与极北蝰（第640页）相似。黑化个体相对较常见，还有一些个体背部具一条较宽的脊纹替代"Z"形斑。

实际大小

相近物种

塞氏蝰曾被视为极北蝰（第640页）的亚种，该种与极北蝰、高加索蝰（第641页）共同隶属于黑蝰亚属 Vipera（Pelias）。塞氏蝰具两个亚种，指名亚种分布于西班牙与葡萄牙的北部及西北海岸，坎塔布里亚亚种 *Vipera seoanei cantabrica* 见于西班牙坎塔布连山脉。

科名	蝰科 Viperidae；蝰亚科 Viperinae
风险因子	有毒：毒液成分未知
地理分布	欧洲：法国、意大利、巴尔干半岛、希腊、匈牙利、罗马尼亚、保加利亚、摩尔多瓦
海拔	250～3000 m
生境	草地、草甸到杜松林
食物	昆虫、蜥蜴、小型哺乳动物
繁殖方式	胎生，每次产仔 3～8 条
保护等级	IUCN 易危，CITES 附录 I

成体长度
19¾～23¾ in
(500～600 mm)

草原蝰
Vipera ursinii
Orsini's Meadow Viper
(Bonaparte, 1835)

草原蝰的种本名来源于意大利博物学家安东尼奥·奥尔西尼（Antonio Orsini，1788—1870），而命名人是拿破仑·波拿巴（Napoleon Bonaparte）的侄子——博物学家查尔斯·波拿巴（Charles Bonaparte，1803—1857）。草原蝰为欧洲体形最小的蝰蛇，呈斑块化分布于法国南部到摩尔多瓦境内的黑海沿岸，其多样的生境包括低地草地、高地杜松林与山地草甸。由于部分种群亦出没于石灰石质的山坡，草原蝰又称喀斯特蝰。草原蝰捕食包括蝗虫在内的大型昆虫，偶尔亦捕食小型脊椎动物。IUCN 虽然仅将该种的保护等级评定为"易危"，但分布于奥地利的种群可能已经灭绝，匈牙利的种群数量也很少，严重受胁。草原蝰的致危因素包括过度牧羊与饲养家猪对其栖息地的破坏。部分地域种群由于数量较少，只能借由动物园的人工繁育来尝试复育。

草原蝰的体形较小，在分布区内随亚种的分化体色变异大，色斑从纯色到灰色或棕色底色上覆与其他典型蝰属蛇类相似的"Z"形斑。

相近物种

草原蝰隶属于黑蝰亚属 *Vipera*（*Pelias*），并包含4个亚种：指名亚种 *Vipera ursinii ursinii* 分布于法国东部到意大利中部，大眼亚种 *V. u. macrops* 分布于克罗地亚到北马其顿，匈牙利亚种 *V. u. rakosinensis* 见于匈牙利及罗马尼亚，摩尔多瓦亚种 *V. u. moldavica* 则见于罗马尼亚、保加利亚与摩尔多瓦。曾被视为草原蝰亚种的希腊蝰 *V. gracea* 已被提升为独立种。其他相近物种包括分布于罗马尼亚、乌克兰到中国的东方蝰 *V. renardi* 与高加索地区的洛氏蝰 *V. lotievi*。

实际大小

附 录

Appendices

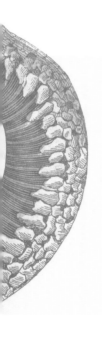

术语表

人为的（anthropogenic）：由人为因素造成的。

抗凝血素（anticoagulant）：蛇毒的一种成分，可阻止血液凝结（凝血）导致长时间出血。另见**促凝血素（procoagulant）**。

树栖的（arboreal）：适应于在树上行动与生活。

海平面上（asl）：海平面以上。

断尾自切（autotomy）：自发性断尾的防御策略，具有尾部再生的能力。另见**假断尾自切（pseudautotomy）**。

基部的（basal）：系统发育树中近缘有机体的最为原始或祖先物种。

海平面下（bsl）：海平面以下。

蟾蜍毒素（bufotoxins）：有毒蟾蜍耳后腺中的毒素。

卡廷加干旱沙漠植被（Caatinga）：见于巴西的一种沙漠植被类型，包括干旱的灌木丛和荆棘森林。

吻棱（canthus rostralis）：头侧面自眼睛至鼻孔上方的明显脊状棱，常见于蝰蛇类。

起棱（carinate）、双棱（bicarinate）、三棱（tricarinate）：体背鳞片起单一、两条或三条棱。

尾部引诱（caudal lure）/引诱（luring）：一些幼蛇会缓慢移动颜色对比鲜明的尾尖，以引诱其攻击范围内的潜在猎物，尤其常见于蝰蛇和蟒蛇中。

塞拉多热带稀树草原（Cerrado）：一种由林地和草原组成的热带稀树草原，见于巴西。

查科干热低地（Chaco）：一种干热低地生境，见于巴西东南部、巴拉圭与阿根廷北部。

支系（clade）：由一个共同祖先进化而来的所有后代形成的一组有机体，可能不一定有名字。

泄殖腔（cloaca）/泄殖腔的（cloacal）：爬行动物与鸟类中生殖道与消化道的共同开口。

肛鳞（cloacal plate）：覆盖泄殖腔的鳞片，单枚或二分。

同属的（congeneric）：两个或多个物种隶属于同一个属。

同种的（conspecific）：两个或多个个体为同一个物种。

趋同演化（convergent evolution）：不同地理区域的远缘生物演化到占据相同的生态位时，经常出现生物彼此相似的情况，典型的例子如绿树蟒（第94页）与圭亚那膝树蚺（第108页）。有时亦称为平行进化。

晨昏性（crepuscular）：活跃于黄昏与黎明时分。另见**昼行性（diurnal）**。

隐蔽种（cryptic species）[1]：善于伪装，融入于其生境中，不易发现的物种。

隐居的（cryptozoic）：栖息于隐秘或隐蔽的栖息地中，如落叶层或石头下。

齿骨（dentary）：爬行动物下颌着生牙齿的骨骼。

性二色型（dichromatism）：雌雄性别之间具不同颜色。

性二态（dimorphism）：雌雄性别之间体形或形态不同。

龙脑香科树（dipterocarp）：一类在东南亚地区占主导地位的高大乔木原生林。

昼行性（diurnal）：活跃于白昼时分，与夜行性相对。另见**晨昏性（crepuscular）**。

背面的（dorsal）/背面（dorsum）：身体或头部朝上的一面（与腹面的、腹面相对）。

背侧面（dorsolateral）：身体侧面上部或侧面。

达氏腺（Duvernoy's gland）：后沟牙毒蛇产毒液的腺体，以法国解剖学家达韦努瓦（F. M. Duvernoy）的姓氏命名。

特有的（endemic）：仅见于单个特定地区中，如某岛屿、山脉或国家。

恒温动物（endotherm）/恒温的（endothermic）：通过代谢产热以维持自身体温恒定的动物，如哺乳动物或鸟类。

夏蛰（estivate）：以休眠状态度过旱季的过程，相当于以冬眠或半冬眠状态度过寒冷气候的过程。

区域灭绝（extirpation）：在部分地区灭绝。

穴居的（fossorial）：生活于土壤、沙子中或地下落叶层中。另见**半穴居的（semi-fossorial）**。

额鳞（frontal scale）：头背面两眼之间的单枚较大鳞片（见第17页示意图）。

凡波斯硬叶灌木群落（fynbos）：一种见于南非开普地区的常绿灌木丛与欧石楠丛生的荒地生境，在南非荷兰语中意为"细灌木"。

属（genus）/亚属（subgenus）：科与物种之间的分类阶元，包含许多相似的、亲缘关系可能较近的物种。一些物种较多的属又可分为不同亚属。属名以斜体书写，首字母大写。

冈瓦纳大陆（Gondwana）：中生代泛古陆分裂后的南部超大陆。包括南美洲、非洲、马达加斯加、塞舌尔群岛、阿拉伯、印度、澳大利亚、新几内亚岛南部、新西兰与南极洲。

半阴茎（hemipenes）：蛇类与蜥蜴类雄性的成对交配器官。

溶血的（hemolytic）：毒液的一种成分，可损伤或破坏红细胞。

出血性毒素（hemorrhagin）：蛇毒的一种成分，会导致血管破裂，从而造成血液渗漏到组织中。

---

[1] 该词也译为隐存种，指的是此前由于形态相似而被误定为其近缘种的未命名物种。——译者注

冬眠场所（hibernaculum）：某些蛇所公用的冬季巢穴，例如极北蝰（第640页）或木纹响尾蛇（第577页）。

正模标本（holotype）：用于描述一个物种的单一载名标本，通常保存于自然历史博物馆中。产自同一地点的相关标本称为副模标本。

地位未定（*incertae sedis*）：表示"系统地位不确定"的术语，表明一个物种在该科中的系统地位尚未完全确定。

鼻间鳞（internasal）：位于头背面左右鼻鳞之间的鳞片（见第17页示意图）。

间隙（interspace）：条纹或色斑斑块之间的背景色区域。

鳞隙（interstitial）：蛇类或蜥蜴鳞片之间的皮肤部分。

世界自然保护联盟（IUCN）：世界自然保护联盟的英文首字母缩写为IUCN。

卡鲁（karoo）：南非的一种半荒漠生境。

鳞片起棱（keeled scales）：鳞片表面具一个或多个脊状隆起，因而粗糙起棱（与鳞片光滑相对）。

颊鳞（loreal scale）：位于眶前鳞与鼻鳞之间的鳞片（见第17页示意图）。

唇鳞（labials），下唇鳞（infralabials），上唇鳞（supralabials）：被覆唇部的鳞片：上唇鳞——上唇覆盖的鳞片，下唇鳞——下唇覆盖的鳞片。很多蟒蚺类上下唇鳞上具热感唇窝。

阔口类（macrostomatan）：口部较大的。阔口类蛇是一类能够捕食比自身头部更大的猎物的蛇类，如筒蛇类与盾尾蛇类之后演化出的蛇类。

上颌骨（maxillary）：蛇类上颌处牙齿或毒牙着生的骨骼。

黑化的（melanistic）：身体色斑均被黑色素所遮盖，常见于生活在寒冷环境中的雌性蛇类，能够使其在晒背时更快变暖。

颏沟（mental groove）：一种皮肤沟槽，为最晚演化的蛇类喉部下方的一层松散的皮肤褶皱，可以使铰接式的下颌张开以吞咽大型猎物。

颏鳞（mental scale）：下颌最前缘的鳞片，位于第一对下唇鳞前缘之间（见第17页示意图）。另见**吻鳞（rostral）**。

潮湿的（mesic）：水资源适宜的生境。另见**干旱的（xeric）**。

单型的（monotypic）：一个属内仅含一个物种或一个科内仅含一个属。

形态（morph）/形态类型（morphotype）：色斑不同于正常状态的阶段或类型。一些物种在自然界中表现出几种不同的形态类型。

形态学（morphology）：研究有机体体形、大小、色斑或形态变异的学科。

百万年前（MYA）：一百万年以前。

坏死（necrosis）：组织死亡与损坏，可能由细胞毒素所引起。可导致截肢或残肢。

初生个体（neonate）：胎生（直接产出可自由活动子代）物种的刚出生的子代。

指名亚种（nominate subspecies）：与物种的种加词同名的亚种，如极北蝰指名亚种*Vipera berus berus*与水游蛇指名亚种*Natrix natrix natrix*。

个体发育变化（ontogenetic change）：在成熟过程中从幼体到成体发生的颜色、色斑或形态的变化，如绿树蟒或绿树蚺从黄色或橙色变为绿色。

食蛇性的（ophiophagous）：以蛇类为食，如眼镜王蛇（第480页）。除以同类为食的蛇类外，食蛇性并不代表同类相食。

直翅目（orthopteran）：蚱蜢、蝗虫和蠹斯类。

卵生（oviparous）：产卵的繁殖策略（与胎生相对）。

顶鳞（parietals）：位于头部后方额鳞之后的一对扩大的鳞片（见第17页示意图）。

孤雌生殖（parthenogenesis）：雌性在不与雄性接触的情况下分娩或产卵。蛇类中只有一种专性孤雌生殖的物种，即钩盲蛇（第57页），但是通常在人工饲养条件下，正常的有性生殖物种的雌性个体在没有配偶的情况下也出现了很多兼性孤雌生殖的例子。专性孤雌生殖指的是某物种为全雌性物种且仅营孤雌生殖，兼性孤雌生殖指的是有性生殖物种偶尔可通过孤雌生殖方式繁殖。

与人类共处的（perianthropic）：可与人类共处的。

信息素（pheromone）/信息素的（pheromonal）：动物释放到环境中以吸引配偶的化学物质。

系统发生的（phylogenetic）：与有机体演化关系与多样性相关的。

食鱼动物（piscivore）/食鱼性的（piscivorous）：以鱼类为食。

多态性（polymorphic）：以几种不同的形态类型或阶段出现。

多价抗蛇毒血清（polyvalent antivenom）：一种抗蛇毒血清，用于治疗在同一地理区域内分布的许多远缘的毒蛇咬伤的药物。与单价抗蛇毒血清相对——单价抗蛇毒血清用于治疗一个物种或一类近缘物种的咬伤。

眶后鳞（postocular）：在眼睛正后方[1]且与眼睛接触的鳞片（与眶前鳞相对）（见第17页示意图）。

前额鳞（prefrontals）：位于头背面鼻间鳞之后、额鳞之前的一对鳞片（见第17页示意图）。

促凝血素（procoagulant）：蛇毒的一种成分，可导致血液凝固（凝血）。促凝血素毒液会耗尽所有凝血因子，从而导致长时间出血。另见**抗凝血素（anticoagulant）**。

喜沙性的（psammophilous）/喜沙生物（psammophile）：栖居于沙漠等沙地环境中的。

假断尾自切（pseudautotomy）：自发性断尾的防御策略，但不具尾部再生的能力（大多数蜥蜴尾部可再生而蛇类不会）。

网状的（reticulate）/网纹（reticulation）：线纹与斑纹所构成的类似网状的斑纹。

水滨（riparian）：包括河流、溪流、湖泊或湿地的岸边。

---

① 原文作"前方"，应系笔误，翻译时已改正。——译者注

吻鳞（rostral）：头部背面最前缘的鳞片，位于第一对上唇鳞前缘之间（见第17页示意图）。另见**颏鳞（mental scale）**。

粗糙（rugose）：鳞片表面粗糙，比如起棱。

盾片（scutes）：头部较大而规则的鳞片。

半穴居的（semi-fossorial）：在落叶层或倒木下生活和行动的。另见**穴居的（fossorial）**。

姊妹种（sister species）/姊妹群（sister taxon/taxa）：一对关系非常接近的物种。

物种（species）：低于属级的分类阶元，其学名为以斜体字书写的双名，仅属名的首字母大写，如*Vipera berus*（极北蝰）。

物种复合体（species complex）：常呈广泛分布的一个物种，可能包含许多隐存种。

种组（species group）：亲缘关系非常接近的一类物种。

种级地位（specific status）：当研究认为某亚种差别较大，则足以提升至种级水平。

尾下鳞（subcaudal）：尾部下方的鳞片，常成对，偶见单枚。

亚种（subspecies）：低于物种水平的分类阶元，以三名式书写，如*Vipera berus berus*（极北蝰指名亚种）。

上睫鳞（supraciliary）：眼睛周围的小鳞片，在某些物种可能隆起而形成小角状，如睫角棕榈蝮（第558页）。

眶上鳞（supraocular）：眼睛上方的单枚较大鳞片（见第17页示意图）。

上唇鳞（supralabial）：见**唇鳞（labials）**。

同域分布（sympatry）/同域分布的（sympatric）：两物种在某地和某生境中共同分布。

同物异名（synonym）：研究认为某物种无效，将其并入其他物种之中。

分类群（taxon）：任何级别（如物种、属或科）有机体的同类群体。

假死（thanatosis）：动物以"装死"而避免被捕食的一种防御策略。

疣粒（tubercle）：一种柔软而隆起的皮肤突起，常具感官性质。

模式属（type genus）：某个科以该属属名而命名，如游蛇科Colubridae的游蛇属*Coluber*。

模式种（type species）：在特定属中首个描述的物种。

模式产地（type locality）：物种模式标本的采集地。

腹面的（ventral）/腹面（venter）：身体或头部朝下的一面（与背面相对）。

山坡（versant）：山体向下斜的地方。

残迹（vestigial）：不再使用且因进化而变小的身体部位。

地理隔离（vicariant）：一个有机体类群的两个种群被河流、山脉或海洋等地理障碍隔开，演化上趋异。

胎生（viviparous）：直接分娩出初生个体的繁殖策略（与卵生相对）。

干旱的（xeric）：几乎没有水的干燥生境。另见**潮湿的（mesic）**。

推荐资源

以下是目前可用的一些有用的书籍、野外指南和网站，可供对蛇类或更广泛的两栖爬行动物学领域感兴趣的读者使用。

书籍（综合性）

Aldridge, R.D. & D.M. Sever. *Reproductive Biology and Phylogeny of Snakes*. CRC Press, 2011

Campbell, J.A. & E.D. Brodie. *Biology of the Pitvipers*. Selva Publishing, 1992

Dreslik, M.J., W.K. Hayes, S.J. Beaupre & S.P. Mackessy. *The Biology of the Rattlesnakes II*. ECO Publishing, 2017

Gower, D., K. Farrett & P. Stafford. *Snakes*. Natural History Museum, 2012

Greene, H.W. *Snakes: The Evolution of Mystery in Nature*. University of California Press, 1997

Hayes, W.K., M.D. Caldwell, K.R. Beaman & S.P. Bush. *The Biology of the Rattlesnakes*. Loma Linda University Press, 2008

Henderson, R.W. & R. Powell. *Biology of the Boas and Pythons*. Eagle Mountain Press, 2007

Lilywhite, H.B. *How Snakes Work: Structure, Function and Behavior of the World's Snakes*. Oxford University Press, 2014

McDiarmid, R.W., M.S. Foster, G. Guyer, J.W. Gibbons & N. Chernott. *Reptile Biodiversity: Standard Methods for Inventory and Monitoring*. University of California Press, 2012

O'Shea, M. *Venomous Snakes of the World*. New Holland/Princeton University Press, 2005

O'Shea, M. *Boas and Pythons of the World*. New Holland/Princeton University Press, 2007

Pough, F.H., R.M. Andrews, M.L. Crump, A.H. Savitsky, K.D. Wells & M.C. Bradley. *Herpetology* (4th edition). Sinauer Publishing, 2016

Schuett, G.W., M. Höggren, M.E. Douglas & H.W. Green. *Biology of the Vipers*. Eagle Mountain Press, 2001

Vitt, L.J. & J.P. Caldwell. *Herpetology: An Introductory Biology of Amphibians and Reptiles*. Academic Press, 2014

Wallach, V., K.L. Williams & J. Boundy. *Snakes of the World: A Catalogue of Living and Extinct Species*. CRC Press. 2014

Zug, G.R. & C.H. Ernst. *Snakes in Question*. Smithsonian Institution Press, 1996

野外指南

北美洲（各州的野外指南未列入）

Ernst, C.H. & E.M. Ernst. *Snakes of the United States and Canada*. Smithsonian Books, 2003

Heimes, P. *Herpetofauna Mexicana, Volume 1: Snakes of Mexico*. Chimaira, 2016

Powell, R. & R. Conant. *Peterson Field Guide to the Reptiles and Amphibians of Eastern and Central North America* (4th edition). Houghton Mifflin Harcourt, 2016

Stebbins, R.C. & S.M. McGinnis. *Peterson Field Guide to the Reptiles and Amphibians of Western North America* (4th edition). Houghton Mifflin Harcourt, 2018

Tennant, A. & R.D. Bartlett. *Snakes of North America: Western*

Regions. Gulf Publishing, 2000

Tennant, A. & R.D. Bartlett. *Snakes of North America: Eastern & Central Regions.* Gulf Publishing, 2000

中美洲和南美洲，以及西印度群岛（各国的野外指南未列入）
Bartlett, R.D. & P.P. Bartlett. *Reptiles and Amphibians of the Amazon: An Ecotourist's Guide.* University of Florida Press, 2002

Campbell, J.A. & W.W. Lamar. *Venomous Reptiles of the Western Hemisphere* (2 vols.). Comstock Cornell, 2004

Crother, B.I. *Caribbean Amphibians and Reptiles.* Academic Press, 1999

Köhler, G. & L.D. Wilson. *Reptiles of Central America.* Herpeton Verlag, 2003

Savage, J.M. *The Amphibians and Reptiles of Costa Rica.* University of Chicago Press, 2002

Schwartz, A. & R.W. Henderson. *Amphibians and Reptiles of the West Indies: Descriptions, Distributions, and Natural History.* University of Florida Press, 1991

欧洲（各国的野外指南未列入）
Arnold, E.N. & D.W. Ovenden. *Reptiles and Amphibians of Europe.* Harper Collins, 2004

Beebee, T. & R. Griffiths. *Amphibians and Reptiles of Europe.* HarperCollins, 2000

Kreiner, G. *The Snakes of Europe: All species west of the Caucasus Mountains.* ECO Publishing/Chimaira, 2007

Speybroeck, J., W. Beukema, B. Bok, J. van der Voort & I. Velikov. *Field Guide to the Reptiles and Amphibians of Britain and Europe.* Bloomsbury Press, 2016

非洲和马达加斯加岛（各国的野外指南未列入）
Branch, B. *Field Guide to Snakes and Other Reptiles of Southern Africa.* Struik, 1998

Branch, B. *Pocket Guide: Snakes and Reptiles of South Africa.* Struik, 2016.

Geniez, P. *Snakes of Europe, North Africa and the Middle East: A Photographic Guide.* Princeton University Press, 2018

Glaw, F. & M. Vences. *A Field Guide to the Amphibians and Reptiles of Madagascar* (3rd edition). Vences & Glaw Verlag, 1994

Henkel, F-W. & W. Schmidt. *The Amphibians and Reptiles of Madagascar, the Mascarenes, the Seychelles and the Comoros Islands.* Krieger Publishing, 2000

Howell, K., S. Spawls, H. Hinkel & M. Menegon. *Field Guide to East African Reptiles* (2nd edition). Bloomsbury, 2017

Marais, J. *A Complete Guide to the Snakes of Southern Africa* (2nd edition). Struik, 2004

亚洲和阿拉伯地区（各国的野外指南未列入）
Chan-ard, T., J.W.R. Parr & J. Nabhitabhata. *A Field Guide to the Reptiles of Thailand.* Oxford University Press, 2015

Da Silva, A. *Colour Guide to the Snakes of Sri Lanka.* R&A Publishing, 1990

Das, I. *A Naturalist's Guide to the Snakes of South-East Asia.* John Beaufoy Publishing, 2012

Das, I. *A Field Guide to the Reptiles of South-East Asia.* Bloomsbury, 2015

Egan, D. *Snakes of Arabia: A Field Guide to the Snakes of the Arabian Peninsula and its Shores.* Motivate Publishing, 2008

Steubing, R.B., R.F. Inger & B. Lardner. *A Field Guide to the Snakes of Borneo* (2nd edition). Natural History Books (Borneo), 2014

Whitaker R. & A. Captain. *Snakes of India: A Field Guide.* Draco Books, 2008

澳大拉西亚和大洋洲（各州的野外指南未列入）
Cogger H.G. *Reptiles and Amphibians of Australia* (7th edition). CSIRO Publishing, 2014

McCoy, M. *Reptiles of the Solomon Islands.* Pensoft, 2006

Mirtschin, P., A.R. Rasmussen & S.A. Weinstein. *Australia's Dangerous Snakes: Identification, Biology and Envenoming.* CSIRO Publishing, 2017

O'Shea, M. *A Guide to the Snakes of Papua New Guinea.* Independent Publishing, 1996 (a much expanded and revised edition covering all of New Guinea is in preparation.)

Swan, S.K. & G. Swan. *A Complete Guide to the Reptiles of Australia* (5th edition). Reed/New Holland, 2017

两栖爬行动物学的协会及其网站
Society for the Study of Reptiles and Amphibians (SSAR)
ssarherps.org

American Society of Ichthyologists and Herpetologists (ASIH)
www.asih.org

Herpetologists' League (HL)
herpetologistsleague.org

Societas Europaea Herpetologica (SEH)
seh-herpetology.org

Australian Herpetological Society (AHS)
www.ahs.org.au

Herpetological Association of Africa (HAA)
www.africanherpetology.org

British Journal of Herpetology (BHS)
www.thebhs.org

Deutsche Gesellschaft für Herpetologie und Terrarienkunde (DGHT)
www.dght.de/startseite

Herpetological Conservation Trust (HCT)
www.arc-trust.org

European Snake Society
www.snakesociety.nl/index-e.htm

International Herpetological Society (IHS)
www.ihs-web.org.uk

有用的网站

World Congress of Herpetology (WCH)
www.worldcongressofherpetology.org

Reptile Database
reptile-database.reptarium.cz (use Advanced Search facility)

International Herpetological Symposium (IHS)
www.internationalherpetologicalsymposium.com

International Union for the Conservation of Nature (IUCN) Red List of Threatened Species
www.iucnredlist.org

Convention on International Trade in Endangered Species of Fauna and Flora (CITES)
www.cites.org

World Association of Zoos and Aquariums (WAZA)
www.waza.org

英文名索引

学名索引

655

高级分类单元名索引

-idae=科（family）；**-inae**=亚科（subfamily）；**-idia**=更高的分类单元（higher taxa）

中文名索引

658

致谢

作者致谢

非常感谢为本书提供了精美图片的所有摄影师，也感谢与我一路相伴的所有两栖爬行动物学家、动物学家和电影制作人，他们分享了在世界各地寻找两栖爬行动物和野外工作的跌宕起伏。我还想对很多好友和同事表达谢意，但无法在此一一列出。还要感谢常春藤出版社（Ivy Press）团队的Kate Shanahan, Caroline Earle, Alison Stevens, Liz Drewitt, Susi Bailey, Ginny Zeal和David Anstey，有了他们的帮助，才使得这个项目完成得如此愉快。最后，感谢我的助手Bina Mistry，在我坐在桌边撰写这本书的30个月里，她保障了我无饥渴之虞，她还对文字和图片提供了宝贵意见。

660

译后记一

　　我第一次对蛇产生深刻的印象，是在 2002 年参加成都日报社和中国科学院成都生物研究所联合组织的峨眉山两栖爬行动物野外考察科普活动的时候。我的挚友、同为科考小队员的蒋珂飞身扑向路边的灌木丛，摁住了一条瓦屋山腹链蛇。棕色的小蛇惊恐万分，挣扎的同时挤出一泡粪便，其腥臭味恶心得让我怀疑人生，周围的人也作呕连连。没想到区区小蛇，竟有如此神通。

　　后来我在华南的野外工作中也多次遇到蛇，有些是无毒蛇，也有些是毒蛇。对于毒蛇，当地人似乎与它们势不两立。在湖南通道侗族自治县，我们一行人下山时差点踩到一条华南常见的蝮蛇——原矛头蝮，当时它盘作一团，凭借浅褐色背部上的深色不规则花斑，完美地隐藏在地面散落的竹叶之间。然而正当我准备拍照时，苗族向导从地上捡起一根树干，猛地向原矛头蝮打去。老大爷两三下就把蛇打得翻起了肚皮，口吐血沫，在地上痛苦地扭曲着。他解释说，如果不把毒蛇打死，就有可能咬到上下山的村民。我听后很感慨——这条原矛头蝮原本守着自己的地盘，仅仅因为身怀毒液，就白白丢了性命。之后在其他地方，我又多次见到过被打死、扔在路边的毒蛇。

　　2008 年在广西桂林的菜市场，我再一次为蛇类的命运感到难过。在这里，各种蛇装满大大小小的麻袋，堆积如山，从两三米长的成年王锦蛇到几十厘米的尖吻蝮幼体，还有仅仅小指粗细的水蛇，似乎只要被捕蛇者碰见，无论大小，都难逃厄运。它们虽没有当场死于村民之手，却也不过是多苟活几日，终将被老饕们剥皮啃肉嚼骨，或被永久封印在白酒与玻璃瓶中。且不论蛇酒是否真有功效，就算蛇肉，我也并不觉得会是好吃的。毕竟需要从数百根脊椎与肋骨之间剔下微不足道的肉，还得担心寄生虫的风险，远不如猪牛羊肉来得方便。有人会辩解说，人工养殖的蛇已经能够大量供应市场。但在缺乏对养殖与野生蛇类的有效辨识的情况下，后者必然会因为成本低廉而源源不断流入市场。

　　中国的蛇类至少有 300 余种，根据最新版的《国家重点保护野生动物名录》，其中 4 种为国家一级保护动物，35 种为国家二级保护动物。然而这些受保护的物种，要么分布范围狭窄、普通人难以见到，要么就是大海之中的海蛇。如今，陆生蛇类的保护现状并不容乐观。除了击杀与食用，栖息地被破坏是威胁蛇类生存的另一大因素。中国蛇类多样性最高的两个地方是华南亚热带、热带山区与东北山区。平原地区由于人口稠密，已经容不下它们，而众多山区也在逐渐被开发成旅游景区，蛇类的生存空间进一步被压缩。景区中的水泥路，更是因为有来来往往的车辆，成为蛇与其他小动物的葬身之地。

人与蛇之间，并非只有你死我活。蛇类生性隐秘，绝大多数是躲在暗处的捕食者。通常情况下，它们不会主动攻击人类，遇到人类时逃跑才是它们的首选。我们所看到的人被毒蛇咬伤甚至送命的各种新闻，几乎无一例外都是由于当事人自己疏忽大意或自以为是，去徒手捉蛇。如果我们对蛇采取敬而远之的态度，怀有敬畏之心，这类新闻必然会大大减少——互不打扰，就是最好的自我保护。我曾在浙江灵安一座小山上坐下休息，起身时才发现背后的灌木枝条上挂着一条福建竹叶青蛇，它已经不知道在那里待了多久。它与我近在咫尺，却相安无事。至于食用蛇类的习惯，最好能通过各种渠道、平台加以正确的引导，逐渐减少市场需求，间接起到打击盗猎野生动物的作用。另外值得强调的一点是，《国家重点保护野生动物名录》以外的物种并非不需要保护，只是在人力物力有限的情况下，优先保护名录中的物种。这不过是权宜之策。事实上，只要是野生动物，都需要我们的保护，毕竟是我们占据与挤压了它们在野外的生存空间。

保护蛇类，就要做到让大众了解蛇类，不要再是一提及时，只会简单地认为它是一种神秘又危险的爬行动物。人们只有在了解蛇类的千姿百态，脑海中的蛇类形象具体化后，才有可能自发地参与到保护行动中，至少会下意识地避免伤害蛇类的行为。所以，如果《蛇类博物馆》能对大众有一点点的启发，我们几个译者也就无愧于翻译这本书的初衷了。

吴耘珂

2023 年 10 月 12 日识于

美国马萨诸塞州鳕鱼角

译后记二

我从小就喜欢蛇。四五岁时，我看到有蛇贩用绳子绑住几条很大的黑眉锦蛇的尾巴，放在地上售卖，就蹲在旁边观看，一点儿也没觉得害怕。这是我印象中第一次见到蛇。十岁左右，我发现成都青石桥菜市有几家卖蛇的店铺，于是那里就成了我常去玩的地方。有时哪怕是中午放学的一两个小时都要乘公交车去看蛇，甚至暑假里还买来乌梢蛇和黑眉锦蛇的蛋悄悄在家孵化，居然第一次就孵化出几十条幼蛇，跑得满屋都是，还好赶在父母下班前全部捉回。

从初中开始，我热衷于收集和阅读各种有关蛇类的书籍和杂志，但那时候能找到的蛇类书籍很少。对我影响特别大的是 2001 年《大自然》杂志刊登的著名两栖爬行动物学家赵尔宓院士（1930—2016）撰写的《蛇年谈蛇》，这应该是我对蛇类科学研究的初步认识。后来有幸得到赵先生的指导，逐渐走上了蛇类及其他两栖爬行动物研究的道路。赵先生是我国蛇类研究的开拓者，于 1998 年主持出版了《中国动物志·爬行纲·蛇亚目》。他于 2006 年出版的巨著《中国蛇类》，想必也影响了很多蛇类爱好者。

近几年，自然类科普书籍有了快速发展，但关于蛇类知识的书籍却寥寥无几。我们完成《蛙类博物馆》的翻译后不久，得知北京大学出版社购买了《蛇类博物馆》英文版版权，我就毛遂自荐，和几位朋友承担了这本书的翻译任务。

我们翻译这本书时的工作状态与前些年翻译《蛙类博物馆》大不相同了——近几年大家手里的工作或学习任务日益繁重，只能挤出零散的业余时间开展翻译，导致成稿耗时较长，在此诚恳地向读者和出版社致歉。但与此前相同的是，我们始终以两栖爬行动物爱好者的热情以及研究者的认真、严谨态度对待翻译工作。由于书中很多物种还没有惯用的中文名，我们常常需要找到原始描述或查询词源，认真斟酌，希望拟定出较为合理的中文名，有时在中文名拟定上所花费的时间甚至数倍于物种内容的翻译时间。再者，中、西方文字表达上也存在差异，书中部分内容如果直译会显得很生硬，甚至难以理解，遇到这种情况，我们就仔细琢磨作者的表达意图，希望翻译出来的语句既通俗易懂，又能体现出原文的风格。此外，当书中介绍的内容已发生较大的分类学变动时，我们尽可能以"译者注"的形式将较新的成果展示出来。

感谢北京大学出版社唐知涵、郭莉老师的信任和支持，特别是郭莉老师在校稿中的助益。感谢同为蛇类爱好者的中国科学院成都生物研究所黄俊杰先生在物种中文名拟定和书稿修改中的帮助。

科学发展日新月异，限于译者水平，书中疏漏在所难免，恳请各位读者不吝批评指正，以便我们改进。

蒋珂

2023 年 10 月 30 日识于
中国科学院成都生物研究所
两栖爬行动物标本馆
E-mail: jiangke@cib.ac.cn

- ◎ 甲虫博物馆
- ◎ 蘑菇博物馆
- ◎ 贝壳博物馆
- ◎ 树叶博物馆
- ◎ 兰花博物馆
- ◎ 蛙类博物馆
- ◎ 病毒博物馆
- ◎ 毛虫博物馆
- ◎ 鸟卵博物馆
- ◎ 种子博物馆
- ◎ 蛇类博物馆

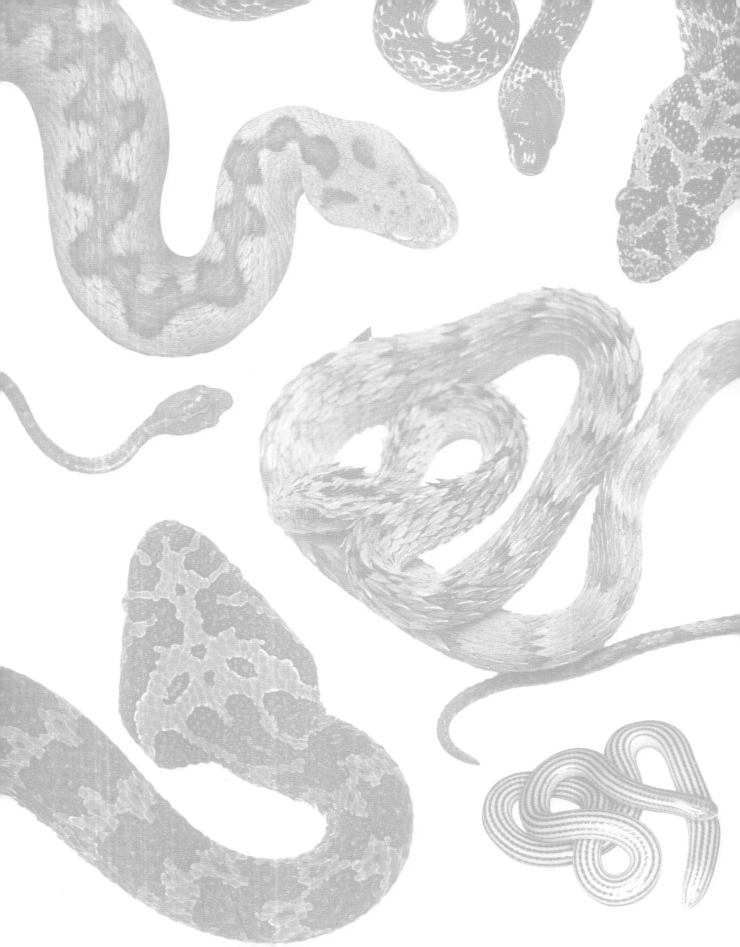